奶牛场兽医师手册

主 编
王春墩

编著者
(按姓氏笔画为序)

马卫明　王振勇　王春墩　王海州
尹逊河　尹旭升　刘远飞　闫振贵
闫先锋　李宏梅　李景存　杨笃宝
陈正平　谢之景　葛利江

金盾出版社

内 容 提 要

本书由山东农业大学王春璈教授主编,马卫明等编著。内容包括:奶牛场兽医师职责及任职条件,奶牛场兽医师诊断与治疗技术,奶牛传染病、寄生虫病、内科病、外科病、产科病的诊断与治疗方法,奶牛场常用药物。内容丰富,图文并茂,技术先进,贴近生产实际,实用性较强。适合奶牛场兽医师阅读,也可供广大基层兽医人员以及农业院校相关专业的师生阅读参考。

图书在版编目(CIP)数据

奶牛场兽医师手册/王春璈主编;马卫明等编著. —北京:金盾出版社,2008.6
ISBN 978-7-5082-5123-3

Ⅰ. 奶… Ⅱ. ①王…②马… Ⅲ. 乳牛-牛病-诊疗-手册 Ⅳ. S858.23-62

中国版本图书馆 CIP 数据核字(2008)第 070786 号

金盾出版社出版、总发行
北京太平路5号(地铁万寿路站往南)
邮政编码:100036 电话:68214039 83219215
传真:68276683 网址:www.jdcbs.cn
北京金盾印刷厂印刷
装订:万龙印装有限公司
各地新华书店经销

开本:850×1168 1/32 印张:24.75 字数:619千字
2008 年 6 月第 1 版第 1 次印刷
印数:1—8000 册 定价:49.00 元

(凡购买金盾出版社的图书,如有缺页、倒页、脱页者,本社发行部负责调换)

目 录

第一章 奶牛场兽医师职责及任职条件……………………(1)
  第一节 奶牛群保健……………………………………(1)
    一、奶牛群保健目标……………………………………(1)
    二、奶牛群保健内容……………………………………(2)
    三、奶牛群的卫生与防疫………………………………(4)
    四、奶牛群的驱虫………………………………………(9)
    五、奶牛乳房保健………………………………………(10)
    六、奶牛蹄的保健………………………………………(13)
  第二节 奶牛场兽医室建设……………………………(15)
    一、兽医室建设目标及工作范围………………………(15)
    二、兽医诊疗登记病案与诊疗经费的预算……………(16)
  第三节、奶牛场兽医师任职条件………………………(17)
第二章 奶牛场兽医师诊断技术………………………………(19)
  第一节 保定法与倒牛法………………………………(19)
    一、站立保定法…………………………………………(19)
    二、倒牛法………………………………………………(25)
  第二节 临床检查基本方法和程序……………………(26)
    一、临床检查的基本方法………………………………(26)
    二、临床检查顺序………………………………………(28)
    三、一般检查……………………………………………(29)
    四、循环系统检查………………………………………(31)
    五、中心静脉压的测定…………………………………(33)
    六、呼吸系统检查………………………………………(35)
    七、消化系统检查………………………………………(36)

八、泌尿系统检查……………………………………(38)
九、神经系统检查……………………………………(39)
十、运动系统检查……………………………………(41)
十一、乳房检查………………………………………(41)
第三节 血液检查…………………………………………(42)
一、采血及处理………………………………………(42)
二、血液常规检查……………………………………(44)
三、血清离子的检查…………………………………(52)
第四节 尿液常规检查……………………………………(56)
一、尿液物理学检查…………………………………(56)
二、尿液化学检查……………………………………(57)
三、尿沉渣检查………………………………………(59)
第五节 瘤胃内容物检查…………………………………(63)
一、瘤胃内容物的采取………………………………(63)
二、瘤胃内容物物理学检查…………………………(63)
三、瘤胃内容物化学检查……………………………(64)
四、瘤胃内容物生物学检查——纤毛虫计数………(65)
第六节 临床细胞检查……………………………………(66)
一、渗出液和漏出液的检查…………………………(66)
二、关节液的检查……………………………………(68)
三、阴道分泌物的检查………………………………(69)
第七节 寄生虫的检查……………………………………(70)
一、血液寄生虫的检查………………………………(70)
二、弓形虫的检查……………………………………(73)
三、螨虫的检查………………………………………(74)
四、粪便虫卵检查……………………………………(75)
第八节 毒物检测…………………………………………(76)
一、有机磷农药检验…………………………………(76)

目　　录

　　二、敌鼠钠检验……………………………………………（79）
　　三、氟乙酰胺检验…………………………………………（80）
　　四、氢氰酸及氰化物的检验………………………………（82）
　　五、金属毒物检验…………………………………………（83）
　第九节　细菌学检查技术……………………………………（87）
　　一、病料的采取、保存……………………………………（87）
　　二、显微镜检查……………………………………………（89）
　　三、细菌形态学检验………………………………………（93）
　　四、细菌的培养技术………………………………………（94）
第三章　奶牛场兽医师治疗技术………………………………（99）
　第一节　消毒与灭菌…………………………………………（99）
　　一、消毒与灭菌法…………………………………………（99）
　　二、器械和物品的消毒与灭菌……………………………（103）
　　三、手术人员的准备与消毒………………………………（107）
　　四、奶牛术部的准备与消毒………………………………（108）
　　五、手术场地的选择与消毒………………………………（109）
　第二节　注射法………………………………………………（112）
　　一、注射操作注意事项……………………………………（112）
　　二、皮内注射………………………………………………（113）
　　三、皮下注射………………………………………………（113）
　　四、肌内注射………………………………………………（114）
　　五、静脉内注射……………………………………………（114）
　　六、腹膜腔内注射法………………………………………（115）
　　七、球后注射法……………………………………………（116）
　　八、气管内注射法…………………………………………（117）
　　九、乳池内注射法…………………………………………（118）
　　十、关节内注射法…………………………………………（118）
　　十一、瓣胃内注射法………………………………………（118）

十二、瘤胃内注射法 …………………………………… (119)
第三节　穿刺术 …………………………………………… (120)
　一、腹腔穿刺术 …………………………………………… (120)
　二、瘤胃穿刺术 …………………………………………… (120)
　三、瓣胃穿刺术 …………………………………………… (121)
　四、血肿、脓肿、淋巴外渗的穿刺诊断 ……………… (122)
　五、膀胱穿刺术 …………………………………………… (122)
　六、心包穿刺术 …………………………………………… (123)
　七、关节腔穿刺术 ………………………………………… (124)
第四节　投药、导胃与洗胃、灌肠技术 ……………… (126)
　一、投药技术 ……………………………………………… (126)
　二、导胃与洗胃技术 ……………………………………… (127)
　三、灌肠技术 ……………………………………………… (128)
第五节　导尿、膀胱冲洗与子宫冲洗技术 …………… (128)
　一、导尿与膀胱冲洗术 …………………………………… (128)
　二、子宫冲洗术 …………………………………………… (130)
第六节　麻醉 ……………………………………………… (130)
　一、局部麻醉 ……………………………………………… (130)
　二、全身麻醉 ……………………………………………… (145)
第七节　输液与输血 ……………………………………… (150)
　一、输液 …………………………………………………… (150)
　二、输血 …………………………………………………… (152)
第八节　炎症疗法 ………………………………………… (159)
　一、冷疗与热疗 …………………………………………… (159)
　二、普鲁卡因封闭疗法 …………………………………… (162)
　三、自家血液疗法 ………………………………………… (164)
　四、刺激疗法 ……………………………………………… (165)
第九节　外科手术基本操作技术 ………………………… (166)

目 录

  一、术前准备与术后护理 ………………………………………（166）
  二、手术基本器械及其使用方法 ………………………………（169）
  三、组织切开、止血与缝合 ……………………………………（174）
  四、拆线 …………………………………………………………（181）
 第十节 常用外科手术 ………………………………………………（182）
  一、角截断术与犊牛去角术 ……………………………………（182）
  二、牛脑多头蚴摘除术 …………………………………………（184）
  三、牙齿修整术 …………………………………………………（188）
  四、眼睑腺增生物切除术 ………………………………………（189）
  五、气管切开术 …………………………………………………（190）
  六、食管切开术 …………………………………………………（193）
  七、奶牛腹壁切开术 ……………………………………………（195）
  八、腹腔探查术 …………………………………………………（197）
  九、瘤胃切开术 …………………………………………………（200）
  十、皱胃切开术 …………………………………………………（206）
  十一、皱胃变位整复术 …………………………………………（207）
  十二、肠管部分切除与吻合术 …………………………………（212）
  十三、奶牛肠套叠的手术治疗 …………………………………（215）
  十四、奶牛子宫扭转的滚转整复与手术治疗 …………………（218）
  十五、奶牛剖宫产术 ……………………………………………（219）

第四章 奶牛传染病 ………………………………………………（227）

 第一节 传染病的防疫措施 …………………………………………（227）
  一、奶牛传染病的传染流行过程 ………………………………（227）
  二、传染病的诊断 ………………………………………………（228）
  三、传染病的治疗 ………………………………………………（229）
  四、传染病的防制 ………………………………………………（230）
 第二节 病毒性传染病 ………………………………………………（231）
  一、口蹄疫 ………………………………………………………（231）

二、水疱性口炎 …………………………………… (233)
三、狂犬病 ………………………………………… (234)
四、伪狂犬病 ……………………………………… (235)
五、牛流行热 ……………………………………… (236)
六、牛副流感 ……………………………………… (237)
七、牛传染性鼻气管炎 …………………………… (238)
八、牛恶性卡他热 ………………………………… (240)
九、牛病毒性腹泻-黏膜病 ………………………… (241)
十、新生犊牛病毒性腹泻 ………………………… (242)
十一、牛溃疡性乳头炎 …………………………… (243)
十二、牛乳头状瘤病 ……………………………… (244)
十三、牛海绵状脑病 ……………………………… (245)

第三节　奶牛细菌性传染病 ………………………… (246)
一、布鲁氏菌病 …………………………………… (246)
二、结核病 ………………………………………… (247)
三、牛副结核病 …………………………………… (249)
四、牛巴氏杆菌病 ………………………………… (250)
五、牛沙门氏菌病 ………………………………… (252)
六、犊牛大肠杆菌病 ……………………………… (253)
七、炭疽 …………………………………………… (255)
八、放线菌病 ……………………………………… (257)
九、牛链球菌病 …………………………………… (258)
十、葡萄球菌病 …………………………………… (260)
十一、破伤风 ……………………………………… (261)
十二、恶性水肿 …………………………………… (262)
十三、坏死杆菌病 ………………………………… (263)
十四、奶牛梭菌性肠炎 …………………………… (265)
十五、牛传染性角膜结膜炎 ……………………… (266)

目　录

　　十六、牛传染性胸膜肺炎 …………………………………… (267)
　　十七、气肿疽 ………………………………………………… (269)
　　十八、皮肤真菌病 …………………………………………… (270)
　　十九、奶牛冬痢 ……………………………………………… (270)
　　二十、细菌性血红蛋白尿 …………………………………… (271)
　　二十一、李氏杆菌病 ………………………………………… (272)
　　二十二、附红细胞体病 ……………………………………… (273)
第五章　奶牛寄生虫病 …………………………………………… (275)
　第一节　原虫病 …………………………………………………… (275)
　　一、泰勒虫病 ………………………………………………… (275)
　　二、牛球虫病 ………………………………………………… (276)
　　三、牛胎毛滴虫病 …………………………………………… (277)
　第二节　线虫病 …………………………………………………… (278)
　　一、毛尾线虫(鞭虫)病 ……………………………………… (278)
　　二、犊新蛔虫(牛弓首蛔虫)病 ……………………………… (279)
　第三节　吸虫病 …………………………………………………… (281)
　　肝片吸虫病(肝蛭病) ………………………………………… (281)
　第四节　绦虫病 …………………………………………………… (283)
　　一、脑多头蚴(脑包虫)病 …………………………………… (283)
　　二、小肠绦虫病 ……………………………………………… (284)
　第五节　皮肤寄生虫病 …………………………………………… (286)
　　一、疥螨病 …………………………………………………… (286)
　　二、蠕形螨(毛囊虫)病 ……………………………………… (288)
　　三、牛皮蝇蛆病 ……………………………………………… (288)
第六章　奶牛内科病 ……………………………………………… (290)
　第一节　奶牛口腔疾病 …………………………………………… (290)
　　口炎 …………………………………………………………… (290)
　第二节　奶牛食管疾病 …………………………………………… (291)

一、食管阻塞 ………………………………………… (291)
二、食管狭窄 ………………………………………… (292)
三、食管憩室 ………………………………………… (293)
四、食管炎 …………………………………………… (293)
第三节　奶牛前胃疾病 ………………………………… (295)
一、奶牛前胃解剖学特点与前胃疾病的关系 ………… (295)
二、奶牛前胃生理学特点与前胃疾病的关系 ………… (298)
三、前胃弛缓 ………………………………………… (303)
四、瘤胃积食 ………………………………………… (310)
五、瘤胃臌胀 ………………………………………… (314)
六、创伤性网胃腹膜炎 ……………………………… (320)
七、瓣胃阻塞 ………………………………………… (326)
八、瘤胃积沙 ………………………………………… (330)
九、瘤胃异物 ………………………………………… (331)
十、犊牛前胃周期性臌胀 …………………………… (332)
第四节　奶牛皱胃疾病 ………………………………… (333)
一、奶牛皱胃解剖生理特点与皱胃疾病的关系 ……… (333)
二、皱胃阻塞 ………………………………………… (334)
三、皱胃左方变位 …………………………………… (343)
四、皱胃右方变位 …………………………………… (351)
第五节　奶牛肠管疾病 ………………………………… (354)
一、奶牛肠管解剖学特点与手术途径的关系 ………… (354)
二、肠套叠 …………………………………………… (359)
三、肠便秘 …………………………………………… (359)
四、盲肠扩张 ………………………………………… (360)
五、盲肠扭转 ………………………………………… (361)
六、肠痉挛 …………………………………………… (362)
七、肠炎 ……………………………………………… (363)

目　录

八、犊牛消化不良 …………………………………… (364)
九、直肠破裂 ………………………………………… (365)
第六节　奶牛腹膜疾病 …………………………………… (365)
一、腹腔积脓 ………………………………………… (365)
二、腹膜炎 …………………………………………… (366)
三、腹水 ……………………………………………… (367)
第七节　奶牛肝脏疾病 …………………………………… (368)
一、肝炎 ……………………………………………… (368)
二、肝硬化 …………………………………………… (369)
第八节　奶牛营养代谢病 ………………………………… (370)
一、奶牛酮病 ………………………………………… (370)
二、低镁血症 ………………………………………… (371)
三、佝偻病 …………………………………………… (372)
四、骨软症 …………………………………………… (373)
五、铜缺乏症 ………………………………………… (374)
六、锌缺乏症 ………………………………………… (375)
七、铁缺乏症 ………………………………………… (376)
八、碘缺乏症 ………………………………………… (376)
九、钾缺乏症 ………………………………………… (377)
十、硒与维生素 E 缺乏症 …………………………… (378)
十一、维生素 A 缺乏症 ……………………………… (379)
十二、维生素 B_{12} 缺乏症 …………………………… (380)
十三、维生素 C 缺乏症 ……………………………… (381)
十四、腹部脂肪坏死症 ……………………………… (382)
十五、淀粉样变性病 ………………………………… (382)
第九节　奶牛呼吸系统疾病 ……………………………… (383)
一、感冒 ……………………………………………… (383)
二、鼻炎 ……………………………………………… (384)

三、鼻出血 …………………………………………（385）
　　四、额窦炎 …………………………………………（386）
　　五、气管-支气管炎 …………………………………（387）
　　六、上呼吸道阻塞 …………………………………（388）
　　七、肺炎 ……………………………………………（389）
　　八、肺充血和肺水肿 ………………………………（389）
　　九、异物性肺炎 ……………………………………（390）
　　十、肺气肿 …………………………………………（391）
　第十节　奶牛心血管系统疾病 ………………………（392）
　　一、创伤性心包炎 …………………………………（392）
　　二、血栓形成和静脉炎 ……………………………（393）
　　三、高血钾症 ………………………………………（394）
　　四、先天性心脏病 …………………………………（394）
　　五、心力衰竭 ………………………………………（395）
　　六、贫血 ……………………………………………（396）
　第十一节　奶牛泌尿系统疾病 ………………………（396）
　　一、尿毒症 …………………………………………（396）
　　二、肾炎 ……………………………………………（397）
　　三、肾盂肾炎 ………………………………………（399）
　　四、膀胱炎 …………………………………………（399）
　　五、尿石症 …………………………………………（400）
　第十二节　奶牛中毒性疾病 …………………………（402）
　　一、饲料中毒 ………………………………………（402）
　　二、农药中毒 ………………………………………（414）
　　三、药物中毒 ………………………………………（418）
　　四、矿物质中毒 ……………………………………（420）
　　五、动物毒中毒 ……………………………………（426）
　第十三节　神经系统疾病 ……………………………（429）

目　录

  一、脑充血 …………………………………………（429）
  二、脑震荡及脑挫伤 ………………………………（429）
  三、脑膜脑炎 ………………………………………（430）
  四、脑水肿 …………………………………………（432）
  五、中暑 ……………………………………………（432）
第七章　奶牛外科病 ……………………………………（434）
 第一节　损伤 ……………………………………………（434）
  一、创伤 ……………………………………………（434）
  二、挫伤 ……………………………………………（438）
  三、血肿、淋巴外渗 ………………………………（439）
  四、冻伤 ……………………………………………（441）
  五、溃疡、窦道和瘘 ………………………………（443）
  六、休克 ……………………………………………（447）
  七、皮肤移植术 ……………………………………（450）
 第二节　外科感染 ………………………………………（453）
  一、脓皮病 …………………………………………（453）
  二、脓肿 ……………………………………………（454）
  三、蜂窝织炎 ………………………………………（457）
  四、败血症 …………………………………………（458）
  五、厌氧性感染 ……………………………………（461）
  六、腐败性感染 ……………………………………（462）
 第三节　风湿病 …………………………………………（463）
 第四节　常见肿瘤 ………………………………………（466）
  一、良性肿瘤 ………………………………………（467）
  二、恶性肿瘤 ………………………………………（470）
 第五节　眼病 ……………………………………………（471）
  一、结膜炎 …………………………………………（471）
  二、角膜炎 …………………………………………（473）

三、虹膜炎 …………………………………… (474)

　　四、白内障 …………………………………… (475)

　　五、青光眼 …………………………………… (477)

　　六、角膜溃疡 ………………………………… (479)

　　七、眼眶蜂窝织炎 …………………………… (480)

　　八、眼睑疾病 ………………………………… (481)

　　九、传染性角膜炎 …………………………… (485)

第六节　四肢疾病 ……………………………… (487)

　　一、骨的疾病 ………………………………… (487)

　　二、关节疾病 ………………………………… (494)

　　三、腱及腱鞘疾病 …………………………… (505)

　　四、黏液囊疾病 ……………………………… (512)

　　五、四肢神经麻痹 …………………………… (514)

第七节　蹄病 …………………………………… (520)

　　一、指（趾）间皮炎 …………………………… (520)

　　二、指（趾）间蜂窝织炎 ……………………… (521)

　　三、指（趾）间皮肤增殖 ……………………… (522)

　　四、蹄纵裂和横裂 …………………………… (523)

　　五、弥散性无败性蹄皮炎 …………………… (524)

　　六、局限性蹄皮炎 …………………………… (526)

　　七、外伤性蹄皮炎 …………………………… (527)

　　八、白线裂病 ………………………………… (528)

　　九、蹄糜烂 …………………………………… (529)

第八节　胸、腹壁及脊柱疾病 ………………… (530)

　　一、胸壁透创及并发症 ……………………… (530)

　　二、腹壁透创 ………………………………… (533)

　　三、脊柱损伤 ………………………………… (535)

第九节　肌肉疾病 ……………………………… (537)

目 录

    一、肌炎 …………………………………………………… (537)
    二、肌肉断裂 ……………………………………………… (538)
    三、肌肉病 ………………………………………………… (539)
  第十节　皮肤疾病 ………………………………………… (541)
    一、真菌性皮肤病 ………………………………………… (542)
    二、湿疹 …………………………………………………… (544)
    三、感光过敏（光敏性皮炎） …………………………… (544)
    四、接触性皮炎 …………………………………………… (546)
  第十一节　疝 ……………………………………………… (546)
    一、脐疝 …………………………………………………… (546)
    二、腹壁疝 ………………………………………………… (549)
    三、会阴疝 ………………………………………………… (552)
    四、膈疝 …………………………………………………… (553)
  第十二节　直肠及肛门疾病 ……………………………… (554)
    一、先天性直肠肛门畸形 ………………………………… (554)
    二、直肠和肛门脱垂 ……………………………………… (557)
    三、直肠损伤 ……………………………………………… (562)
  第十三节　泌尿生殖器官疾病 …………………………… (565)
    一、泌尿器官疾病 ………………………………………… (565)
    二、生殖器官疾病 ………………………………………… (570)
  第十四节　头颈部疾病 …………………………………… (576)
    一、角折 …………………………………………………… (576)
    二、颌面部疾病 …………………………………………… (577)
    三、舌损伤 ………………………………………………… (580)
    四、牙齿磨灭不正 ………………………………………… (581)
    五、腮腺炎 ………………………………………………… (582)
    六、颈静脉炎 ……………………………………………… (583)
    七、斜颈 …………………………………………………… (585)

第八章 奶牛产科病 …………………………………… (587)
第一节 正常分娩与接产 ………………………………… (587)
一、分娩预兆 ……………………………………………… (587)
二、分娩过程 ……………………………………………… (587)
三、接产 …………………………………………………… (589)
第二节 妊娠期疾病 ……………………………………… (590)
一、流产 …………………………………………………… (590)
二、胎水过多 ……………………………………………… (593)
三、妊娠牛水肿 …………………………………………… (594)
四、妊娠毒血症 …………………………………………… (595)
五、妊娠牛截瘫 …………………………………………… (598)
六、阴道脱出 ……………………………………………… (598)
七、子宫出血 ……………………………………………… (601)
八、子宫疝 ………………………………………………… (602)
第三节 分娩期疾病——难产 …………………………… (602)
一、难产的原因 …………………………………………… (602)
二、难产的检查 …………………………………………… (604)
三、常见难产手术助产器械 ……………………………… (608)
四、常见难产助产术 ……………………………………… (611)
五、阵缩与努责微弱 ……………………………………… (633)
六、阵缩及努责过强 ……………………………………… (634)
七、子宫颈狭窄 …………………………………………… (634)
八、阴门阴道狭窄 ………………………………………… (635)
九、骨盆狭窄 ……………………………………………… (636)
十、子宫捻转 ……………………………………………… (636)
十一、产道损伤 …………………………………………… (639)
第四节 产后期疾病 ……………………………………… (639)
一、胎衣不下 ……………………………………………… (639)

二、子宫内翻或脱出 …………………………… (643)
三、生产瘫痪 …………………………………… (644)
四、产后败血症和脓毒血症 …………………… (649)
五、阴道损伤及破裂 …………………………… (651)
六、子宫复旧不全 ……………………………… (652)
七、母牛卧地不起综合征 ……………………… (654)
第五节　乳房疾病 …………………………………… (655)
一、乳房炎 ……………………………………… (655)
二、乳头管狭窄及闭锁 ………………………… (661)
三、乳池狭窄及闭锁 …………………………… (662)
四、乳房脓疱病 ………………………………… (663)
五、乳房血肿 …………………………………… (664)
六、乳房厌氧性感染 …………………………… (665)
七、漏奶 ………………………………………… (665)
八、乳头创伤 …………………………………… (667)
九、无奶及泌乳不足 …………………………… (667)
十、乳房水肿 …………………………………… (668)
第六节　母牛不孕症 ………………………………… (670)
一、卵巢功能不全 ……………………………… (670)
二、持久黄体 …………………………………… (672)
三、卵巢囊肿 …………………………………… (673)
四、输卵管炎 …………………………………… (675)
五、子宫内膜炎 ………………………………… (675)
六、子宫颈炎 …………………………………… (679)
七、阴道炎 ……………………………………… (680)
第七节　犊牛疾病 …………………………………… (681)
一、犊牛窒息 …………………………………… (681)
二、脐带出血 …………………………………… (682)

三、脐带炎 …………………………………………… (682)
　　四、脐尿管瘘 ………………………………………… (683)
　　五、胎粪停滞 ………………………………………… (684)
　　六、先天性肌痉挛 …………………………………… (684)
　　七、新生犊牛异形红细胞血症 ……………………… (685)
　　八、新生犊牛抽搐症 ………………………………… (686)
　　九、犊牛水中毒 ……………………………………… (687)
　　十、犊牛轮状病毒病 ………………………………… (689)
　　十一、犊牛坏死性喉炎 ……………………………… (690)
第九章　奶牛场常用药物 ………………………………… (693)
　第一节　奶牛用药注意事项 …………………………… (693)
　　一、药物来源要确实可靠 …………………………… (693)
　　二、仔细阅读药品说明书与标签 …………………… (693)
　　三、正确诊断是用药的基础 ………………………… (693)
　　四、药物剂量和疗程 ………………………………… (694)
　　五、注意药物的配伍禁忌 …………………………… (694)
　　六、肾功能损害和药物的半衰期 …………………… (694)
　　七、增强奶牛的体质 ………………………………… (694)
　　八、怎样使用抗生素 ………………………………… (695)
　　九、群体给药 ………………………………………… (695)
　　十、控制药物残留 …………………………………… (695)
　第二节　抗生素与抗病毒药物 ………………………… (696)
　　一、概述 ……………………………………………… (696)
　　二、主要作用于革兰氏阳性菌的抗生素 …………… (697)
　　三、主要作用于革兰氏阴性菌的抗生素 …………… (701)
　　四、广谱抗生素 ……………………………………… (703)
　　五、抗真菌药物 ……………………………………… (704)
　　六、抗病毒药物 ……………………………………… (706)

目　录

第三节　磺胺类药物与抗菌增效剂 …………………… (707)
　一、常用磺胺类药物 ……………………………………… (707)
　二、抗菌增效剂 …………………………………………… (709)
第四节　喹诺酮类、喹噁啉类及硝基咪唑类药物 ……… (710)
　一、喹诺酮类药物 ………………………………………… (710)
　二、喹噁啉类药物 ………………………………………… (711)
　三、硝基咪唑类药物 ……………………………………… (711)
第五节　抗寄生虫药 ………………………………………… (712)
　一、抗原虫药 ……………………………………………… (712)
　二、抗蠕虫药 ……………………………………………… (713)
　三、杀虫药及杀鼠药 ……………………………………… (716)
第六节　作用于消化系统的药物 …………………………… (718)
　一、健胃药与助消化药 …………………………………… (718)
　二、瘤胃兴奋药 …………………………………………… (722)
　三、制酵药与消沫药 ……………………………………… (723)
　四、泻药与止泻药 ………………………………………… (723)
第七节　作用于呼吸系统的药物 …………………………… (726)
　一、祛痰药 ………………………………………………… (726)
　二、镇咳药 ………………………………………………… (727)
　三、平喘药 ………………………………………………… (728)
第八节　作用于血液循环系统的药物 ……………………… (728)
　一、强心药 ………………………………………………… (728)
　二、止血药与抗凝血药 …………………………………… (730)
　三、抗贫血药 ……………………………………………… (731)
　四、体液补充与调节酸碱平衡药 ………………………… (732)
第九节　作用于泌尿生殖系统的药物 ……………………… (734)
　一、利尿药与脱水药 ……………………………………… (734)
　二、生殖系统用药 ………………………………………… (735)

第十节　影响组织代谢的药物 …………………………… (736)
　一、肾上腺皮质激素类药物…………………………… (736)
　二、维生素类 …………………………………………… (737)
　三、钙、磷及微量元素 ………………………………… (740)
第十一节　抗过敏药物 ……………………………………… (742)
　一、苯海拉明 …………………………………………… (742)
　二、马来酸氯苯那敏 …………………………………… (742)
第十二节　作用于神经系统的药物 ……………………… (743)
　一、中枢神经兴奋药 …………………………………… (743)
　二、解热镇痛抗炎药 …………………………………… (744)
　三、镇静药与抗惊厥药 ………………………………… (746)
　四、麻醉药 ……………………………………………… (746)
　五、拟胆碱药与抗胆碱药 ……………………………… (748)
　六、拟肾上腺素药 ……………………………………… (749)
第十三节　消毒防腐药物 ………………………………… (749)
　一、漂白粉（含氯石灰） ………………………………… (749)
　二、二氯乙氰尿酸钠（优氯净） ………………………… (750)
　三、氢氧化钠（烧碱） …………………………………… (750)
　四、甲醛溶液 …………………………………………… (751)
　五、乙醇（酒精） ………………………………………… (751)
　六、碘酊 ………………………………………………… (752)
　七、碘伏 ………………………………………………… (752)
　八、苯扎溴铵（新洁尔灭） ……………………………… (753)
第十四节　局部用药 ……………………………………… (753)
　一、刺激药 ……………………………………………… (753)
　二、保护药 ……………………………………………… (754)
　三、乳腺内用药 ………………………………………… (755)
　四、子宫腔内用药 ……………………………………… (756)

目 录

第十五节　解毒药 ………………………………… (757)
　　一、金属络合剂 ………………………………… (757)
　　二、胆碱酯酶复合剂 …………………………… (758)
　　三、高铁血红蛋白还原剂 ……………………… (759)
　　四、氰化物解毒剂 ……………………………… (760)
　　五、其他解毒剂 ………………………………… (760)
第十六节　奶牛场常用生物制剂 ………………… (761)
　　一、牛炭疽疫苗 ………………………………… (761)
　　二、牛气肿疽疫苗 ……………………………… (761)
　　三、牛出血性败血病疫苗 ……………………… (762)
　　四、牛副伤寒疫苗 ……………………………… (762)
　　五、牛口蹄疫疫苗 ……………………………… (762)
　　六、布鲁氏菌疫苗 ……………………………… (763)
　　七、伪狂犬病疫苗 ……………………………… (763)
　　八、牛肺疫疫苗 ………………………………… (764)
　　九、狂犬病疫苗 ………………………………… (764)

附　录 ……………………………………………… (765)
附录一　奶牛常用生理常数表 …………………… (765)
附录二　溶液稀释折算法 ………………………… (766)
　　一、反比法 ……………………………………… (766)
　　二、交叉法 ……………………………………… (766)
附录三　医用计量单位与换算系数 ……………… (768)
附录四　浓酒精的稀释 …………………………… (769)

第一章 奶牛场兽医师职责及任职条件

奶牛场兽医师的职责是：①参与制定和坚决执行本场消毒、防疫、检疫制度与免疫程序；②拟定全场兽医药械购置、分配计划，并检查其使用情况；③认真细致地进行疫病诊治，填写病历，充分利用化验室提供的数据；④遇到疑难病例及时组织会诊；⑤每天巡视牛群，发现问题及时处理；⑥定期组织力量检修牛蹄；⑦组织技术培训，普及奶牛保健知识，提高员工素质；⑧配合畜牧技术人员，共同搞好牛群饲养管理，减少发病率；⑨开展科研和技术交流工作，掌握科技信息，积极采用先进技术。

第一节 奶牛群保健

一、奶牛群保健目标

牛群的保健主要指奶牛健康状况所要达到的标准。奶牛场的经济效益受多种因素影响，其中有牛群质量、饲料供应、饲养技术和管理水平等。对于一个牛群质量、饲料供应和饲养技术相对稳定的奶牛场来说，要想获得高的经济效益，牛群保健工作是重要的因素。随着我国整体奶牛生产性能的不断提高，奶牛群保健显得更为重要。由于外界气候条件、饲料安排、饲养水平等不同，各自的牛群管理方法和牛群保健计划也不尽一致，但尽可能有效地生产出数量多、质量高的牛奶，这是每个奶牛场所共同期望达到的最终目标。保健控制目标控制在以下几个指标以内对于一个奶牛场来说是非常必要的：①全年牛总淘汰率在20%～25%；②全年牛死亡率在3%以下；③乳房炎治疗牛数不应超过产奶牛的1%；④

8周龄以内犊牛死亡率低于5%;⑤育成牛死亡率、淘汰率低于3%;⑥全年妊娠母牛流产率不超过8%;⑦产奶指数(MPI)大于7.9(产奶指数指成年母牛1个泌乳期的平均产奶量与其平均体重之比)。

二、奶牛群保健内容

牛群保健内容主要包括以下几个方面。

(一)制定合理的饲养方式

营养是奶牛健康的物质基础,是机体健康的根本保证。合理的饲养,平衡的日粮,能增强机体抵抗力;营养的不均衡,致使奶牛在临床上发生营养代谢性疾病。对大型奶牛场应使用全混合日粮(TMR)的饲养方式。

全混合日粮(TMR)是一种将粗饲料、精饲料、矿物质、维生素和其他添加剂按照牛的不同生理阶段,按照设定的饲养配方充分混合,能够提供足够的营养以满足奶牛需要的饲养技术。TMR饲养技术在配套技术措施和性能优良的TMR机械的基础上能够保证奶牛每采食一口日粮都是精、粗比例稳定、营养浓度一致的全价日粮。

全混合日粮饲养方法的最终目的都是希望奶牛在恰当的阶段,能够按照营养专家计算提供的配方,采食适量的平衡营养物质来取得最高的产量和最佳的繁殖率。目前这种成熟的奶牛饲喂技术在以色列、美国、意大利、加拿大等国已经普遍使用。我国不少大型奶牛场已采用TMR全混合日粮饲喂技术。

(二)奶牛群疾病的防治

牛群保健计划能否完成,其关键决定于对疾病的早期预防、正确的诊断和有效的治疗。

1. 牛群疾病的预防　奶牛的保健及疾病的预防应该贯彻以"预防为主、综合防治"的方针。

第一,加强奶牛卫生保健工作。牛场环境要定期清洁、消毒,保证做到牛身、牛舍、周围环境、一切用具清洁卫生。特别是在产犊前后,严格彻底的消毒可以减少环境微生物的生长繁殖,减少犊牛肠道及肺炎疾病的发生,提高犊牛成活率。

第二,牛场兽医要根据牛场所在地的疫病流行情况,合理地制定疫苗的接种和免疫时间。

第三,对发病牛或从其他奶牛场购进奶牛时,应及时隔离与检疫,确保健康并注射相应的疫苗后,方可混群。

第四,每年春、秋对牛群进行结核病与布鲁氏菌病的检疫,对可疑结核病牛在第1次检疫后2个月,用同样的检测方法重新检验,如果两次检验都为可疑反应者,应判定为结核病牛。检测布鲁氏菌病牛先用虎红平板凝集试验检验出阳性牛,再进行试管试验出现凝集反应者为阳性,出现可疑者经3~4周重新采血试验,仍为可疑者判为阳性。这两种病凡是阳性反应者应当淘汰患牛。

第五,定时修整牛蹄,预防奶牛蹄病。

2. 牛疾病的诊断

牛群保健计划中疾病的早期诊断是不可缺少的一个部分。没有正确的诊断就不能及时发现病牛,也就不可能采取有效的治疗措施。为此,在牛群保健工作中,应注意以下几点。

(1)平时要注意观察奶牛的采食情况　健康的奶牛有旺盛的食欲,吃草料的速度也较快,吃饱后20~30min开始反刍。牛不反刍是有病的表现。在草料新鲜无霉变的情况下,如果发现奶牛不吃或食量减少或仅吃草不吃料,都是有病的表现。

(2)观察粪尿情况　健康牛的粪便落地呈圆形,边缘高中心凹,并散发出新鲜的牛粪味。尿呈淡黄色、透明。如发现大便粒状或腹泻,甚至有恶臭,或粪中混有血液和肠黏膜,尿的颜色变黄或变红都是有病的表现。

(3)观察牛的精神体态　健康的奶牛动作敏捷,眼睛灵活,被毛光亮。如果发现牛眼睛无神,被毛粗乱,拱背,呆立,离群独处,甚至颤抖摇晃,就是有病的表现。

(4)望鼻镜　健康牛鼻镜湿润有汗珠,若鼻镜干燥无汗珠就是有病的表现。

(5)产奶量　健康的奶牛产奶量比较平稳,如果产奶量突然下降,则是有病的征兆。

(6)查体温　牛的正常体温为 37.5℃～39.5℃,如果体温升高或低于正常范围就是有病。

(7)掌握奶牛疾病的发病规律　依据奶牛疾病的典型症状,以便快速做出诊断。

3. 奶牛疾病的治疗　及时正确地治疗奶牛疾病是奶牛保健措施中一个不可缺少的环节。治疗方法很多,如药物和手术治疗。

因为牛奶是奶牛的生产产品,牛奶又是人类生活中营养最丰富的食品。因此,奶牛在兽医用药时要正确地选择药物种类,遵守用药期间的奶不能食用,一般来说能用中药治疗的尽量不用化学药品,从而减少奶中药物残留。

三、奶牛群的卫生与防疫

(一)奶牛群的卫生

奶牛群的卫生包括奶牛场的卫生与奶牛个体的卫生。

1. 奶牛场的环境卫生

(1)场址要求　奶牛场应建立在交通方便、水质良好、水量充沛、地势高燥、环境幽静、无有害气体、烟雾、灰沙及其他污染的地区,并且远离学校、公共场所、居民住宅区。

(2)场区的布局与设施要求

场内的饲养区、生活区布置在场区的上风、高燥处,兽医室、产房、隔离病房、贮粪场和污水处理池应设置在场区的下风、较低处。

场区内的道路坚硬、平坦、无积水。牛舍、运动场、道路以外地带应绿化。

场区牛舍应坐北朝南,坚固耐用,宽敞明亮,排水通畅,通风良好,牛舍内装有电风扇或排风扇通风降温,高温时用冷水雾化喷洒降温。饲养区门口通道地面设 $3.8m \times 3m \times 0.1m$ 的消毒池,人行通道除设地面消毒池外,在更衣室内还应有紫外线消毒灯。

场区内应设有牛粪尿无害化处理设施。

场区内必须设有更衣室、厕所、淋浴室、休息室。更衣室内应按人数配备衣柜,厕所内应有冲水装置、非手动开关的洗手设施和洗手用的清洗剂及消毒剂。

每天应清洗牛舍槽道、卧床、地面、墙壁,除去褥草、污物、粪便。粪便及污物运送到贮粪场或沼气池。

场区内应定期进行除虫灭害,清除杂草,防止害虫孳生。

场内不得饲养其他家畜、家禽,并防止其进入场区。

(3) 草料的卫生

各种饲草应干净,无杂质,无霉烂变质。

饲喂前饲草应揉化处理或用 TMR 搅拌车处理,扬弃泥土,清除异物,防止污染;块根、块茎类饲料需清洗、切碎。

2. 奶牛的卫生　奶牛场应当注意刷拭牛体,认真刷拭牛体既可以保持牛体的卫生清洁,促进皮肤血液循环,调节体温,增强抗病力,减少疾病发生,又能促进人、牛亲和,便于管理,且有利于提高产奶量并能保持牛奶的卫生质量。故饲养员应每天坚持刷拭牛体 $2 \sim 3$ 次,每次 $3 \sim 5min$。

(二) 奶牛群的防疫

1. 奶牛场的消毒

(1) 消毒设施的建立　场门口建消毒池、紫外线消毒室,场内有污物处理池,备有高压消毒机等消毒器械,备有 3 种以上可供交替使用的高效消毒药品。

(2) 建立消毒制度　规模饲养场必须建立并实施消毒制度。

牛舍每周1次,环境每2周1次,走道每天1次消毒;发病时每天全场消毒1~2次;每1~2天更换消毒药。

(3)消毒的方法　预防性消毒时应先清除污物,冲洗后再用药物消毒。有疫情时,清扫出的粪便和污物直接堆积发酵或倒入无害化处理池,然后全面消毒,保持2h再用水冲洗,反复消毒数日。带牛消毒时还应选用对人、畜体无害的消毒药,消毒药要交替使用。消毒浓度要达到要求,有疫情时加大浓度1~2倍。消毒药液用量要足,被消毒物的表面要全部湿润。温度要适宜(6℃~30℃),时间要充分(应保持半小时以上)。消毒次序应从上到下,牛转群时应带牛全群消毒。

①机械性消毒。用清扫、洗刷、通风等机械方法,清除粪、垫草、污物等。该方法应与其他消毒方法结合进行。

②物理消毒法。主要有阳光和高温两类。阳光是天然的消毒剂,其中的紫外线有较强的杀菌能力,暴晒可起到干燥、灭菌的作用。高温消毒方法主要是对器械、玻璃用具、衣物等进行蒸煮,达到消毒的目的。

③化学消毒法。常用的化学消毒剂及其用法如下。

a. 氢氧化钠(烧碱)。能溶解蛋白质,对细菌和病毒有较强杀灭力。常用2%~5%的热溶液消毒牛舍地面和用具等。该溶液有腐蚀性,使用时注意。

b. 氧化钙(生石灰)。用新鲜石灰1kg,加水1L搅拌,然后再加水4L,用于牛栏和地面的消毒。

c. 含氯石灰(漂白粉)。用前配成5%~20%的混悬液或1%~5%的澄清液用于牛舍、土壤、粪池的消毒。

d. 来苏儿。1%~3%来苏儿用于洗手消毒,3%~5%溶液用于牛栏、地面及器械、用具消毒。

e. 甲醛。常用2%~4%甲醛溶液喷洒墙壁、地面、用具等。

④生物热消毒。主要用于粪便的处理。粪便堆积过程中,微

第一章 奶牛场兽医师职责及任职条件

生物发酵产热,温度高达 70℃以上,经过一段时间,可以杀死病毒、病菌和寄生虫卵等病原体。

2. 免疫接种 做好疫苗的免疫接种是奶牛场防疫工作的关键。牛场应根据《中华人民共和国动物防疫法》及配套法规的要求,结合当地实际情况,有选择地进行疫病的预防接种工作。凡国家规定对动物疫病(如口蹄疫)实行强制免疫的,对按规定免疫过的奶牛必须加挂免疫耳标,并建立免疫档案。并注意选择适宜的疫苗、免疫程序和免疫方法。

规模奶牛场应做好口蹄疫、肺疫、链球菌、副伤寒、牛传染性鼻气管炎和病毒性腹泻-黏膜病等病的常规免疫。根据疫情,还应做好伪狂犬病、大肠杆菌病、细小病毒病等疫病的免疫,严格按免疫程序免疫。

(1)口蹄疫免疫程序

①犊牛。4月龄首免,肌内注射牛羊"O型"口蹄疫灭活疫苗(单价苗注射剂量参考生产厂家的说明书用量)或牛羊O型、亚洲Ⅰ型口蹄疫双价灭活苗(多价苗方法、剂量参考生产厂家说明书)。而后间隔6个月接种1次,肌内注射单价苗或双价苗。

②生产母牛。分娩前3个月肌注单价苗或双价苗。

③后备牛。每年接种疫苗2次。每间隔6个月肌注单价苗或双价苗。

(2)其他常用疫苗 保存和使用见表1-1。

表1-1 牛常用疫苗的保存和使用

疫苗名称	使用方法	保存期限	免疫期
Ⅱ号炭疽芽胞苗	可在颈侧皮下注射1ml,或皮内注射0.2ml	2℃~8℃冷暗处保存,有效期为24个月	注射后14天产生免疫力,免疫期1年

续表 1-1

疫苗名称	使用方法	保存期限	免疫期
牛副伤寒灭活疫苗	1 岁以下小牛肌内注射 1ml；1 岁以上牛肌内注射 2ml	2℃～8℃冷暗处保存,有效期为 12 个月	免疫持续期为 6 个月
牛多杀性巴氏杆菌病灭活疫苗	皮下或肌内注射。体重 100kg 以下的牛,剂量为 4ml；体重 100kg 以上的牛,剂量为 6ml	2℃～8℃冷暗处保存,有效期为 12 个月	免疫持续期为 9 个月
布鲁氏菌病活疫苗	内服,每头剂量 500 亿活菌。只对 3～8 月龄奶牛接种,成年奶牛一般不接种	2℃～8℃冷暗处保存,有效期为 12 个月	免疫持续期为 2 年
口蹄疫 O 型灭活疫苗	1 岁以下肌内注射 2ml,成年牛肌内注射 3ml	2℃～8℃冷暗处保存,有效期为 10 个月	免疫期为 6 个月
牛流行热油佐剂灭活疫苗	颈部皮下间隔 3 周 2 次注射,成年牛 4ml,犊牛 2ml	4℃贮存,有效期为 4 个月	免疫期为 6 个月
牛肺疫兔化弱毒冻干苗	用 50 倍生理盐水稀释,尻部肌内注射。成年牛 1ml,6～12 月龄牛 0.5ml	冻干苗在-15℃贮存,有效期为 21 个月；在 2℃～8℃贮存,有效期为 1 年	免疫期为 1 年

(三)疫病发生后的扑灭措施

第一,发现疑似传染病时,应及时隔离,及早确诊,迅速上报有关主管部门。病原不明或不能确诊时,应取病料送往有关部门检验。

第二,结核病检疫出现可疑反应的牛只,应隔离饲养,复检为阳性的牛只,应及时做出扑杀处理。对结核病检疫出现阳性反应的牛舍,牛只应停止调动,每1~1.5个月复检1次,直至连续2次不出现阳性反应牛只为止。在复检期间应增加对牛舍的消毒次数。

第三,凡是确诊为结核病的牛只应及时做出扑杀处理。并使用效果较好的消毒剂,如5%漂白粉乳剂、20%新鲜石灰乳、15%石炭酸-氢氧化钠合剂,对全场进行彻底消毒。

第四,被病牛或可疑病牛污染的场地、用具、工作服等必须彻底消毒,粪便、垫草等应作无害化处理。

第五,严禁调出或出售传染病患牛和隔离封锁解除之前的健康牛。

第六,一旦确诊为口蹄疫,应划定疫区,严格封锁,就地扑灭,严防蔓延。用2%苛性钠溶液或其他有效消毒药物进行彻底消毒,对病死奶牛进行深埋或烧毁。在最后一头病牛康复或死亡15天后,经报请上级主管部门批准后,方可解除封锁。

四、奶牛群的驱虫

(一)牛的常见寄生虫

牛疥螨和痒螨、牛肝片吸虫、牛住血孢子虫、犊牛球虫、牛眼线虫、犊新蛔虫、牛绦虫、牛附红细胞体等。

(二)制定驱虫计划

为保证奶牛的健康应做好驱虫工作,针对牛的各种寄生虫要做到提前预防,并制定合理有效的驱虫计划。

结合本地情况,选择驱虫药物。一般是每年春、秋两季各进行1次全牛群的驱虫,平常结合转群时实施。

每年春、秋各进行 1 次疥癣等体表寄生虫的检查,6～9 月份,焦虫病流行区要定期检查并做好灭蜱工作,必要时可以注射焦虫病疫苗。10 月份对牛群进行 1 次肝片吸虫等的预防驱虫工作,春季对犊牛群进行球虫的普查和驱虫工作。犊牛 1 月龄和 6 月龄各驱虫 1 次。

(三) 常用驱虫药

1. 丙硫苯咪唑　每千克体重 10～15mg,驱牛新蛔虫、胃肠线虫、肺线虫。

2. 吡喹酮　每千克体重 30～50mg,驱除血吸虫及绦虫。

3. 硫双二氯酚(别丁)　每千克体重 40～50mg,驱肝片吸虫。

4. 血虫净(贝尼尔)　为牛焦虫病专用特效药,疗效显著,每千克体重 5～7mg。临用前用注射水配成 5%～7% 注射液,深部肌内注射。

5. 磺胺二甲嘧啶　每千克体重 100mg,驱牛球虫。

6. 1% 敌百虫溶液　喷于患部,可杀死牛皮蝇蛆和牛螨。

7. 伊维菌素　每千克体重 0.2mg,皮下注射,驱除螨虫及肠道内寄生虫。

五、奶牛乳房保健

奶牛的乳房是生产牛奶的主要器官。因此,保护好奶牛乳房在奶牛场生产中就显得至关重要。

(一) 乳房炎对牛群的危害

乳房炎是导致牛奶产量及质量下降的主要原因之一。在规模化无疫病的奶牛场,所有导致收入减少的因素中,14% 是由于乳房炎而引起奶牛淘汰及死亡,8% 是由于牛奶废弃不用,另有 8% 是由于治疗开支,剩下的 70% 是由于产奶量下降的结果。研究表明牛奶中体细胞数量的变化可判断乳房炎的严重程度。体细胞主要是白细胞,它来自于机体的免疫系统。乳房中体细胞是始终存在的,但数量变化很大。每毫升牛奶中含有 20 万个体细胞作为奶牛是否患乳房炎的基准点,体细胞数超过了这一数目就意味着发生了乳房炎,奶的产量就受到了损失(表 1-2)。

表 1-2 体细胞的变化与产奶量损失的关系

每毫升牛奶中体细胞数	加州乳房炎测试	产奶量的损失
0～150000	阴　性	0
150000～250000	微　量	5%
250000～400000	阳　性	10%
400000～1000000	阳　性	15%

每毫升牛奶中体细胞数达到 40 万个时牛奶看上去也许仍然正常,但产奶量可能已损失了 10%,还可导致牛奶成分和风味的改变。

(二)乳房炎类型及其特征

1. 隐性乳房炎　乳房没有明显的变化,牛奶质量看上去也正常。

2. 临床型乳房炎　乳房及牛奶有明显的异常,牛奶有薄片状、块状或水样状,乳房出现红、肿、热、痛,局部或整个乳房变硬,以及产奶量的下降。

3. 慢性乳房炎　常因急性临床型乳房炎治疗不当而变为慢性乳房炎,病程很长甚至在整个泌乳期乳房炎都存在。

(三)奶牛乳房的保健

第一,乳房炎的及时发现。通过牛奶的体细胞测定,用加州乳房炎测试法,可以早期发现乳房炎。患有乳腺炎的牛(隐性乳腺炎和临床型乳腺炎)在干奶期中进行治疗康复,是减少产犊后乳腺炎的最重要措施。

第二,牛舍的合理建设。牛舍的通风不良及卫生条件不良,提高了奶牛乳房炎的发病率。牛床垫料很少,奶牛运动时易打滑,易损伤乳房、乳头而引起外伤性乳房炎。运动场建立卧床,可使牛群乳房炎发病率大为减少。

第三,挤奶前对乳头进行清洁卫生处理。可用一张纸浸药液清洗奶牛的乳头(用热的消毒液 200~300mg/L 有机氯溶液清洗),再用另一张纸擦干奶牛的乳头。这是减少体细胞数量的一种重要方法。先用手工挤 3 把奶,头 3 把奶挤掉不用。

第四,挤奶员应保持相对固定。手工挤奶采用拳握式,开始用力宜轻,速度稍慢,逐渐加快速度,每分钟挤压 80~100 次。机器挤奶,真空压力应控制在 46.7~50.7 千帕汞柱,频率控制在 60~80 次/min。要防止空挤。

第五,挤奶前将牛体刷拭干净,手工挤奶员双手要清洗干净,挤奶前对乳房进行按摩。机器挤奶,当榨奶完毕时,要立即用手工方法挤净乳房内的余奶,然后用 3%~4%次氯酸钠溶液或 0.5%~1%碘伏溶液对乳头进行药浴。

第六,乳头药浴杯应每天清洗,药浴液应每天更换。乳头药浴可有效地减少乳房炎发病率。

第七,应按一定的次序挤奶,一胎牛最先挤,患乳腺炎的牛最后挤,这种挤奶顺序可减少乳房炎的发病率。

第八,对久治不愈,慢性顽固性乳房炎病牛,应及时淘汰。

第九,干奶期乳房保健:①干奶期乳房保健目的是减少下次产犊时乳房炎的发生;②在决定干奶时要完全挤空乳房内所有牛奶;③在干奶时要用导乳针向每个乳腺的乳池内注入抗生素,并用抗生素软膏封闭乳头管开口;④立即进行乳头药浴,使乳头药浴液自然干燥;⑤一旦奶牛停奶,应饲养在干净、干燥的环境,并提供清洁、干燥的垫料。应根据乳腺生长发育的需要,精、粗饲料与饲草配比应合理,并供给丰富的维生素 A、维生素 E 和微量元素硒的平衡日粮。

六、奶牛蹄的保健

蹄是奶牛重要的支柱器官,奶牛因蹄病被迫淘汰带来的经济损失,是每个牧场管理者十分棘手的问题。所以,做好牛蹄保健,预防奶牛蹄病,是奶牛场必须重视的工作。具体措施如下。

(一)合理搭配日粮,防止蹄病发生

过多地给予精料致使瘤胃酸中毒,产生的乳酸和组织胺作用于蹄组织上的毛细血管,刺激局部的神经引起蹄病的发生。

饲料的能量与蛋白比例以 1:5,钙、磷比为 1.4:1,精、粗比不超过 60:40。日粮中必须保证钙、磷、镁、钾、钠和硫等常量元素的需要量;保证铁、铜、锰、锌、钴、硒和碘等微量元素的需要量。必须保证奶牛维生素 A、维生素 D、维生素 E 和烟酸的供应,为了控制牛瘤胃 pH 值在 6.2~6.5,可适当添加缓冲剂。高产奶牛日粮中应注重蛋白质、矿物质的投入。发现蹄变形,及时修蹄并注射维生素 D_3,补充钙、磷和锌。

(二)改善饲养条件,加强牛舍卫生管理

1. 牛舍环境对牛蹄的影响 ①夏、秋季节,牛舍内卫生条件差,污物浸渍牛蹄,角质变软,蹄病易发生。②牛舍阴暗潮湿,通风不良,氨气积聚,蹄角质蛋白易分解变性成为死角质。③水泥地面和粪尿积存的牛栏,可促使软化的角质过度磨损,常引起蹄底严重挫伤。

2. 改善措施 建立健全卫生管理制度,保持牛舍清洁干燥通风。及时清除粪、尿和积水,保持运动场干燥、平坦,无砖、石、瓦块等物品。运动场地面应铺 5~8cm 厚的细沙,这对减少奶牛蹄病的发病率是十分重要的。有条件的牛场,牛舍铺塑胶牛床。

(三)遗传育种与蹄病

蹄病的遗传性已经越来越多地被人们所重视。品种不同,蹄病易感染性也不同。荷兰荷斯坦奶牛发病最多,红白花奶牛次之,美国加拿大荷斯坦奶牛发病最少。一些牛蹄性状具有一定的遗传性,如蹄踵过高、趾骨畸形、并蹄畸形和螺旋形趾是具有遗传性的。选择肢蹄性状遗传能力好的公牛作为种公牛是育种工作者应优先考虑的事情,奶牛场通过淘汰有明显肢蹄缺陷、特别是蹄变形严重、经常发生跛行的奶牛及其后代,可明显改善牛群的肢蹄状况。

(四)修 蹄

1. 预防性修蹄　即指蹄形尚无异常、无跛行出现而进行的修蹄。经常性修蹄可减少蹄挫伤的发生和变形蹄的形成,减少跛行牛只。建立定期修蹄制度,每年于春、秋季节全群普查修蹄,或于干奶后集中修蹄。

2. 功能性修蹄　指蹄已发生变形或因蹄病而出现跛行,通过对蹄的切削修整使蹄形正常,跛行减轻以至消失,故又称"治疗性修蹄"。功能性修蹄可解除过度负重引起的蹄底挫伤。修蹄时可将患(指)趾削低,除去松脱的角质,削落角质边缘。凡因蹄病(真皮损伤)修整处治的病牛,应置于干净、干燥的圈舍内饲喂,保持蹄部的清洁,减少感染机会。

凡蹄底溃疡或蹄底化脓的蹄,修蹄后再用5%碘酊消毒并用松馏油棉纱填塞蹄底部并打蹄绷带。也可给牛穿牛蹄靴。主要是使患蹄保持清洁防止污染,促进病蹄修复。

(五)蹄 浴

1. 药物　用0.3%~0.5%福尔马林(温度保持在15℃以上)或4%硫酸铜溶液。

2. 方　法

(1)喷洒蹄浴　先用清水清洗蹄部泥土粪尿等脏物,然后用药物对牛实施喷洒蹄浴。夏、秋季每5~7天蹄浴1~2次,冬、春季可适当延长蹄浴间隔。

(2)浸泡蹄浴　蹄浴最恰当的地方是设在挤奶间的出口处,建一长3~5m、宽1m、深15cm的池子用来装药液。牛四蹄站于药浴池中 10～20min,浸浴后在干燥的地方停留半小时,其效果更佳。如果浴液过脏时应予更换新液。在舍饲情况下,蹄浴 1 次后,间隔 1～2 周再进行 1 次,对防治趾间皮炎效果特佳。

(六)治 疗

奶牛发生蹄跛行应立即分析原因并进行对症治疗。对慢性腐蹄病在选择抗生素治疗的同时,局部进行扩创清理病灶与消毒,填塞松馏油,再用纱布绷带包扎好。如患有蹄叶炎用非类固醇抗炎症药物,也可采用普鲁卡因封闭疗法进行治疗。

第二节　奶牛场兽医室建设

一、兽医室建设目标及工作范围

为保证奶牛群的健康无病,每一个大型的养殖场应该在建设奶牛场的时候考虑到兽医室的建设。建设目标应以奶牛的数量和规模为依据,以能完成牛场奶牛疾病防治为目的。兽医室的建筑应当有兽医诊疗室、观察室、兽药室、化验室、兽医值班室、兽医疾病档案及资料室。

(一)建设目标

1. 兽医诊疗室　诊疗室内应有六柱栏 1～2 个,室内另一头有供奶牛倒卧保定治疗的空间。室内水电设施齐全,地面便于刷洗。

2. 手术室　手术室内应有六柱栏、手术台和倒牛垫子,并配备各类手术器械、手提式高压消毒器、器械台、手术照明灯等。

3. 兽药室　兽药室内有供给奶牛疾病治疗的必备药物,药物的存放应有符合药物存贮的合适设备及贮存疫苗的恒温冰箱等。

4. 化验室　化验室内要有进行血液化验、细菌及寄生虫检测的设备及药敏试验的设备等,如冰箱、恒温培养箱、干燥箱、超净工台、手提式高压消毒器、离心机、水浴锅、显微镜、天平、电脑等。

5. 器械室　器械室内有必要的产科器械及能开展大的外科手术的手术器械,以及便携治疗箱等。

6. 档案柜　兽医室必须建立牛群检疫时间表、疾病治疗、淘汰、剖检记录等各种业务档案。并通过电脑存档。

(二)工作范围

第一,对全场奶牛疾病的防、检、治全面负责。

第二,制定奶牛重大疫病的防疫规程并切实执行,防止重大疫病的发生。

第三,制定奶牛场各类疾病的防治规程,及时发现病牛,尽早采取恰当而有效的治疗方法,保证奶牛的健康。

第四,协助挤奶厅搞好抗病工作,预防乳腺炎的发生。

第五,协助繁育人员搞好子宫炎的防治,搞好干奶牛的干奶工作。

第六,及时发现无饲养价值奶牛,并提出淘汰无饲养价值的奶牛的建议。

二、兽医诊疗登记病案与诊疗经费的预算

(一)兽医诊疗登记病案记录的意义

临床病案的记录是诊疗疾病的原始资料,不仅可以供内部诊疗人员查阅,也可以为外来工作者提供参考,并可以成为法医学的根据。因此,兽医诊疗登记病案必须认真填写,妥善保管。

(二)兽医诊疗登记病案的内容

1. 一般项目　牛舍号、奶牛耳号、年龄、发病日期、初步诊断、最后诊断、疾病转归、兽医师签名。

2. 问诊及流行病学调查资料　包括病史、疾病的经过、饲养管理与环境条件等内容。

3. 临床所见、剖检变化及实验室诊断结果　这是病案的主要

内容,特别是初诊之际更应该详细记录。

第一,首先记录体温(T℃)、脉搏(P 次/min)、呼吸(R 次/min)。

第二,其次是整体状态、表被状态、眼结膜的颜色、浅在淋巴结的变化。

第三,系统检查的部位、器官的顺序,记录检查到的症状、变化。

第四,辅助检查和特殊检查结果,包括剖检变化、实验室检查(血、尿、粪、细菌、寄生虫)和特殊检查(心电图、超声波等)结果。

4. 病案日志记录　病案日志记录一般包括:逐日记录体温、脉搏和呼吸数,各器官系统的症状变化,治疗原则、方法、处方、护理,改善饲养、管理方面的措施,会诊的意见及决定。

5. 总结　治疗结束时,总结诊断和治疗的经验教训,并对今后生产加以评定,指出今后在饲养、管理上应注意的事项及对今后疾病防治中提出意见和建议。如以死亡转归的动物,应进行剖检并附剖检的病理报告。

(三)兽医室建设经费的预算

兽医室建设经费预算需要以下几个指标体系:①针对饲养的规模确定兽医人员的数量;②根据兽医室常备药物的种类,确定药物的数量;③根据所要建设兽医室的级别,确定兽医室需要的基本仪器和兽医器械。④根据牛群的规模预算全年药费的支出。一般成年奶牛 0.5 元/天·头,育成牛 0.2 元/天·头,犊牛 0.3 元/天·头。

第三节　奶牛场兽医师任职条件

第一,奶牛场兽医师应具有大专以上学历,3~5 年实际工作经验,熟练掌握奶牛疾病的诊断及治疗方法,并具有《职业兽医师资格证书》。

第二，身体健康，无人、畜共患传染病。

第三，应当自觉接受动物防疫监督机构的培训、考核、监督和管理。

第四，熟悉《动物防疫法》及有关法规、规章规定。

第五，掌握世界兽医局规定的传染病名称、发病症状，以及传染病的处理程序。

第六，随时了解周围大环境疫病的流行情况，提出预防措施。

第七，准确、真实、完整地做好诊疗、用药、免疫、消毒及病死牛尸体的无害化处理记录，并按规定及时整理存档。

第八，协助当地动物防疫监督机构做好奶牛疫病监测、疫情报告及计划免疫工作。

第九，不得使用未持有兽药经营许可证经营的兽药或假劣兽药。

第十，不得使用非法兽用生物制品。

第十一，依法从事诊疗活动，遵守职业道德，不在饲养场外开展诊疗活动。

第十二，热爱本职工作，不断总结经验，提高诊疗水平。

第二章 奶牛场兽医师诊断技术

第一节 保定法与倒牛法

一、站立保定法

(一) 柱栏内保定

在奶牛临床诊疗活动中,用六柱栏、四柱栏或二柱栏以限制奶牛活动,才能顺利的对奶牛进行诊疗。因此,柱栏内保定是奶牛诊疗工作中不可缺少的保定方法。

1. 六柱栏保定 六柱栏基本结构为 6 个柱子,用直径 8~10cm 的无缝钢管焊接制成,固定在地面上,也有的为可移动的六柱栏。六柱栏的结构共有 6 个柱子,有木制和铁制的两种,固定在地面上,也有的为可移动的六柱栏。两个门柱用以固定头颈部,2 个前柱和 2 个后柱,用以固定体躯和前肢,在同侧前后柱上,设有下横梁和上横梁,用以吊胸、腹带(图 2-1)。

保定时先将六柱栏的胸带(前带)装好,将牛由后方牵入六柱栏内,立即装上尾带,并把缰绳拴在门柱

图 2-1　六柱栏　(闫振贵提供)

上。为防止牛跳起,从前带跳出,可用一扁绳"压梁",即用绳拴在下横梁上,再通过鬐甲部至对侧横梁上缠绕打结。同时为了防止

牛卧下,应装好腹带(图 2-2)。诊疗工作完毕,先解除髻甲带,再解除腹带和前带,即可将奶牛牵出六柱栏。

2. 二柱栏保定　这是我国民间保定牛的常用方法,操作简便、实用,多用于治疗和临床检查。二柱栏

图 2-2　六柱栏保定　(闫振贵)

有 1 个横梁,与 2 个立柱连接成二柱栏。二柱之间的距离约 1.5m(图 2-3)。将牛牵近二柱栏前柱,缰绳拴在横柱前环上,用 1 条圆绳或扁绳将鼻圈捆缚于前柱上。用 10m 长的围绳 1 条,将牛围在前后柱之间,其方法是将围绳一端的铁环挂在后柱的铁钩上,绳从右向左绕两柱 1 周,将牛围在两绳之间,在后柱挂钩上绕 1～2 圈,再由左向右围绕牛 1 周,再把绳在后柱挂钩上绕一下,并将绳夹在后

图 2-3　二柱栏保定

柱和所绕圈绳之间。然后在胸、腹部各装 1 条吊带,吊带将奶牛吊的高度以四肢能支持体重而不能卧下和跳跃为度。

3. 单柱保定　仅 1 个单柱(图 2-4),在农村可用树来代替单柱。保定时用 1 根长 2.5m、手指粗的麻绳对折成双股,右手抓持二股绳尾端,绳的双股端绕奶牛颈部和单柱 1 周,然后左手抓住对折双股套端,手经双股套内将右手中的一股绳拉入绳套内,右手立即拉紧另一股绳,压紧被拉入的绳,然后左手再伸入折叠的绳套

第二章 奶牛场兽医师诊断技术

图 2-4 单柱保定 （闫振贵）

内,拉右手中另一股绳,进入折叠绳套内,右手立即拉紧一根绳端,如此反复几次,奶牛颈部被固定在单柱上。

（二）饲槽头颈部保定

这是奶牛场保定牛的常用方法,操作简便,多用于普通临床检查和注射。

将牛赶到饲槽位置,使其头颈穿过饲槽的铁柱栏杆,然后推动横梁上的活动开关,夹住牛的颈部,牛头不能从铁柱之间退出（图2-5）。进行静脉注射时,可以用绳子将牛头牵引到饲槽柱栏的一侧并固定,充分暴露牛的颈部,可以方便、安全地进行静脉注射。

（三）牛鼻钳保定

牛鼻钳是特制的专用于保定牛的金属保定器械,是中、西兽医最常用的保定工具,是控制牛头部很有效的方法,牛鼻钳有数种（图2-6）。永久性牛鼻钳是先将牛的两鼻孔之间鼻中隔穿透,然后再用金属条经穿刺孔穿入,金属条两端向牛鼻背面弯曲,并和笼头连接在一起。暂时保定牛用的牛鼻钳,是

图 2-5 饲槽头颈部保定
（王春璇）

将长柄鼻钳的钳端夹入两鼻孔之中,钳住鼻中隔,并抬高牛头即可（图2-7）,待诊疗工作结束后再将鼻钳解脱。

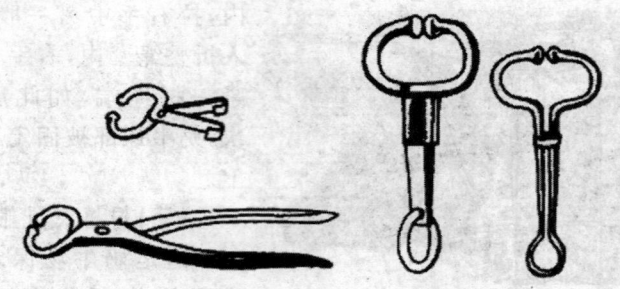

图 2-6　牛鼻钳及其类型

(四)角根缠绕保定

取 1 条长绳拴在牛角根部,然后用此绳把将牛头前方或侧方对准木桩或树干,用绳索在角根和木桩上做"8"字形反复捆缚,最后将牛的嘴端缚于木桩上(图 2-8)。为防止造成断角,可再用绳从臀部绕躯体 1 周拴到桩上。本法适用于头部疾病的检查和治疗。

图 2-7　牛鼻钳保定

(五)两后肢保定

检查乳房或治疗乳房病时,为了防止奶牛的骚动和不安,将两后肢固定。方法是选择柔软的线绳在跗关节上方做"8"字形缠绕(图 2-9)或用绳套固定(图 2-10),压迫腓肠肌和跟腱,达到防止踢动的目的。此法适用于乳房、后肢及阴道疾病的检查和治疗。

(六)后肢与前肢提举保定

1. 前肢提举和固定　将牛牵到柱栏内,用绳在牛系部固定,

第二章 奶牛场兽医师诊断技术

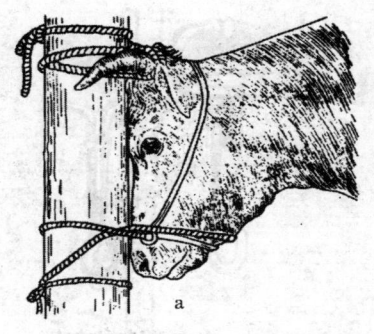 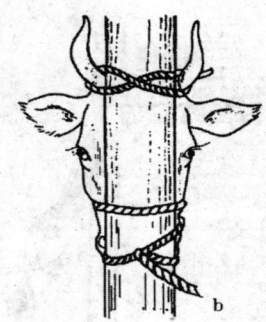

图 2-8 角根缠绕保定
a. 侧面 b. 正面

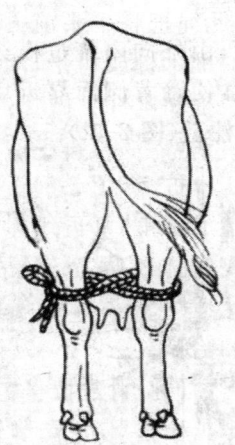 

图 2-9 两后肢"8"字形缠绕保定　　图 2-10 两后肢绳套保定

绳的另一端自前柱由外向内绕过保定架的横梁,向前下兜住牛的掌部,收紧绳索,把前肢拉到前柱的外侧。再将绳的游离端绕过牛的掌部,与立柱一起缠 2 圈,则被提起的前肢牢固地固定于前柱上(图 2-11)。

2. 后肢的提举和固定　将牛牵入柱栏内,绳的一端绑在牛的

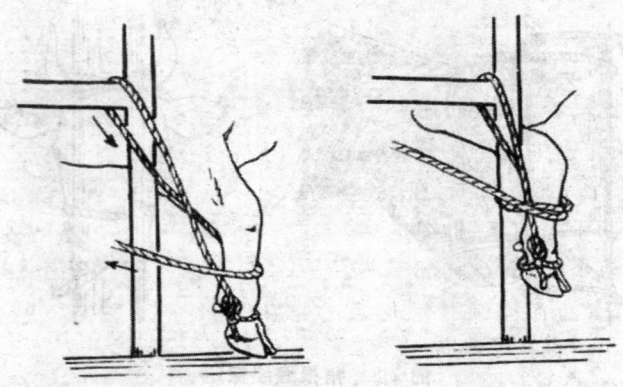

图 2-11　前肢提举保定

后肢系部,绳的游离端从后肢的外侧面,由外向内绕过横梁,再从后柱外侧兜住后肢蹄部,用力收紧绳索,使蹄背侧面靠近后柱,在蹄部与后柱多缠几圈,把后肢固定在后柱上(图 2-12)。

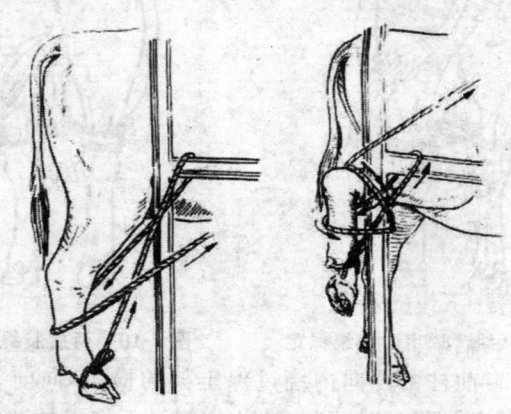

图 2-12　后肢提举保定

二、倒 牛 法

牛比马容易放倒,用机械方法也很少挣扎。倒牛的方法也很多,一条绳倒牛法是比较常用的方法,操作省力、安全。其方法是选1根12~15m长绳,在距绳端2m处,将绳拴在牛的角根部,并交2位助手向前牵引;绳的另一端向后牵引,在肩胛骨的后角,以半结做1个胸环,绕胸部1周后,再在髋结节前再经腹部围绕1周(图2-13),绳游离端由3~4个人向后牵引,前方与后方同时向相反的两个方向用力拉绳,牛平稳自然卧倒在地下。牛卧倒后,前方牵引绳的人立即用1只手抓住牛鼻钳(或用手抓住牛的两鼻孔),另1只手抓住牛角使牛的枕部着地,牢固地控制牛头,防止牛抬头,即可有效控制牛,使其不能站起。

图 2-13 一条绳倒牛法

根据治疗工作的需要,可按马属动物倒卧后,四肢集拢保定;或两前肢与一后肢集拢保定,而另一后肢前外方转位保定法进行保定。

对于贵重的奶牛,用一条绳倒牛时,要注意绳的腹环对乳房、乳静脉的压迫和损伤,可将一条绳倒牛法进行适当的变化。方法是:取一长绳双折,将绳的中间部分横置于牛肩峰位置,两游离端向下通过两前肢之间,在胸下交叉后返回到背上再一次交叉,然后两游离端向下从两后肢内侧和乳房之间向后穿过,保持平稳的拉力向后拉两绳,直至牛倒下(图 2-14)。

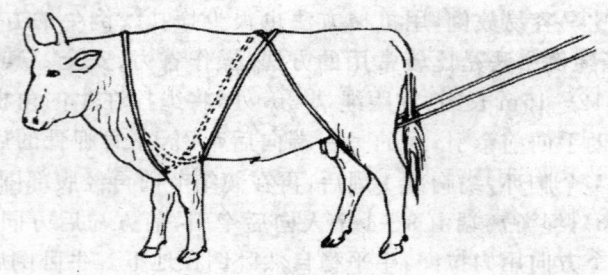

图 2-14　一条绳倒牛变法

小牛的卧倒比较容易,把牛缰绳的游离端向后牵引,在跗关节绕过,反折向前,保定者站在牛的一侧握住绳索,拉转牛头,牛由于失去平衡而自然卧倒。

第二节　临床检查基本方法和程序

一、临床检查的基本方法

临床检查是诊断牛病最基本的方法。临床检查过程中,最常用的检查方法有问诊、视诊、触诊、听诊、叩诊和嗅诊。临床检查包括一般检查和系统检查两方面。

(一)问　诊

通过询问的方式,向饲养员了解疾病发生发展的经过、症状以及治疗情况。问诊内容主要有下列几项。

1. 发病及诊疗经过　主要询问发病时间,开始发病时的主要症状、疾病发展的快慢、转变过程以及诊疗情况等。诊疗经过的询问包括是否进行过诊断性治疗,曾诊断为何种病,用药情况。

2. 饲养管理情况　应了解饲料的种类、来源、品质、调制和饲喂方法等情况。还应了解圈舍的保温、通风、防暑、光照条件以及饲槽、厩舍及牛体卫生条件等。

3. 既往病史　包括过去发病治愈等情况,以及本地区疫源和疫情等。

(二) 视　诊

视诊内容很广泛,主要包括:观察全身状态,如营养、精神、姿势、被毛、腹围等;注意有无某些生理活动异常,如呼吸运动、反刍、排尿排粪动作、排粪量以及性状等;体表各部分及口、鼻等情况,如皮肤颜色及有无出汗,体表有无创伤和肿胀,可视黏膜的颜色和有无水疱、溃疡,内眼角、鼻腔、阴门等有无分泌物等。

(三) 触　诊

触诊所感觉到的病变性质,主要有如下几种。

1. 捏粉样　感觉稍柔软,如压生面团样,指压留痕,除去压迫后慢慢平复。见于组织间发生浆液性浸润时,如皮下水肿。

2. 波动性　柔软有力,指压不留痕,行间歇压迫时有波动感。见于组织间有液体滞留且组织周围弹力减弱时,如血肿、脓肿等。

3. 坚实　感觉坚实致密,硬度如肝。见于组织间发生细胞浸润时(如蜂窝织炎)或结缔组织增生时。

4. 硬固　感觉组织坚硬如骨,见于骨瘤。

5. 气肿性　感觉柔软稍具弹性,并感觉有气体向邻近组织逃窜,同时可听到有如在耳边捻发音。见于组织间有气体集聚时,如皮下气肿、气肿疽、恶性水肿等。

(四) 听　诊

通过听取牛体发出的音响推断内部器官的病理改变,常用于心、肺及胃肠的检查。听诊可分为直接听诊和间接听诊。前者常用于咳嗽、气喘、磨牙等的检查;后者应用较多,特别是心、肺及胃肠音响的检查。间接听诊常与叩诊结合应用,以判定被检查器官是否膨大而移位,以及与其他器官的界限。

(五) 叩　诊

根据叩打奶牛体表所产生的音响的性质,以推断被叩打的组织和深在器官有无病理改变的一种检查方法。多用于确定胸壁有无疼痛、肺后下缘的界限、胸腔中液体的多少、肺部病变的范围与性质;心脏的大小、肝脏或脾脏的界限,腹水的有无及皱胃变位疾病等。按使用器械与否分为直接叩诊和间接叩诊。间接叩诊法包括手指叩诊和槌板叩诊法。叩诊音,根据被叩诊组织是否含有气体,分为清音(含气组织振动时发出的声音)、浊音和钢管音。广义的清音包括正常的肺叩诊音、鼓音和过清音3种,狭义的清音仅指正常肺叩诊音而言。广义的浊音包括相对浊音(半浊音)和绝对浊音(浊音或实音)。钢管音是皱胃变位后叩诊出现的声音。

(六) 嗅　诊

借助嗅觉对动物分泌物、排泄物和呼出的气体及皮肤气味的辨别,即嗅诊。如尿毒症,皮肤和汗液带有尿味;临床酮病时,呼出气、汗液或排出尿液有芳香甜气味等。

二、临床检查顺序

临床检查顺序又叫做临床检查方案。在临床上,按照一定的顺序,有系统、有目地对病奶牛进行全面检查,是避免遗漏主要症状和产生误诊的惟一手段。因为造成误诊的原因,往往是由于这样一个或那样一个项目的漏检所致。在临床实际工作中,对病奶牛一般按照下列顺序进行检查。

(一) 病奶牛登记

病奶牛登记的主要内容包括:病奶牛所在牛舍号、名称、耳号、年龄、特征、发病日期、初诊日期等。

(二) 病史调查

包括疾病史、生活史调查。疾病史主要调查发病时间、病后表现、过去是否患过同样疾病,附近相邻牧场有无类似疾病发生,以及治疗情况。生活史包括饲养管理情况、防疫卫生制度贯彻情况等。

（三）现症检查

现症检查包括一般检查、系统检查及实验室检查。

1. 一般检查　主要是观察整体状态,如精神、营养、体格、姿势、运动、行为等。测定体温、脉搏和呼吸次数。被毛、皮肤及表在病变。眼结膜的检查,体表淋巴结的检查。

2. 各系统器官的检查　包括心血管系统,呼吸系统器官的检查,消化系统器官的检查,泌尿、生殖系统的检查和神经系统的检查。

3. 实验室检查　如血液、尿液、粪便、肝功能及胸腹腔穿刺液的检查等。

根据需要可配合进行某些功能试验、特殊器械检查、X线检查以及其他检查。

三、一般检查

一般检查的内容包括病奶牛全身状态、被毛及皮肤状态、眼结膜和体表淋巴结以及体温、脉搏及呼吸次数的检查。

（一）全身状态的观察

1. 精神状态　主要观察病奶牛的神态,根据其耳的运动,眼的表情及各种反应、举动而判定。正常时中枢神经系统的兴奋与抑制两个过程保持动态的平衡。精神异常可表现为抑制或兴奋。抑制状态主要见于热性病、重症病奶牛及某些脑病与中毒。兴奋状态一般多见于脑病或中毒。

2. 体格、营养检查　体格发育不良的奶牛,躯体矮小,瘦弱无力,体长而扁,肢长而细,发育迟缓或停滞,这多是由于营养不良或慢性消耗性疾病所致。患佝偻病时,见躯体矮小,头大颈短,关节变粗,四肢弯曲或脊柱凹凸变形。营养状态与动物机体的代谢功能和饲养、管理条件有密切关系。营养不良可见于营养缺乏及代谢扰乱性疾病,长期的消化障碍(如慢性胃肠卡他)及慢性消耗性疾病(如发热病、某些传染病及寄生虫病)等。

3. 姿势、运动检查　患牛表现异常姿势有:站立不稳姿势,多是在患一些疼痛性疾病如蹄叶炎。强迫站立姿势,如破伤风患牛肌肉强直,四肢开张如"木马"。强迫横卧姿势有的因神经系统的功能障碍引起,如脑炎、中暑、牛产后瘫痪等疾病,奶牛昏迷呈横卧姿势。

(二) 被毛及皮肤检查

1. 鼻镜检查　病牛鼻镜常干燥,甚至发生龟裂,触之有热感。
2. 被毛检查　患牛被毛常蓬乱而无光泽、易脱落,常见于营养不良和慢性消耗性疾病。
3. 皮肤检查　包括皮肤温度检查、湿度检查、气味检查、弹性检查、皮肤及皮下肿胀检查、皮肤丘疹和皮肤完整性检查。

(三) 眼结膜检查

健康牛眼结膜呈淡粉红色。病理变化有如下几种:结膜苍白是贫血的表现,如大失血、肝脾破裂、营养性贫血、肠道寄生虫病等;结膜潮红是血液循环障碍的表现,见于眼的外伤、结膜炎及各种急性热性传染病;结膜紫绀是血液中还原型血红蛋白增多的结果,见于肺炎、心力衰竭及某些中毒病;结膜黄染是血液内胆红素增多的结果,见于肝脏疾病及某些中毒病及附红细胞体病等。

(四) 淋巴结检查

主要通过触诊和视诊,检查淋巴结的位置、形态、大小、硬度、敏感性及移动性等。临床上具有重要诊断意义的淋巴结有:下颌淋巴结、膝上淋巴结、肩前淋巴结。患牛常见急慢性肿胀,急性肿胀可见牛的白血病、泰勒氏焦虫病等。慢性肿胀可见于牛的结核病、放线菌感染。

(五)体温、脉搏和呼吸的检查

1. 体温检查 体温低下,多由于体热散失过多,或产热不足。如麻醉期中的奶牛或使用镇静剂后,产后瘫痪和休克时,常见体温低下,当内脏破裂、大失血、严重脑病、中毒性疾病及重急症末期,由于代谢高度减退,也常体温低下。体温升高可见3种热型:稽留热高热持续3天以上,且每日温差在1℃以内,多见于传染性胸膜肺炎、犊牛副伤寒等;弛张热体温日差在1℃以上,常见于化脓性疾病、败血症及支气管肺炎等;间歇热表现为有热和无热期交替出现,多见于结核、锥虫病、焦虫病等。

2. 脉搏数检查 牛的脉搏数检查是通过触摸尾中动脉检查的,触摸位置在尾底面。脉搏数增多常见于各种发热性疾病、各种心脏病、各种贫血或严重的脱水、各种伴有剧烈疼痛的疾病、某些中毒性疾病或药物的影响。脉搏数减少可见于引起颅内压增高的疾病(如慢性脑室积水)、胆石症、某些植物中毒和药物中毒等。

3. 呼吸检查 健康牛呼吸次数为 $10 \sim 30$ 次/min。引起呼吸次数增多的疾病,除了包括能引起脉搏增多的疾病外,呼吸疼痛性疾病(如胸膜炎、肋骨骨折、创伤性网胃炎、腹膜炎等)也可导致呼吸次数增多。呼吸次数减少较少见,主要有脑病(脑炎、脑肿瘤、脑水肿)、上呼吸道狭窄和尿毒症等。

四、循环系统检查

在临床诊断中,准确地判断心血管系统的功能状态,不仅在诊断上十分重要,而且对推断预后,也有一定的意义。因此,心血管系统的检查是一项非常重要的内容。心血管系统的检查,主要应用视诊、听诊、叩诊的方法。

(一)心脏的临床检查

1. 心搏动的视诊与触诊 心搏动的强度取决于:心脏的收缩力量,胸壁的厚度,胸壁与心脏之间的介质。病理性的心搏动增强,可见于一切引起心脏功能亢进之时,如发热病的初期,伴有疼痛性的疾病,轻度的贫血,心脏病的代偿期(如心肌炎、心包炎、心内膜炎的初期)以及病理性的心肥大等。心搏动减弱,表现为心区的震动微弱甚至难于感知。心搏动的减弱可见于:①引起心脏衰弱、心室收缩无力的病理性过程,如心脏病的代偿期;②病理性原因引起的胸壁肥厚,如当纤维素性胸膜肺炎或胸壁浮肿时;③胸壁与心脏之间的介质状态的改变,如当渗出性胸膜炎、胸腔积水、肺气肿、渗出性或纤维素性心包炎时。在牛的创伤性心包炎时,有大量的渗出液蓄积,心搏动特别微弱。

2. *心区的叩诊* 心脏正常的叩诊音为浊音,心脏叩诊浊音区缩小提示肺气肿的发生。心脏叩诊浊音区扩大,可见于心肥大、心扩张以及渗出性心包炎、心包积水。当心区叩诊时,奶牛表现回视、躲闪或反抗而呈疼痛不安,乃心区敏感反应,常是心包炎或胸膜炎的特征。当牛患创伤性心包炎时,除可见浊音区扩大、呈敏感反应外,有时可呈鼓音或浊鼓音。

3. *心脏的听诊* 在健康奶牛的每个心动周期中,可以听到"噜—嗒"有节奏的交替而来的 2 个声音,称为心音,前一个叫第一心音,后一个叫第二心音。第一心音音调低而钝浊,持续时间长,尾音也长,第二心音音调较高,持续时间较短,尾音终止突然。心音的病理变化包括心音的频率、强度、性质和节律的变化等。

(1)*心音频率的改变* 包括窦性心动过速和窦性心动过缓。前者见于病牛发热及心力衰竭时,后者见于黄疸、颅内压增高的疾病、洋地黄中毒等。

(2)*心音强度的改变* 第一、第二心音均增强可见于热性病的初期,心脏功能亢进以及兴奋或伴有剧痛性的疾病及心脏肥大等。第一、第二心音均减弱,可见于心脏功能障碍的后期以及渗出性胸膜肺炎或心包炎。第一心音增强主见于心脏衰弱或大失血、失水以及其他引起动脉血压显著下降的各种病理过程,第二心音增强主要由于肺动脉及主动脉血压升高所致,可见于肺气肿或肾炎。

(3)心音性质的改变　常表现为心音混浊,音调低沉且含混不清,主要见于热性病及其他引起心肌损害的多种病理过程。

(4)心音分裂　把一个心音分成2个声音,听起来类似"特、噜—嗒"或"噜、嗒—啦"。第一心音分裂可见于心肌损害及其传导功能障碍,第二心音分裂主要由于主动脉瓣与肺动脉瓣的不同时关闭所致。

(5)心杂音　心脏杂音是心音以外持续时间较长的附加声音,它可与心音分开或相连续甚至完全遮盖心音,其音性与心音完全不同,有的如吹风样、锯木样,有的如哨音、皮革摩擦音。心脏杂音对心脏瓣膜及心包疾病的诊断具有重要意义。

(6)心率失常　多见于心脏兴奋性改变、心脏传导系统功能障碍和严重疾病时。

(二)脉搏检查

1. 脉搏性质　着重检查脉搏的强弱。脉搏强而有力,见于热性病初期、心脏代偿功能亢进及兴奋、运动时;脉搏弱而无力,见于心脏衰弱、热性病及中毒病的后期;脉搏不感于手,见于心力衰竭及濒死期。

2. 脉搏节律　如果牛的脉搏间隔不等,强弱不定,就是无节律脉。

五、中心静脉压的测定

中心静脉压是指右心房或腔静脉的压力。中心静脉压的高低,主要由血容量的多少、心脏功能的好坏及血管张力的大小决定,测定中心静脉压作为观察血液的动态变化以及临床上作为补充血容量的一个指标。

(一)设　备

盐水输液瓶、中心静脉压测定管、三通开关、聚乙烯塑料管及采血针头。该装置用70%酒精浸泡、消毒备用。

(二) 步 骤

先使输液瓶通过三通开关与静脉测压管相通,用生理盐水注满测压管,并调整测压管零刻度与被测动物右心房在同一水平线上,关闭三通开关。

用聚乙烯塑料管测定针头颈静脉刺入点与右心房之间的距离,并在聚乙烯塑料管上做好标记,然后取采血针头尖端朝向心端方向刺入颈静脉内,并迅速将聚乙烯塑料管通过针孔导入颈静脉内,将聚乙烯塑料管推送至做好标记处,即达到右心房内。

打开三通开关,使测压管与右心房相通,静压柱液体缓缓下降,待液面不再下降时所在的刻度即为中心静脉压读数。

读数后,再使输液瓶与尼龙导管相通,输液5分钟,再测1次,以2次的平均数作为结果。

牛的中心静脉压正常值为90±40帕。

(三) 临床意义及应用

中心静脉压的高低是受有效循环血液量的多少、心脏功能的好坏和血管张力的大小影响的,同时它也反映当时心脏是否有能力将回心血液排出和当时血管床能否容纳已经输入的液体。

血压低,中心静脉压低,表示其血容量有绝对或相对的不足,此时必须大量快速输液,以提高血容量,改善循环功能,才能挽救重危病例。

血压偏低,中心静脉压很高,表示心脏功能不全或心力衰竭,必须先要强心,而后补充血容量。否则,输液速度越快,输液数量越多,对心脏越不利。

牛患创伤性心包炎时,中心静脉压可升高到240帕以上,这在早期确诊创伤性心包炎具有重要的诊断意义。

六、呼吸系统检查

呼吸系统的检查,主要包括呼吸运动、上呼吸道及胸部的检查。

(一)呼吸运动的检查

1. **呼吸式** 健康牛为胸腹式呼吸。病理状态下的胸式呼吸见于瘤胃臌胀、创伤性网胃炎、腹膜炎和腹壁疝。腹式呼吸见于胸膜炎、肋骨骨折及心包炎。

2. **呼吸困难** 吸气式呼吸困难主要发生于鼻腔、咽、喉及气管患病;慢性肺气肿及细支气管炎时则多发呼气式呼吸困难;肺和胸膜腔疾患时,如肺炎、胸腔积液或气胸等则呈现混合式呼吸困难。

(二)鼻液检查

多量鼻液,见于呼吸系统的急性炎症疾病和某些传染病;少量鼻液,见于慢性呼吸系统疾病和某些传染病。浆液性鼻液常见于呼吸道黏膜急性炎症的初期及感冒;黏液性鼻液常见于呼吸道急性炎症的中期或恢复期;脓性鼻液见于呼吸道黏膜急性炎症的后期、鼻窦炎及肺脓肿破溃;腐败性鼻液见于坏疽性肺炎和腐败性支气管炎等;血液性鼻液,见于呼吸道黏膜损伤和肺出血。

(三)咳嗽检查

人工诱咳,若牛连续多次咳嗽,即为病态。干咳多见于喉和气管异物、慢性支气管炎、胸膜炎、肺结核,湿咳见于气管炎等。单发性咳嗽常见于感冒、慢性支气管炎和肺结核等,连续性咳嗽常见于急性喉炎、支气管炎和支气管肺炎。

(四)喉及气管检查

视诊和触诊喉和气管,应注意有无肿胀,若有肿胀,表明喉或气管有炎症。听诊喉部,当喉和气管黏膜炎症或因肿瘤等异物压迫而发生狭窄时,喉和气管呼吸音增强并伴有啰音。

(五) 胸部检查

1. **胸部触诊** 胸部触诊,主要是判定胸壁的敏感性及肋骨状态。胸壁敏感,触诊时动物骚动不安,见于胸膜炎、肋骨骨折等。佝偻病经过中,有时在肋骨与肋软骨结合部可摸到串珠状肿胀。

2. **胸部叩诊** 肺叩诊区扩大是肺泡内气体增多,肺容积增大的结果,常见于肺泡气肿和气胸。肺叩诊区缩小多为腹腔脏器膨大、腹腔积液、心包积液压迫肺脏的结果,或肺萎缩所致。正常的肺部叩诊音为清音,叩诊呈浊音或半浊音,见于肺炎、胸膜炎等,叩诊呈鼓音,见于肺空洞、气胸等,叩诊呈过清音,见于肺气肿。

3. **胸部听诊** 在健康牛肺区可听到"夫"、"夫"的肺泡呼吸音。病理状态下呼吸音增强,见于热性病和贫血等。肺泡呼吸音减弱或消失,见于肺炎、肺气肿和胸膜炎。干啰音常见于支气管炎、肺结核等,湿啰音常见于支气管炎、支气管肺炎和肺水肿等。捻发音常见于胸膜炎的初期和渗出液吸收期。胸腔拍水音见于渗出性胸膜炎。

七、消化系统检查

在奶牛疾病中,消化系统疾病占很高比例,既有原发性的也有继发性的。因此,在一般检查的基础上多数要进行消化系统检查。它包括饮、食欲检查,口腔检查,咽及食管检查,反刍、嗳气及腹部检查。

(一) 饮、食欲检查

食欲废绝,表明严重的全身紊乱,也表明严重的口腔疾病及其他疼痛性疾病;食欲反常主要见于代谢性疾病,尤其是矿物质缺乏或慢性消化紊乱,表现异食癖。饮欲反应了全身需水量的程度,饮欲减退见于伴有昏迷的脑病;饮欲增加见于高热或大失血等情况。

(二) 反刍检查

反刍是食团从瘤胃返回口腔进行重咀嚼和重吞咽。由于反刍与前胃、皱胃的功能有关系,健康奶牛通常在饲喂后不久即出现反

第二章　奶牛场兽医师诊断技术

刍,每次反刍持续 30~60min,1 个食团咀嚼 40~60 次。反刍的病理变化主要是反刍迟缓而稀少,短而无力,时时终止,不愿咀嚼或咀嚼不充分即行咽下,严重时反刍停止,见于前胃弛缓或胃肠道疾病。在反刍中逆呕或吞咽不自然,可能是食管疾病。假性反刍是一种病理现象,其特点是空口咀嚼,并发出含漱音。用手插入口腔,有大量黄褐色的酸臭的瘤胃液流出,常见于前胃疾病、各种传染病、严重的寄生虫病、许多代谢病、中毒病,当出现全身症状时均可影响反刍。

(三) 嗳气检查

嗳气是瘤胃气体压迫瘤胃后背盲囊而引起的一种反射运动,常用听诊或视诊检查,嗳气增强表示瘤胃运动功能增强,发酵旺盛;嗳气减少是瘤胃运动功能障碍和前胃内容物干涸或积食的结果。嗳气停止与食欲废绝、反刍消失常相一致,并常常导致瘤胃臌胀。

(四) 腹部检查

腹部检查是消化系统检查的重要组成部分,包括腹围大小、腹腔内容物及胃肠道功能变化。

1. 腹围检查　从前方或尾后观察腹围的大小,在胃肠臌胀、变位、子宫蓄脓、膀胱破裂、腹水、肿瘤等均可见腹围增大;而长期饥饿、腹泻等腹围缩小。

2. 瘤胃检查　瘤胃触诊是很重要的方法,用拳紧压瘤胃即可感到节律性的起伏运动,判定蠕动波的次数,用手触诊瘤胃还可探知内容物的数量和硬度。听诊可测定蠕动波的强弱与长短。凡影响消化系统的局部和全身性疾病,瘤胃蠕动次数减少,蠕动音降低,蠕动力量减弱。病情严重者则蠕动停止。

3. 网胃、瓣胃检查　网胃、瓣胃检查不如瘤胃检查效果明显,即使是触诊网胃,也并非一定能测出疼痛。瓣胃在右侧第 7~9 肋间、肩关节水平线上下 3cm 处,在此处听诊,可听到轻微的沙沙音,患瓣胃堵塞时蠕动音减弱或消失。

4. 皱胃检查　皱胃位于右侧第 8~11 肋间及肋弓的腹下部。判定皱胃阻塞则用触诊的方法，两手掌平放于右侧肋弓后下方，向腹内摇动可感到皱胃的轮廓和硬度。当皱胃左方变位时，在左侧髋关节水平线上的倒数 1~4 肋间范围内叩诊结合听诊可出现钢管音。当皱胃右方变位时，在右侧髋关节水平线的倒数 1~4 肋间范围内叩诊结合听诊可出现典型的钢管音。

5. 肠管检查　奶牛正常肠音低弱，病理状态下肠音减弱或消失。临床上牛的直肠检查对肠套叠、肠扭转、肠便秘等疾病的确诊具有实用价值。

6. 排粪与粪便　粪便的颜色、软硬、黏液等对胃肠道病理状态有直观判定价值。对用同一种饲料，在同样的管理条件下出现的硬度不一或带血、带黏液等都有助于诊断。如粪便呈球状并被覆闪光的黏液可能是酮病，呈黑色松馏油状血粪可能是皱胃溃疡，粪少并主要呈乳白色胶冻样物质则有可能是肠套叠或肠便秘，排粪的次数增加呈水样便多是肠炎。

八、泌尿系统检查

（一）排尿动作及尿液感观检查

1. 排尿动作　观察牛在排尿过程中的动作与姿势。

（1）多尿　表现为排尿次数和尿量增加，见于慢性肾病、渗出性胸膜炎的吸收期。

（2）少尿　表现为排尿次数减少和尿量减少，见于热性病、急性肾炎。

（3）频尿　表现为时有排尿动作，但尿量少，见于膀胱炎、尿道炎。

（4）无尿　真性无尿，无排尿动作，见于急性肾炎；假性无尿，时有排尿行为，但无尿液排出，见于尿道结石或堵塞。

（5）尿失禁或尿淋漓　尿液不由自主地自行流出，称尿失禁；在腹压增高或姿势改变时，经常有少量尿液呈滴状流出，称尿淋滴。见于膀胱及其括约肌的麻痹或中枢神经系统疾病。

2. **尿液及其感观** 检查尿液的气味、透明度、颜色及混有物。有强烈氨臭味,见于膀胱炎;有醋酮味,见于酮尿病。

颜色变深,见于饮水不足或热性病;尿液深黄色见于肝病、胆道阻塞;红尿提示血红蛋白尿或血尿,血红蛋白尿多透明,放置无沉淀,见于牛血红蛋白尿症、梨形虫病和犊牛饮水过多;血尿有沉淀多因肾脏、尿道、膀胱出血。

(二)肾脏、膀胱及尿道

肾区捶击或触诊时牛疼痛不安,提示肾炎;膀胱区触诊呈波动感,提示膀胱内尿液潴留;随触压而流出尿液,则提示膀胱麻痹;触诊敏感,多见于膀胱炎。

九、神经系统检查

(一)中枢神经功能检查

观察动物的精神状态或行为。常见的中枢神经功能障碍有以下两种。

1. **兴奋、狂躁** 牛表现为不安、惊恐,横冲直撞,攻击人、畜,见于狂犬病、脑及脑膜充血以及中毒等。

2. **抑制、昏迷** 轻者表现为低头垂耳,反应迟钝,行动无力,多见于热性病;重者呈现昏迷状态,病牛卧地不起,呼唤不应,意识完全丧失,反射消失,甚至瞳孔散大,粪尿失禁,为预后不良征兆,见于脑及脑膜炎、中暑后期及重度的产后瘫痪。

(二)头颅及脊柱检查

观察头颅的形状、大小及脊柱的外形,配合进行触诊及叩诊。头颅局部膨大变形,见于外伤、肿瘤、额窦炎;局部温度增高,多为脑、脑膜充血及炎症;叩诊浊音,见于脑瘤、额窦炎、脑多头蚴病;脊柱变形,向内、向下、侧方弯曲,见于骨软症或佝偻病;局部肿胀疼痛,常为挫伤或骨折;僵硬,快速运动或转圈运动不灵活,见于破伤风、腰肌风湿等。

（三）感觉器官检查

1. 视觉器官检查　观察眼球、眼睑、角膜、瞳孔的状态，着重检查眼的视觉能力及瞳孔对光的反应。

（1）眼睑　眼睑肿胀，见于流行性感冒、牛恶性卡他热；上眼睑下垂，多见于面神经麻痹、脑炎、脑肿瘤及某些中毒病。

（2）眼球　眼球下陷，见于严重失水、眼球萎缩；眼球震颤，见于急性脑炎、癫痫等。

（3）角膜　角膜混浊，见于牛恶性卡他热、角膜外伤或维生素A缺乏等。

（4）瞳孔　瞳孔散大，多见于脑膜炎、脑肿瘤或脓肿、多头蚴病或阿托品中毒；瞳孔缩小，且伴发对光反应迟钝或消失，多见于慢性脑室积水、脑膜炎、有机磷中毒等。

（5）视力　视物不清，甚至失明，多见于犊牛的维生素缺乏症。

2. 听觉器官检查　在安静环境，给以音响刺激，观察牛的反应。常见的听觉异常有以下两种。

（1）听觉增强　对轻微声音耳迅速来回转动，惊恐不安，多见于破伤风、狂犬病、牛酮血症等。

（2）听觉减弱　对较强的声音刺激，无任何反应，见于延髓和大脑皮质颞叶受损等。

（四）皮肤感觉检查

遮盖动物的眼睛，检查牛皮肤的触觉、痛觉和温热感觉。

感觉减弱或消失，对强烈刺激无明显反应，见于中枢功能抑制的脊髓、脑干部疾病；感觉增强，见于局部炎症、脊髓炎等。

（五）反射功能检查

主要检查皮肤、黏膜、深部反射等。

反射减弱或消失，常见于脑积水、多头蚴病等；反射亢进，见于脊髓背根、腹根或外周神经的炎症，以及脊髓炎、破伤风、有机磷中毒、士的宁中毒等。

十、运动系统检查

先观察牛在站立静止时肢体的位置、姿势是否正常,肢体局部有无异常变化,然后让牛自由活动,观察是否存在运动异常。常见的运动功能障碍有盲目运动、共济失调、痉挛、麻痹和瘫痪等。

(一)盲目运动

表现为无目的地行走,前冲、后退,转圈运动等,见于脑炎、脑膜炎、某些中毒病以及牛多头蚴病等。

(二)共济失调

表现为静止时站立不稳,四肢叉开,运步时步态不稳、后躯摇晃、行走如醉,多见于小脑性失调。

(三)痉 挛

主要见于破伤风、某些中毒病、脑炎及脑膜炎。

(四)麻 痹

末梢性麻痹,常见于面神经麻痹、坐骨神经麻痹、桡神经麻痹等。中枢性麻痹,常见于狂犬病、某些中毒病等。

(五)瘫 痪

1. 单瘫 表现为某一肌群或一肢的麻痹,如三叉神经或颜面神经麻痹,而影响咀嚼和采食。

2. 截瘫 身体两侧对称部位发生麻痹,多由于脊髓横断性损伤。

十一、乳房检查

乳房的检查对乳腺疾病的诊断具有很重要的意义。在一般临床检查中,除注意全身状态外,应重点检查乳房。检查方法主要用视诊、触诊,并注意乳汁的外观。

视诊。注意乳房的大小、形状,乳房和乳头的皮肤颜色,有无发红、橘皮样变、外伤、隆起、结节及脓疱等。乳房皮肤上出现疱疹、脓疱及结节多为痘疹的特征。

触诊。可确定乳房皮肤的厚薄、温度、软硬度及乳房淋巴结的状态,有无肿胀及其硬结部位的大小和疼痛程度。

检查乳房温度时,应将手贴于相对称的部位,进行比较。检查乳房皮肤厚薄和软硬度时,应将皮肤捏成皱襞或由轻到重压感觉之。触诊乳房实质及硬结病灶时,须在挤奶后进行。注意肿胀的部位、大小、硬度、压痛及局部温度,有无波动感。

奶牛患乳房炎症时,炎症部位肿胀、发硬、皮肤呈紫红色,有热痛反应。有时乳房淋巴结也肿大,挤奶不畅。炎症可发生于整个乳房,有时仅限于乳腺的一叶,或仅局限于一叶的某部分。因此,检查应遍及整个乳房。如乳房发生脓肿时,可在乳房的皮下或深部出现大小不等的坚实感并带有弹性抵抗的囊状物。当脓肿成熟后,可出现波动,但深部肿胀波动不明显。奶牛发生乳房结核时,乳房淋巴结显著肿大、硬结、触诊无热痛。

乳汁外观检查,除轻度炎症外,多数乳房炎患牛,乳汁性状都有变化。检查时,可将患病乳叶的乳汁挤入手心或盛于器皿内进行观察,注意乳汁的颜色、稀薄和性状,如乳汁内含絮状物或纤维蛋白性凝块,或含有脓汁、带血,可为乳房炎的重要指征。此外,必要时可用化学方法进行乳汁的酸碱度测定及乳内酶的测定;亦可用显微镜检查法进行血细胞和细菌学分析,以确定乳房炎的类型。

第三节 血液检查

一、采血及处理

(一) 采 血

以颈静脉穿刺最为方便,常在颈静脉中 1/3 与上 1/3 交界处剪毛、消毒,术者紧压颈静脉下端,待血管怒张,用 16 号针头对准血管刺入,即可采得血液样品。奶牛可在腹壁皮下静脉(乳前静脉)采血,针头不应太粗,以免形成血肿。

(二)处 理

自静脉采出的血样,可装在小试管中或带橡皮塞的抗生素小瓶中。若做血常规检验及全血分析,事先加入一定比例的抗凝剂,以防止血液凝固。下面是常用的抗凝剂及其用量。

1. 乙二胺四乙酸二钠(EDTA) 通常是配成10%的水溶液,每2滴可使5ml血液不凝固。

2. 草酸钾结晶 约10mg,可使5ml血液不凝固。

3. 枸橼酸钠(又名柠檬酸钠) 配成3.8%的水溶液,此液0.5ml可使5ml血液不凝固。

4. 肝素 配成1%的水溶液(应贮于冰箱内保存),此液0.1ml可使5ml血液不凝固。

血液采好后应尽快处理,表2-1列出了不同项目的保存时间,必要时可暂放冰箱保存。

表 2-1 采血后可保存的时间

检查项目	采血后可保存的时间(h)
血红蛋白测定	48
红细胞计数	24
白细胞计数	2~3
白细胞分类计数	1~2

如欲分离血清(在后面的实验中用到),采血后(事先不加抗凝剂)将试管斜置在25℃~37℃的水浴锅内,或者是应事先离心数分钟,再放于水浴锅内,这样可加快血清的析出。

二、血液常规检查

(一) 血红蛋白的测定

血红蛋白(hemoglobin,Hb)的测定常用沙利(Sahli)氏比色法。

1. 原理 血液与盐酸作用后,变为褐色的盐酸高铁血红蛋白,与标准色柱相比,求每升血液中血红蛋白的克数或百分数。

2. 器材与试剂

(1)器材 沙利氏血红蛋白计。

(2)试剂 1%盐酸、抗凝血。

3. 操作方法 在沙利氏比色管内加入1%盐酸至刻度"10"或"20"处。沙利氏吸血管吸血至20μl刻度处,擦去管外及管尖黏附的血液,立即将吸血管中的血液吹入盐酸中,并轻轻吹吸混合数次,将吸血管中的血液全部洗出,轻轻振动比色管数次,使血液与盐酸充分混合,静止10 min,待血液变成类似咖啡色后,缓缓滴入盐酸(或蒸馏水),并用细玻璃棒搅动,直到颜色与标准色柱完全相同为止。液体凹面所表示的刻度数字,即为血红蛋白的克数或百分数(指100 ml血液内)。

4. 注意事项

第一,采血时动作要快,血液流畅,防止血液部分凝固。

第二,加入抗凝剂的量要适宜,不可过少使血液部分呈小块凝集,采血中应及时将血液与抗凝剂混匀,要上下颠倒数次,不可过分振荡。

第三,用沙利氏吸血管吸血应准确,在吸取抗凝血前,应将血液振荡混合均匀后再吸取。

第四,吸管中的血柱不应混有气泡,管外黏附的血液应擦去。

第五,加盐酸后应放置一定时间,以使血红蛋白完全变为棕色的高铁血红蛋白。

第二章 奶牛场兽医师诊断技术

第六,比色时宜将比色管朝向光线而视之。

5. **正常值** 健康奶牛血红蛋白正常值在 90～120 g/L 之间。

(二)红细胞计数

红细胞(red blood cell,RBC)计数方法很多,常用显微镜计数法。

1. **原理** 血液经稀释后,充入血细胞计数板,用显微镜观察,计数一定容积内的红细胞数并换算成每升血液中的红细胞数。

2. **器材与试剂** 显微镜、血细胞计数板、盖玻片、手揿计数器、沙利氏吸血管、5ml 吸管、小试管、0.85%氯化钠液(生理盐水)、抗凝血。

3. **方　　法**

(1) 稀释血液(试管稀释法)　用 5ml 吸管吸取生理盐水 3.98ml(或 4ml 亦可)置于试管中。用沙利氏吸血管吸取全血样品至 20μl 刻度处(或吸血至刻度 10μl 处,生理盐水用 2ml),擦去管外壁多余的血液,将血液吹入试管底部,再吸吹数次,以洗出沙利氏管内黏附的血细胞,然后试管口加塞,颠倒混合数次。

(2) 充液　擦净计数板及盖玻片,将盖片盖于计数池上,用玻璃棒或吸管吸取已稀释好的血液,以 45°角接触盖片边缘,稀释液即被充填于盖片下的计数池内。

(3) 计数　将计数板平放在显微镜的载物台上,静止 2min,先用低倍镜,光线要稍暗些,找到计数池的格子后,把中央的大方格置于视野之中,然后转用高倍镜,在此中央大方格内选四角与最中间的 5 个中方格(或用对角线的方法数 5 个中方格),每个中方格有 16 个小方格,所以共计数 80 个小方格。计数时要注意,压在左边双线上的红细胞计数在内,压在右边双线上的红细胞不计数在内;同样,压在上线的计入,压在下线的不计入。此即所谓"数左不数右,数上不数下"的计数法则。

(4) 计算　5 个中方格内红细胞数$\times 5\times 10\times 200\times 10^6$=5 个中方格内红细胞数$\times 10^{10}$

式中：5 个中方格（即 80 个小方格）内红细胞总数

×5——5 个中方格换算成 1 个大方格

×10——1 个大方格容积为 $0.1\mu l$，换算成 $1.0\mu l$

×200——血液的稀释倍数

×10^6——由 μl 换算成 L

4. 注意事项

第一，采血时动作要快，血液流畅，防止血液凝固。

第二，加入抗凝剂的量要适宜，不可过少使血液部分呈小块凝集，采血中应及时将血液与抗凝剂混匀，要上下颠倒数次，不可过分振荡。

第三，吸血管、试管、计数板等要清洁干燥，不能黏附水分和酸等，否则产生溶血影响计数结果。

第四，吸血量及稀释液量要准确，吸血管外部的血要擦净。

第五，充液前应将红细胞悬液混匀，充液量要适当，避免充液外溢或计数池内产生气泡。

第六，红细胞在计数池内的分布要均匀，各个中方格内红细胞数相差不应超过 20 个，否则应重新充液。

5. 正常值　奶牛的红细胞数的正常值为 $6.0\times10^{12}\sim8.0\times10^{12}$ 个/L。

(三)白细胞计数

白细胞(white blood cell，WBC)计数常用显微镜计数法。

1. 原理　一定量的血液经醋酸稀释后，可将红细胞破坏，然后在计数室内计数一定容积内的白细胞数，再换算成每升血液内的白细胞数。

2. 器材与试剂

(1)器材　显微镜、血细胞计数板、盖玻片、手揿计数器、沙利氏吸血管、吸管、小试管。

(2)试剂　2%～3%醋酸、抗凝血。

3. 方 法

(1)稀释血液(试管稀释法) 用 0.5ml 吸管吸取醋酸 0.38ml 置于试管中。用沙利氏吸血管吸取全血样品至 $20\mu l$ 刻度处,擦去管外壁多余的血液,将血液吹入试管底部,再吸吹数次,以洗出沙利氏管内黏附的血细胞,然后试管口加塞,颠倒混合数次。

(2)充液 擦净计数板及盖玻片,将盖片盖于计数池上,用玻璃棒或吸管吸取已稀释好的血液,以 45°角接触盖片边缘,稀释液即被充填于盖片下的计数池内。

(3)计数 将计数板平放在显微镜的载物台上,静止 2 min,用低倍镜,光线要稍暗些,将计数室四角四个大方格内的全部白细胞依次数完。计数方法和原则与红细胞计数相同。

(4)计算 白细胞数/L=4 个大方格内的白细胞数 $\div 4 \times 10 \times 20 \times 10^6$

式中:÷4——为每个大方格内的白细胞平均数

×10——因 1 个大方格容积为 $0.1~\mu l$,换算成 $1.0~\mu l$

×20——血液的稀释倍数

$\times 10^6$——由微升换算成升

4. 注意事项 与红细胞计数的注意事项相同。计数板一定要清洁,初学者易把尘埃异物与白细胞混淆,一定注意白细胞有细胞核的结构,而尘埃异物的形状不规则,无细胞结构。每个大方格中的白细胞数,相差不能超过 8 个,否则应重新充液。

5. 正常值 奶牛白细胞的正常值为 $8.0 \times 10^9 \sim 9.0 \times 10^9$ 个/L。

(四)白细胞分类计数

白细胞分类计数,是将被检血推片染色,在显微镜下观察、计数并求出各种白细胞所占的百分率。

1. 原理 白细胞分类计数是将血液制成分布均匀的薄膜涂片,用复合染料染色,根据各类白细胞着色特征予以分类计数,得出相对比值(百分率),以观察数量、形态和质量的变化,对疾病有辅助诊断意义。

2. 器材与试剂　载玻片、染色盆及支架、染色缸、洗瓶、显微镜及镜油、白细胞分类计数器、吸水纸等。

(1) 瑞氏染液　瑞氏染色粉 0.3 g,甘油(中性)3.0 ml,甲醇(中性纯)97.0 ml。

将染色粉置于研钵中,加甘油充分研磨,倒入洁净的棕色瓶中,剩下未溶解的染料再加少量甲醇研磨,倒入棕色瓶中,如此继续操作,直至全部染料溶解并用完甲醇为止。在室温放置1周后,过滤即可使用。新配制的染液偏碱性,放置后可呈酸性。保存时间愈久,染色力愈佳。

(2) 姬姆萨氏染液　姬姆萨氏染色粉 0.5g,纯甘油 33.0ml,纯甲醇 33.0ml。

将染色粉置于研钵中,加入少量甘油,充分研磨,然后加入其余量的甘油,水浴加温(60℃)1～2h,经常用玻璃棒搅拌,使染色粉溶解,最后加入甲醇混合,装棕色瓶中保存1周后过滤即成原液。临用时取此原液 1ml,加 pH 值 6.4～6.8 的缓冲液或蒸馏水 9 ml,即成应用液。

(3) 缓冲液(pH 6.4～6.8)　磷酸二氢钾(KH_2PO_4)5.47 g,磷酸氢二钠(Na_2HPO_4)3.80 g(或 $Na_2HPO_4 \cdot 2H_2O$ 4.75 g),蒸馏水加至 1 000ml。

3. 涂片方法　①取无油脂的洁净载玻片数张,选择边缘光滑的载片作为推片(推片一端的两角应磨去),用细玻棒或推片的一角取被检血一小滴,放于载玻片的右端。②用左手的拇指及中指托平载玻片,右手持推片从血滴前方向后接触血滴,当血液沿推片向两边展开快达边缘时,立即使推片与载玻片成 30°～45°角,以均等的速度轻轻向前推动推片,则血液均匀地被涂于载玻片而形成一薄膜。③推好的血片立即在空气中摇干,干燥过慢,易使细胞变形缩小。④用笔在载玻片一端,注明牛别、编号和日期。

第二章 奶牛场兽医师诊断技术

注意事项：

第一，良好的血片血液应分布均匀，血膜应在载玻片的中央，其大小约占载玻片长的 2/3，宽度应窄于载玻片，厚薄适宜，明显分出头、体、尾 3 部分。

第二，推片与载玻片的角度小，推片速度慢，则血膜薄；反之角度大，速度快，则血膜厚。根据检查目的，可适当掌握。

4. 染色方法

(1) 瑞氏染色法　是最常用的染色方法之一。① 将自然干燥的血片用蜡笔于血膜两端各划一条横线，以防染色液外溢。② 置血片于水平支架上，滴瑞氏染液于血片上，并计其滴数，直至将血膜浸盖为止，待染 1～2 min。③ 滴加等量缓冲液或蒸馏水，轻轻吹动使之混匀，再染 5～8 min。④ 用蒸馏水冲去染液(使染液沉渣浮起，自然流掉，切忌将染液倾掉再冲洗)。⑤ 将染好的血片直立晾干或吸干，用油镜观察。

注意事项：

第一，染色时间并不固定，每批染液开始使用前，应先根据实验室条件，如室温、冲洗用水的 pH 值、染色液浓度等，确定适当的染色时间。

第二，染色过浅，可按原过程复染；过深，可重新滴加缓冲液脱色或用甲醇脱色后，重新复染。

第三，如有沉渣附着在血片上，可加瑞氏液 3～5 滴，使沉渣浮起后，再用水冲洗即可除去。

第四，染液偏碱时红细胞呈灰色或蓝色，染色偏酸时，红细胞呈深红色，这时可选用适当的缓冲液浸洗而加以纠正。

第五，染色良好的血片，肉眼观察为粉红色，显微镜下观察，白细胞核为深紫色，中性颗粒为粉红色，嗜酸性颗粒为鲜红色，核染色质清晰，血片上无渣滓和沉淀物。

(2) 姬姆萨氏染色法　① 将血片平放于染色架上，滴加甲醇固定 2～3 min，甩去多余的甲醇。②将血片直立于装有姬姆萨氏应用液的染色缸中，染色 30～45 min。③取出后，用蒸馏水冲洗，晾干后镜检。

注意事项：

第一，姬姆萨氏染色法，对细胞核和寄生虫的染色效果好，而对颗粒染色则不如瑞氏法，临床上根据需要选择染色法。

第二，姬姆萨氏染色时间较长，染色液易干涸，为防止干涸，最好用染色缸，而不是用支架。

5. 分类计数　①先用低倍镜观察整个血片着色情况，各种白细胞的分布情况，然后选择染色良好，细胞分布均匀的部位进行分类。一般来说，粒细胞及体积较大的细胞易积聚在涂片的边缘和尾部，而淋巴细胞易集聚在头部和中心部，通常选定体部进行分类。②选定部位后，可用显微镜推进器按前后或左右顺序移动血片，以免视野重复。一般采用二区计数法或四区计数法，用油镜逐个查数各类白细胞数。③每张血片最少计数 100 个白细胞，连续观察 2～3 张血片。记录时，可用白细胞分类计数器，也可事先设计一表格，用画"正"字的方法记录，求出各种白细胞所占的百分比。

注意事项：

第一，白细胞总数在 1 万以内者，计 100 个白细胞；1 万～2 万者，计数 200 个；2 万～3 万者，计数 300 个。

第二，白细胞总数减少，在血片中很难找到 100 个白细胞时，计数为 50 个或更少，然后按百分率报告。

第三，掌握各种白细胞的特点，着重区别杆状核与分叶核，大淋巴细胞与单核细胞。

6. 正常值　表 2-2 列出了牛血液各类细胞的正常值。

第二章 奶牛场兽医师诊断技术

表 2-2 牛血液各类白细胞的正常值 （%）

畜别	嗜碱性白细胞	嗜酸性白细胞	嗜中性白细胞				淋巴细胞	单核细胞
			中幼细胞核	晚幼细胞	杆状细胞	分叶		
牛	0.5	4.0	—	33.0	0.5	3.0	57.0	2.0

7. 各种白细胞的形态特征 各种白细胞的形态特征主要表现在细胞核及细胞浆的特有形状上，并应注意细胞的大小。各种白细胞的形态特征详见表 2-3。

表 2-3 各种白细胞的形态特征 （瑞氏染色法）

白细胞分类	细胞核					细胞浆				
	位置	形状	颜色	核染色质	细胞核膜	多	少	颜色	透明带	颗粒
嗜中性幼年型	偏心性	椭圆	红紫色	细致	不清楚	中等		蓝、粉红色	无	红或蓝、细致或粗糙
嗜中性杆状核	中性或偏心性	马蹄形腊肠形	浅紫蓝色	细致	存在	多		粉红色	无	嗜中、嗜酸或嗜碱
嗜中性分叶核	中性或偏心性	3～5叶者居多	深紫蓝色	粗糙	存在	多		浅粉红色	无	粉红色或紫红色
嗜酸性白细胞	中性或偏心性	2～3叶者居多	较淡紫蓝色	粗糙	存在	多		蓝、粉红色	无	深红，分布均匀
嗜碱性白细胞	中心性	叶状核不太清楚	较淡紫蓝色	粗糙	存在	多		浅粉红色	无	蓝黑色，分布不均匀，大多在细胞的边缘
淋巴细胞	偏心性	圆形或微凹入	深紫蓝色	大块中等块致密	浓密		少	天蓝深蓝或淡红色	胞浆深染时存在	无或幼小数嗜天青蓝色颗粒
单核细胞	偏性或中心性	豆形山字形椭圆形	淡紫蓝色	细致网状边缘不齐	存在	很多		灰蓝或云蓝色	无	很多，非常细小，淡紫色

三、血清离子的检查

(一)血清钙测定(微量测定法)

1. 原理 血清钙离子在碱性环境中与核固红作用,生成红色化合物,用同样方法处理钙标准液后比色,可求出钙的含量。

2. 试 剂

(1)0.1%核固红溶液 称取核固红 0.1 g,溶于 100.0 ml 水中,用定量滤纸滤过备用。

(2)0.1 mol/L 氢氧化钠液

(3)钙标准液(1 ml＝0.1 mg 钙) 取碳酸钙少量置蒸发皿中,于 110℃～120℃干燥 2～4 h,移入干燥器中冷却。精确称取碳酸钙 250 mg 于烧杯中,加蒸馏水 40 ml 及 1 mol/L 盐酸 5 ml 溶解,移入 1 000 ml 容量瓶,用蒸馏水洗烧杯数次将洗液一并倒入容量瓶,加蒸馏水稀释至刻度处。

3. 方法 按表 2-4 的步骤操作。

表 2-4 血清钙测定

步 骤	标准管	测定管	空白管
血清(ml)	—	0.2	—
钙标准液(ml)	0.2	—	—
蒸馏水(ml)	—	—	0.2
0.1mol/L 氢氧化钠液(ml)	4.0	4.0	4.0
0.1%核固红液(ml)	1.0	1.0	1.0

放置室温 10 min,用 580nm 滤光板光电比色,以空白管调零点,读取光密度。

4. 计 算

$$\frac{测定管光密度}{标准管光密度} \times 0.02 \times 100 \div 0.2 = 钙\ mg/100ml$$

5. 正常值 奶牛的正常血清钙含量为 9.71～12.14 mg/

100ml。

(二)血清无机磷含量测定(磷钼酸法)

1. 原理 应用三氯醋酸将血清中的蛋白质沉淀,于无蛋白滤液中加入钼酸,使其与磷结合成磷钼酸,再以氯化亚锡把它还原成蓝色化合物钼蓝,与同样处理的标准液比色,即可求出磷的含量。

2. 试 剂

(1)10%三氯醋酸液 称取 10 g 三氯醋酸,溶于水使之成 100 ml。

(2)磷酸盐贮存标准液(1ml=0.1mg 磷) 精确称取无水纯磷酸二氢钾 0.4389 g,溶于 1 000 ml 蒸馏水中,加氯仿数滴以防发霉。

(3)磷酸盐应用标准液(1 ml=0.01 mg 磷) 取贮存标准液 10.0 ml,加蒸馏水稀释至 100.0 ml。

(4)钼硫酸试剂 称取钼酸铵 5 g,溶于 75ml 蒸馏水中,加浓硫酸 15 ml,溶解,冷却后加水至 100 ml。

(5)氯化亚锡贮存液 称取氯化亚锡 10.0 g,溶于 25 ml 浓盐酸中,混匀,贮棕色瓶内,放冰箱备用。

(6)氯化亚锡应用液 取贮存液 1.0 ml,加蒸馏水稀释至 200.0 ml。宜新鲜配制,最多保存 5 天。

3. 操作方法 先制取无蛋白滤液。取血清 1.0 ml,加 10%三氯醋酸 4.0 ml,混匀。静置 1~2 min 后过滤,此无蛋白滤液每 2 ml 含血清 0.4 ml。然后,按表 2-4 操作。

表 2-5 血清无机磷含量测定

试 剂	测定管	标准管	空白管
无蛋白滤液(ml)	2.0	—	—
磷酸盐应用标准液(ml)	—	2.0	—
蒸馏水(ml)	5.0	5.0	7.0
钼硫酸试剂(ml)	2.0	2.0	2.0
以上药物混匀后加氯化亚锡应用液(ml)	1.0	1.0	1.0

加入氯化亚锡应用液后立即混匀,静置 1 min,用 640～700nm 滤光板进行光电比色,以空白管调零点,分别测定各管的光密度。

4. 计 算

$$\frac{测定管光密度}{标准管光密度} \times 0.02 \times 100 \div 0.04 = 磷 \text{ mg/100ml}$$

5. 注意事项

第一,被检血必须不溶血。否则,血细胞内的磷游离出来,使血清磷含量增高。

第二,氯化亚锡应用液,必须临用时配制。否则,影响显色,使结果偏低。

第三,试剂中不能含有铁。否则,将阻碍磷钼酸的还原作用。

6. 正常值 奶牛(公)的正常血清磷含量为 4.23～9.0 mg/100ml,奶牛(母)的正常血清磷含量为 3.33～10.5 mg/100ml。

(三)血清钾含量的测定(四苯硼钠比浊法)

1. 原理 血清中钾离子与四苯硼钠作用,形成不溶于水的四苯硼钾,它的浊度与钾离子的浓度成正比,根据浊度可测得血清钾的含量。

2. 试 剂

(1)缓 冲 液

①0.1 mol/L 磷酸氢二钠溶液:称取磷酸氢二钠($Na_2HPO_4 \cdot 12H_2O$)7.16 g,溶于 100.0 ml 蒸馏水中。

②0.1 mol/L 枸橼酸溶液:称取枸橼酸 2.1 g,溶于 100.0 ml 蒸馏水中。

用时取①液 19.45 ml,加②液 0.55 ml 混合而成。

(2)1‰ 四苯硼钠溶液 称取四苯硼钠 1.0 g,溶于 20 ml 缓冲液中,加重蒸馏水 100.0 ml,可保存 2～4 周。

(3)钾贮存标准液(1 ml＝2 mgK$^+$) 精确称取干燥硫酸钾 0.446 g,置于 100 ml 容量瓶中,用重蒸馏水溶解并稀释至刻度。

(4)钾应用标准液(1 ml＝0.02 mgK$^+$) 吸取钾贮存标准液 1.0 ml,置于 100 ml 容量瓶中,用重蒸馏水加至刻度。

3. **方法** 先制取无蛋白上清液。取血清 0.2 ml,加重蒸馏水 1.4 ml,10％钨酸钠 0.2 ml,1/3 mol/L 硫酸溶液 0.2 ml,混匀,离心沉淀,取得上清液。然后,按表 2-6 操作。

表 2-6 血清钾含量的测定

步　骤	测定管	标准管	空白管
无蛋白上清液(ml)	1.0	—	—
钾应用标准液(ml)	—	1.0	—
蒸馏水(ml)	—	—	1.0
1％四苯硼钠溶液(ml)	4.0	4.0	4.0

混匀,5 min 后用 520nm 滤光板进行光电比色,以空白管调零点,分别测定各管的光密度。

4. **计 算**

$$\frac{测定管光密度}{标准管光密度} \times 0.02 \times 100 \div 0.1 = 钾 \text{ mg/100ml}$$

5. **注意事项**

第一,钾离子在红细胞内比在血清内高 20 倍,故被检血不得溶血,否则结果偏高。

第二,四苯硼钠的质量是影响实验的主要因素,故应选择溶解度高而能呈清晰溶液的四苯硼钠。

6. **正常值** 奶牛的正常血清钾含量为 16.0～27.1 mg/100ml。

第四节 尿液常规检查

尿液的检查包括3个方面的内容:物理学方法,检查其物理性状,如尿量、尿色、透明度、气味、比重等;化学方法,测定其所含化学成分,如反应、蛋白质、葡萄糖、潜血等;显微镜检查尿中的沉渣,如无机沉渣、有机沉渣等。

一、尿液物理学检查

(一)尿 色

健康牛尿呈草黄色或水样白色。

服用某些药物时,常引起尿色的改变,如大黄、安替比林、芦荟、刚果红等可使尿色变红,台盼蓝和美蓝使尿色变蓝,核黄素使尿色变黄。在病理情况下,尿色可有下述变化。

1. 血尿 血尿的颜色可因含血量的多少和尿的酸碱度的不同而各异。尿液呈酸性时,尿色可为淡棕红色、棕红色或暗红色;尿呈碱性时,则为红色。

2. 血红蛋白尿 尿色呈酱油色,均匀透明,镜检见不到红细胞,潜血试验可为强阳性反应,这是溶血的证据之一。此外,还有肌红蛋白尿,尿色和血红蛋白尿一样。

3. 胆红素尿 尿中含有大量的直接胆红素时,尿呈深黄色,振荡后,可产生黄色泡沫。

(二)尿的透明度

检查透明度,应将尿盛于直径3 cm的试管中。正常牛的尿,澄清透明无沉淀物,若变浑浊,常是病理现象。透明度一般用"清亮"、"微浑"或"浑浊"等词来描述和报告。

(三)尿的气味

各种家畜的尿,均具有特殊的气味。一般情况下,尿液愈浓稠,气味愈强烈,尿液稀则相反。在病理情况下尿的气味发生改变。膀胱炎、长久尿潴留时,尿液发出刺鼻的氨臭味;尿道或膀胱有坏死化脓性炎症时,尿液发腐败臭味;牛酮血病时,尿发芳香的丙酮味。

(四)尿的比重测定

1. 器材　尿比重计、温度计。

2. 操作　将尿液混匀后盛于圆筒内,等稳定后读取液面半月形凹处与尿比重计上相当的刻度,即为尿比重。

3. 注意事项　尿比重受温度影响较大,尿比重刻度是以尿温为15℃刻制的。因此,尿温每高3℃加0.001,尿温每低3℃减0.001,才是尿液真正比重。

二、尿液化学检查

(一)尿液酸碱度检查

取广泛pH试纸一段,浸入被检尿液中,半秒钟后取出,根据试纸颜色改变与标准板比色,以判定尿液的pH值。

(二)尿液蛋白质定性试验(煮沸加酸法)

1. 原理　检查尿中蛋白质的方法很多,其原理基于蛋白质遇酸类、重金属盐或中性盐作用发生凝固沉淀,或加热而使其凝固,或加酒精使其凝固。

2. 器材与试剂

(1)器材　大试管、酒精灯。

(2)试剂　10%醋酸。

3. 操作方法　取被检尿半试管,滴加几滴10%醋酸,使其酸化透明,然后将尿液的上部置于酒精灯上慢慢加热煮沸。煮沸的尿液变浑浊,下部未煮的尿液不变。待冷却后,再滴加10%醋酸数滴,如浑浊物不消失,证明尿中含有蛋白质,为阳性。浑浊物消失的是磷酸盐类,为阴性。根据有无浑浊和浑浊的程度,用加减号报告结果。

（-）——尿清晰不见浑浊,为阴性。

（+）——白色浑浊,但不见颗粒沉淀。

（++）——明显的颗粒浑浊,但不见絮状沉渣。

（+++）——大量絮状浑浊,但不见凝块。

（++++）——大量絮状沉淀,并有凝块。

（三）尿液潜血检查（联苯胺法）

健康动物的尿液不含有红细胞或血红蛋白。尿液中不能用肉眼直接观察出来的红细胞或血红蛋白叫做潜血（或叫隐血）。可用化学方法加以检查。

1. 原理　尿液中的红细胞或血红蛋白被酸破坏所产生的血红蛋白,有过氧化氢酶的作用（但并非为酶,因为被煮沸后仍有触酶作用）,它可以分解过氧化氢而产生新生态的氧,使联苯胺氧化呈蓝色的联苯胺蓝。

2. 器材与试剂　小试管、滴管、1％联苯胺冰醋酸液、3％过氧化氢液。

3. 操作方法　取试管一支,加1％联苯胺冰醋酸液和3％过氧化氢液各1～2 ml,振荡混合后将尿液重积其上,如两液接触面出现绿色或蓝色环,即为阳性。根据颜色的深浅可分+（绿）、++（蓝绿色）、+++（蓝色）、++++（深蓝色）。

4. 注意事项　所用器材应洁净,否则,易出现假阳性,过氧化氢液要新鲜。

（四）尿中胆红质的检验（斑点试验）

尿中胆红质系指肝脏中制造的肝胆红质在某些疾病时进入血液,经过肝脏而被滤出。健康动物的尿中不含胆红质,当发现尿中含有胆红质时,则必然属于病态。此项检验在黄疸的鉴别诊断中十分必要。

1. 器材与试剂

(1) 器材 离心机与离心管。

(2) 试剂 10%氯化钡溶液、三氯醋酸氯化高铁液(三氯醋酸 25 g 加蒸馏水少许溶解,加氯化高铁 0.9 g 溶解后加蒸馏水至 100 ml)。

2. 操作方法 于试管中加入被检尿 4~6 ml,10%氯化钡 2~3 ml,混合、离心后,倒掉上清液,再向试管中加 1~2 滴三氯醋酸氯化高铁液,如沉淀出现绿色,即证明尿中有胆红素。

3. 注意事项 三氯醋酸氯化高铁液如加得太少,可影响显色反应。本法灵敏度为 0.01 mg/100ml 以上。

(五)尿中酮体的检查(改良罗氏法)

酮体包括 3 种物质,即 β-羟丁酸($CH_3CHOHCH_2COOH$)、乙酰乙酸(CH_3COCH_3COOH)和丙酮(CH_3COCH_3),这些物质都是脂肪酸氧化程序不能完成的结果。健康家畜的尿中含微量的酮体,用一般化学试剂无法检出,当尿中含多量酮体时,称为酮尿。

1. 试剂粉 亚硝基铁氰化钠 0.5g,无水碳酸钠 10g,硫酸铵 20g,将这 3 种药品研磨混匀(不宜太细),贮于棕色瓶中备用。

2. 操作方法 取试剂粉约 0.1 g 于载玻片或反应盘内,加新鲜尿液 2 滴,呈紫红色为阳性反应,5 min 后仍不显色者为阴性。

3. 注意事项 滴加尿液不要太多,以被试剂粉吸干为宜。

三、尿沉渣检查

尿沉渣的成分,主要有两类:无机沉渣和有机沉渣。前者多为各种盐类结晶,后者包括上皮细胞、红细胞、白细胞、脓细胞、各种管型及微生物等。尿沉渣的显微镜检查可以补充理化检查的不足,即能查明理化检查所不能发现的病理变化。不仅可以确定病变的部位,并可阐明疾病的性质,对肾脏和尿路疾病的诊断具有特殊意义。

(一)尿沉渣标本的制作与检查方法

①被检尿加入试管内以10~15ml为宜,离心5~10min,倾去上清液。②摇匀沉淀物,取沉淀物1滴,置于载玻片上,滴加1滴稀碘液,加盖玻片,即可镜检。③镜检时,先用低倍镜(使视野稍暗)全面观察标本的情况,找出需要详细检查的区域后,再换高倍镜,辨认细胞和管型等。④报告检查结果时,对细胞和管型可各计数10个不同视野,最后以视野下所见的最低和最高数报告。细胞以高倍视野报告,如白细胞2~3个/高倍视野;管型以低倍视野报告,如颗粒管型1~3个/低倍视野。其他结晶成分有病理意义的按偶见、少量或多量等方式报告。

注意事项:

第一,尿液要新鲜,否则管型和细胞易破坏而消失。

第二,加盖片时,应先将盖片的一边接触尿沉渣,然后慢慢放平,以免产生气泡。

第三,无离心机时,可将尿液放置一定时间(牛尿2~3h),待出现沉淀后,再吸取沉淀物作标本。

(二)尿中的有机沉渣

1. 上皮细胞

(1)肾上皮细胞 呈圆形或多角形。细胞核大而明显,核呈圆形或椭圆形,位于细胞中央。细胞质中有小颗粒。如发生脂肪变性时,可在细胞质中见到屈光性的脂肪颗粒。

(2)肾盂及尿路上皮细胞 比肾上皮细胞大,肾盂上皮呈高脚杯状,细胞核较大,偏心。尿路上皮细胞多呈纺锤形,也有呈多角形及圆形,核大,位于中央或略偏心。

(3)膀胱上皮细胞 为大而多角的扁平细胞,内有小而圆或椭圆形的核。细胞边缘稍卷起或几个聚集在一起。

2. 血细胞、脓细胞及黏液

(1)红细胞 在新鲜尿中典型的红细胞形态呈双凹盘形,淡黄色;但在酸性尿中常皱缩、边缘呈锯齿状;在碱性稀薄的尿中呈膨胀状态。陈旧尿液中的红细胞常被破坏,只显阴影,即所谓"红细胞淡影"。尿液中的红细胞超过4~5个/高倍视野,应考虑是病理状态。

(2)白细胞 其形态较红细胞大,在酸性尿中形态完整,在碱性尿中膨胀而不清晰。在肾脏和尿路有炎症时,外形多不规则,结构模糊,细胞质内充满粗大颗粒,核不清楚,细胞常成团,界限不清(细胞肿胀,形态不规则,结构不清,常成团分布),此种细胞称为脓细胞。

(3)黏液 为无结构的带状物,被稀碘液染成淡黄色,比透明管型宽,称为假管型。

3. 管型(尿圆柱) 形态是直的或稍弯曲的圆柱体,两端钝圆,或呈折断样,各种管型的长短和宽窄很不一致。根据构造不同,分为下列数种。

(1)透明管型 结构细致、均匀、透明、边缘明显,长短不一,伸直而少弯曲。偶含有少许细颗粒,镜检时光线易暗。

(2)颗粒管型 在透明管型内含有粗大或细小的颗粒,这种颗粒可能是肾小管剥落的上皮细胞破坏后形成的。也可能是蛋白质凝固所形成的。根据颗粒大小,可分为粗颗粒管型和细颗粒管型两种。粗颗粒管型,颗粒粗大而浓密,外形较宽可断裂,可吸收色素而呈黄色;细颗粒管型,颗粒细小而稀疏。

(3)上皮管型 由脱落的肾上皮细胞与蛋白性物质黏合而成。能看到其中的细胞。

(4)红细胞管型 由红细胞与蛋白性物质黏合而成。或是红细胞聚集在透明管型之中而形成。

(5)白细胞或脓细胞管型 管型内充满白细胞或脓细胞。

(6)蜡样管型 质地均匀,轮廓明显,一般较粗短,末断往往折断呈正方形,边缘常有缺口,屈光力强,色灰暗,外观如蜡状。

(7)脂肪管型 为上皮管型和颗粒管型脂肪变性而形成,是一种较大的管型,表面有脂肪滴和脂肪结晶,有强的屈光性。

(8) 类管型和假管型　类管型,形似透明管型,但较之长大,不形成均质结构。假管型较细长,轮廓不如真管型清晰,有黏液管型、碳酸钙管型、尿酸盐管型等。

(三) 尿中无机沉渣

1. 碱性尿中的无机沉渣

(1) 碳酸钙结晶　为草食动物尿中的正常成分,其结晶多为球形,有放射状条纹。大的球形结晶为黄色,有时可见磨刀石状、哑铃状和十字形的无色小结晶。可溶于醋酸,并产生气体。

(2) 磷酸钙(镁)结晶　呈无色三棱形或束状结晶。溶于醋酸,但不产生气泡。

(3) 马尿酸结晶　为棱柱状或针状结晶,有时成束如交错的针状、扇形或小帚状。不溶于醋酸及盐酸,而溶于氨水及酒精。

(4) 磷酸铵镁结晶　又称三重磷酸盐。其特点为无色而两端带有斜面的三棱柱或为六角或为多角棱柱体,偶有呈雪花状或羽毛状,易溶于醋酸中,但不溶于碱和热水中。

(5) 尿酸铵结晶　为黄褐色球形结晶,表面布满刺状突起。

2. 酸性尿中的无机沉渣

(1) 草酸钙结晶　为四角八面体,呈信封状,屈光力强,溶于盐酸而不溶于醋酸,正常马尿中含有少量。

(2) 硫酸钙结晶　为无色细长的棱柱状或针状结晶,常排列成放射形的束状,有时为块状。一般无临床意义。

(3) 尿酸结晶　呈黄褐色,有锭状、块状、针状及磨刀石状等。不溶于水及酸,但溶于苛性钾溶液中。在肉食动物多见,草食动物少见。

(4) 尿酸盐　主要为尿酸的钾盐或钠盐,呈棕黄色小颗粒状,聚集成堆,加热则溶解,冷后又析出。

(5) 亮氨酸　为淡黄色球形结晶,具有同心性放射状条纹,如木材的横断面,折光力强,溶于酸及碱,不溶于酒精和醚。

(6)酪氨酸 为黑色纤维丝状,集合成中央狭细而两端宽广的簇状结晶,常与亮氨酸结晶同时出现。

(7)胱氨酸 为无色,折光力很强,边缘清晰的六角形板状结晶。

(8)胆固醇 为长方形或四方形缺一角的薄板状结晶。

第五节 瘤胃内容物检查

一、瘤胃内容物的采取

采取瘤胃内容物最简便的方法是:当牛反刍时,观察到有食团自食管逆蠕动至口腔时,采集者迅速一手抓住舌头,另一手伸向舌根部,即可将食团采于手中。本法对健康牛有效,但采集量很少。

在临床上,常用胃管吸引法。用内径 1.5~2 cm、长约 2 m 的胃管,在送入的一端多开侧孔(10~20 个小孔),按常法将胃管送入瘤胃,另一端与电动胃液吸引器相连,抽吸瘤胃内容物。

也可在左肷部剪毛、消毒后,用长针头穿刺瘤胃,吸取瘤胃液。采集的瘤胃内容物用 4 层纱布过滤后,及时检查。

二、瘤胃内容物物理学检查

(一)气 味

饲喂干草或青贮料的健康牛,瘤胃液略呈发酵类芳香味。若有酸臭或腐败臭,多为瘤胃内过度发酵,见于瘤胃积食、臌气。

(二)颜 色

健康牛瘤胃液为浅绿色。如为黄褐色,表示青贮料过饲;灰白色,表示精料过饲;乳灰白色,表示瘤胃酸中毒。

(三) 黏 稠 度

用玻棒轻蘸少许瘤胃液观察。正常瘤胃液黏稠度适中,过于稀薄,见于瘤胃功能降低、酮病、瘤胃酸中毒。黏稠度增加且混有大量气泡,多为泡沫性臌气。

(四) 沉　渣

将瘤胃液倒入试管后观察。正常瘤胃液很快有沉渣出现,若沉渣过粗且成块时,多为瘤胃功能下降。

三、瘤胃内容物化学检查

(一) 瘤胃液 pH 值测定

1. 测定方法　用广泛 pH 试纸条,浸湿被检的新鲜瘤胃液,立即与标准比色板比较,判断瘤胃液的 pH 值范围。

2. 正常值　健康牛瘤胃液的 pH 值一般在 6.0～7.0 之间。

3. 临床意义　pH 值下降为乳酸发酵所致。见于过饲碳水化合物为主的精料,瘤胃功能降低和 B 族维生素显著缺乏,pH 值可降至 5.5 以下。牛过食谷物(如玉米等)发生瘤胃酸中毒时,pH 值常在 4.0 左右。过饲以蛋白质为主的精料及瘤胃碱中毒时,此时微生物活动受抑制,消化发生紊乱,pH 值可达 8.0 以上。

(二) 发酵试验

1. 器材与试剂

(1) 器材　恒温箱、糖发酵管。

(2) 试剂　葡萄糖。

2. 操作方法　取滤过胃液 50 ml,加入葡萄糖 40 mg,置于糖发酵管内,在 37℃ 恒温箱中放置 60min,读取产生气体的毫升数。

3. 正常值　健康牛瘤胃液糖发酵试验,60 min 时可产生气体 1～2ml,最多可达 5～6 ml。

4. 临床意义　在营养不良、食欲缺乏、前胃迟缓以及某些发热性疾病,由于瘤胃内的微生物活动减弱或停止,使发酵能力减低,气体的体积常在 1 ml 以下。据测定,黄牛患前胃迟缓时,24h 发酵所产生的气体仅有 0.5 ml。

(三)纤维素消化试验

1. 器材与试剂

(1)器材　小铅锤(可用螺母代替)、棉线或纯纤维素、烧杯。

(2)试剂　10%葡萄糖溶液。

2. 操作方法

(1)纤维素法　取 10 ml 瘤胃过滤液,加 10%葡萄糖 0.2 ml,再加入 1 g 纯纤维素,置于 39℃水浴中,静置,观察纤维素消化时间。健康牛为 48～54 h,若大于 60 h,说明消化功能减退。

(2)挂线法　棉线 1 根,一端拴上小铅锤,悬挂于瘤胃过滤液中,观察棉线消化的时间。

四、瘤胃内容物生物学检查——纤毛虫计数

健康奶牛的瘤胃液中含有大量的纤毛虫。纤毛虫的种类繁多,大小差异甚大,大虫体可达 60 μm×80 μm 长,小虫体为 22 μm×40 μm。它们对反刍动物的代谢过程有重要作用,所以计算纤毛虫的数目,对疾病的诊断和疗效的观察有一定的意义。

(一)器材与试剂

①纤毛虫计数板。在血细胞计数板的计数室两侧,用黏合剂粘贴 0.4 mm 的玻片,使计数室的底部至盖玻片的高度变成 0.5 mm(也可用 0.9 mm 的玻片粘贴在计数板上,使高度变成 1.0 mm)。②盖玻片、显微镜等。③甲基绿甲醛液。甲基绿 0.3 g,甲醛溶液 100 ml,氯化钠 8.5 g,蒸馏水加至 1 000ml。④0.3%醋酸溶液(以上 2 种稀释液,任选 1 种即可)。

(二)操作方法

吸取稀释液 1.9 ml 置于小试管中,加瘤胃液 0.1 ml,轻轻混匀,此为 20 倍稀释。

用毛细滴管吸取上述液体,充入计数室(方法与血细胞计数时的充液法同),静置 2～5 min,镜检。

计算。计数四角 4 个大方格内纤毛虫的数目,按下式计算出每毫升瘤胃液中的纤毛虫数。

$$4 个大方格内纤毛虫总数 \div 4 \times 20 \times 2 = 个/\mu l$$
$$4 个大方格内纤毛虫总数 \div 4 \times 20 \times 2 \times 1000 = 个/ml$$

式中:÷4——为每个大方格内的纤毛虫平均数

×20——瘤胃液的稀释倍数

×2——1 个大方格容积为 $0.5\mu l$,换算成 $1.0\mu l$

×1000——由 μl 换算成 ml

报告结果时,通常用万个/ml 来表示。

(三)正常值

健康动物纤毛虫数为 50 万～100 万个/ml。

(四)临床意义

瘤胃内的纤毛虫是正常消化必不可少的原虫。在前胃弛缓时,纤毛虫数可降至 7.0 万个/ml,而在瘤胃积食及瘤胃酸中毒时,可下降至 5.0 万个/ml 以下,甚至无纤毛虫。瘤胃内纤毛虫数逐渐恢复,提示病情好转。

第六节 临床细胞检查

一、渗出液和漏出液的检查

在病理状态下,浆膜腔内可产生较多的液体,称浆膜腔积液。这些积液根据性质可分为炎性渗出液和非炎性漏出液两种。下面主要从临床细胞学方面加以区别。

(一)白细胞计数

计数方法与血液白细胞计数大致相同。直接将标本液滴入计数室计数,求出微升细胞总数。若白细胞很多,则用白细胞稀释液稀释后计数(因其残骸会引起假性增多)。

(二) 白细胞分类计数

分类计数为细胞计数中的主要项目。检查方法:取标本 10 ml,置于沉淀管中,用 3 000r/min 离心 5 min,倾去上层液体,加 0.6%氯化钠溶液 10 ml 混匀,再离心 5 min,倾去上层液,将沉淀物混匀涂成薄片,待其干燥。干燥后,用瑞氏或姬姆萨氏染色。同血液白细胞分类计数一样,至少要计 100 个细胞,每种细胞用百分率报告。在一般标本中可以查到中性粒分叶核细胞、淋巴细胞、嗜酸性粒细胞、间皮细胞和少量巨噬细胞。若有特殊细胞发现,可视为癌细胞需进一步鉴定。

1. 间皮细胞 大小 15～30 μm,圆形、椭圆形或不规则。浆多,淡蓝色或淡紫红色,有时可有空泡。核在中心或偏位,多为 1 个核,也可见 2 个或多个核者。幼稚型核染色体较粗糙致密,核仁不易见到。间皮细胞可因各种原因(如炎症或在体内积存较久,或抽取后未及时检查)而呈异形变或退行性变,使形态很不规则。有时甚至与恶性细胞难以区分。间皮细胞增多,表示浆膜刺激或受损。

2. 嗜酸性粒细胞 大量增多时,常见于变态反应和寄生虫所致的渗出物中,如过敏症、寄生虫(蛔虫移行之胸膜炎)等。

3. 组织细胞 在炎症情况下,大量出现中性粒分叶核细胞并常伴随组织细胞出现。它一般较白细胞略大,胞浆多呈泡沫状。

4. 嗜中性白细胞 大量出现时,见于急性化脓性疾病。

5. 淋巴细胞 大量出现时,见于慢性疾病,如慢性胸膜炎及肿瘤。

6. 临床意义 漏出液中细胞较少,一般低于 100 个/μl,以间皮细胞和淋巴细胞为主。渗出液中细胞较多,一般高于 200 个/μl,以中性粒细胞为主,常见于化脓性渗出液,白细胞总数常高于

1 000个/μl,在结核性浆膜炎早期的渗出液中,也可见大中性粒细胞增加。

(三) 红细胞计数

计数方法与血液红细胞计数大致相同。直接将标本液滴入计数室计数,求出微升细胞总数。若红细胞很多,则用红细胞稀释液稀释后计数。因穿刺时往往都有损伤,所以任何积液中均可能有少量红细胞,大量红细胞出现可见于出血性渗出液。若无穿刺损伤,而有大量红细胞出现,则应考虑为肿瘤或结核性病变。

二、关节液的检查

(一) 有核细胞计数

方法与白细胞计数相似。细胞少时可直接将滑液充入计数室内进行,细胞多时可用生理盐水稀释,但勿在稀释液内加醋酸,否则会引起凝固。为了使白细胞较易见到,生理盐水中可加1%的结晶紫。

分类计数的滑液涂片可用盖玻片制备,或置1～2滴滑液于两张载玻片之间,用圆周滑行动作将其压在一起,然后迅速将两张玻片分开。细胞少时亦可应用滑液的离心沉淀物进行涂片。用瑞氏染色法染色镜检。

(二) 临床意义

正常滑液中含有单核细胞、巨噬细胞、滑膜衬里细胞和嗜中性粒细胞等,后者少于10%。上述各细胞的总数,奶牛低于1 000个/μl。在化脓性炎症,由于细菌感染,其总数可超过100 000个/μl,嗜中性粒细胞占优势。由于透明质酸具有保护作用,细胞形态不发生改变。在非化脓性炎症,细胞总数亦增加,但通常没有化脓性关节炎显著,其中嗜中性粒细胞亦占优势。在变性性关节病,细胞数正常或稍增加(少于5 000个/μl),增加的主要是单核细胞。

此外,巨噬细胞和滑膜衬里细胞也有增加,但嗜中性粒细胞通常不超过25%。

三、阴道分泌物的检查

阴道液体的检查主要用于确定发情配种时间、识别繁殖障碍和早期妊娠诊断。另外,对阴道炎和子宫炎等疾病也有诊断意义。阴道液检查的最常用方法是做阴道液涂片,染色镜检,观察各种细胞的变化情况。为采集样品,阴唇部应清洗消毒,然后用生理盐水浸湿的棉签、钝的吸管或玻璃棒穿过括约肌插进阴道,采集分泌物,在载玻片上均匀涂片,自然干燥,瑞氏或姬姆萨氏染色,用油镜观察涂片上的细胞。

(一) 阴道上皮在发情周期内呈现周期性变化

1. **休情期(乏情期、间情期)** 发现表层和中间层未角质化的扁平上皮细胞,其特征是核大而圆,有囊泡,细胞质多,边缘圆而光滑。有少量未变性的嗜中性粒细胞,缺乏红细胞。

2. **发情前期** 发现表层和中间层未角质化的扁平上皮细胞,后阶段可能出现角质化细胞,有大量红细胞(可能因黏附在棉签上,致使涂片上红细胞数量减少),嗜中性粒细胞减少。

3. **发情期** 有表层角质化的扁平上皮细胞,其特征是细胞质边缘有突起,有许多折叠,无细胞核,缺乏嗜中性粒细胞,发情早期阶段有较多的红细胞,但在发情高峰时红细胞数量也不见减少,无细胞碎片。有时可见细菌。

4. **发情后期** 有外底层和中间层未角质化的扁平上皮细胞。外底层细胞呈圆形,胶质带蓝色。一些具有泡沫状的细胞质。另一些含有白细胞,可能是发情后期细胞;大量的嗜中性粒细胞,缺乏红细胞。由于角质层上皮细胞的崩解,本期早阶段可见细胞碎片。

(二)阴道炎与子宫炎的特点

急性炎症以嗜中性粒细胞为主。慢性炎症除嗜中性粒细胞外,还有较多的组织细胞、浆细胞和淋巴细胞。一部分嗜中性粒细胞与未角质化的扁平上皮细胞结成凝块。单纯靠阴道液检验,将炎症与发情前期或发情后期进行区别是有困难的。但嗜中性粒细胞和表层角质化的扁平上皮细胞同时存在,则提示炎症存在,因为在正常的情况下,这两类细胞不会一起出现。应该指出的是,单凭细菌的存在对炎症的诊断不一定具有临床意义,因为在发情期也可见到某些微生物。另外,在发生产后黏液性子宫炎时,也可发现黏液,临床上应予以注意。

第七节 寄生虫的检查

一、血液寄生虫的检查

(一)附红细胞体的检查

检测附红细胞体的方法有鲜血压滴标本检查法、血涂片染色法、电镜观察法、免疫学方法和 PCR 技术检测等。临床上常用检测方法是鲜血压滴标本检查法和血涂片染色法。

1. 血压滴标本检查法

(1)器材与试剂

①器材。载玻片与盖玻片、显微镜。

②试剂。生理盐水。

(2)操作方法 一般用消毒过的针头自耳静脉或颈静脉采取血液,将采出的血液滴在洁净的载玻片上,加等量的生理盐水与之混合,覆以盖玻片,放在显微镜下用高倍镜检查,即可见震颤和变形的红细胞及呈淡绿色荧光的附红细胞体活体,在血浆中作伸展、收缩、转体、上升、下降等无规则运动。有的在红细胞里面作左右、上下运动,有的在红细胞边缘游动。在油镜下可见菠萝样、齿轮状、星状红细胞。附红细胞体呈球形、逗号形、条形、网球拍形或细小颗粒状。

(3)注意事项

第一,此方法操作简单、方便,但要求血液稀薄,红细胞最好单层排列,否则,影响观察。

第二,最好按红细胞计数的方法,先把血液进行稀释,然后再充液到细胞计数池内观察,效果会更好。

2. 血涂片染色观察法

(1)器材与试剂

①器材。载玻片、盖玻片、染色缸、支架、显微镜等。

②试剂。瑞氏染色液或姬姆萨氏染色液。

(2)操作方法 ①血涂片的制作,同白细胞分类计数法。②血液干燥后,可直接放于高倍显微镜下,选择尾部、红细胞单层排列的部位进行观察。若有附红细胞体存在,此时红细胞呈锯齿状、齿轮状、星状等不规则形状,正常的红细胞则为圆形,边缘光滑。③对上面干燥的血涂片,用瑞氏染色法或姬姆萨氏染色法进行染色,放于显微镜油镜下观察。若用瑞氏染色法,红细胞呈浅粉红色,虫体呈紫红色;若用姬姆萨氏染色法,红细胞呈淡蓝色,虫体呈深蓝色。

(3)注意事项

第一,染色液要经过过滤,不能有沉渣。在染色过程中,染色液量要充足;冲洗时,要先冲后倾,再把载玻片直立晾干。

第二,观察时要选择涂片尾部、红细胞呈单层排列的部位进行辨别。附红细胞体容易与染色液的杂质颗粒混淆,检查时要加以区别。

(二)梨形虫的检查

梨形虫和附红细胞体一样,也是寄生在红细胞内的一种内寄生虫病,引起各种家畜发病,通常是牛和马的梨形虫病最多。梨形虫的检查在临床诊断上常用的方法是血涂片染色观察法(瑞氏染色法或姬姆萨氏染色法)。

1. 器材与试剂

(1)器材　载玻片、盖玻片、染色缸、支架、显微镜等。

(2)试剂　瑞氏染色液或姬姆萨氏染色液。

2. 操作方法与辨认　涂片和染色同白细胞分类计数法。染色干燥后的载玻片放于高倍显微镜下,选择染色良好、红细胞单层排列的部位进行观察,最后用油镜进行辨认。

(1)双芽巴贝斯虫　在红细胞内,可看到一种大型的虫体,虫体长度大于红细胞半径;其形态有梨籽形、圆形、椭圆形及不规则形等。典型的形状是成双的梨籽形,尖端以锐角相对,每个虫体内有一团染色质块。虫体多位于红细胞的中央,每个红细胞内的数目为1～2个,很少有3个以上的。经姬姆萨氏染色后,虫体的原生质呈浅蓝色,边缘着色较深,中央较浅或呈空泡状无色区,染色质呈暗红色,呈1～2个团块,位于梨形或杆形虫体的粗端。瑞氏染色后,虫体的原生质呈淡红色或红色,而染色质呈深红色或紫红色。

(2)环形泰勒虫　寄生在红细胞内的虫体(配子体)很小,形态多样。戒指状最为常见,还有逗点状、杆状、钉子状、大头针状、圆点状等多种形状。用姬姆萨氏染色和瑞氏染色后,着色情况与巴贝斯虫一样。

寄生在巨噬细胞或淋巴细胞内的多核虫体(裂殖体或石榴体或柯赫氏蓝体)。裂殖体呈圆形、椭圆形或肾形,位于淋巴细胞或巨噬细胞胞浆内或散在于细胞外。用姬姆萨氏法染色,虫体胞浆呈淡蓝色,其中包含许多红紫色颗粒状的核。

3. 注意事项

第一,染色液要经过过滤,不能有沉渣。在染色过程中,染色液量要充足。冲洗时,要先冲后倾,再把载玻片直立晾干。

第二,观察时要选择涂片尾部、红细胞呈单层排列的部位进行辨别,特别是泰勒虫容易与染色液的杂质颗粒混淆,检查时要加以区别。

二、弓形虫的检查

弓形虫的检查主要是组织涂片染色法、易感动物接种法和血清学诊断。血清学诊断包括染色试验、间接血球凝集试验、补体结合试验、中和抗体试验、荧光抗体法及酶联免疫吸附试验等。临床上常用组织涂片染色法和易感动物接种法。

(一)组织涂片染色法

1. 器材与试剂

(1)器材 载玻片、盖玻片、染色缸、支架、显微镜等。

(2)试剂 瑞氏染色液或姬姆萨氏染色液。

2. 操作方法 取病畜的肺、肝、淋巴结等组织或腹水做成涂片,用瑞氏染色液或姬姆萨氏染色液染色,放于显微镜油镜下观察,可以见到呈弓形、月牙形或香蕉形的滋养体。虫体一端偏尖,一端钝圆。经瑞氏染色液或姬姆萨氏染色液染色后,胞浆呈淡蓝色,有颗粒。核呈深蓝色,位于钝圆的一端。

3. 注意事项 此方法适用于急性弓形虫病,特别是在急性病例的腹水中,容易看到滋养体,慢性病例中不易见到虫体。因此,取样时要全面,不要漏掉重要的组织器官。

(二)易感动物接种法

1. 器材与试剂

(1)器材 载玻片、盖玻片、染色缸、支架、显微镜等。

(2)试剂 瑞氏染色液或姬姆萨氏染色液、生理盐水。

2. 操作方法 将病牛的肺、肝、淋巴结等组织研碎,加入10倍生理盐水,在室温下放置1 h,取其上清液0.5~1 ml接种于小鼠腹腔,而后观察小鼠有否症状出现,并检查腹腔液中是否存在虫体。

3. 注意事项　接种量不宜太少,否则,不引起发病。

三、螨虫的检查

(一)病料的采取

疥螨、痒螨、蠕形螨等大多数寄生于家畜的体表或皮内。因此,应刮取皮屑,置于显微镜下,寻找虫体或虫卵。

刮取皮屑的方法:应选择患病皮肤与健康皮肤交界处,这里的螨较多。刮取时先剪毛,取凸刃小刀,在酒精灯上消毒,用手握刀,使刀刃与皮肤表面垂直,刮取皮屑,直到皮肤轻微出血为止(此点对检查寄生于皮内的疥螨尤为重要)。

在野外工作时,为了避免刮下的皮屑被风吹走,可在刀上先蘸一些水、煤油或5%的氢氧化钠溶液,这样,可使皮屑黏附在刀上。将刮下的皮屑集中于培养皿或试管内带回供检查。

(二)检查方法

1. 器材与试剂

(1)器材　离心机、载玻片、盖玻片、显微镜。

(2)试剂　10%氢氧化钠、煤油、液状石蜡、50%甘油、60%硫代硫酸钠等。

2. 操作方法

(1)显微镜检查法　将刮下的皮屑,放于载玻片上,滴加煤油,覆以另一张载玻片。搓压玻片使病料散开,分开载玻片,置显微镜下检查。煤油有透明皮屑的作用,使其中虫体易被发现,但虫体在煤油中容易死亡。如欲观察活螨,可用10%氢氧化钠溶液、液态石蜡或50%甘油水溶液滴于病料上。在这些溶液中,虫体短期内不会死亡,可观察到其活动。一定要注意,在此方法中,制片非常重要,病料要完全散开,使虫体能从皮屑中脱离出来,虫卵能单个存在,这样观察起来要好看得多。

(2)虫体浓集法 为了在较多的病料中检出其中较少的虫体,而提高检出率,可采用浓集法。此法先取较多的病料,置于试管中,加入10%的氢氧化钠溶液,浸泡过夜(如急待检查可在酒精灯上煮数分钟,使皮屑溶解,虫体自皮屑中分离出来,而后待其自然沉淀;或以 2 000r/min 的速度离心 5 min),虫体即沉于管底,弃去上层液,吸取沉渣检查,或向沉淀中加入60%硫代硫酸钠溶液,直立,待虫体上浮,再取表面溶液检查。

四、粪便虫卵检查

寄生于消化道的蠕虫虫卵,通常和粪便一同排出;与消化道相连的器官(如肝、胰)中的寄生虫,其产出的卵也随粪便排出体外。呼吸道的寄生虫的虫卵随痰液进入口腔后,多数又咽下,也可在粪便中查到虫卵。因此,粪便虫卵的检查对判定家畜感染寄生虫的程度具有一定的临床意义。

(一)直接涂片检查法

1. 器材与试剂

(1)器材 载玻片、盖玻片、牙签或火柴棍、显微镜等。

(2)试剂 甘油。

2. 操作方法 在载玻片上滴一些甘油和水的混合液,再用牙签或火柴棍挑取少量粪便加入其中,混匀,夹去较大的或过多的粪渣,最后使玻片上留有一层均匀的粪液,其浓度的要求是将此玻片放于报纸上,能通过粪便液膜模糊地辨认其下的字迹为合适。在粪膜上覆以盖玻片,置显微镜下检查。检查时应顺序的查遍盖玻片下的所有部分。

3. 注意事项 此方法是最简便常用的方法,但检查时因被检查的数量少,检出率也较低。也就是说,当体内寄生虫数量不多而粪便中虫卵少时,有时不能检出虫卵。

(二) 集 卵 法

本法总的原则是为了将分散在粪便中的虫卵集中起来,再行检查,以提高检出率。较常用的方法有沉淀法和漂浮法。

1. **器材与试剂** 40～60目的铜筛、三角烧瓶或烧杯、铁丝圈、载玻片、盖玻片、显微镜等。

2. **操作方法**

(1) 沉淀法 取粪便5 g,加清水100 ml,搅匀成粪液,通过260～250 μm(40～60目)铜筛过滤,滤液收集于三角烧瓶或烧杯中,静置沉淀20～40 min,倾去上层液,保留沉渣,再加水混匀,再沉淀,如此反复操作直到上层液体透明后,吸取沉渣检查。此法特别适用于检查吸虫卵。

(2) 漂浮法 取粪便10 g,加饱和食盐水100 ml,混合,通过250 μm(60目)铜筛,滤入烧杯中,静置30 min,则虫卵上浮;用一直径5～10 mm的铁丝圈,与液面平行接触以蘸取表面液膜,抖落于载玻片上检查。此法适用于检查线虫卵。

也可以取粪便1 g,加饱和食盐水10 ml,混匀,筛滤,滤液注入试管中,补加饱和食盐水溶液使试管充满,上覆以盖玻片,并使液体和盖玻片接触,其间不留气泡,直立30 min后,取下盖玻片,覆于载玻片上检查。

第八节 毒物检测

一、有机磷农药检验

(一) 检材及处理

1. **检材的采取** ①误食毒物急性中毒时,取呕吐物、吃剩的草料、胃及胃内容物、血液、肝脏等。②皮肤接触中毒时,取血液及接触毒物部位的组织。③吸入中毒时,取血液及肺。

2. 检材的提取法 用苯、氯仿最好,可回收 80%～90%。用乙醇提取,可回收 85%。用乙醚提取,因乙醚沸点低,挥发快,能带走较多的有机磷,仅能回收 20%～30%。

(1) 干燥固体或液体的检材 取样 50 g 左右,加苯浸提,第一次加 40 ml,第二次加 30 ml,第三次加 20 ml。每次振摇 10 min,将各次提取液滤入同一蒸发皿,自然挥干或在 60℃以下水浴上蒸干溶剂。残渣用适量 95%酒精溶解后,做定性试验,如进行薄层层析,则用苯或甲醇溶解。

(2) 半固体检材(内脏、胃内容物、呕吐物、食物蔬菜等) 先捣碎,加无水硫酸钠,充分研磨,使之成粉末状,然后用苯分 3 次提取,或在苯提取液中加无水硫酸钠脱水后用滤纸过滤。也可用 95%酒精在 50℃～60℃温度下浸 1～2 h,过滤,挥发干酒精,再用苯精制 1 次。滤液自然挥发干或置 60℃水浴上蒸干,残渣用适量 95%酒精溶解后,做定性试验,如进行薄层层析,则用苯或甲醇溶解。

(3) 提取液净化法 检材如系内脏组织或含脂肪、色素过多时,特别是做薄层层析,杂色存在影响结果,检材提取液必须净化。其方法:氯仿-丙酮-水提取净化法。

检材 10～20 g,切细,加无水硫酸钠 30～60 g,研磨(必须磨细,干燥无水),用氯仿或二氯甲烷 30～60 ml,摇 30 min 或浸泡 2～3 h,过滤。残渣用上述溶剂提取 1～2 遍,合并提取液于分液漏斗中,加丙酮、水(1:9)混合液 100 ml,猛振摇,分层后,分出丙酮水混合液于另一分液漏斗中,再用丙酮水混合液 100 ml 提取 3 遍。合并丙酮水混合液,再用氯仿或二氯甲烷 40～60 ml,分 2～3 次提取,分出氯仿或二氯甲烷,通过无水硫酸钠滤入蒸发皿中,自然挥发干,用 95%酒精溶解,如做薄层层析挥至 0.5～1 ml 即可,不必用酒精溶解。

(二) 1605 的定性检验(硝基酚反应)

1. 原理　用氢氧化钠将 1605 水解,取得对位硝基酚钠盐呈黄色,加盐酸又生成无色的对位硝基酚。

2. 试剂　10%盐酸、10%氢氧化钠。

3. 操作方法　取精制乙醇提取液 2 ml 加 10%氢氧化钠液 0.5 ml,如有 1605 存在,即产生黄色,在水浴上加热后,黄色更显著,加 10%盐酸后,则黄色褪去,加碱黄色又复出现。

此方法灵敏度为 1:500 000。

(三) 3911 的定性检验(硫酸铜的反应)

1. 原理　3911 在碱性环境中,经水解后,产生 O,O 二乙基二硫代磷酸盐和甲羟基硫乙醇,前者与二价铜作用,生成 O,O 二乙基二硫代磷酸铜,在四氯化碳或氯仿中呈黄色。

2. 试剂　四氯化碳或氯仿、20%氢氧化钠、1%三氯化铁酸性溶液(三氯化铁 1 g,加 6N 盐酸 100 ml)、10%硫酸铜溶液。

3. 操作方法　用检材酒精溶液 1～2 ml,放入试管中,加 20%氢氧化钠液 0.5ml,摇振 1 min,加四氯化碳或氯仿 2～3 ml,三氯化铁酸性溶液 0.5 ml。摇动,此时四氯化碳或氯仿层应无色,否则应弃去四氯化碳或氯仿,重新加入四氯化碳或氯仿,摇振,最后加入 10%硫酸铜 3～4 滴,摇振。如有 3911 存在,四氯化碳或氯仿层显黄色,同时做标准及空白对照。

4. 注意事项

第一,当加入三氯化铁酸性溶液后,在水中如产生氢氧化铁棕色沉淀,表示酸度不够,再加一些三氯化铁酸性溶液或稀盐酸使水溶液呈酸性。

第二,此法不是 3911 的专一反应,二硫代磷酸酯类有机磷农药,均可出现阳性反应,而一硫代磷酸酯类不呈色,可用于区别此二类含有机磷农药。

二硫代磷酸酯类农药有:3911,乐果、马拉硫磷(4049)、硫磷

(124C)、乙拌磷、二甲硫吸磷、稻丰散、亚胺硫磷、保棉丰(3911 亚砜)、灭蚜松。

一硫代磷酸酯类农药有：1605,1059,甲基 1605,甲基 1059,杀螟松、二嗪农、杀螟腈、苯硫磷。

(四)敌百虫、敌敌畏的定性检验(间苯二酚法)

1. 检材处理　检材如为固体或半固体物质,酸化后用乙醇提取,挥发干乙醇,用水溶解供检验用。如残渣中杂质多时,可用乙醚再精制 1 次。检材如为液体,用乙醚提取挥发干,残渣用水溶解,供检验用。也可用水蒸气蒸发,收集蒸馏液供检验用。

2. 原理　敌百虫与敌敌畏经碱水解产生醛类物质,与间苯二酚反应,形成粉红色化合物。

3. 试剂　1％间苯二酚乙醇溶液,10％氢氧化钠溶液。

4. 操作方法　取定性滤纸 1 片,用毛细管滴检液 1 滴,待其浸开后,稍干在斑点的中心滴加 10％氢氧化钠溶液 1 滴,散开后,再在其上滴加 1％间苯二酚乙醇溶液 1 滴,充分散开后,在电炉上直火加热,如为敌敌畏或敌百虫,在斑点的周围就出现一红圈,而敌百虫显色比敌敌畏晚,可用已知样品对照观察显色时间。

5. 注意事项

第一,滴检液及试剂时,液滴不要过大,滴管或毛细管直触纸面,让检液、试剂散至一定大小时再离开,这样形状整齐,液体分布均匀。加热不宜过久,否则,红色变成黄色至褐色(注意不要烤过了,应离炉稍高)。

第二,如检液含量低,可反复点样,但必须等第一次干后,再点第二次,以免点滴面积过大。

二、敌鼠钠检验

(一)检体的采取与处理

误食敌鼠钠迅速发生中毒者,可采其呕吐物、洗胃液、血、尿做检体。如数日后才出现中毒或死亡者,可采取血、肝、肾等做检体。

检体如是胃内容物、食物、呕吐物等,可经捣碎后先用乙醇温浸、提取,然后挥发去乙醇,残渣用无水乙醇溶解,滤去不溶物,醇液经浓缩后,过中性氧化铝纯化柱,用氯仿洗脱。收集氯仿液,挥发去氯仿,残渣供试。

如检体是液状物体,可先加稀盐酸酸化,于分液漏斗中,用氯仿振摇提取。将提取液浓缩后通过中性氧化铝纯化柱,再用氯仿洗脱。收集洗脱液,挥干,残渣供试。

内脏组织(肝、肾等),可先将其捣碎,然后放于具塞三角烧瓶中,用2N硫酸酸化,再用40 ml乙醚振摇提取10 min,静置分层,分出醚液;再将检体用20 ml乙醚提取1次。合并两次乙醚提取液于分液漏斗中,用50 ml 1%焦磷酸钠分2次反提醚液,合并焦磷酸钠提取液于另一分液漏斗中,弃去焦磷酸钠液,乙酸乙酯分2次提取焦磷酸钠溶液,弃去焦磷酸钠液,乙酸乙酯液用10 ml 1%氢氧化钠液洗1次,再用10 ml蒸馏水洗1次,然后移入蒸发皿中,于水浴上蒸干,残渣供试。

(二)分析方法(三氯化铁反应)

1. 原理 敌鼠或敌鼠钠和三氯化铁反应均可生成红色沉淀。
2. 器材与试剂 反应板、5%三氯化铁乙醇。
3. 操作方法 取经提取的残渣乙醇液1~2滴,于白色反应板凹孔中,加5%三氯化铁乙醇液1~2滴,如含敌鼠或敌鼠钠则出现红色,量大则出现红色沉淀。

此反应也可在滤纸上或硅胶板上进行。

三、氟乙酰胺检验

(一)检体的采取与处理

1. 检体的采取 氟乙酰胺中毒,应采取剩余的饲料、呕吐物、尿液、胃内容物等做检体。也可采取血液、肝、肾等。收集饲料时,应同时收集中毒前1～2天的饲料一同提取。在采取检体时,应同时采取当地饮用水,一同检验其中氟的含量加以对照。

2. 检体的处理

(1)固体或半固体(胃内容物、呕吐物、饲料等)检材　可用乙醇浸泡,在50℃～60℃水浴上浸取1～2 h。如用其他有机溶媒(乙酸乙酯、氯仿等)时,可在分液漏斗中振摇提取,然后过滤,水浴上蒸干,或经无水硫酸钠脱水后再过滤,将滤液于水浴中蒸干,残渣供试。

(2)尿液　可用扩散盒吸收法收集氟进行比色测定或用氟离子选择电极法测定氟的含量。

(3)内脏组织(胃、肝、肾、脑等)　将组织切碎捣烂,用碳酸钠或醋酸镁固定,然后用灼烧法破坏,将有机氟变成无机氟,再测定氟的含量。

(二)分析方法

1. 微晶反应　将检体的提取液过滤后,采取1滴,滴在载玻片上,自然挥发干溶剂,在显微镜下观察,如含氟乙酰胺,则可见到细棒状结晶。为进一步确证,可于载玻片上放2根火柴,上面再放一载玻片,并于其上加1滴水进行冷却用,下面用酒精灯小火缓缓加热,如含氟乙酰胺则可于上面的载玻片上见到氟乙胺升华结晶。

2. 显色反应

(1)纳氏试剂反应

①原理。氟乙酰胺在强碱条件下,可水解生成氨,而与纳氏试剂反应,生成橘红色沉淀。其灵敏度为1:20000。

②试剂。纳氏试剂(取碘化汞11.5 g和碘化钾8 g,用少量水溶解,再加水至50ml,再加入50 ml 25%氢氧化钠溶液,静置过夜,取上清液,贮于棕色瓶中)。

③操作方法。取1～2ml经处理后的检体水溶液于试管中,加纳氏试剂1～2 ml,如含氟乙酰胺,则会有下列呈色反应:淡黄→亮黄→深黄→棕黄→橘红色沉淀。如含量较高,可立即变黄,短

时间就出现红棕色沉淀。

(2) 异羟肟酸铁反应

①原理。在碱性条件下,氟乙酰胺与羟胺反应,生成异羟肟酸,进一步和高铁离子反应,生成紫色异羟肟酸铁络合物。

②试剂。10%盐酸羟胺试液、10%氢氧化钠溶液、5%盐酸、1%三氯化铁试液。

③操作方法。取检体提取液 10 ml 浓缩成 1 ml 于试管中,加 0.5 ml 10%盐酸羟胺试液,再用 10%氢氧化钠溶液调成碱性,缓缓加热至沸,放冷后,加 5%盐酸调至 pH 值 3~4,再加 1 滴 1%三氯化铁试液,如含氟乙酰胺,则显紫红色。

四、氢氰酸及氰化物的检验

(一) 检体的采取与处理

氰化物中毒,最好采取呕吐物、胃内容物、剩余饲料为检体,其次采取血液为检体。吸入中毒以血液为主。氢氰酸不稳定易挥发,应及时采样,尽快检验,防止挥发与分解,影响检出。

检体的分离主要是根据氰化物在酸性下,可随水蒸气在较低温度下蒸馏出来的性质,采取水蒸气蒸馏的方法加以分离。

(二) 分析方法(普鲁士蓝改良法)

1. 原理 氰离子在碱性溶液中与亚铁离子作用,生成亚铁氰复离子,在酸性溶液中,遇高铁离子,即生成普鲁士蓝。

2. 操作方法 本试验不需蒸馏,直接取检材 5~10 g 切碎,放在三角瓶内,加水成糜状(不得超过瓶的 1/3),加酒石酸使呈酸性,迅速将事先准备好的硫酸亚铁-氢氧化钠试纸盖在瓶上,置石棉板或铁丝网上直火加热微沸,待氢氰酸蒸气被试纸吸入以后,取下试纸并在其上加 10%的稀盐酸 1 滴,使斑点处呈酸性,如检材中含氢氰酸,则立即出现鲜明的蓝色,如氢氰酸的含量不多,则现蓝绿色,如未出现蓝色或蓝绿色,则应连续重复操作多次,确保不存在氢氰酸时,始能下结论。

3. **硫酸亚铁-氢氧化铁试纸制法**　取稍大于瓶口的滤纸一块,在中央部分加 1 滴 20% 新配制的硫酸亚铁溶液,再加 1 滴 10% 氢氧化钠,立即盖在瓶口上使用,在现场操作时,可取硫酸亚铁固体 1 粒,加水数滴溶解配制硫酸亚铁溶液,用固体氢氧化钠 1 粒加水 1 ml 溶解配制氢氧化钠溶液。

本法反应灵敏,操作简便,少量检材即可试验。

五、金属毒物检验

(一)砷的检验

1. **检体的采取与处理**　对于急性中毒者,应采取呕吐物、胃内容物较好,肝、肾也可以。

砷和其他金属中毒所采取的检体类似,多系脏器组织,含较多蛋白质,可与金属相互作用,形成复杂而牢固的变性蛋白型的化合物。这些化合物多是以难溶的、难解离的大分子状态存在的,不能直接参与化学反应,必须把这些生物检体进行有机质破坏,分解,除去蛋白质,使金属毒物游离,方可进行分析鉴定。有机质破坏主要有以下几种方法。

(1)硝酸镁法　取切细的检体 10~15 g,加入 35 ml 饱和硝酸镁溶液,再加固体氧化镁使成碱性,在微火上加热炭化,然后再大火灼热,使之灰化。残渣加水使成糊状,缓缓加盐酸,使成酸性,使残渣溶解,过滤,滤液供试。

此法是测定砷化物处理检体最简便的有机质破坏法。

(2)氧化钙法

①原理。有机质经高温炭化,在氧化钙的氧化下,变成二氧化碳和水。砷和锑化合物则变成不挥发性的焦砷酸钙(Ca_2AsO_7)或焦锑酸钙($Ca_2Sb_2O_7$),加稀盐酸酸化后,砷与锑转入溶液中。

②操作方法。取切细或绞碎的检体 5~10 g,加氧化钙 1~2 g,混匀,放于坩埚中,烘干,再覆盖一层氧化钙,在电炉上缓缓加热

炭化,然后转入高温炉内于500℃以下灰化,大约经1~2 h灰化完全,取出冷却后,加水成稀糊状,慢慢滴加浓盐酸中和,防止产生大量二氧化碳使残渣喷出而损失。待钙盐全部溶解后,过滤,将滤液转入100 ml容量瓶中,稀释至刻度。

2. 分析方法

(1)砷的预试验——雷因希(Reinsch)氏法(铜片试验法)

①原理。金属铜在盐酸酸化的溶液中,可使砷、锑、铋、汞等金属化合物还原成元素状态,或生成铜的化合物沉积于铜的表面,使金属铜变色,以此进行鉴定。本法灵敏度25 μg。

②试 剂

a. 铜片或铜丝。应符合化学纯以上标准,先用1∶1硝酸洗涤至出现金属光泽,再用蒸馏水冲洗干净即可。

b. 无砷盐酸。

c. 酸性氯化亚锡。取2g氯化亚锡溶于125ml浓盐酸中。

③操作方法。取检体10 g左右,于250 ml三角烧瓶中,加蒸馏水20 ml左右,再加酸性氯化亚锡1 ml和1/4容量的浓盐酸(约5 ml),摇匀后,加入一铜片(0.5×1 cm^2)或铜丝(8~10 cm),然后在电炉上加热煮沸15~30 min。并要时时观察铜片(丝)的表面是否变色,如不变色,应加热45 min,如铜片变色,取出后小心用水冲洗,再用乙醇或乙醚冲洗表面附着的有机物(脂肪等)。根据铜片变色情况,来分析检体中可能含有何种金属毒物。

如铜片变黑色或黑灰色,可能含有砷;如果始终不变色,一般即可否定砷的存在。

④注意事项

第一,溶液中盐酸的浓度应保持在2%~8%,如低于2%时硫化砷不起反应;高于8%时,氯化砷和氯化汞可能挥发。

第二,加氯化亚锡的目的,是起还原作用,可使高价砷还原成低价砷,加速反应,同时也可使氧化物被还原而排除干扰。

第二章 奶牛场兽医师诊断技术

第三,亚硫酸盐和硫化物对本反应有干扰。可使铜片变黑,混淆反应结果。因此,加酸后可在水浴上加热几分钟,使亚硫酸盐与硫化物分解后,再加铜片,尤其是腐败检体更应特别注意。

第四,反应过程中,要密切注意铜片表面颜色的变化,如已明显变色应立即取出铜片,否则加热时间过长会造成沉积物脱落,导致假阴性结果而误判。

(2)砷的确证试验——升华法 把 Reinsch 反应中变色的铜片(或铜丝),用水或乙醇洗去附在表面的杂质,用滤纸吸干后,剪成细丝或小段,放入干燥而又洁净的升华管的底部,小火烘烤,至铜片完全变成红色的氧化铜,如含砷,升华管中段较细部位可见白霜样晶形物,在显微镜下观察,呈现出四面或八面体。

可根据本试验初步确证是否含砷化物。

在升华时要特别控制好温度,不要加热太快,容易使升华物逸出损失,或者升华物颗粒太小不易鉴别,当然温度太低也不行,因温度太低不易升华。所以要操作熟练,缓缓加热,控制温度,使升华结晶逐渐形成。

升华管可以自己拉制,也可以购买。形状是两头略粗,中间较细。

在加热升华时,为了保证升华物不致逸出,可在升华管的中间较细部位,用一湿毛巾包上使之冷却,升华物便凝在管壁上。

(二)汞的检验

1. 检体的采取与处理 汞进入机体后,很快入血液中,一部分与血清蛋白结合,一部分与红血球结合,以游离状态存在的很少,仅1%左右。汞在脏器中均有分布,以肾、肝中含量最高,因有机汞是脂溶性的,所以不仅在肾与肝中有,在脑中也有蓄积,头发中也有蓄积。汞从尿中排泄最多,占总排泄量的70%,其次为粪便、唾液、乳汁等。

根据汞在体内的代谢过程,汞化物中毒应采取尿、胃内容物,其次以肾、肝、血等作为检体较好。如慢性汞中毒或中毒后较长时间死亡的,应采取肾作检体最适宜。

2. 分析方法

(1)汞的预试验——雷因希氏法(铜片试验法)

①原理。在盐酸溶液中,汞化物可被金属铜还原为金属汞而沉积在铜的表面,使铜的表面变银白色。

②试剂。同砷的预试。

③操作。同砷的预试。

④结果。铜片变银白色。

(2)汞的确证试验——碘化亚铜反应

①原理。汞与碘化亚铜反应,生成红色碘化亚铜汞。经碘化亚铜悬浮或用此碘化物浸渍过的滤纸与汞盐的酸性溶液接触时,即显红色或橘红色。

②试剂。碘化亚铜悬浮液(取 5 g 硫酸铜,8 g 硫酸亚铁,溶于 10 ml 水中。另取 3 g 碘化钾,溶于 50 ml 水中,然后将此溶液缓缓加入硫酸铜与硫酸铁混合液中,并不断搅动,所生成的沉淀即为碘化亚铜,过滤,用蒸馏水冲洗沉淀至白色后,移入棕色瓶中,加少量蒸馏水制成悬浮液。如直接取 2~3 g 碘化亚铜,加 20~30 ml 水混悬即得)。

③操作方法。取定性滤纸,滴上 1~2 滴碘化亚铜悬浮液,然后将已洗净、晾干的 Reinsch 预试反应呈阳性的铜片夹于碘化亚铜试纸斑痕中,压紧,经 0.5~1h 后,如含汞化物,碘化亚铜试纸斑痕处呈红色。

(三)铅的检验

1. 检体的采取与处理　铅中毒应采取血、尿、呕吐物等作检体较宜,也可以采各种蓄积器官如肝脏、肾脏、脊髓、肠、脑等。

检体可经有机质破坏后用稀酸溶解供试。如含有机质少,可直接炽灼,残渣溶于硝酸内,必要时加氨液变成弱碱性,通入硫化氢,成硫化铅沉淀,过滤,洗涤,再将硫化铅溶于稀硝酸内供试。

灰化法容易使铅挥发,造成损失,因此灼烧时,要严加控制温度,不超过500℃。

2. 分析方法——显色反应

(1)试剂 铬酸钾溶液(铬酸钾10 g加水至100 ml),联苯胺溶液(联苯胺0.5 g溶于15%醋酸中成100 ml),饱和溴水,5%氢氧化钠溶液,10%氨水。

(2)操作方法

①方法一。检液用稀醋酸酸化,加铬酸钾溶液,如含有铅,则生成黄色沉淀。此沉淀不溶于10%氨水,溶于1 N氢氧化钠溶液中。

②方法二。取检液1滴于滤纸上,加饱和溴水及5%氢氧化钠溶液各1滴,稍候,加10%氨水2滴,使残余溴分解,加热蒸发氨水,加1滴联苯胺溶液,如含有铅则产生二氧化铅,将联苯胺氧化成蓝色。检出限度1 μg。

第九节 细菌学检查技术

一、病料的采取、保存

(一)被检材料的采取方法

1. 液体材料的采取 一般用棉棒采取破溃的脓汁、胸水、鼻液、阴道分泌物、排泄物。胸水未破的脓肿于表面消毒后,用注射器抽取,也可用吸管吸取,液体放于试管中。血液可从静脉采取。若有突然死亡或病因不明的尸体须先采取末梢血液制成涂片,镜检,疑似炭疽时,不得进行剖检。

2. 实质器官的采取 应在刚解剖尸体后立刻采取。若剖检过程中污染了被检器官,或剖开腹腔后时间过久,应先用烧红的刀片烧烙表面,在烧烙的深部切取小块器官,放在灭菌试管或培养皿内。或直接用铂耳挑取病料涂抹于平板培养基上。常采取的脏器有肝、脾、肾、心、肺、淋巴结等。

3. 胃肠及其内容物　除去粪便的肠管,水洗后放在平皿内。粪便应采取新鲜的带有脓、血、黏液部分,液态粪便应采取絮状物。有时可将胃肠剪下,两端扎好,送往实验室(厌氧菌培养时)。

4. 胎儿　可将流产胎儿送往实验室,也可用吸管或注射器吸取胎儿内容物放在试管内。

5. 注意事项

第一,采取被检病料应以无菌技术操作,所用器械、器皿,都应经过灭菌。在抽取血液或其他液体时,要避免外源性污染。取得材料后,应立即送往实验室检查。

第二,动物死亡后应立即采取病料,不能拖延时间。夏天应在 $4 \sim 8$ h,冬天应在 24 h 之内。而且采病料时应采病原菌最多的部位或脏器。病料量不宜过少,用合适的容器盛装,避免在送检途中细菌干燥死亡等情况的发生。

第三,送检的病料如体液、尿、脓汁、鼻液等首先做涂片检查,再根据情况作分离培养等其他检验方法。

第四,人、兽共患病在取样和送检途中,应严格要求,以免工作人员受到传染。

6. 奶牛常见细菌性传染病取样部位简介

(1)炭疽　取样时,严禁剖检尸体,应立即从耳尖采血涂片染色镜检。必要时在严格控制的条件下,从尸体左侧最后一条肋骨后缘打开腹腔,采取小块脾脏涂片染色镜检,腹腔切口用浸透碘酊的纱布填塞。皮肤炭疽可采取病灶水肿液渗出物,肠炭疽可采取粪便。

(2)布鲁氏菌病　最好采取流产胎儿的胃内容物、羊水及胎盘的坏死部分。如无此材料,也可用母牛阴道分泌物、乳汁或尿液。

(3)巴氏杆菌病　尽可能采取新鲜病料,如渗出液、心血、肝、脾、淋巴结、骨髓等,制成涂片,以免镜检时细胞碎片混淆视线。

(4)结核病　采取患病动物的病灶、痰液、尿液、粪便、乳汁及其他分泌物。

(5) 副结核病　已有临诊症状的病牛,可刮取直肠黏膜或取粪便中的小块黏膜及血液凝块,尸体可取回肠末端与附近肠系膜淋巴结或取回盲瓣附近的肠系膜。

(6) 放线菌病　采取病灶脓汁。

(二) 被检材料的保存方法

供细菌检验的被检材料,如能立即送往实验室的,并有条件立即展开工作的,最好立即对病料进行分析。若在1~2天内送到实验室,可暂放在有冰的保温瓶或冰箱内,也可放入灭菌液状石蜡或30%甘油生理盐水中。还可在保温瓶内放氯化铵500g加1500ml水,使保温瓶内保持0℃左右达24h。送到实验室暂且不能检查的病料,也要放置冰箱中待检。

供细菌检验用的被检材料,应尽可能的保证其中的细菌数量和活力不发生变化。最好由专人送检,并带好有关的详细情况,如病情、剖检、采集时间和部位等,以供检验人员参考。

二、显微镜检查

(一) 细菌标本片的制作

制作细菌涂片或抹片在载玻片上进行,要求使用的载玻片是清洁、无油脂、无灰尘的。若玻片上有少量油脂,可在玻片上滴1~2滴95%酒精,用干净纱布揩净,然后自然干燥或在酒精灯火焰上轻轻通过,使之干燥。根据被检材料的不同,抹片方法亦有所不同。

1. 血涂片的制作　同白细胞分类计数。

2. 组织脏器抹片　先用灭菌的镊子夹持组织器官(如肝脏、脾脏、肾脏、淋巴结等),再用灭菌的剪刀剪取一小块,将其新鲜切面轻轻接触玻片表面,或轻而迅速地涂抹在玻片上。

3. 液体材料抹片　将液体材料如液体培养物、渗出液、脓汁、乳汁、痰等混匀,用无菌接种环蘸取材料,在玻片上均匀涂抹成一薄层即可。

4. 固体材料涂片　用无菌接种环先取少量生理盐水或蒸馏水,置于玻片上,再取少量被检材料,在液滴中混合,均匀涂成适当大小的一薄层。

5. 注意事项　在制片时,如有多个样品需要制片,只要染色方法相同的,就可在一张载玻片上做数个涂片,用蜡笔在背面做好记号,需要保留的标本片,应贴好标签,注明菌名、材料、染色方法和日期等。

(二)细菌的染色

细菌涂片做好后,要经过染色以后才能放在显微镜下观察。细菌染色方法很多,常用的染色方法主要有美蓝染色法、革兰氏染色法、抗酸染色法、瑞特氏染色法和姬姆萨氏染色法等。下面分别介绍这几种染色方法。

1. 美蓝染色法

(1)染色液配制　碱性美蓝液,又称骆氏美蓝液。取美蓝0.3g溶于95%酒精30 ml中,与0.01%氢氧化钾100 ml混合。贮于瓶中,时间愈长,染色效果愈佳。

(2)染色方法　滴加染色液于已干燥固定好的抹片上,使染色液浸盖整个涂抹点为宜,经1~2 min,水洗,镜检。

(3)染色结果　碱性美蓝着色较慢,效果清晰,菌体呈蓝色。

2. 瑞特氏染色法

(1)染色液配制　同白细胞分类计数法。

(2)染色方法　同白细胞分类计数法。

(3)染色结果　细菌染成蓝色,组织细胞等呈其他颜色。组织涂片中的巴氏杆菌两端浓染。

3. 革兰氏染色法

(1)染色液配制

①草酸铵结晶紫(龙胆紫)染液。将龙胆紫2 g在研钵中研磨

后,滴加95%酒精25 ml,边加边研磨,使之溶解。再与1%草酸铵水溶液80 ml混合。每天摇动2次,连续3天,过滤后应用。

②革兰氏碘液。先加2g碘化钾于少量蒸馏水中溶解,再加1g碘,使之充分溶解后,加蒸馏水至300 ml。

③石炭酸复红(品红)液。将碱性复红0.3 g于研钵中研磨后,逐渐加入95%酒精10 ml,继续研磨使之溶解,再与5%的石炭酸溶液混合而成。通常可将混合液稀释5~10倍使用。注意稀释液易变质失效,一次不宜多配。

④95%酒精。

(2)染色方法 在已干燥、固定好的抹片上,滴加草酸铵结晶紫染色液,经1~2 min,水洗;加革兰氏碘溶液于抹片上媒染,作用1~3 min,水洗;加95%酒精于抹片上脱色,约30s至1 min,水洗;加稀释石炭酸复红(或2%沙黄水溶液)复染10~30s,水洗;吸干或自然干燥,镜检。

(3)染色结果 革兰氏阳性菌呈蓝紫色,革兰氏阴性菌呈红色。有芽胞的杆菌和绝大多数球菌,以及所有的放线菌和真菌都呈革兰氏阳性反应;弧菌、螺旋体和大多数致病性的无芽胞杆菌都呈阴性反应。

4. 抗酸染色法(改良萋—尼氏染色法)

(1)染色液配制

①萋—尼氏石炭酸复红液。碱性复红酒精饱和液(碱性复红8g,溶于95%酒精100ml中)10ml,加5%的石炭酸溶液90ml,混匀。

②3%盐酸酒精。取浓盐酸3 ml,加95%酒精97 ml,混匀。

③碱性美蓝液。取美蓝0.3 g溶于95%酒精30 ml中,再加入蒸馏水100ml及10%氢氧化钾溶液0.1 ml,混匀。

(2)染色方法 首先在已干燥、固定好的抹片上,滴加较多量的石炭酸复红液,在玻片下以酒精灯火焰微微热至发生蒸气为度

(不要煮沸),维持微微发生蒸气,经 3～5 min,水洗。然后用 3% 盐酸酒精脱色,至标本无色脱出为止(约 1 min),充分水洗。再用碱性美蓝染色液复染约 1 min,水洗,吸干,镜检。

(3)染色结果 抗酸性细菌呈红色,非抗酸性细菌呈蓝色。抗酸性质主要为分枝杆菌属的细菌所特有。此外,放线菌、类白喉杆菌的某些菌株、细菌芽胞和酵母菌子囊胞及某些动物细胞等,也具有抗酸性质。

5. 柯兹洛夫斯基染色法

(1)染色液配制 2%沙黄水溶液,1%孔雀绿水溶液(或美蓝液)。

(2)染色方法 涂片,自然干燥,火焰固定;2%沙黄水溶液加温染色,至出现气泡为止(约 1.5 min),充分水洗 1～2 min;再用 1%孔雀绿水溶液染色 0.5～1 min(亦可用美蓝液代替孔雀绿液);水洗,吸干,镜检。

(3)染色结果 布鲁氏菌呈红色,球杆状,其他细菌呈绿色(最好在 40 min 内镜检,经久则红色易褪去)。

6. 荚膜染色法(克利特氏染色法)

(1)染色液配制

①克氏美蓝染液。取美蓝 5 g 溶于 95%酒精 50 ml 中,再加入蒸馏水至 500 ml,混匀,备用。

②克氏复红染液。取碱性品红 0.15 g 溶于 95%酒精 5 ml 中,再加入蒸馏水至 495 ml,混匀,备用。

(2)染色方法 抹片经干燥、火焰固定后,滴加克氏美蓝染液,加温染色,至产生蒸气为止,充分水洗;再加克氏复红染液,染色 15～30s,充分水洗,干燥,镜检。

(3)染色结果 细菌荚膜被染成红色,菌体呈蓝色。

7. 鞭毛染色法

(1)染色液配制

①甲液。将 5%石炭酸溶液 10 ml、饱和钾明矾水溶液 10 ml

与鞣酸粉末 2 g 混合溶解即可。

②乙液。饱和结晶紫(龙胆紫)酒精溶液。

取甲液 10 份与乙液 1 份混合,此混合液能在冰箱中保存 7 个月以上。

(2)染色方法　鞭毛染色需用特殊方法制片。将欲染色的细菌接种于肉汤管中,每天移种 1 次,共数次。于普通琼脂斜面管中加灭菌蒸馏水 2 ml,然后自肉汤管中取 1 环菌液,种于斜面与液体接触部位,向上划线。置 37℃ 培养 7~16 h,以无菌接种环自接种面轻轻取菌液,放入已备好的盛蒸馏水的小碟内,置温箱中 4~5 min,使细菌散开。再取此液体 1 环,放在洁净的载玻片上,置温箱内自行干燥,不可火焰固定,干后染色。所用载玻片应无酸性物,故勿用清洁液或酸类处理玻片。在干燥、固定好的抹片上,滴加混合染色液,在室温中染色 2~3 min,水洗,干燥,镜检。

(3)染色结果　菌体和鞭毛皆染成紫色。

三、细菌形态学检验

引起牛发病的细菌不同,在显微镜下观察,细菌的形态也不一样。在此,就引起牛发病的常见的细菌的形态进行简单的检验。

(一)炭疽杆菌

从耳尖采血涂片或采取小块脾脏涂片后,荚膜染色法染色。炭疽杆菌呈短链状排列、有荚膜、菌端平齐如竹节状的粗大杆菌。人工培养时在液体培养基可形成长链状排列,且于 18~24 h 后即开始形成芽胞,无鞭毛,不运动。此菌在普通培养基上不形成荚膜,但若有血液、血清等丰富蛋白质成分,且环境中的二氧化碳浓度达到 10%~20% 时,则有荚膜形成。革兰氏染色阳性。

(二)布鲁氏菌

用病料涂片后,革兰氏染色阴性,柯兹洛夫斯基染色法染成红色。此菌呈球杆状或短杆状,多散在,很少呈短链状,无芽胞、无鞭毛、无荚膜。

(三)巴氏杆菌

革兰氏染色阴性,病料涂片或体液涂片用美蓝或瑞氏染色法染色后,菌体为球杆状,两端着色深、中央着色浅,很像并列的2个球菌,有叫两极杆菌。新分离的强毒菌株具有黏液性荚膜,无运动性、无芽胞。

(四)结核杆菌

革兰氏染色阳性。本菌不产生芽胞和荚膜,无鞭毛。用抗酸染色法染色,呈红色成丛杆菌。

(五)副结核分枝杆菌

病料制成涂片后经抗酸染色法染色后,呈红色。属细小杆菌,成堆或丛状。

(六)放线菌

从脓汁中找出灰白色小颗粒,压片镜检。方法是采取脓汁放于试管中,加生理盐水溶解拣出"硫磺颗粒"置载玻片上,加入15%氢氧化钾1小滴,盖上盖玻片,压平后镜检。放线菌块较大,压平后呈菊花状,菌丝末端膨大,呈放射状排列。压碎颗粒染色后,见有革兰氏阴性杆菌。

四、细菌的培养技术

细菌的分离培养是细菌学检验中最重要的环节。细菌病的诊断与防治,与分离操作技术水平密切相关。细菌分离培养的步骤分为培养基的准备,从被检材料中分离细菌和细菌的纯培养。

(一)培养基的制造

培养基是根据不同微生物生长繁殖的需要,将多种营养物质经人工配制而合成的营养基质。用于细菌的分离、培养及鉴定,还用于菌种的传代与保存。

第二章 奶牛场兽医师诊断技术

1. 普通肉汤培养基

(1)成分　牛肉膏3g,蛋白胨10g,氯化钠5g,蒸馏水1 000ml。

(2)制法　将以上成分混合均匀,加热溶解,矫正pH值7.4～7.6,煮沸3～5 min,滤纸过滤。分装所需容器,高压灭菌104千帕20 min。阴暗处保存备用。

(3)用途　供一般细菌培养用,是营养琼脂培养基的基础液。

2. 蛋白胨水培养基

(1)成分　蛋白胨10g,氯化钠5g,蒸馏水1 000ml。

(2)制法　将以上成分混合于蒸馏水中,加热溶解,矫正pH值至7.6,过滤,分装试管,高压灭菌104千帕20 min。

(3)用途　供靛基质试验用,可作单糖发酵管、碱性蛋白胨水、中国蓝琼脂平板、SS琼脂平板及双糖铁培养基的基础液。

3. 营养琼脂(亦称普通琼脂)培养基

(1)成分　牛肉膏3g,蛋白胨10g,氯化钠5g,琼脂20g,蒸馏水1 000ml。

(2)制法　将以上成分(琼脂除外)混合,加热溶解,矫正pH值至7.6,滤纸过滤。在滤液中加入琼脂,浸泡片刻,标记培养基总量后,加热熔化至透明,补足蒸发失去的水分。分装试管或三角瓶,高压灭菌104千帕30 min。取出后将试管趁热摆成斜面,三角瓶装的培养基凉至50℃左右倾注灭菌平皿,待其凝固后翻转平皿,置37℃温箱培养24 h,无细菌生长即可使用。

(3)用途　供一般细菌培养用。还可用作分离细菌、研究菌落形态、细菌计数、制造菌苗等。

4. 半固体培养基

(1)成分　普通肉汤(pH值7.2～7.4)100 ml,琼脂0.25～0.5 g。

(2)制法　将琼脂加于肉汤中,浸泡片刻,加热熔化。脱脂棉过滤并分装试管,每支分装约占试管的1/3量。高压灭菌104千帕 30 min,取出直立放置,待凝固后备用。

(3)用途　保存一般菌种,并可观察细菌运动力。

(4)说明　此培养基不能用于厌氧菌的动力观察。

5. 血液琼脂培养基

(1)成分　普通琼脂培养基 100 ml,脱纤维羊(兔)血 8～10ml。

(2)制法　预先准备好灭菌三角瓶(内盛数十粒玻璃珠),以无菌操作采集羊或兔血于三角瓶内,同时轻而平稳地摇动 10 min,制成脱纤维血。待高压灭菌的营养琼脂冷至 50℃时,无菌操作加入脱纤维血,迅速轻摇混匀后,倾注灭菌平皿或分装灭菌试管并摆成斜面,凝固后无菌检验,合格者置冰箱备用。

(3)用途　供细菌分离、培养用;观察细菌溶血现象。

(4)说明　加血时的培养基温度必须适宜,过高可使血液变色,不利于观察细菌溶血现象;过低,琼脂凝固,不易与血液混匀。

6. 巧克力琼脂培养基

(1)成分　与血液琼脂培养基配方相同。

(2)制法　与血液琼脂培养基相同。但加入脱纤维血后,立即置 80℃～90℃水浴锅中加温 10～15 min,并不停地摇动,使血液的颜色由鲜红色变为巧克力色为止。取出后冷至 50℃左右,倾注平皿,无菌检验合格后置冰箱保存备用。

(3)用途　培养嗜血杆菌和布鲁氏菌。

(二)细菌的分离、培养及移植

分离培养的目的,在于从混杂有多种细菌的被检材料中,通过一定的方法,分离出目的菌的单个菌落,以求获得纯培养。

1. 细菌的分离方法　如被检材料是脏器组织时,将解剖刀在火焰上烧灼灭菌,趁热烙烫被检部位的组织表面,并且用刀尖扎一小口,迅速取无菌接种环从小口处插入组织内部,钩取一环划线于培养基上。如果被检材料是液体状,如脓汁、腹水、血液等,则用无菌接种环蘸取一环,于培养基表面划线分离。

(1)平皿划线分离法 通过多方向连续划线,将被检材料连续稀释,从而获得独立单在的菌落。这是分离纯化细菌的常用方法。操作时,左手持培养皿距酒精灯火焰 4~5 cm,用拇指、食指及中指揭开皿盖约 20°角。右手持接种环,经火焰灭菌待其冷却后,钩(或蘸)取少许被检材料,迅速伸入平皿,在培养基表面划线。划线完毕,盖皿盖,烧灼接种环,于皿底做标记,将培养皿倒置培养。

(2)斜面划线法 操作时,左手斜置试管,右手持灭菌接种环钩取被检材料,然后用手心与小指将试管的棉塞拔开,管口在火焰上通过灭菌,将接种环伸入试管,从斜面底端开始向上端轻轻地划一条线(蜿蜒曲线或直线),抽出接种环火焰烧灼,将管口再通过火焰灭菌 1 次,塞好棉塞,做标记,培养。

(3)芽胞菌的分离 先将被检材料接种肉汤培养基,水浴加温 80℃,维持 15~20 min,以杀死非芽胞菌。经增殖培养,使芽胞萌发,再按以上几种方法进行分离。

2.细菌的培养方法 将接种后的培养基放入适宜细菌生长的温度、气体环境中培养。

(1)需氧培养法 需氧菌与兼性厌氧菌可置 37℃ 温箱内培养。如果采用鉴别培养基进行分离,其培养温度、培养时间应按所用培养基的要求进行。

(2)二氧化碳培养法 少数细菌如新分离的布鲁氏菌等,需在含有大约 10% 二氧化碳的环境中方能生长。常用的方法如下:用二氧化碳培养箱,这是目前较先进的仪器设备。配有二氧化碳浓度控制系统及温控指示系统,可用于细菌、细胞的培养。使用时,按需要调整二氧化碳浓度及温度,将待培养物置入培养。

(3)厌氧培养 在培养基中加入动物组织(如肝脏、肾脏等动物脏器等)。接种前将培养基置水浴锅中加热至 80℃,保持 10

min,取出迅速置冷水中,以排除培养基所含氧气。接种被检材料,置温箱 37℃培养。

3. 细菌移植 被检材料经分离培养后,选择欲分离的单个可疑菌落,用灭菌接种环(针)钩取少许,接种到新培养基上,称为移植。钩取 1 个菌落培养出来的细菌培养物称为纯培养。细菌纯培养物用于进一步的细菌学检验及保存菌种之用。

第三章 奶牛场兽医师治疗技术

第一节 消毒与灭菌

一、消毒与灭菌法

(一)无菌术

无菌术是在外科范围内防止伤口(包括手术创)发生感染的综合性预防性技术。其具体内容主要是指灭菌和抗菌,二者又称为消毒,目的是消除细菌、防止感染。习惯上所说的灭菌术是指用物理方法彻底杀灭一切微生物,如高压蒸汽灭菌,而使用各种化学消毒剂达到抗感染的目的称为抗菌术。在手术过程中通常把灭菌术和抗菌术配合起来应用,以达到抗感染的目的。

1. 物理性灭菌法

(1)煮沸灭菌法 可广泛地应用于手术器械和常用物品的消毒。可用一般铝锅、铁锅或特制的煮沸消毒器。用前应刷洗干净,锅盖应严密。一般用清洁的常水加热,水沸后3~5min将金属器械放到煮锅内,待第二次水沸时计算时间,15min可将细菌繁殖体杀死,但不能杀灭芽胞。因此,对可疑污染细菌芽胞的器械或物品,必须煮沸60min以上,煮沸器的盖子必须严密。如果消毒玻璃注射器,应在冷水中加入以防玻璃猛然遇热而破裂。

(1)高压蒸汽灭菌法 高压蒸汽灭菌需用特制的灭菌器,如手提式高压蒸汽灭菌器、立式高压蒸汽灭菌器、卧式高压蒸汽灭菌器。灭菌的原理都是利用蒸汽在容器内的积聚而产生压力。通常使用蒸汽压大约为0.1~0.137兆帕,温度可达121.6℃~

126.6℃,维持 30min 左右,能杀灭所有的细菌,包括具有顽强抵抗力的细菌芽胞,是比较可靠的灭菌方法。使用高压蒸汽灭菌时应注意下列事项:①压力表必须准确,要定期进行检验;②灭菌器内加水不宜过多,以免沸腾后水向内桶溢流,使消毒物品被水浸泡;③放气阀门下连接的金属软管不得折损,否则放气不充分,冷空气滞留在桶内会影响温度上升,影响灭菌效果;④灭菌后立即间断缓慢放气,待气压表指示至 0 处,旋开盖及时取出内容物,不可待其自然降温冷却后再取出,否则物品变湿,妨碍使用。如果是消毒液体药物或试剂,则应自然降温,不可放气,否则液体会猛然溢出。

(3) 人工紫外线灯照射消毒　仅用于空气的消毒,可明显减少空气中微生物的数量,同时也可杀灭物体表面上附着的微生物。市售的紫外线灯有 15W 和 30W,可以悬吊在房顶,也可挂在墙壁上,使用比较方便。一般在手术室非手术时间开灯 2h,有明显的杀菌作用。但光线照射不到之处则无杀菌作用,照射距离以 1m 以内最好。

2. 化学药品消毒法　常用的化学消毒剂种类很多,大致有以下几种。

(1) 醛类消毒剂　最常用的有甲醛和戊二醛。

甲醛为无色液体,有刺激性特臭,久置发生浑浊。40%的甲醛溶液称为福尔马林。2%福尔马林可用于器械消毒,浸泡 1~2h。每立方米空间用福尔马林 14~42ml 加 7~21g 高锰酸钾可用于手术室、牛舍、车厢、船舱等的熏蒸消毒,密闭门窗 7 小时以上便可达到消毒目的,然后敞开门窗通风换气、消除残余的气味。消毒时工作人员应穿戴防护用具(口罩、手套、防护服等),熏蒸时人员不要停留于消毒空间。

戊二醛具有广谱、高效杀菌作用,其灭菌浓度为 2%以上。适用于不耐热的医疗器械和精密仪器等的消毒与灭菌。戊二醛对手术刀片等碳钢制品有腐蚀性,使用前应先加入 0.5%亚硝酸钠防锈。

(2)酚类消毒剂　包括苯酚、甲酚、卤代苯酚及酚的衍生物。常用的煤酚皂,又名来苏儿,其主要成分为甲基苯酚。来苏水是一种甲酚和钾肥皂的复方制剂,溶于水可杀灭细菌繁殖体和某些亲脂病毒。使用方法是加水配成 1%~5%的溶液,将衣物、被单放在液体中浸泡 30~60min,再用水清洗;对环境消毒,可用 3%溶液擦拭或喷洒;5%溶液浸泡器械 30min。使用前需用灭菌生理盐水冲洗干净后方可应用于手术区内。

(3)酸类与碱类消毒剂　包括乳酸、醋酸、硼酸、氢氧化钠、生石灰、碳酸钠等。乳酸和醋酸适于空气消毒,能杀灭流感、流脑病毒及某些革兰氏阳性菌。乳酸蒸气消毒时按 $6\sim12ml/100m^3$ 的用量,用水稀释为 20%浓度,放在器皿中加热蒸发,消毒时需要密闭门窗。硼酸消毒力相对较弱,仅能抑制部分细菌的繁殖,对病毒、寄生虫没有作用,较适合于普通的皮肤消毒。氢氧化钠主要用于场地、栏舍等消毒,2%~4%溶液可杀死病毒和繁殖型细菌,30%溶液 10min 可杀死芽胞,4%溶液 45min 杀死芽胞,如加入 10%食盐能增强杀芽胞能力。生产实践中常以 2%溶液用于消毒,消毒 1~2h 后,用清水冲洗干净。石灰加水即成氢氧化钙,俗名熟石灰或消石灰,具有强碱性,但水溶性小,解离出来的氢氧根离子不多,消毒作用不强。1%石灰水杀死一般的繁殖型细菌要数小时,3%石灰水杀死沙门氏菌要 1h,对芽胞和结核菌无效。其最大的特点是价廉易得。生产实践中,20 份石灰加水到 100 份制成石灰乳,用于涂刷墙体、栏舍、地面等,或直接加石灰于被消毒的液体中,或洒在阴湿地面、粪池周围及污水沟等处消毒。

(4)含氯消毒剂　包括漂白粉、次氯酸钠、氯胺等。漂白粉为灰白色粉末状,有氯臭,难溶于水,易吸潮分解,宜密闭、干燥处贮存。杀菌作用快而强,价廉而有效,广泛应用于栏舍、地面、粪池、排泄物、车辆、饮水等消毒。饮水消毒可在 1 000L 河水或井水中加 6~10g 漂白粉,10~30min 后即可饮用;地面和路面可撒干粉再洒水;粪便和污水可按 1∶5 的用量,一边搅拌,一边加入漂白粉。二氯异氰尿酸钠主要用于养殖场地喷洒消毒和浸泡消毒,也可用于饮水消毒,消毒力较强,可带畜、禽消毒。使用时按说明书标明的消毒对象和稀释比例配制。

(5)醇类消毒剂　包括乙醇、异丙醇、甲醇等。乙醇为无色透明液体,微有酒气,70%~75% 的乙醇溶液作用 1~5min 可杀死各种细菌繁殖体,属中效消毒剂;对病毒和真菌效果较差,不能杀死细胞芽胞,易挥发和燃烧是其缺点。乙醇常用于皮肤、物体表面及诊疗器材的消毒,使用前用灭菌蒸馏水将乙醇稀释成所需浓度,一般浓度为 70%~75%。乙醇不适用于肝炎病毒的消毒。

(6)过氧化物消毒剂　如过氧乙酸、过氧化氢以及臭氧等。常用的是过氧乙酸,具有广谱、高效、不着色、无毒、对人畜安全等特点。但有剧烈氧化作用而对金属有腐蚀性,对棉、毛织品也有一定的腐蚀和漂白作用。其有效浓度一般为 0.01%~0.1%。

(7)碘与含碘消毒剂　常用的有碘酊、强力碘、碘伏、碘仿。2%~5% 碘酊常用于外科手术部位及注射部位的消毒。碘伏和强力碘都是聚乙烯吡咯酮与碘形成的络合物,易溶于水,无气味,对皮肤几乎不着色,重要的是对皮肤和黏膜都无刺激性,也不致引起碘的变态反应,具备良好的杀菌和清洁作用,而毒性极低。碘伏是广谱的生物杀菌剂,它能杀死细菌、真菌、病毒、原虫等。碘仿为黄色、有光泽的叶状结晶或结晶性粉末,有特殊的臭味,微有挥发性,在较高温度分解失去碘。碘仿本身无杀菌作用,当应用于局部组织后,慢慢释放出元素碘,有缓和的消毒防腐作用,常制成碘仿纱布或软膏,用于伤口、溃疡的消毒。常制成 4%~6% 碘仿纱布或 5%~10% 碘仿软膏外用。

(8)季胺盐类消毒剂　常用的有新洁尔灭、杜米芬、洗必泰、消毒净等。0.1%新洁尔灭溶液,常用于消毒手臂和其他可以浸湿的用品的消毒。市售的为5%的水溶液,使用时50倍稀释即成0.1%溶液。这一类的药物如灭菌王、洗必泰、杜米芬和消毒净,其用法基本相同。使用时应该注意:①浸泡器械30min,不再用灭菌水冲洗,可直接应用,对组织无损害,使用方便;②稀释后的水溶液虽然可以长时间贮存,但贮存一般不超过4个月;③可以长期浸泡器械,浸泡器械时必须按比例加入0.5%亚硝酸钠,即1 000ml的0.1%新洁尔灭溶液中加入医用亚硝酸钠5g,配成防锈新洁尔灭溶液;④环境中的有机物会使新洁尔灭的消毒能力显著下降,故应用时需注意不可带有血污或其他有机物;⑤不可与肥皂、碘酊、升汞、高锰酸钾和碱类药物混合应用;⑥应用过程中溶液颜色变黄后即应更换,不可继续再用。

二、器械和物品的消毒与灭菌

手术时所使用的手术器械(主要指常规金属器械)、敷料以及其他物品,都可能对手术创造成直接或间接的接触感染。手术中所使用的器械和其他物品的种类繁多,性质各异,应根据各自的特点选择应用不同的消毒与灭菌方法。

(一)手术器械和物品的准备

1. 金属器械 所有手术用器械都应清洁,不得粘有污物或灰尘等;应有足够的数量,以保证全手术过程的需求;不常用的器械或是新启用的器械,要用温热的清洁剂溶液除去表面的保护性油类或其他保护剂,然后再用清水冲干净备用;结构比较复杂的器械最好拆开或半拆开,以利于充分灭菌。保护手术刀片及有刃器械的刃部(用小纱布包好),避免长时间高压灭菌;对有弹性锁扣的止血钳和持针器械等,要将锁扣松开,以免影响弹性;注射针头或缝针等小物品,最好放在一小容器内,或是插在纱布块上;手术器械可以包裹在一个较大的棉质包单内,便于灭菌和使用。

2. 玻璃、瓷和搪瓷类器皿　这类器皿若体积较小时,可以采用高压蒸汽灭菌法、煮沸法或是化学消毒药物浸泡法。大件的器物如大方盘、搪瓷盆等,可以使用酒精火焰烧灼灭菌法。如果需要消毒玻璃注射器时,事先应将注射器洗刷干净,把内栓和外管按标码挑选后用纱布包好,再将针头别在纱布外表处。

3. 橡胶、尼龙和塑料类用品　包括临床常用的各种插管和导管、手套、橡胶布、围裙及各种塑料制品。有些不耐高压,有些更不能耐受高热(高热会使其熔化变形而损坏)。橡胶制品可以选用高压灭菌(很易老化发黏失弹性)或煮沸灭菌,也可采用化学消毒药液浸泡法来消毒。目前这类用品很多都是一次性用品。有些医疗单位有使用环氧乙烷气体灭菌装置的条件,则会使很多手术用品的消毒灭菌变得既方便又简单。

4. 敷料、手术创巾、手术衣帽和口罩等物品　一次性使用的止血纱布、手术创巾、手术衣帽及口罩等均已广泛使用。多次重复使用的这类用品都系用纯棉材料制成,临床使用之后可以回收再经灭菌后应用。止血纱布系用通常所用的医用脱脂纱布折叠制成,止血纱布的大小依使用上的方便而定,没有特殊的规定。回收的上述用品经过洗涤处理,不得黏附有被毛或其他污物,然后按不同规格分类整理、折叠。消毒的物品用布单包好,小而零散的则可装入贮槽,或用小的布单包好。贮槽系用金属材料制成的特殊容器。灭菌前,将贮槽的底窗和侧窗(数组很多的小孔眼)完全打开。在灭菌后从高压锅内取出时,立刻将底窗和侧窗关闭。贮槽在封闭的情况下,可以保证1周内的时间是无菌的。施行灭菌的物品包裹不宜大,包扎不宜过紧,排列不宜过密,以免影响高压蒸汽的进入,从而影响灭菌的效果

(二)手术器械和手术用品常用的消毒方法

常用的灭菌和消毒法有:煮沸灭菌法、高压蒸汽灭菌法和化学药品消毒法。此外,还有流通蒸汽灭菌法、干热灭菌法和火焰烧灼

第三章 奶牛场兽医师治疗技术

法等。

1. **煮沸灭菌法** 是比较简单方便的灭菌方法，简便易行，适于非手术室条件下应用，可广泛地应用于多种物品（金属器械、玻璃器皿、缝合材料等）的灭菌。煮沸灭菌不一定用特别的灭菌器，用一般铝锅、铁锅、脸盆等代替。常水加热，水沸 3～5min 后将器械放入（玻璃器材冷水放入），按第二次水沸时计算时间，15min 可以将一般的细菌杀灭，但不能杀灭芽胞（必须煮沸 60min 以上）。常水中加入碳酸氢钠使之成 2％的碱性溶液，可以提高沸点至 102℃～106℃。既可加强灭菌效果，并能防止金属器械的生锈。

2. **高压蒸汽灭菌法** 高压蒸汽灭菌器的式样很多，手提式、立式、卧式等，灭菌的原理都相同。都是利用蒸汽产生压力，蒸汽的压力增高，温度也随之增高。通常用蒸汽压大约为 0.1～0.137 兆帕，温度可达 121.6℃～126.6℃，保持 30min 左右能杀灭所有的细菌，包括具有顽强抵抗力的细菌芽胞，因此是可靠的灭菌方法。更高的压力或更长的时间，并无必要，相反有可能损坏物品的质量。使用高压灭菌器应注意如下事项：①高压灭菌器的压力表必须准确，以保证使用的安全，要定期进行检验；②高压灭菌器内所加的水不宜过多或过少，否则都会影响灭菌效果；③放气阀门下连的金属软管必须保留，否则放气不充分，冷空气滞留在桶内会影响温度的上升，有碍灭菌质量；④灭菌后应立即间断缓慢地放气，待气压表指针指至 0 处，旋开盖子及时取出容物，这样可保持物品的干燥；⑤灭菌后放气时，不可过快（尤其内装有玻璃制品或其他易碎物品时），如果减压过快，则会造成物品严重破损；⑥应经常测定高压灭菌器灭菌效果，简单易行的方法是化学指示剂法，市售有 121℃压力蒸汽灭菌化学指示卡（长条状）。

3. **化学药品消毒法** 化学药品消毒法并不理想，尤其对细菌的芽胞难于杀灭。消毒的能力受药物浓度、温度、作用时间等因素的影响。但化学药品消毒法不需特殊设备，使用方便，尤其对于某些无法用于热力灭菌的用品的消毒,仍是一个必不可少的手段。临床上所用的化学药品很多,常用的有下列几种。

(1)新洁尔灭 是应用最多最普遍的一种。其毒性较低,刺激性小,且消毒能力较强,略带芳香气味。使用时多配制成0.1%的溶液,常用来浸泡器械(30min),消毒手臂或其他可以浸湿的用品等。新洁尔灭属于阳离子表面活性剂(这一类的药物还有灭菌王、洗必泰、杜米芬和消毒净等)。其主要的特点是:①浸泡器械或消毒手臂及其他物品后,不再需用灭菌水冲洗,可以直接应用,对组织无害,使用方便;②稀释后的水溶液比较稳定,可以较长时间的贮存;③可以长期浸泡器械,既贮存又灭菌(每1 000ml 的0.1%新洁尔灭溶液中加入医用亚硝酸钠5g,配成防锈新洁尔灭溶液);④环境中有机物的存在,会使新洁尔灭的消毒能力显著下降,使药液变为灰绿色而降低其杀菌能力;⑤浸泡保存消毒器械的容器中,不能混有杂物、沉淀性杂质等;⑥不可与各种清洁剂如肥皂混用,它们属于阴离子表面活性剂,两者相遇会大大降低新洁尔灭的消毒效能;⑦忌与碘酊、升汞、高锰酸钾和碱类药物相混合应用。

(2)酒精 最常用的消毒剂。一般采用70%的酒精。可用于浸泡器械,特别适于有刃的器械。浸泡时间30～60min,可达理想的消毒效果。亦可作为手臂的消毒液,其他可浸湿物品的消毒也可使用70%酒精。

(3)煤酚皂溶液 多用于环境消毒或器物消毒。在没有较好消毒药的情况下,亦可选用本药。5%溶液浸泡器械30min。因其有刺激性,故应将器械表面的药液清洗干净后方可应用于手术区内。在手术方面,它并不是理想的消毒药物。

(4)甲醛溶液 10%的甲醛溶液做金属器械、橡胶制品及各种导管的消毒,浸泡30min。40%的甲醛溶液(福尔马林)可以作为熏蒸消毒剂。

(5)聚乙烯酮碘 又叫聚烯吡酮碘、聚乙烯吡咯烷酮碘。是聚乙烯吡咯酮和碘的有机复合物。0.75%溶液用于消毒皮肤,多用于皮肤黏膜防腐。0.1%溶液可用口腔消毒,0.5%的溶液以喷雾方式用于鼻腔、咽、阴道等部位黏膜防腐。刺激性小、费用也低,比碘酊和碘溶液的作用要弱,是一新型的外科消毒药。

三、手术人员的准备与消毒

手术人员本身,尤其是手臂的准备与消毒对防止手术创的感染具有很重要的意义。虽然兽医工作者的工作性质、环境都受到一些限制,但在任何情况下都应遵循共同的无菌术的基本原则,努力创造条件去完成手术任务。

(一)更 衣

手术人员在术前应穿着清洁的衣服和套鞋,上衣最好是超短袖衫以充分裸露手臂,并戴好手术帽和口罩。手术帽应把头发全部遮住,要求帽的下缘应达到眉毛上方和耳根顶端,手术口罩应完全遮住口和鼻。之后就可以进行手和臂的清洗消毒。

(二)手和臂的消毒方法

1. 手、臂的洗刷 用肥皂、指刷反复擦刷和用流水充分冲洗以对手臂进行初步的机械性清洁处理。擦刷顺序为先对指甲缝、指端进行仔细地擦刷,然后按手指端、指间、手掌、掌背、腕背、前臂、肘部及以上顺序擦刷,刷洗 5~10min,然后用流水将肥皂沫充分洗去。

2. 手、臂的消毒 将擦刷过的手臂浸泡在以下的化学药品内,可选用其中之一进行浸泡。

(1)70%酒精 浸泡或拭洗 5min,浸泡前应将手、臂上的水分用无菌毛巾拭干,以免冲淡酒精浓度。

(2)0.1%新洁尔灭溶液 浸泡 5min,也可用同样浓度的洗必泰或杜米芬溶液进行手、臂的消毒。

浸泡完毕后,用无菌毛巾拭干。用酒精浸泡消毒后再用2%碘酊涂擦甲缘、指端后,再用70%酒精脱碘戴灭菌手套;用新洁尔灭浸泡消毒后的手臂,自然干燥即可。

(3)穿着无菌手术衣　手术衣以后开身系带的长罩衫为好,长袖紧口,用纯棉材料制成。手术衣应是干净而又经过高压灭菌的(也有一次性使用的成品)。手术人员在洗手并消毒手臂之后,取出高压灭菌的手术衣自己穿好,这时应小心手臂不可接触未经消毒的其他部位。由助手协助在其背后,将衣带或腰带系好。应避免其他任何部分(主要指衣服的外表面)触及未经灭菌的物件,尤其要注意保护手术衣前面的前胸部分、严格防止受到污染,应保持无菌状态。

(4)戴手套　有干戴(经高压灭菌,或一次性包装好的灭菌手套)和湿戴(用化学药液浸泡消毒)两种方法。前者在清洗消毒处理手臂后,用灭菌的干纱布擦干(或涂布少量灭菌的滑石粉)后穿戴。后者则需在手套内灌注一些无菌的药液(如0.1%新洁尔灭溶液),在溶液的滑润下容易穿戴。可选用一次性手套,打开包装即可应用。

四、奶牛术部的准备与消毒

首先应对病牛进行全面的检查,在确定实施手术之后,则需做进一步的必要准备。非紧急手术时,则应根据病牛的具体病情需要,给予术前的治疗(如抗休克、纠正水盐代谢的失调和酸碱平衡的紊乱以及抗菌治疗等)。

手术前应对牛体进行清洁,揩拭或洗刷。术前应停止给食。在后躯、臀部、肛门、外生殖器、会阴以及尾部的手术,为防止施术时粪尿污染术部,术前应进行灌肠或导尿。但要注意绝不可在手术之前进行灌肠(病牛会在手术时频繁努责,反而造成污染);有些可以继发胃肠臌气,可先内服制酵剂。口腔、食管的疾病有时会

第三章 奶牛场兽医师治疗技术

导致大量分泌物的产生,可考虑抗胆碱药的应用。四肢末端或蹄部手术时,应充分冲洗局部,必要时可以施行局部的药浴。若预测手术中出血较多时,可以采用一些预防性止血药物。

术部准备通常分为3个步骤。

(一)术部除毛

家畜的被毛浓密,容易沾染污物,并藏有大量的微生物。因此,手术前必须用肥皂水刷洗术部及周围大面积的被毛,然后剃毛。剃毛的范围要超出切口周围20~25cm,犊牛可在10~15cm的范围。剃完毛后,用肥皂反复擦刷并用清水冲净,最后用灭菌纱布拭干。

(二)术部消毒

术部的皮肤消毒,最常用的药物是5%碘酊和70%酒精。在消毒时要注意:无菌手术,应由手术区中心部向四周涂擦,如是已感染的伤口,则应由较清洁处向患处(图3-1)。消毒的范围要相当于剃毛区。碘酊消毒后必须稍待片刻,待完全干后,再以70%酒精将碘酊擦去,以免碘沾及手术器械,带入创内造成不必要的刺激。

对口腔、鼻腔、阴道、肛门等处黏膜的消毒不可使用碘酊,可用0.1%新洁尔灭、高锰酸钾、利凡诺溶液,眼结膜消毒多用2%~4%硼酸溶液消毒,蹄部手术用2%煤酚皂溶液蹄浴。

(三)术部隔离

采用大块有孔手术巾覆盖于手术区,仅在中间露出切口部位,使术部与周围完全隔离(图3-2)。

五、手术场地的选择与消毒

(一)手术室的基本要求

手术室的条件对预防手术创的感染关系极为密切。建立一个良好的手术室,也是预防手术创外科感染的重要内容之一。手术

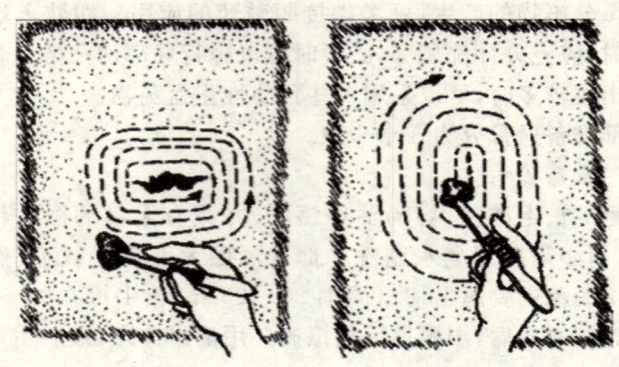

图 3-1　术部皮肤的消毒
a. 感染创口的皮肤消毒　b. 清洁手术的皮肤消毒

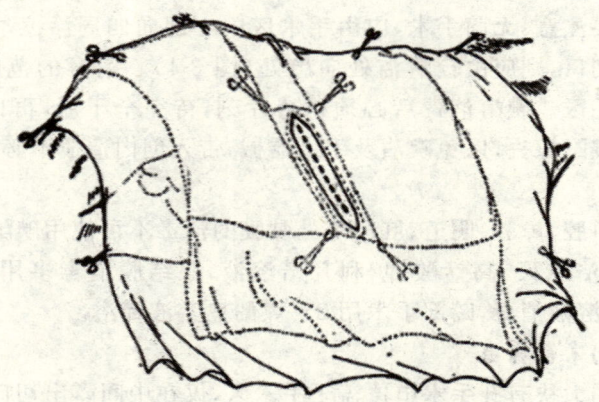

图 3-2　术部隔离示意图

室的一般要求如下：①手术室应有一定的面积和空间，一般大动物手术室不小于 40~50m²，房间高度在 2.8~3.0m 较为合适，天花板和墙壁应平整光滑，地面应防滑，并有利于排水，墙壁最好砌有釉面砖，固定的顶灯应设在天花板以里，外表应平整；②手术室应有良好的给排水系统（尤其是排水系统）；③室内要有足够的照明设备(不含专用手术灯);④手术室应有较好的通风系统,在建筑时可考虑设计自然通风或是强制通风;⑤应保持适当的温度,以 20℃～25℃为宜,有条件的可安装空调机(冷暖两用机);⑥在条件允许时,最好分别设置无菌手术室和染菌手术室,如果没有条件设置两种手术室,则一般化脓感染手术最好安排在其他的地方进行,以防交叉感染;⑦手术室内仅应放置与手术有关的重要器具;⑧手术室还需设立必要的附属房间,如消毒室、准备室、洗刷室、器械室、更衣室等;⑨比较完善的手术室,可以再设置仪器设备的存贮间。

(二)手术室工作常规

手术室内的一些规章制度的制定和执行,可以保证手术室发挥最好的作用,使手术创不受感染。其核心是必须有严格的清洁、消毒等规章制度。

(三)手术室的消毒

在消毒手术室之前,应先对手术室进行清洁,再进行消毒。常用的消毒方法包括下述几种。

1. 紫外线灯照射消毒　通过紫外线消毒灯的照射,可以有效地净化空气,明显减少空气中微生物的数量,同时可以杀灭物体表面上附着的微生物。紫外线的杀菌范围广,可以杀死一切微生物(细菌、结核杆菌、病毒、芽胞和真菌)。一般在非手术时间开灯照射 2h,有明显杀菌作用,但光线照不到之处则无杀菌作用。试验证实,照射距离以 1m 之内最好,超过 1m 则效果减弱。活动支架的消毒灯有很大的优越性。在使用时应注意下列事项:①开通电源之后20～30min 发出的紫外线最多;②要求直接照射,因为紫外线的穿透力很差,只能杀灭物体表面的微生物;③可以用紫外线强度仪来测定杀菌效果;④尽量减少频繁开关,以免影响灯管使用寿命(灯管的使用寿命,一般为 2 500h);⑤人员不可长时间处于紫外线的照射下,否则可以损害眼睛和皮肤。

(2)化学药品熏蒸消毒　首先应对手术室进行清洁,将门窗关闭,做到较好的密封,然后再以消毒药的蒸气熏蒸。一般用福尔马林加氧化剂法,按 $14ml/m^3$ 的量计算所需福尔马林,放置于耐腐蚀容器中,按其毫升数值的一半称取高锰酸钾粉。使用时,将高锰酸钾粉直接小心地加入甲醛溶液中,产生大量烟雾状的甲醛蒸气,持续熏蒸消毒 4h。除了福尔马林之外,还有乳酸熏蒸法、过氧化物熏蒸法。

(四)临时性手术场所的选择及其消毒

由于客观条件的限制,也鉴于兽医工作的特殊性,手术人员往往不得不在没有手术室的情况下来施行外科手术。为此,兽医工作者必须积极创造条件,选择一个临时性的手术场地。实践证明,只要事先做好充分准备,努力创造可能的条件,施术时严格遵守无菌操作规程,即使在临时的一般房舍里,甚至在室外场地上,同样可以成功地施行较大的手术(避风雨、烈日、尘埃,场地清洁消毒等)。

第二节　注射法

一、注射操作注意事项

注射是将药液等不经过消化道而直接进入体内。由于药物不经过肝脏,也不受消化液影响,减少了药物的变化,增强了效力。

(一)注射部位准备

注射部位局部剪毛,用碘酊消毒后,以 70%的酒精脱碘。

(二)器械和药品的准备

首先根据需要选择注射器的规格和材料,注射器按容量有 5ml、10ml、20ml、50ml、100ml 等规格,按材料有金属、玻璃、塑料等。注射器必须筒、塞配套,吻合良好,清洁畅通,并要严格消毒。

对注射药液要仔细查看药品名称、用途、剂量、性状以及是否过期等;如同时注入两种以上药品时,应注意有无配伍禁忌。静脉注射大量药液时,药液应加温至接近体温。注射前要排净输液管或注射器内的气泡。

(三)静脉注射时要防止药液漏于血管外

静脉注射时确保注射针头在静脉血管内。对于有强烈刺激性的药液外漏,应立即采取措施清除漏出的药液,如用注射器从外漏部位将药液抽回一部分,也可用5%硫酸镁溶液热敷,以加速漏出液的吸收消散。如果大量药液外漏,应尽早切开并用高渗液冲洗或引流。

在兽医临床上经常使用皮下注射、肌内注射、静脉注射、腹腔注射等。各种注射技术虽然都不很复杂,但要做到熟练,必须经过多次实践,否则,难于完成治疗。

二、皮内注射

皮内注射法常用于牛结核菌素变态反应试验。

(一)注射部位

一般在肩胛部或颈侧中部1/3处。

(二)注射方法

注射部剃毛,用75%酒精消毒后,左手食指和拇指绷紧注射部皮肤,右手持注射器将注射针头刺入真皮内,推动针栓,注入药液,使局部呈现圆形隆起,拔出针头。此时切记要按压注射部位。

三、皮下注射

皮下注射法是将药液注射于皮下结缔组织内,注药后经5~10min呈现作用。凡是易溶解、无刺激性的药品及菌苗、疫苗均可做皮下注射。

(一)注射部位

选取皮下组织发达的部位,奶牛多在颈侧。

(二)注射方法

局部剪毛、消毒后,左手食指、中指和拇指将注射部皮肤掐起形成一皱褶,右手持注射器将针头刺入皱褶处皮下,深约 1.5～2cm,左手拇指和食指在注射部将皮肤和针头一起捏住,右手将注射器内药液注入皮下,注药完毕,拔出针头,局部用碘酊消毒。

四、肌内注射

肌内注射法是将药液直接注射到肌肉内。由于肌肉内血管多,药液注入后吸收较快,仅次于静脉注射;又因感觉神经较皮下少,疼痛较轻。一般刺激性较强的和较难吸收的药液,如水剂青霉素、维生素 B_1,均可肌内注射。但刺激性很强的药液,如氯化钙、水合氯醛、浓盐水等,都不能做肌内注射。

(一)注射部位

选择臀部和颈侧部肌肉。但注射菌苗和疫苗时,规定的注射部位为后肢肌肉。

(二)注射方法

经确实保定后,注射部剪毛、消毒,右手持连接针头的注射器,将针头刺入肌肉内,回抽注射器针栓,针头无回血时,将药液注入肌肉内。

五、静脉内注射

静脉内注射法是将药液直接注射到静脉血管内的方法。

(一)注射部位

在颈部上 1/3 与中 1/3 交界处的颈静脉上,也可用胸外静脉及乳静脉。

(二)注射方法

奶牛静脉注射时,先压迫静脉的近心端,阻断血液回流,使静脉怒张;耳静脉注射时压迫耳根部;乳静脉注射时压迫远离乳房的一端血管。手持注射针头顺血管方向与皮肤呈 45°角,刺入血管内,刺入正确时可见到回血,调整针头与血管的角度,继续将注射针头送入血管内,解除对静脉近心端的压迫或松去弹力结扎带,打开连接输液瓶上的控制开关即可点滴输液,用胶布或夹子固定针头,以防止针头从血管内移出。在注射过程中要经常观察是否漏针,若发现漏针,应立即停止注射,重新调整针头,待正确刺入血管后再继续注入药液。注药完毕,拔下针头,用酒精棉球压迫片刻后可松解保定。

六、腹膜腔内注射法

腹膜是一层光滑的浆膜,分为壁层和脏层,两层之间是一个密闭的空腔,即腹膜腔。腹膜面积很大,大约等于体表皮肤的总面积。腹膜毛细血管和淋巴管多,吸收力强。当腹膜腔内有少量积液、积气时,可被完全吸收。利用腹膜这一特性,将药液注入腹膜腔内,经腹膜吸收进入血液循环,其药物作用的速度,仅次于静脉注射。

(一)注射部位

在左肷部或右肷部。

(二)注射方法

术部剪毛、消毒后,用 16～18 号针头垂直皮肤刺入,依次穿透腹肌和腹膜。当针头透过腹膜后,其阻力降低,有落空感。针头内不出现气泡及血液,也无空腔脏器内容物溢出,经针头注入生理盐水无阻力,说明刺入正确。此时可连接注射器或连接输液吊瓶上的输液管接头向腹腔内注入药液,注药完毕,拔下针头,局部消毒后松解保定。

(三)注意事项

向腹膜腔内注入药液应加温至37℃～38℃,药液过凉,会引起胃肠痉挛产生腹痛。注入的药液应为等渗溶液且无刺激性。当膀胱积尿时,应轻轻压迫腹部,强迫排尿,待膀胱排空后再进行腹腔注射。注射过程中应防止针头退出腹腔外,必要时用胶布粘贴固定针头,1次注药量为200～1500ml。

七、球后注射法

球后注射法是将药液注射到眼球后方,使药液与眼球后方的睫状神经节相接触,以消除角膜、脉络膜及巩膜的炎症。如球后注入麻醉药,可使眼球进入麻醉状态,广泛地用于内眼手术。

(一)操作方法

在眶下缘外1/3与内2/3交界处,用4～8cm长的细针头刺入皮下,然后沿眶壁垂直入针约2cm深。将针头略向眶上方前进,当针尖至直肌间筋膜时有少许阻力,穿过此筋膜进入球后时有落空感。再继续进针3cm,回抽注射器有无回血,在确实无回血情况下注入药液。

反刍动物的球后注射部位在颞窝口腹侧角,于颧突背侧1.5～2cm处刺入,向对侧额骨的颧突由水平面向下倾斜刺入达骨,深约6cm即可注药(图3-3,3-4)。

(二)常用药物

以治疗眼病为目的常用处方为:青霉素80万U,醋酸可的松125～250mg,2%盐酸普鲁卡因2.0ml,注射用水5～10ml。

为了麻醉眼球为目的的,应注入2%盐酸普鲁卡因6～8ml。

注药完毕后退针,退针时用棉球紧压针旁皮肤,针头拔出后继续压迫片刻。

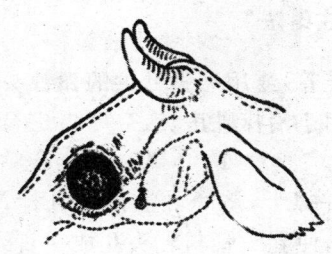 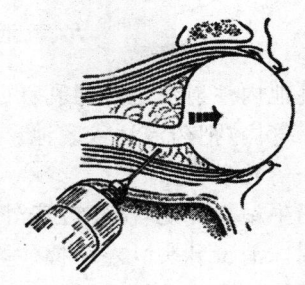

图 3-3 牛球后注射的针头刺入部位　　图 3-4 针头刺入眼球后方球后间隙内

八、气管内注射法

气管内注射是将药液直接注射到气管内,以治疗支气管炎、肺炎及肺脏内寄生虫的驱除。

(一)注射部位

注射部位因治疗目的而异。治疗支气管炎,应在第 3~4 气管环间进行注射;治疗肺炎时注射部位应接近胸腔入口处的气管环间注射;犊牛在气管的下 1/3 处软骨环间。

(二)注射方法

首先将奶牛的头抬高,使颈部处于伸展状态。注射部剪毛消毒后,将 16~18 号针头经皮肤垂直刺入气管内,当针头刺入气管内后有落空感,此时可缓慢将药液注入气管内。注射过程中要牢牢保定好动物头部,以防动物头颈部活动而使针头脱出或折断针头。注射的药液应加温至动物体温,刺激性强的药物禁忌作气管内注射。常用的药物有青霉素、链霉素、薄荷脑石蜡油等。注射过程中若病牛剧烈咳嗽,可再注入 2% 盐酸普鲁卡因 4~8ml,以降低气管的敏感性。

九、乳池内注射法

乳池内注射法是用通乳针（乳导管）或用磨去针尖的秃针头插入乳头管内，把药液注入乳池。常用于治疗乳房炎。

（一）注射方法

奶牛站立保定，洗净乳房外部并擦干，挤净乳池内的乳汁，用酒精棉球消毒乳头。左手握住乳头，使乳头管与乳头孔成一直线，将乳导管从乳头孔插入乳池；左手固定乳头和乳导管，右手将注射器接上，缓缓注入药液，注毕拔出乳导管，轻轻捏住乳头孔，并按摩乳房，使药液散开。

（二）注意事项

数个乳室需同时注射时，先注射健康乳室，后注射有病乳室。一般每天注射1次，注射后至下次注射之间停止挤奶。

十、关节内注射法

对于某些关节疾患，如关节炎、关节扭伤、关节内化脓感染，可采用关节内直接穿刺注射法。一般只在较大的关节或关节腔较大时采用。于皮肤凹陷处进针，进针正确与否的标志是是否有关节液流出。正常的关节液是淡黄色透明液体，若感染、损伤、出血时则关节液黏度、色泽、透明度、气味都发生变化。按大关节注射药液5~10ml，小关节3~5ml。

十一、瓣胃内注射法

牛瓣胃内注射法主要是用于把药物直接注入瓣胃内，使其内容物软化或进行冲洗，治疗瓣胃阻塞。

（一）注射部位

在右侧第9至第11肋骨前缘与肩端水平线交点的上方或下方2cm范围内，一般以第9肋间为好（图3-5）。

(二) 注射方法

站立保定,术部剪毛消毒。用长 15～20cm 的瓣胃穿刺针,与皮肤垂直并稍向前下方刺入 10～12cm(针头透过肋间后再向左侧肘头的方向刺入),刺入瓣胃后有硬、实的感觉,连接注射器,先注入 30～50ml 生理盐水,并迅速回抽,如回抽的液体浑浊并带有草渣,证明刺入正确,即可进行瓣胃内注射药物。注药完毕,用注射器将针体内液体全部推入瓣胃后迅速拔针,术部用碘酊消毒。

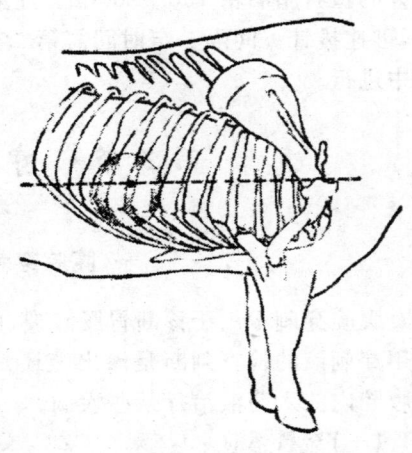

图 3-5 牛的瓣胃注射部位

十二、瘤胃内注射法

瘤胃内注射法常用于治疗急性瘤胃臌气和向瘤胃内注入药液。

(一) 注射部位

在牛左侧肷窝部,即左侧髋结节向最后肋骨所引的水平线的中点,距腰椎横突 10～12cm 处。严重的瘤胃臌气可在肷窝臌胀明显处进行穿刺。

(二) 注射方法

穿刺部剪毛消毒,用手术刀在穿刺部的皮肤上作 0.5cm 的皮肤小切口,然后用穿刺针经小切口,向右侧肘头方向迅速刺入10～12cm,固定针头,气体可经针头放出来,直至将瘤胃内过多气体排净。为防止复发,可向瘤胃内注入 5% 克辽林 200ml 或 15%～

20%的鱼石脂酒精 150～200ml。注射完毕,拔针时紧压穿刺处皮肤,迅速拔针。间隔一定时间需第二次穿刺时,不可在第一次穿刺孔中进行。

第三节 穿 刺 术

一、腹腔穿刺术

腹腔穿刺术用于诊断胃肠破裂、内脏出血、肠变位、膀胱破裂。利用穿刺液的检查判断是渗出液还是漏出液,经穿刺放出腹水或向腹腔内注入药液治疗某些疾病。

（一）穿刺部位

反刍动物在右侧膝与最后肋骨之间水平连线的中点处(图 3-6)。

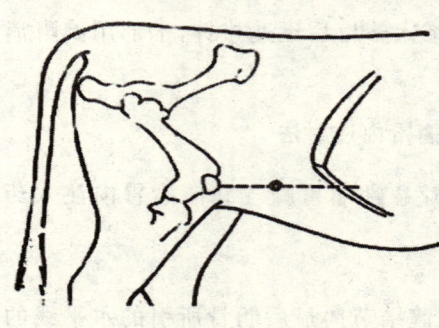

图 3-6 牛的腹腔穿刺部位

（二）穿刺方法

穿刺部剪毛、消毒,用 14～20 号针头垂直皮肤刺入,当针透过皮肤后,应慢慢向腹腔内推进针头,当针头出现阻力骤然减退时,说明针已进入腹腔,腹水经针头流出。用于诊断性穿刺,当腹水流出后立即用注射器抽吸。如果用于放出腹水时,使用针体上有 2～3 个侧孔的针头穿刺,可防止大网膜堵塞针孔。抽吸完毕,拔下针头用碘酊消毒术部。

二、瘤胃穿刺术

瘤胃穿刺术常用于治疗急性瘤胃臌气和向瘤胃内注入药液。

（一）穿刺部位

在奶牛左侧肷窝部，即左侧髋结节向最后肋骨所引的水平线的中点，距腰椎横突 10～12cm 处。严重的瘤胃臌气可在肷窝臌胀明显处进行穿刺。

（二）穿刺方法

穿刺部剪毛消毒，用手术刀在穿刺部的皮肤上作 0.5cm 的皮肤小切口，然后用穿刺针经小切口，向右侧肘头方向刺入 10～12cm，固定针头，气体可经针头放出来，直至将瘤胃内过多气体排净。为防止复发，可向瘤胃内注入 5% 克辽林 200ml 或 15%～20% 的鱼石脂酒精 150～200ml。穿刺过程中如果穿刺针发生阻塞，可用套管针芯插入疏通。穿刺完毕，拔针时紧压穿刺处皮肤，迅速拔针。间隔一定时间需第二次穿刺时，不可在第一次穿刺孔中进行。

三、瓣胃穿刺术

瓣胃穿刺术主要用于瓣胃秘结（百叶干）时的注药治疗。

（一）穿刺部位

在牛右侧第 9～11 肋骨前缘与肩端水平线交点的上方或下方 2cm 范围内，一般以第 9 肋间为好。

（二）穿刺方法

站立保定，术部剪毛消毒。用长 15～20cm 长的瓣胃穿刺针，与皮肤垂直并稍向前下方刺入 10～12cm（针头透过肋间后再向左侧肘头的方向刺入），刺入瓣胃后有硬、实的感觉，连接注射器，先注入 30～50ml 生理盐水，并迅速回抽，如回抽的液体浑浊并带有草渣，证明刺入正确，即可进行瓣胃内注射下列药物：25%～30% 硫酸钠溶液 300～500ml，或 10% 温盐水 2 000ml。注药完毕后迅速拔针，术部用碘酊消毒。

四、血肿、脓肿、淋巴外渗的穿刺诊断

血肿、脓肿、淋巴外渗多发生于动物体表，呈圆形突起，触诊有波动感，穿刺抽取内容物即可鉴别。

(一)血肿的穿刺诊断

血肿是因皮下组织、肌肉组织内血管破裂所形成。形成的很快，肿胀迅速增大，呈现明显的波动感或饱满有弹性，4～5天后，肿胀周围呈坚实感且有捻发音，中央有波动，局部增湿，穿刺可排出血液。在穿刺前局部剪毛、消毒，用14～16号穿刺针于肿胀最明显处刺入血肿深部，针头内可流出血液，新发生的血肿可流出鲜红色新鲜血液，4～5天后，血肿流出污黑色血液，陈旧性血肿穿刺仅能流出淡黄色血清或抽不出液体。

(二)脓肿的穿刺诊断

脓肿应在成熟后穿刺。穿刺之前对术部剪毛、消毒，用灭菌14～16号注射针头，于脓肿肿胀最明显处穿刺，已成熟的脓肿于波动最明显处穿刺，深在性脓肿于皮肤最紧张、敏感处穿刺。已成熟的脓肿当针头进入脓腔后即可从针头内流出脓汁，当脓汁过分黏稠时穿刺排不出脓汁，此时应拔出穿刺针观察针孔内有无脓汁附着。脓肿尚未成熟时应禁忌穿刺，以防感染扩散。

(三)淋巴外渗的穿刺诊断

穿刺部位为淋巴外渗隆起最明显处。局部剪毛、消毒后，用14～16号针头经皮肤刺入囊腔内，即可从针孔内流出橙黄色稍透明液体，或混有少量的血液，穿刺液内有时混有纤维素块。穿刺完毕，拔下针头，消毒穿刺孔以防感染。

五、膀胱穿刺术

对因尿道阻塞引起的急性尿潴留，经膀胱穿刺可暂时缓解膀胱的内压，防止内压过大而继发膀胱破裂。另外，膀胱穿刺可采集

尿液进行检验。

(一) 穿刺部位

牛在直肠内进行穿刺,首先温水灌肠排净直肠内蓄粪,用带有30～40cm长胶管的针头进行穿刺。针头在膀胱体穿刺,而不在膀胱顶部穿刺。

(二) 穿刺方法

在六柱栏内站立保定,术者右手持针头带入直肠内,手感觉膀胱的轮廓,于膀胱体部进行穿刺,穿刺针经直肠壁、膀胱壁进入膀胱内,手在直肠内固定针头,以防针头随肠蠕动而脱出,连接针头的胶管在肛门外,即可见到尿液排出(图3-7)。穿刺完毕拔下针头,消毒术部。

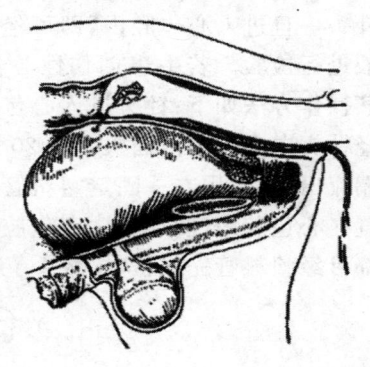

图 3-7 牛膀胱穿刺

六、心包穿刺术

心包穿刺术用于诊断创伤性心包炎、放出心包内渗出液和向心包内注入药物以控制心包内感染。

(一) 保 定

六柱栏内站立保定,左前肢向前方牵引伸展,充分暴露肘头内侧心区。

(二) 穿刺部位

在肘头水平线与第4肋间隙交点处。局部剪毛、消毒。

(三) 穿刺针及药品准备

采血针、直径1.0～1.5mm聚乙烯塑料管,0.1%新洁尔灭、生理盐水、青霉素等。

(四)穿刺方法

在穿刺术部位用手术刀切一个 0.5cm 的皮肤小切口,穿刺针经皮肤小切口垂直刺入,经肋间肌、胸膜、心包壁而刺入心包腔内。针头一旦进入心包腔内,即可经针头向外排出心包液。采集心包液进行检验。若牛患创伤性心包炎,可在心包腔内留置引流管。其操作方法如下:针头进入心包腔内,固定针头,用聚乙烯塑料管经针头向心包腔内插入 15～20cm,此时腐败性心包液可经塑料管端流出;术者用左手固定塑料管,右手拔出穿刺针头,塑料管即留置在心包腔内(图 3-8)。心包腔长期引流和向心包腔内注入药物都可经塑料管完成,这样减少了反复对心包穿刺的操作。

七、关节腔穿刺术

关节腔穿刺术用于诊断和治疗关节疾病,如排除关节积液,冲洗关节腔或注入药液等。穿刺时必须严格消毒防止感染,并确实保定病牛。关节腔积液时,可于膨隆最明显的部位穿刺。针头正确刺入关节腔时,可见有液体流出,如不流出可压迫关节囊或用注射器抽吸,但不可过深地刺入关节腔内,以防损伤关节软骨。

(一)蹄关节滑膜囊穿刺

在蹄冠背侧面,蹄匣边缘上方 1～2cm,中线内、外 1.5～2cm 处,从侧面自上而下将针头刺入伸腱突下 1.5～2cm 深。

(二)冠关节滑膜囊穿刺

在系骨远端后面与屈腱之间的凹陷处,从上向下将针头刺入 1.5～2cm 深。

(三)球关节滑膜囊穿刺

在掌骨远端后面,系韧带前面和上籽骨前上方三者之间的凹陷内,针头从外侧(或内侧)由上向下与掌骨侧面呈 45°角刺入 2.5～4cm 深。

第三章 奶牛场兽医师治疗技术

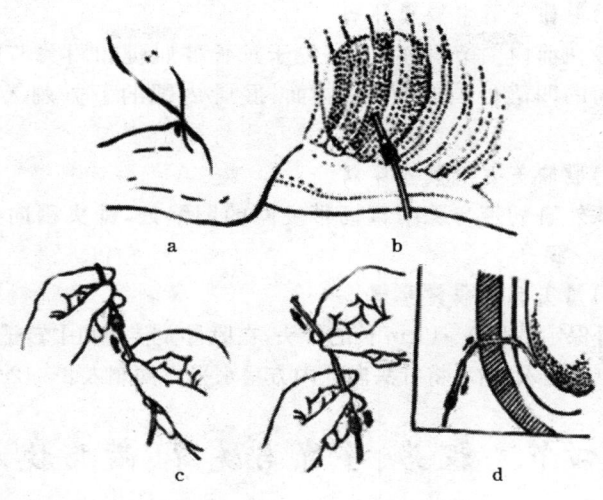

图 3-8 创伤性心包炎心包穿刺冲洗术
a. 将牛左前肢向前方牵引,显露心区
b. 在左侧第 4 肋间隙刺入粗针头,进入心包腔内,
  将聚乙烯塑料管经针头导入心包腔内
c. 推送聚乙烯塑料管进入心包腔内
d. 塑料管端进入心包腔心尖部,固定塑料管,拔下针头

(四)桡腕关节滑膜囊穿刺

在副腕骨上缘,腕外屈肌腱分枝与桡骨远端后方的凹陷处,针头由上向下刺入 2.5～4cm,抵达桡骨为止。

(五)肘关节滑膜囊穿刺

在桡骨外侧韧带结节和肘突之间的凹陷处,针头向前下方刺入 2.5～3cm 深。

(六)肩关节滑膜囊穿刺

在肩胛冈下端,冈下肌腱的前缘,臂骨大结节上方的凹陷处,针头由前向后稍偏内与牛体表面呈 35°～45°角刺入 4～5cm 深。

（七）胫跗关节滑膜囊穿刺

一般在前内关节盲囊进行,位于趾长伸肌腱和跗关节内侧长韧带之间的凹陷处,在关节的屈面,胫骨内踝的下方刺入 1.5～3cm 深。

（八）股膝关节滑膜囊穿刺

在膝外直韧带与膝中直韧带之间的凹陷处,针头稍向上方刺入 3～4cm 深。

（九）髋关节滑膜囊穿刺

倒卧保定,用 10～15cm 长的针头,在股骨大转子和中转子之间的切迹处中央刺入,然后将针头向前内方呈水平方向刺入 8～12cm。

第四节　投药、导胃与洗胃、灌肠技术

一、投药技术

（一）经口灌药法

此种投药法是用灌药瓶将碾压粉碎的调成糊剂的药经口投入。将牛保定在单桩或六柱栏内,抬高牛的头部,用灌药瓶或灌角装上需投入的糊剂药物,自口角齿间隙处向口腔内插入灌药瓶嘴,并向舌背面舌根部灌入,待奶牛咽下一口后,再向口腔内灌入第二口。灌药时严禁牵拉奶牛舌头,以防影响吞咽而造成误咽;每一次灌入口腔的药量不可过大,灌入量过大容易从口腔中吐出而造成浪费。灌药过程中若出现奶牛咳嗽,应立即放低奶牛头部,待转入正常后再灌入。

（二）胃导管投药法

将牛牵至六柱栏内,确实保定好奶牛头部,投药者 1 只手抓住牛的鼻翼,另 1 只手持涂上润滑油的胃导管,将胃导管端沿动物下鼻道缓缓插入,当管端到达咽部时感觉有抵抗,此时不要强行推

进,待牛有吞咽动作时,趁机向食管内插入。当动物无吞咽动作时,可揉捏咽部或用胃导管端轻轻刺激咽部而诱发吞咽动作。

当胃导管进入食管后要判断是否正确插入。其判断方法有:用橡皮球向胃导管内打气,在打气的同时可观察到左侧颈静脉沟处出现波动;将球压扁后不再鼓起来。上述两种判断方法,都证明胃导管已正确地插入食管内。

胃导管末端连接漏斗把药液倒入漏斗内,举高漏斗超过牛头部将药液灌入胃内。药液灌完后去掉漏斗,用橡皮球再向胃导管内打气,以排净残留在胃管内的药液,然后将胃导管末端折叠,缓缓抽出胃导管。

二、导胃与洗胃技术

(一)适应症

用于治疗胃扩张和排除胃内容物。在奶牛的导胃用于前胃炎的治疗和清除食入的毒物。

(二)导胃方法

牛在六柱栏内站立保定,利用开口器打开口腔,通过口腔向胃内插入胃导管,当导管进入胃内后,瘤胃内液体和气体会自行涌流而出。插入胃导管后要压低牛头,以利于液体外流,压低牛头也可避免胃内流出的液体和草渣呛入气管和肺。在向体外导出胃内液体和草渣时,速度不要太快。当有草团堵塞胃导管时,可向胃导管内注入清水,然后前后抽动胃导管,并将胃导管另一端放低,以利于排出胃内容物;也可经胃导管灌入温水疏通后再向外导出胃内容物。

(三)洗胃方法

按导胃法插入胃导管后,用 0.1% 高锰酸钾液、淡盐水等灌入胃内,每次灌入量为 5~15L 水,然后放低牛头,使药液再自胃导管放出。如此反复进行,直至洗净胃内的有害液体和物质为止。

三、灌肠技术

(一)适应症

通过灌肠清除直肠内的蓄粪,治疗肠便秘。

(二)保定

站立或柱栏内保定,将尾巴拉向体侧或用绳子吊起尾巴。

(三)方法

为治疗牛的肠便秘,常需要深部灌肠法,为排除直肠内蓄粪则进行浅部灌肠。

1. 深部灌肠 首先装上塞肠器,采用木质塞肠器和球胆塞肠器。木质塞肠器呈圆锥形,长 12~15cm,中央有一直径 2cm 的圆孔,塞肠器前端直径 8cm,后端直径 10cm,将塞肠器前端经肛门塞入直肠后,用直径 1~2cm 的橡胶管经塞肠器的中央孔插入直肠内,胶管另一端连接吊桶、灌肠器等,缓慢灌入 1% 温盐水 10 000~15 000ml。通过较大的压力,使药液达到深部肠管(结肠),这种灌肠法可治疗结肠的便秘。

2. 浅部灌肠法 用于清除直肠内蓄粪,其方法是将胶管经肛门插入直肠内 10~15cm,胶管另一端连接漏斗,灌入温水 500~2 000ml,要用手将胶管和肛门一起捏住,以防水流出。温水在直肠内停留片刻后,放松对肛门和胶管的压迫,此时直肠内蓄粪和水一起流出体外。如此反复进行数次,可将直肠内蓄粪全部排除。

第五节 导尿、膀胱冲洗与子宫冲洗技术

一、导尿与膀胱冲洗术

导尿术用于排空膀胱内积尿和采集尿样进行尿液检验;膀胱冲洗术主要用于膀胱炎症的治疗。

第三章　奶牛场兽医师治疗技术

(一)母畜导尿术

导尿管有金属导尿管和医用乳胶导尿管。导尿前清洗母牛外阴部,并用70%酒精棉球消毒阴门。导尿管用70%酒或0.1%新洁尔灭溶液消毒后,外表涂灭菌液状石蜡。导尿时右手持导尿管送入母畜阴道内,导尿管前端与右手食指并齐,拇指和食指捏住导管,中指探查尿道外口。尿道外口位于阴道前庭的腹面,一个黏膜皱褶的稍前方的凹陷处,其底部有一个稍隆起的尿道外口。中指探查到尿道外口后,拇指和食指将导管插入到尿道外口内,并缓慢向里推送。遇有阻力,不可硬插,应将导尿管向后倒退一下或改变一下导尿管的方向再试图插入,一旦导尿管经尿道外口进入尿道后,就会容易地插入膀胱内,尿液也就随之流出来了。

(二)公畜导尿术

公牛可用2~2.5mm的绢丝导尿管或聚乙烯导管进行导尿。采尿前应对导尿管进行消毒,将公畜的阴茎从包皮口牵引出来,用0.1%新洁尔灭溶液清洗,用70%酒精消毒尿道外口,然后导尿管端涂灭菌液状石蜡或抗生素软膏后,经尿道外口插入尿道内。公牛阴茎有乙状弯曲部,故应将阴茎向外牵引使乙状弯曲部拉直,导尿管才能通过乙状弯曲部。待导尿管插入尿道骨盆部时,助手用手在坐骨弓处隔皮肤向里按压导尿管端,术者顺势将导尿管向里推送入膀胱内,此时尿液从导尿管内流出。

(三)膀胱冲洗术

用消毒或收敛药冲洗膀胱。先用导尿管排出膀胱内的积尿,用微温盐水反复冲洗后,再用药液冲洗。为了消毒,可用0.05%高锰酸钾溶液、0.1%雷佛奴尔溶液。为了收敛,可用1%~3%硼酸溶液、0.5%鞣酸溶液、1%~2%明矾溶液等。严重的膀胱炎在冲洗膀胱后,灌注青霉素200万~400万U(溶于200~300ml蒸馏水中)于膀胱中,并全身应用青霉素、链霉素或其他抗生素。

二、子宫冲洗术

子宫冲洗用于治疗子宫内膜炎、子宫积脓、牛胎衣不下、胎衣腐败等疾病。

(一)器械与药品

冲洗子宫的器械有子宫冲洗器或普通橡皮管、塑料管;药品有0.05%～0.1%雷佛奴尔溶液、0.1%碘溶液、0.05%～0.1%高锰酸钾溶液、生理盐水、青霉素、链霉素等。

(二)冲洗方法

先清洗和消毒母畜的外阴部,术者持导管插入母畜阴道内,触摸到子宫颈后,将导管经子宫颈口插入子宫内,导管另一端连接漏斗或注射器向子宫内灌注消毒药液。然后放低导管,用虹吸法导引出灌入的药液,如此反复几次地灌入和吸出,可使子宫内的蓄脓、胎衣碎片等物质清洗干净。最后用青霉素160万～320万U、生理盐水150～200ml灌入子宫内,不再放出,以控制和消除子宫的炎症。

第六节 麻 醉

一、局部麻醉

局部麻醉是利用局部麻醉药有选择性地暂时阻断神经末梢、神经纤维以及神经干的冲动传导,从而使其分布或支配的相应局部组织暂时丧失痛觉的一种麻醉方法。局部麻醉的发展,给外科手术创造了极为有利的条件。不但简单的小手术,就是复杂的大手术,如剖腹术、瘤胃切开术等也可在局部麻醉下进行。局部麻醉作用出现快,对心脏、呼吸系统及实质器官有害作用小,手术后即可起立行走。有时,在全身麻醉过程中,往往也需要局部麻醉的配

第三章 奶牛场兽医师治疗技术

合。在局部麻醉下,因奶牛仍保持神志清醒状态,手术时应特别注意保定,或配合应用镇静剂、肌肉松弛剂。

(一)表面麻醉

用滴入、涂抹、喷雾和填塞等方法,将药液直接作用于黏膜(眼结膜和角膜、鼻黏膜、口腔黏膜,直肠和生殖道黏膜)、浆膜、滑膜的表面,使黏膜下的感觉神经末梢麻醉,称表面麻醉。将药液滴眼、涂布或喷雾于黏膜表面,使其透过黏膜达到感觉神经末梢而发挥局麻作用。这种方法所用的药物必须穿透力高、麻醉作用强,但作用时间短、作用范围窄,如丁卡因、可卡因、利多卡因等。眼、耳、鼻、口腔、泌尿道手术均可用此法麻醉。

1. 眼结膜和角膜表面麻醉 应选用1%~2%丁卡因、2%~5%利多卡因或5%~10%普鲁卡因5~6滴,滴入结膜囊内,经过2~5min开始麻醉,维持10~15min。

2. 口、鼻和喉黏膜表面麻醉 用1%~2%丁卡因或10%~15%普鲁卡因,以涂抹和喷雾方法进行麻醉。

3. 直肠、阴道黏膜表面麻醉 可用上述药涂抹或用棉花浸药填塞。

4. 关节、腱鞘、黏液囊、滑膜 用3%~5%普鲁卡因穿刺注入腔体内。

5. 胸腔手术 常用3%~5%普鲁卡因溶液喷洒麻醉。

(二)局部浸润麻醉

将局部麻醉药注射到手术部位的各层组织中,使这些组织内的感觉神经末梢麻醉,阻断疼痛刺激向中枢的传导,是局部麻醉中最常用的方法。最常用的药物为0.25%~1%的普鲁卡因溶液,其次为0.25%~0.5%的利多卡因溶液。为了延缓药物的吸收、减低毒性、延长麻醉时间,可在溶液中加入少量肾上腺素。局部麻醉的方式有多种,如直线浸润、菱形浸润、扇形浸润、基部浸润和分层浸润等,可根据手术需要选用。

1. **直接分层浸润麻醉** 用5～8cm的长针把麻醉药液沿着手术切开线的皮下组织浸润,然后逐步深入到筋膜、筋膜下、肌肉层和腹膜壁层等分层浸润。一般是先将针头插至所需深度,然后边后退针头边注射药液;注射时应左、右摆动针头以扩大麻醉范围(图3-9)。注射药液前应作抽吸试验,证实针尖不在血管内方可注射药液,在注射过程中还要反复抽吸。

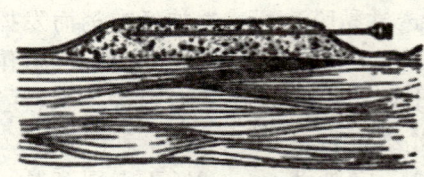

图3-9 直接分层浸润麻醉

2. **菱形、扇形与锥形浸润麻醉** 将麻醉药注入手术区四周,形成一个麻醉包围区(图3-10至图3-12),使区内组织暂时失去痛觉,手术区可得到完善的麻醉效果。菱形浸润麻醉是在手术区周围选定2点或数点,由该点向邻近皮下组织及深层组织呈菱形注入药液,使相互联接包围整个手术区以达麻醉目的。扇形和锥形浸润麻醉是在局部皮肤上选1点或2点刺入针头,均匀地向手术区皮下组织、筋膜、肌肉及骨膜等注射麻醉药作扇形扩散。

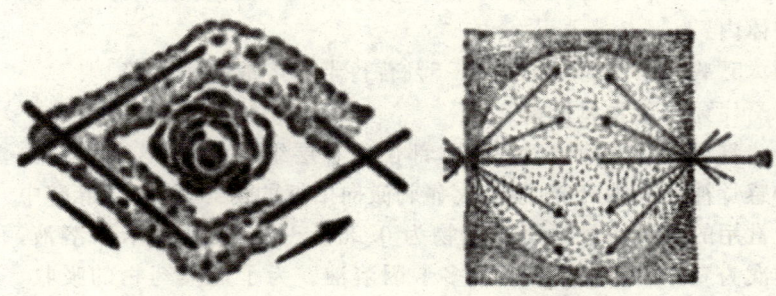

图3-10 菱形浸润麻醉　　**图3-11 扇形浸润麻醉**

第三章 奶牛场兽医师治疗技术

(三) 神经传导麻醉

神经传导麻醉就是把局部麻醉药液注射到支配某一区域的神经干周围,暂时阻断该神经干的传导功能,使其支配的区域失去痛觉而产生麻醉。这种麻醉方法如注射准确,仅用少量局部麻醉药和极少数穿刺点,即可获得比较满意和范围较广的局部痛觉消失和肌肉松弛的效果。

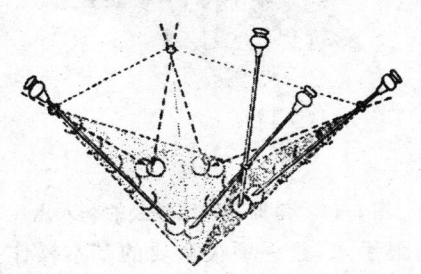

图 3-12 锥形浸润麻醉

1. 角神经传导麻醉
角神经为三叉神经泪腺神经外支,在行至额骨外侧嵴中部之后分为6~7支,分布于角突基部皮肤。阻断角神经可以达到角麻醉的目的。

麻醉方法:头部确实保定后,在眶上突和角突基部之间的中点,于额骨外侧嵴之下,角动脉的上方为注射点(图3-13);垂直进针1~2cm,注射3%~4%盐酸普鲁卡因注射液10ml,10min后出现麻醉。应当注意,注射部位一定要在眶上突和角突基部之间的中点,若距眶上突太近则角神经位置较深,注射不易准确,若距角根太近,因为此处角神经已形成分支,麻醉效果会受影响。角神经麻醉可用于断角术和角折修补术。

2. 眼神经传导麻醉 三叉神经分为眼神经、上颌神经和下颌神经。眼神经为三支中最小的一支,属于感觉神经。眼神经入眶上孔后分为泪腺神经、额神经及鼻睫神经。鼻睫神经出感觉根到睫状神经节。睫状神经节位于动眼神经腹支起始部。本神经节感觉纤维来自鼻睫神经,运动纤维来自动眼神经,交感纤维来自蝶腭神经丛。由睫状神经节分出许多细神经支构成睫状神经丛。神经丛分出睫状短神经穿入巩膜与脉络膜之间,在瞳孔周围。睫状神

图 3-13 角神经和眼神经的刺入点

经丛还有分支到睫状体、瞳孔及角膜。

眼神经传导麻醉也就是麻醉睫状神经节,亦简称为球后麻醉。通过睫状神经节的麻醉,以达到对角膜、脉络膜及巩膜的麻醉目的;同时减少眼肌张力,降低眼压,广泛地用于大多数内眼手术,是一项很重要的基本操作技术。

牛的眼神经传导麻醉部位在颞窝口腹侧角,于颧突背侧1.5~2cm处刺入,向对侧额骨的颞角突由水平面向下倾斜刺入,先用8cm长的细针头刺入皮下,注入2%盐酸普鲁卡因注射液1ml。继沿眶壁垂直入针约2cm深,然后将针头略向眶上方前进,当针尖至直肌间筋膜时有少许阻力,穿过此筋膜进入球后时有落空感。再继续进针3cm深,回抽注射器观察有无回血,然后注入3%盐酸普鲁卡因注射液20ml。退针时用棉球紧压针旁皮肤,针头拔出后继续压迫片刻,以防出血。注射完毕用手心轻轻按摩眼球5min,使局部麻醉药液扩散,防止眼压升高。

此麻醉可使同侧上颌的齿龈、骨膜、硬腭及上唇全部麻醉。用于上臼齿的拔除术、眼球摘除术及其他眼科手术。

3. 眶下神经传导麻醉　眶下神经为上颌神经的最大分支。它进入上颌孔经眶下管出眶下孔后,在上唇固有提肌的深面分为3支,背侧支分布于鼻背侧皮肤,中支分布于鼻翼外侧部和鼻前庭的皮肤,腹侧支分布于上唇的皮肤和黏膜。眶下神经在蝶腭窝和眶下管内还出侧支分布于上颌窦、上颌的牙齿和齿龈。

麻醉方法:由眼眶外角平行鼻背画一直线为眶线,再由上颌第1前臼齿的齿前线画一垂直于眶线的齿槽线,在上述两线的交叉

第三章 奶牛场兽医师治疗技术

点处可触摸到一凹陷,即为眶下孔。另外,也可由上颌第 1 前白齿前缘垂直向上约 2～3cm 处触摸,确定眶下孔的位置。针头刺入眶下孔时向外略向上方刺入 3～4cm,注射 3% 盐酸普鲁卡因注射液 10ml(图 3-14)。用此法被麻醉的部位有前白齿、面部侧面的肌肉与皮肤、鼻镜及上唇等部。麻醉时间长达 1～1.5h。

临床上常用于牛的豁鼻修补术。

4. 牛下颌齿槽神经传导麻醉　下颌齿槽神经来自第 5 对脑神经三叉神经的下颌神经分支。下颌齿槽神经入下颌孔,在下颌骨内向前延伸,自颏孔穿出,分布于颏部和下唇,在下颌骨中还分出侧支分布于下颌的牙齿和齿龈。

麻醉方法:寻找下颌孔的位置也需要画两条假想线,一条线是在下颌侧面,与上颌臼齿咀嚼面平行向后延续的线;另一条线叫眼眶线,是由额骨颧突前缘引出与上述平行线垂直交叉。这两条线的交叉点和下颌孔的位置相符合。将眼眶线延长至下颌腹侧缘。由腹侧缘至两线交叉点为针头刺入的深度和方向。针在下颌腹侧缘内面及翼状肌内面之间刺入,注射 3% 盐酸普鲁卡因注射液 10ml,经过 10～15min,同侧的下颌白齿、齿槽、皮肤、黏膜、下唇的肌肉及颏部均被麻醉(图 3-21)。

此麻醉法用于下白齿拔出术、下颌放线菌肿清创术以及其他下颌手术。

5. 舌神经、舌下神经传导麻醉　舌受舌神经、舌下神经、舌咽神经等 3 对神经支配。其中前两对神经与麻醉有关。麻醉这两对神经可使舌的感觉及运动机能丧失。

舌神经、舌下神经传导麻醉,在舌骨突起前方 2～3cm 处,将长 5～10cm 针头垂直向口腔底部刺入,深达 5cm。随着针头的前进,不断注射 3% 盐酸普鲁卡因注射液 20ml。然后将针头退至皮下,针头向一侧倾斜呈 45°～60°角,将针头推向一侧下颌骨内侧面,使针尖达骨骼。然后退针 0.5cm,并注射 3% 盐酸普鲁卡因注

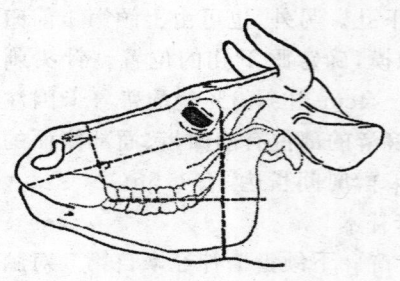

图3-14 牛的眶下神经与下
颌齿槽神经传导麻醉

射液20ml。用同法向另侧下颌骨内面注射20ml。经10～20min后产生麻醉作用,舌可自动由口腔向外垂出。

此麻醉法可用于舌损伤的缝合与修补术。

6.肋间神经传导麻醉 各肋间神经自相应的椎间孔分出。麻醉时针头刺入点在相应的肋骨后缘,在髂肋肌上缘的水平线上。如触摸髂肋肌有困难,也可从髋结节上缘引一条与脊柱平行的线,在此线的肋骨后缘刺入针头。当针尖触及达骨后,向后退针少许再深入0.5～0.75cm,回抽注射器如无回血,即可注射3%盐酸普鲁卡因注射液10ml,然后将针头拔至皮下,再注射同等量的药液。经10～15min,沿该肋骨走向的皮肤、肌肉、骨膜均出现麻醉。

此麻醉法适用于肋骨切除术。

7.腰旁神经传导麻醉 牛腹腔手术的主要术部是左髂部。此部的前界是最后肋骨,后界为髋结节前缘,上界是腰椎横突。该区域主要由三条较大的神经分布,即最后肋间神经(最后胸神经的腹支)、髂下腹神经(第1腰神经的腹支)、髂腹股沟神经(第2腰神经的腹支)。牛的腰旁神经传导麻醉就是麻醉上述三条神经。因而要确定三个刺入部位。

(1)最后肋间神经刺入点 用手触摸第1腰椎横突游离端前角,垂直皮肤进针,深达腰椎横突前角骨面,将针尖沿前角骨缘,再向前下方刺入0.5～0.7cm,注射3%盐酸普鲁卡因注射液10ml,以麻醉最后肋间神经的腹支。注射时应左右摆动针头,使药液扩散面扩大。然后提针至皮下,再注入10ml药液,以麻醉最后肋间神经的浅支。营养良好的动物也可在最后肋骨后缘 2.5cm、距脊中线 12cm 处进针。

(2)髂下腹神经的刺入点 用手触摸第 2 腰椎横突游离端后角,垂直皮肤刺入进针,深达横突骨面,将针沿横突后角骨缘,再向下刺入 0.5~1cm;注射药液 10ml,然后将针退至皮下注射 10ml,以麻醉第一腰神经浅支。

(3)髂腹股沟神经刺入点 在第 4 腰椎横突游离端前角进针,其操作方法和药液注入量同上(图 3-15,图 3-16)。

以上三根神经传导麻醉后,经 10~15min 开始麻醉。此麻醉法适用于剖腹术。

8. 椎旁神经传导麻醉

椎旁神经传导麻醉,是麻醉最后胸神经(牛为第 13 胸神经)和第 1、第 2 腰神经。因麻醉点是在胸、腰神经自椎管的椎间孔出口处,

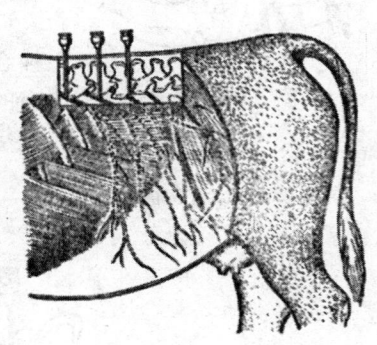

图 3-15 牛腰旁神经干传导麻醉部位图

麻醉药浸润该神经及交感神经的交通支连接处,所以椎旁神经传导麻醉后,不但腹壁感觉消失,同时使相应的内脏器官传导暂停。麻醉时间一般维持 2~3h。

第一,对第 13 胸神经传导麻醉时,先用手触摸第 13 肋骨的后缘,距背中线 5~7cm 处垂直进针。在刺入皮下后,先注射 3%盐酸普鲁卡因注射液 3~5ml,使针刺点麻醉,并可避免在刺针时折断针头。然后将针斜向前刺达第 13 肋骨后缘的肋骨与脊椎结合处,针刺达 6~8cm 深,针尖达肋骨结节。再把针退出 0.5~1cm,使针尖后移 0.5~1cm,针尖推进 2cm 穿过腰椎横突间韧带,抵达神经干,注射局麻药液 15~20ml(图 3-17)。

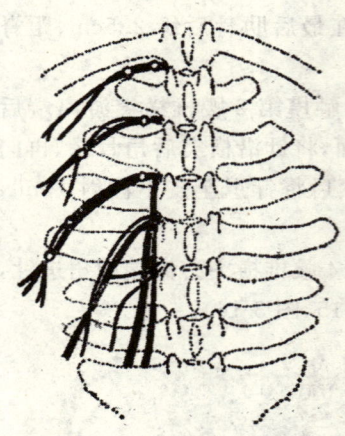

图 3-16　牛腰旁神经干传导麻醉刺入点（背侧）

第二，第 1 腰神经（髂下腹神经）传导麻醉时，先摸到第 1 腰椎横突后缘，由此向背中线引一垂直线，在此垂直线距背中线 5cm 处即为插入点，针头垂直进入 5～7cm，当针头遇到横突基部后缘，略向后稍移动再推进 0.5cm，注射 15～20ml 麻醉药。

第三，第 2 腰神经（髂腹股沟神经）传导麻醉时，在第 2 腰椎横突的后缘进行，确定刺入点与操作方法同第 1 腰神经。

营养良好的奶牛，确定腰椎横突游离端比较困难。此时，可触摸

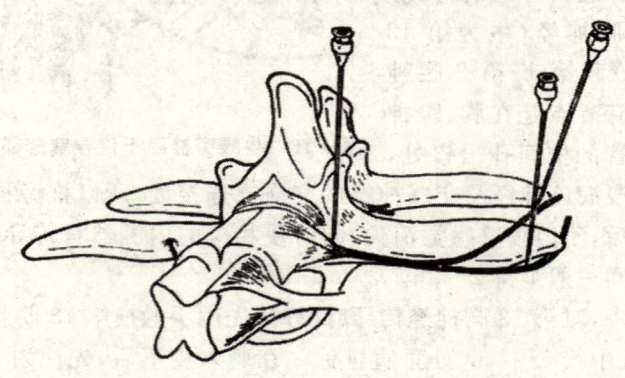

图 3-17　椎旁神经传导麻醉

相应的椎体棘突，在其后缘向旁侧距背中线 5cm 处为刺入点，操作方法同上。

9. 牛精索内神经传导麻醉　阴囊皮肤、总鞘膜和睾外提肌，

分布有髂下腹神经、髂腹股沟神经及精索外神经。这些神经起始于腰神经的腹侧支,并分出许多分支走向腹后部与腹股沟部,睾丸和精索分布有精索内神经。精索内神经是由肠系膜后神经节发出,并分布于睾丸、副睾和精索。

麻醉方法是于睾丸上方 8~10cm 处的精索上刺入针头,当针刺入精索内,用注射器回抽无血时,注射 4% 盐酸普鲁卡因注射液 10ml。用同样方法对另一侧精索进行麻醉。经 10~15min,睾丸脱垂,可行去势术。

10. **牛阴茎背神经传导麻醉** 术者左手于阴囊基部后上方,用手将阴茎乙状弯曲部向后外方牵引,在会阴部中线上用 6~10cm 针头刺入皮下,然后将针头自阴茎右侧向乙状弯曲第 1 弯曲部的背侧面刺入,必须将针尖刺入阴茎背侧面白膜上的结缔组织内,注射 3% 盐酸普鲁卡因注射液 25~30ml。将针头退回皮下,用同样方法自阴茎左侧注入同等量药液。经 15min 后阴茎可自然脱出。

此法用于尿道结石取出术和尿道口再造术。

(四)椎管内麻醉

椎管内麻醉是蛛网膜下腔麻醉和硬脊膜外间隙麻醉的总称。

1. **蛛网膜下腔麻醉** 简称蛛膜下麻醉,缩写为"脊麻",也有的称为"脊椎麻醉"、"脊髓麻醉"或简称"腰麻"。

(1)蛛网膜下腔麻醉的适应症和禁忌症 脊麻的适应手术为腹腔或盆腔内手术、肛门或会阴部手术、需要骨骼肌高度松弛的后肢手术等。对妊娠期母牛进行脊麻,随胎儿的不断增长而减少用药量。对肝、肾功能不全的病牛,脊麻阻滞平面不应超过最后胸神经,否则难免血压急剧下降。

对脊髓有各种病变者禁用,全身化脓性或脓毒性感染的脓毒血症、败血症等,均禁用脊麻。处于各种原因的休克,在低血容量情况下,血压的维持在很大程度上依靠周围血管强烈收缩,此代偿性作用在脊麻时遭到抑制,血压急降,有生命危险。另外,在脊麻前使用氯丙嗪等吩噻嗪类药,神经节阻滞作用明显,脊麻中血压可剧降。因此,在脊麻前应即停药,脊麻中亦禁止使用。

(2)蛛网膜下腔麻醉前用具与局麻药的准备　先将下列用具集中,包扎成包,高压消毒备用。"脊麻包"中备有:消毒巾,蛛网膜下腔穿刺针,10ml 和 100ml 注射器,皮下注射用针头、镊子。还要准备好安瓿和砂轮;2%盐酸普鲁卡因注射液 10ml 1 支,供皮下浸润用;盐酸普鲁卡因粉剂针数支,供脊麻用;0.1%肾上腺素水剂安瓿若干支;5%～10%葡萄糖注射液(50ml)2 支,供配制同比重局麻药用。

普鲁卡因的选择,最好用专供脊麻用的粉剂安瓿,每支为 150mg。锯开时不可有玻璃碎屑漏入,用 5%葡萄糖注射液或脑脊液溶解,溶解后应清晰无浑浊。一般调整为 2%～3%的浓度,牛用 30～50ml 为宜。浓度最高不超过 5%,容量则可根据情况适量增减。

(3)蛛网膜下腔穿刺术

①保定与体位姿势。蛛网膜下腔穿刺时,以侧卧保定最常用。荐尾麻醉多用站立保定,犊牛和青年牛也可用仰卧保定。蛛网膜下腔麻醉后,由于需要调整体位或调整阻滞平面范围,常应给以适量镇静全麻药,以防因脊麻动物剧烈骚动,局麻药在脑脊液内对流、弥散加速,而使阻滞范围向前过度扩散。调整脊麻阻滞平面范围的方法,多用改变手术台平面,使麻醉奶牛体躯前高后低或前低后高。

②穿刺点定位。最常用的是腰荐间隙蛛网膜下腔阻滞麻醉(图 3-18)。牛是在最后腰椎棘突和第 1 荐椎棘突的直线,与两髋结节连线的交叉点后方两指处的凹陷内刺入。牛还可作腰部蛛网膜下腔麻醉,其刺入点在第 1、第 2 腰椎棘突的直线,与第 2 腰椎两侧横突游离端前缘的连线交叉点,向后 1cm 处刺入。

③穿刺前检查心跳、脉搏和呼吸,有条件应测血压。如作前位蛛网膜下腔麻醉,应备升压药和人工呼吸装置等。

④穿刺点周围大面积剪毛消毒,尽量使用隔离洞巾,用5%碘酒作皮肤消毒,并用酒精脱碘。

⑤术者手严格消毒后,打开脊麻包,检查各种针头与注射器。核对水剂、粉剂普鲁卡因、肾上腺素、5%～10%葡萄糖注射液、安瓿是否齐备。如用粉剂普鲁卡因,应事先锯开安瓿待用。

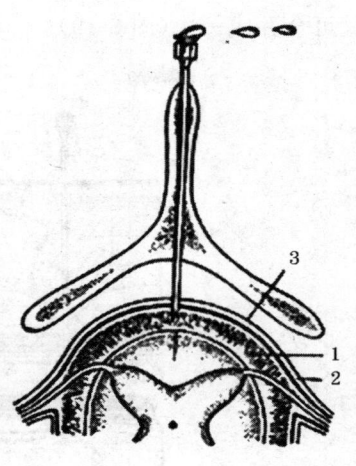

图 3-18 针头刺入蛛网膜下腔
1. 蛛网膜下腔 2. 蛛网膜 3. 硬膜

⑥术者用左手摸清棘突与棘突间隙,确定穿刺点。用1%普鲁卡因注射液作小剂量皮下浸润,使穿刺时无痛无挛缩。牛的背部皮肤过厚,可先作皮肤小切口后再行穿刺。

⑦左手食指和拇指固定穿刺点皮肤,右手持脊麻穿刺针(10～15cm),自皮肤旋转进针。穿刺点应在背部正中纵线上,在间隙的正中或略偏近尾椎方向,当穿刺针穿过皮肤全层后,左手即可放开。

⑧进针时应密切注意针干方向,如遇有阻力或骨质阻挡,可稍后退,把针干略作调整再刺入,但切不可偏离正中纵线。

⑨进针中可有2～3次明确的阻力改变,首先遇到的阻力是棘上韧带与棘间韧带,当继续穿入黄韧带时仍有阻力,当穿过黄韧带时,可有落空感觉,则指示针尖已进至硬膜外腔;针头此时已深达8～10cm,再向深部推进穿过硬膜常会有"噗"然一声,突然落空感更加明显,指示针头已达蛛网膜下腔。如进针较快,两次落空的感

觉可合并成一次(图3-19)。

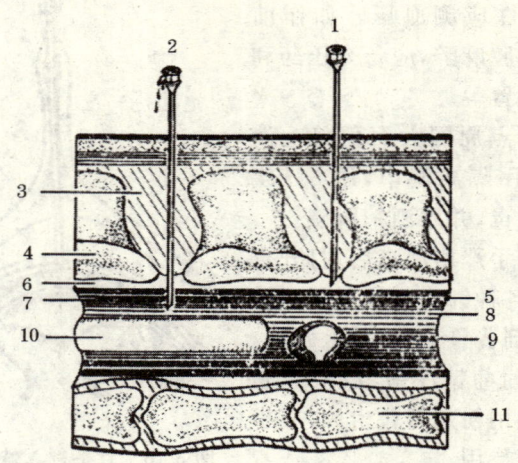

图3-19　硬膜外腔与蛛网膜下腔针头刺入部位
1. 针头刺入硬膜外间隙　2. 针头刺入蛛网膜下腔
3. 棘间韧带与黄韧带　4. 棘突　5. 脊硬膜　6. 硬膜外间隙
7. 蛛网膜　8. 蛛网膜下腔　9. 椎间孔
10. 脊髓　11. 椎体膜外腔麻醉

针尖既已到达蛛网膜下腔,拔出针芯即可见脑脊液流出,如加压于两侧颈静脉,使滴出更加增快,指示蛛网膜下腔畅通无阻。注入局麻药液时,针蒂要保持稳定,不可随注入力量使针尖再深入或有所移位。

脊麻中局麻药液推入的速度,每秒钟注入1ml为较快的速度,每5s注入1ml是较慢的速度,以每3s注入1ml的速度较合适。药液注射完毕和注药过程中,可回抽脑脊液是否通畅,以证明针头固定良好。每次回抽脑脊液量,以2～4ml为宜,随后立即重新注入。注药完毕不要卸下注射器,应连同穿刺针一起拔出。

2. **硬膜外腔麻醉(硬外麻醉)**　将药液注射于椎骨管壁与硬

第三章 奶牛场兽医师治疗技术

膜间的硬膜外腔,以阻断由硬膜外出的脊神经,从而引起后躯丧失感觉和运动麻痹。根据手术需要,把硬膜外麻醉又可分为尾椎硬膜外麻醉(从第1、第2尾椎间注入局麻药,以麻醉盆腔)和腰椎硬膜外麻醉(从腰椎与荐椎间注入药液,以麻醉腹腔后段和盆腔)两种。兽医临床上进行乳房、阴茎、后躯手术时要用此种麻醉方法。

(1)穿刺点的选择 一般可在站立保定或侧卧保定下进行。牛最常用的穿刺点有腰荐间隙硬膜外腔阻滞麻醉、荐部硬膜外腔阻滞麻醉和腰部硬膜外腔阻滞麻醉。

腰荐间隙的穿刺点定位方法与腰荐间隙蛛网膜下腔的穿刺部位相同。可阻滞腰神经的神经根。

牛的荐部硬膜外腔阻滞麻醉的刺入点是在第1~2尾椎间的弓间间隙,也可在荐骨与第1尾椎间刺入。牛以两侧坐骨结节前缘作一连线,在尾中线的交叉点上,即为第1、第2尾椎弓间间隙处。在此处稍向后较易确立一凹陷,此处为第1、第2尾椎间间隙。也可提起尾部向上活动,在尾根背侧出现一皱褶横沟,此处为第1、第2尾椎间间隙。

牛腰部硬膜外麻醉的刺入点在第1、第2腰椎间的弓间间隙,并将局麻药注入腔内,在硬膜外腔麻醉了相应的胸、腰部脊神经根,使支配胸腹部知觉消失。阻滞范围取决于注入局麻药量和药液扩散范围。局麻药如不扩散至最后腰神经与第1、第2荐神经处,则不会出现后肢麻痹,而能在站立保定情况下进行腹部手术。

牛站立保定,在第1、第2腰椎棘突间背中线与第2腰椎两横突游离端前缘的连线交叉点上,向后1cm处,将10cm的腰椎穿刺针经皮肤切口于中线右侧或左侧刺入,视麻醉右侧或左侧腹壁而定。针头于棘突中线旁侧2.5cm处呈13°角,向下刺入。

(2)穿刺方法

①腰荐部硬膜外腔穿刺。穿刺时进针的方向和针刺通过各层组织的感觉与脊麻完全一样。穿过皮肤后,最先遇到的是棘上韧

带,其次是棘间韧带,最后为坚韧的黄韧带。硬膜外阻滞操作时,更应强调穿过黄韧带的感觉。在穿刺中针尖如遇有骨质感觉,应当改变方向避开骨质阻挡。

②腰部硬膜外腔的穿刺。常用正中旁穿刺法。确定第1~2腰椎间隙刺入点后,距正中线2.5cm处,经皮下、肌肉组织直到椎板骨膜,针尖向正中线探索和寻找椎弓后缘根部骨质间隙。正中旁穿刺的要点在于重视进针方向和深度,一般针干应略偏向对侧和头侧,进针深度则应较正中刺入再增加2cm。而且要掌握针尖在黄韧带正中线上穿破,进入硬膜外腔,遇有椎板间隙较窄,或遇有骨质阻挡,应把穿刺针退出少许,调整针刺方向(图3-20)。

③荐部硬膜外腔的穿刺。确定第1~2尾椎间隙,在其凹陷中穿刺。针尖垂直刺向皮肤,刺破皮肤后,针尖稍向前方呈45°~60°角倾斜,而后将针推向棘间韧带,刺透该韧带可感到似突破坚固障碍。刺入2~4cm。

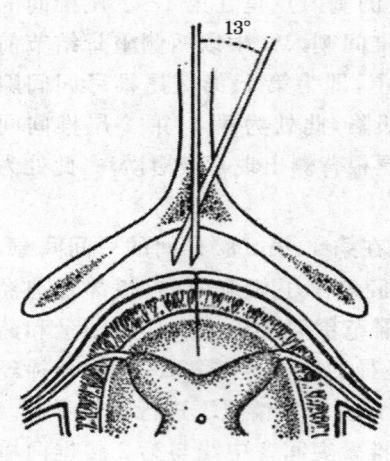

图3-20 牛腰部硬膜外腔刺入法

(3)剂 量

①腰荐部硬膜外腔注射量。一般用2%~3%盐酸普鲁卡因注射液,其总量在1.5~2g,低于1g则麻醉不确实。

②荐尾硬膜外腔注射量。低荐尾硬膜外腔注射量的计算方法,是以坐骨结节与髋结节顶点间距离(臀部长度,一般为45cm)数除以3,就是局部麻醉药液用量(ml)。

③高荐尾硬膜外腔注射量。是以坐骨结节与髋结节顶点间距

离数(臀部长度)作为计算局部麻醉药用量的依据。如臀长 45cm，即应使用局部麻醉药 45ml。如想达到更广泛的阻滞范围，则可加倍局部麻醉药的剂量。荐尾硬膜外腔所用的盐酸普鲁卡因注射液的浓度为 2%。

④牛腰部硬膜外腔注射量。使用 3% 盐酸普鲁卡因注射液 10～15ml。

(4)注意事项　向硬膜外腔注药时，一定要注意药液温度、注射速度与压力，以防产生全身性反应。药液应加温至与体温相同，以 0.3～0.4ml/s 的速度注入硬膜外腔中。

二、全身麻醉

利用某些药物对中枢神经系统广泛性的产生抑制作用，从而暂时地使机体的意识、感觉、反射和肌肉张力部分或完全丧失的一种麻醉方法称为全身麻醉。全身麻醉有两类：一类是吸入麻醉，另一类是非吸入麻醉。吸入麻醉需要一定设备，目前兽医临床上尚未广泛应用，而非吸入性全身麻醉已广泛应用于外科手术中，本节重点论述非吸入性全身麻醉。

奶牛作为施行手术的对象有许多有利条件：如能在站立保定和施行局部麻醉的情况下进行多种手术(包括瘤胃切开等大手术)，即使在需要全身麻醉的手术，一般也可在中、浅麻醉情况下，配合局部麻醉进行。故牛需要深麻醉的情况并不多。

但是，奶牛在全身麻醉时，因其解剖、生理上的特点，有其不利的一面。例如，奶牛的肺活量小，腹腔中又有特大的瘤胃，在卧倒时腹压更增大，容易压迫膈，造成呼吸困难，这就加重了在麻醉时通常已被抑制了呼吸功能障碍。此外，多数的全身麻醉药都能引起牛的大量流涎。加上深麻醉时，贲门括约肌松弛导致瘤胃液状内容物从口鼻滑出的可能性，都有造成吸入性肺炎的危险。在麻醉时胃肠运动功能受抑制和长时间卧倒的不利体位的影响下，大量发酵的瘤胃内容物容易发生臌胀。所有这些因素都要求术者对牛全身麻醉可能发生的危险性保持应有的警惕。为了克服这些不利因素,施行全身麻醉的奶牛应该绝食 24h,为了减少唾液腺和支气管腺体的分泌,常采用小剂量(0.4mg/kg 体重)的阿托品作为麻醉前用药,为了预防瘤胃臌胀,可在麻醉前 30min 灌服食醋 0.5~1L 或灌服适量的鱼石脂酒精,同时也应备有胃管和瘤胃放气套管针以及预防吸入异物的气管插管。为了减少麻醉剂的副作用和用药量,可以采用复合麻醉的方法。

(一)麻醉前用药

根据手术目的和麻醉剂的种类,选择麻醉前用药。

1. 愈创木酚甘油乙醚　本剂作用时间短、肌肉松弛作用强,便于向气管插管,或向食管插内窥镜的理想肌肉松弛药。将此药 50g 溶解在 5% 葡萄糖注射液 1 000ml 内,配成 5% 愈创木酚甘油乙醚溶液。牛按 100mg/kg 体重剂量静脉注射。一般用到全量的 1/3~2/3,牛便可俯卧,咽喉部可持续松弛 5min。如果静脉注射全量,牛可镇静持续 10min 左右。必要时可追加剂量。此药对成年牛有明显的一过性抑制呼吸作用,有时可能发生逆呕。对犊牛即便用 0.025mg/kg 体重剂量,有时也可使呼吸麻痹、逆呕等。

2. 愈创木酚甘油乙醚溶液 + 硫喷妥钠　愈创木酚甘油乙醚溶液中按 5~7mg/kg 剂量混合硫喷妥钠静脉注射,效果出现更为迅速。而愈创木酚甘油乙醚的用药量可减少到 1/3。在气管插管完成后,即可转入吸入麻醉。100mg/kg 体重愈创木酚甘油乙醚葡萄糖溶液中加入 5mg/kg 体重硫喷妥钠。按 100ml/min 快速注射 1/4~1/5 量即可达镇静,1/3 量可毫不勉强地俯卧,2/3 量可以插管。如将全量静脉注射,可达外科麻醉期,此时角膜反射迟钝,结膜反射阴性,体表、肛门反射阴性,可作小手术,约经 40min 才开始起立。一般此药在静脉注射 5min 后,呼吸、心跳增数,体温稍下降,瘤胃蠕动减弱,不发生逆呕,20min 后恢复常态。

3. 硫喷妥钠　本药虽然无肌松作用,但可作气管插管用。牛用药量为 10～15mg/kg 体重,犊牛用药量为 15～20mg/kg 体重。由于抑制呼吸与咽头部刺激,可发生逆呕。主要用作静脉麻醉药,可单独使用,也可作基础麻醉,或麻醉前用药。其麻醉作用迅速,维持时间短。先用它达到浅麻醉,再用其他麻醉药维持麻醉深度。

4. 硫酸阿托品　牛在全身麻醉时,麻醉剂常可使唾液和支气管内分泌物增多,并误入呼吸道引起阻塞,因此用本剂作为麻醉前给药较安全。牛麻醉前 20～30min 皮下或肌内注射本药 20～25mg,也可在麻醉前 5～10min 静注 0.5～2mg/100kg 体重。

5. 隆朋和静松灵　隆朋是国外近年来应用较广的一种镇静、镇痛和肌肉松弛药,已广泛应用于家畜和多种野生动物。根据使用剂量不同可出现镇静或麻醉作用。本品采用小剂量作为镇静性保定药,使兴奋、强拗、不易控制的奶牛安定,便于诊疗或运输、称重、拆线、换药,以及进行子宫复位、食管阻塞、穿鼻等小手术。作为麻前用药与水合氯醛、硫喷妥钠或戊巴比妥钠等合用,可减少麻醉药的用量,增强麻醉效果。

隆朋对奶牛的镇静性保定剂量(肌内注射)为 0.2～0.3mg/kg 体重。

静松灵与隆朋相类似,对奶牛的镇静性保定剂量(肌内注射)为 0.1～0.2mg/kg 体重。

(二)非吸入性全身麻醉

非吸入麻醉有许多优点,操作简便,一般不需要特殊的麻醉装置,不出现兴奋期,也不严格要求掌握麻醉的深度等,故目前仍为重要的麻醉方法。

非吸入麻醉剂的输入途径有多种,如静脉内注射、皮下注射、肌内注射、腹腔内注射,口服以及直肠灌注等,其中静脉注射麻醉法因作用迅速、确实,在兽医临床上占重要地位。但在静脉注射有困难时,也可根据药物的性质,选择其他投药途径。

1. 水合氯醛 为无色透明或白色结晶,味微苦有特殊臭味,易潮解,在空气中徐徐挥发,易溶于水、醇类、氯仿、乙醚。本品在日光下缓慢分解,加热也易溶解,故宜密封避光保存于阴凉处。

奶牛的水合氯醛麻醉,一般采用静脉内注射法较多,虽然必要时也可用灌服或灌肠投药,但灌服法因瘤胃内容物量大,影响药物吸收,故效果不甚确实。为了克服水合氯醛所引起的较长时的嗜眠状态,加快麻醉奶牛术后苏醒,可于术后注射苯甲酸钠咖啡因。目前市售水合氯醛制剂有水合氯醛酒精注射液(含水合氯醛5%,酒精12.5%)和水合氯醛硫酸镁注射液(含水合氯醛8%,硫酸镁5%),使用时可参照其含量计算各种奶牛的需要量。

2. 巴比妥类 巴比妥类药物很多,根据作用的时限可分成四大类,即长、中、短和超短时作用型的巴比妥类药物。在兽医临床上常与安定药或麻醉药协同进行复合麻醉的有硫喷妥钠、硫戊巴比妥和戊巴比妥钠等。其中硫喷妥钠最为常用。

硫喷妥钠属超短效巴比妥类药物。主要用作静脉麻醉药,既可单独使用,也可用作基础麻醉,即先用它达到浅麻醉,再用其他麻醉药维持麻醉深度。其麻醉作用迅速(静脉注射后1min内奶牛即麻醉),维持时间短(奶牛10～20min)。重复给药可增强麻醉深度,延长麻醉时间。使用时用注射用水或生理盐水配制成2.5%～10%溶液。静脉麻醉用量:成年奶牛10～15mg/kg体重,犊牛15～20mg/kg体重。

3. 隆朋 化学名为盐酸二甲苯胺噻嗪,其盐酸盐的商品名为隆朋,是国外广泛应用于兽医临床上的一种较新的镇静催眠药。此药对动物,特别是反刍兽能产生较好的镇静效果,并且具有用量小、作用迅速、应用简便、使用安全等特点,已广泛应用于牛等多种动物。同时也有效地用于各种临床检查,各种外科、产科手术,以及对动物的保定、运输等。

奶牛静脉注射麻醉用量0.03～0.1 mg/kg体重,肌内注射

0.1~0.2mg/kg体重。并可视麻醉深度酌情增加剂量。

4.静松灵 本品有与隆朋相同的作用和特点,临床上静脉注射时出现呼吸增数,心搏减缓,血压一度上升,后逐渐下降到低于注射前值。中心静脉压上升,用药时能看到房室阻滞,心排量降低。红细胞压积及血红蛋白减少,血容量和血浆容量有一定程度增加。

本品的使用方法和剂量与隆朋基本相同。肌内注射用量为0.2~0.6mg/kg体重。

5.保定宁 保定宁是在静松灵基础上的复合剂,每100ml含静松灵5g和乙二胺四乙酸(EDTA)10g。用于手术麻醉,临床止痛效果优于单独应用静松灵。使用方法同静松灵。

6.氯胺酮 本品根据使用剂量大小不同可产生镇静、催眠到麻醉作用。由于氯胺酮对循环系统具有兴奋作用,心率增快38%,心排量增加74%,血压升高26%,中心静脉压升高66%,外周阻力降低26%。因此,静脉注射时速度要缓慢。本品对唾液分泌有增强现象,事先注入少量阿托品可加以抑制。

应用本品于麻醉前停食半天至1天,可防止瘤胃容积过大影响呼吸或因返流造成异物性肺炎。为了防止分泌液阻塞呼吸道,宜于麻醉前应用小量的阿托品。本品对奶牛常和隆朋配合使用。在给牛注射有效剂量至出现药效时,平均约经过5~20min。肌肉松弛期可维持20min以上。静脉注射麻醉用量为2mg/kg体重,作用消失后可再注射相同剂量。

7.复方氯胺酮 复方氯胺酮又称噻胺酮注射液,由15%氯胺酮和15%隆朋为主,配成15%的溶液。肌内注射5min可平稳地进入麻醉状态,且无挣扎和兴奋,痛觉消失,肌肉松弛。按5mg/kg体重肌内注射,有效麻醉期60~80min;注射7.5mg/kg体重,可维持80~100min;用量达10mg/kg体重,可维持130~150min。

催醒可用0.5%的育亨宾或苯噁唑,临床上将15%噻胺酮溶液稀释为 5% 浓度以 0.1ml/kg 体重肌内注射。

8.846 合剂　按 0.01~0.015ml/kg 肌内注射,镇静效果好,麻醉维持 1h 左右。但在应用中可出现呕吐,肌内松弛效果不太理想。苏醒药为 1∶1 的苏醒灵 4 号。

9.其他　较新的麻醉药有舒泰(静脉注射 5~10mg/kg 体重,麻醉 20~30min;肌注 15mg/kg 体重,可麻醉 30~45min)、二异丙酚(5mg/kg 体重静注)、咪底托咪啶(medetomldine)、氟哌啶芬太尼合剂(每 ml 含氟哌啶 10mg,芬太尼 0.4mg,按 0.05~0.08ml/kg 体重肌内注射)、γ-羟基丁酸钠与硫喷妥钠合剂(用 γ-羟基丁酸钠 50mg 可麻醉 2~4h)、三碘季铵酚等。

第七节　输液与输血

一、输　液

静脉输液是将大量无菌溶液或药物直接滴入静脉的技术。

(一)输液目的

第一,补充水和电解质,以调节或维持奶牛体内水、电解质及酸碱的平衡。

第二,纠正血容量不足,维持血压和改善微循环的灌注量。

第三,解毒、控制感染和治疗疾病。

第四,供给营养物质,促进机体组织修复,维持奶牛机体正常生理活动。

(二)常用注射液

1.晶体注射液

(1)等渗盐水(生理盐水)　0.9%氯化钠注射液。

(2)低渗盐水　钠离子和氯离子浓度较等渗盐水低 1 倍,用于缺水多于缺盐的病例。

(3)高渗盐水 10%氯化钠注射液,用于缺盐多于缺水的病例,但用量不宜过大,速度不能过快。

(4)乳酸林格氏液(Ringer氏液) 每1 000ml溶液中含氯化钠8.0g,氯化钾0.33g,氯化钙0.28g,乳酸钠4.0g。与等渗盐水有相似之处,但氯离子较血浆含量高,还含少量钾和钙,在酸中毒时,奶牛钾和钙都可能缺乏,所以用林格氏液较等渗盐水优越。

(5)氯化钾溶液 10%氯化钾溶液,应用时需稀释到0.3%浓度以下,用于低血钾病例。

(6)重碳酸钠 常用5%重碳酸钠溶液,用于酸中毒。

2.胶体溶液 胶体溶液相对分子量大,在血管内存留时间长,对维持血浆胶体渗透压、增加血容量、升高血压效果显著。

(1)右旋糖酐 有高分子右旋糖酐(平均分子量10万~20万)、中分子右旋糖酐(平均分子量6万~8万)、低分子右旋糖酐(平均分子量2万~4万)和小分子右旋糖酐(平均分子量1万~2万)。为血容量扩充药,有提高血浆胶体渗透压、增加血浆容量和维持血压的作用,能阻止红细胞及血小板聚集,降低血液黏滞性,从而有改善微循环的作用。

(2)羟乙基淀粉(706代血浆) 血容量补充药。有抑制血管内红细胞聚集作用,用于改善微循环障碍。临床用于低血容量性休克,如失血性、烧伤性及手术中休克等,以及血栓闭塞性疾患。

(3)血液制品 有5%白蛋白和血浆蛋白等。

根据临床症状和红细胞压积(PCV),计算出缺水总量(已失量)。已认为PCV每增加1%,血浆缺水1%,细胞间液缺水3%。也可用PCV、总蛋白(TP)和皮肤弹性判断缺水程度:轻度缺水(6%),PCV 43%~47%,TP 7.0~8.0,皮肤弹性正常;中度缺水(8%),PCV 47%~55%,TP 8.0~9.5,皮肤弹性降低;重度缺水(10%),PCV>55%,TP>9.5,皮肤无弹性。

一般遵循"先晶后胶"、"先盐后糖"、"宁酸勿碱"的原则。输液后,当尿量增加到 40ml/h,需适当补钾,并注意补钾的"四不宜"原则。即:不宜过浓,不宜过快,不宜过多,不宜过早。

(三)输液的方法

根据计算的"已失量",一般先用一定量的胶体溶液补充血容量,然后输电解质溶液,最后输葡萄糖;或用生理盐水和5%葡萄糖溶液交替使用,或用生理盐水、葡萄糖、重碳酸钠配的混合液。

输液的速度根据输液的目的、心脏功能和液体种类而定。①脱水严重,血容量低,周围循环衰竭者,开始补液宜快,待病状改善后改用慢速或点滴输入。②心、肺、肾功能障碍者宜缓慢,防止诱发心力衰竭和肺水肿。③输钾溶液宜缓慢或滴注,而输入甘露醇、山梨醇则宜快速。④补葡萄糖溶液需根据葡萄糖在体内的氧化速度,以 0.5g/kg·h 为宜。⑤慢速输液,一般以 50ml/min 或更少;快速输液,可达 100~130ml/min,点滴输液每分钟 100~200 滴。

二、输 血

输血是利用输入保持正常生理功能的血液进行补血、止血、解毒等的一种有效治疗措施。但是,输血不当,会引起输血反应,甚至死亡。因此,只有掌握输血的规律,才能保证输血疗法顺利进行,达到预期效果。

(一)输血的作用

第一,在创伤和手术等急性失血,输血可及时补充失血量以维持血容量,提高血压,防止休克,增强机体各器官的功能。

第二,抢救休克,如出血性、创性伤和感染性休克等,应立即输给足够的血液,纠正休克。

第三,预防性止血。凝血功能障碍时,经小剂量反复输血,以补充各种凝血因子,提高血液凝固能力,常用于不能进行其他止血方法时的出血。

第四,治疗重度感染,如败血症、脓毒血症等,少量多次输血,可纠正贫血,增强机体抵抗力。

第五,输血可给病牛补充各种特异性与非特异性的蛋白质等,以提高抵抗力和免疫力。

(二)适应症与禁忌症

目前临床上不仅输全血,而且可以分别应用血液的各种组成部分。因此,输血的适应症应根据输全血、红细胞、血浆以及血液的各个组成部分而有所不同。

1. **输全血适应症** 全血是指加有抗凝剂的血液,其适应症是大失血、外伤性休克、血友病或营养性贫血、一氧化碳或其他的化学品中毒(此时因血液变质,血红蛋白丧失了携带氧的能力或血红蛋白对组织不能及时释放一定量氧)和新生犊牛的溶血性疾病。

2. **输红细胞适应症** 溶血性贫血时若血浆蛋白仍属正常范围,贫血的纠正可仅靠输注红细胞。如机体内红细胞的破坏加速,造血功能代偿不足,败血症或脓毒血症时,因红细胞破坏过多和造血功能降低,可考虑输注红细胞。

3. **输血浆适应症** 除大失血外的休克,严重烧伤,急性或持久的腹泻。

4. **输血的禁忌症** 严重的心血管系统疾病、严重的肾脏疾病、肺炎、肺水肿、肺气肿、脑水肿、严重的支气管炎、血栓性静脉炎、脑溢血等情况下,禁忌输血。

(三)血型与输血的关系

牛红细胞型有 12 个系统(即 A,B,C,FV,J,L,M,N,S,R′S′,T′,Z 系统),而血清蛋白型有 7 个系统。在这 12 个系统中 B 系和 J 系特别重要,B 系至少有 200 个等位基因,在这些系统中可能的组合极多(约 25×10^{15}),以至大多数动物都具有独特的血型。

异型血液的血清和红细胞相混合,迅速凝集成团,随后发生溶血。导致凝集的原因是在红细胞表面有一种特异抗原,称之为凝集原。在血清中含有一种相应的特异抗体,称为凝集素。当不同血型的血液混合时,凝集原在凝集素的作用下,先凝集而后溶血。因而,当病牛接受了不同血型的血液以后,就会发生输血反应。无论何种家畜,当从某一供体采血并注射到另一同种受体内,受体都能在1周内产生免疫性抗体,如还用同一供体血液给同一受体第二次输血时,就可发生输血反应。

牛一般第一次输血时不作血液相合性检查,输血通常是安全的,输血后大约1周才产生特异性抗体,故在第一次输血后24h内重复3~4次输血是较安全的。临床实践表明,牛血清中凝集素之间的抗原抗体反应不像人医那么严格,但是输血前进行血液相合性检验仍是十分必要的。

(四)血液相合性检验

1. *玻璃管试验法* ①分别从供体和受体颈静脉采血各5~10ml,分别置于贴有标签的试管内,静置分离血清,也可在试管中预先加入1份4%枸橼酸钠溶液,再加入9份血液,分离出血浆备用。②把血清或血浆分别移至贴有标签的试管中备用。③取各试管内的凝血块少许,分别置于含有生理盐水的试管内混匀,使红细胞的颜色如番茄汁样。④每组供体与受体牛的血样需用离心管2个,进行主要试验和次要试验。主要试验管内先滴加受体牛血清1滴,然后加入供体牛红细胞悬液2滴;次要试验管内先加受体牛红细胞悬液1滴,再加入供体牛血清2滴。⑤把试管置37℃水浴5~8min,或置于室温30min。⑥将试管以1000r/min的转速离心1min,取出试管振荡并仔细观察凝集反应。

阳性反应:试管内有明显红细胞凝集现象,出现凝血块,轻度振荡不易分散。

阴性反应:红细胞仅沉于管底,轻度振摇即可重新浑浊。

2. *玻片凝集试验法* ①从供体牛采血1~2ml;用红细胞时,用生理盐水稀释10倍;用全血时,用生理盐水稀释5倍。②从受体牛采血5~10ml,置室温下分离血清,或于试管内加入4%枸橼酸钠溶液(9份血加1份4%枸橼酸钠溶液),分离血浆。③用吸管吸取受体牛血清或血浆于一张玻片上滴2滴,立即用另一吸管吸取供体牛血液混悬液或红细胞混悬液,加1滴于上述玻片上。④使供体血与受体血混匀,置室温下10～15mm,观察凝集反应的结果。

阴性反应:即为相合血液,玻片上的液体均匀红染,无任何红细胞凝集现象。显微镜下观察,每个红细胞界限清楚。表明供体牛血可作输血之用。

阳性结果:玻片上的红细胞呈沙粒状凝块,液体透明,显微镜下红细胞彼此黏集一起,分辨不清其界限。

3. 判定凝集试验的注意事项

(1)假凝集 红细胞呈絮状、均匀细沙粒状。可能因血浆中球蛋白和纤维蛋白元增高的缘故。鉴别时可滴入生理盐水,假凝集可散开,而真凝集仍呈块状。

(2)冷凝集 一般在0℃～5℃最明显,在玻片上易出现。对此先将血清与红细胞混悬液在35℃～37℃水浴中加温,再行操作。

(3)放置过久,水分蒸发 血清浓缩而红细胞凝集。

4. 生物学试验 在紧急情况下来不及作凝集试验时,可进行生物学试验。

方法是先对受体牛进行体温、呼吸、脉搏、黏膜色泽等项检查,经颈静脉输入供体牛血200～300ml,10min后观察受体牛的反应,若上述指标无异常,说明供体和受体牛的血液是相合的,可继续进行输血。

若10min后受体牛出现不安,前肢刨地,呼吸和脉搏增数,黏膜紫绀,肌肉震颤,胃肠蠕动亢进,频频排尿排便,全身出汗时,说明血液不相合,应更换供体牛。生物学试验出现的输血反应一般经20～30min消失,通常不需处理。

(五)供体牛的选择

应挑选年轻、体壮、健康无病(包括传染病和血液寄生虫病)的奶牛为宜。通常采血2～3L,对其健康无影响。也可利用屠宰场的健康牛的血液用来输血。

(六)血液的收集与贮存

输血的先决条件是离体的血液依然保持着一种混悬的液体,输入动物机体后可进行其正常的生理功能。因此,怎样保持离体血液的活力,血细胞的形态结构无变化,钾、钠和磷酸盐等电解质基本变化不大,红细胞和血浆的渗透压无变化,血浆中无游离的血红蛋白(Hb)出现,都是血液贮存中必须解决的问题。

1. **抗凝剂** 为了使血液稳定不致凝结,必须在采血瓶内加入某种抗凝剂。临床上常用的抗凝剂有下列几种。

(1)3.8%～4%枸橼酸钠溶液 这是最常用的一种抗凝剂,它的浓度和血液正好等渗,抗凝时间长,在无菌条件下血液保持在4℃,7天内不丧失其理化及生物学特性。应用时与血液的比例为1∶9。

(2)10%氯化钙溶液 由于增高血液中钙离子的含量,制止血浆中纤维蛋白原的脱出,而呈现抗凝作用。应用时它与血液的比例为1∶9。此外,该液还有抗休克和降低机体反应性的作用。因此,有人认为用10%氯化钙溶液作为抗凝剂,可以不考虑血液是否相合而进行输血。其缺点是抗凝时间短,必须在2h内用完。

(3)10%水杨酸钠溶液 抗凝作用可以保持2天,应用时与血液按1∶5的比例混合。

2. **血液保养液** 血液如需贮存,必须用血液保养液,以供给血细胞能量和保持一定的pH值,从而维持血细胞的生命活性。常用的血液保养液为ACD液,其配方为:枸橼酸0.47g,枸橼酸钠1.33g,无水葡萄糖3.5g,重蒸馏水加到100ml,灭菌后备用。此液pH值为5.0,与血液混合后pH值为7.0～7.2,使用时每

100ml血液加入本液25ml。该保养液不但能抗凝,而且能供给能量。红细胞在ACD液中于4℃下可保存约29天,存活率可达70%。

3. 血液的采集　在严格无菌操作下,用12或16号针头准确地插入供体牛的颈静脉内,血液流出必须有力,并使其顺着加有抗凝剂的集血瓶边缘流进瓶内,以减少泡沫形成。收集血液时应轻轻晃动集血瓶,以保证血液与抗凝剂充分混合。

血液收集后,就应尽快地输血,若要保存30min或30min以上时,最好将集血瓶保存在4℃~6℃的冰箱内冷藏。

(七) 输血的方法、速度与剂量

1. 方法　一般静脉输入。将采集的血液轻轻摇动,使血浆与红细胞充分混合,如有血凝块,在倒入输血瓶时用3~4层灭菌纱布过滤后再输入。在输血过程中,要多次轻摇输血瓶,防止红细胞沉淀堵塞输入管道。

如病牛因失血过多或其他原因导致血容量严重下降,体表静脉塌陷,经压迫后仍不能充盈,特别是新生犊牛等幼小牛不能刺入静脉时,可找一条大静脉的分支或末梢(如股静脉),作静脉切开术后输血。输完后,将切开的静脉予以结扎。

2. 输血的速度　输血的速度与疾病的种类、性质、病牛的心、肺功能状况有密切关系。一般以20~25ml/min为宜。大失血时速度要快,可达50~100ml/min,心脏衰弱、肺水肿、肺充血时,速度宜缓。

3. 输血量　一般以病牛体重的1‰~2‰来计算。在重复输血时,为避免输血反应,可采用更换供体牛的方法。如用同一供体牛重复输血,应在3~4天内进行,即在受体病牛尚未形成一定的特异性抗体前输入。

(八) 输血反应的抢救

1. 发热反应　输血后15~30min,受体牛出现寒颤和体温升高及出汗。若在输血期间，可在每100ml血液中加入2%普鲁卡因注射液5ml或氢化可的松50mg输入，并减缓输血速度，若反应剧烈应立即停止输血。输血后出现的发热反应一般可自行消退。若持续时间久者，可静脉输入葡萄糖液。

2. 溶血反应 受体牛在输血过程中突然出现不安，呼吸脉搏增数，肌肉震颤，不时排尿、排便，高热，可视黏膜紫绀，并出现休克症状。此时应立即停止输血，改注糖盐水，然后再注射5%碳酸氢钠注射液，还应当使用强心利尿剂。

3. 变态反应 出现呼吸促迫，痉挛，皮肤上出现块状荨麻疹等症状，应停止输血。肌内注射苯海拉明，或皮下注射0.1%肾上腺素注射液5~10ml。必要时需作对症治疗。

（九）输血中需注意的事项

第一，一定要严格无菌操作，一切输血器具都应严格地清洗和消毒。

第二，输血过程中要密切观察病牛的全身变化，出现异常反应立即停止输血。

第三，输血速度宜慢，1L血需要20min输完。普遍认为血液输入的速度愈慢，对保证心血管系统和对增加血量的适应性就愈好。

第四，不应使用贮存较久的血液，贮存10天以上的血液不要再用。血液保存越久，血细胞在受血动物的体内生存时间就越短。最好是输入新鲜血液，或者是保存在4℃不超过7~10天的血液。

第五，不得用公牛的血液给即将进行交配的母牛输血，以免产生同族免疫，使新生犊发生溶血。

第六，不得给妊娠母牛输血，以免发生流产。

第八节 炎症疗法

炎症是机体对各种致病刺激所发生的一种应答性反应,包括血管方面的反应和细胞方面的反应。其病理表现为局部组织的变质、渗出和增生,剧重的炎症还出现全身性反应。引起炎症的原因可能是机械性刺激,如打击、切割、扎刺、踢踢等;物理性刺激,如低温、高温、紫外线、X线等作用;化学性刺激,如酸、碱或其他化学腐蚀性物质的作用;生物性因素,如微生物、寄生虫的侵袭及其毒素的影响。在临床上,炎症局部表现为红、肿、热、痛和功能障碍。按病程炎症可分为急性炎症、亚急性炎症和慢性炎症;按渗出物的性质,临床上又将炎症分为浆液性炎症、纤维素性炎症和化脓性炎症等。

炎症的治疗应从消除病原、除去病因、改善机体的内部平衡、改变机体的局部反应性、控制症状和促进功能恢复着手。

一、冷疗与热疗

(一)冷疗(冷却疗法)

冷疗是用低温作用于炎症部位以发挥治疗作用的一种方法。冷疗可使局部血管收缩,血液流入减少,渗出作用降低;冷刺激还降低了神经的兴奋性与传导性而产生镇痛效果。

1. 适应症 用于急性炎症,特别是渗出性炎症的最早期,以减少炎性渗出,制止炎症发展,制止溢血。挫伤、关节扭挫伤、腱鞘炎、蹄叶炎等的初期常用冷疗。有外伤时不宜用湿的冷疗。

2. 冷疗方法 常用的有两种。

(1)冷敷 用冷水浸湿的毛巾(稍拧干)或装有冷水的胶袋等敷于患部。冷敷常需要换水以维持冷凉温度。1天治疗数次,每次约30min,连续1~2天。

(2) 冷蹄浴　常用于治疗蹄、指、趾关节的疾患。其方法是直接让病牛的患肢站在冷水中数分钟。

3. 禁忌症　化脓性的炎症过程、炎症后期及淋巴外渗禁用冷却疗法。

(二) 热疗 (温热疗法)

温热疗法是用稍高于体温的温度刺激局部,以促使炎症消散的治疗方法。热疗的作用是使局部的血管(主要是毛细管和小静脉)扩张,促进血液循环,改善局部营养,使细胞膜的通透性增加,有利于组织内淋巴液和血液渗出物的吸收;增进局部组织的新陈代谢和酶的作用,加强白细胞的吞噬能力;使机体产生舒适感,降低疼痛因子的刺激,具有镇痛作用。试验证明,40℃左右的温度镇痛作用最好。

1. 适应症　急性炎症后期、亚急性和慢性炎症,如肌炎、腱炎、腱鞘炎、术后粘连、瘢痕引起的强直、愈合缓慢的营养性溃疡、关节扭挫伤、退行性关节炎和慢性或亚急性关节炎等。

2. 热疗方法　常用的热疗方法有温敷、温蹄浴和石蜡疗法。

(1) 温敷　与冷敷一样,用温热水浸湿的毛巾,或装有温热水的胶皮袋敷于患部。为了加强热敷的效果,可把普通水换成10%～25%硫酸镁溶液或食醋。还可使用舒筋活血、止疼散淤的方剂煎汤趁热洗烫患部,或把中药碾末,用适量的开水或热醋沏之,调成糊状,摊在纱布上包在患部。

(2) 温蹄浴　与冷蹄浴方法相似,只是以温热水替代冷水。

(3) 石蜡疗法　利用加热的石蜡为温热介质,将热传导至机体以达到治疗作用的方法。

石蜡具有较大的比热和较小的导热性,其熔解时吸收大量的热量。热石蜡缓慢地向四周传散热量,可使热透入较深层的组织内,作用持久;石蜡可使局部皮肤耐受较高的温度;石蜡具有良好的可塑性,治疗时与皮肤紧密接触,随着蜡温的逐渐冷却,石蜡的体积缩小,加压于皮肤及皮肤下组织,产生柔和的机械压迫作用,可减轻组织的肿胀。

治疗用的石蜡最好是熔点在52℃～55℃的白色石蜡。治疗时,先将石蜡在水浴中加热到100℃,然后冷却到所需的温度。第一次使用一般为65℃,以后逐渐提高温度,但最高不要超过85℃。倘若石蜡中混有水分,或使用旧的石蜡,或作为创伤治疗用,应该将石蜡加热到100℃并维持15min,以达到除去水分和消毒的目的。

治疗时患部剪毛,然后根据患部的不同可采用下列方法。

①刷蜡法。将石蜡加热至65℃,用平毛刷在治疗部位皮肤上迅速、均匀涂抹几层,冷却后形成导热性低的保护层,再反复涂刷,直至蜡膜厚1～2cm。

②蜡袋法。以塑料袋装蜡,使其加热至55℃～60℃熔解,放于治疗部位,即可进行治疗。

③石蜡热浴法。适用于四肢游离部。先采用刷蜡法将石蜡涂于皮肤上(约0.5cm厚),作为"防烫层",然后从蹄下面套上一个胶皮套,用绷带把胶套的下口绑在腿上固定,再从上口把熔化好的温度为65℃左右的蜡注入,让石蜡包围在肢的四周,上口用绷带绑紧,外面包上保温棉花,最后在外面用绷带固定。

④石蜡棉纱热敷法。是用于四肢游离部以外的地方的常用方法。做好防烫层以后,用4～8层纱布,按患部大小叠好浸于熔化好的温度适合的石蜡液中,取出后轻挤去多余的石蜡,立即敷于患部,外面也可以加棉垫保温,并设法固定之。

热疗应每日或隔日1次,每次治疗20～30min。

3. 禁忌症　高热、肿瘤、急性感染期、急性炎症早期、出血性疾病和出血性倾向、心功能不全、肾功能衰竭等禁用。

二、普鲁卡因封闭疗法

将药液注射于患部周围或与患部有关的神经通路,以封闭病灶对中枢的异常刺激,从而改善组织的神经营养功能和减轻疼痛。此法在兽医临床上多用于急性炎症。根据机体各部位的不同,封闭疗法又可分为静脉内封闭疗法、四肢环状封闭疗法、病灶周围封闭疗法、穴位封闭疗法等几种。

临床上常用 0.25%～0.5%盐酸普鲁卡因注射液。其配制方法:盐酸普鲁卡因 2.5～5.0g,氯化钠 5.0g,氯化钙 0.075g,氯化钾 0.125g,蒸馏水 1 000ml,充分溶解,灭菌后使用。

盐酸普鲁卡因封闭疗法常用的处方有两个。处方 1:0.5%盐酸普鲁卡因 100ml,青霉素 100 万～200 万 U,溶解后注射。处方 2:0.5%盐酸普鲁卡因注射液 100ml,青霉素 100 万～200 万 U,醋酸可的松 125～250mg,混合后使用。

(一)病灶周围封闭

病灶周围剪毛消毒,分多次将处方 1 药液进行皮下、肌内或基底部注射。剂量与病灶大小成正比,但总量不得超过 2g,以免引起中毒。

(二)盐酸普鲁卡因环状封闭

此法用于四肢,在四肢部病灶的上方进行环状分层注射,其高度在前臂部(前肢)、胫部(后肢)中 1/3 处。剪毛消毒后,分数点分层注射处方 2 药液或处方 1 药液的 0.5%盐酸普鲁卡因注射液 100～200ml。

(三)盐酸普鲁卡因静脉封闭

此法是将盐酸普鲁卡因注射液缓慢注入静脉内,使药物作用于血管内壁感受器,引起封闭作用。1 次注射 0.25%盐酸普鲁卡因注射液 200～300ml,隔 1～2 日注射 1 次。

(四) 眼底封闭

注射部位为牛的颞窝部,在颈突背侧 1.5～2cm 处,针端指向对侧的角突刺入,深度为 6～10cm。

用 0.25%～1% 盐酸普鲁卡因注射液 20～40ml,加青霉素 20万～40万 U,或加醋酸可的松 50～100mg,隔日 1 次,3～4 次为 1 个疗程。

(五) 尾瓢封闭

在尾下方肛门上方凹陷处(后海穴)用封闭针头平行荐骨椎体向深部刺入。边进针边注射 1% 盐酸普鲁卡因注射液,推至 8～10cm 时,注完 60～80ml 药液。每天 1 次,4～5 次为 1 个疗程。

(六) 肾区封闭(肾脂肪囊封闭)

牛站立保定或侧卧保定。左侧注射部位是在第 1 腰椎横突与最后肋骨间,距背中线 8～10cm 处。刺入深度 8～9cm。右侧注射部位是在最后肋骨前面距背中线 10～12cm 处,刺入深度同左侧。

术部剪毛消毒,用 15cm 针头,垂直皮肤刺入皮下,继续推进过程中,手感抵抗力消失,并有落空感时,即已刺入肾脂肪囊内,如再深刺,容易损伤肾脏,则可感觉肉样抵抗。或从针头内流出血液,应将针头退回 0.5～1cm,注射 0.25%～0.5% 盐酸普鲁卡因注射液 200～300ml。拔出针头后,用碘酊消毒针孔,每周 1 次,两侧应交替进行。

(七) 腹腔内脏神经节封闭

腹腔内脏神经节封闭也称为腹腔神经及侧交感神经干胸膜外封闭。使用的药物是 0.25%～0.5% 盐酸普鲁卡因注射液 150～200ml,并在其中加入青霉素 240万～480万 U,必要时再加入樟脑油 30～50ml。方法是在倒数第 2 肋间隙向上触摸到背最长肌下缘,用 10cm 长的针头按照 35°角向胸椎体方向刺入,抵椎体后稍退出,再向下推进针头到椎体横突下方,注射 30～50ml 药液,让其自然滴下,若不能自然滴下,说明是在胸腔内(因为胸腔内有负压),若能缓慢滴下则证明是在胸膜外,然后再注入 150ml 左右。此为一种良性刺激,多用于防治腹膜炎,促进创伤愈合,而且有一定的镇痛作用。

三、自家血液疗法

自家血液疗法是将病畜自身的血液注入皮下或肌内治疗疾病的方法。自家血液注入皮下或肌内后,红细胞遭到破坏,受破坏的红细胞被网状内皮系统细胞吞噬,使其受到刺激,以增强其吞噬作用,提高机体的抗病能力。

(一)适应症

自家血液疗法常用于皮肤病、某些眼病、淋巴结炎、睾丸炎、精索炎、肌肉风湿、腺疫等疾病。

(二)操作方法

1. 颈部皮下注射法　用 100ml 注射器于颈静脉采血 50ml,迅速注射于消毒好的颈部皮下,并迅速冲洗干净注射器。

2. 眼睑皮下注射法　先在上眼睑皮下刺入针头,用 10ml 或 20ml 注射器于颈静脉采血 6～8ml。迅速注入眼睑皮下,迅速冲洗干净注射器。

临床上常用递增量的方法进行注射,即第一次注射 50ml,以后每次增加 20ml,隔 2 天 1 次,共注射 4～5 次。

(三)注意事项

第一,第一次注射后,体温可稍有升高,但很快可恢复正常。

第二,对高温病牛,网状内皮系统有明显抑制时,不要应用此疗法。

第三,自家血疗法应配合其他疗法应用,效果更好。

(四)禁忌症

自家血疗法没有严格的禁忌症,但对高热或网状内皮系统功能受到明显抑制的病牛不要应用。为了获得良好的效果,自家血液疗法应该与其他治疗方法配合应用。

四、刺激疗法

刺激疗法是利用对组织有刺激性甚至有腐蚀性的药物作用于局部,直接或反射性引起血液循环改善,以促使炎症消散的一种治疗方法。刺激疗法是治疗外科炎症特别是治疗跛行的常用方法。

刺激疗法所用刺激剂分为温和刺激剂和强刺激剂。温和刺激剂可多次应用于局部皮肤,其作用随使用次数增加而增强。强刺激剂又叫发泡剂,涂于患部24~48h后局部发生肿胀、水泡。3~4天后肿胀消退,水泡逐渐干燥、结痂。数周后痂皮脱落。此外,还可采用注射的方法,将某些刺激剂注射到皮下,几天后能见到局部肿胀,一般经过7~10天肿胀逐渐平息。温和刺激剂用于亚急性炎症,强刺激剂用于慢性炎症。

(一) 温和刺激剂

1. 浓碘酊 10%碘酊。

2. 鱼石脂软膏 10%~30%鱼石脂软膏。

3. 氨搽剂 氨水25.0%,植物油75.0%。

4. 四三一搽剂 10%樟脑酒精4份,氨搽剂3份,松节油1份。

(二) 强刺激剂

常引起奶牛不安、疼痛,局部反应剧烈。

1. 红色碘化汞软膏 红色碘化汞20.0%,凡士林80.0%。患部1次应用,外用绷带包扎,每日换绷带1次。牛对汞剂过敏,可用重铬酸钾软膏代替。

2. 斑蝥软膏 斑蝥末10.0g,黄蜡70.0g,橄榄油90.0ml,松节油30.0ml。患部1次应用,外用绷带包扎,每日更换绷带1次。

3. 巴豆搽剂 松节油30.0ml,巴豆油15滴,10%碘酊

120.0ml。每日刷1次,根据需要刷1～3次,刷后用绷带包扎。

(三)注射用刺激剂

1. 碘植物油　碘10g,橄榄油500ml,混合后皮下注射10～20ml。

2. 碘醚　碘酊、乙醚等份混合,在患部分2～3点皮下注射,每点1ml。

3. 5%灭菌高渗盐水　分数点皮下注射10～30ml。

第九节　外科手术基本操作技术

一、术前准备与术后护理

(一)术前准备

术前准备包括术前奶牛的检查、手术计划的制定以及一系列手术前的具体准备工作。

1. 手术前对病牛的检查　首先应了解奶牛的病史,并对奶牛进行必要的临床检查,以便了解施术奶牛的心脏血管系统、呼吸系统,胃、肠、肝、肾的状态和全身状况以及现症。从而做出尽可能正确的诊断:病牛机体抵抗力、修复能力,能否经受麻醉或手术刺激,是否为手术适应症等。同时,还应考虑奶牛的利用价值和经济价值。对于妊娠牛要考虑到保定和麻醉的影响,产奶牛若非紧急手术应避开高产期,如可能时应延至干奶期再进行手术。根据上述了解和检查的结果,作为制定手术计划时的重要依据。

2. 手术计划的制定　根据术前病牛检查的结果,事先深入考虑手术过程可能遇到的一切细节,提出手术做法的设想。通过召开术前会议的形式,充分发挥集体智慧,制定出尽可能合乎实际的手术计划。这不仅是手术工作中的一项良好习惯,也是保证手术合理和顺利进行的一个重要措施。但遇到紧急情况,不可能有时

第三章 奶牛场兽医师治疗技术

间制定完整的书面手术计划。在这种情况下,如果能争取由术者召集有关人员,进行简短而必要的交换意见,以求统一认识,分工协作,对于顺利去完成手术任务,也将是很有帮助的。这对于一些未能确诊或比较复杂的非常规手术尤属必要。

手术计划通常可包括下列基本内容:①手术人员的分工;②手术所需药械、缝合材料、敷料等的种类和数量(还应包括某些可能出现的情况需要备用的器械,如某些疝手术可能出现肠管截除情况所需的药械);③奶牛保定和麻醉方法的选择;④术前应做出的注意事项(例如禁食、胃肠减压、术前给药、导尿等);⑤手术方法及术中应注意的事项;⑥可能发生的手术并发症(如虚脱、休克、窒息、大出血等)的预防和急救措施;⑦术后的治疗和护理以及饲养管理注意事项。

此外,在手术计划的后面,最好能附上一项"手术总结"。在每次手术后认真总结经验,通过不断地实践和总结,就有可能更有效地提高外科手术水平。

对于手术日程的安排,除紧急手术外,大手术最好安排在上午进行,以便日间有较长的时间对病情进行观察。污染手术一般均安排在无菌手术之后,以减少污染机会。对于农、牧场大批家畜的阉割、断尾、采血等手术的日程安排,除了考虑到季节、气候对手术的影响外,还应了解当地流行病的情况。疫病流行地区一般不能进行大批手术,有些可能在手术前采取必要的预防措施,或将手术推迟至疫病控制以后再进行。

手术完成后,并不等于治疗的任务已完成。所谓"三分治疗,七分护理"其含意就在于强调一般易于疏忽的术后护理的重要性。为了落实贯彻术后应注意的措施,也应该将护理方法及有关注意事项告诉直接负责的护理人员(或饲养员),并说明如果疏忽时可能造成的恶果,以引起重视,并做到共同切实贯彻。

(二)术后护理和治疗

1. 术后护理的一般注意事项　手术后的病牛如果是经全身麻醉的,在未完全苏醒前,应有专人看管,以免摔伤。全麻后半天之内,因吞咽功能未完全恢复,不可饮水或饲喂。全麻后,体温往往偏低,应该注意牛体保温。手术后一段时间内应对病牛加以周密观察,特别注意有无术后出血或其他并发症,以便及时处理。一般在术后每天最少检测体温1~2次,并注意观察脉搏、呼吸、精神、食欲、排便以及切口的局部变化,根据病情需要还应做临床或实验室的检查,并将检查结果详细记录,以便及时采取相应的措施。

2. 合理的饲养　病牛在手术(尤其是大手术)中都经受了一定程度的组织损伤、出血和体液的丧失,术后又往往影响食欲、饮欲,使营养摄入减少,而需要量相反有所增加。因此,需饲喂容易消化而富于蛋白质和维生素的饲料。术后饮水除全麻后规定的禁饮时间外一般不加限制。

在非消化道手术,如果术后病牛精神、食欲良好的,一般并不需要限制喂饮。但术后机体衰弱或消化道功能未完全恢复的病牛,则仍应以递增的方式逐渐恢复至正常饲喂量,避免一次食入过量或粗糙的饲料,造成消化功能紊乱。术后病牛食欲的递进,营养的改善,对于创伤的愈合和机体的恢复是有利的。

3. 输液　输液是手术后治疗中常用的措施之一。如果病牛在术前由于疾病的原因造成水、电解质和酸、碱平衡失调,应尽可能在术前即加以纠正。病牛在术后是否需要输液则视术后病牛的病情而定。输液的目的在于补充必要的水分、热量,纠正电解质和酸碱平衡的紊乱,维持手术后病牛的循环血量和血压等。手术后病牛如出现上述输液的适应症而未能采取措施并得到及时的纠正,可延迟伤口愈合和健康的恢复,甚至可发展为酸中毒、碱中毒、循环衰竭或休克,以至死亡。

4. 术后感染的预防和控制　手术的感染率与手术时无菌操作

的执行情况、清创是否彻底以及病牛的全身抵抗力等密切相关,并且和手术后的护理情况往往也有很大关系。因此,手术后首先对牛体(尤其是术部)应尽量保持清洁。为了预防或控制术后感染,提高手术治愈率,适当配合应用抗生素和磺胺类药物,可收到良好效果。

二、手术基本器械及其使用方法

外科手术器械的种类繁多,样式各异。兽医临床常用的基本器械有:刀类(普通手术刀、高频电刀、二氧化碳手术刀)、剪类(剪毛剪、剪线剪、手术剪)、钳类(持针钳、止血钳、舌钳、肠钳、巾钳)、拉钩、缝针、缝线、手术镊、探针等。

(一)手术刀

兽医临床多用普通手术刀,主要用于软组织的切开和分离。有固定刀柄和活动刀柄两种。前者多用于小动物的解剖,后者由刀柄和刀片两部分构成。在奶牛兽医临床上,由于手术部位和性质的不同,所用刀柄和刀片的规格、型号也不同。常用的刀柄规格为4号、6号、8号,与之配套的刀片为19~24号;3号、5号、7号刀柄安装15号小刀片,不能混装于不同型号的刀柄上。刀片按形状分为圆刃、尖刃、弯刃等。装刀的方法,一般是左手持刀柄,右手用持针钳夹持刀片前部,将刀片安装槽套在刀柄前端,前后推拉,装配而成;拆下时,只需用持针钳夹住刀片尾背角,轻抬前推即可(图3-21)。

正确的执刀方法有以下5种。

1. 抓持式 动作幅度大、灵活,在做较大的皮肤切口时多用此法,特别是在做体躯较大的牛瘤胃手术时比较省力。

2. 全握式 其特点与姿势和抓持式相似。执刀姿势为"满把抓",二者区别在于掌握刀柄时掌心虚实与否,虚则称为抓持式,实则为全握式。

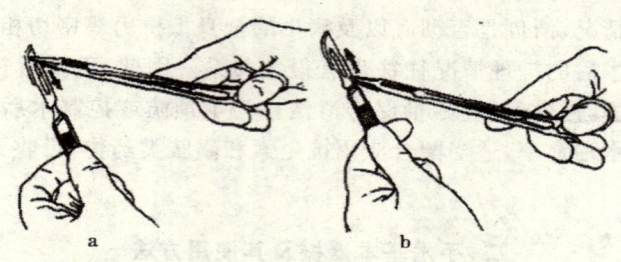

图 3-21　手术刀片的装拆方法
a. 安装刀片　b. 拆下刀片

3. 指压式　又称捉刀式,是较常用的执刀法。用力较大,切割范围广,多用于皮肤的切开。

4. 执笔式　动作轻巧精细,适用于短小切口,血管、神经等重要组织的分离以及一些精细手术的操作。

5. 反挑式　用于切开管道器官,在浅表组织脓肿的切开引流,能避免邻近组织的损伤。执刀姿势与执笔式相似,区别在于刀刃向上,运刀时刀尖先刺入组织,再向上反挑。

(二) 手　术　剪

有组织剪和线剪两大类。组织剪刃薄,锋利,是沿组织间隙分离和剪断组织的;线剪用于剪断缝线。为了适应不同性质和部位的手术,组织剪分大小、长短和弯直几种,可根据手术部位、剪割组织的不同选用。直剪用于浅部手术操作,弯剪用于深部组织的分离,使手和剪柄不妨碍视线,以便手术的安全操作。线剪又分为剪线剪、拆线剪,分别用于剪断缝线、敷料和拆线。

正确的执剪法是以拇指和第4指伸入柄环内,但不宜过深;食指轻压在剪柄和剪刃交界处的关节处,中指放在第4指的前外方柄上,这样具有三角形的稳定性,能够准确控制剪的方向和剪开的长度(图3-22)。

第三章 奶牛场兽医师治疗技术

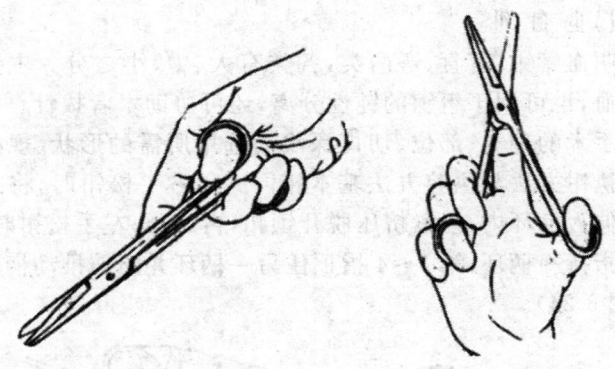

图 3-22 执手术剪的姿势

(三) 手 术 镊

用于夹持缝针、敷料等物品,也可用来提起组织以利于切开和缝合。手术镊分为有齿、无齿,又有长短、粗细、尖头、钝头之别。有齿镊用于夹持较硬的组织,如筋膜、软骨。无齿镊损伤性小,用于夹持较脆弱的组织,如肠管、血管、神经、黏膜。长镊、短镊则分别用于深部和浅部手术操作。正确执镊方法是用拇指对食指和中指执拿,持夹力量应轻重适中,避免引起组织损伤(图 3-23)。

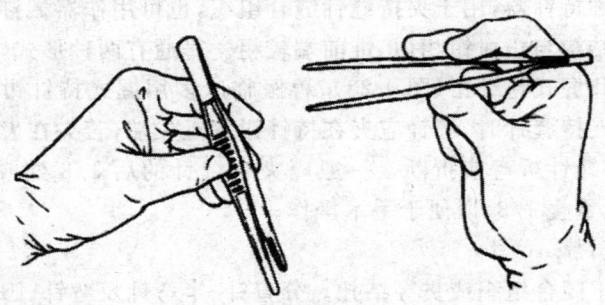

图 3-23 执手术镊的姿势

· 171 ·

(四)止血钳

又叫血管钳,有直、弯两类,各类有大、中、小之分。主要用于钳夹止血,也可用于组织的钝性分离,还可协助术者拔针。手术时可以视手术的种类、部位、切口深浅而选用所需的形状、规格的止血钳。执钳方法与执剪方法基本相同。用右手松钳时,将拇指与第4指伸入柄环内,捏紧挤压脱开锁扣,再旋开;左手松钳时,用拇指与食指持一柄环,第3～4指顶住另一柄环并向前推动柄环即可松开(图3-24)。

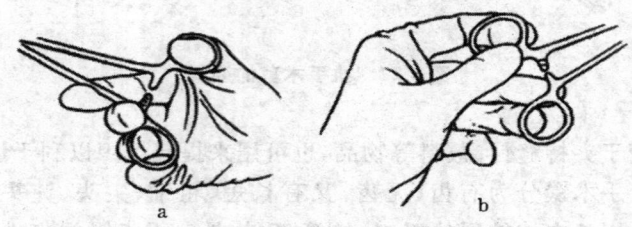

图 3-24　右手与左手松钳法
a. 右手松钳姿式势　b. 左手松钳姿式势

(五)持针钳

或称持针器,用于夹持缝针缝合组织,也可用作器械打结。其外形和结构与止血钳相似,惟前端较粗。普通有两种形式,即钳式持针钳和握式持针钳(图4-25),兽医临床多用握式持针钳。使用持针钳夹持缝针时,缝针应夹在持针钳的近尖端,若夹在齿槽床中间,易将缝针折弯或折断。一般应夹在缝针的后1/3处或后2/5处,缝线重叠1/3,以便于手术操作。

(六)缝合针

用于闭合组织或贯穿结扎。分直针、半弯针及弯针、圆针和三棱针等。每一类缝合针根据长短、粗细不同,又有多种不同的规格。直针较长,缝合时直来直去,操作方便、费时少,而所需的空间大,适于表面组织以及游离性较大的器官的缝合。弯针则与之相

第三章 奶牛场兽医师治疗技术

反,适合深部组织的缝合,如腹膜的缝合。圆针用于缝合质地较软的组织,如黏膜、筋膜等,对组织的损伤也较小。三棱针前半部为三棱形,较锋利,用于缝合质地较韧的组织,如皮肤、软骨、韧带以及瘢痕较多的坚韧组织,对组织损伤较大。还有一种缝针称为无损伤缝针,即在制作时缝线已包在尾部的缝针,针尾较细,缝线亦为单线,穿过组织后留下的针孔最小。用于血管、神经外膜等纤细组织的缝合。

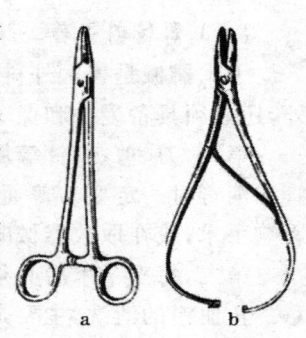

图 3-25 持针钳
a. 钳式持针钳
b. 握式持针钳

(七)拉 钩

又称牵开器,用于拉开术部表面组织,显露术野,方便术者的操作。临床常用手持拉钩和固定拉钩两大类。使用拉钩时,拉力一定要均匀轻缓,避免刺激术部,引起奶牛骚动而损伤组织或影响手术的正常进行。若手术时间过长,可以用纱布隔开拉钩与组织。固定拉钩,省力,在人员缺少的情况下亦可进行手术。不足之处是固定拉钩体积大,有时会影响手术的操作。

(八)巾 钳

又称创巾钳。亦有数种样式,其头端为弯曲的相互重叠的两个尖齿。主要用于夹持固定手术单、手术巾。并同手术巾一起夹住皮肤,防止手术巾移动,避免在手术过程中手或器械与术部接触。

(九)肠 钳

用于肠管手术。以阻断肠内容物的移动、溢出或肠壁出血。肠钳结构上的特点是齿槽薄,弹性好,对组织损伤小。使用时一般外套一乳胶管,以减少对组织的损伤。

(十) 器械的保养

手术器械是兽医外科工作者的武器,除了能正确、合理的使用外,还必须具备爱护和保养手术器械的基本知识。

第一,刀、剪、缝针等属于利刃器械,使用时需要的是锋利。保管和消毒时一定要与普通器械分开,以免相互磕撞使利刃变钝而影响手术,或在取放器械时伤及器械助手。

第二,每次手术后必须认真洗刷清理器械,洗刷时不可粗心大意。止血钳的清洗,主要是注意洗净齿床内的凝血块和组织碎片。不允许用止血钳夹持坚、厚物品,以免钳头过度反张而无法使用。也不能用止血钳夹持碘酊棉球等消毒药棉。

第三,手术后要及时将所用器械用清水洗净,擦干保存。不常用或库存器械要涂油,置于干燥处,并要定期检查涂油。胶制品应晾干,敷以适量滑石粉,防止粘连老化。

第四,在非紧急情况,金属器械禁止用火焰烧灼灭菌。以免高温退火,失去必要的强度而影响使用寿命。

三、组织切开、止血与缝合

(一) 组织切开与组织分离

组织切开是显露手术的重要步骤。浅表部位手术切口可直接位于病变部位上或其附近。深部切口,应根据局部解剖特点,在尽量减少组织损伤的前提下做到充分显露术野。组织分离是显露深部组织和游离病变组织的重要步骤。分离的范围应根据手术需要进行。分离的操作方法分为锐性分离和钝性分离。锐性分离用刀或剪进行。用刀分离时,以刀沿组织间隙作垂直的切开。用剪刀时应将剪刀伸入组织间隙进行短距离的剪开。钝性分离是指用刀柄、止血钳、剥离器或手指等进行,通常用于肌肉、筋膜和良性肿瘤的分离。

1. 软组织切开

(1) 皮肤切开 分为紧张切开和皱襞切开。

第三章 奶牛场兽医师治疗技术

①紧张切开。如皮肤活动性比较大,切皮时易造成皮肤切口和皮下组织切口不一致。为了防止上述现象的发生,较大的皮肤切口应由术者和助手用手在切口两边或上、下将皮肤固定(图2-26),或由术者用拇指及食指在切口两旁将皮肤撑紧并固定,手术刀刃与皮肤垂直,用力均匀地一刀切开皮肤所需长度。切开时可以补充运刀,但要避免多次切割,重复刀痕,以免切口边缘参差不齐,影响切口缘对合和愈合。

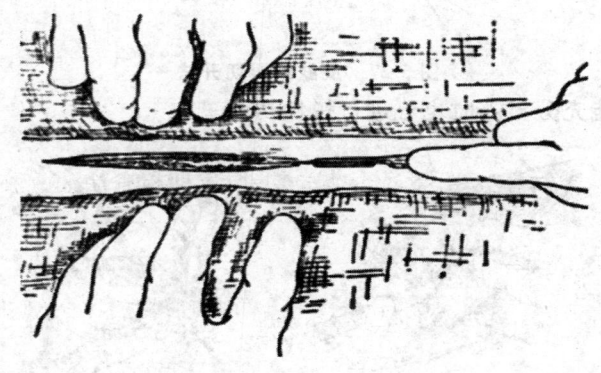

图3-26 皮肤紧张切开法

②皱襞切开。在切口的下面有大血管、大神经、分泌管和重要脏器,而皮下组织甚为疏松,为了使皮肤切口位置正确且不误伤其下部组织,术者与助手应在预定切开线两侧,用手指或镊子提拉皮肤呈垂直皱襞,并进行垂直切开(图3-27)。

在手术过程中,皮肤切口通常为直线形,也可根据手术需要,做梭形切开、"∩"形或"U"字形、"T"字形、"十"字形切开。

(2)皮下组织分离 多采用钝性分离。

(3)筋膜和腱膜的分离 用刀在其中央切一小切口,然后用弯止血钳在此切口上、下将筋膜下组织分开,沿分开线剪开筋膜。

(4)肌肉的分离 沿肌纤维钝性分离(图3-28)。当钝性分离

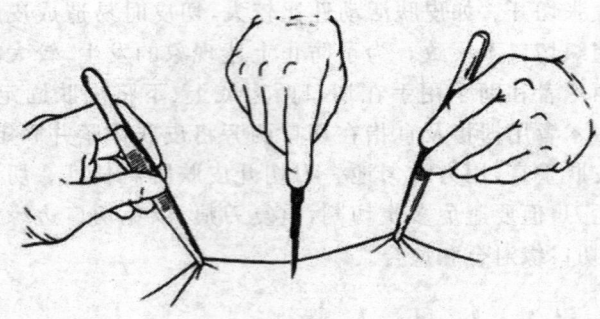

图 3-27　皮肤皱襞切开法

切口不能充分显露时也可进行锐性切开。

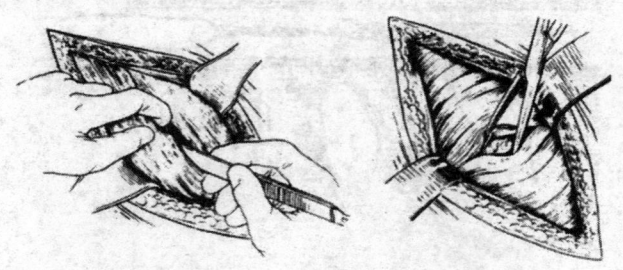

图 3-28　肌肉钝性分离

(5) 腹膜的分离　用镊子或止血钳提起腹膜作一小切口,利用食指和中指或镊子插入切口内,在其导引下用手术刀或手术剪切开(图 3-29)。

(6) 肠管切开　一般在肠管的纵带上或对肠系膜侧纵行切开(图 3-30)。

2. 硬组织切开

(1) 骨组织　首先切开骨膜,然后再分离骨膜,尽可能完整地保存健康部分,以利于骨组织愈合,骨膜切开可做成"十"字形、"I"字形,骨膜分离后的骨组织可用骨剪或骨锯锯断。

第三章　奶牛场兽医师治疗技术

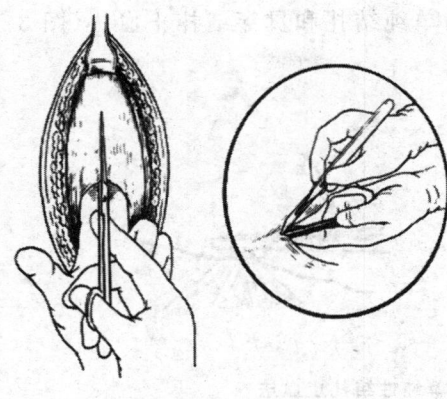

图 3-29　腹膜切开法

（2）蹄和角质分离　可用蹄刀、蹄刮挖除；截断牛羊的角时可用骨锯或断角器。

（二）止　血

手术过程中的止血方法很多，常用以下几种。

1. 压迫止血　是用纱布或泡沫塑料压迫出血部位，以清除术部血液，辨清出血点，以便进行止血。在毛细血管渗血和小血管出

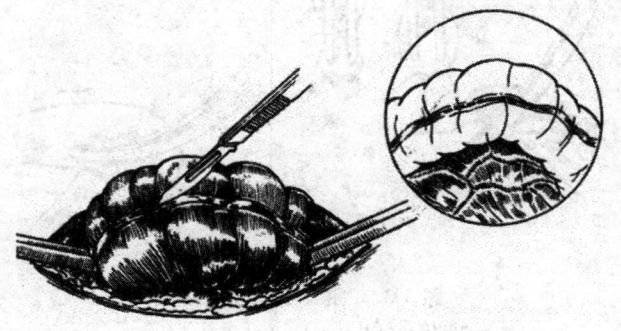

图 3-30　肠管侧壁切开

血时，经压迫片刻，出血即可停止。在压迫止血时，必须是按压，不可用擦拭，以免损伤组织或使血栓脱落。

2. 钳夹止血　用止血钳夹住血管的断端，钳夹的方向应与血管垂直。夹的组织要少，切不可做大面积钳夹。

3. 钳夹捻转止血　用止血钳夹住血管断端，扭转止血钳1～2周，松开止血钳，则断端血管闭合止血。

4. 钳夹结扎止血　分为单纯结扎和贯穿结扎止血法（图 3-31，图 3-32）

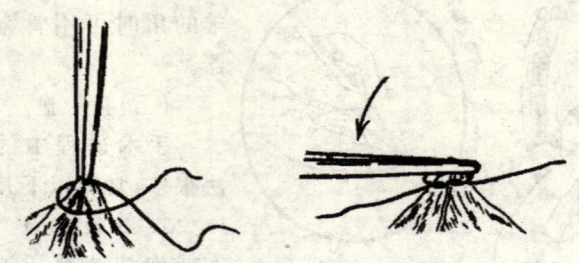

图 3-31　单纯性结扎止血法

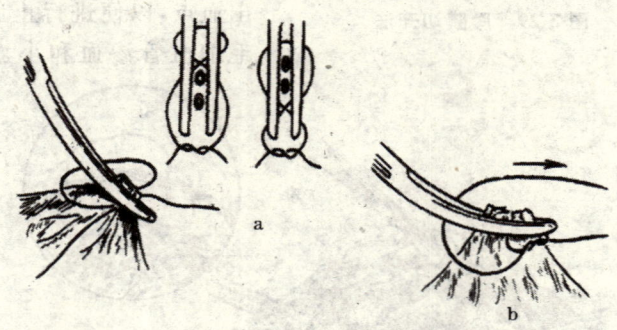

图 3-32　贯穿结扎止血法
a."8"字形结扎法　b. 单纯贯穿结扎法

5. 创内留钳止血　用止血钳夹住创伤深部血管断端，并将止血钳留在创内一段时间，从几个小时至几十个小时。

6. 填塞止血　本法适用于深部大血管出血，一时找不到血管断端，钳夹或结扎止血困难时，用灭菌纱布紧塞于出血的手术创腔内，压迫出血部以达止血目的。

（三）缝　合

缝合是将已切开、切断或因外伤而分离的组织、器官进行对合

第三章 奶牛场兽医师治疗技术

或重建其通道,保证良好愈合的基本操作技术。愈合是否良好与缝合的方法及操作技术关系密切。缝合时应掌握下列原则:①应严格遵守无菌操作;②缝合前必须彻底止血,清除凝血块、异物及无生机的组织;③缝合针刺入与穿出应彼此相对,针距相等;④无菌手术创应密闭缝合,化脓创不可缝合;⑤打结时要适当收紧,创缘、创壁应互相对合,皮肤创缘不得内翻,经缝合后的创内不得留有死腔。缝合后的创口若出现感染化脓应及时拆除部分缝线,以便排出创液。

1. 打结 是外科手术基本操作之一,应熟练掌握。

(1)结的种类 常用的有方结、三叠结和外科结(图3-33)

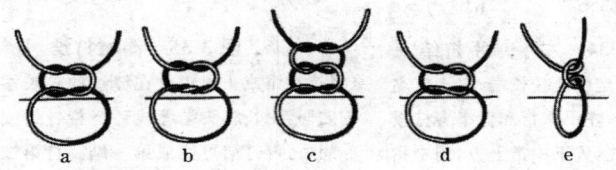

图3-33 各种线结
a. 方结 b. 外科结 c. 三叠结 d. 假结(斜结) e. 滑结

(2)打结方法 左手单手打结和器械打结(图3-34,图3-35)。

2. 缝合种类与方法

(1)单纯间断缝合或结节缝合(图3-36) 每缝合一针,打一个结,缝合要求创缘要密切对合。常用于皮肤及张力较大的肌肉或腱膜的缝合。

(2)单纯连续缝合 是用一条长的缝线自始至终连续地缝合1个切口,最后打结(图3-37),常用于空腔脏器、腹膜及肌肉等缝合。

(3)内翻缝合 用于胃肠、子宫、膀胱等空腔器官的缝合。

①伦勃特氏缝合。是胃肠手术缝合的常用方法,分为间断和连续两种,常用间断伦勃特缝合。间断伦勃特缝合,是缝线分别穿

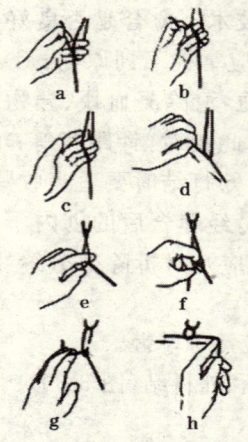

图 3-34 左手单手打结

(右手固定缝线较长端,置于无名指下方。左手拇指和食指夹持较短端缝线,置于中指上方,用中指勾取较短端缝线,拉紧,完成第一结;再用食指勾取较短线端,推紧即成为方结)

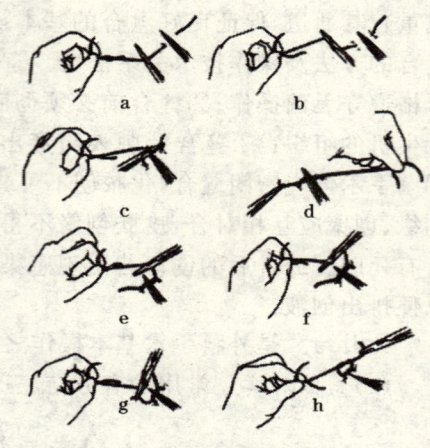

图 3-35 器械打结

(将持针钳或止血钳放在缝线的较长端与结扎物之间,用长线头端缝线环绕持针钳或止血钳一圈后,再打结可完成第一结。打第二结时用相反方向环绕持针钳或止血钳一圈后,拉紧即为方结)

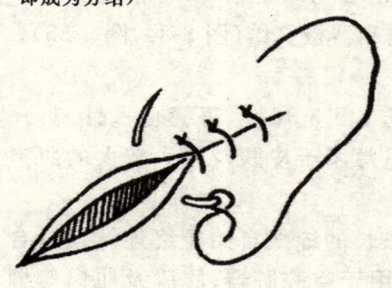

图 3-36 结节缝合

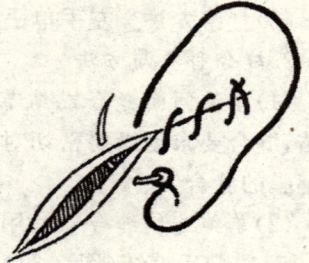

图 3-37 螺旋形连续缝合

过切口两侧浆膜及肌层即行打结,使部分浆膜内翻对合,用于胃肠道外层缝合(图 3-38)。连续伦勃特缝合,于切口的一端开始,先作一浆膜肌层间断内翻缝合,再用同一缝线作浆膜肌层连续缝合至切口另一端(图 3-39)。适用于胃、子宫浆膜肌层缝合。

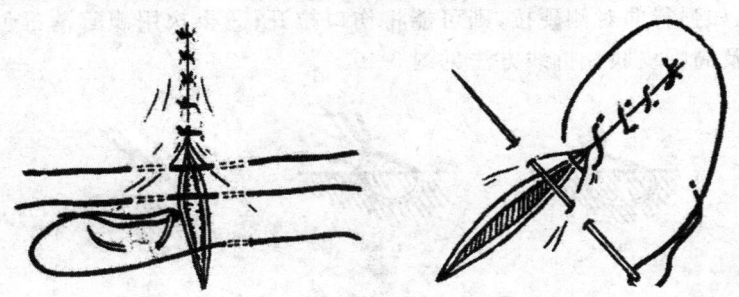

图 3-38　伦勃特氏间断缝合　　图 3-39　伦勃特氏连续缝合

②康乃尔氏缝合:又称为全层连续内翻水平(或垂直)褥式内翻缝合,针要穿透全层组织,当将缝线拉紧时,则被缝合的组织切面翻向腔内,多用于胃、肠、子宫壁的缝合。

(4)荷包缝合　即作环状的浆膜肌层连续缝合,用于胃、肠壁小范围内翻缝合,还用于胃、肠、膀胱、胆囊造瘘插管的引流固定缝合。

(5)水平钮扣缝合　常用于腹壁疝疝轮的缝合、针从创口一侧进针,创口另一侧出针,在出针旁 0.5～1.0cm 处进针,返回到原进针侧创口外出针,拉紧打结后暴露于创外两边的缝线呈平行状态,创缘对合良好。

四、拆　线

拆线是指拆除皮肤缝线。缝线拆除的时间,一般是在手术后 7～8 天进行。凡营养不良、贫血、老龄奶牛、缝合部位活动性较大、创缘呈紧张状态等,应适当延长拆线时间;但创伤已化脓或创缘已被缝线撕断不起缝合作用时,可根据创伤治疗需要随时拆除全部或部分缝线。拆线方法如下:①用碘酊消毒创口、缝线及创口周围皮肤后,用手术镊将线结轻轻提起,剪线剪插入线结下,紧贴针眼将线剪断;②拉出缝线,拉线方向应向拆线的一侧,动作要轻巧,如强行向对侧硬拉,则可能将伤口拉开;③再次用碘酊消毒创口及周围皮肤。拆线方法见图3-40。

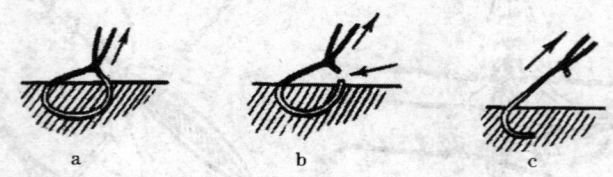

图 3-40 正确的拆线方法
a. 消毒创口　b. 剪断缝线　c. 拉出缝线

第十节 常用外科手术

一、角截断术与犊牛去角术

奶牛的角由额骨的角突和角鞘构成。角突外面由紧贴的骨膜和角基膜(角真皮)所覆盖,最外层为角鞘(又称角壳)。角鞘外面有环形线状隆起——角轮。角突腔与额窦相通,腔移向角尖则逐渐变小。角突(骨质部分)裂开或尖部断裂后,能按骨折的愈合过程重新闭合,但如在角基部折断,则由于角突腔很大,就难自行闭合。

(一)角截断术

1. 适应症　犊牛、成年牛角不正常弯曲并有损害眼球及附近软组织危险的,角的复杂性骨折及角突因损伤而须全截除者,防止抵伤。凡上颈夹采食的牛均应进行角截断术。

2. 保定　柱栏内站立保定,并将头部固定于一侧的立柱上,使欲截断的角根保持向上方倾斜的姿势。对于凶猛的牛采取侧卧保定。

3. 麻醉　应用角神经传导麻醉,其部位在额骨外缘稍下方,眶上突的基部与角根之间为注射点。先将针头刺入 1cm 深,注入 3%～4%盐酸普鲁卡因注射液 10～15ml。5～8min 后开始麻醉,可用针头靠角根皮肤处检验效果。有时尽管角神经进行了麻醉,仍有疼痛,建议使用乙酰丙嗪或静松灵,可使疼痛减轻。

4. 手术部位

(1)高位断角　角截断的位置在上角轮和角尖之间,即使截断后暴露少部分角突腔,术中有出血,术后角突腔也易自然闭合。

(2)低位断角　断角的位置靠近角根部,术后角突腔暴露甚大,不能自行闭合,一旦局部感染就有继发额窦炎的危险。因此,此处断角仅在角折后不得已而采用之。

5. 手术方法　手术可分为有血断角术和无血断角术,前者在有生命的组织范围内施行手术。麻醉后局部涂碘酊,用断角器或锯迅速截断角的全部组织,为了避免血液流入额窦内,可用灭菌纱布压迫角根断端或用手指压迫角基动脉进行止血。骨蜡涂抹对断角有良好止血作用。另外,可用磺胺粉或碘硼合剂撒布在灭菌纱布上,再覆盖在角的断面。装着"8"字形角绷带,能起止血和保护的双重作用。角绷带外涂抹松馏油,以防雨水浸湿。无血断角因没有破坏角突,不用止血和装绷带。

6. 术后护理　要防止角绷带松脱,1～2月后断端角突腔被新生角质填充。术后 6～8 天若绷带为脓液浸透,可能是角突腔断端感染化脓,易继发化脓性额窦炎,应及时治疗,并预防破伤风的发生。

(二)犊牛去角术

就是应用化学或物理方法杀死角的生长点细胞,让角失去生长基础,而达到去角目的。

1. 化学方法　用苛性钾(KOH)或苛性钠(NaOH)等强腐蚀剂破坏角的生长点细胞。此法适用于 1～3 周龄犊牛,方法简单易行。把棒状苛性钾（或钠）用纸包裹其大部，仅露出一端或将其固定在竹管内，先在角基部周围皮肤涂抹凡士林，中央部留一直径2～3cm 的角胚，角胚部用水湿润后，再用苛性钾（或苛性钠）棒摩擦，直到皮肤发滑及有微量血丝渗出为止。处理后2h 犊牛表现不安，经6～8 天局部形成干痂，2～3 周后脱痂。有人推荐对7～8日龄的犊牛，向角突部注入8～10ml 盐酸普鲁卡因酒精液（盐酸普鲁卡因 2.0g，酒精 80.0ml，蒸馏水 20.0ml）即可达到去角之目的。用化学法去角，个别犊牛在角突部可发生溃疡，这是由于饲料中缺少某些矿物质所致，必须给予补充。

2. 烧烙法　是用干热破坏角胚的一种方法，本法适用于1～3周龄的犊牛。把烙铁烧成黄白色，在角突部对其组织充分按压和旋转1秒钟。烧烙部位很快变成光亮深褐色陷凹，局部有组织液渗出。随后烙铁已变成黑暗红色，在角突部用力按压和旋转约2秒钟。术后形成干痂，2～3 周后自然脱落。

二、牛脑多头蚴摘除术

（一）孢囊寄生部位与临床特征

多头蚴孢囊大多数寄生在大脑皮层的浅层，据调查统计，2/3以上在大脑右半球。少数病例也可占据侧脑室上方的白质中，病初症状不明显，在寄生1～2 个月后，当压迫脑部组织局部萎缩形成囊腔，颅内压增高，便出现一系列神经症状。

主要临床症状是向寄生侧脑半球作转圈运动。随着虫体增大，病程延长，则转圈运动持续时间也延长，转圈的直径也越小。同时，对侧眼视力减退，甚至失明，病的后期双眼失明。用检眼镜作眼底检查，眼底中央血管怒张淤血，视神经乳头水肿。寄生侧脑半球的对侧肢的蹄冠反射迟钝或消失。X 线检查时有一个月牙形或三角形的透亮区位于颅骨下方。超声波探查时有液平段和孢囊壁的进出波。

第三章 奶牛场兽医师治疗技术

由于虫体寄生部位的不同,其临床症状也不一致。

1. 多头蚴寄生在大脑额叶　病牛盲目前行,遇到障碍物不避让,将头抵在上面呆立不动。

2. 虫体寄生在顶颞叶(此部位发病最多)　初期向寄生侧作较大的转圈运动,随虫体增大,转圈直径逐渐变小,后期往往从患侧肢为支点作转圈运动。对侧视力障碍,蹄冠反射消失。

3. 虫体寄生在枕叶　运动时头高举后仰,身体倾斜,摇摇欲倒,跌倒时向后仰,颈部肌肉强直性痉挛。

4. 寄生在小脑　运动失调,不能保持平衡,卧地后不起或角弓反张。

(二)术前准备

禁食 12~24h,为防止瘤胃膨气,还可给予止酵剂。为增强血液凝固性,静脉注射 10%氯化钙 100~150ml。

除常用外科器械外,应准备圆锯、颅骨环钻、咬骨钳、骨膜剥离器、眼科剪、腰椎穿刺针及玻璃注射器。

(三)保定与麻醉

牛侧卧保定或六柱栏内保定,局部浸润麻醉,为减少出血,可在盐酸普鲁卡因注射液中加入 0.1%肾上腺素注射液 1~3ml。对于兴奋不安的牛,给予镇静安定剂。

(四)手术切口

皮肤作"匚"形开切口,后界在两角根连线,前界为两眼眶突连线,前后界切开线延至头部正中线的交叉点为近中侧切开线。这种"匚"形皮肤切口的优点是暴露额骨充分。可较主动选择对额叶、颞顶叶及枕叶多头蚴孢囊寄生部位探查时所需的圆锯定位点。增加手术操作的主动性与灵活性。

(五)手术方法

1. 软组织分离　作"匚"形皮肤切口,要求一刀切透皮肤、筋膜与骨膜。充分止血后,用骨膜剥离器将骨膜完整剥离。然后将切口内皮肤、筋膜及骨膜一起向外翻转,并用生理盐水纱布覆盖固定,以显露额骨外骨板。如果虫体在年轻病牛的脑皮质浅在部位,则发现额骨外骨板呈现暗蓝紫色阴影,甚至骨板变软。

2. 额骨作圆锯孔暴露颅腔　通常在暴露骨板的中央部位作圆锯孔,以显露额窦腔。2～5岁的病牛,额窦尚未发育完全,将此层骨板打开,脑硬膜膨出。膨出的脑硬膜是内压甚高所致,这是硬膜下脑皮层内有虫体的明显标志。如发现脑硬膜下内压不明显,硬膜不膨出,往往部位判断错误。病牛年龄较大,额窦发育完全,在打开外骨板后,显露有大量板障的窦腔,用咬骨钳将外骨板圆锯孔扩大为 4cm×6cm,随后用咬骨钳将窦腔内骨板障除去,再用颅骨钻的穿孔钻头,在内骨板上钻出孔坑,更换球头钻头,直至钻通内骨板。用生理盐水冲掉骨屑,以小纱布块压迫止血。

3. 孢囊部位的确定　圆锯孔内脑硬膜膨出时,内压甚高,呈紧张性波动,这是脑硬膜下有孢囊的迹象。用有芯腰椎穿刺针(或16～18号针头)在脑硬膜与脑皮质选一无血管区,向孢囊部位由浅入深徐徐进针。针头刺入孢囊后拔出针芯,由针孔内呈喷射状涌出无色透明液体,以后流速变慢,呈点滴状流出。一般常用玻璃注射器抽出囊液,抽出量为 50～100ml。经穿刺放液后的颅内压明显下降,脑硬膜膨出情况减退。

若一次穿刺未见囊液,可改变刺针方向与深度,直至出现囊液为止。

4. 取出孢囊　若虫体位于脑硬膜下大脑皮质浅层,由于脑内压力向圆锯孔处集中,有时孢囊自行涌出。虫体位于皮质深部不能自行排出,可用下述方法取出。

(1) 止血钳夹取法　在穿刺抽液后内压降低的情况下,将脑硬膜作一横向或"十"字形切口,以穿刺针放液时所测的位置距离为依据,用蚊式止血钳,沿皮层穿刺孔,缓慢而慎重地将钳推进到孢囊所在的位置夹取。一旦夹住孢囊,应捻转钳身,随缓缓后退,使孢囊形成索状膜带,由狭窄的脑皮层创口中引出。夹取孢囊尽量不要使之破碎,以防多头蚴孢囊内的大量头节散播在脑腔内造成污染,甚至发生过敏性休克。

(2)吸出法 当穿刺排液后,在穿刺针拔出时,更换鼻窦洗涤针,也可用细塑料管按原穿刺方向缓缓插入,接上100ml玻璃注射器,回抽活塞,使孢囊膜吸附在插入针头或塑料管上。此时用力回抽并固定活塞,轻轻拔出带有孢囊膜的针头,立即用止血钳夹住孢囊,一边捻转,一边轻轻向外拉,直至孢囊全部取出。

(3)深部孢囊取出法 若虫体位于脑深部,经上述方法无效时,还可用止血钳或手术镊沿穿刺标记的方向和深度探查,助手将两侧鼻孔暂时性堵塞,此时颅内压升高,孢囊可自创道内自动涌出。

(4)孢囊内药物注射法 孢囊寄生部位较深不易手术摘除时,在穿刺抽出部分流体后,向囊内注射1%碘化钾注射液10ml,即可将虫体杀死,虫体无须取出。

(5)多个孢囊寄生 当第一个孢囊摘除后脑内压仍无明显降低,必要时再作孢囊穿刺,力求彻底摘除虫体。

5.创口处理 孢囊取出后,用玻璃注射器吸取生理盐水青霉素,向脑皮质内缓慢冲洗,并将冲洗液彻底排出,用细丝线缝合脑硬膜。筋膜与骨膜经冲洗后,将其覆盖在额骨上,窦内注入油剂青霉素。皮肤、筋膜及骨膜作一次间断缝合,外用圆垫结系绷带固定。圆锯孔不作任何填充。

(六)术后护理

病牛颅脑内压骤降,病牛术前出现的转圈运动反而加剧,日夜不停转圈,个别病牛狂暴不安。转圈运动在术后2~4天内逐渐消失,反刍与视力逐渐恢复。所以术后护理是手术成败的重要因素,对转圈运动加剧的病牛,一定要把缰绳作一活固定结,拴系在木桩上,使其任意转动。

三、牙齿修整术

齿是牛体内最坚硬的器官,嵌于颌前骨和上、下颌骨的齿槽内。上、下齿均排列成弓状,称为齿弓。齿按形态、位置和功能可分为切齿、犬齿和臼齿 3 种。牛无上切齿,下切齿有 4 对,由内向外依次是门齿、内中间齿、外中间齿和隅齿。牛亦无上下犬齿。齿通常分为 3 部分,即埋于齿槽内的齿根,露于齿龈外的齿冠以及两者之间并被齿龈所覆盖的齿颈。齿由齿质、釉质和齿骨质构成,其中齿质是构成齿的主体,在齿冠部包以釉质,呈乳白色,在齿根部包以齿骨质。

(一)锉牙术

1. 适应症　臼齿异常磨灭时,其锐缘损伤齿龈、颊黏膜和舌,或使咀嚼功能受到妨碍,应施锉牙术。

2. 保定与麻醉　柱栏内站立保定,高吊牛头并用绳固定,通常不需麻醉,但体型较大的烈性牛或性情狂躁的牛需全身浅麻醉或镇静。

3. 器械　大家畜开口器、齿锉、电动齿锉、洗涤用具等。

4. 手术方法　先装好开口器,助手将舌拉至预修整齿的对侧,并加以固定,术者仔细检查口腔和异常齿。先用粗面齿锉对准异常齿的侧缘,作前后锉动,再用细面齿锉补充锉平,一般上臼齿锉外缘,下臼齿锉内缘,不得过多地锉臼齿的咀嚼面。锉完之后用 1∶3 000 高锰酸钾溶液冲洗,黏膜若有损伤,涂以碘甘油。

5. 注意事项

第一,事先做好临床检查,对有骨质疏松症者,尤其要妥善保定,不要由于安装开口器造成颌骨骨折。

第二,锉动时不得损伤臼齿咀嚼面的釉质,否则造成其他齿病。

第三,手术操作要仔细,动作先慢后快,快速的动作能使牛保持安静。

第四，上臼齿操作比下臼齿困难，习惯上先难后易，即先锉上臼齿再锉下臼齿。

第五，洗涤口腔时放低牛头，防止误咽。

第六，波状齿、阶状齿不适用于本手术。

(二)牙截断术

1. 适应症　过长齿或斜齿影响齿的咬合或引起口腔黏膜损伤时，可进行牙截断术。

2. 器械　齿剪、齿凿、齿刨和锉牙器械等。

3. 手术方法　安装开口器，将舌拉至拟手术齿的对侧，用半开齿剪，在邻齿的咀嚼面上夹住突出于齿冠的部分，但不要夹住整个齿冠，以1/3为限，有步骤的分次将牙剪断，然后放低头部，使剪掉的断齿碎片从口腔脱出，再用齿锉锉平残留的锐缘，对较小较细的齿尖，可用齿凿击断。

手术前要洗涤口腔，以利于检查和操作。剪齿时一定要把舌固定好，以免吞咽齿碎片。若没有齿剪可用齿凿分区将异常部分凿掉。最后臼齿的剪断要用人工光源，如用手电筒或术者头戴额镜，使视野明亮，便于操作。

四、眼睑腺增生物切除术

(一)眼睑肿瘤切除术

牛眼睑所发生的肿瘤80%属于恶性的，一部分病例是由良性病变(如皮样瘤、乳头状瘤)恶变而来。皮肤恶性肿瘤属鳞状细胞癌，或称鳞状上皮癌，发生于眼的下睑或上睑，常见于第三眼睑(瞬膜)。

1. 保定与麻醉　病牛横卧保定，结膜及角膜表面麻醉。可用5%盐酸普鲁卡因溶液或2%可卡因溶液滴入结膜囊内，每2min 1次，每次1~2滴，连滴3次。上、下眼睑的麻醉，在眼外角和眼内角外侧1cm处进针，皮下注射2%盐酸普鲁卡因注射液1ml，然后针头沿上睑和下睑皮下推进针头,随推随注射 5~10ml。第三眼睑的麻醉方法是用镊子或止血钳夹持固定第三眼睑,针头在其外侧面的基部进针 1cm,注射 2%盐酸普鲁卡因注射液 2~3ml。必要时全身麻醉。

2. **手术方法** 用 2 把止血钳或巾钳分别夹持上、下眼睑,或用眼睑开张器张开睑裂,用组织钳夹持第三眼睑的游离端,并向外牵引,充分显露第三眼睑。用手术剪分别剪开第三眼睑的基部上、下缘,再沿第三眼睑基部作半圆形切口,分离周围的疏松结缔组织及脂肪,显露第三眼睑,然后将其与软骨周围和基部的淋巴结及第三眼睑腺全部切除。切除范围要相应扩大,才能把癌组织切除干净,但要注意经切除后所剩余眼睑能充分闭合,在剥离摘除第三眼睑时,勿伤及眼球内直肌及眼球下斜肌。

(二)翼状胬肉切除术

翼状胬肉是牛常见眼病,多是一侧发病,也有双眼患病者,以夏季或初秋多发。初期结膜充血潮红,羞明流泪,有大量黄色黏性分泌物,病变发展较快,多在睑裂内角发炎充血,肥厚并形成胬肉,呈三角形,逐渐向角膜方向生长,伸展如翼,故名翼状胬肉。

可在进行性发展阶段施行手术切除,用 1%~2%盐酸普鲁卡因注射液表面麻醉,开睑器扩大眼睑,在胬肉体部注射少量麻醉药,用有齿镊提起胬肉体部,如果其深层与巩膜黏连或其浅层与结膜黏连,应仔细分离。用尖刃刀从颈部的一侧边缘刺入至对侧穿出后,改用斜钩套入,刀尖背向内,刃向外,沿体部把胬肉剖切下来,注意勿损伤巩膜、角膜、直肌或结膜,胬肉切除应彻底干净勿留残迹。术后结膜下注射可的松,涂抗生素眼膏,眼罩包扎。

五、气管切开术

(一)适应症

当上部呼吸道急性炎性水肿、鼻骨骨折,鼻腔肿瘤和异物、双

第三章 奶牛场兽医师治疗技术

侧返神经麻痹,或由于某些原因引起气管狭窄等,使奶牛产生完全或不完全呼吸道闭塞且窒息而有生命危险时,切开气管常为紧急救治手术。

(二)保定与麻醉

柱栏内站立保定,吊高牛头部,使头颈高抬,颈部腹侧充分显露,如病牛已昏迷,应按其原有位置立即进行紧急快速切开。预防性气管切开术多用局部浸润麻醉,而紧急手术,而往往省略剪毛、剃毛、消毒和局部麻醉等环节,在 0.5~1min 内切开气管,使之通气。

(三)切口定位

1. 气管上切口(高位气管切开) 多用于呼吸道阻塞。在颈腹侧上 1/3 与中 1/3 交界的正中线上,或该部位皮肤皱襞的一侧作切口,但其位置仍应沿颈正中线上进行。

2. 气管下切口(低位气管切开) 对于下呼吸道分泌物严重阻塞和已发生异物性肺炎的病牛,可作此切口。在颈腹侧中 1/3 与下 1/3 交界处的正中线上,此切口内的气管位置较深。

(四)预防性气管切开术

1. 切口 术者站立于病牛的左肩前方,以拇指和中指固定于颈腹侧中线第 3~5 气管环皮肤,在该处作 6~8cm 的切口,切开皮肤、皮下组织和颈皮肌。

2. 分离颈腹侧组织 分离浅筋膜、颈皮肌及胸骨甲状舌骨肌,显露气管。用创钩将两侧创缘用均等力量牵开,保持气管位于切口正中,充分止血。

3. 切开气管 方法很多,归纳起来有 3 种,切口定位是关键环节。

第一,在邻近两个气管环上各作一半圆形切口(宽度不超过气管环宽度的 1/2),合成 1 个近圆形的孔。切软骨时要用镊子牢固夹住,避免软骨片落入气管中。

第二,在气管环中央纵向切开 2～3 个气管环,在同一环的切口两侧各缝一线圈,把线圈挂在预制好的横木两端,使气管保持开放。其缺点是软骨环边缘易向气管内凹陷,造成气管狭窄。

第三,切除 1～2 个软骨环的一部分,造成方形"天窗",间断缝合黏膜与皮肤,形成永久性的气管瘘,是一种永久性气管切开。

4. 安放气管导管　气管切开后,用特制的金属气管导管慢慢插入气管内。具体步骤是将气管导管外管向气管腔上方插入,将内管向下方插入,扣上锁扣,检查气流畅通情况。套管两侧用绷带缚于颈部固定。如皮肤切口较长,在上、下方创角作几针缝合。如无金属导管,也可用一条 10～15cm 长的胶管或塑料管插入气管腔的下方。露出端要牢固而慎重地作数个钮孔缝合,固定在皮肤上。

(五)紧急快速气管切开术

此种手术对上呼吸道严重的阻塞性呼吸困难,能起挽救病牛生命的作用,应当机立断,争分夺秒,立即进行。

根据病牛原有的卧倒姿势,将头部后仰并牢固保定。局部涂碘酊,于颈腹侧中线上 1/3 与中 1/3 交界处,确定第 3～5 软骨环部,一次急速切开皮肤、皮下筋膜与两侧胸骨甲状舌骨肌的连线中部,并显露气管环。第 2 刀横向切开第 4～5 软骨环的环间韧带,随即旋转刀刃 90°,横断其上、下方的软骨环,并用刀向一侧撑开软骨环,使空气迅速进入气管内。当气流出进气管创口的频率与强度基本缓和后,以止血钳夹持软骨环断缘,用手术刀在相邻的两个软骨环作椭圆形切口,待将气管创口修整止血后,即可插入气管导管。

(六)术后护理

第一,术后气管内分泌物多而黏稠,或干燥结痂不易咳出时,可给予熏气吸入,定时滴入 1% 碘化钾溶液,可防止管内干燥结痂并有助于稀释分泌物。

第二,随时调节套管系带的松紧。

第三,密切观察呼吸状况,使气流畅通。

第四,术后每隔12~24h将气管导管内管取出清洗。

(七)注意事项

第一,切开气管时要一次切透软骨环,勿使黏膜剥离防止带来并发症影响气管软骨再生。

第二,气管的切口应与气管导管的大小一致,过紧会压迫组织,过松容易脱落。

第三,气管导管的位置必须装置正确,否则不利于空气流通。

第四,在切开气管的瞬间,病牛可发生咳嗽和短时呼吸困难,为一时性现象,不必惊慌。

第五,在紧急情况下为挽救病牛生命,可以不经剪毛消毒。

六、食管切开术

(一)适应症

食管梗塞、食管憩室及食管创伤等均需施食管切开术。

奶牛的食管梗塞多见于吞食块根饲料,发生部位多在颈上1/3与中1/3交界处,食管异物刺伤多发生于此处。

食管梗塞时,梗塞部前方食管腔内积存大量唾液,手术可增加创口污染机会。因此,术前应注射硫酸阿托品以抑制唾液分泌,并用胃管吸出积存的唾液。牛发生食管梗塞时,还由于瘤胃嗳气排出受阻,而造成持续性严重瘤胃臌气。因此,瘤胃放气是术前必不可少的预防措施。

(二)保定与麻醉

多采用右侧卧保定或站立保定,确实固定头部,充分伸张颈部。用速眠新全身麻醉,术部用盐酸普鲁卡因局部浸润麻醉。

(三)颈部食管手术方法

1. 切口定位　确定颈部食管梗塞位置后,用手指压迫颈静脉,沿静脉作上切口通路或下切口通路。

(1)上切口通路　在梗阻部距颈静脉上缘 2cm 处,于臂头肌下缘之间作 15～20cm 与颈静脉平行的切口。

(2)下切口通路　在梗阻部距颈静脉下缘 2～3cm 处与胸头肌上缘之间作 15～20cm 与颈静脉平行的切口。此切口用于食管壁梗阻物严重压迫而有坏死趋势的病例。术后一旦切口感染或形成食管穿孔,可防止颈静脉感染。

2. **术部分离与显露**　在上述切口通路上,皱襞切开皮肤和含有皮肌的两层筋膜,以钝性方法分离颈静脉和肌肉(臂头肌或胸头肌)之间的筋膜,以不破坏颈静脉周围的结缔组织腱鞘的前提下,用剪刀剪开纤维性腱膜,在颈下 1/3 处剪开肩胛舌骨肌筋膜及脏筋膜,而在上 1/3 与中 1/3 交界处必须钝性分离肩胛舌骨肌后再剪开深筋膜,根据解剖位置寻找食管。有梗塞的食管呈淡红色易辨认。

除用上述方法外,还有人提出在胸头肌和气管之间作为手术通路,沿胸头肌下缘作切口,切开皮肤和浅筋膜之后,用创钩将胸头肌向上拉,再切开深筋膜,用止血钳向食管方向分离气管和肌膜间的结缔组织,再用剪刀剪开脏筋膜,即发现食管,此手术通路更有利于创液排出。

3. **食管切开与缝合**　食管暴露后,小心将食管拉出,注意不得破坏周围结缔组织,并用灭菌纱布使食管与其他部分隔离,切开食管全层,擦去唾液,谨慎地取除异物。取出异物后用 0.1% 新洁尔灭溶液浸湿的灭菌纱布轻拭术部。用细丝线连续缝合食管黏膜层,再将食管肌层与外膜作间断或连续内翻缝合。食管缝合必须在确认局部无严重血液循环障碍的情况下方可进行。异物在食管内保留 48h 以上,管壁有坏死的倾向时,食管切口不需缝合,保持开放,皮肤可部分缝合,用浸有消毒液的棉纱填塞。

4. **皮肤切口缝合**　皮肤切口的处理,取决于食管的状态。如管壁有坏死趋势,食管壁周围呈化脓性浸润,则将皮肤切口开放,按二期愈合伤处理。

(四)颈部食管憩室切除

颈部食管憩室是食管腔内压力将黏膜自管壁的薄弱点向外高度扩张而形成。憩室壁主要是由食管黏膜和黏膜下层结缔组织所构成。直径可达15～20cm,能压迫食管,淤积饲料,甚至发生炎症、溃疡及穿孔。

1. **切口部位** 通常在左侧颈静脉沟的稍上方憩室部作切口,切口长度必须超过憩室纵径的1/3。

2. **切除憩室** 用前述方法切开皮肤,并分离食管与周围组织,直到憩室的颈基部,尽量使憩室壁全部暴露。膨出过大的憩室可用肠钳将憩室基部稍上方夹住,在肠钳外侧方切开憩室黏膜,边切边用缝线作一层连续缝合,直至全部憩室被切除,再作第二层间断内翻缝合。切除时注意不宜过度用力牵引肠钳,以免切除过多憩室黏膜,造成术后食管狭窄。

(五)术后护理

术后第1～2天不给饮水和食物,以减少对食管创的刺激,以后给柔软饲料和流体食物。可静脉注射葡萄糖和生理盐水,也可实行营养灌肠。术后十几天内不得使用胃导管探诊,食管创口一般10～12天愈合,于10～14天拆线。

如发现手术切口感染,应拆除少量缝线,行开放疗法。若创内发现黏液或饲料,表明食管创口有形成食管瘘的可能。为此,应立即停止一切饲喂,使食管部创伤安静,食管创口尚可第二期愈合。

七、奶牛腹壁切开术

牛的腹壁肌层较薄,在作腹壁切开时,要善于区别腹膜与瘤胃壁,以免过早切开瘤胃壁,造成术部污染。在右肷部切开分离时,要注意腹膜和大网膜浅层的鉴别,以免误伤网膜。

(一) 皮肤切开

站立六柱栏保定。左手在切口预定部位固定皮肤,右手持刀,使刀刃与皮肤垂直,一次切开皮肤及皮下组织,结扎出血点。切口两侧创缘用两块消毒巾覆盖,并用巾钳或缝线将其固定于切口边缘以隔离切口。

(二) 分离腹外斜肌

锐性横断或按肌纤维方向钝性分离腹外斜肌。前者切断腹外斜肌,手术通路宽广;而后者按肌纤维方向分离,切口通常窄小,肠管不易涌出。

(三) 钝性分离腹内斜肌

用刀柄沿腹内斜肌方向钝性分离肌层。如果肷部中切口定位过高,并以锐性分离此层肌肉时,往往切断旋髂深动脉,造成深部出血。腹内斜肌的肌层越向上,其肌层越厚。因此切口过高的另一缺点是切口创腔过深,给结扎和止血及腹膜缝合带来困难。

(四) 分离腹横肌

沿腹横肌的肌纤维方向,由上向下用刀柄分离肌纤维,分离时注意腹横肌与其筋膜上的髂下腹神经与髂腹股沟神经。对营养较差的牛要注意区别此肌层与腹膜的不同。

(五) 剪除腹膜外脂肪

在营养良好的动物,腹横肌切开后,用手术弯剪剪除腹膜外脂肪。以显露足够的腹膜面积,彻底止血。同时,将切口内止血钳、止血纱布等全部清理无遗。

(六) 切开腹膜

腹膜显露之后,术者左手持有齿镊夹住腹膜,助手用弯止血钳距其旁 2 cm 处,同样夹住腹膜。切开腹膜前,术者必须确定钳、镊未夹住腹膜下的肠管。然后用手术刀在钳、镊之间切一小口。向腹腔内插入 2 个手指或有沟探针,稍抬腹膜,以手术剪扩大腹膜切口。

(七)腹壁各层缝合

①腹壁缝合前,检查腹腔内确无积血、无线头、无纱布、无其他手术器械及敷料等。②按与腹壁切开相反的方向由内向外依次缝合。首先连续缝合腹膜与腹横肌。缝合腹膜时,可用压肠板或手指将腹膜垫起,以隔离保护腹腔内器官,避免误缝内脏,腹内压较大的情况下尤其需要这样做。缝合最后1针时,向腹腔内注入0.5%普鲁卡因青霉素溶液。③用10号丝线间断或连续缝合腹内斜肌。④皮肤和腹外斜肌分别间断缝合。⑤装置结系绷带。

八、腹腔探查术

牛腹腔探查分为右侧腹腔探查和左侧腹腔探查,前者多用于以肠管手术为目的进行的探查,后者用于瘤胃手术为主的探查(图3-41,图3-42)。

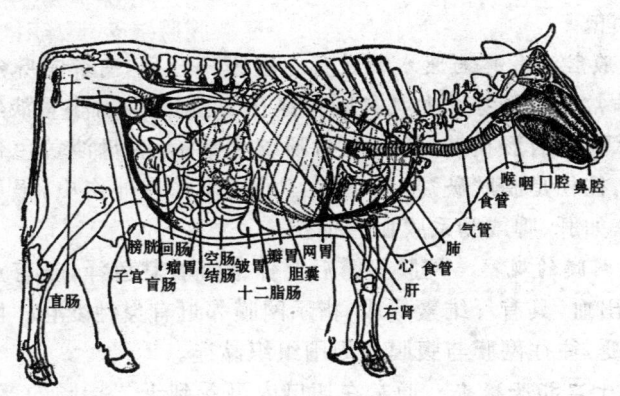

图 3-41 牛的内脏位置 (右侧)

(一)右侧腹腔探查术

该探查术临床上使用较多,对肠道、网胃、瓣胃、皱胃及肝脏的病变均可通过右侧探查进行诊断和治疗。对膀胱、卵巢的病变也有辅助诊断价值。

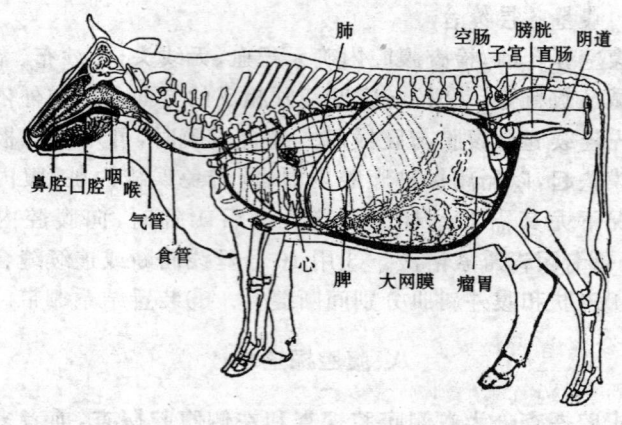

图 3-42　牛的内脏位置　（左侧）

站立或侧卧保定，进行腹腔切开，然后分别探查和观察不同的组织器官。

1. **腹腔内气体与腹水的观察**　腹膜切开后，有粪臭味气体向外喷出，常为胃肠穿孔尤其是网胃穿孔的指征；若有多量淡红色腹水，表示可能有肠扭转、肠套叠与肠绞窄等；有多量淡黄色带尿味的液体，往往是膀胱破裂；如有鲜红色液体并有外伤史，很可能内脏出血，如肝、脾或肠系膜血管损伤。

2. **网膜的观察**　网膜显露后要仔细查看其色泽，若有点状或斑块状出血，具有纤维素形成，指示网膜邻近有炎性变化。陈旧性炎性病变，往往网膜与腹膜或周围组织黏连。

3. **十二指肠探查**　通常在切口内可看到十二指肠的髂弯曲，如果该段肠管臌胀积液，表明十二指肠第三段或空肠袢梗阻。术者左手自臌胀的髂弯曲向后转入网膜上隐窝间口上部，再向前即为十二指肠第三段；若十二指肠髂弯曲空虚而乙状弯曲臌胀积液，则可能是乙状弯曲梗阻。手沿着十二指肠髂弯曲向前下方，在肝右叶胆囊下面可检查乙状弯曲，沿乙状弯曲继续检查，在右侧第

第三章 奶牛场兽医师治疗技术

12肋骨末端下腹壁处,可以摸到皱胃幽门部及皱胃。

4. **皱胃探查** 皱胃在瓣胃之后,易于摸到,正常时皱胃内容物为适量粥状物,皱胃积食时,胃内充满食物,有坚实感,并因充满大量未消化的坚硬的粗纤维饲料,而向后上方扩张,严重时可达耻骨前缘。摸到皱胃幽门部时,常因幽门括约肌发达,探查时容易误认为病变。皱胃前上方与肝脏下方,在右侧第8～10肋间隙处为瓣胃,呈圆球状,硬度类似生面团。瓣胃梗塞时,可扩张至最后肋骨后方15cm处,触之坚硬。

5. **空肠与回肠探查** 自总肠系膜结肠袢的周缘,沿空肠前、腹后缘的顺序探查,空肠闭结点仅为鸡蛋大小,阻塞部的前方必然臌胀、积液。术者的手在肠袢内浮游摇摆,撞击到闭结处,即有所感觉而被发现。

6. **盲肠探查** 术者左手移向骨盆方向,自网膜上隐窝间口进入网膜上隐窝内,在总肠系膜后上方摸到有一盲端比较粗大的肠管即盲肠。盲肠尖朝向盆腔方向,游离性颇大,正常情况下有适量半液状内容物。腹腔探查时,盲肠明显臌气是结肠闭结的标志,如盲肠不臌气,梗阻部则在小肠。臌气的盲肠游离性甚大,可向背侧或腹侧弯曲,有时盲肠可转向前方。盲肠积粪时体积增大,肠腔内充满大量粪便,盲肠尖下垂。回盲口阻塞时,盲肠不臌气,但全部小肠袢明显积液臌胀。

7. **结肠袢探查** 术者左手在网膜上隐窝内,手背沿瘤胃的右侧面,手心向着结肠袢的左侧面触摸,自旋袢的外围依次向中央部触摸,可发现鸭蛋至拳头大小的结肠闭结点,阻塞的前方有臌气与积液,结肠的闭结点因较大易摸到,也可在结肠袢的右侧面与大网膜深层之间进行探查。两种探查途径相比较,前一种更为清晰明显。

8. **肠变位探查** 肠套叠多发生于空肠。梗阻前方肠管臌胀积液。套叠部呈香肠状肉样感,局部淤血、水肿。有时部分空肠自身扭转360°,扭转部也会淤血、水肿,时间长者甚至发生坏死。在公牛还可见到回肠部与生殖褶附近纤维性索状物缠绕,局部肠管高度臌胀积液。

(二)左侧腹腔探查术

术者左手从肷部切口伸入腹腔内,仔细触摸瘤胃全貌,正常的瘤胃浆膜光滑与腹膜无粘连。触诊瘤胃内容物上1/3为气体,中1/3为草团,下1/3为液体。手自瘤胃背囊探查,斜向前下方为脾脏的位置,其紧贴于瘤网胃壁上。在瘤胃前背盲囊的前下方,可摸到紧贴膈肌的网胃,并能感到心脏搏动,网胃前壁浆膜光滑,与周围组织无粘连。

网胃内若有较大的异物(如钉子、针、铁丝)或网胃壁脓肿、胃壁瘘管等时,探查中可感觉并发现。如果异物穿出网胃,可引起局限性腹膜炎、网胃与膈粘连或形成索状瘘管。若异物穿入心包腔,可引起创伤性心包炎,触摸腰肌患部,心脏搏动感遥远不清。

术者右手自瘤胃后背盲囊后方,经过直肠下方,进入右侧腹腔,在大网膜浅层和右侧腹膜之间探查,可摸到十二指肠髂弯曲、乙状弯曲、瓣胃后部及皱胃大部分。术者右手于网膜上隐窝间口进入网膜上隐窝,可探查盲肠、结肠袢上部和空间肠袢的腹缘与后缘,探查寻找到病部的方法与右侧腹腔探查术相同。

九、瘤胃切开术

(一)适应症

①严重的瘤胃积食,经保守疗法无效者。②创伤性网胃炎或创伤性网胃心包炎,瘤胃切开取出异物。③误食了有毒饲料、饲草,并尚在瘤胃中滞留,手术取出毒物并进行胃冲洗。④瓣胃梗塞、皱胃积食时,也可通过瘤胃切开及胃冲洗来治疗。⑤网瓣胃孔角质爪状乳头异常生长者,可经瘤胃切开拔除。⑥前胃炎、迷走神经性消化不良的病牛,经保守疗法不能治愈者,亦可选用本手术治

疗。

(二)保定与麻醉

一般采用站立保定,或行右侧卧保定。局部浸润麻醉,也常用腰旁神经干传导麻醉。

(三)手术通路

瘤胃切开术经常在左侧肷部作手术通路。左肷部前切口适用于体型很大病牛的网胃探查与胃冲洗;左肷部中切口用于通常体型牛,并兼用于网胃探查、胃冲洗及右侧腹腔部分探查术;左肷部后切口常作为瘤胃积食手术或右侧腹腔大部分探查术的手术通路。

(四)手术方法

常规术前准备,打开腹腔,充分暴露瘤胃。

1. 瘤胃固定 瘤胃固定的方法一般有4种。

(1)瘤胃浆膜肌层与切口皮瓣连续缝合固定法 显露瘤胃后,用三棱针作瘤胃浆膜肌层与腹壁切口皮缘之间的环绕1周连续缝合,针间距约1.5~2cm。胃壁显露宽度约6~8cm,上、下角间距离为25~30cm。缝毕检查切口下角是否严密,必要时应作补充缝合并加纱布垫。

(2)瘤胃六针固定舌钳夹持外翻法 显露瘤胃后,在切口上、下角与周缘,作6针钮孔状缝合将胃壁固定在皮肤或肌肉上。打结前应在瘤胃与腹腔之间,填入浸有青霉素普鲁卡因溶液的纱布,纱布一端在腹腔内,另一端置于腹壁切口外,打结后胃壁紧贴在腹壁切口上,使瘤胃术部充分显露。瘤胃壁固定之后,在突出的瘤胃壁周围和切口之间,均填以浸有普鲁卡因青霉素溶液的纱布,外盖一小块创布,并用巾钳固定在皮肤上。最后在小创布孔周围填以浸有青霉素普鲁卡因溶液的纱布,以便在切开胃壁外翻时,胃壁的浆膜层能贴在纱布上,减少对浆膜的刺激和损伤。

(3)瘤胃四角吊线固定法 将胃壁预定切口部分牵引至腹壁

切口外,在胃壁与腹壁切口间填塞大块无菌纱布,并保证大纱布牢固地固定在局部。在瘤胃壁切口的左上角与右上角,左下角与右下角依次用缝合线穿入胃壁浆膜肌层,作成预置缝线。每个预置缝线相距 5~8cm。切开胃壁以后,再由助手牵引预置线使胃壁浆膜紧贴术部皮肤,并将其缝合固定于皮肤上。

(4)瘤胃缝合胶布固定法 瘤胃暴露后,用 1 块长、宽各 70cm,中央部带有 6cm×12cm 长方形孔的塑料布或橡胶洞巾,将瘤胃壁与中央长方形四周连续浆膜肌层缝合,使塑料布或橡胶洞巾的长方形孔紧贴胃壁上,形成一隔离区,在瘤胃壁和洞巾之间填塞大块灭菌纱布,并保证纱布牢固,不易掉落,再将洞巾四角展平固定在切口周围,即可在长方形孔中央切开瘤胃。

2. 瘤胃切开 此阶段为污染手术,所用器械、敷料应与无菌器械分类放置。各种瘤胃固定法后的瘤胃切开操作稍有差异,但切口长度一般均为 15~20cm。

瘤胃浆膜肌层与切口皮缘连续缝合固定后,用浸有普鲁卡因青霉素溶液的大块纱布隔离创围,在切开线上方用手术刀先将瘤胃壁作一小切口,缓慢放出气体,然后由上向下逐渐扩大切口至 15~20cm,胃壁切口上下角距缝合处约 2~3cm,胃壁切口缘两侧各作 3 个钮孔状缝合,以牵引外翻胃壁黏膜,外翻的胃壁浆膜与皮肤间仔细地填塞纱布垫,钮孔状缝合线端用巾钳固定在皮肤隔离巾上,胃壁黏膜外翻,可防止胃内容物污染胃壁浆膜,并减轻手臂频繁进出对切口的机械性刺激。

瘤胃六针固定后,先在瘤胃切开线的上 1/3 处,用手术刀刺透胃壁(约 1 个舌钳头的宽度),并立即用舌钳夹住胃壁的创缘,向上向外拉起,防止胃内容物外溢。然后用手术剪向上、向下扩大胃壁切口,分别用舌钳固定提起胃壁创缘,将胃壁拉出腹壁切口向外翻,随即用巾钳把舌钳柄环夹住,固定在皮肤和创布上,以便胃内容物流出,然后再套入橡胶洞巾。

瘤胃四角吊线固定后,在显露的胃壁中央切开瘤胃壁,由助手牵引预置线使胃壁浆膜紧贴术部皮肤,并将其缝合固定于皮肤。

瘤胃缝合胶布固定后,在长方形孔中央切开瘤胃。

3. 放置洞巾　在 15cm 的胃壁切口内,放入橡胶洞巾。橡胶洞巾系由 70cm 正方形的防水材料制成(橡胶布、油布、塑料布等)。洞孔直径为 15cm,洞孔弹性环是用弹性胶管或弹性钢丝缝于防水洞孔边缘制成的。应用时将洞巾弹性环压成椭圆形,把环的一端塞入胃壁切口下缘,另一端塞入胃壁切口的上缘,将洞巾四周拉紧展开,并用巾钳固定在隔离巾上,准备掏取瘤胃内容物和网胃探查。

(五) 胃腔内探查与各病区的处理

瘤胃切开后便可对瘤胃、网胃、网瓣胃孔、瓣胃、皱胃及贲门进行探查,并对各型病区进行相应的处理。

1. 瘤胃内探查与处理　由麦秸、花生秧、甘薯藤等粗纤维类饲草料引起的瘤胃积食,可掏出胃内容物总量的 1/2~2/3。缠结成团的应尽量取出,剩余部分也要掏松并分散在瘤胃各部。对饲料中毒(如有毒饲料、黑斑病甘薯、农药、灭鼠药等)宜在早期施行手术,将有毒胃内容物取出,并用大量盐水冲洗,放入相应的解毒药物。为加速毒物的排除,可作胃冲洗法,将瓣胃、皱胃内容物尽早洗出。对泡沫性臌气要在取出部分胃内容物后,用等渗温生理盐水灌入瘤胃,冲洗胃腔,清除发酵的胃内容物。

2. 网胃的探查与处理　术者手臂进入瘤胃后,自瘤胃前背盲囊向前下方,经瘤网胃孔进入网胃。首先检查网胃前壁和胃底部每个多角形黏膜隆起褶—网胃小房,确定有无针、钉、铁丝、木片、竹片等异物刺入胃壁,或胃壁是否有硬结和脓肿。已刺入网胃壁上及游离于网胃底部的异物要全部取出,尤其对小铁钉、图钉等较小的异物更应仔细探查,胃壁上的脓肿可用手术刀片小心切开,排出脓汁,检查脓腔内有无异物一并取出。网胃壁上的硬结往往是异物刺入点,应注意检查异物是否已穿出胃壁,向网胃腔方向提拉胃壁,可确定网胃是否与周围组织器官粘连。若自网胃硬结处与附近组织形成索状瘘管,可判断其异物穿出后所损伤器官的位置。网胃底部常存有大量泥沙、石粒及多量铁屑,探查时可用手或磁铁吸附取出,也可用金属探测器做1次最后的彻底复查。

3. 网瓣胃孔的探查与处理　网瓣胃孔位于网胃右方,是通往瓣胃的孔口,口径有3~4指宽,在开张状态下可通过一拳头。探查时可发现网瓣口角质状乳头增生,增生的乳头似鸟爪状,呈棕色而硬如皮革,约有3cm,其上半部粗硬,下半部稍软,易于用手拔出,乳头根部呈淡白色,异常生长的角质爪状乳头一般有15~20根,能引起网瓣口狭窄或堵塞,使瘤胃内容物通过时受阻,临床常表现为慢性瘤胃弛缓的症状,保守疗法很难治愈。对此增生的角质爪状乳头应拔除,手术效果良好。

4. 瓣胃梗阻的探查与处理　奶牛瓣胃梗阻时,在瘤胃腔前柱肌下部,隔着瘤胃壁触摸瓣胃,其体积较正常增大2~3倍,且坚实、指压无痕。网瓣口常呈开张状态,口内与瓣胃沟中充满干涸胃内容物。瓣胃叶间嵌入大量干燥如豆饼样物质。瓣胃冲洗前,先将瘤胃内容物基本掏空,然后术者左手进入网瓣口,取出干涸内容物。将双列弹性环的橡胶排水袖筒洞中放入瘤胃腔内,再插入胶管,并用漏斗灌注大量温盐水,泡软瓣胃沟内干涸内容物。一面灌水,一面用手指松动瓣胃沟及瓣胃叶间的内容物。泡软冲碎的内容物,随水返流至网胃和瘤胃腔内。在瓣胃叶间干涸的内容物未全部泡软冲散之前,切不可将瓣皱胃口阻塞部冲开,以免灌注的水大量涌入皱胃并进入肠腔造成不良后果。通常瓣胃左上方叶间干涸物最难于泡软冲散,手指的松解动作也难以触及该部。应把手退回至瘤胃腔内,在前柱肌下部隔胃按压瓣胃的左上角,促使瓣叶间干涸物松散脱落。这样反复的灌注温盐水及手指松动干涸内容物和隔胃按压相结合的方法,可将瓣胃内容物全部冲散除尽。大量冲洗瓣胃返流到瘤胃的液体,不断地经瘤胃壁的切口排出。冲洗用水量约为250～400L。手指松动瓣胃叶间干涸物时,切勿损伤叶片,以免造成叶片血肿或出血,影响手术效果。

5. 皱胃积食的处理　皱胃积食常继发于瓣胃梗阻,因此胃冲洗的步骤应为首先冲洗瓣胃。当瓣胃沟和大部分瓣胃叶间干涸内容物已松软冲散后,手持胶管进入瓣皱胃口内冲洗皱胃内干硬内容物。对皱胃前半部的干硬物经边灌注边用手指松动的方法冲开,随水返流至瘤网胃腔内,并从切口排除,返流的冲洗液混有胃酸味。皱胃后半部的干硬物,手难以直接触及松动,主要依靠温盐水浸泡冲洗与体外抬扛按摩的方法松动解除,也可在瘤胃腹囊处,隔瘤胃壁对皱胃进行按摩。皱胃内干涸内容物比瓣胃内容物易于泡软冲散。在皱胃幽门部阻塞物冲开前,一定要确定瓣胃与皱胃的干涸阻塞物已基本冲散解除,方可将皱胃幽门部冲开,至此皱胃积食的胃冲洗术即完成。

6. 瘤胃网胃内液体的排出　胃冲洗后将瘤胃网胃内过多的液体经胶皮管虹吸至体外,胃内液体水平面保持在瘤胃的下1/3处即可。向胃内填入1.5～2.5kg青干草或健康牛的瘤胃内容物,以刺激胃壁恢复收缩能力,促进反刍。

(六)清理瘤胃壁切口与缝合

病区处理结束后,除去橡胶洞巾,用温生理盐水冲洗干净附着在胃壁上的胃内容物和凝血块,拆除钮孔状缝合线。对胃壁切口进行自下而上的连续全层缝合,缝合要求平整、严密,针间距离要均匀。用温生理盐水再次冲净胃壁浆膜上的凝血块,并用浸有盐酸普鲁卡因青霉素溶液的纱布覆盖在缝合创缘上,拆除瘤胃皮肤连续缝合线,清理局部。

此后手术过程则由污染手术转变为无菌手术。因此,手术人员应重新洗手消毒,去掉污染器械物品和敷料,用灭菌器械清理纱布后,对瘤胃进行连续水平褥式内翻缝合(即库兴氏缝合)或连续垂直褥式内翻缝合。局部涂以抗生素软膏,腹腔内注入普鲁卡因青霉素溶液 100ml。

常规闭合腹腔。

十、皱胃切开术

(一) 适应症

本手术适用于奶牛的皱胃阻塞、皱胃溃疡及皱胃穿孔的修补。皱胃阻塞(又称皱胃积食)主要是由于迷走神经功能紊乱,皱胃内容物滞积,胃壁扩张,体积增大,形成阻塞。继发瓣胃秘结,引起消化功能极度障碍、瘤胃积液、自体中毒和脱水的严重病理过程,常导致死亡。原发性皱胃阻塞,犊牛有的因大量乳凝块滞积而发生,成年奶牛因误食胎盘、毛球或麻线而发生。

皱胃溃疡是由于急性消化不良与胃出血,引起局部胃黏膜组织糜烂和坏死,或自体消失,形成圆形溃疡面,甚至胃穿孔所致。

(二) 保定与麻醉

侧卧保定或站立保定,静松灵全身镇静麻醉并配合局部麻醉。

(三) 手术通路

皱胃切开术主要用于皱胃积食。手术通路有两个,一是左肷部手术通路,另一个是右侧肋弓下斜切口的手术通路。前者手术治愈率较高,操作方便,易于推广;而右侧肋弓下斜切口的手术通路临床实践表明,其治愈率并不理想,操作也较困难,后遗症多。皱胃切开术用的右侧肋弓下斜切口,一般距右侧最后肋骨末端 25～30cm 处,定为平行肋弓斜切口的中点,在此中点上作 20～25cm 平行肋弓的切口。也可在右侧下腹壁触诊皱胃轮廓明显处,确定切口位置。

(四) 手术方法

在术部常规切开腹壁,显露皱胃之后。

1. 皱胃显露与隔离　将皱胃尽量移至腹壁切口处,在腹壁切口和皱胃之间填塞用普鲁卡因青霉素溶液浸湿的大块灭菌纱布，以防切开皱胃时污染腹腔。

2. 皱胃切开　先将 50cm×50cm 的橡胶洞巾，连续缝合在皱胃壁切口周围，并将橡胶洞巾固定于皮肤上。然后在洞巾中央避开血管切开皱胃，切口约 20cm 左右，尽量防止皱胃内容物落入腹腔。

3. 掏取胃内容物　此时转入污染手术操作。先用手指将皱胃内干涸内容物取一部分，随后用温水进行皱胃冲洗，将接在漏斗上的胶管引入胃内，手指边松动干硬胃内容物，边用温水冲洗。这样大量的松散液状胃内容物从切口排出，直到全部排出为止。

皱胃积食的病牛往往继发瓣胃梗塞，由于皱胃内容物已全部取出，梗塞的瓣胃就下沉压迫空虚的皱胃，术后可造成皱胃压迫性阻塞。因此，对有瓣胃梗塞的病牛，在皱胃掏空之后，经瓣皱胃口冲洗瓣胃内的梗塞物。

4. 溃疡面与穿孔的修补　对皱胃溃疡应进行手术修整，尤其是穿孔时要修整穿孔的创缘，使其良好对合，进行缝合。

5. 胃壁切口缝合　对受损伤的胃壁创缘作部分切除术，这是防止胃瘘发生的有效措施。胃壁切口的缝合法同前节瘤胃切口缝合。

6. 关腹　常规关闭腹腔。

十一、皱胃变位整复术

（一）适应症

皱胃在腹腔剑状软骨部，位于网胃后方的腹底壁上，可分为胃底部、胃体部和幽门部。幽门部在瓣胃后方沿右肋弓转而向后向上，在肝的脏面与十二指肠相连接。皱胃左侧（脏面）与瘤胃隐窝接触，充盈时可从瘤胃房下方越至左侧而与左腹壁接触；右侧（壁面）与右腹壁接触。

皱胃变位可分为左方变位与右方变位两种。皱胃通过腹底部移入左侧腹腔,置于瘤胃及左壁之间并相对固定不能恢复原位时,称为皱胃左方变位。若皱胃位置仍在右腹腔,但可向后方呈顺时针方向扭转至瓣胃的后上方,皱胃位于肝脏和右腹壁之间;也可向右前方呈逆时针方向扭转到瓣胃前上方,而将瓣胃置于网胃与膈肌之间,此病实际上是皱胃扭转,因其皱胃位置还在右腹部,故被称为皱胃右方变位。该病在奶牛较多发。

(二)保定与麻醉

六柱栏内站立保定,速眠新浅麻醉,结合术部局部浸润麻醉或腰旁神经传导麻醉。

(三)皱胃左方变位整复方法

手术方法有3种:左侧肷部切开整复皱胃,右侧腹底壁固定法;左、右两侧腹壁切开、整复、右腹壁固定法;右侧腹底壁切开整复与固定法,3种方法各有利弊。现介绍这3种手术方法。

1. 左侧肷部切开整复皱胃、右侧腹底壁固定法

(1)术前准备　对瘤胃积液过多的牛应先进行导胃减压,对有脱水和电解质紊乱的牛应进行补液和纠正代谢性碱中毒。

(2)保定与麻醉　六柱栏内站立保定,3%盐酸普鲁卡因注射液腰旁神经传导麻醉和用0.5%盐酸普鲁卡因注射液进行术部浸润麻醉。

(3)切口定位　左肷部前切口。

(4)手术方法

①切开左侧腹壁显露皱胃。切开皮肤20~25cm,依次切开皮肌、腹外斜肌、腹内斜肌、腹横肌和腹膜。用牵开器开张创口,于创口稍前方可显露臌气积液的皱胃。手经左肷部切口进入腹腔内探查皱胃的轮廓,有无严重积气,若皱胃严重积气时,术者持带针头的长硅胶管进入腹腔,于皱胃积气最明显处穿刺入皱胃内,硅胶管另一端在切口外抬高,排出皱胃内气体后,拔下针头用酒精棉球压

第三章 奶牛场兽医师治疗技术

追穿刺针孔后,将皱胃拉出切口外。向切口外牵引皱胃时应缓慢用力,必要时用生理盐水纱布隔离,隔着纱布抓持皱胃,将皱胃牵引至腹壁切口处。

②作皱胃预置固定线。用长 2m 的 10 号缝合线于皱胃的大弯上作第 1 个浆肌层水平钮扣缝合,距第 1 个水平钮扣缝合线 4~5cm 处再缝合第 2 个、第 3 个水平钮扣。3 个水平钮扣缝合线的线尾用止血钳暂时固定在创巾上。

③整复皱胃。将皱胃还纳回腹腔内。术者右手伸入腹腔内,用手掌和手腕下压皱胃至腹腔底部,并用手掌推动皱胃,经瘤胃下方进入右侧腹腔。皱胃进入右侧腹腔后须用手展平皱胃,使皱胃进入正常的位置。如果没能正常复位,手一离开皱胃则皱胃又进入左侧腹腔,为此必须正确复位。

④在右侧腹壁上穿系皱胃固定线。术者手持皱胃壁上的预置固定线线尾,经瘤胃下方绕到右侧腹腔,确定该预置缝线与右侧腹壁相对应位置后,用手指在腹内向外推顶,指示助手在右腹壁的对应处剃毛、消毒和局部浸润麻醉,并对皮肤作一个 1cm 小切口。助手用止血钳经皮肤小切口向腹腔内戳入,使止血钳端进入腹腔,与此同时,术者手指在腹腔内保护戳入腹内的止血钳钳端,以防损伤腹内脏器。术者指示助手开张止血钳,在助手开张止血钳的同时,术者将线尾送入止血钳的钳嘴内,并命令助手钳夹缝合线,一旦正确夹上缝合线后,命令助手缓缓牵引,将缝合线拉出体外,但暂不拉紧,然后在距第一根固定线皮肤出口处的 4~5cm 处再作第 2 个皮肤小切口,并按同法引出第 2 根固定线及第 3 根固定线。

三根固定线都引出体外后,术者用手推送皱胃和检查皱胃的位置是否正常,待正确复位后告诉助手提起 3 根固定线,同时用力向腹外牵拉,使皱胃在推送和牵拉的配合下复位。助手缓缓牵拉固定线,直至固定线拉不动为止,表明皱胃大弯处的大网膜已与右腹壁密贴。术者用手检查 3 根固定线拉紧后是否有异常情况,皱胃复位是否正常。总之,在确信皱胃复位正常、固定线对内脏无缠结的情况下,指示助手拉紧3根固定线,在3个皮肤小切口内打结。打结方法是:先在皮肤小切口内各放入一根长1.5cm烟卷粗的无菌纱布卷,将线结打在纱布卷上,剪去线尾,皮肤小切口缝合1~2针,将纱布卷埋在皮下。到此皱胃已牢固地固定在右侧腹底壁上。

⑤闭合左肷部前切口。腹膜、腹横肌连续缝合,腹内斜肌、腹外斜肌间断缝合,皮肤结节缝合,外打结系绷带。

(5) 术后护理 术后4~6天内,使用抗生素,纠正脱水、电解质紊乱和代谢性碱中毒,使用抗生素和氢化可的松以控制炎症的发展,使用兴奋胃肠蠕动药,以恢复胃肠蠕动,可适当应用缓泻剂,以清除胃肠内滞留的腐败内容物。只要精心护理其手术治愈率很高。

2. 左右肷部双切口手术复位法

该手术方法在国内某些省(自治区)是常用的方法,具体方法如下。

(1) 保定与麻醉 站立保定,两侧腰旁神经传导麻醉和两侧切口局部浸润麻醉。

(2) 切口定位 左肷部中切口,右肷部前下切口。

(3) 手术方法 首先打开左侧腹腔,探明是否为真胃变位,确诊后再打开右侧腹腔。右侧术者经右肷部切口进手,寻找网膜上隐窝的双层大网膜,并将其拉至腹壁切口之外。此时应注意分辨十二指肠,避免牵拉十二指肠。在左侧术者向下向右按压真胃壁的同时,右侧术者向切口后上方牵引网膜。左、右两侧术者互相配合,将真胃整复。尽量向后向上牵引网膜,直到牵引不动为止。将皱胃幽门部、大网膜的皱胃附着部和部分皱胃壁显露在腹壁切口内。右边的术者将双层网膜做成皱襞,丝线贯穿缝合网膜后打结,并与腹膜、腹壁肌肉牢固缝合在一起,固定在腹壁切口的下角。间隔一定距离固定2~3针。

3. 右侧腹底部切口复位法

该方法采用左侧横卧保定进行手术,不需六柱栏,在各类奶牛场均可施术,更易推广。

(1)保定与麻醉　肌内注射速眠新进行全身麻醉,待进入麻醉后进行左侧横卧保定,将两前肢和两后肢分别捆绑在一根长木头上,以限制前、后肢的活动。牛头下和前肢下方垫以草垫,以防肢体长时间与硬地面接触,造成压迫性的神经损伤。

(2)术部　右侧乳静脉上方,平行乳静脉的切口,术部剃毛、清洗、消毒后装置灭菌隔离创巾。

(3)手术方法　手术部切开皮肤与皮肌,对出血点进行结扎止血,切开腹黄筋膜。切开腹直肌与腹横肌膜,显露腹膜,剪开腹膜后,术者手臂经切口伸入腹腔内,探查皱胃。术者手抓住皱胃壁,与此同时保定人员将木头抬起并逐渐抬高,使牛四肢朝天,并向对侧倾斜45°角,而牵拉皱胃的手臂一直保持在紧张状态,不准随牛体的仰卧而放松牵拉,随着牛体的仰卧卧位和向对侧的45°角转移,皱胃随之进入右侧腹腔而复位。然后将牛恢复原来的左侧卧保定姿势。术者将皱胃向切口外牵引,若皱胃内有较多的气体,可以用带长硅胶管的针头穿刺放气减压,后恢复皱胃正常位置。然后将皱胃小弯处的网膜显露于切口外,并展开网膜,将网膜与腹壁切口上缘的腹膜肌层作水平钮扣缝合。用弯圆针系12号丝线,在腹壁切口的上缘,针经腹黄筋膜、腹直肌、腹横肌和腹膜进入腹腔,然后针经网膜(避开血管)二层穿出,针再经腹膜、腹横肌和腹黄筋膜穿出,这样将网膜用水平钮扣缝合法缝合在腹壁切口的上缘,但缝线暂不拉紧打结,然后再缝合第2个和第3个水平钮扣固定线,待缝合固定线都穿系好后再拉紧打结,将皱胃小弯处网膜固定在切口上缘的腹肌上。将网膜还纳回腹腔中。

腹膜、腹横肌、腹直肌和腹黄筋膜进行间断缝合,打结要紧,使切口对合严密。缝毕,用生理盐水冲洗切口,清除创内血凝块后,创内撒入青霉素 160 万 U 后,连续缝合皮肌,间断缝合皮肤切口,外打结系绷带。

(4)术后护理 术后牛很快出现反刍,出现反刍后饲喂优质饲草,暂不喂料;术后用 10%氯化钠注射液 1 000ml、5%葡萄糖氯化钠注射液 2 500～3 000ml、青霉素 3 200 万 U、维生素 C 1.5～3g、10%安钠咖 10ml 静脉注射,1 天 1 次,连用 3～4 天。若手术中发现瓣胃较硬而充满时,术后可用液状石蜡油 1 000～1 500ml,四消丸 180～240g,胃复安 200～250mg,1 次灌服。

术后让牛自由运动,以促进胃肠功能的恢复。

以上 3 种皱胃左方变位的手术复位与固定方法都可使皱胃复位,通过附着在皱胃上的大网膜与腹壁的固定可以防止本病的复发。若仅复位而不采取固定时,常常在术后又发生皱胃左方变位。3 种手术方法的成功率都很高,操作方法各有优点又有一定的欠缺之处,读者应根据自己的具体情况和当地牛场的条件,选择自己认为可行的办法去开展皱胃左方变位的手术整复与固定。

十二、肠管部分切除与吻合术

(一)适应症

①各种类型肠变位(肠扭转、肠缠绕、肠钳闭、肠套叠),肠粘连、去势后的肠脱出,系膜血管栓塞及腹壁透创肠管脱出且严重损伤,不宜修复的广泛性肠损伤等所引起的肠坏死。②肠道肿瘤的根治手术。③各种原因的肠瘘。④新生犊牛先天性肠道畸形。

(二)保定、麻醉、腹壁切开的方法

均同前述。

(三)肠管部分切除术

将病部肠管引至腹壁切口外,用温生理盐水纱布垫保护肠管,隔离术部,肠切除线须距病变部位两侧 5～10cm 的健康肠管上,事先将这一段肠管内容物挤向两边,在欲切断处用2把肠钳相对地且相距3~4cm处夹住肠管,并以同样方法夹住另一端肠管,接着在预定作扇形肠系膜切除的通路上双重结扎血管。展开肠系膜,在肠管切除范围内对相应肠系膜作"V"字形或扇形切除线,然后在双重结扎线结之间切断血管与肠系膜。

肠系膜为双层浆膜组成,系膜血管位于其间,缝针刺破血管,易造成肠系膜血肿。扇形肠系膜切断后,应特别注意肠断端的肠系膜侧无浆膜三角区出血的结扎。

坏死肠管的切除方法是在预定切除线上以与肠管纵轴45°的角度在两肠钳之间切断或剪断肠管,以保证吻合端供血良好,并可防止吻合口狭窄。

(四)肠管吻合术

肠吻合的方法有端端吻合、侧侧吻合与端侧吻合3种。端端吻合符合解剖学与生理学要求,临床上常用,但在肠管较细和技术不熟练的情况下,吻合后易发生肠腔狭窄。侧侧吻合适于较细肠管的吻合,能克服肠腔狭窄之虑。端侧吻合在兽医临床上仅在两肠管口径相差悬殊时使用。

1. **端端吻合** 助手扶持并合拢两肠钳,使两肠断端对齐靠近,检查拟吻合的肠管有无扭转,方向是否正确,肠系膜侧应对另一端的肠系膜侧,首先在两肠断端肠系膜侧距肠断端缘0.5~1cm处,用4~6号丝线将两肠壁浆膜肌层或全层作25cm长的牵引线,在肠系膜对侧用同样方法也作一牵引线,紧张固定两肠断端便于缝合。然后用直圆针自两肠端的后壁在肠腔内由下而上地作连续全层缝合,连续缝合接近肠系膜侧向前壁折转处时,将缝针自一侧肠腔黏膜向肠壁浆膜刺出,而后缝针从另侧管前壁浆膜刺入,再次从同侧肠腔内黏膜穿出,自此,采用连续全层水平褥式内翻缝合(康乃尔氏缝合法)缝合前壁,至肠系膜对侧,与后壁缝合起始的线尾打结于肠腔内。完成第一层缝合后,用温生理盐水冲洗肠管,手术人员重新消毒,更换手术巾与器械,转入无菌手术。第二层采用伦勃特氏缝合法缝合前后壁,肠系膜侧和肠系膜对侧两折转处必要时可作补充缝合。撤除肠钳,检查吻合口是否符合要求。最后间断缝合肠系膜游离缘。

2. 侧侧吻合　肠管吻合前,用2把肠钳分别将两肠管断端夹住,用连续全层缝合法缝合第一层,抽出肠钳,拉紧缝线;紧接着用伦勃特氏缝合法缝合第二层,两肠管断端闭合后,开始行侧侧吻合。先将远近两肠段盲端,以相对方向使肠侧壁交错重叠接近,用2把肠钳各在近盲端处,沿纵轴方向钳夹盲端肠管。钳夹的水平位置要靠近肠系膜侧。检查两重叠肠段有无扭转或方向不正,然后将两肠钳并列靠拢,交由助手固定,灭菌纱布垫隔离术部。

靠近肠系膜侧作间断或连续伦勃特氏缝,缝合长度应略超过切口长度,距此缝合下方1~1.5cm处,位于两侧肠侧壁中央部,各作1个4~6cm切口,形成肠吻合口。吻合口后壁作连续全层缝合,缝至前、后壁折转处,按端端吻合的方法转入前壁,行康乃尔氏缝合。缝至最后1针,缝线与开始缝合的第1针线尾打结。检查薄弱点作加强补充缝合。最后,在前壁浆膜上作间断或连续伦勃特氏缝合。撤除肠钳,重叠肠系膜游离缘作间断缝合。

3. 端侧吻合　可用于牛的回肠末端肠套叠手术,将坏死回肠切除后,作回盲肠端侧吻合术。确定患部两侧回盲口与回肠预定切除线,并用肠钳闭合肠腔。将回盲系膜切除数厘米后,截断患部肠管,闭合回盲口残端。更换肠钳,在回盲口后右侧方钳夹新吻合口的肠壁。助手将两肠钳靠拢,作两肠管后壁外层的伦勃特氏缝合,然后用刀在盲肠新吻合口上切开肠壁,对吻合口前、后壁作连续全层缝合,缝合方法与端端吻合前后壁相同。两肠管前壁外层再行伦勃特氏缝合。吻合后用手指检查吻合口,对肠系膜游离缘作间断缝合。

十三、奶牛肠套叠的手术治疗

肠套叠是一段肠管伴同肠系膜套入与之相连续的另一段的肠管肠腔内,形成双层肠壁重叠现象,导致套叠部肠腔闭塞、肠壁及肠系膜血管血运不良、水肿及缺血性坏死,由此产生毒血症、休克而死亡。本病是奶牛的一种严重的急腹症,若诊断失误治疗不当常常引起死亡。

肠套叠的初期,在不完全套叠时,可试用温水高压灌肠法进行复位。但由于肠套叠部肠管都有不同程度的淤血与水肿,温水灌肠复位法多不能奏效。因此,只要确诊了发生肠套叠就应进行紧急手术进行救治。

（一）术前准备

术前脱水严重的病牛应进行补液、强心,使用抗生素等药物,以提高奶牛对手术的抵抗力。

（二）保定与麻醉

六柱栏内站立保定,腰旁神经传导麻醉,术部进行局部浸润麻醉。

（三）切口定位

切口可选择右肷部中切口,也可选择左肷部后切口。选择右肷部中切口,可以对空肠、回肠及结肠的套叠进行手术;选择左肷部后切口,除可解除奶牛空、回肠的套叠手术外,还可进行左侧腹腔探查,以确定瘤胃、网胃有无并发的疾病,可以一并解除。

（四）手术方法

于术部切开皮肤、皮肌、腹外斜肌后,钝性分离腹内斜肌、腹横肌,剪开腹膜,显露腹腔,然后先进行左侧腹腔探查,以检查腹腔内有无异常。

在网膜上隐窝内,若发现有手臂粗、光滑而呈肉样感的肠段即可判定为肠套叠肠段,在套叠的前方肠管高度积液,术者可用手掌托住套叠部缓缓向切口搬移,当套叠肠段1只手无法托动时,术者2只手都进入腹腔将肠管向切口外搬移,切忌用手指直接抓掐肠壁向外猛拉,以防套叠部已坏死的肠管破裂而严重污染腹腔。在向外搬移套叠肠管时,由于肠系膜变紧张,患病牛可能有肠系膜牵拉痛。为此,要求妥善保定,防止牛突然卧地而使已托出腹腔外的肠管严重污染。这在术前六柱栏保定时就应考虑到术中牛是否会突然卧地的准备。在牛的腹下用粗绳系好腹吊绳。一旦肠套叠部肠管显露于腹壁切口外后,为了减少肠系膜的牵拉痛,可以用2%盐酸利多卡因注射液对套叠肠管肠系膜根部进行肠系膜神经的传导麻醉。也可用2%盐酸利多卡因注射液对肠系膜喷雾,进行表面麻醉,都可减少患病牛的疼痛反应。套叠肠段搬移到腹壁切口外后要妥善保护肠管,并仔细检查套叠肠管的范围,套叠肠段生命力是否存活,以确定切除坏死肠管的切除范围。

在下列情况下可判定套叠肠管已发生了坏死:肠管蓝紫色、黑红色或灰白色;肠壁菲薄、变软无弹性,肠管浆膜失去光泽;肠系膜血管无搏动;肠管失去蠕动能力等。若判定可疑,可用温生理盐水纱布热敷5~10min,若肠管颜色无改变,肠蠕动不出现,肠系膜血管仍无搏动时,可判定套叠部肠管确实已经坏死,进行坏死肠管切除、肠吻合术。

术者将套叠部近心端和远心端健康肠管向切口外牵引,显露出健康肠管后,于两端健康肠管上夹持肠钳。观察并判定支配欲切除肠管上的肠系膜血管走向,并作双重结扎后剪断坏死肠管肠系膜血管后,切除坏死肠管,进行端端吻合术。但由于肠套叠部肠管水肿淤血严重,套叠部近心端肠腔内严重积液扩张,大段肠管盘曲在一起,难以看清肠系膜血管走向,很难正确地双重结扎支配坏死肠管上的肠系膜血管。为此,可先在套叠肠管两端的健康肠管上切断肠管。从两端向上切断肠系膜,对肠系膜血管的出血立即用止血钳钳夹,再逐个地对钳夹出血点进行贯穿结扎或单纯结扎。

第三章　奶牛场兽医师治疗技术

这样的操作方法,可能在切断肠管与肠系膜时出血较多,但不会过多地结扎血管,保证了吻合后的肠管有足够的血液供应。

坏死肠管切除,对支配坏死肠管的肠系膜血管进行结扎止血后,用生理盐水冲洗两健康的肠管端,清除肠管上的血凝块和肠腔内容物后进行肠管的端端吻合术。吻合完毕,用生理盐水冲洗肠管,再将肠系膜连续缝合,最后用含青霉素的生理盐水冲洗吻合好的肠管,肠壁上涂红霉素软膏后,将肠管还纳回腹腔内。

腹壁切口的闭合。生理盐水纱布清拭除去切口内血凝块后,用7号丝线对腹膜、腹横肌自下而上地进行连续缝合,待缝到切口上缘时,向腹腔内灌入含有320万U青霉素的生理盐水溶液500ml,然后缝合抽紧创口上缘缝合线打结。生理盐水再次冲洗创内,清除创内的血凝块后,向创口内撒入青霉素160万U,再用7号丝线连续缝合腹内斜肌和腹外斜肌,缝毕,再次用生理盐水冲洗创内,皮肤创缘用碘酊消毒后,用10号缝线对皮肤进行间断缝合,外打结系绷带。

(五)术后护理

术后护理的原则是抗菌、抗炎、解毒、通肠润便、防止粘连。术后4～5天内用下列处方:10%氯化钠注射液500～1 000ml,5%葡萄糖氯化钠注射液2 500～3 000ml,先锋霉素Ⅴ 15g(成年牛),氧氟沙星注射液1 000ml,维生素C注射液1.5～3.0g,地塞米松30～50mg(非妊娠牛),10%安钠咖注射液20～30ml,静脉注射,1天1次。

在治疗过程中,根据牛的具体情况,还可用5%碳酸氢钠1 000ml,5%～10%葡萄糖酸钙注射液300～500ml,静脉注射,每天1次,连用2天,以减少腹腔内的炎性渗出和解除代谢性酸中毒。

地塞米松具有很强的抗炎作用,在用药3～4天后可减量再应用1～2天停药,妊娠牛禁用,以防流产,地塞米松也影响产奶,停药后很快恢复产奶量。

术后为了加速胃肠功能的恢复,可用液状石蜡 1 000~1 500ml,磺胺嘧啶片 120~150 片,小苏打 200g,食母生 300 片,1 次灌服。术后注意让牛适当运动,术后禁饲 24h 以上,当牛出现排粪和反刍后可以适当饲喂优质易消化的饲草饲料,不限饮水。

十四、奶牛子宫扭转的滚转整复与手术治疗

子宫扭转是指整个子宫、一侧子宫角或子宫角的一部分围绕自己的纵轴发生的扭转。奶牛从妊娠 70 天到分娩的任何时期都可发生本病,但 90% 的病例是在临产前发生的,一旦发生扭转即会引起难产。子宫扭转的程度从 180°~270°,个别的达 720°,大多数病例扭转后涉及到子宫颈形状的改变。子宫向右比向左扭转的多。子宫扭转的部位大多在子宫颈及其前后,涉及阴道前端的称为颈后扭转,位于子宫颈前的为颈前扭转。

子宫扭转的治疗原则是早期诊断早期纠正。临产扭转,首先将子宫复位再拉出胎儿。若产前扭转,主要是子宫复位。

(一)子宫扭转复位的方法

1. 产道内矫正 借助胎儿矫正扭转的子宫。先给母牛进行后海穴麻醉,保定于前低后高的保定架内。术者手进入母牛的子宫颈内抓住还活的胎儿的两眼眶,在掐压两眼眶的同时,向扭转的对侧扭转胎儿,通过胎动,可使扭转的子宫复位。

2. 直肠内矫正 若子宫向右侧扭转,术者手经直肠进入右侧子宫下侧方,向上向左侧翻转,助手用肩或背部顶住右侧腹下部向上抬,另一个助手在右肷部由上向下施加压力,对扭转较轻的病例有时可得到矫正。

3. 翻转母体 如果应用得法对奶牛子宫扭转可以得到矫正。

(1)直接翻转法 在翻转母体前,要做全身检查,对性情不安不好翻转的母牛,可进行全身浅麻醉,用速眠新注射液 1ml/100kg

体重肌内注射，10min后，使病牛倒卧于扭转的一侧，即右侧扭转就右侧卧，左方扭转就左侧卧。

将病牛的两前肢和两后肢分别捆绑，由2个人保定牛头，4个人分别保定两前肢和两后肢，并使牛倒卧后高前低的路面上，保定人员协调一致，先使牛仰卧位，四肢向上，稍停片刻，然后猛然使头颈和四肢倒向左侧卧。由于胎儿重量大，子宫不随母体的转动而复位。复位成功通过阴道检查，阴道前端变宽大，阴道内皱襞消失。无效时则无变化，可将母牛慢慢翻回原位，再翻动母牛，如果翻转方向错误，软产道会变得更加狭窄。因此，每翻动一次均需做阴道或直肠的检查，加以验证是否成功。

(2)产道固定胎儿翻转法　如果分娩时子宫发生捻转，手能伸入子宫颈，从产道内抓住胎儿的一条腿，固定住胎儿，手抓住不动，再翻转母体，这样子宫扭转得以复位。

4. 剖宫产　当用上述方法不能矫正时，可用剖宫产术。

(二) 术后护理

不管用何种方法矫正子宫的扭转，术后均需要进行良好的护理工作，如止痛、抗炎、补液、强心等措施。术后使用子宫收缩药尽快使子宫复旧，全身使用抗生素以预防子宫及腹腔内的感染。

十五、奶牛剖宫产术

奶牛分娩时，胎儿娩出受阻，经产道助产或药物助产都无效情况下，应尽早施行剖宫产术。剖宫产术是成功救治难产母牛生命或同时救治母牛和犊牛生命的可靠方法，只要掌握好剖宫产术的关键性操作，手术成功率很高，术后牛仍可正常泌乳产奶，正常发情与受胎。

(一) 适应症

凡发生子宫扭转的难产牛，经滚转整复不能复位者，均应进行剖宫产手术；对于产道过于狭窄、胎儿过大、子宫颈口不开张或开张不全的母牛应尽早进行剖宫产。对于胎儿横向、竖向、裂体畸形、子宫破裂、胎儿严重气肿、阴道脱出等病牛,通过剖宫产以挽救母牛的生命的病例。

(二)术前检查

成功的剖宫产来源于兽医人员对难产病牛的全面了解,来源于正确的选择手术途径和正确的操作方法。通过术前对母牛的全面检查以确定术前的合理药物、确定好手术途径及手术方法。为此,在剖宫产进行前应做好下列各项检查。

1. 一般检查 体温、脉搏、呼吸、可视黏膜色泽,毛细血管充盈度、皮肤弹性和皮肤温度,以判定母牛是否发生严重脱水。

2. 检查有无休克 通过对奶牛精神状态、可视黏膜色泽、心律及呼吸状态、皮肤温度特别是肢端、耳部的皮肤温度是否降低,是否还存在努责表现等,以判定母牛是否发生了休克。对于发生休克的母牛均应进行抗休克疗法。

3. 检查引起难产的病因 通过直肠检查和产道检查以确定母牛难产是由子宫扭转引起的还是因胎位、胎势异常、产道狭窄、子宫颈开张不全等原因引起的,为选择保定姿势和手术途径提供参考材料。

4. 检查胎儿在腹腔内的位置 通过腹部触诊以确定胎儿是在右侧腹腔还是在左侧腹腔,是在腹底部还是胎儿已上抬至腹腔上部,为确定手术方法提供依据。

5. 检查难产病牛的瘤胃是否臌气、有无瘤胃积液 凡存在瘤胃臌气和积液的病牛在术前均应导出瘤胃内积气和积液,并投服20%鱼石脂酒精150~200ml,以减轻术中的臌气。另外,还应备有瘤胃穿刺针,以便对术中发生的瘤胃臌气采取穿刺放气减压。

(三)保 定

侧卧保定下进行手术。在奶牛场进行手术时可选择洁净的牛棚下或露天场地下进行手术,牛体前肢和颈部下面都应垫以草垫,

第三章　奶牛场兽医师治疗技术

并将两前肢和两后肢分别捆绑在地面上的立柱上,也可将两前肢和两后肢分别捆绑在一根长 3.5～4m、粗 10cm 以上的木棍上,这样可限制四肢的活动有利于手术的进行。若手术切口选择在腹白线或选择腹白线与乳静脉之间的切口时,最好采取前躯侧卧、后躯半仰卧姿势的保定方法,这样有利于手术操作。凡切口在腹白线右侧腹壁上,均应采取左侧卧;凡切口在腹白线左侧的,均应采取右侧卧;凡切口在腹白线上的手术,均应采取前躯右侧卧后躯半仰卧下进行手术。

(四)麻　醉

速眠新全身麻醉,1ml/100kg 体重,肌内注射,术部配合局部浸润麻醉。

(五)切口定位

手术切口的选择是根据胎儿在腹腔内的位置所决定。首先应确定在腹腔哪一侧做切口,当胎儿位于右侧腹腔内,切口应在右侧,胎儿在腹底部偏左侧时,切口应在左侧腹壁上。

常用的手术切口有下列几种。

1. 脐后腹白线切口　适用于胎儿在腹底部者,此切口手术切开腹壁和闭合腹壁切口均好操作,特别是在闭合腹白线切口时不会发生缝合线结处的组织撕裂。缺点是在侧卧保定下切口位置低,在没有手术台保定条件下施术时,术者操作不方便。另外,切口在腹下易受污染,应当妥善护理。

2. 左(右)腹白线与乳静脉之间的平行乳静脉的切口　凡胎儿在右侧腹腔下部者应采取右乳静脉与腹白线之间的切口,胎儿在腹底部偏左侧者应采取左乳静脉与腹白线之间的切口,此切口下的手术通路为皮肤—皮下组织—皮肌—腹黄筋膜—腹直肌—腹横肌膜—腹膜。当腹内压较大的牛,或术中瘤胃臌气的牛,在连续缝合腹膜、腹横肌时,常常将缝合处的腹膜及腹横肌撕裂,这是导致手术后腹壁疝的主要原因。在遇到这种情况,应首先采取措施减低腹内压,再将腹膜、腹横肌、腹直肌及腹黄筋膜全层间断缝合,这样可减少其因腹压大缝合处易撕裂的缺点。

3. 左(右)乳静脉外侧(背侧)的平行乳静脉的切口　隔腹壁触诊胎儿,当胎儿的位置在乳静脉上方时,可采用此切口。凡胎儿在左侧腹腔内乳静脉上方时就采用左侧切口,胎儿在右侧腹腔就做右侧切口。

4. 右(左)胶部斜切口　乳静脉背面的后上前下的斜切口。此切口适用于胎儿位于腹腔中1/2高度以上的难产病牛。

(六)手术方法

腹部乳静脉与腹白线之间的切口,于术部切开皮肤、皮下组织、腹部皮肌、腹黄筋膜、腹横肌膜和腹膜;腹白线切口的切开层次为皮肤、皮下组织、腹白线和腹膜。右(左)胶部后斜切口的切开层次为:皮肤、皮下组织、腹部皮肌、腹黄筋膜、腹横肌及腹膜,显露大网膜,切口长度30～35cm。手术通路上的出血采用钳夹止血、结扎止血。

1. 显露子宫　术者手伸入腹腔内探查子宫,检查子宫与大网膜的关系,子宫是否仍在网膜上隐窝内,若在网膜上隐窝内时,应将双层网膜推移到腹腔前部才能显露子宫。术者手经腹壁切口伸入骨盆腔处,探查网膜上隐窝间口及双层网膜吻合缘,用手拉着双层网膜吻合缘缓缓向前牵拉。与此同时,助手在腹壁切口内隔着大网膜向对侧推动子宫及胎儿,以减少子宫与大网膜之间的紧张度使大网膜松弛有利于将大网膜向前方牵引以充分显露子宫。在二者的相互配合下,大网膜吻合缘即可向前牵引至切口处。继续向前牵引,连同网膜上隐窝内的肠管一齐推向腹壁切口前方的腹腔内,并用大块灭菌生理盐水纱布填塞以防网膜和肠管涌出。若在腹壁左侧作切口,也应将大网膜向前缓缓牵拉才能显露子宫,但大多数情况下不会有肠管涌出,这是左侧切口显露子宫的优点。

有时因胎儿过大或腹内压过高,将大网膜向前牵拉时十分困

第三章 奶牛场兽医师治疗技术

难,大网膜的吻合缘及大网膜紧紧贴附在子宫壁上无移动性时,对此种情况不能强力牵拉。否则,会导致网膜撕裂出血,并且由于撕裂的部位常常在腹腔深部很难找到破裂血管进行止血。对于大网膜牵拉不动的病牛,显露子宫的方法是切开大网膜深、浅两层。切开前在大网膜预定切开线的两侧系牵引线,并贯穿结扎网膜切开线上的血管后切开大网膜浅层,将两侧的牵引线用止血钳固定在创巾上,然后再在大网膜深层预定切开线的两侧穿系牵引线和贯穿结扎切开线上的血管后,再切开大网膜深层。用大块生理盐水纱布将网膜上隐窝内的肠管推向肋骨弓内侧的腹腔前方,以防肠管从大网膜切口内涌出妨碍手术操作。

术者双手伸入腹腔内,将子宫及胎儿向腹壁切口处搬动,使子宫与切口靠近,并将子宫大弯显露在腹壁切口处。有些病例的子宫壁还可牵引显露到切口外。在子宫壁和腹壁切口之间用大块生理盐水纱布隔离,以防子宫切开后羊水污染腹腔及腹壁切口。

2. 切开子宫,拉出胎儿 在切开子宫前应再进一步确认显露在腹壁切口内的子宫是否是子宫大弯,在子宫大弯上切开可减少子宫壁的出血。还应对胎儿姿势进行调整,尽可能使胎儿的前肢或后肢靠近子宫切口,这样便于拉出胎儿,可减少在拉出胎儿时引起子宫壁的撕裂。切开子宫时应避开母体胎盘(子叶),子宫壁切口要够长,原则上是宁大勿小,一般不能少于 25cm。在切开子宫时,仅仅切开子宫壁,而不切开胎膜,为此应仔细而准确。子宫一旦切开后,胎膜即从子宫壁切口内向外膨出,若不能向外膨出时,可用手对胎膜进行剥离,使胎膜向切口外膨出。若切开子宫壁后胎膜不向切口外膨出,可能因在分娩过程中胎膜已破裂,胎水经产道已排出体外,在这种情况下也应剥离胎膜,使胎膜充分显露。

切开胎膜拉出胎儿。助手立即用双手将胎膜向切口外牵引,类似翻衣领的动作将胎膜向外翻转,术者手臂伸入子宫腔内,抓住胎儿的前肢或抓住胎儿的一后肢经子宫切口拉出,在拉出一个肢后再伸入子宫内拉出另一个前肢或拉出另一个后肢,具体先拉前肢还是先拉后肢,应以哪一个肢与切口最近为原则。在拉出四肢时,术者手心要保护蹄尖部,防止因拉出胎儿将子宫壁划破。拉出胎儿需要术者与助手的密切配合,严防在拉出胎儿时导致子宫壁撕裂,还要严防肠管随之脱出,防止羊水流入腹腔内。在拉出胎儿的瞬间,在场的保定人员立即用双手掌压迫牛的腹壁以增大腹内压,以防因拉出胎儿后腹内压的急剧降低而导致脑贫血、虚脱等意外情况的发生。拉出的胎儿若还存活,要让畜主进行护理。

取出胎衣、冲洗子宫。助手立即用舌钳夹持子宫壁切口或用手抓住子宫壁切口,将子宫向腹壁切口外轻轻拉出。术者重新洗手消毒后,手进入子宫腔内将胎膜完整地剥离下来,若剥离胎膜时有出血,也可不剥离,以防因剥离出血引起出血过多或发生感染。用生理盐水反复冲洗子宫腔,在冲洗完毕后向子宫腔内撒布青霉素粉 800 万～1 200 万 U 或向子宫腔内撒布强力霉素粉 5～10g,以减少术后子宫内膜炎的发生。

3. 子宫切口的缝合　术者与助手再次清洗和消毒手臂,更换灭菌手套,对子宫壁切口用可吸收的 1～2 号肠线进行康乃尔氏缝合或全层连续缝合。在胎衣尚未剥离下的子宫壁,缝合子宫壁时切忌缝上胎衣。缝合子宫壁时一定缝上子宫黏膜层,每缝一针都要拉紧缝线,使切口对合严密。缝合时切忌使用不吸收的丝线。因难产时间长并经过产道助产的母牛子宫内已视为污染,不吸收的缝线可能成为引起子宫炎的病因,成为手术后不孕的主要原因。

子宫第一层缝合完毕后,用生理盐水冲洗子宫壁,然后用可吸收的缝合线对子宫壁进行伦勃特氏缝合。缝合操作应快捷迅速,以防子宫的快速收缩而导致第二层缝合困难。缝合完毕,用生理盐水冲洗子宫壁,并取出填塞入腹腔内的隔离纱布,用生理盐水青霉素溶液冲洗腹腔后,将子宫还纳回腹腔内。对于子宫扭转的病例,术者手臂要伸入腹腔内检查子宫扭转的方向,并按扭转的反方

第三章 奶牛场兽医师治疗技术

向进行矫正,展平后才可进行腹壁切口的缝合。

4. **腹壁切口的缝合** 拉出胎儿后,牛的腹内压减小了,腹壁切口都比较好缝合,但也有一些病例因瘤胃内容物较多,又因较长时间的侧卧保定,常常发生不同程度的瘤胃膨气,给缝合腹壁切口带来困难,为防止此情况的发生,可在手术前导胃,并灌服止酵药,如鱼石脂酒精;在术前准备好瘤胃穿刺放气的套管针。若在手术中出现瘤胃膨气而影响腹壁切口的闭合时,可用套管针进行穿刺放气减压,在左侧卧保定下的瘤胃穿刺放气,因左肷部已压在牛体下,其穿刺放气不能在左肷部。在腹壁切口内可触及到膨气的瘤胃,在瘤胃壁上做一个荷包缝合线,在线圈内用套管针刺透瘤胃壁,立即抽紧缝合线,放气减压。放气时应用灭菌纱布隔离针头及周围,防止从针头内喷出来的气体和胃内容物污染腹壁切口。放气减压后拔下套管针,拉紧缝线打结。经放气减压后再缝合腹壁切口。

凡已切开大网膜病例,均需对已切开的 2 层大网膜分别进行连续缝合。凡平行乳静脉的切口,在缝合腹壁切口时,第一层缝合将腹膜、腹横肌、腹直肌与腹黄筋膜间断缝合,皮肌连续缝合,皮肤进行间断缝合。而肷部斜切口的腹壁第一层缝合是将腹膜进行连续缝合,腹横肌腹内斜肌连续缝合,腹外斜肌连续缝合,皮肤间断缝合。每缝完一层均用生理盐水青霉素溶液冲洗后才转入下一层的缝合。在腹内压过大的病例,缝合腹膜和腹横肌、腹直肌和腹黄筋膜时,可用 18 号丝线将四层进行间断缝合,每缝一针都要求打结要紧,使切口闭合严密,防止留有间隙。为此,在打第 1 个结扣时,助手用止血钳夹线结部,待第 2 个结扣接近打紧时立即松去止血钳,以保证结扣牢固。凡术后发生切口疝者,都是因腹膜、肌肉未完全闭合好而发生的,应当引起重视。

皮肤缝合前要用 2% 碘酊消毒皮肤创缘后再缝合,缝合后再用 2% 碘酊消毒,并打以结系绷带。

(七)术中观察与术后护理

第一,手术中要密切观察术中的出血量和全身状态,在切开子宫、拉出胎儿和剥离胎衣过程中的出血量有多少,是否会引起出血性休克,在手术中是否需要补液、强心和使用全身性止血药?对手术中出血量较多的母牛,在手术中都应当补液、强心并使用全身性止血药。常用处方为:5%葡萄糖氯化钠4 000~5 000ml,10%葡萄糖酸钙500~600ml,维生素C 2~4g,青霉素160万U×20支,10%安钠咖30~40ml,静脉注射。

第二,术后5~6天内,使用青霉素、庆大霉素以控制弥漫性腹膜炎或局限性腹膜炎的发生。对有脱水的病牛,应当进行补液。

第三,术后1~3天全身使用10%葡萄糖酸钙静脉注射,以减轻腹腔内的渗出,有利于母牛的恢复。

第四,为促进子宫的复旧,术后使用缩宫素,并灌服益母草膏。

第五,当出现反刍后给予牛易消化的优质饲草和精料,逐日增多,6~7天后恢复正常的饲喂量。

第六,术后10~11天拆除皮肤缝线。

第七,有一些病例在皮肤拆线后的一段时间内,腹壁切口处又发生了化脓,脓汁从原皮肤切口内流出。化脓的原因是缝合肌肉的丝线引起的植入感染。治疗这种化脓创的方法是用止血钳经排脓口内伸入,钳夹肌肉内的缝线将其拉出,钳夹上而拉不出来的缝线,可用手术剪拆除。只要把缝线拆除了,化脓就很快停止。

第八,只要坚持了剖宫产手术的操作规程和术后正确的护理,手术奶牛都会恢复良好。

第四章 奶牛传染病

第一节 传染病的防疫措施

一、奶牛传染病的传染流行过程

奶牛传染病是由病原微生物与机体相互作用所引起的,有一定的潜伏期和临床表现,具有传染性。不仅可造成大畜产品的损失,而且人、兽共患的传染病给人群健康带来严重威胁。

传染病的病程大致可以分为潜伏期、前驱期、发病期和转归期4个阶段。潜伏期,指病原体侵入机体进行繁殖时起,直到出现临床症状为止。前驱期是疾病的征兆阶段,其特点是临诊症状开始表现出来,但特征性症状仍不明显。发病期在前驱期之后,疾病的特征性症状表现出来,是疾病高峰的阶段。转归期是指疾病进一步发展,动物痊愈或死亡。

传染病在畜群中流行,需3个基本环节,即传染源、传播途径及易感动物。当3个条件同时存在并相互联系时就会造成传染病的流行。传染源主要是指受感染的动物及被其排泄物所污染的饲料、饮水及用具等。传播途径是指病原体由传染源排出后,经一定的方式再侵入其他易感动物所经的途径。传播途径分两大类,一是水平传播,即传染病在群体之间或个体之间以水平形式横向平行传播,有直接接触和间接接触传播两种;二是垂直传播,即从母体到其后代两代之间的传播。易感动物是指对于某种传染病病原体易于感染的动物。一个传染病的流行与否、流行强度和维持时间,取决于该病的潜伏期、病原的传染性以及易感动物群体的密度和易感动物所占的比例。

传染病在流行过程中有4种表现形式,即散发性、地方流行性、流行性与大流行。散发性是指疾病无规律性、随机发生,局部地区病例零星地散在发生,各病例在发病时间与发病地点上没有明显的关系。地方流行性是指在一定的地区和畜群中,带有局限性传播特征的小规模流行的家畜传染病。流行性是指在一定时间内一定的畜群出现多的病例,但没有绝对数界限,仅是指疾病发生频率较高,传播范围广。大流行是指疾病流行规模非常大,可扩大至全国,甚至涉及几个国家或整个大陆。上述几种流行形式之间的界限是相对的,并且不是固定不变的。另外,季节影响病原体在外界环境中的存在和散播、传播媒介(如节肢动物)的活动以及动物活动和抵抗力等,所以有些传染病的流行有季节性。除了季节性以外,在某些家畜传染病的流行有周期性。影响传染病流行的因素很多,传染源、宿主和环境因素不是孤立的,而是相互作用引起传染病的流行。

二、传染病的诊断

传染病的诊断是预防工作的重要环节,常用的方法有:临床诊断、流行病学诊断、病理学诊断、病原学诊断、免疫学诊断与分子生物学诊断等。

临床诊断是利用人的感官或借助一些最简单的器械对病畜进行检查,简便易行的方法,兽医人员应注意对整个发病畜群所表现的综合症状加以分析判断。但有一定的局限性,特别是对发病初期没有出现特征症状的病例。在很多情况下,根据临床诊断可提出疑似疫病的大致范围。

流行病学诊断是针对患传染病的动物群体,流行病学调查的基础上进行的,经常与临床诊断联系在一起。通过流行病学调查弄清流行的情况、疫情来源、传播途径和方式以及相应地区的政治、经济基本情况。

第四章 奶牛传染病

患传染病而死亡的动物,多数有相应病理变化,是疫病诊断的依据之一,病理学诊断有病理剖检诊断和病理组织学检查。

病原学诊断是家畜传染病诊断的重要方法之一。常用的方法有病料涂片镜检、病原分离培养和鉴定与动物接种试验等。

免疫学诊断是传染病诊断和检疫中常用的重要方法。常用的检测方法包括中和试验、凝集试验、沉淀试验、溶细胞试验、补体结合试验以及免疫荧光试验、免疫酶技术、放射免疫测定、单克隆抗体和变态反应等。

分子生物学诊断是检测不同病原微生物所具有的特异性核酸序列和结构。可采用 PCR、核酸探针技术以及 DNA 芯片技术等方法进行检测。

三、传染病的治疗

家畜传染病的治疗是综合性防疫措施中的一个组成部分,挽救病畜,消除传染源。对无治疗价值的病畜或病畜对周围的人、畜有严重威胁,在严密消毒的情况下将病畜淘汰处理。对病畜的治疗须在隔离或封锁的条件下进行,严禁治疗的病畜成为传染源。对家畜传染病的治疗,主要有两方面的治疗方法,一是针对病原体的疗法,二是针对动物机体的疗法。

针对病原体的疗法有特异性疗法、抗菌药疗法与抗病毒药物疗法等。应用针对某种传染病的高度免疫血清、痊愈血清(或全血)、卵黄抗体等特异性生物制品进行治疗。在确诊的基础上,早期大剂量应用的高免血清,可取得良好的疗效。抗菌药为治疗细菌性传染病的主要药物,合理科学地应用抗菌药,是发挥抗菌药疗效的重要前提。目前,抗病毒感染的药物比抗菌药物少,一般有较大毒性。

在传染病的治疗中,既要帮助机体消灭或抑制病原体,又要帮助机体增强抵抗力、恢复生理功能,战胜疫病,恢复健康。对病畜加强护理,是进行治疗的基础。在治疗中,减缓或消除某些严重的症状、调节和恢复机体的生理功能而进行的疗法,均称为对症疗法。如退热、止痛、止血、镇静、兴奋、强心、利尿、轻泻、止泻、防止酸中毒和碱中毒、调节电解质平衡、急救手术和局部治疗等,均属对症疗法的范畴。在大的饲养场传染病的危害很严重,除对患畜进行护理治疗外,还需对整个动物群体进行治疗。

四、传染病的防制

近年来,奶牛养殖业有了较大的发展,但在养殖过程中,养殖者对动物防疫管理认识不到位、抓得不实,致使发生许多人、兽共患传染病,特别是布鲁氏病和结核病,严重影响人的健康,妨碍牛奶的消费与奶业的发展。所以加强奶牛场的管理与免疫接种工作有重要的意义。

第一,场址选择要合理,远离居民区。场址应修建在居民区下风处,场区整洁,避开生物、物理、化学污染源,奶牛场周围环境1 000米范围内无动物饲养场、医院、牲畜交易市场、屠宰场。在场内设置产房与隔离圈舍,在场外设消毒池。排水设施设置要合理,减少污染环境,减低传染病的传播机会。

第二,加强奶牛档案管理。在奶牛耳标编号的基础上,统一登记建档,主要包括奶牛照片(或图)、耳标编号、重大奶牛病免疫情况,以及品种、系谱、产奶量等。实行防疫档案化管理。有健全的档案制度,能为奶牛的科学饲养、疾病预防和牛奶质量的评定提供参考依据。

第三,对奶牛场的要定期进行严格的消毒。奶牛场消毒是消灭传染原的重要手段,但也是奶牛场动物防疫管理上难度较大的环节。牛舍要保持清洁卫生,定期消毒,消毒药品要经常更换,浓度要按说明严格配制,运载工具要到指定地点清洗,待干燥后进行彻底消毒。麻痹大意不能坚持消毒或消毒不彻底,不能有效杀灭病原微生物,就会给传染病的发生和流行埋下隐患。

第四,奶牛的购运要按照有关程序和规定进行。

一是严格执行"准调证"制度。凡从外地购进奶牛时,都要执行"事前申请、凭证调进、调回报检、复检进场"的规定。有些饲养者不向当地兽医卫生监督部门或重大动物疫病指挥部门申请,擅自从外地购进奶牛,而且没有免疫证明,不进行复检。这种无计划调运会加大引进带病奶牛的可能性。

二是认真进行"两病"监测。每年进行两次布鲁氏病和结核病的监测(春、秋各1次)。

三是全面实行奶牛健康合格认证。对于"两病"监测合格的奶牛场,应全面推行奶牛健康合格认证,发给其《奶牛群健康登记证》,要严格禁止收购和加工不合格奶牛场的牛奶。

第五,要加强奶牛疫病预防检疫、净化管理与免疫接种工作。有些养殖者只注重发展,忽视疫病免疫和监测,甚至出现病牛时因怕遭受经济损失而拒绝扑杀处理,结果造成传染病的流行。对奶牛场的所有奶牛每年都必须进行定期预防接种和诊断性检查,使每头奶牛都能得到有效的免疫保护,防止传染病的发生、蔓延。对检出的患传染病的可疑奶牛,要同健康奶牛群隔离开,进行隔离观察;对阳性奶牛要立即扑杀深埋,圈舍、用具以及活动场地、道路进行彻底消毒。在采取以上措施后,要对圈存健康奶牛进行连续的监测,每2个月1次,连续3次阴性方可作为清净场。动物防疫监督机构每年要对奶牛场的防疫条件进行严格审核,符合要求的,方可发给《动物防疫合格证》。

第二节 病毒性传染病

一、口蹄疫

口蹄疫是由口蹄疫病毒感染引起的一种急性、高度接触性传染病。该病以体温升高,口腔黏膜、鼻、蹄部及乳房等部位的皮肤发生水疱和烂斑以及心肌与骨骼肌变性为主要临床特征。

【病原与流行病学特点】

口蹄疫病毒是小 RNA 病毒科口蹄疫病毒属成员;呈圆形或六角形,直径 20~25nm,有 7 个血清型,型间无交互免疫反应,动物感染后只对本型病毒产生免疫力。口蹄疫病毒对外界因素抵抗力很强,在自然条件下可保持传染性数周至数月。在我国流行的口蹄疫病毒有亚洲 I 型和 O 型两个血清型,O 型临床症状较轻,亚洲 I 型病情较重。

病毒大量存在于水疱液中,患病动物的粪尿、乳汁、精液、口涎、眼泪和呼出气体中也含有病毒,痊愈动物向外界排毒,可长达 5 个月。空气、草料、饮水及饲料和运输工具均可成为本病的传播媒介,鸟类也可成为传播媒介。病毒进入易感动物的消化道、呼吸道或损伤的皮肤黏膜而感染本病。本病没有季节性,但有一定的周期性,常每隔 1~2 年或 3~5 年流行一次。

【临床症状】

潜伏期一般 2~7 天,最长 14 天。患病奶牛精神沉郁,体温升高达 40℃~41℃,食欲减少或拒食,反刍停止,闭口流涎。约 1~2 天后,唇内面、齿龈、舌面和颊黏膜出现水疱,水疱破溃形成边缘不整的红色烂斑。随病情的发展,趾间与蹄冠皮肤表现热、肿、痛,动物出现跛行,发生水疱、烂斑。有些动物水疱破裂,体温下降,全身症状好转。也有些动物蹄部病变严重,在蹄球部裂开,出现严重的跛行,若继发细菌感染,局部化脓坏死,病程延长,甚至蹄匣脱落。有的病例乳房乳头皮肤出现水疱、烂斑。犊牛患病水疱症状不明显,常呈现急性胃肠炎和心肌炎症状而突然死亡。幼畜死亡率 20%~40%;成年奶牛死亡率不高,一般不超过 5%,但严重影响生产性能。奶牛感染亚洲 I 型口蹄疫病毒,产奶量下降,2 个月不能恢复。

第四章 奶牛传染病

【诊　断】

根据流行病学特点、临床症状与实验室检测可对本病做出诊断。但应与牛黏膜病、牛恶性卡他热、牛水疱性口炎相鉴别。实验室诊断常采用病毒分离鉴定、乳鼠保护试验、中和试验、补体结合试验或微量补体结合试验、琼脂免疫扩散试验、反向被动血凝反应试验、酶联免疫吸附试验(ELISA)、间接酶联免疫吸附试验以及免疫荧光抗体技术等方法

【防治措施】

1. 治疗　根据国家规定，口蹄疫病牛应一律扑杀，不准治疗。
2. 预防　我国对本病实行强制免疫，选择符合当地口蹄疫流行情况的疫苗。在发生口蹄疫后，立即上报疫情，划定疫区，严格封锁，就地扑灭，严防蔓延。对疫区的牛、羊、猪进行检疫，病畜就地烧毁深埋。对疫区和周围受威胁区检疫呈阴性的牛、羊、猪，按由外向内的顺序接种口蹄疫疫苗。对病畜污染的圈舍、饲槽、工具和粪便进行消毒。最后1头病牛痊愈或死亡14天后，无新病例出现，经彻底消毒，报请上级部门批准后解除封锁。

二、水疱性口炎

小疱性口炎是由小疱性口炎病毒所致的一种人兽共患、急性、热性传染病。临床上以口唇黏膜、舌黏膜及蹄冠皮肤发生水疱，流泡沫样口涎为主要特点。

【病原与流行病学特点】

水疱性口炎病毒(VSV)属弹状病毒科水疱病毒属，病毒粒子呈弹状或圆柱状，有两个血清型。水疱性口炎对发生在夏、秋季，确切的疫原地和自然传播方式不清楚。牛、绵羊、山羊、野生动物以及昆虫均可感染VSV。在流行期间，病毒通过感染动物的排泄物或空气进行传播，发病率很高，但死亡率不高。

【临床症状】

潜伏期3～5天,长者可达9天。病牛食欲不振,流涎、体温升高、跛行,同时乳头发生病变。口腔黏膜、冠状带以及乳头出现白色的病灶,进而发展为水疱而破裂。乳头的病变会引起乳房炎。患病奶牛常能恢复,但其生产性能受到严重的影响,造成很大经济损失。

【诊　　断】

根据流行病学特点、临床症状以及实验室检查可对本病做出诊断。但要注意本病与口蹄疫的鉴别诊断。

【防　　治】

加强饲养管理,减少应激因素,降低牛群的密度。若发生该病,应隔离患病动物,并对其进行对症治疗。

三、狂犬病

狂犬病是狂犬病病毒引起的一种人、兽共患病,几乎所有温血动物都能感染发病。患病牛出现兴奋、嚎叫,最后麻痹死亡。

【病原与流行病学特点】

狂犬病病毒为弹状病毒科狂犬病毒属成员,对酸性或碱性消毒药液均敏感。狂犬病病毒主要在脑脊髓神经组织、唾液腺及其分泌物中。由患病(或带毒)动物咬伤而感染是该病的主要传播方式,当健康奶牛皮肤黏膜有损伤时,接触病畜的唾液亦可感染。犊牛和母牛发病率相对较高,常在一个地区内散发。

【临床症状】

狂犬病潜伏期为30～90天。病牛精神沉郁,反应亢奋,食欲减少,不久拒食,饮水停止,消瘦,腹围变小。随病程的发展,病牛精神意识紊乱,狂暴、嚎叫,声音嘶哑,磨牙,大量流涎,不能吞咽,瘤胃臌气。有的病牛兴奋与沉郁交替出现,最终倒地不起,进入抑制状态,麻痹死亡。整个病程3～7天。

【诊　断】

该病临诊比较困难。根据临床症状,结合病史可做出初步诊断。若要确诊,需进行实验室诊断,可对死亡牛的大脑进行病理组织学检查,发现内基氏小体即可确诊。也可进行动物试验,将病死牛的脑组织接种于小鼠,接种后 6~14 天内小鼠步态不稳、四肢麻痹、全身震颤,最终死亡。

【防　治】

犬是狂犬病的主要传染源。因此,对犬狂犬病的控制,是预防狂犬病最有效的措施。对犬定期接种狂犬病疫苗,消灭流浪犬,对狂犬病病犬进行扑杀。若牛被犬咬伤,应立即用肥皂水或 0.1% 新洁尔灭溶液反复清洗伤口,并用清水洗净,2%~3% 碘酒消毒,尽早注射狂犬病疫苗。在局部清洗的同时,可应用抗狂犬病免疫血清或人源抗狂犬病免疫球蛋白(RIGH)围绕伤口作浸润注射,局部伤口不应过早缝合。对咬伤严重、多处伤口或头、面、颈等部位被咬伤者,在接种疫苗的同时注射免疫血清。对出现狂犬病症状的动物进行扑杀,将尸体焚化或深埋。

四、伪狂犬病

伪狂犬病是由伪狂犬病病毒感染引起的多种家畜和野生动物的一种疾病,临床上以发热、奇痒与脑脊髓炎为主要特征。在奶牛,这种病不多见。

【病原与流行病学特点】

伪狂犬病病毒是疱疹病毒科成员。奶牛主要通过接触被该病毒污染的草料而感染发病,也可通过伤口感染。

【临床症状】

伪狂犬病的潜伏期为 2~7 天。病牛出现局部或全身剧烈瘙痒,用舌舔痒部,或磨蹭痒部,所以又称剧痒症。患病动物会出现类似狂犬病的神经症状,体温升高。急性病例会突然死亡。有的病例出现流涎,咽、喉功能障碍,呼吸困难,瘤胃臌气,共济失调,癫痫等症状。大多数病牛以死亡转归,病程2～3天。

【诊　断】

根据病畜临床症状,以及流行病学资料分析,可初步诊断为本病。要特别注意本病与狂犬病的鉴别诊断。可采用病毒分离技术、血清中和试验、琼脂免疫扩散试验、补体结合试验、荧光抗体试验、酶联免疫吸附试验或病毒分子生物学技术等方法对本病做出确诊。

【防　治】

本病无特效的治疗方法,多数病例以死亡转归。在日常饲养管理过程中,要避免牛与猪同舍饲养。

五、牛流行性热

牛流行性热,又称牛三日热、牛暂时热或牛流行性感冒,是由牛流行性热病毒引起的一种急性热性传染病,以高热和呼吸促迫、流泪、流涎、流鼻涕以及四肢关节疼痛为主要临床特征。

【病原及流行病学特点】

牛流行性热病毒属弹状病毒科暂时热病毒属成员,单股RNA,有囊膜,病毒粒子呈子弹形或圆锥形,长140～176nm,宽70～88nm,也可见到T形粒子。病毒不耐热,不耐酸、碱。

本病主要侵害牛,黄牛、奶牛、水牛均可感染发病。病牛及其排泄物是主要的传染源,蚊、蠓、蝇是重要的传播媒介。该病发病率高而病死率低,常取良性经过。有明显季节性,在炎热多雨季节多发。本病有一定的周期性,在我国,每3～5年发生一次地方性流行,每7～12年发生一次大流行。本病与品种、年龄有一定关系,奶牛和黄牛多发,水牛较少发生,3～5岁多发,1～2岁和6～8岁牛较少发生,犊牛与9岁以上老牛很少发生。

【临床症状】

该病潜伏期3～7天。病牛恶寒战栗,体温升高,可达40℃以上,持续3~4天,然后体温逐渐下降恢复正常。病牛精神沉郁,流涎,呼吸促迫,流泪,眼睑肿胀或水肿,食欲降低或废绝,反刍停止,粪干或腹泻。有的病例继发肺炎而死亡。多数病牛表现程度不一的跛行。

【诊　　断】

根据临床症状和流行病学特点即可做出初步诊断。必要时可采用病原分离鉴定或中和试验、补体结合试验、琼脂扩散试验、免疫荧光法、酶联免疫吸附试验等进行诊断。要注意与呼吸型牛传染性鼻气管炎、口蹄疫鉴别。

【防　　治】

在疫区应进行预防接种。1岁以上牛间隔3周注射2次牛流行热亚单位疫苗,每次皮下注射2ml,免疫期为3个月以上,可获得93.33%的保护。发生疫情后,进行严格的封锁和消毒,及时隔离病牛,进行灭蚊灭蝇,控制该病的流行。

对病牛可用解热止痛药。复方氨基比林注射液20~40ml,或30%安乃近注射液20~30ml。为防止继发感染,可用青霉素1 600万~2 400万 U 肌内注射,每天上下午各注射1次,连用3~4天。对脱水病牛应进行强心、补液,可用5%糖盐水2 500~4 000ml,维生素C 2~4g,维生素B_1 100~500mg 静脉注射。对四肢关节疼痛严重者,可静脉注射水杨酸钠注射液250~300ml,每天1次,连用2~3天。也可内服芬必得胶囊、炎痛喜康片、保泰松等药物进行治疗。对卧地不起的牛要防止褥疮的发生。

六、牛副流感

牛副流感是由3型副流感病毒感染引起的呼吸道疾病。单纯的3型副流感病毒感染牛引起的症状较轻,若继发细菌感染则会出现严重的肺炎。

【病原及流行病学特征】

3型副流感病毒属副黏病毒科副黏病毒属副流感病毒亚群成

员,单股 RNA,呈圆形或卵圆形,有囊膜,含神经氨酸酶和血凝素,能凝集人"O"型、豚鼠和鸡的红细胞。单纯的 3 型副流感病毒感染牛引起的症状较轻。各种年龄的牛均可感染,主要通过空气飞沫经呼吸道感染,也可经子宫垂直传播。病牛及带毒牛是传染源。该病多见于晚秋和冬季,发病率一般不超过 20%,病死率较低,一般为 1%~2%。

【临床症状】

该病的潜伏期 2~5 天。病牛体温升高,可达 41.5℃,精神沉郁,食欲不振,鼻镜干燥,流浆液性、黏液性或脓性鼻液,眼结膜潮红,流泪。呼吸加快,有时张口呼吸,咳嗽,听诊气管有啰音,若继发细菌感染可出现严重的纤维素性胸膜炎和支气管肺炎症状。有的病例发生腹泻,消瘦虚弱。妊娠牛可能流产。

【诊　断】

依据病史、临床症状和剖检病变可对本病做出初步诊断。确诊可用病毒分离鉴定、中和试验、血凝抑制试验或免疫荧光法等方法进行检测。

【治　疗】

对于该病主要采取对症治疗的方法,尤其是要治疗或预防细菌继发感染。治疗本病可在早期应用四环素族抗生素或磺胺类药,虽对病毒无效,但可对细菌起抑制作用,青霉素 400 万~800 万 U 和链霉素 1g,发热牛肌内注射复方氨基比林 10~20ml,喘平注射液 10ml,每天 2 次。加强饲养管理,放牧时避开晨冷和霜露,到草质优良水源清澈的地方放牧,牛舍周围增设避风围栅和围墙等。国外用副流感 3 型病毒及巴氏杆菌制成的混合疫苗,以及其他各种多价疫苗、血清预防本病。

七、牛传染性鼻气管炎

牛传染性鼻气管炎是由牛传染性鼻气管炎病毒感染牛引起的

一种急性、热性接触性传染病,临床上以高热、呼吸困难、鼻炎、窦炎以及上呼吸道炎症为主要特征。

【病原及流行病学特点】

牛传染性鼻气管炎病毒是疱疹病毒科中抵抗力较强的一种病毒,是泛嗜性病毒,能侵袭多种器官组织,引起多种临床症状。病牛及其排泄物是主要的传染源,牛可通过多种途径感染发病。

【临床症状】

病牛精神沉郁,食欲减少,体温升高,可达42℃,呼吸加快,鼻镜有干燥的结痂,流浆液性、黏液性或脓性鼻液,咳嗽,有时可在鼻孔或鼻镜处有白斑,听到气管啰音。有些病例出现支气管炎或细支气管炎,但多数病例没有肺脏病变。妊娠牛感染该病毒,可发生流产。结膜炎型经常与呼吸道型的牛传染性鼻气管炎同时存在,出现严重的结膜炎,并有浆液性、黏液型或脓性分泌物。还有些病例出现脑炎症状。

【诊　断】

根据临床症状、流行病学特点可对本病做出初步诊断。确诊可采用病毒分离鉴定、中和试验、荧光抗体技术、间接血凝试验或酶联免疫吸附试验以及病毒DNA的核酸探针技术等方法进行检测。注意本病与牛流行热、牛病毒性腹泻-黏膜病、牛蓝舌病和茨城病等疾病的鉴别诊断。

【防　治】

实行严格检疫,防止引入传染源和带入病毒是防制本病最重要的措施。加强饲养管理,对牛进行定期牛传染性鼻气管炎免疫接种。对病牛进行隔离,对本病尚无特效疗法,只能采取综合性措施进行对症治疗,预防治疗细菌继发感染,根据具体情况将其淘汰或扑杀。

八、牛恶性卡他热

牛恶性卡他热,又称恶性头卡他,或坏疽性鼻卡他,是由恶性卡他热病毒引起的一种急性、热性、非接触性传染病。世界上大部分地区均有零星发生。

【病原与流行病学特点】

恶性卡他热病毒为疱疹病毒丙亚科的成员,对外界环境的抵抗力不强。患病动物或健康带毒动物是主要传染源。黄牛、水牛、奶牛易感,多发生于2～5岁的牛。绵羊、马也可感染,但多呈隐性感染。本病主要通过绵羊、马与吸血昆虫而传播,健康牛不能通过接触病牛而感染本病。本病可通过胎盘感染犊牛。本病没有明显的季节性,但以春、夏季发病较多。

【临床症状】

本病潜伏期为3～8周,病牛精神沉郁,病初高热,可达40℃～42℃,于1～2天后,眼结膜潮红,羞明流泪,角膜浑浊,甚者眼球萎缩、溃疡,最终失明。口腔黏膜潮红肿胀,出现灰白色丘疹或糜烂。病牛呼吸困难,鼻镜及鼻黏膜充血,坏死,糜烂,形成结痂。重症病例牛两角脱落。有的病例便秘或腹泻,粪便带血,恶臭。有的病牛的皮肤出现丘疹、水疱,在颈部、肩胛部、背部、乳房、阴囊等的皮肤常见,结痂,最后脱落,有时会形成脓肿。病死率较高。

【诊　　断】

根据流行病学特点、临床症状可对本病做出初步诊断,确诊需进一步做实验室诊断。可采用病毒分离鉴定、间接荧光抗体试验、免疫过氧化物酶试验、中和试验等方法进行检测。

【防　　治】

加强饲养管理,注意栏舍卫生消毒工作,禁止牛、羊混饲饲养。发现病牛后,扑杀病牛,对污染场所及用具进行消毒,防止疫情扩散。目前,对本病无特效疗法。

九、牛病毒性腹泻-黏膜病

牛病毒性腹泻-黏膜病多数牛隐性感染,病牛以发热、白细胞减少、口腔及消化道黏膜糜烂、坏死和腹泻为主要临床特征。

【病原及流行病学特点】

牛病毒性腹泻-黏膜病病毒是黄病毒科瘟病毒属的成员,单股RNA,有囊膜,对乙醚、氯仿、胰酶等敏感;在pH值3以下易被破坏。不耐热,耐低温。不同品种、性别、年龄的牛均可感染该病毒,但以6~8月龄的小牛最为严重。病牛的血液、分泌物和排泄物中含有病毒。健康牛可隐性感染,是危险的传染源。该病经消化道与呼吸道途径感染,妊娠牛感染后可经胎盘传给胎儿,引起流产和死胎。在新疫区,发病率约5%,致死率可达90%~100%;在老疫区急性病例少,死亡率也低,但隐性感染率可高达50%以上。本病在冬末和春季多发。

【临床症状】

该病潜伏期7~14天,分急性型和慢性型。

1. **急性型** 多见于幼犊。病牛精神委顿,食欲减少,呈现双相热,体温升高可达40℃~42℃,流涎,流鼻涕,流泪,咳嗽,呼吸加快,白细胞减少。随病程的发展,口腔黏膜发生糜烂或溃疡,多数病例出现腹泻,初期为水样淡黄色粪便,后期粪便内有肠黏膜和血液,恶臭,病犊消瘦。有的病例不出现腹泻而突然死亡。奶牛泌乳减少或停止,妊娠牛可发生流产,或产下发育不全的犊牛。重症病牛5~7天内因急性脱水而衰竭死亡。病理剖检,可见病牛口腔、食管、胃肠黏膜出血、水肿和糜烂。其中以食管内呈纵行的小糜烂最有特征。肺部多有大的出血病灶,肾脏包膜下肾皮质多有出血斑变化。死亡率很高。

2. **慢性型** 多由急性型转来,流鼻汁,鼻镜干燥,或鼻镜糜烂,口腔黏膜很少发生坏死和溃疡,齿龈通常发红,有间歇性腹泻。

有的病例眼睛有浆液性或黏液性分泌物,或角膜浑浊,或表现青光眼,或发生慢性蹄叶炎和严重的趾间坏死。有的病例表现局限性脱毛和表皮角化,发育不良,衰竭死亡。

【诊　断】

根据流行病学特点与临床症状进行诊断,必要时采用病毒分离鉴定、血清中和试验、补体结合试验、免疫荧光抗体技术、琼脂扩散试验以及聚合酶链式反应等方法来诊断本病。

【防　治】

加强饲养管理,用BVD弱毒疫苗进行免疫接种。也可用疫区内死亡的牛脾脏、肺脏、肾脏制作组织灭活苗,用于发病牛场的预防。对病牛进行隔离或急宰,严格消毒,对假定健康牛群进行紧急免疫接种。

对发病牛进行治疗。以止泻、防止细菌继发感染以及纠正水和电解质紊乱为治疗原则。可用下列处方治疗:5%糖盐水1 000~2 000ml,海达注射液8~18ml,维生素C 2~4g,5%碳酸氢钠注射液200~400ml,利巴韦林注射液30~40ml,混合后静脉注射,每天1次,连用3~4天。也可应用双黄连、大青叶等药物进行肌内注射。

十、新生犊牛病毒性腹泻

【病原与流行病学特点】

新生犊牛病毒性腹泻是由多种病毒引起的急性腹泻综合征。呼肠孤病毒科的轮状病毒和冠状病毒科的新生犊牛腹泻冠状病毒是引起本病的主要病原。病牛、健康带毒牛及其排泄物是主要的传染源,消化道是主要的感染途径,也可经呼吸道传播。若发生疫情,常暴发流行,发病率高,但病死率低。冬季多发。

【临床症状】

1~7日龄新生牛易发生轮状病毒性腹泻,2~3周龄犊牛多发生冠状病毒性腹泻。病牛精神沉郁,食欲不振或拒食,呕吐,腹泻,病牛很快出现脱水,体重减轻。

【诊断】

因为本病的病原较为复杂,所以要对本病做出确诊需进行实验室检测。

【防治】

加强饲养管理,注意卫生消毒工作,牛舍通风良好,阳光充足,犊牛降生必须喂足初乳。对该病主要采取对症疗法,禁食1天。对腹泻脱水者应进行补液,口服肠道收敛剂止泻,使用抗菌药物防止继发感染等。

十一、牛溃疡性乳头炎

牛溃疡性乳头炎是由牛溃疡性乳头炎病毒感染引起的一种传染病,临床上以母牛乳头和乳房表面溃疡为主要特征。

【病原与流行病学特点】

牛溃疡性乳头炎病毒具有疱疹病毒科所共有的形态特征,双股DNA病毒,直径约250nm,有囊膜,对外界有较强的抵抗力。

该病毒有严格宿主特异性,只能感染牛。病牛与健康带毒牛是主要的传染源。挤奶员的手和挤乳机器等是主要的传播途径,昆虫(如蛰蝇等)也可传播本病,秋季和早春多发。自然感染牛群通常2年内不会出现重复感染,但个别牛群在1年后会出现重复感染。犊牛从母体获得的被动免疫可持续6个月。

【临床症状】

该病的潜伏期为3~10天,并且只有泌乳期和新近停乳的母牛感染发病。病牛一般没有全身症状,乳头皮肤出现溃疡。急性病例突然发病,乳头疼痛肿胀,乳头间以及乳头与乳房连接处出现水疱,水疱破裂,皮肤脱落,形成溃疡,有渗出液流出,甚者发生坏疽,5~6天后结痂,于14天后痂块脱落而愈合。严重病例的溃疡面积可波及整个乳头,引起无法治愈的乳房炎。轻症病例乳头内形成肿块,无痛,患部皮肤呈蓝黑色,表面有溃疡,相邻的溃疡灶可能发生融合,若继发细菌感染,会引起乳房炎。

【诊　　断】

根据临床症状可对本病做出初步诊断。确诊需进行实验室诊断,可采用病毒分离鉴定、动物试验以及微量中和试验进行检测。在临床上,注意本病与牛痘、副牛痘和口蹄疫等传染病的鉴别诊断。

【防　　治】

加强饲养管理,不从疫区引进牛或购买相关的产品。挤奶时注意卫生消毒,避免损伤皮肤,消灭吸血昆虫。也可用疫苗进行免疫注射,有一定的预防效果。对病牛进行隔离,积极治疗,对环境进行彻底消毒,对被污染物进行无害化处理。用0.1%新洁尔灭溶液对病牛的患部进行冲洗,然后涂布抗生素软膏等。必要时应全身应用抗生素、磺胺类药物等,预防继发感染。

十二、牛乳头状瘤病

牛乳头状瘤病是由牛乳头状瘤病毒感染引起的良性肿瘤性疾病。

【病原与流行病学特点】

牛乳头状瘤病毒是乳多空病毒科乳头状瘤病毒属成员,有种属特异性。吸血昆虫是本病的传播媒介,也可经接触传播。各种年龄、品系和性别的牛均易感。

【临床症状】

该病潜伏期为3～4个月。病牛在面部、颈部、肩部和下唇出现疣状病灶,尤以眼、耳的周围最多发。成年母牛在乳头皮肤有疣状病灶,影响挤奶,阴门、阴道有时发生病变。在公牛包皮、阴茎、龟头部也会出现疣状病灶,常因交配感染母牛,引起阴门、阴道发病。小的瘤体坚实突出体表,呈疣状;椰菜花样的瘤体较大,表面不平,呈鳞片状或棘刺状。严重病例有不适表现。

【防　治】

对病牛,可用外科手术进行治疗。可用牛乳头状瘤预防疫苗,也可制作自家疫苗进行接种,可获得较好的免疫效果。较小的乳头状瘤可用棉签浸10%甲醛后对肿瘤部腐蚀,使之坏死脱落。

十三、牛海绵状脑病

牛海绵状脑病,又称"疯牛病"。病牛行为反常,运动失调,轻瘫,体重减轻,脑灰质海绵状水肿和神经原空泡形成,死亡率很高。

【病原及流行病学特点】

牛海绵状脑病是由朊病毒引起的。本病毒对热和某些药物有抵抗力,因此,消毒方法受到一定限制,2%～5%的苛性钠溶液1h或0.5%以上的次氯酸钠溶液2h可将其杀死,其他消毒剂效果不佳。高压消毒需136℃ 30min。该病的流行没有明显的季节性,患病牛及健康带毒牛是本病的主要传染源。健康动物摄入被该病毒污染的饲料而感染,3～11岁的母牛多发,尤以3～5岁的最多,公牛、绵羊也易感,野生反刍动物也能感染。人也可感染该病毒。

【临床症状】

该病潜伏期可长达4～6年,有临床症状。多数病例步态不稳,感觉反常,烦躁不安,瘙痒,全身麻痹,体重锐减,共济失调,最后死亡。病程为14～180天。

【诊　断】

依据病理组织学,观察中枢神经系统灰质部的海绵状空泡变化可对本病做出诊断。

【防　治】

为了控制本病,应扑杀和销毁病牛,禁止在饲料中添加反刍动物肉骨粉。严禁销售、食用病牛肉。对于该病,无治疗方法。

第三节　奶牛细菌性传染病

一、布鲁氏菌病

布鲁氏菌病是由布鲁氏菌感染引起的一种人、兽共患的传染病,以生殖系统受到侵害、奶牛发生流产或不孕、公牛发生睾丸炎和不育为主要临床特征。

【病原及流行病学特点】

布鲁氏菌是布鲁氏菌属成员。布鲁氏菌属细菌有6个种20个生物型,均为细小的球杆菌或短杆菌,无鞭毛与荚膜,不形成芽胞,革兰氏阴性菌。该菌对外界的抵抗力较强,但不耐热,煮沸后立即死亡,对多种常用消毒药敏感。牛布鲁氏菌病多由牛种布鲁氏菌(流产布鲁氏菌)感染引起,羊种布鲁氏菌(马耳他布鲁氏菌)与猪种布鲁氏菌也可感染牛发病。

病牛和健康带菌动物是本病主要传染源,布鲁氏菌可随阴道分泌物、乳汁和精液排出,流产的胎儿、胎盘和羊水内含有大量的布鲁氏菌。易感动物采食了被污染的饲料、饮水或接触被污染的用具而感染该病,与病牛交配也可感染发病。另外,本病还可通过皮肤黏膜的损伤和吸血昆虫等途径感染。

【临床症状】

妊娠牛发生流产,流产多发生于妊娠后期。流产前常有分娩预兆,阴唇、乳房肿大,乳汁呈初乳性质,荐部与胁部下陷,阴道流出灰白色或灰色黏性分泌液,阴道黏膜出现粟粒大红色结节。病牛流产后,常发生胎衣不下或子宫内膜炎,2~3周恢复。有的病例愈后可长期排菌。有的病例长期不愈,不能交配受胎。病牛常出现关节炎,滑液囊疼痛、肿胀,跛行,膝关节、腕关节与跗关节多发。有的病例可发生淋巴结炎或脓肿。患病公牛发生睾丸炎、附睾炎,失去配种能力。

【诊　断】

根据流行病学特点、临床症状可对本病做出初步诊断。确诊需进行实验室检查。布鲁氏菌病实验室诊断有细菌学检查、血清凝集试验、补体结合试验、乳环状试验、变态反应方法、间接血凝试验、抗球蛋白试验、酶联免疫吸附试验、荧光抗体法、细菌 DNA 的核酸探针技术以及聚合酶链式反应等方法。注意布鲁氏菌病与弯曲菌病、牛胎毛滴虫病、钩端螺旋体病、乙型脑炎、衣原体病、沙门氏菌病以及弓形虫病等疫病的鉴别诊断。

【防　治】

加强饲养管理,定期检疫,隔离或淘汰阳性牛。坚持自繁自养原则,禁止从疫区引进牛,禁止到疫区内放牧。必须引进种牛或补充牛群时,要严格执行检疫。对新进牛应进行隔离2个月,进行2次检疫,检疫均为阴性后混群。每年在春、秋季进行2次检疫,及时淘汰阳性牛,净化畜群。也可将检疫阳性奶牛进行隔离饲养,继续利用,阴性者作为假定健康奶牛继续观察检疫,经1年以上无阳性者出现,且已正常分娩,即可认为是无病牛群。净化布鲁氏菌病的奶牛群是控制本病的重要措施。疫苗接种是控制本病的有效措施。在控制和消灭该病过程中,要做好卫生消毒工作,切断传播途径。一般不对病牛进行治疗,应淘汰屠宰。从业人员应预防职业性感染该病。

二、结核病

结核病是由结核分枝杆菌感染引起的一种人、兽共患的慢性传染病。牛结核病是由牛分枝杆菌感染引起的一种慢性消耗性传染病,可传染人类或其他动物,以在体内某些器官形成结核结节,继而结节中心干酪样坏死或钙化为主要临床特征。

【病原及流行病学】

牛分枝杆菌单个散在呈"V"或"Y"字形,或呈索状短链状排列,长 $1\sim4\mu m$,宽 $0.3\sim0.6\mu m$,是革兰氏阳性杆菌,具有抗酸染色特性。牛分枝杆菌对外界环境有很强的抵抗力,在干涸的分泌物中可存活 180~240 天,在粪便中可存活数个月,在污水中可存活 11~15 个月。但不耐热,60℃ 20~30mim 可被灭活,对 10%漂白粉溶液和 70%~90%酒精敏感。牛分枝杆菌对链霉素、异烟肼、对氨基水杨酸钠、环丝氨酸和利福平等药物有不同程度的敏感性。

开放型病牛是该病的主要传染源。主要经呼吸道和消化道途径感染,也可通过交配感染。病菌可随唾液、气管分泌物、粪便、尿液、阴道分泌物、精液、乳汁等排出体外,污染空气、水源、饲草、牛奶及其制品、饲槽、用具和土壤等,成为重要的传染源。管理不当、营养不足、阴冷潮湿、牛群密度大、光照不足以及运动不足等因素均是本病的诱因。

【临床症状】

该病的潜伏期一般为 16~45 天,有的更长。依据侵害部位不同,该病分以下几型。

1. 肺结核 食欲正常,长期顽固性干咳,在清晨尤为明显,严重者可表现呼吸困难,逐渐消瘦。胸部听诊,可听到摩擦音。

2. 乳房结核 首先乳房上淋巴结肿大,然后两乳区患病,出现局限性或弥漫性的硬结,无热无痛,表面高低不平,严重时乳腺萎缩。乳汁稀薄,泌乳量降低或停止。

3. 肠结核 病牛食欲不振,消化不良,消瘦,腹泻,或便秘与腹泻交替出现,粪便带血或带脓汁,恶臭。

4. 淋巴结核 多在颌下、咽、肩前和腹股沟淋巴结发病,淋巴结肿大,无热无痛。

发生病变的脏器可出现特异性结节,小米粒大至鸡蛋大,坚实,呈灰白色或灰黄色,切面呈干酪样坏死或钙化。有的病例在肺上形成空洞,胸膜和腹膜上有结核结节,无数结节像珍珠一样附着在浆膜面上,所以浆膜结核又称为珍珠病。

【诊　断】

根据流行病学、临床症状、病理变化可对本病做出初步诊断。确诊需进行实验室诊断,可用结核菌素试验、细菌学试验和血清学试验等方法进行检测。

【防　治】

每年在春、秋季进行 2 次检疫,隔离阳性牛,及时淘汰病牛,净化奶牛场。对与病牛接触过的牛群,应进行全群检疫。每年对假定健康牛群检疫 4 次,连续 3 次检疫为阴性的牛群方可认定为健康牛群。扑杀症状明显的开放性病牛,内脏深埋或焚烧,肉经高温处理后可食用。对被污染的地面、饲槽进行彻底消毒,对粪便进行发酵处理。

三、牛副结核病

牛副结核病是由副结核分枝杆菌所引起的传染病,以慢性腹泻和渐进性消瘦为主要临床特征,主要侵犯反刍兽。

【病原与流行病学特点】

副结核分枝杆菌是分枝杆菌科分枝杆菌属成员,为革兰氏阳性小杆菌,有抗酸染色的特性,本菌对外界有较强的抵抗力。

奶牛对本病易感,尤其是幼犊最易感。患病奶牛和隐性感染奶牛是主要的传染源,粪便含有大量病原菌。主要经过消化道感染,也可经乳汁传播或经子宫垂直传播。该病是一种地方流行性疾病。

【临床症状】

本病潜伏期较长,可达 6～12 个月,甚至更长。患病奶牛早期食欲正常,体温正常,出现间断性腹泻,逐渐变为经常性的顽固腹泻,粪便稀薄,并带有气泡、黏液和血液,恶臭。随病程的发展,患病奶牛食欲减退,皮肤粗糙,被毛粗乱,下颌及垂皮可见水肿,眼窝下陷,消瘦,经常躺卧。患病奶牛泌乳逐渐减少,甚至停止。有时腹泻暂时停止,粪便恢复正常,体重增加,然后再度发生腹泻。饲喂多汁青饲料可加剧腹泻症状。腹泻不止的病例会衰竭而死,病程为3~4个月。

患病奶牛尸体消瘦。肠壁增厚,可达3~20倍,有硬而弯曲的皱褶,肠黏膜呈黄白色或灰黄色。肠系膜淋巴结肿大变软,呈索状,切面浸润,有黄白色病灶。

【诊　断】

根据症状和病理变化可对该病做出初步诊断。确诊需进行实验室诊断,可采用细菌学诊断、变态反应诊断、补体结合反应、酶联免疫吸附试验、琼脂扩散试验、免疫斑点试验或分子生物学技术进行检测。

【防　治】

对于本病,主要是加强饲养管理,增强动物的抗病力。禁止从疫区引进牛。对假定健康牛群,连续3次检疫不再出现阳性牛,可认定为健康牛群。被污染的牛舍、栏杆、饲槽、用具、绳索和运动场等,要用生石灰、来苏儿、苛性钠、漂白粉、石炭酸等消毒液进行彻底消毒。淘汰病牛。对粪便进行发酵处理。目前,无有效的疫苗来预防本病。

四、牛巴氏杆菌病

巴氏杆菌病是由多杀性巴氏杆菌感染引起的各种家畜、家禽和野生动物的一种传染病的总称。牛巴氏杆菌病,又称牛出血性败血症,是牛的一种急性传染病,临床上以高热、肺炎和内脏广泛出血为主要特征。

【病原及流行病学特点】

多杀性巴氏杆菌是两端钝圆、中央略凸的短杆菌,革兰氏染色阴性,用瑞氏、姬姆萨氏法或美蓝染色、镜检,菌体两端着色深、中央着色浅,像两个并列球菌,故又叫两极杆菌。本菌对外界抵抗力较弱,在血液和粪便中可存活 10 天,在干燥环境中存活 2～3 天,在腐尸内可存活 1～3 个月。阳光直射、高温和常用消毒药可灭活本菌。患病奶牛或健康带菌奶牛是主要的传染源,病菌可随分泌物与排泄物排出体外,污染环境。该病可经消化道和呼吸道等途径传播。

【临床症状与病理变化】

本病潜伏期为 2～5 天。根据临床症状可将本病分为两个类型。

1. 急性败血型　病牛体温突然升高,可达 40℃～42℃,精神不振,拒食,呼吸困难,可视黏膜紫绀。有的病例从鼻孔流出带血泡沫。有的病例发生腹泻,粪便带血,一般于发病 24h 内因衰竭而死亡。没有特征性的剖检变化,只见黏膜和内脏表面点状出血。

2. 肺炎型　患病奶牛呼吸困难,痛性干咳,鼻孔流出无色泡沫,听诊有支气管啰音或胸膜摩擦音,叩诊胸部出现浊音区。严重病例头颈伸直,张口伸舌,呼吸高度困难,颌下、喉头及颈下方出现水肿,颈部与背部皮下出现气肿,常死于窒息。2 岁以下的牛常伴有剧烈腹泻,粪便带血。剖检可见胸腔内有大量蛋花样液体,肺、胸膜及心包发生粘连,出现纤维素性肺炎,肺组织肝样变,切面呈红色、灰黄色或灰白色,有散在的小坏死灶。腹泻病牛的胃肠黏膜严重出血。

【诊　断】

根据流行病学材料、临床症状和病理变化可对该病做出诊断。也可进行实验室诊断,如病原形态观察或细菌分离鉴定,或进行小鼠试验感染。在临床上注意本病与炭疽、气肿疽、恶性水肿与牛肺疫的鉴别诊断。

【防　治】

加强饲养管理,增强奶牛抗病能力,注意环境卫生消毒工作,消除应激因素。在疫区,用牛出血性败血症氢氧化铝菌苗对牛群进行免疫接种。对病牛和疑似病牛,应进行严格隔离,积极治疗。对污染的厩舍和用具用5%漂白粉液或10%石灰乳消毒。

对病牛可用恩诺沙星、环丙沙星等抗菌药大剂量静脉注射。如环丙沙星,肌内注射量2.5～5mg/kg体重,静脉注射量2mg/kg体重,1天2次。四环素、青霉素、链霉素、庆大霉素及磺胺类药物对该病也有很好疗效。如配合使用抗出血性败血症多价血清,成年奶牛60～100ml,犊牛30～50ml,一次注入,效果更好。对有窒息危险的病牛,可作气管切开术。

五、牛沙门氏菌病

牛沙门氏菌病是由沙门氏菌属的细菌感染牛引起的一种传染性疾病,以败血症、胃肠炎、妊娠牛发生流产等为主要临床特征。

【病原与流行病学特点】

鼠伤寒沙门氏杆菌与都柏林沙门氏杆菌是引起牛沙门氏菌病的主要病原菌,有时其他沙门氏菌也可参与致病。患病奶牛与健康带菌奶牛是主要传染源,病原可随分泌物与排泄物排出体外,被污染饲料、水源、垫草、用具等也是主要的传染源。鼠类常携带病菌,也是本病的传染源。各年龄的奶牛均可感染发病。主要经消化道感染,没有明显的季节性。

【临床症状与病理变化】

患病成年牛体温升高,精神不振,食欲废绝,脉搏增数,呼吸困难,不久即腹泻,粪便稀薄带血丝、黏液或黏膜絮片,恶臭。病牛剧烈腹痛,常用后肢蹬踢腹部。病程长的病例眼球下陷、消瘦、脱水、眼结膜充血发黄。妊娠牛会发生流产,可从流产胎儿分离到沙门氏菌。有的病例呈顿挫型经过,精神委顿、发热、食欲减退,但不久症状消失。

患病牛精神不振,食欲废绝,体温升高,可达41℃,脉搏增数,呼吸加快，排出带血丝或黏液的稀便，恶臭，卧地不动，迅速衰竭等症状。多数病例于出现症状后 5～7 天死亡，病死率较高，可达 60%。有的病牛可恢复，但病程长的病例可表现关节炎和肺炎症状。

对患病成年奶牛进行剖检，肠黏膜潮红、出血、坏死、脱落；肠系膜淋巴结出现水肿、出血，脾脏肿大、有淤血，肝脏呈现脂肪变性或有坏死灶。病死犊牛的心壁、腹膜及胃肠黏膜出血，肠系膜淋巴结水肿、淤血，肝脏、脾脏和肾脏坏死灶。有关节炎的病例腱鞘和关节腔内含有胶样液体。有肺炎的病例肺脏出现坏死灶。

【诊　　断】

根据流行病学特点、临床症状以及剖检变化可做出初步诊断。确诊需进行实验室检测。可进行病原菌的分离鉴定、直接涂片镜检、试管凝集试验和平板凝集试验等方法。近年来，单克隆抗体技术和酶联免疫吸附试验已用来进行本病的快速诊断。

【防　　治】

加强饲养管理，对牛舍进行定期消毒，进行灭鼠工作以防止鼠类污染饲料、水源等。也可用本场分离的致病菌株制备自家沙门氏菌多价灭活苗，对牛群进行预防接种。对病牛进行隔离治疗，口服复方新诺明，每千克体重 70mg，首次量加倍，每天 2 次。沙门氏菌易产生抗药性，如一种药无效时，可换用另一种，如氟哌酸、庆大霉素等。对机体虚弱的病牛进行补液、强心，补充维生素 A 和复合维生素 B。

六、犊牛大肠杆菌病

【病原与流行病学特点】

犊牛大肠杆菌病，又称犊牛白痢，是由大肠杆菌感染引起的一种急性传染病。气候变化、饲养管理不当、环境卫生不良、初乳不及时或发生消化道障碍等可促发新生犊牛患病，主要经消化道途径感染,也可在子宫内感染。2周龄以内的新生犊牛多发。

【临床症状】

根据犊牛大肠杆菌病的临床症状可分为3种类型。

1. 肠炎型　患病犊牛最初排出粥样粪便,淡黄色,恶臭,不久排水样粪便,呈浅灰白色,粪便内含有凝血块、血丝和气泡。严重者病例卧地不起,机体虚弱、脱水,常衰竭死亡。自愈的病例发育迟缓。

2. 中毒型　也称肠血型,急性病例临床症状不明显,常突然死亡。慢性病例出现中毒性神经症状,表现不安、兴奋,或沉郁、昏迷,最终死亡。

3. 败血型　也称脓毒型,产后3天内的犊牛多发,潜伏期很短,发病急,病程短,精神不振,不吃奶,体温升高,多数病例腹泻,排稀薄粪便,呈淡灰白色。大多病例四肢无力,卧地不起,于发病1天内死亡。

【诊　断】

根据流行病学、临床症状和病理变化可对本病做出初步诊断。确诊需进行细菌学检查,对分离出的大肠杆菌应进行生化反应、血清学鉴定与肠毒素测定。目前,核酸探针技术和聚合酶链式反应技术也被用来进行大肠杆菌的鉴定。

【防　治】

加强妊娠母牛的饲养管理,饲喂营养丰富的饲料,保证初乳的质量和免疫球蛋白的含量。对产房及接产用具进行彻底消毒,做好接产准备。使犊牛在出生后1~2h吃上初乳。也可制备自家大肠杆菌灭活疫苗,在产前4~10周对母牛进行免疫接种,可显著提高初乳抗体的含量,对预防犊牛大肠杆菌病有一定的效果。

本病以消炎、抗菌、补液、调节胃肠功能和调节肠道微生态平衡为治疗原则。可用土霉素、庆大霉素或链霉素内服,以消炎抗菌。补液纠正水、电解质平衡紊乱与酸中毒,可用0.9%氯化钠注射液、复方氯化钠注射液、5%糖盐水、5%碳酸氢钠注射液 100～150ml。强心可应用 10%安钠咖注射液。可应用维生素 C 增强动物抵抗力。将乳酸 2 克、鱼石脂 20 克,加水 90ml 混匀,灌服,以调节胃肠功能。也可内服次硝酸铋、白陶土或活性炭等保护剂和吸附剂以保护肠黏膜。

七、炭 疽

炭疽病是由炭疽杆菌感染引起的各种家畜、野生动物和人类共患的一种急性、热性、败血性传染病,以突然发病、高热不退、呼吸困难、濒死期天然孔出血为主要临床特征。

【病原及流行病学特点】

炭疽杆菌是长而直的大杆菌,革兰氏染色阳性,有荚膜,无鞭毛,单个或成对排列,偶见 3～5 个菌体形成短链,菌体与菌体连接处呈竹节状。炭疽杆菌在动物体内不形成芽胞,但菌体一旦暴露在空气中,在 12℃～42℃的条件下可形成芽胞。炭疽杆菌的繁殖体对外界的抵抗力不强,经煮沸即可杀灭,对 20%漂白粉、2%～4%甲醛、0.5%过氧乙酸敏感。炭疽杆菌的芽胞对外界具有很强的抵抗力,在土壤、圈舍、运动场或在深埋炭疽病牛尸体的土壤中能存活数十年。

患病奶牛及其分泌物和排泄物是本病的主要传染源。若病死奶牛尸体处理不当,形成芽胞,污染周围环境,可成为长久的疫源地。本病主要经消化道途径传播,也可经皮肤小创口侵入而发生皮肤感染。

【临床症状】

本病潜伏期为 1～5 天。在发病的初期,患病奶牛突然呼吸困难,可视黏膜紫绀,昏迷,倒地,全身哆嗦战栗,磨牙,从鼻孔、肛门、眼和口腔内流出血液,数分钟到数小时死亡。急性型病例最常见,患病奶牛精神沉郁,食欲废绝,反刍停止,体温升高可达 42℃,呼吸困难,可视黏膜紫绀或有小出血点,起初便秘,不久腹泻,粪便带血,常有腹痛,尿暗红色或有血尿,妊娠牛可发生流产。病牛死前体温下降,气喘,鼻孔内流出少量血液,一般经 1~2 天死亡。亚急性型较缓,患病动物在喉部、颈部、胸前、腹下、肩部或乳房等部皮肤出现局限性炎灶水肿,口腔或直肠黏膜等处也发生局限性炎灶水肿,病初硬固有热痛,而后变冷而无痛,中央部出现坏死。有时形成溃疡,称为炭疽痈。

【诊　断】

根据临床症状与流行病学特点可做出初步诊断。通常不对疑为炭疽死亡的动物尸体作剖检,可先自末梢血管采血涂片镜检,用瑞氏或姬姆萨氏染色法染色镜检。若有必要,可做沉淀反应(Ascoli)和炭疽杆菌荚膜荧光抗体染色试验、细菌培养或动物接种试验。但如无必要,不做细菌培养和动物接种试验,以防散播炭疽杆菌。

【防　治】

炭疽病为二类动物传染病,一旦发生流行,就会威胁人和动物的生命,并造成重大的经济损失,必须采取严格控制、扑灭措施,防止该病的扩散。对怀疑炭疽病的奶牛尸体,在未经兽医部门确诊之前不准进行尸体解剖、剥皮食用,以防病原扩散污染环境。兽医人员尽快奔赴病死动物现场,尽快做出诊断,并立即上报疫情,封锁发病场所。县级以上畜牧兽医行政管理部门应当划定疫点、疫区和受威胁区,组织有关部门和单位采取对疫点的封锁,严禁动物产品和草料出入疫区,禁止食用患病奶牛的奶、肉等。对全场进行彻底消毒,可用 20%漂白粉液或 10%氢氧化钠溶液喷洒 3 次,每次间隔 1h。对病牛躺过的地面应把表土铲除 15~20 cm,将取下的土应与 20%的漂白粉溶液混合后再深埋。对污染的饲料、垫草及粪便应进行焚烧。奶牛尸体依法焚烧或覆盖生石灰或 20%漂白粉后深埋。严格执行兽医卫生措施。

第四章 奶牛传染病

对周围假定健康牛群立即进行紧急免疫接种。对可疑奶牛及体温升高的奶牛进行隔离治疗。可用青霉素、土霉素及磺胺类药物进行防治。在最后1头病牛死亡或痊愈15天后,解除封锁,封锁解除前再进行1次彻底的消毒。

八、放线菌病

【病原及流行病学特点】

牛放线菌病主要是由牛放线菌林氏放线杆菌感染牛引起的,以色列放线菌、金黄色葡萄球菌与化脓性棒状杆菌也可引起本病。放线菌随植物的芒刺损伤口腔黏膜或窜入唾液腺导管开口处而感染奶牛。年轻奶牛更换永久齿,可经破损的齿龈黏膜感染放线菌。深部的软组织感染后,放线菌可经血管或淋巴管侵入远处器官。

【临床症状】

有的病例下颌骨表现化脓性骨化性骨膜炎或骨髓炎。随病程的发展,骨层板和骨小管遭到破坏,出现骨疽性病变,下颌骨肿大,呈粗糙海绵样多孔状,甚者局部形成瘘管,有脓汁排出。有的病例呈现上颌骨放线菌病,病变扩展到上颌窦,在窦腔有放线菌增生物,在面部形成瘘管口。有的病奶牛咽部与喉部出现放线菌病灶呈蕈状增生物。软部组织放线菌病,在病灶中心有大量多形核白细胞,周围有新生肉芽组织,外层为成纤维细胞形成包膜。在这些结节性病灶周围,可不断生出新的结节,被结缔组织围绕,持续扩大,形成大型球状肉芽肿——放线菌肿。有时放线菌肿内有大量白细胞浸润,并使组织崩解,形成脓肿和瘘管,向外排脓。

【治疗】

外科手术是治疗本病的主要方法。

1. 保定与麻醉 对小肉芽肿病例可施行站立保定。对大型肉芽肿且根蒂较深者,可采用右侧侧卧保定。常用局部浸润麻醉。

2. 手术方法 肉芽肿及瘘管在急性感染早期,可先给以抗感染治疗。如已形成脓肿须切开排脓,待急性炎症完全消退后,再择期手术。

手术时,在病变基部皮下作浸润麻醉。在球状肉芽肿底部两侧,沿被毛方向作一大于肉芽肿纵径的梭形皮肤切口。切开两侧皮肤后,用组织钳或止血钳牵引两侧皮瓣;用刀或剪分离肉芽肿周围组织。再用双股粗丝线或锐齿拉钩将肉芽肿组织提起,并继续分离。向深部分离时,如处在颈静脉分叉处,必须注意避免损伤血管。沿肉芽肿分离周围组织时,不要紧贴索状根蒂,而应多带一些周围组织,以防剥破管壁,造成术部污染。显露肉芽肿根蒂部,仔细分离并向上追踪至腮腺或颌下腺甚至咽喉部病灶中心部。将止血钳夹住根蒂部,用缝线结扎并切除根蒂。有时为了单纯追求深度,可严重损伤腺体造成与咽喉腔相通。在术部操作时,要善于识别唾液腺体、大血管及神经。唾液腺被误切或损伤后,应作两层连续内翻包埋缝合,以防术后形成唾瘘。创内充分止血后,缝合皮肤并作引流。对于单纯性放线菌脓肿,待脓肿成熟后,切开排脓,而不做完整摘除,亦有很多病例痊愈。术后使用抗生素预防切口感染,于8~10天拆除皮肤缝线。

九、牛链球菌病

【病原与流行病学特点】

链球菌的种类繁多,分布广泛,呈圆形或卵圆形,多数无鞭毛,常排列成链,长短不一,短者成对,或由4~8个菌组成,长者数十个甚至上百个,革兰氏染色阳性,不形成芽胞。链球菌对热敏感,60℃30min可被灭活。2%石炭酸溶液、0.1%新洁尔灭溶液、1%煤酚皂溶液均可将链球菌杀死。

患病奶牛和健康带菌奶牛是主要传染源。本病主要经呼吸道和受损的皮肤及黏膜感染。犊牛可因断脐处理不当而感染。B群无乳链球菌、乳房链球菌、停乳链球菌,以及C,I,N,O,P等群链球菌,均可引起牛链球菌乳房炎。肺炎链球菌可引起牛肺炎链球菌病。

【临床症状】

牛链球菌乳房炎主要表现为浆液性乳管炎和乳腺炎。急性病例体温稍增高,烦躁不安,乳房肿胀、变硬、发热、有痛感,食欲减退,产奶量下降或停止,甚者乳房肿胀影响行走。起初乳汁保持原样,或呈现微蓝色、黄色或微红色,有时有微细的凝块或絮片。病情严重者的乳房内有类似血清分泌液,内含纤维蛋白絮片和脓块。多数慢性病例无可见的明显临床症状,产奶量逐渐下降,有时奶汁带有咸味,有时呈蓝白色水样,有时细胞含量增多,有凝块和絮片间断地排出。进行触诊,可摸到乳腺组织中有程度不一的灶性或弥漫性硬肿,乳池黏膜变硬,若发生增生性炎症,有细颗粒状或结节状突起。

牛肺炎链球菌病最急性病例精神不振,体温升高,呼吸困难,眼结膜紫绀,犊牛不愿吮乳,心脏衰弱,出现神经紊乱,四肢抽搐、痉挛,常出现急性败血症,病程短,几小时内死亡。病程长的病例鼻镜潮红,流脓液性鼻汁,结膜发炎,发生支气管炎、肺炎伴有咳嗽,呼吸困难,消化不良,腹泻,共济失调。

【防治】

加强饲养管理,增强奶牛自身抗病力。建立和健全消毒隔离制度,引进奶牛要时进行检疫和隔离观察,确证健康时方能混群饲养。应用疫苗进行免疫接种,有较好的预防效果。也可应用抗菌药物进行药物预防。对患病奶牛应用广谱抗菌药进行治疗,大剂量青霉素合并头孢曲松 10.0g,加入 5% 葡萄糖溶液 2 000mlk 中,静脉注射,每 12 小时 1 次,治疗 2 天效果不佳者,考虑调整抗生素;治疗 3 天效果不佳者,必须调整治疗。丁胺卡那霉素或 2.5% 恩诺沙星注射液 0.4ml/kg 体重肌内注射,第 1 天 3 次,第 2 天起每日 2 次,连用 5 天。有条件的牛场,可先进行药敏试验,选择敏感的药物进行治疗。

十、葡萄球菌病

葡萄球菌病是由葡萄球菌感染引起的人和动物多种疾病的总称。

【病原与流行病学特点】

葡萄球菌呈葡萄串状排列,革兰氏染色阳性,无鞭毛与荚膜,不形成芽胞。葡萄球菌属可分为金黄色葡萄球菌、表皮葡萄球菌和腐生性葡萄球菌,其中金黄色葡萄球菌是主要的致病菌。葡萄球菌对外界环境有较强抵抗力。在尘埃、干燥的脓血中能存活几个月,加热80℃ 30min才能杀死。

葡萄球菌在自然环境中分布广泛。可经多种途径感染,破损的皮肤与黏膜是主要的感染途径,也可经消化道与呼吸道途径感染。各种应激因素,如饲养管理条件、恶劣环境、污染程度严重、有并发病存在使机体抵抗力降低等,可促使本病的发生与流行。

【临床症状】

奶牛葡萄球菌感染主要引起乳房炎,主要由金黄色葡萄球菌感染引起。急性乳房炎病例的乳房患区呈现急性炎症,受害乳小叶水肿、增大、微痛;重症患区迅速增大,红肿、发热、疼痛、变硬。含脓性絮片的微黄色至微红色浆液性分泌液及白细胞渗入到间质组织中,乳房皮肤绷紧,呈蓝红色,仅可挤出少量微红色至红棕色含絮片分泌液,恶臭难闻,伴有全身症状。有的病例出现化脓性炎症。

慢性乳房炎病例多不表现症状,初常被忽视,但产奶量下降。随病程的发展,乳汁中出现絮片;病的后期,结缔组织增生而而使乳房变硬、缩小,乳池黏膜增厚并出现息肉。

【诊　断】

根据临床症状和流行病学资料可对本病做出初步诊断。确诊要进行实验室检查,可采用病原检查、对流免疫电泳、放射免疫法或酶联免疫吸附试验等方法进行检测。

【防　治】

加强饲养管理,减少或避免应激因素的出现,防止皮肤黏膜出现损伤,要注意环境卫生消毒工作。对病牛进行隔离,积极治疗。可用广谱抗菌药进行治疗,有条件的单位可先进行细菌的分离鉴定,然后进行药敏试验,选择敏感药物进行治疗。对皮肤或皮下组织的脓创、脓肿、皮肤坏死等可进行外科处理。对食物中毒的病牛,早期用高锰酸钾液洗胃,对严重病例用抗生素进行治疗,进行补液防止奶牛出现休克。

十一、破伤风

破伤风,又称强直症,俗称锁口风,是由破伤风梭菌感染引起的一种人、兽共患的中毒性传染病。

【病因与流行病学特点】

破伤风梭菌是严格厌氧杆菌,革兰氏染色阳性,能形成芽胞,芽胞对外界的抵抗力很强。该菌在自然界中广泛存在。奶牛常因外伤、分娩、穿鼻以及各种外科手术等途径感染。尤其是小而深伤口更易发病,组织发生坏死,或创口被污物、结痂封盖造成缺氧环境,或与需氧菌混合感染也利于缺氧环境的形成。本病的发生无明显的地区性和季节性,多散发。

【临床症状】

该病潜伏期 7~14 天或更长。患病奶牛病初眼神紧张,口唇发紧,咀嚼、吞咽缓慢,四肢抬举困难,行走迟缓,耳、头颈、背、腰等不灵活。随着病程的发展,耳紧尾揭,第三眼睑外露,伸头直颈,口紧流涎,咀嚼困难,运步强拘,四肢开张,腰背僵硬。患病后期,病牛牙关紧闭,流涎,不能咀嚼,不进水草,瘤胃蠕动停止,常继发臌胀,肌肉强直,形如木马,不能行走,如卧地则不能站起。

【诊　断】

根据病史和临床症状,常能对本病做出诊断。

【治　疗】

对本病以消除病原、中和毒素、对症治疗为基本治疗原则。检查伤口,对伤口进行清创术或扩创术,排除脓汁,去除异物和坏死组织,用0.1%新洁尔灭溶液、3%过氧化氢溶液或0.1%高锰酸钾溶液冲洗创伤,再用生理盐水冲洗,最后注入2%～5%碘酊或大剂量青霉素,消灭病原菌。静脉或皮下注射精制破伤风抗毒素,对成年奶牛,10万～20万U/头,间隔3～5天注射1次,共注射2～3次;对犊牛,5万～10万U/头,间隔3～5天注射1次,共注射2～3次。

十二、恶性水肿

恶性水肿是由梭菌感染多种动物引起的一种急性中毒性传染病,以病变组织发生气性水肿、体温升高和全身性毒血症为主要临床特征。

【病原与流行病学特点】

腐败梭菌、水肿梭菌、魏氏梭菌、溶组织梭菌等是本病的病原,但以腐败梭菌为主。腐败梭菌在自然界分布极广,两端钝圆,严格厌氧杆菌,在体内外均可形成芽胞,芽胞抵抗力很强,芽胞在菌体的中央使菌体呈梭形。腐败梭菌产生α毒素、β毒素、γ毒素和δ毒素4种毒素,可使血管通透性增加、组织发生炎性水肿和坏死或致死性的毒血症。该病主要经外伤途径传播,多散发。

【临床症状与病理变化】

本病潜伏期为12～72h。患病奶牛食欲不振,发热,在伤口周围出现炎性水肿,肿胀坚实、灼热、疼痛,并且迅速扩散,皮下疏松结缔组织的病变尤为明显,后变无热、无痛、柔软、有捻发音。切开发病部位,创面呈苍白色,肌肉暗红色,流出多量淡黄色或红褐色液体,混有少数气泡,腥臭。随着病情的发展,患病奶牛眼结膜充血紫绀,呼吸困难,高热稽留,脉搏加快,多在1~3天死亡。个别病例会发生腹泻。经分娩而感染的母牛,多在2~5天内,阴道黏膜潮红增温,有红褐色恶臭液体流出,会阴水肿,病变迅速蔓延至腹下、股部导致运动障碍,出现全身症状。因去势而感染的公牛,在2~5天内,阴囊、腹下发生弥漫性气性炎性水肿、疝痛,腹壁触诊敏感,并出现全身症状。

对病牛尸体尽早剖检,可发现皮下有污黄色液体浸润,局部组织弥漫性水肿,肌肉呈灰白色或暗褐色,含有气泡,发出难闻的酸臭味;脾脏、肝脏、肾脏肿大,偶见气泡,有灰黄色病灶,淋巴结肿大;腹腔和心包腔积液。

【诊　断】

据病史、临床症状与病理变化可对本病做出初步诊断。确诊需进行实验室检测,可采用动物接种试验、涂片染色镜检、免疫荧光抗体试验或病原分离鉴定等方法进行诊断。

【防　治】

对外伤进行严格消毒与治疗是预防本病的主要措施。对患病奶牛,可用青霉素、链霉素、磺胺类药物等抗菌药,在病灶周围进行封闭,可取得好的疗效。对病变部位进行外科处理,切开肿胀部位,施行清创术,使病变部分充分通气,用0.1%新洁尔灭溶液、1%高锰酸钾溶液或3%过氧化氢溶液冲洗,然后向创内涂布或撒青霉素、链霉素、磺胺类药物等,不对创伤进行缝合。对病情严重的病例可用强心、补液、解毒等对症疗法。

十三、坏死杆菌病

坏死杆菌病是由坏死梭杆菌感染引起多种家畜的一种慢性传染病,临床上以病部组织呈液化性坏死和有特殊臭气为主要特征。

【病原与流行病学特点】

坏死梭杆菌在自然界分布广泛,并且常存在于健康动物的口腔、肠道、外生殖器等处。病牛与健康带菌牛是主要的传染源,其分泌物、排泄物内含有大量病原菌,污染环境成为重要的传染源。饲养密集的奶牛群多发生该病,以犊牛更易感。本病主要通过损伤的皮肤、黏膜途径感染,也可经血液而传播,多散发或呈地方流行性。

【临床症状】

本病潜伏期为1~2周。根据临床症状,本病主要有腐蹄病和坏死性口炎。

成年奶牛多发生腐蹄病,蹄壳出现小孔或创洞,角质腐烂,并含有污黑臭水,在蹄的其他部位也可见到类似病变,病程长的病例会发生蹄壳变形。重症病牛卧地不起,出现全身症状,最终因发生脓毒败血症而死亡。

犊牛多表现坏死性口炎,又称白喉。病牛食欲不振,体温升高,口腔黏膜红肿、增温,可见粗糙、污秽的灰褐色或灰白色的伪膜,流涎,气喘,呼出难闻的气体,甚者出现鼻液。坏死上皮脱落形成面积大小不等溃疡,有恶臭的坏死物。有的病牛表现颌下水肿,呼吸困难,呕吐,不能吞咽,若病变蔓延至肺部,引起致死性支气管肺炎并有坏死灶形成,病程5~20天。

【诊　断】

一般根据临床症状就可对本病做出确诊。必要时可进行病原学检查、免疫荧光抗体技术检测或动物接种试验。

【防　治】

加强饲养管理,注重环境卫生消毒工作,对外伤要及时正确地进行治疗。对腐蹄病进行外科处理,用3%来苏儿溶液冲洗或10%硫酸铜溶液洗蹄,清除患部坏死组织,然后向内撒高锰酸钾粉。对软组织,应用抗生素或碘仿磺胺等药物,用绷带进行包扎,外涂松馏油以防腐防湿。对坏死性口炎,除去伪膜,用0.1%高锰酸钾溶液冲洗,而后涂擦碘甘油,2次/天。对有全身症状的病牛进行对症治疗。

十四、奶牛梭菌性肠炎

【病原与流行病学特点】

奶牛梭菌性肠炎是由魏氏梭菌（又叫产气荚膜梭菌）感染引起的。魏氏梭菌在自然界广泛存在，如粪便、土壤和污水等均有本菌的存在。该病主要经消化道途径感染。1～2周龄的犊牛多发，病死率很高。该病没有明显的季节性，常散发。

【临床症状与病理变化】

急性病例病程短、发病急，常在数小时内死亡，有时临床症状不明显。病程长的病例呻吟，拱背，发生腹泻，起初呈黄白色，混有气泡，随病程的发展，粪便带血，呈黄红色。有的病牛有神经症状。重症病例会衰竭死亡。对患病死亡奶牛进行剖检，小肠黏膜出血、坏死，有的病例肾肿大、软化，浆膜有点状出血，被膜不易剥离。

【诊　　断】

根据临床症状与病例剖检变化可对本病做出初步诊断。若确诊需进行实验室检查，可进行魏氏梭菌分离鉴定或试验动物接种试验。

【防　　治】

加强饲养管理，搞好环境卫生工作，定期进行消毒。在该病流行地区，在犊牛出生后进行药物预防，可应用磺胺脒、环丙沙星等药物。若出现患病牛，全群牛立即口服四环素片 30～50mg/kg 体重或强力霉素 1～3mg/kg 体重，每日 2 次，连服 3～5 天。对病情严重的牛，静脉注射磺胺嘧啶钠注射液 1～1.5ml/kg 体重，每日 2 次，连续 3～5 天，并肌内注射复方硫酸阿米卡星注射液 0.1ml/kg 体重，每日 2 次，连续 3～5 天，有酸中毒者，静脉注射 5% 碳酸氢钠注射液 500ml，并且肌肉注射维生素 C 溶液，连用 3 天。对全群健康牛用奥奶净拌料，长期饲喂，也可用维吉尼亚霉素拌料，剂量

20ppm,全年饲喂,可有效防止本病的发生。

十五、牛传染性角膜结膜炎

传染性角膜结膜炎,又称红眼病,临床上以眼结膜炎、角膜炎,并有大量流泪,以后发生角膜浑浊或呈乳白色为主要特征。在世界各国均有流行。

【病原与流行病学特征】

牛嗜血杆菌是牛传染性角膜结膜炎的主要病原,立克次体、支原体、衣原体和某些病毒也可引起该病。各种年龄、性别的奶牛均易感,但犊牛多发。本病可通过直接接触而传播,蝇类、飞蛾可机械地传递本病。本病在夏、秋多发,呈地方流行性或流行性,传播迅速。青年牛发病率较高,可达60%~90%。患病康复的奶牛对本病有一定的抵抗力。

【临床症状】

本病潜伏期为3~7天。患病奶牛一般无全身症状,体温不升高。病初一侧眼患病,逐渐发展为双眼感染。患眼羞明流泪,眼睑肿胀、疼痛。随病情的发展,角膜凸起,周围血管充血肿胀,结膜和瞬膜红肿,有的病例角膜出现白色或灰色小点。严重病例角膜增厚,甚者发生角膜溃疡,形成角膜瘢痕及角膜翳。有的病例眼前房蓄脓或角膜破裂,晶状体会发生脱落。该病病程一般为20~30天,多数可自然痊愈,但常有角膜云翳、角膜白斑和失明等后遗症。

【诊　断】

根据临床症状、流行病学特点可对本病做出诊断。必要时,进行实验室检测,可采用微生物学检查、沉淀反应试验、凝集反应试验、间接血凝反应试验、补体结合反应试验或荧光抗体技术等方法进行检测,进行确诊。

【防　治】

加强饲养管理,搞好环境卫生工作,注意防蝇、灭蝇工作,也可用疫苗进行预防接种。在疫区,禁止牛、羊等牲畜出入。

隔离病牛,进行积极治疗。用0.9%氯化钠溶液或2%~4%硼酸溶液洗眼,用青霉素溶液或四环素眼膏滴眼。

十六、牛传染性胸膜肺炎

牛传染性胸膜肺炎,也称牛肺疫,是由丝状支原体感染牛引起的危害严重的一种接触性传染病。以纤维素性肺炎和浆液纤维素性肺炎为主要临床特征。

【病原与流行病学特点】

牛肺疫丝状支原体,细小,多形,但多呈球形,革兰氏染色阴性。1%来苏儿、5%漂白粉、1%~2%氢氧化钠或0.2%升汞等消毒液能杀死该菌。在病牛的肺组织、胸腔渗出液和气管分泌物中含有大量的病原菌。

牛是本病主要的易感动物,黄牛、牦牛、犏牛、奶牛等均可感染,3~7岁牛多发。病牛和健康带菌牛是本病的主要传染源,可经呼吸道、消化道或生殖道感染,多散发,但非疫区因引进带菌牛可暴发性流行。没有明显的季节性,但冬、春两季多发。

【临床症状与病理变化】

本病潜伏期一般为15~30天。本病可分为急性型、亚急性型和慢性型。

1. **急性型** 患病奶牛病初发热,可达40℃~42℃,前肢张开站立,可视黏膜紫绀,呼吸高度困难,呈腹式呼吸,鼻孔扩张,鼻翼扇动,有浆液性、黏液性或脓性鼻液,有呓声或短咳,脉细而快,80~120次/min,反刍迟缓或消失。肩胛部或臀部肌肉震颤。前胸下部与颈垂出现水肿。胸部叩诊,敏感,呈浊音;听诊,肺泡呼吸音减弱。随病情的恶化,病牛呻吟,口流白沫,体温下降,呼吸高度困难,伏卧伸颈,最终窒息死亡,病程5~8天。

2. **亚急性型** 病牛症状与急性型病例相似,但不如急性型病例症状典型,病程较长。

3. **慢性型** 病程2～4周,有的病例可达6个月以上。病牛消瘦,消化功能紊乱,食欲反复无常,常发生咳嗽,叩诊胸部敏感有浊音。有的病例无临床症状,但长期带菌,并向外界排病原菌。

剖检,初期以小叶性肺炎为特征。在病的中期,病牛出现浆液性纤维素性胸膜肺炎,肺与胸膜发生粘连,胸腔有淡黄色渗出物,并混有纤维素,胸膜增厚有纤维素附着肺呈紫红色、红色、灰红色或黄色等,切面呈大理石状,间质增宽。支气管淋巴结和纵隔淋巴结肿胀,有出血点。心包液增多并浑浊。在病的后期,肺脏出现被结缔组织包裹坏死灶,在严重的病例结缔组织增生可使坏死灶瘢痕化。

【诊　断】

依据临床症状、病理变化与流行病学特点可对本病做出初步诊断。若确诊,可采用病原学方法或血清学方法进行检测。

【防　治】

严禁从疫区引进牛,加强饲养管理,可用牛肺疫兔化弱毒菌苗对牛群进行免疫接种。对病牛进行隔离,积极治疗,必要时宰杀淘汰。对被污染的牛舍可用1%来苏儿、5%漂白粉或20%石灰乳进行彻底消毒。对病牛进行积极治疗。①咳必清1.5～3mg/kg体重,四环素片1～1.5mg/kg体重,复方甘草片1.5～3mg/kg体重,加适量冷开水灌服,每日2次,4～7天为1个疗程。也可用复方甘草片1～1.5mg/kg体重,加20ml白酒灌服,每日2次,3天为1个疗程。②硫酸链霉素200万U,青霉素160万U,地塞米松磷酸钠5mg,穿心莲2mg,混合肌内注射;2天后,硫酸链霉素减少为100万U,每日2次。7天为1个疗程,有明显疗效。③卡那霉素10～15mg/kg体重,地塞米松5mg,维生素C2mg,混合肌内注射,每日2次,3天为1个疗程,根据病情可用1～3个疗程。④氟苯尼可0.1mg/kg体重肌内注射,每日1次,7天为1个疗程。效果比青霉素、链霉素好。⑤在治疗过程中不能静脉输液,以免增加病牛肺部压力,加重病情,导致病牛呼吸急促而窒息死亡。可以口服补液盐代替,按 3g/kg 体重,加 500ml 温水灌服,每日 2 次,连用 4 天。

十七、气肿疽

气肿疽,俗称黑腿病、鸣疽,是由气肿疽梭菌感染引起的一种急性败血性传染病。

【病原与流行病学特点】

气肿疽梭菌两端钝圆,无荚膜,能运动,可产生不耐热的外毒素,在体内外可形成芽胞,芽胞对外界的抵抗力很强。

患病奶牛与健康带菌奶牛是主要的传染源,其排泄物、分泌物及处理不当的尸体含有大量的病原菌,被病原菌污染的饲料、水源及土壤等可成为持久性传染源。该病主要经消化道途径,也可经外伤感染。本病有一定季节性,夏季多发,呈地方性流行。

【临床症状与病理变化】

该病潜伏期为 3～5 天,常突然发病,食欲和反刍停止,体温升高,可达 41℃～42℃,轻度跛行。不久肩、颈、臂、胸、股、腰等肌肉丰满处发生炎性肿胀,初期有热有痛,后期变冷,触诊有捻发音。肿胀部皮肤硬、呈暗黑色,穿刺或切面有含气泡的黑红色液体流出,恶臭,肉质黑红色,周围组织水肿,局部淋巴结肿大。严重病例呼吸增数,脉快而细弱。该病病程为 1～2 天。

病死奶牛尸体迅速腐败和臌胀,天然孔常流出带泡沫血液,局部淋巴结充血、出血或水肿,患部肌肉黑红色,肌间充满气体,疏松多孔呈海绵状,有酸败气味。肝、肾暗黑色、稍肿胀,并有大小不等的坏死灶,切面呈多孔海绵状,并有含气泡的血液流出。

【诊　断】

依据流行特点、典型症状及病理变化可对本病做出初步诊断。必要时进行实验室检测。

【防　　治】

加强饲养管理,增强牛的抵抗力,在疫区及其周边地区,每年春、秋两季用气肿疽菌苗对牛群进行预防接种。对病牛实施隔离,进行治疗;对病死牛不可剥皮食用,进行深埋或烧毁。在病的早期,可大剂量应用抗气肿疽高免血清,可取得较好的疗效。全身可应用青霉素、四环素等抗菌药。对局部采取封闭疗法,可收到良好效果。

十八、皮肤真菌病

奶牛皮肤真菌病由真菌感染引起。患病奶牛病初成片脱毛,硬币大小,随着病情发展,出现界限明显的秃毛圆斑,部分皮肤隆起变厚,呈灰褐色石棉状。病初多发生在头部,尤其眼的周围、颈部等,不久便蔓延全身,逐渐出现瘙痒表现。

对患病奶牛要及时治疗。选择刺激性小、对角质浸透力和抑制真菌作用强的药物进行局部治疗,可用克霉唑软膏、咪康唑软膏和癣净等。对慢性和重剧的皮肤真菌病,可用灰黄霉素和酮康唑等进行口服。妊娠奶牛禁忌口服灰黄霉素,否则将引起胎儿畸形。

十九、奶牛冬痢

【病原与流行病学特点】

目前对于本病的确切病因尚不清楚。有人认为弯曲杆菌是本病的病原,有人认为该病是病毒感染引起的,如冠状病毒、轮状病毒等。但大多数学者认为冠状病毒是冬痢的主要病原。

本病有明显的季节性,冬季和初春多发。本病经接触传播,主要经消化道途径感染。天气寒冷、气温骤变、变更饲料、饲喂发霉变质和冰冻饲料等应激因素均可促进本病的发生。成年奶牛发病率高于育成牛,犊牛发病率较低,并且病情轻微,很快痊愈。

【临床症状】

患病奶牛精神沉郁,食欲减少或废绝,瘤胃蠕动增强,肠音亢进。病情严重者被毛粗乱,腹部蜷缩,喜躺卧,眼窝凹陷,衰弱,贫血,出现脱水症状,呼吸次数增加,脉搏加快。病牛水样腹泻,呈喷射状,粪便呈棕色,含大量气泡,甚至粪便含血液或血凝块,腥臭。产奶量急剧下降。当腹泻控制后,产奶量能很快回升。病程一般为3~7天。痊愈牛可获得一定的免疫力。血液学检查,红细胞、白细胞、血色素和红细胞压积减少,淋巴细胞增多。

【诊　断】

根据流行病学特点、临床特征可对该病做出初步诊断。本病的确诊较为困难,目前没有特异的检查方法,主要通过临床排除法进行诊断。临床上,注意本病与球虫病、沙门氏菌病、真胃溃疡及病毒性腹泻等疾病的鉴别诊断。

【防　治】

加强饲养管理,增强奶牛机体的抵抗力,饲料配合合理、稳定,禁止饲喂发霉变质的饲料。制定严格的消毒制度,禁止非场人员进入牛舍,做好保暖防寒工作。发病后,隔离病牛群,加强消毒,粪尿和垫料经无害化处理后利用。

对该病尚无特异疗法,主要是加强护理,进行对症治疗。抑菌消炎,可选用磺胺脒、链霉素等药物。可用收敛药物进行止泻,如活性炭、鞣酸蛋白、次碳酸铋等药物。对严重病例者,应纠正水和电解质平衡紊乱与酸中毒,进行强心、补液。

二十、细菌性血红蛋白尿

细菌性血红蛋白尿是由溶血性梭菌感染引起的一种传染病,以血红蛋白尿、黄疸为主要临床特征。

【病原与流行病学特点】

溶血性梭菌为厌氧菌,可形成芽胞,芽胞对外界的抵抗力很强,在土壤中可长期存活。患病奶牛和健康带菌奶牛可通过粪便和尿液向外界排菌。溶血性梭菌是胃肠道内的正常菌群,但在奶牛机体抵抗力降低、有亚临床感染或其他外界应激因素的诱导下奶牛可发病。

【临床症状】

急性病例体温升高,食欲废绝,胃肠蠕动停止,产奶量降低,有腹痛症状,拱背站立,进行性贫血,呼吸困难,出现血红蛋白尿。有的病例出现黄疸,多数病例在12～48h内死亡。

【诊　　断】

根据临床症状可对本病做出初步诊断。实验室诊断方法有病原分离鉴定、荧光抗体技术等。在临床上,注意本病与急性钩端螺旋体病、产后血红蛋白尿、急性肾盂肾炎、恶性卡他热伴发的出血性膀胱炎等疾病进行鉴别诊断。

【防　　治】

因该病发病急,病程短,所以在临床上应及时治疗,但很少治愈。可采用青霉素治疗,进行输血或补液,可取得一定的疗效。在平时,可用溶血性梭菌疫苗对奶牛进行免疫接种。

二十一、李氏杆菌病

【病原与流行病学特点】

本病是由李氏杆菌感染引起的一种传染病,临床上以脑炎为主要特征。人也可感染,所以对本病的防治在公共卫生上有重要的意义。患病奶牛及被李氏杆菌污染的饲料是主要的传染源。本病主要经口腔黏膜的创伤途径而感染。

【临床症状】

成年奶牛患病,突然食欲废绝,精神沉郁,流涎,流鼻液,流泪,呆立,低头垂耳,轻热,不随群行动,不听驱使。随病情发展,头颈一侧性麻痹和咬肌麻痹,眼半闭或丧失视力,耳下垂,沿头的方向旋转或作圆圈运动,以头抵靠障碍物不动,颈项强硬,或角弓反张。舌和咽发生麻痹,出现吞咽障碍。有的病例口颊一侧有多量草料积聚,导致持续性的流涎,有严重的鼻塞音。最后患病奶牛倒地不起,呻吟,四肢呈游泳样动作,昏迷死亡。病程长短不一,短的2~3天,长的可达1~3周或更长。犊牛患病可发生脑炎和急性败血症。

【诊　断】

根据临床症状可对本病做出初步诊断。确诊需进行实验室检测。

【防　治】

注意环境卫生消毒工作。若发生疫情,应隔离病牛,进行积极治疗,对被污染的场舍、用具进行彻底的消毒。同时尽快查出原因,以便采取防治措施。对病牛,用抗菌药物进行治疗,可取得较好的疗效。但对出现神经症状的病例,治疗都难以奏效,一般预后不良。

二十二、附红细胞体病

附红细胞体病(简称附红体病)是由附红细胞体(简称附红体)引起的一种人、兽共患传染病,以贫血、黄疸和发热为主要临床特征。

【病原与流行病学特点】

目前,多数学者认为附红细胞体为立克次体目无浆体科附红细胞体属成员。附红细胞体是一种多形态微生物,呈环形、球形、卵圆形、顿号形或杆状,革兰氏染色阴性,在红细胞表面单个或成团寄生,在血浆中呈游离状态。

多种家畜和人类均可感染。本病的确切传播途径尚不清楚,可能经接触、血源及媒介昆虫等途径传播,或可垂直传播。

【临床症状】

多数动物呈隐性感染。随动物种类不同,潜伏期有较大差异,一般为2~45天。发病动物精神委顿,食欲不振,发热,便秘或腹泻,皮肤有出血点,淋巴结肿大,病程长的可出现贫血,黏膜黄染。有的病例出现心悸、呼吸加快、咳嗽等。病程长短不一,严重者可出现死亡。

病理剖检,可视黏膜、浆膜黄染,肝肿大、有实质性炎性变化和坏死,胆汁浓稠,脾肿胀、被膜有结节,肾肿胀、出血,肺、心等发生不同程度的炎性变化。

【诊　断】

根据临诊症状可做出初步诊断。确诊需依靠实验室检查,可采用直接镜检、补体结合试验、间接血凝试验、荧光抗体试验、酶联免疫吸附试验等方法进行检测。

【防　治】

采取综合性措施预防本病,注意杀灭吸血媒介昆虫,减少应激因素。用四环素族抗生素、贝尼尔等对奶牛进行药物预防。

对患病动物,可用四环素、强力霉素、土霉素、贝尼尔、咪唑苯脲等进行治疗。

第五章 奶牛寄生虫病

第一节 原虫病

一、泰勒虫病

泰勒虫病以高热稽留、贫血和体表淋巴结肿大为特征。

【病原体及生活史】

红细胞内的虫体,以环形虫体较多,$0.75\sim1.4\mu m$。在单核巨噬细胞内形成多核的虫体,即裂殖体(称为石榴体或柯赫兰氏体)。

【流行病学】

环形泰勒虫在北方流行。本病由残缘璃眼蜱传播,主要在舍饲条件下发生。多发于 1~3 岁的牛,患过本病的牛可获得 2.5 年的免疫力。

【临床症状】

多呈急性经过。潜伏期 14~20 天。初期高热稽留,精神沉郁。淋巴结肿大,有痛感。食欲废绝,可视黏膜、肛门周围、尾根等皮薄处有出血斑。贫血。产奶量下降。

剖检全身皮下、肌间、黏膜和浆膜上均有大量的出血点和出血斑。全身淋巴结肿大,切面多汁。皱胃黏膜肿胀,有许多溃疡病灶。脾肿大,脾髓质软呈黑色泥糊状。肾脏肿大、质软。肝脏肿大,质脆。

【诊　断】

淋巴结穿刺涂片镜检,可发现石榴体。耳静脉采血涂片镜检,可在红细胞内找到虫体。

【防　治】

1. 对症治疗　对症治疗和支持疗法包括强心、补液、止血、健胃、缓泻、输血等。

2. 药物治疗　药物同双芽巴贝斯虫病。还可用磷酸伯氨喹啉(PMQ)，0.75～1.5mg/kg体重，每天口服1次，连用3天。

3. 预防　残缘璃眼蜱在圈舍内的土地上产卵。3～4月份和9～11月份用水泥等将圈舍内离地面1m高范围内的缝隙堵死，将蜱闷死在洞穴内。

二、牛球虫病

牛球虫病以出血性肠炎为特征，主要发生于犊牛。

【病原体及生活史】

寄生于牛体的球虫有14种之多，其中致病力最强、最常见的是邱氏艾美耳球虫。牛艾美耳球虫卵囊 $27.7 \times 20.3 \mu m$。

牛球虫入侵小肠下段和整个大肠的上皮细胞。发育过程有子孢子、裂殖子、配子、卵囊，卵囊随粪便排出体外，经过孢子生殖阶段之后，形成感染性卵囊。牛吞食了感染性卵囊而发病。

【流行病学】

2岁以内的犊牛发病率高，易死亡。成年带虫牛及临床治愈的牛，不断排卵囊。卵囊对外界环境的抵抗力特别强，在土壤中一直可存活半年以上。放牧在潮湿、多沼泽的牧场时最易发病，潮湿有利于球虫的发育。突然换料，容易诱发本病。

【临床症状】

犊牛一般呈急性经过。病初精神沉郁，被毛松乱，粪便稀。母牛产奶量减少。约1周后，精神更加沉郁，喜躺卧。前胃迟缓，排带血的稀便，其中混有纤维性薄膜，有恶臭。后期，粪便呈黑色，几乎全为血液，衰弱、死亡。慢性型的病牛一般在发病后3～5天逐渐好转，持续腹泻和贫血，病程数月，也有因高度贫血和消瘦而死亡的。

剖检可见尸体消瘦,贫血;肛门敞开,外翻,后肢和肛门周围为血粪污染。直肠黏膜肥厚,出血;淋巴滤胞肿大突出,有白色和灰色的小病灶,直径约 4～15mm 的溃疡。直肠内容物呈褐色,带恶臭,有纤维性薄膜和黏膜碎片。肠系膜淋巴结肿大和发炎。

【诊　断】

粪便用显微镜检查,发现大量卵囊时即可确诊。

【防　治】

1. 药物治疗

(1)氨丙啉　25mg/kg 体重口服,每天 1 次,连用 5 天。

(2)莫能菌素或盐霉素　按 20～30mg/kg 饲料添加混饲。

2. 预防　换料逐步过渡。也可用药物进行预防:①氨丙啉,按每千克体重 5mg 混入饲料,连用 21 天;②莫能菌素,按每千克体重 1mg 混入饲料,连用 33 天。

三、牛胎毛滴虫病

也叫牛滴虫病。本病可引起流产等生殖障碍。

【病原体及生活史】

牛胎毛滴虫寄生于母牛的阴道和子宫内,公牛的包皮鞘、阴茎黏膜和输精管等处,也寄生于胎儿的皱胃、体腔以及胎盘和胎液中。虫体分裂繁殖。

新鲜阴道分泌物中的虫体,多为短纺锤形、梨形、西瓜籽形或长卵圆形,混在白细胞与上皮细胞之间,进行活泼的蛇形运动。长 9～25μm,宽 3～10μm。4 根鞭毛。波动膜有 3～6 个弯曲。病料放置时间稍长时,虫体缩小,不易辨认。

【流行病学】

该病通过交配传播,或人工授精器械受污染而传播。多发于配种季节。种公牛常不表现症状,但带虫可达 3 年之久,在该病的传播上起很重要的作用。消毒剂容易杀灭虫体。

【临床症状】

公牛发生黏液脓性包皮炎,黏膜上出现粟粒大的小结节,公牛有痛感,不愿交配。随着病情的发展,症状消失,仍带虫,成为该病传播来源。

妊娠牛阴道红肿,黏膜上有粟粒大的结节,排出黏液脓性分泌物。1~3个月流产,流产后发生子宫内膜炎,子宫蓄脓,不孕,部分病牛发生死胎。

【诊　断】

采取病牛的生殖道分泌物或冲洗液、胎液、流产胎儿的皱胃内容物等,显微镜检查。

【防　治】

1. 药物治疗　0.2%碘液、0.1%黄色素或1%三氮咪等溶液冲洗患牛生殖道,每天1次,连用数天。亦可用甲硝达唑(灭滴灵),10mg/kg体重配成5%的注射液静脉注射,每天1次,连用3天或隔日用10%的溶液局部冲洗,3次为1个疗程。

2. 预防　提倡人工授精。在本病流行地区,每年应该定期普查牛群,将健康奶牛与病奶牛分开饲养,对病牛积极治疗。固定生产用具,并加强消毒工作。

第二节　线虫病

一、毛尾线虫(鞭虫)病

本病是由毛尾线虫寄生于牛大肠(主要是盲肠),引起盲肠黏膜卡他性或出血性炎症。

【病原体及生活史】

虫体前部细长,后部粗短,形似鞭状。虫体乳白色,雄虫5~

8cm,雄虫后部弯曲。雌虫 3~7cm。卵棕黄色,腰鼓形,两端有卵塞,70~80μm×30~30μm。寄生于牛大肠的虫有绵羊毛尾线虫、球鞘毛尾线虫、兰氏毛尾线虫。

虫卵随粪便排到外界后,经 2 周或数月发育为感染性虫卵。牛经口感染,幼虫在肠道孵出,以细长的头部固着在肠壁内,约经 12 周发育为成虫。

【流行病学】

该病全国分布,对犊牛的危害严重。夏、秋季感染较多。

【临床症状】

轻度感染时,无明显临床症状。严重感染时,可出现食欲不振、消瘦、贫血、腹泻、生长发育受阻等临床症状,有时可见腹泻、粪便带血和黏液。犊牛可因衰竭而死亡。

虫体以细长的头部深埋在盲肠黏膜内,难以取下。引起盲肠慢性卡他性炎症。严重感染时,盲肠黏膜有出血性坏死、水肿和溃疡。

【诊　断】

粪便检查可发现大量虫卵。剖检时发现大量虫体亦可确诊。

【防　治】

1. 治疗

(1) 丙硫苯咪唑　5~10mg/kg 体重,内服。

(2) 左旋咪唑　5~6mg/kg 体重,内服,4~5mg/kg 体重皮下或肌内注射。奶牛休药期不得少于 3 天。

(3) 伊维菌素　0.2mg/kg 体重,一次性口服或皮下注射。

2. 预防　预防措施包括定期驱虫、加强粪便管理、保持卫生等。

二、犊新蛔虫(牛弓首蛔虫)病

本病是由牛新蛔虫寄生于犊牛小肠内引起的,以肠炎、腹泻、腹部膨大和腹痛为特征。

【病原体及生活史】

虫体粗大,淡黄色。头端有唇3片。雄虫11～26cm,尾部弯向腹面。交合刺1对。雌虫14～30cm,尾直。虫卵球形,70～80μm×60～66μm,外层呈蜂窝状。

犊牛小肠内雌虫产卵,虫卵随粪便排出体外。在适宜的温度(27℃)和湿度下,经20～30天发育为感染性虫卵(含2期幼虫卵)。母牛吞食感染性虫卵,幼虫孵化出,潜伏于生殖系统中。母牛妊娠后,幼虫进入胎儿体内。犊牛出生后,幼虫在小肠经25～31天发育为成虫。成虫在犊牛的小肠中可以寄生2～5个月,死后从宿主体内排出。

【流行病学】

本病主要发生于5个月以内的犊牛。在自然感染的情况下,2周至4月龄的犊牛小肠中寄生有成虫。成年牛无成虫。牛新蛔虫卵对消毒药品的抵抗力较强。虫卵对直射阳光的抵抗力差。

【临床症状】

犊牛精神不振,嗜睡,不愿走动,吮乳无力或停止吮乳,腹胀、消瘦,排出灰白色腥臭稀便或血便。有疝痛症状,焦急不安。虫体寄生多时,可造成肠阻塞或肠穿孔。死亡率很高。

剖检可见小肠黏膜受损,出血或溃疡。大量成虫寄生时,可引起肠道阻塞或肠穿孔。肠壁、肺脏、肝脏等有点状出血、发炎。

【诊　断】

饱和盐水漂浮法在粪便中检出虫卵,死亡剖检可在小肠发现多量虫体。

【防　治】

1. 药物治疗　可用左咪唑8～10mg/kg体重,或丙硫咪唑10～15mg/kg体重,口服;阿维菌素或伊维菌素0.2mg/kg体重,口服或皮下注射。还可用枸橼酸哌嗪(驱蛔灵),250mg/kg体重。

2. 预防　由放牧改为舍饲的前后进行驱虫 1 次,在 1～2 月初再进行驱虫 1 次。

第三节　吸 虫 病

肝片吸虫病(肝蛭病)

本病导致牛慢性肝炎和胆管炎,并伴发全身性中毒和营养障碍。

【病原体及生活史】

肝片吸虫虫体扁平如榆树叶状,雌雄同体。新鲜虫体呈棕红色,随着奶牛的死亡而很快死亡,死亡虫体呈灰白色。大小差别很大,成虫长 20～30mm,宽 10～13mm。虫体前部宽,有头锥。口吸盘位于虫体的前端,直径 1mm;腹吸盘大、位于双肩样突出的中部下方。虫卵椭圆形、黄色,$107～158\mu m \times 70～100\mu m$,有一个卵盖,卵内充满卵黄细胞和 1 个胚细胞。

虫体在胆管内产虫卵,虫卵随胆汁进入小肠,随粪便排出体外。在水中,于 15℃～30℃、氧充足的条件下,发育成毛蚴,钻入中间宿主淡水螺内,变成胞蚴。胞蚴发育为若干雷蚴,每个雷蚴发育为若干尾蚴。1 个毛蚴可发育成上千个的尾蚴。尾蚴在离开螺游于水中,蜕去尾部,黏附于水生草叶上或浮于水中,形成囊蚴,圆形,0.28mm,不透明。

牛、羊在吃草或饮水时吞食囊蚴而被感染,囊蚴至肠中蜕囊为童虫,童虫穿过肠壁到达腹腔,由肝包膜钻入肝脏之后,逐渐到达胆管内(有时也可在肺脏寄生)。牛自吞食囊蚴到发育为成虫(粪便内查到虫卵)需 2～3 个月。成虫寿命 3～5 年,一般为 1 年左右即被奶牛自然排出。

【流行病学】

分布于全国各地,中间宿主为椎实螺科的淡水螺。多发生在低洼、潮湿和多沼泽的放牧地区。流行于春末、夏、秋季。

【临床症状】

如牛体寄生有250条成虫,表现出明显的症状,多呈慢性经过。犊牛(1.5～2岁)症状明显。患牛逐渐消瘦,被毛粗乱,食欲减少,反刍不正常。周期性瘤胃臌胀或前胃弛缓,腹泻,行动缓慢。黏膜苍白;后期出现下痢、胸下水肿(俗称南风嗦、水嗦病)。触诊有波动感捏面团样感觉,但无痛无热。高度贫血。母牛不孕或流产,公畜生殖力降低,肝区扩大或黄疸。如不及时治疗,终因恶病质而死亡。

剖检可见慢性胆管炎、慢性肝炎和贫血。肝脏肿大,胆管增粗如绳索样,凸出于肝脏表面,胆管壁发炎、粗糙,粗大变硬的胆管内发现有磷酸(钙、镁)盐等的沉积,肝实质变硬。

【诊　断】

粪便检查多采用反复水洗沉淀法和尼龙筛兜集卵法来检查虫卵,10×10倍镜检。急性病例时,可在腹腔和肝实质等处发现童虫,慢性病例可在胆管内检获多量成虫。

【防　治】

1. 药物治疗

(1) 丙硫咪唑(抗蠕敏)　10mg/kg体重,1次口服,对成虫有效。亦可用于线虫、绦虫。

(2) 溴酚磷(蛭得净)　12mg/kg体重,1次口服,对成虫和童虫均有良好的驱杀效果。

(3) 三氯苯唑(肝蛭净)　10mg/kg体重,经口投服,对成虫、幼虫和童虫均有作用。

(4) 碘硝酚腈　10mg/kg体重,皮下注射;或20mg/kg体重,1次口服。对成虫和童虫有作用。

(5) 氯氰碘柳胺(三特)　对成虫和童虫有效,5mg/kg体重,1次口服。本品有广谱驱虫作用。

（6）碘醚柳胺 对成虫和童虫有效。7.5mg/kg 体重，1 次经口投药；3mg/kg 体重，肌内注射。

2. 预　防

第一，全年可进行 2 次驱虫，冬末初春，秋末冬初。驱虫后的粪便堆积发酵以杀死其中的病原。

第二，不要在低洼潮湿、多囊蚴的地方放牧。最好饮用井水或质量好的流水，牧草晒干再喂牛。

第四节　绦 虫 病

一、脑多头蚴(脑包虫)病

脑多头蚴寄生在奶牛的脑内、延髓或脊髓中，导致转圈病、回旋病。

【病原体及生活史】

脑多头蚴呈透明泡状，囊体由豌豆大到鸡蛋大，囊内充满透明液体。囊壁上有 250～300 个直径为 2～3mm 的原头蚴。

成虫多头绦虫寄生于犬的小肠。长 40～90cm，200～250 节，头节有 4 个吸盘，顶突上有小钩。孕节长 8～10cm，宽 3～4mm；卵为圆形，直径 20～37μm。成虫在犬的小肠中可生存数年。

孕节随犬粪便排出体外。孕节破裂，虫卵释出。虫卵被中间宿主奶牛等吞食，在胃内六钩蚴逸出，随血流被带到脑脊髓中，在那里经 2～3 个月发育为多头蚴，感染后 2 周能发育至小米粒大小，6 周囊体直径可达 2～3cm，经 8～13 周，直径达 3.5cm 左右。

【流行病学】

脑多头蚴病全国分布。绦虫病无季节性。孕节随宿主粪便排出体外，孕节破裂，虫卵释出。虫卵内含六钩蚴，被中间宿主奶牛等动物吞食，即可感染。

【临床症状】

前期为急性期。感染初期六钩蚴移行到脑组织,引起脑炎症。体温升高,有的强烈兴奋,患牛作回旋、前冲或后退运动。

病牛耐过急性期后即转入慢性期。在一定时间内,动物不表现临床症状。随着脑多头蚴的发育增大,逐渐产生转圈运动。头偏向病侧,并且向病侧作转圈运动。脑多头蚴包囊越小,转圈越大;包囊越大,圈转得越小。囊体大时,局部头骨变薄、变软和皮肤隆起。虫体造成视力障碍以至失明。病牛精神沉郁,对声音的刺激反应弱,常出现强迫性运动(驱赶时才走)。严重时食欲废绝,卧地不起,最终死亡。

【诊　断】

根据其典型的症状可做出初步诊断。寄生部位与患畜头颈歪斜的方向和转圈运动的方向是一致的;寄生部位与视力障碍和蹄冠反射迟钝的方位是相反的;如果转圈方向不定,双目失明,两前蹄的蹄冠反射均迟钝,可能是虫体寄生数量多,两侧都有寄生,或者包囊过大而跨区域寄生。

【防　治】

1. 治疗　手术摘除头大脑表面寄生虫体较易成功,在脑深部和后部寄生的虫体则需谨慎施术。保守疗法可用口服吡喹酮,150～200mg/kg体重,1次灌服。

2. 预防　①防止犬吃到含脑多头蚴的牛、羊的脑及脊髓。②对犬定期驱虫,吡喹酮剂量为 5 mg/kg 体重,氯硝柳胺为 150mg/kg 体重,1次灌服。排出的粪便应深埋、烧毁或利用堆积发酵等方法杀死其中的虫卵,避免虫卵污染环境。

二、小肠绦虫病

本病引起消瘦、贫血,可以造成犊牛的大批死亡。

第五章　奶牛寄生虫病

【病原体】

1. 莫尼茨绦虫　寄生于牛小肠。扩展莫尼茨绦虫全长6m，头节2mm，呈球形，有4个吸盘。体节宽度大于长度，最宽可达16mm，但后部的孕卵体节，其长、宽几乎相等而呈方形。贝氏莫尼茨绦虫形态上与上种极为相似，但体节更宽，最宽可达26mm。

莫尼茨绦虫的虫卵为三角形或四角形，直径$56\sim67\mu m$，卵内有特殊的梨形器(电灯泡样)，梨形器的大头内有圆形六钩蚴(钩胚)。

2. 盖氏曲子宫绦虫　全长4.3m，最宽可达8.7mm。其生活史与莫尼茨绦虫的相似。

【生活史】

孕节随粪便排出，孕节破裂，虫卵释出，被中间宿主地螨吞食，发育为似囊尾蚴。奶牛吞入地螨，45～60天发育为成虫，排出孕节。成虫在牛、羊体内的寿命为2～6个月，过此期限通常自行排出体外。主要感染1.5～7个月的犊牛。

【流行病学】

本病全国分布，北方流行。主要危害犊牛。

地螨荒地多，耕地少。在早晨和黄昏、阴天、下雨后的牧场上活动。南方感染高峰一般在4～6月份。北方感染高峰一般在5～8月份。

【临床症状】

虫体生长快，1昼夜可增加8cm。虫体大，寄生数量多时可造成肠阻塞，甚至破裂。毒素可引起神经症状，如回旋运动、痉挛、抽搐、空口咀嚼等。犊牛食欲减退、饮欲增加，消瘦、贫血、精神不振、腹泻，粪便中有时可见孕节。后期有明显的神经症状，最后卧地不起，衰竭死亡。

剖检可见尸体消瘦、肌肉色淡、胸腹腔渗出液增多。有时可见肠阻塞或扭转，肠黏膜受损出血，小肠内有绦虫。

【诊　　断】

观察粪便中有无节片或链体排出；未发现节片时，饱和盐水漂浮法检查粪便中的虫卵。

【防　　治】

1. 治疗

(1) 硫双二氯酚　50mg/kg 体重，一次灌服。

(2) 氯硝柳胺(灭绦灵)　50mg/kg 体重，一次灌服。

(3) 甲苯咪唑　10mg/kg 体重，一次灌服。

(4) 丙硫咪唑　5mg/kg 体重，一次灌服。

(5) 吡喹酮　5～10mg/kg 体重，一次灌服。

2. 预防　春季放牧后 4～5 周驱虫，间隔 2～3 周后，进行第 2 次驱虫。

第五节　皮肤寄生虫病

一、疥螨病

疥螨引起患牛剧痒及脱毛、痂皮、皮炎。

【病原体及生活史】

牛疥螨体长 0.5mm，8 足，全身有刚毛。肉眼不可见。

疥螨全部发育过程均在动物体上度过，包括卵、幼虫、若虫、成虫 4 个阶段。疥螨在宿主的表皮内挖掘隧道，以淋巴液为食。雌螨在隧道内产卵，一生可产 40～50 个卵，3～8 天孵出幼虫，幼虫蜕化变成若虫。若虫蜕化为成虫。雌虫的寿命为 4～5 周。

【流行病学】

传播方式为直接接触感染，也可因牛舍、用具、人员的衣服、手及诊疗器械传播。

疥螨离开宿主经 2～18 天才死亡。卵在离开宿主 10～30 天仍可保持发育能力。

螨病主要发生于秋末、冬季和初春。奶牛被毛增厚,有利于螨的繁殖。夏季奶牛毛少,皮肤干燥,不利于螨繁殖,大部分虫体死亡,仅有少数螨潜伏在耳壳、系凹、蹄踵、腹股沟部以及被毛深处,奶牛没有明显的症状,但到了秋、冬季节复发。

【临床症状】

疥螨病常始发于皮肤薄、被毛短而稀的部位,以后病灶逐渐扩大。剧痒,皮温增高或夜间螨活跃时,痒觉更加剧烈,皮肤增厚、痂皮和脱毛。

开始于牛面部、颈部、背部、尾根等部位,呈"油漆起泡"状,严重时可波及全身。病牛表现奇痒,常在墙头、木柱等物体上摩擦,或以舌舐患部,被舐湿部位的毛呈波浪状。以后被毛逐渐脱落,淋巴渗出形成棕褐色痂皮,皮肤增厚,失去弹性。

【诊　断】

根据发病季节和明显的症状(剧痒和脱毛)初步诊断。从健康与病患交界的皮肤,刮取皮屑至微出血,将皮屑置于40℃温水内,用低倍镜检查,发现虫体才能确诊。

【治　疗】

治疗螨病的药物较多,方法有皮下注射、局部涂搽、喷淋及药浴等,夜间螨活跃,外用药最好夜间用药。常用的有:3%敌百虫溶液患部涂搽(不能和碱性药物合用),0.05%双甲咪涂搽、喷淋或药浴,0.0025%~0.005%溴氰菊酯喷淋或药浴,0.05%辛硫磷药浴,0.0025%二嗪哝(螨净)喷淋或药浴。外用杀螨药不能杀螨卵,故间隔5~7天得复治疗1次,以杀死新孵出的幼虫。

注射用药可采用0.2mg/kg体重伊维菌素或阿维菌素皮下注射,间隔7~10天重复一次。疥螨吸入含伊维菌素的血液后,不会马上停止活动,约7天后才能停止活动。伊维菌素能长时间保持浓度,刚从卵里孵出的幼虫吸入含伊维菌素的血液后也能起效,能起到根治的效果。

二、蠕形螨(毛囊虫)病

本病引起皮肤结节,影响皮革质量。

【病原体及生活史】

牛蠕形螨寄生于牛毛囊内。虫体长 0.2mm,外观似蠕虫状,分头、胸、腹 3 部分。足短、8 个。卵梭形,长 0.07～0.09mm。

全部发育过程都在宿主体上进行,包括卵、幼虫、两期若虫和成虫。皮肤接触传播。

【临床症状】

牛背部、上腹、颈、肩胛有小指大小的结节,结节上的皮孔有针尖大,用手挤有干酪样分泌物挤出。牛擦痒,导致结节破裂。

【诊　断】

切破皮肤上的结节或脓疱取其内容物,置 10×10 倍显微镜下检查,发现虫体即可确诊。

【治　疗】

可用伊维菌素,0.2mg/kg 体重,皮下注射;或用 250mg/kg 体重双甲脒溶液涂擦患部,间隔 7～10 天重复用药 1 次,以杀死刚从卵内孵出的虫体。

三、牛皮蝇蛆病

本病引起消瘦、产奶量下降、幼畜发育不良,尤其使皮革质量下降。

【病原体及生活史】

本病是由纹皮蝇、牛皮蝇的幼虫(第 3 期蝇蛆)寄生于牛的背部皮下组织而引起的一种慢性外寄生虫病。

牛皮蝇 15mm,胸部前端和后端为淡黄色,中间为黑色;腹部前端为白色,中间为黑色,末端为橙黄色。第 3 期幼虫长 26～

28mm,很粗。

成蝇在夏季晴朗无风的白天飞翔,产卵于牛的被毛上。4～7天孵出第1期幼虫,长0.5毫米,主动钻入皮下,移行到椎管硬膜外的脂肪组织中(腰骶部椎管中),在此停留约5个月,到腰背部(个别的到臀部、肩部)皮下。翌年春天,皮肤隆起,第3期幼虫由皮孔蹦出。入土化蛹。

【流行病学】

该病在西北、东北和内蒙古流行。成蝇4月末至5月初开始出现。

【临床症状】

雌蝇产卵时引起牛不安,牛逐渐消瘦。有时牛只因狂奔造成外伤,孕牛可发生流产。成蝇俗称"跑蜂"。

3期幼虫成熟落地后,皮肤形成瘢痕。幼虫分泌毒素可引起贫血。患牛消瘦,产奶量下降。

【诊　断】

幼虫出现于背部皮下时,皮肤上有结节隆起,隆起的皮肤上有小孔与外界相通,孔内通结缔组织囊,囊内有幼虫,用力挤压出虫体,即可确诊。

【防　治】

秋、冬季节,用2%的敌百虫溶液等在牛背部皮肤上涂擦或泼淋,以杀死幼虫。在皮蝇飞翔季节,可用敌百虫、蝇毒磷等喷洒牛体,每隔10天用药1次,以防止成蝇在牛体上产卵或杀死由卵内孵出的第1期幼虫。亦可用伊维菌素0.2mg/kg体重皮下注射,蝇毒磷10mg/kg体重,肌内注射。

第六章　奶牛内科病

第一节　奶牛口腔疾病

口　炎

【病　因】

常见的病因是采食粗硬的饲料、饲料不洁或混有尖锐的异物，以及动物本身牙齿磨灭不正。其次是误食有刺激性的物质如生石灰、氨水和高浓度刺激性强的药物等。此外，还可继发于舌伤、咽炎及某些传染病。

【症　状】

病牛表现采食小心，咀嚼缓慢，有时将饲料吐出口外，流涎，大量唾液呈白色泡沫状，附于唇边或呈牵丝状流出。口黏膜潮红肿胀，口温增高，舌面有舌苔，口腔内酸臭或腐败臭味。有时在口黏膜上可看到创伤、水疱、烂斑、溃疡等病变。

【诊　断】

主要依据咀嚼、采食障碍、流涎和口腔炎症的变化进行诊断。

对于传染性因素如口蹄疫、牛恶性卡他热等伴有口炎的疾病往往具有发热及其他症状，可以与单纯性口炎相鉴别。

【防　治】

除去病因，加强护理，喂给柔软易消化的饲料。药物疗法，一般可用1%食盐水，或2%～3%硼酸液，或2%～3%碳酸氢钠溶液冲洗口腔，每天2～3次；口腔恶臭时，可用0.1%高锰酸钾液洗口；口腔分泌物过多时，可用1%明矾液，或1%鞣酸液洗口。口腔黏膜或舌面发生烂斑或溃疡时，冲洗口腔后再用碘甘油，或2%龙胆紫液，或1%磺胺甘油乳剂涂布溃疡面，每天1～2次。

平时注意饲料卫生，及时修整病齿，防止误食刺激性物质，可以预防口腔炎症的发生。

第二节 奶牛食管疾病

一、食管阻塞

【病　因】

主要是饿后贪食，采食过急，或采食中突然受惊急咽，多在吞食萝卜、甘薯、马铃薯、甜菜、玉米棒等块状饲料时发生。也可继发于食管狭窄、食管痉挛、食管麻痹等病。

【症　状】

病牛突然停止采食，骚动不安，摇头缩颈，屡作吞咽动作。口内流涎，空口咀嚼，伴发咳嗽，常从口中逆出蛋清样液体。采食、饮水时，食物和水从鼻腔逆出。病牛很快继发瘤胃臌胀。颈部食管梗塞，视诊可见膨大部，触诊可摸到梗塞物。胸部食管梗塞，触压颈部食管有波动感。食管探诊是确诊本病的最可靠方法。根据胃管插入的长度，可以确定梗塞的部位。

【诊　断】

依据采食中突然发生、有明显的吞咽动作、食糜返流并结合食道检查进行诊断。

【防　治】

如果病牛已经发生瘤胃臌胀，应及时进行瘤胃穿刺放气，以防窒息。根本疗法是除去食管内的梗塞物。对于颈部食管梗塞，可先用胃管灌入植物油100～200ml以润滑阻塞物，然后用胃导管向瘤胃内推送,也可向食管内灌入2%盐酸普鲁卡因溶液100ml,以麻醉梗塞部食管,然后再用胃导管向瘤胃内推顶。胸部食管梗塞,可先灌服2%普鲁卡因液50～80ml,经10min后,灌服液状石蜡或植物油100～200ml,用胃管小心地将梗塞物向胃内推送。如果食管梗塞物大,应用上述疗法均无效果,可行颈部食管切开术,取出梗塞物。对于胸部食管梗塞,可作瘤胃切开术,经贲门向食管内伸入1个长的有齿止血钳夹持梗塞物。

术后用抗生素4～5天,以控制术部的感染。术后禁食48h以上,但不限饮水。以后逐渐给予柔软的饲草,5～6天后恢复正常的饲喂。

饲喂要定时定量。勿使饥饿,防止采食过急。合理调制饲料,如豆饼要泡软,块根类饲料要适当切碎等。

二、食管狭窄

【病　因】

①异物或食管探子等使食管受损伤,导致瘢痕形成。②食管黏膜被酸、碱烧伤,或施行食管手术后引起的狭窄。③甲状腺、纵隔和支气管周围淋巴结肿胀,食管内乳头状瘤,放线菌肿的压迫所致。

【症　状】

本病一般发生较缓慢,病初吃食粗饲料吞咽困难,但尚能吞咽柔软的青绿饲料、糊状饲料和饮水。随着病程的发展和狭窄程度的变化,吞咽逐渐困难。病牛饥饿贪食,咀嚼亦无异常,仅在吞咽以后表现神志紧张,抬头伸颈,摇头。一旦发生阻滞,食物停留在窄部的前段,此段食管变粗大而易触摸。这时,病牛痛苦不安,常见到有强烈的吞咽动作和食物返流,严重者可继发瘤胃臌气,反复发生阻塞,可引起阻塞前段食管扩张和形成憩室。

【防　治】

供以柔软、富有营养的液体饲料,犊牛可补充维生素A和维生素 D。为减少分泌和缓解痉挛,皮下注射硫酸阿托品注射液 0.02~0.03g。对食管进行热敷或配合透热疗法。对由于瘢痕性收缩而引起的狭窄,可试用逐渐增加胃管直径的办法进行食管扩张术,有时可收到一定效果。若是肿瘤压迫引起的病例,可施行外科手术。

三、食管憩室

【病因】

颈部食管憩室是食管腔内压力将黏膜自管壁的薄弱点向外高度扩张而形成。憩室壁主要是由食管黏膜和黏膜下层结缔组织所构成,直径可达 15~20cm。

【症状】

牛采食的饲料和水先进入食管憩室部,然后进入瘤胃内。憩室部能压迫食管,淤积饲料,甚至发生炎症、溃疡及穿孔。

【诊断】

结合临床表现并用手按压即可将阻塞物清除进行诊断。

【防治】

手术治疗。切口部位通常在左侧颈静脉沟的稍上方憩室部做切口,切口长度必须超过憩室纵径的 1/3。切开皮肤,并分离食管与周围组织,直到憩室的颈基部,尽量使憩室壁全部暴露。膨出过大的憩室可用肠钳将憩室基部夹住,在肠钳与食管之间切开憩室黏膜,边切边用缝线作一层连续缝合,直至全部憩室被切除,再作第二层间断内翻缝合。切除时注意不宜过度用力牵引肠钳,以免切除过多憩室黏膜,造成术后食管狭窄。

四、食管炎

【病因】

原发性食管炎见于:①饲料过于粗硬,如喂豆荚皮、麦秸、草根等；②过热、过冷的饲料和饮水，以及腐蚀性物质的损害；③异物或食管探子过猛地通过食管。继发性食管炎见于口蹄疫、牛病毒性腹泻-黏膜病或病毒性腹泻等传染病。另外，口炎、咽炎和胃炎亦可同时伴有食管炎。

【症　状】

病牛吃食吞咽缓慢、流涎。当强迫其吞咽和在反刍时，可见到牛头颈伸直。若炎症发生在颈部食管，在颈静脉沟处触诊有痛感，可摸到肿胀的食管。若食管破裂穿孔，唾液和饲料进入食管周围组织，引起局部组织肿胀、坏死，可听到捻发音。严重者会形成食管瘘或蜂窝织炎。疼痛肿胀加剧或长久不愈合，会导致毒血症。

【诊　断】

病牛吃草时吞咽缓慢，但饮水正常，胃管探诊疼痛加重、敏感、有阻力，灌服2%奴夫卡因30.0ml，再进行胃管探诊（慎用），即可建立诊断。

【防　治】

对病奶牛应停饲2～3天，不限饮水，以便损伤的食管得到充分休息。以后可给予青嫩柔软的饲草和清洁饮水，2%普鲁卡因的青霉素溶液，每隔2h灌服1次，每次30ml。0.1%利凡诺或0.1%高锰酸钾溶液，经常灌服，冲洗和消毒食管黏膜。

注意饲料加工，避免饲喂粗硬饲料和带芒刺的杂草，过热或冰冻饲料和饮水也应禁止使用。在食管阻塞使用食管探子时，切勿过猛地疏通，操作要轻。当须投服腐蚀性药物，如酒石酸锑钾、水合氯醛等应降低浓度或制成胶囊。

第三节 奶牛前胃疾病

一、奶牛前胃解剖学特点与前胃疾病的关系

奶牛的胃是复室胃,由瘤胃、网胃、瓣胃和皱胃4部分组成,前3部分称为前胃,无腺体,只有皱胃才分泌胃液,4个胃中瘤胃最大占80%,网胃最小占5%,瓣胃和皱胃各占7%~8%(图6-1,图6-2)。

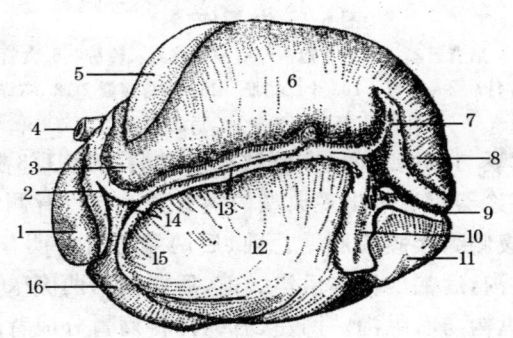

图 6-1 牛胃(左侧)
1. 网胃 2. 瘤网沟 3. 前背盲囊 4. 食管 5. 脾 6. 瘤胃背囊 7. 后背冠沟
8. 后背盲囊 9. 后沟 10. 后腹冠沟 11. 后腹盲囊 12. 瘤胃腹囊
13. 左纵沟 14. 前沟 15. 前腹盲囊 16. 皱胃

奶牛的前胃,就其生理功能而言,除反刍、食管沟反射和瘤胃运动外,尚有微生物群系的重要生理作用。

(一)瘤 胃

容积最大,前面接食管,前下方与网胃相接,占腹腔的左半部,一部分越过正中线达腹腔右半部。严重的瘤胃积食,其右侧胃壁可压挤肠袢,并继发假性肠梗阻。瘤胃左侧面与腹壁和脾相接称壁面,奶牛妊娠后期,由于妊娠子宫角的增大,可使皱胃抬高转位

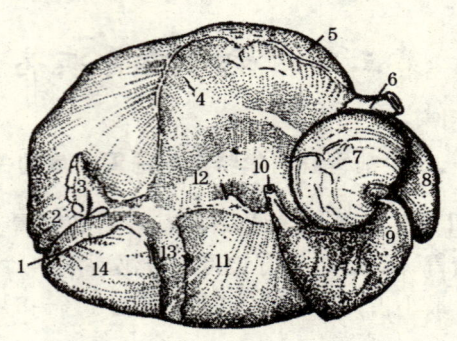

图 6-2 牛胃（右侧）
1. 后沟　2. 后背盲囊　3. 后背冠沟　4. 瘤胃背囊　5. 脾　6. 食管　7. 瓣胃
8. 网胃　9. 皱胃　10. 十二指肠　11. 瘤胃腹囊　12. 右纵沟
13. 后腹冠沟　14. 后腹盲囊

到瘤胃的背囊与腹壁之间，在倒数第 2 肋骨的上 1/3 处用中指叩诊法结合听诊器听诊时出现典型的钢管音。瘤胃背侧缘直接与腰肌脚相接，腹侧缘接腹腔底壁。前、后两端各有一明显的横沟，前端的沟称前沟，后端的沟称后沟。前、后两沟向两侧壁面与脏面延伸，形成左纵沟与右纵沟。两左、右纵沟将瘤胃分成背、腹 2 个囊，即背囊与腹囊。由后沟与后背冠状沟及后腹冠状沟形成界限明显的瘤胃后背盲囊与后腹盲囊。前背盲囊的食管开口处呈圆顶室状，即瘤胃前庭。囊的前下方为网胃。

瘤胃的左纵沟是大网膜浅层起始部，瘤胃的右纵沟是大网膜深层起始部。

瘤胃腔内壁上的黏膜为角质复层扁平上皮，类似于毛巾样的粗糙面，无腺体，形成大小不等的角质乳头。瘤胃的前端与网胃之间形成瘤网胃间褶，是瘤胃与网胃的分界线，两室相交之处为瘤网胃间孔。

第六章 奶牛内科病

(二) 网 胃

是4个胃中最小者,位于剑状软骨区的体正中面偏左,与第6至第8肋骨相对。其前壁紧贴膈及肝,而膈与心包的距离仅为1.5cm,当饱食后,膈与心包几乎相接。因此,当奶牛吞食金属异物后而停留在网胃内,由于网胃的蠕动常穿刺胃壁而引起创伤性网胃炎,严重者可刺穿膈进入心包而引起创伤性心包炎。

在瘤网胃间孔的右侧稍下方有网瓣胃孔与瓣胃相通,当瓣胃梗塞后,通过瘤胃切开冲洗瓣胃时需将导管插入网瓣胃孔中。

食管沟是连在食管与瓣胃之间可以启闭的沟状管道(图6-3)。犊牛和羔羊在吃乳或饮水时,引起食管沟的闭合成臂状,将吮吸的乳汁和水经食管沟送入瓣胃和皱胃。在某些不良因素作用下,食管沟闭合不全,乳汁进入网胃和瘤胃,乳酸酵解,引起消化不良和腹泻。食管沟起自食管贲门口,贲门口位于瘤胃前庭背面,当牛发生胸部食管梗塞时,可作瘤胃切开,手持长镊子进入瘤胃腔,伸入贲门内夹取梗塞物而解除胸部食管梗塞。

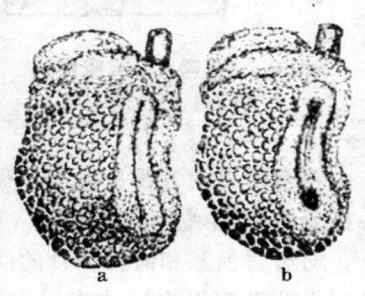

图6-3 食管沟
a. 闭合状态下的食管沟
b. 开张状态下的食管沟

(三) 瓣 胃

呈椭圆形,位于体正中面的右侧,在肩端水平线与第8至第11肋间隙相对,前由网瓣胃孔与网胃相连,后由瓣皱胃孔与皱胃相接。壁面斜向右前方与膈、肝相接。脏面与瘤胃、网胃和皱胃相接。

瓣胃黏膜有许多高度不同的皱褶,称为叶。最大的一级叶有12~14片,叶的一侧附着于胃壁上,另一侧为游离缘。一级叶间

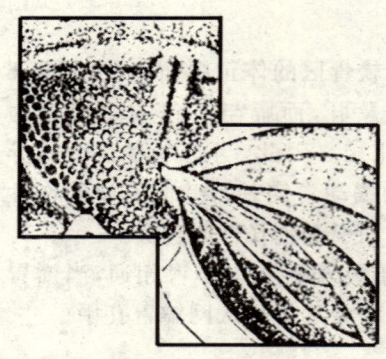

图 6-4 网瓣胃孔与瓣胃
(左方为网胃,右方为瓣胃)

夹有二级叶,其次为三级叶,最后是线状小叶。每个叶上均有角质化小乳头。在网瓣胃孔与瓣皱胃孔之间,形成瓣胃沟(图6-4),沟长约 10cm。瓣胃沟向腹侧稍偏内后方,此部无叶附着,仅有小乳头附着。叶间隙嵌入较干涸而粗糙的食物,经叶面角质乳头摩擦变碎变细。液状而细软的食物,可直接经沟中通入皱胃。瓣皱胃孔处有横褶称瓣胃帆,可以防止皱胃内容物返流。

正常瓣胃内容物呈麸团状硬度。瓣胃梗塞时,其内容物如茶砖样或木板样硬度,体积增大,有时可扩展到最后肋骨后缘一掌处。对瓣胃梗塞和皱胃积食的病牛进行瓣、皱胃冲洗,是将胶管经网瓣胃孔沿瓣胃沟冲洗瓣胃沟及叶片间干涸内容。胶管继续前移,尚可进入瓣皱胃孔冲洗皱胃阻塞物。

二、奶牛前胃生理学特点与前胃疾病的关系

(一)瘤胃内在环境的特点

瘤胃内容物发酵产生大量气体及酸类物质,受到唾液中碳酸氢盐的调节和缓冲,使 pH 值保持在 5.5~7.5 范围内。骤然改变谷物饲料,瘤胃内酸度升高,pH 值降至 5.5 以下时,瘤胃失去运动能力;若摄取大量尿素,碱度升高,pH 值升至 8.5 以上,瘤胃运动也受抑制,故瘤胃内 pH 值变动超出正常范围即可导致瘤胃酸中毒或碱中毒现象。瘤胃内所产生的气体,二氧化碳约占 50%~70%,甲烷占 20%~45%,尚有少量的氢、氧、氮和硫化氢等,这些气体约有 1/4 被吸收通过肺脏排除,部分被微生物利用,大部分通

过嗳气排出。嗳气是一种反射动作,其中枢位于延髓,由于刺激延髓感受器引起瘤胃背囊收缩而嗳气,并通过嗳气把瘤胃内微生物带进肺,产生免疫性。在健康状态下每小时嗳气17~20次,以保持产气与排气相对动态平衡。若平衡被打破,即可导致瘤胃臌胀。

瘤胃内微生物种类多而复杂,约占瘤胃总容量的3.6%。瘤胃内微生物中的纤毛虫的数量多,每克瘤胃内容物中含有60万~180万个。纤毛虫能发酵糖类,产生乙酸、丁酸和乳酸、二氧化碳、氢气以及少量丙酸,此外,尚能水解脂类、氢化不饱和脂肪酸,具有降解蛋白质和吞噬细菌的能力。纤毛虫本身随同内容物进入皱胃和小肠时被消化利用,纤毛虫是反刍动物蛋白质的主要来源之一。但是,瘤胃内纤毛虫的种类和数量极易受到饲料和饲喂方法的影响,pH是其中的一个重要影响因素,当pH值低于5.5时,纤毛虫活力降低,甚至消失。当奶牛乳酸中毒时瘤胃内纤毛虫显著减少。在瓣胃梗塞和皱胃积食的胃冲洗后瘤胃内纤毛虫近于消失,在术后应喂给健康牛反刍上来的草团以补充纤毛虫的数量。

瘤胃内的微生物最主要的是细菌,细菌种类多而数量大,已知有29个属63种,每克瘤胃内容物中含有细菌数约150亿~250亿个。细菌的作用有的是发酵糖类和分解乳酸,有的是分解纤维素、蛋白质以及合成蛋白质和维生素等。纤维素分解菌类约占瘤胃内活菌的1/4,特别是嫌气杆菌属更为重要,能分解纤维素、纤维二糖果胶等,产生甲酸、乙酸和琥珀酸。嗜碘菌属主要合成蛋白质,同时在乳酸杆菌、丙酸杆菌和甲烷杆菌的协同作用下将纤维素分解产生乙酸、丙酸、丁酸、二氧化碳和甲烷等。

瘤胃内微生物与宿主之间及其微生物群系之间有着相互依存、制约和共生的关系。若瘤胃内微生物群系的共生关系被破坏,即可导致前胃疾病的发生,乃至菌血症的严重自体中毒现象。

(二)瘤胃内的消化、营养和代谢

奶牛瘤胃内容物,成年奶牛80~170升,在微生物的作用下进行一系列复杂的消化过程。

1. **纤维素的分解** 饲料中的纤维素主要依靠瘤胃内细菌和纤毛虫体内的纤维素分解酶作用,产生挥发性脂肪酸,如乙酸、丙酸、丁酸和少量的高级脂肪酸。因此,筛选瘤胃内高产纤维素分解酶的菌株已成为当今营养学界和微生物学界研究的热点之一。

2. **蛋白质的分解与合成** 进入瘤胃中的饲料蛋白质,有50%~70%被瘤胃中微生物蛋白分解酶分解为氨基酸,经脱氨基酶的作用,形成氨,供微生物利用、瘤胃壁吸收、代谢后排除。其次,瘤胃内微生物能直接利用氨基酸合成蛋白质。瘤胃内的氨除被微生物利用外,其余的被吸收在肝脏内被鸟氨酸循环转变为尿素,若这一循环被打破,即可引起氨中毒。

3. **糖类的分解和合成** 瘤胃内微生物分解淀粉、葡萄糖及其他糖类,产生低级脂肪酸、二氧化碳和甲烷及少量氢、氧、氮和硫化氢等。同时,能合成糖原贮存在体内,伴随食糜进入小肠时被消化和利用,成为反刍动物葡萄糖来源之一。

4. **维生素的合成** 瘤胃内微生物可以合成硫胺、核黄素、泛酸、吡哆酸、烟酸、生物素、肌醇、叶酸、维生素 B_{12} 等 B 族维生素和维生素 K,这对维持奶牛生命活动和健康具有重要意义。

综上所述,这些物质的合成、吸收和利用成为奶牛能量代谢和蛋白质代谢的重要来源,如果奶牛前胃功能紊乱,就会引起营养代谢障碍,乃至发生疾病。

(三)反刍动作

反刍是奶牛等反刍动物特有的消化功能,是复杂的反射动作。先由饲料刺激网胃、瘤胃前庭和食管沟黏膜感受器通过传入神经,兴奋延髓逆呕中枢,再由传出神经传到有关肌肉,引起逆呕动作。这种动作先由网胃的收缩,将部分内容物上升到贲门口(100~120g),然后关闭声门裂引起吸气动作,造成胸内压的急剧下降,食管随之扩张,将食团从贲门口经食管逆送到口腔,从而形成反刍动作。进入口腔内的草团经过充分咀嚼再咽下,经食管沟进入瓣胃。然后再将网瘤胃草逆呕入口腔进行咀嚼,如此反复进行下去。每次逆入口腔中的草一般经 40~60 次的咀嚼后咽下。反刍动作是在喂食后 30~60min 即开始,每次反刍 40~50min 为 1 个周期,每昼夜反刍 8~10 个周期,共达 7~8h。当奶牛反刍减少或停止,都说明该奶牛发生了疾病,应查明病因并及时处理。

(四) 前胃运动及其神经体液调节作用

前胃运动互相协调一致,呈有节奏、有规律的连贯性运动,这种运动是在网胃前壁运动中枢神经的调节下完成的。运动顺序为:先从网胃连续两次收缩,每分钟 1~2 次,反刍时网胃开始收缩前增加 1 次附加收缩,使其中内容物逆呕到口腔。

瘤胃紧接着网胃第 2 次收缩,先从瘤胃前庭开始,瘤胃前背囊发生强烈收缩,将网胃液状内容物挤洒到瘤胃的泡沫状食糜上,继而瘤胃腹囊收缩,使其中内容物搅拌和运转。瘤胃收缩次数,采食时每分钟平均 2.8 次,反刍时 2.3 次,休息时 1.8 次,每次收缩持续时间为 15~25s。检查瘤胃收缩可用听诊器听诊监听。也可用手掌触压在左肷部来感觉瘤胃收缩情况。当瘤胃蠕动力减弱或蠕动消失,表明奶牛前胃或其他部位有病引起,应注意检查。

瓣胃的运动与网胃和瘤胃收缩互相衔接和配合,起到唧筒作用,将吸入瓣胃的液体内容物,以及经反刍咽下进入瓣胃的饲料饲草在叶片间进行研磨加工后进入皱胃内。

支配前胃运动的中枢神经在延髓,在大脑皮质的统一控制下,通过副交感神经和交感神经进行调节。前胃运动也受体液的调节,神情紧张时,交感神经抑制性增强,肾上腺皮质激素分泌增多,呈现应激状态,前胃运动减弱甚至消失。应用丙酸钠、乙酸钠、丁酸钠静脉注射时,瘤胃运动即被抑制,其后逐渐恢复。血糖升高时,瘤胃运动也受到抑制。反之,血糖下降时,瘤胃运动先减弱后增强。在临床实践中,诊断与治疗应特别注意。

(五)瘤胃内渗压变动与脱水关系

反刍动物瘤胃是一个消化、合成、吸收的重要器官。瘤胃黏膜上皮组织除水分自由通过外,同时还与血浆之间不断地进行离子交换,每小时交换液体量达15L,这种交换可使瘤胃内水分与体液之间的渗透压保持相对的稳定平衡状态。在某些病理状态下或由于饲料调配不当,过喂淀粉饲料,造成瘤胃内菌群失调,牛链球菌、乳酸杆菌等异常增殖,产生大量乳酸,引起瘤胃炎,发生酸中毒,导致瘤胃积液。又因治疗用药不当,过多使用大量盐类泻剂,使瘤胃内渗透压升高,血液内大量水分向瘤胃腔内渗透,进一步加剧瘤胃积液。病奶牛表现眼球下陷、皮肤干燥、结膜紫绀、尿液短少而浓黄、血液黏稠、微循环障碍,表现严重的脱水。

(六)糖原异生作用与酸中毒的关系

由于蛋白质是葡萄糖及糖原的重要来源,蛋白质又是高分子含氮的有机物质,由各种不同的氨基酸所构成。当前胃疾病发展到垂危阶段时,机体需用维持生命活动的能量,依赖于糖原异生作用,主要以氨基酸的形成于肝脏内脱氨后,转变为丙酮酸。丙酮酸可循着酵解逆行程序形成糖原。当糖原异生作用旺盛时,即形成大量酮体,积聚于外围组织,既不能氧化,又不能合成糖元,而引起酸中毒。出现气体代谢障碍,呼吸困难,血液中氧合血红蛋白减少,还原血红蛋白增多,血液暗紫,黏膜紫绀,呈现休克状态。

(七)瘤胃内腐败产物的形成与自体中毒的关系

在病理条件下,蛋白质于瘤胃内乃至肠道内,由于微生物的作用腐败酵解,产生各种不同的氨基酸,经脱羧酶的作用,形成组胺、腐胺、尸胺、色胺、酪胺等物质,所有这些物质,毒性很强,能引起血管扩张,血压下降,皮肤潮红,微循环障碍,导致自体中毒,引起循环虚脱。不仅如此,而且蛋白质的腐解产物由于脱氨基酶的作用,可形成氨。氨是有毒化合物,可产生肝性脑病,引起兴奋、痉挛、共济失调。与此同时,还形成酚、甲酚、吲哚等,这些都是有毒物质。

在前胃疾病以及肠道疾病过程中,肝脏的解毒功能与肾脏的排毒作用降低,乃至消失,促进自体中毒,导致死亡。因此,在牛病防治中,注意防止自体中毒,是提高前胃疾病防治效果的重要措施之一。

(八)前胃疾病与前胃弛缓的关系

前胃疾病的发生与发展主要是在饲料、饲养、管理不当以及自然条件变化的情况下,同神经反应性降低,迷走神经功能紊乱或受损害,使代谢功能异常,血钙水平下降,体液调节障碍,从而发生前胃弛缓。前胃弛缓发生后,瘤胃内容物运转停滞,导致瘤胃积食,瘤胃积食又进一步加重前胃弛缓。由于瘤胃积食发生,造成瘤胃内容物排出异常,而逐渐将瘤胃内容物排入瓣胃,进入瓣胃后的内容物,水分逐渐被瓣胃吸收,而使内容物变干涸而形成瓣胃梗塞,使奶牛进一步发生消化障碍,进一步加重前胃弛缓。与此同时,瘤胃内微生物菌群失调,内容物异常酵解,产气与排气失去平衡,瘤胃运动力减弱,常导致瘤胃膨胀,气体压迫胃壁进一步加重前胃弛缓,瘤胃内微生物酵解过程加剧,菌群失调,产生大量有机酸,特别是乳酸,导致瘤胃炎和酸中毒,从而全身功能进一步恶化。总之,前胃疾病乃至皱胃疾病,都是在前胃弛缓的基础上发生发展起来的,它们之间相互影响使病情逐渐加剧。因此,研究与防治前胃疾病,必须重视前胃弛缓的病因及病理机制的研究,防止前胃疾病的发生,保证反刍动物健康,提高生产性能。

三、前胃弛缓

前胃弛缓又称脾胃虚弱,是由各种原因导致的前胃兴奋性降低、收缩力减弱,瘤胃内容物运转缓慢,菌群紊乱,产生大量腐败分解有毒物质,引起消化障碍和全身功能紊乱的一种疾病。本病是奶牛的一种多发病。本病的特征是病牛食欲减退,前胃蠕动减弱,反刍、嗳气减少或丧失等。

【病　因】

前胃弛缓的病因比较复杂，一般分为原发性和继发性两种。

1. 原发性前胃弛缓　亦称为单纯性消化不良。病因都与饲养管理和自然气候的变化有关。

(1) 草料质量低劣　长期饲喂粗硬劣质难以消化的饲料，饲喂柔软刺激性小、缺乏刺激性的饲料，或突然变换草料等，均可引起本病的发生。

(2) 饲料变质　受过热的青饲料，冻结的块根，变质的青贮，霉败的酒糟，或豆渣、粉渣，以及豆饼、花生饼、棉籽饼等糟粕，都易导致消化障碍而发生本病。

(3) 矿物质和维生素缺乏　饲料日粮配合不当，矿物质和维生素缺乏，特别是缺钙，引起低血钙症，影响到神经体液调节功能，成为前胃弛缓主要发病因素之一。

(4) 饲养失宜　无一定饲养标准，不按时饲喂，饥饱无常；或因精料过多，饲草不足，影响消化功能；或突然加大喂豆谷精料、优良青贮，任其采食，都易扰乱其消化功能，而成为本病的病因。

(5) 管理不当　牛舍阴暗潮湿，过于拥挤，不通风，环境卫生不良；长期运动不足，缺乏日光照射，神经反应性降低，消化道陷于弛缓，也易导致本病的发生。

(6) 应激反应　严寒、酷暑、饥饿、断奶、感染与中毒等诸多因素的刺激，手术、创伤、剧烈疼痛的影响，引起应激系统复杂反应，发生前胃弛缓现象，较为普遍。

2. 继发性前胃弛缓　通常是一种临床综合征，病因比较复杂。

第一，奶牛的胃脏疾病。常见于创伤性网胃腹膜炎、瘤胃积食、瓣胃阻塞以及皱胃变位等，都伴发消化障碍，发生前胃弛缓现象。

第二，在口炎、舌炎、齿病经过中，咀嚼障碍，影响消化功能或因肠道疾病、腹膜炎以及外科、产科疾病反射性抑制，以至引起继发性前胃弛缓。

第三，某些营养代谢疾病，如牛骨软症，生产瘫痪、酮血症，奶牛产后血红蛋白尿病以及某些中毒性疾病等，都由于消化功能紊乱而伴发前胃弛缓。

第四，治疗用药不当，长期大量的应用磺胺类药物和抗生素制剂，瘤胃内菌群共生关系受到破坏，因而发生消化不良，呈现前胃弛缓。

显而易见，本病的病因极为复杂。全国各地区的自然条件和饲养管理方法均不一样，故本病发生的情况，也不完全相同。在临床实践中，必须依据具体情况，结合病例进行病因分析。

【发病机制】

中枢神经系统和植物神经功能紊乱，是发生消化不良、导致前胃弛缓的主要因素。由于迷走神经所支配的神经兴奋与分泌的偶联作用及肌肉兴奋与收缩的偶联作用，都是通过迷走神经末梢突触内的神经递质——乙酰胆碱（ACH）的释放来实现的。特别是血钙水平降低时，ACH 释放减少，神经体液调节功能减退，从而导致前胃弛缓发生发展的病理演变过程。另外，外界与内在的其他各种不良因素的影响，神经反应性降低，或呈现应激状态，在本病的发生发展上也起着重要的作用。

由于前胃弛缓，收缩力减弱，瘤胃内容物异常分解，产生大量有机酸，pH 值下降，其中菌群共生关系遭到破坏，纤毛虫的活力减弱或消失，毒性强的微生物异常增殖，产生大量的有毒物质和中毒，消化道反射性活动受到抑制，食欲、反刍减退或停止。前胃内容物不能正常运转与排除。瓣胃内容物停滞，伴发瓣胃阻塞，消化功能更趋紊乱，并因蛋白质腐败分解，形成组胺、腐胺、尸胺等有毒物质，导致前胃应激性反应而陷于弛缓状态。

病情进一步地发展，瘤胃内容物腐解和酵解的有毒物质增多，肝脏解毒功能降低,发生自体中毒。并因肝糖元异生作用旺盛,形成大量酸性产物,引起酸中毒症或酮血症。同时,由于有毒物质的强烈刺激,前胃黏膜发生炎性反应,皱胃及肠道的炎症,以及腹膜炎的病理变化,渗透性增高,发生脱水现象。

【病理变化】

原发性前胃弛缓,病情轻,很少死亡。重剧病例,发生自体中毒和脱水时,多数死亡。主要病理变化,瘤胃和瓣胃胀满,皱胃下垂,或皱胃扩张弛缓,也有的继发皱胃阻塞,其中瓣胃容积甚至增大3倍,内容物干燥,可捻成粉末状;瓣胃叶间内容物干涸,形如胶合板状,其上覆盖脱落上皮及成块的瓣叶。瘤胃和瓣胃露出的黏膜潮红,具有出血斑,瓣叶组织坏死、溃疡和穿孔,有的病例有局限性或弥漫性腹膜炎以及全身败血症等病理变化。

【症　状】

前胃弛缓按其病情发展过程,可分为急性和慢性两种类型。

1. 急性型　多呈现急性消化不良,精神委顿。

食欲减退或消失,反刍弛缓或停止,体温、呼吸、脉搏及全身功能状态无明显异常。

瘤胃收缩力减弱,蠕动次数减少或正常,瓣胃蠕动音低沉,奶牛泌乳量下降,时而嗳气,有酸臭味,便秘,粪便干硬、呈深褐色。

瘤胃内容物充满,黏硬,或呈粥状。由变质饲料引起的,瘤胃收缩力消失,轻度或中度臌胀,腹泻;由应激反应引起的瘤胃内容物黏硬,而无臌胀现象。

一般病例病情轻,容易康复。如果伴发前胃炎或酸中毒症,病情急剧恶化,呻吟,磨齿,食欲、反刍废绝,排出大量棕褐色糊状便,具有恶臭;精神高度沉郁,皮温不整,体温下降;鼻镜干燥,眼球下陷,黏膜紫绀,发生脱水现象(图6-5)。

2. 慢性型　通常多为继发性因素所引起,或由急性转变而来。多数病例食欲不定,有时正常,有时减退或消失。常常虚嚼、

第六章 奶牛内科病

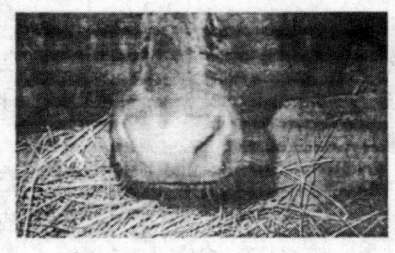

图 6-5 前胃弛缓（鼻镜干裂）

磨牙,发生异嗜,舔砖吃土,或采食被尿粪污染的褥草、污物。反刍不规则、无力或停止。嗳气减少,嗳出气体带臭味。

病情时好时坏,水草迟细,日渐消瘦,皮肤干燥,弹力减退,被毛逆立,干枯无光泽,体质衰弱(图 6-6)。

瘤胃蠕动音减弱或消失,内容物稀软或黏硬。多数病例网胃与瓣胃蠕动音减弱或消失,瘤胃轻度臌胀。腹部听诊,肠蠕动音微弱或低沉。便秘,粪便干硬、呈暗褐色、附着黏液;下痢,或下痢与便秘互相交替。排出糊状粪便,散发腥臭味;潜血反应往往呈阳性。

图 6-6 前胃弛缓（病牛营养不良）

病的后期,伴发瓣胃阻塞,精神沉郁,鼻镜龟裂,不愿移动,或卧地不起,食欲、反刍停止,瓣胃蠕动音消失,继发瘤胃臌胀,脉搏快速,呼吸困难。眼球下陷,结膜紫绀,全身衰竭、病情危重。

【病程及预后】

原发性前胃弛缓,若无并发症,采取病因疗法,加强饲养和护理,3～5天内即可康复。如果治疗不及时,伴发瓣胃阻塞,可能转为慢性型,预后不定。

继发性前胃弛缓,多取慢性经过,病情发展与转归,则视原发病而定。病程缓慢,病情弛张,反复发生瘤胃臌胀或肠胀气,预后不良。

【诊　断】

本病的临床诊断通常根据发病原因、临床病征,即食欲、反刍异常,消化功能障碍等病情分析和判定。通过检测瘤胃内容物性质的变化,可作为诊断和治疗的依据。

瘤胃液 pH 值正常为 5.5~7.5,前胃弛缓时,pH 值下降至 5.5 或更低。也有少数病例 pH 值升至 8.0 或更高。随着瘤胃液 pH 值的消长变化,直接影响到其中纤毛虫的存活率和菌群共生关系。正常的,瘤胃内容物每毫升内纤毛虫平均约 100 万个,在本病发展过程中,纤毛虫存活率显著降低,甚至消失。瘤胃内微生物活性亦随之下降。应注意与下列疾病进行鉴别诊断。

1. 酮血症　主要发生于产犊后 1~2 个月的奶牛,尿中酮体明显增多,呼出气带酮味(大蒜味)。

2. 创伤性网胃腹膜炎　泌乳量下降,姿势异常,体温中等度升高,腹壁触诊有疼痛反应。白细胞数升高。

3. 迷走神经性消化不良　无热症,瘤胃蠕动减弱或增强,肚腹臌胀。

4. 皱胃变位　奶牛通常分娩后突然发病,左腹胁上方倒数第二肋间隙叩诊结合听诊可听到特殊的钢管音。

5. 瘤胃积食　多因过食,瘤胃内容物充满、坚硬,腹部膨大,瘤胃扩张。

【治　疗】

前胃弛缓的治疗原则为:改善饲养管理,消除病因,增强神经体液调节功能,强脾、健胃、防腐、止酵、消导、防止脱水和自体中毒的综合性措施,进行治疗。

原发性前胃弛缓,病初禁食 1~2 天后,饲喂适量富有营养、容易消化的优质干草或放牧,增进消化功能。同时兴奋副交感神经恢复神经体液调节功能,促进瘤胃蠕动。可用氨甲酰胆碱 1~2mg,或新斯的明 10~20mg,毛果芸香碱 30~50mg,皮下注射。

第六章 奶牛内科病

但对病情危急、心脏衰弱、妊娠牛,则须禁止应用,以防虚脱和流产。

防腐止酵剂,可用稀盐酸 15~30ml,酒精 100ml,煤酚皂溶液 10~20ml,常水 500ml;或用鱼石脂 15~20g,酒精 50ml,常水 1 000ml,1 次内服,每天 1 次。但在病的初期,宜用硫酸钠或硫酸镁 300~500g,鱼石脂 10~20g,温水 600~1 000ml,1 次内服;或用液状石蜡 1 000ml,苦味酊 20~30ml,1 次内服,以促进瘤胃内容物运转与排除。

促反刍液,通常用 5%氯化钠溶液 300ml,5%氯化钙溶液 300ml,安钠咖 1g,1 次静脉注射。实际上,应用 10%氯化钠溶液 100ml,5%氯化钙溶液 200ml,20%安钠咖溶液 10ml,静脉注射,可促进前胃蠕动,提高治疗效果。可用小剂量吐酒石,每次 2~4g,常水 1 000~2 000ml,内服,每天 1 次,连用 3 次,有一定效果。但吐酒石易沉积于瘤胃内,能引起化学性瘤胃炎,多次应用,还可引起中毒反应,故应慎重。

应用缓冲剂,调节瘤胃内容物 pH 值,恢复其微生物群系的活性及其共生关系,增进前胃消化功能。当瘤胃内容物 pH 值降低时,宜用氧化镁 200~400g,配成水乳剂,并用碳酸氢钠 50g,1 次内服。反之,pH 值升高时,可用稀醋酸 20~400ml,或常醋适量,内服,具有较好的疗效。必要时,采取健康牛瘤胃液 4~8L,经口灌服接种,对更新微生物群系、提高纤毛虫存活率,效果显著。

伴发瓣胃阻塞时,消化障碍,病情重剧,可先用液状石蜡 1 000ml,内服,同时应用新斯的明,或氨甲酰胆碱兴奋副交感神经药物,促进前胃蠕动及其排除作用,连用数天。若不见效,即作瘤胃切开,取出其中内容物,将胃管从瘤胃插入网瓣孔,灌注 1%食盐水(38℃~40℃)20~40L,冲洗瓣胃,其冲洗方法见瘤胃切开术。

晚期病例,瘤胃积液,伴发脱水和自体中毒时,可用 25%葡萄糖注射液 500~1 000ml,静脉注射;或用 5%糖盐水 1 000~

2 000ml,40%乌洛托品注射液20～40ml,20%安钠咖注射液10～20ml,静脉注射,并用胰岛素100～200单位,皮下注射。此外,还可用樟酒糖注射液,或撒乌安注射液,防止败血症。还可用导胃法和胃冲洗法以排除瘤胃内有毒物质。

按照中兽医辨证施治原则,奶牛脾胃虚弱,水草迟细,消化不良,着重健脾和胃,补中益气为主,宜用四君子汤加味:党参100g,白术75g,茯苓75g,炙甘草25g,陈皮40g,黄芪50g,当归50g,大枣200g,水煎去渣内服,每天1剂,连用2～3剂。

奶牛久病虚弱,气血双亏,应以补中益气,养气益血为主,可用八珍散加味:党参50g,白术50g,茯苓40g,甘草25g,当归50g,熟地黄50g,白芍40g,川芎40g,黄芪50g,升麻25g,山药50g,陈皮50g,干姜25g,大枣200g,水煎去渣内服,每天1剂,连服数剂。

病牛口色淡白,耳鼻俱冷,口流清涎,水泻,应以温中散寒补脾燥湿为主,可用厚朴温中汤加味:厚朴50g,甘草25g,陈皮50g,茯苓50g,草豆蔻40g,广木香25g,干姜40g,桂心40g,苍术40g,当归50g,茴香50g,砂仁25g,水煎去渣内服,每天1剂,连用数剂。

此外,也可以用红糖250g,生姜200g(捣碎),开水冲,内服,具有和脾暖胃、温中散寒的功效。

【预　防】

前胃弛缓的发生,多因饲料变质,饲养管理不当而引起。因此,应注意饲料选择、保管和调理,防止霉败变质,改进饲养方法。奶牛依据饲料日粮标准,不可突然变更饲料,或任意加料。注意适当运动,并须保持牛场安静,避免奇异声、光、音、色等不利因素的刺激和干扰,引起应激反应。注意牛舍清洁卫生和通风保暖。提高牛群健康水平,防止本病的发生。

四、瘤胃积食

瘤胃积食,是因前胃收缩力减弱,采食大量难于消化的饲草或容易膨胀的饲料所致。本病引起急性瘤胃扩张、瘤胃容积增大、内容物停滞和阻塞、瘤胃运动和消化功能障碍,形成脱水和毒血症。

【病　因】

瘤胃积食的病因,主要见于贪食大量的青草、苜蓿、红花草(紫云英)或甘薯、胡萝卜、马铃薯等饲料;或因饥饿采食了大量的谷草、稻草、豆秸、花生秧、甘薯蔓等,而饮水不足,难于消化;也有因过食大麦、玉米、豌豆、大豆、燕麦等谷物,又饮大量水,饲料膨胀,从而导致本病的发生。在临床上最多见的是牛采食了大量未铡碎的甘薯蔓、花生秧,这些饲草在瘤胃内可缠绕成团而引起发病。

过食大量精料如麸皮、豆饼、花生饼、棉籽饼及酒糟、豆渣和粉渣等糟粕,也能引起瘤胃积食。

也可继发于前胃弛缓、创伤性网胃炎、瓣胃阻塞及皱胃变位等病经过中。

【发病机制】

一般而言,瘤胃积食按其病因,是在前胃弛缓的基础上发生发展的。这是由于神经体液调节紊乱,瘤胃收缩力减弱,陷于弛缓、扩张乃至麻痹,反射性地引皱胃幽门部痉挛,瘤胃内容物停滞,导致瘤胃积食的病理演变过程。

由于瘤胃积食,其中的内容物浸渍、浸出、溶解以及合成和吸收的全部消化程序遭到严重的破坏,并因菌群失调、腐败分解旺盛,产生大量有毒物质。革兰氏阳性菌,特别是牛链球菌大量增殖,产生大量乳酸,pH值下降,瘤胃内纤维分解菌和纤毛虫活性降低,或被杀灭,菌群共生关系出现失调,腐解产物增多,引起瘤胃炎、渗透性增强,发生脱水。酸碱平衡失调,腐解产物被吸收,引起自体中毒,发生兴奋、痉挛、血管扩张,血压下降,以及循环虚脱的严重现象使病情恶化。

【症　状】

瘤胃积食病情发展迅速,通常在采食后数小时内发病,临床症状明显。

图 6-7 瘤胃积食
（回头顾腹，后肢踢腹）

初期，病牛精神不安，目光凝视，回顾腹部，间或后肢踢腹，有腹痛表现（图 6-7）。病牛食欲、反刍消失，不吃草，不反刍，拱背，空口虚嚼，有时出现呻吟。

听诊瘤胃蠕动音减弱或消失，肠音微弱或沉寂。便秘，粪便干硬呈饼状，间或发生腹泻。若瘤胃压迫十二指肠可引起十二指肠假性阻塞而出现肠便秘症状。触诊瘤胃，病畜不安，内容物黏硬，用拳按压，遗留压痕。有的病畜瘤胃内容物坚硬如石。

晚期病例病情急剧恶化，奶牛泌乳量减少或停止。肚腹膨隆（图 6-8），呼吸促迫而困难。心悸，脉搏快速，皮温不整，四肢、角根和耳冰凉，全身战栗，眼球下陷，黏膜紫绀，全身衰弱，卧地不起，陷于昏迷状态。发生脱水与自体中毒，呈现循环虚脱。

【病程及预后】

本病的病程经过与内容物性质有直接关系。轻度的、由应激反应引起的，1～2 天内即可康复。一般病例，及时治疗，经过 3～5 天后可以痊愈，但慢性病例，病情反复，有的暂时好转，而后又加重，病程达 1 周以上。瘤胃陷于高度弛缓，内容物膨胀，呼吸困难，血液循环障碍，发生窒息和心力衰竭的病例，预后不良。

图 6-8 瘤胃积食
（左肷部膨满，坚硬）

由于采食过多的精料而引起的,病情发展急剧。特别是含淀粉丰富的谷物,容易膨胀和酵解,出现代谢性酸中毒症,2～3天内死亡。一般病例,常常伴发胃肠炎,发生腹泻。如果瘤胃开始蠕动,食欲与反刍有所恢复,不断嗳气,病情逐渐好转,预后良好。

【诊　断】

瘤胃积食根据其发生原因,过食后发病,瘤胃内容物充满而硬实,食欲、反刍停止等病征,可以确诊。

【治　疗】

本病治疗在于恢复前胃运动功能,促进瘤胃内容物运转,消食化积,防止脱水与自体中毒,有利于康复过程。

一般病例,首先禁食,并进行瘤胃按摩,每次 5～10min,每隔 30min 1 次。或先灌服大量温水,再按摩,效果更好。也可用酵母粉 500～1 000g,1 天分 2 次内服,具有化食作用。

清肠消导。可用硫酸镁或硫酸钠 300～500g,液状石蜡或植物油 500～1 000ml,鱼石脂 15～20g,75% 酒精 50～100ml,常水 6 000～10 000ml,1 次内服。应用泻剂后,也可用毛果芸香碱 0.05～0.2g,或新斯的明 0.01～0.02g,皮下注射,兴奋前胃神经,促进瘤胃内容物运转与排除,但心脏功能不全与妊娠牛忌用。

病因疗法。可用 10% 氯化钠注射液 100～200ml,静脉注射。或先用 1% 温食盐水洗涤瘤胃,再用促反刍液。最好是用 10% 氯化钠注射液 100ml,10% 氯化钙注射液 100ml,20% 安钠咖注射液 10～20ml,静脉注射。改善中枢神经系统调节功能,增强心脏活动,促进血液循环和胃肠蠕动,解除自体中毒现象。

晚期病例,除了反复洗涤瘤胃外,宜用 5% 糖盐水 2 000～3 000ml,20% 安钠咖注射液 10ml,维生素 C 0.5～1g,静脉注射,每天 2 次。强心补液,保护肝功能,促进新陈代谢,防止脱水。

当血液碱储下降,酸碱平衡失调时,宜用 5% 碳酸氢钠注射液 300～500ml,或 11.2% 乳酸钠注射液 200～400ml,静脉注射。必要时,可用维生素 B_1 2~3g,静脉注射,促进丙酮酸钠氧化脱羧,解除酸中毒。如果反复注射碱性药物,出现碱中毒症状,呼吸疾速,全身抽搐时,宜用稀盐酸 15~300ml,内服。

在病程中,为了抑制乳酸的产生,应及时用青霉素或土霉素内服,间隔 12h,再投药 1 次。继发瘤胃臌胀时,应及时穿刺放气,以缓和病情。

但应注意,严重的瘤胃积食往往药物治疗无效,应果断地决定进行瘤胃切开术,取出内容物,并用 1% 温盐水洗涤。必要时,接种健康牛瘤胃液。加强饲养和护理,促进康复过程。

【预　防】

本病的预防,在于加强饲养管理,防止突然变换饲料或过食,应按饲料日粮标准饲养。加喂饲料,须适应其消化功能。

五、瘤胃臌胀

奶牛瘤胃臌胀,是因采食了容易发酵的饲料,在瘤胃内菌群作用下,异常发酵,产生大量气体,而向体外排气的嗳气运动停止时,可引起瘤胃和网胃急剧臌胀,膈与胸腔脏器受到压迫,呼吸与血液循环障碍,发生窒息现象的一种疾病。

瘤胃臌胀,依其病因,有原发性和继发性的区别。按其经过,则有急性和慢性之分;从其性质上看,又有泡沫性和非泡沫性的不同类型。

【病　因】

1. 原发性瘤胃臌胀　发病原因主要是采食了大量易发酵的青绿饲料。

采食开花前的幼嫩多汁的豆科植物,如苜蓿、紫云英、金花菜(江南各地生长的野苜蓿)、三叶草、野豌豆等;或鲜甘薯蔓、萝卜缨、白菜叶、再生草等。因采食过多,迅速发酵,产生大量气体而引起。

采食堆积发热的青草,或冰霜冻结与霉败的干草,以及多汁易发酵的青贮料,往往引起本病。

饲料配合或调理不当,谷物饲料过多,而粗饲料不足,或给予的黄豆、豆饼、花生饼、酒糟等未经浸泡和调理;或饲喂胡萝卜、甘薯、马铃薯等块根饲料过多;或因矿物质不足,钙、磷比例失调等,都可成为本病的发病原因。

2. 继发性瘤胃臌胀　最常见于前胃弛缓,其他如创伤性网胃腹膜炎,食管阻塞、痉挛和麻痹,迷走神经胸支或腹支损伤,纵隔淋巴结结核肿胀或肿瘤,瘤胃与腹膜粘连,瓣胃阻塞,膈疝以及前胃内存有泥沙、结石或毛球等,都可引起排气障碍,致使瘤胃壁扩张而发生臌胀。

【发病机制】

从生理角度看,瘤胃形同发酵罐,内容物于其中发酵和消化的过程中所产生的气体,主要是二氧化碳和甲烷,以及少量氢、氧、氮和硫化氢等。这些气体,除被覆于瘤胃内容物的表面外,其余的通过反刍、咀嚼和嗳气排出,并随同瘤胃内容物运转经皱胃排入肠道和被血液吸收,保持着产气与排气的相对平衡。但在病理条件下,由于采食易发酵的饲料,产生大量的气体,既不能通过嗳气排出,又不能随同内容物通过消化道排除和吸收,因而导致瘤胃急剧的扩张和臌胀。

另外,还必须考虑奶牛的个体差异,如神经反应性、唾液的分泌及其成分、瘤胃运动、气体的性状、嗳气的反射、食糜运转的速度以及内容物 pH 值和菌群关系的变化等,有着密切的关联。因此,瘤胃臌胀发生的主要因素,是由于机体的神经反应性、饲料的性质和瘤胃内菌群共生关系三者之间变化及其动态平衡失调而引起。

瘤胃臌胀有泡沫性和非泡沫性两种性质。泡沫的形成,主要与瘤胃液的表面张力、黏稠度以及内容物 pH 值和菌群关系的变化等,有着密切的关系。因此,瘤胃臌胀发生的主要饲料是豆科植物,含有多量的蛋白质、皂苷、果胶等物质,都可产生气泡,其中核蛋白体(rRNA)18S 更有形成气泡的特性,而果胶与唾液中的黏蛋白和细菌的多糖类等,可增高瘤胃液的黏稠度。瘤胃内容物发酵过程所产生的有机酸(特别是柠檬酸、丙二酸、琥珀酸等非挥发性酸)致使瘤胃液 pH 值下降至 6.0～5.2 时,泡沫的稳定性显著增高。显而易见,瘤胃内所产生的大量气体,与其中表面张力、黏稠度高的内容物互相混合而形成的稳定性泡沫,既不能融汇成较大的气泡,又阻塞贲门、妨碍嗳气,于是迅速地导致泡沫性臌胀的发生和发展,病情急剧,若不及时消胀可导致病牛缺氧窒息乃至死亡。

非泡沫性臌胀,除瘤胃内重碳酸盐及其内容物发酵所产生的大量二氧化碳和甲烷外,饲料中还含有氰苷与脱氢黄体酮化合物(类似维生素 P),具有降低前胃神经兴奋性、抑制瘤胃平滑肌收缩的作用,因而引起非泡沫性瘤胃臌胀的发生。

在瘤胃臌胀发生发展的过程中,瘤胃过度的臌胀和扩张,腹内压升高,影响呼吸和血液循环,气体代谢障碍,病情急剧发展和恶化,并因瘤胃内腐酵产物的刺激,瘤胃壁痉挛性收缩,引起疼痛不安。病的末期,瘤胃壁紧张力完全消失乃至麻痹,气体排除更加困难,血液中二氧化碳显著增加,碱储下降,终于导致窒息和心脏麻痹。

【病理变化】

死后立即剖检的病例,瘤胃壁过度扩张,充满大量气体及含有泡沫的内容物。死后数小时剖检,瘤胃内容物无泡沫,间或见有瘤胃或膈肌破裂。瘤胃腹囊黏膜有出血斑,甚至黏膜下淤血,角化上皮脱落。肺脏充血,肝脏和脾脏被压迫呈贫血状态,浆膜下出血等。

【症　状】

1. 急性瘤胃臌胀　通常在采食大量易发酵性饲料后迅速发

第六章 奶牛内科病

病,甚至有的在采食中突然呆立,停止采食,食欲消失,临床症状急剧发展。

病的初期举止不安,神情忧郁,结膜充血,角膜周围血管扩张。回头望腹,腹围迅速膨大(图 6-9,图 6-10)。瘤胃收缩先增强,后减弱或消失,腰旁窝突出。腹壁紧张而有弹性,叩诊呈鼓音。

呼吸困难。随着瘤胃扩张和膨胀,膈肌受压迫,呼吸促迫而用力,甚至头颈伸展、张口伸舌呼吸,呼吸数增至 60 次/min 以上。心悸,脉搏快速,脉搏数可达 100~120 次/min 以上。后期心力衰竭,脉搏微弱,病情危急。

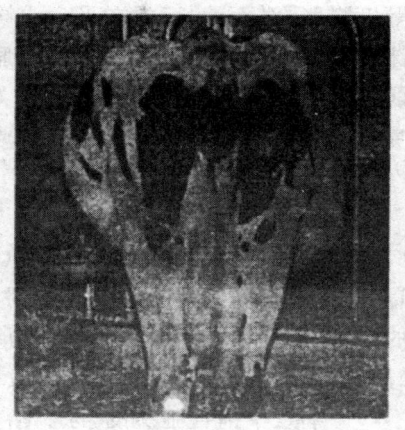

图 6-9 典型腹部膨胀

图 6-10 瘤胃膨胀,左肷窝高度膨气

泡沫性膨胀。常见泡沫状唾液从口腔中逆出或喷出。瘤胃穿刺时,只能断断续续地排出少量气体。瘤胃液随着瘤胃壁紧张收缩向上涌出,阻塞穿刺针孔,排气困难。

病的后期,心力衰竭,血液循环障碍,静脉怒张;呼吸困难,黏膜紫绀,奶牛乳房皮肤也变暗蓝色,目光恐惧,出汗,间或肩背部皮下气肿,站立不稳,步态蹒跚,往往突然倒地、痉挛、抽搐,陷于窒息和心脏麻痹状态。

2. **慢性瘤胃膨胀** 多为继发性因素引起,病情弛张,瘤胃中等度臌胀,时而消长,常在采食或饮水后反复发生。通常是为非泡沫性臌胀,穿刺排气后,继而又臌胀起来,瘤胃收缩运动正常或减弱,穿刺针随同瘤胃收缩而转动。犊牛排出的气体,具有显著的酸臭味。病情发展缓慢,食欲、反刍减退,水草迟细,逐渐消瘦。生产性能降低,泌乳量显著减少。

【病程及预后】

原发性急性瘤胃臌胀,病程急促,如不及时急救,数小时内窒息死亡。病情轻的病例,治疗及时,可迅速痊愈,预后良好。但有的病例,经过治疗消胀后又复发,预后可疑。

慢性瘤胃臌胀,病程可持续数周至数月。由于病因不同,预后不一。继发于前胃弛缓的,原病治愈,慢性臌胀也消失。继发于创伤性网胃腹膜炎的,腹腔脏器粘连,由肿瘤等病变而引起的,久治不愈,预后不良。

【诊　断】

急性瘤胃臌胀,病情急剧,根据病史,采食大量易发酵性饲料发病,腹部臌胀,左旁肷窝凸出,血液循环障碍,呼吸极度困难,确诊不难。慢性臌胀,病情弛张,反复产出气体。随原发病而异,通过病因分析,也能确诊。

【治　疗】

本病的病情发展急剧,抢救病牛应及时。采取有效的紧急措施,排气消胀,方能挽救病牛。因此,治疗原则着重于排除气体、防止酵解,理气消胀、强心补液、健胃消导,以利于康复过程。

病的初期,使病牛头颈抬举,用草把适度地按摩腹部,促进瘤胃内气体排除。同时应用松节油20~30ml,鱼石脂10~15g,95%酒精 30~50ml,加适量温水,或 8%氧化镁溶液 600~1 000ml,1次内服,具有消胀作用。

严重病例,当发生窒息危险时,首先应用套管针进行瘤胃穿刺放气,防止窒息。非泡沫性臌胀,放气后,宜用稀盐酸 10~30ml,

或鱼石脂 15～25g，95％酒精 100ml，常水 1 000ml，也可用生石灰水 1 000～3 000ml，灌入瘤胃。放气后用 0.25％普鲁卡因溶液 50～100ml，青霉素 100 万 U，注入瘤胃，效果更佳。

泡沫性臌胀，以灭沫消胀为目的，宜用表面活性药物，如二甲基硅油 2～2.5g，或用消胀片（二甲基硅油 15mg/片）30～60 片，内服，能迅速奏效。实际上，应用菜籽油（或豆油、花生油、香油）300ml，温水 500ml，制成油乳剂，内服；也可以用松节油 30～40ml，液状石蜡 500～1 000ml，常水适量，1 次内服，都具有消灭泡沫的功效。

此外，用 2％～3％碳酸氢钠溶液，进行瘤胃洗涤，调节瘤胃内容物 pH 值。若因采食紫云英而引起的，可用食盐 200～300g，常水 4 000～6 000ml，内服，都具有止酵消胀作用。为了排除瘤胃内容物及其酵解物质，可用盐类或油类泻剂（剂量与用法，参照瘤胃积食）；或用毛果芸香碱 0.02～0.05g，或新斯的明 0.01～0.02g，皮下注射，兴奋副交感神经，促进瘤胃蠕动，有利于反刍和嗳气。

在治疗过程中，应注意全身功能状态，及时强心补液（参照瘤胃积食疗法），增进治疗效果。

但须指出，泡沫性臌胀，药物治疗无效时，即应进行瘤胃切开术，取出其中的内容物，按照外科手术要求处理，防止污染。实践证明，常常获得良好效果。

接种瘤胃液。在排除瘤胃气体或进行瘤胃手术后，采用健康奶牛瘤胃液 3～6L，并应用青霉素或土霉素适量，灌入瘤胃内，提高防治效果。

至于病情轻的病例，使病牛立于斜坡上，保持前高后低姿势，不断牵引其舌，或用木棒涂煤酚皂溶液，给病牛衔在口内，同时按摩瘤胃，促进气体排除，也能奏效。

【预　防】

本病的预防，着重加强饲养管理，保持其健康水平。

第一,在改喂青绿饲料前1周,先饲喂青干草、稻草,或作物秸秆,然后喂青饲,以免饲料骤变发生过食。

第二,幼嫩牧草,采食后易发酵,应晒干后掺杂干草饲喂。

第三,注意饲料保管,防止霉败变质,加喂精料应适当限制,特别是粉渣、酒糟、甘薯、马铃薯、胡萝卜等,更不宜突然多喂,饲喂后也不能立即饮水,以防发生本病。

六、创伤性网胃腹膜炎

创伤性网胃腹膜炎,是由于金属异物(针、钉、碎铁丝)混杂在饲料内,被采食吞咽落入网胃,导致急性或慢性前胃弛缓,瘤胃反复臌胀,消化不良。并因穿透网胃刺伤膈或腹膜,引起急性弥漫性或慢性局限性腹膜炎,或继发创伤性心包炎。

几年来,笔者收治创伤性网胃炎81例,全部进行手术治疗。其中:51例金属异物刺入网胃壁引起网胃损伤,25例金属异物游离于网胃腔内,5例网胃内无金属异物,后两种病牛的网胃内均有程度不同的硬结、溃疡或网胃与膈的粘连。手术治愈66例,治愈率为85.1%。15例创伤性心包炎,经左肷部手术途径治疗5例,其中3例发现金属异物一端尚在胃壁内,异物取出后,经多次心包穿刺洗涤而治愈,另2例未见异物随转心包切开术。12例心包切开术的病牛,其金属异物多为缝衣针,并刺入心包腔内或心肌内,术中取出金属异物者9例。12例心包切开的病牛,死亡11例,治愈1例,经术后2个月追访,此例病牛临床症状消除。

【病　　因】

牛采食迅速,并不咀嚼,以唾液裹成食团,囫囵吞咽,又有舐食习惯,往往将随同饲料的金属异物吞咽落进网胃,导致本病的发生。在饲养管理不当,饲料加工过于粗放,调理饲料不专心的情况下,很可能食进金属异物而发生本病。

主要原因是饲料加工粗放,饲养粗心大意,对饲料中的金属异物的检查和处理不细致。在饲草饲料中的金属异物,最常见的是饲料粉碎机与铡草机上的销钉,其他如碎铁丝、铁钉、缝针、别针、注射针头、发卡、钮扣、图钉以及各种有关的尖锐金属异物等,被采食后而发病(图6-11)。

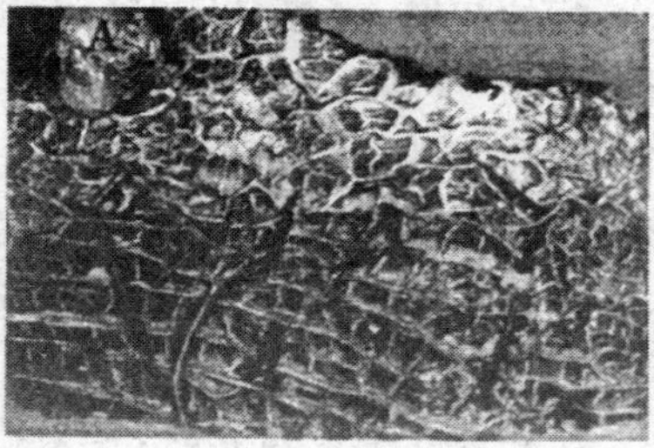

图 6-11 创伤性网胃腹膜炎
(数个针及钢丝刺入网胃壁上)

【病理变化】

本病的病理变化依金属异物的性状而异。一部分病例只引起创伤性网胃炎,特别是铁钉或销钉,可使胃壁深层组织损伤,局部增厚,发生化脓,形成瘘管或瘢痕。也有一部分病例,网胃与膈粘连,或胃壁局部结缔组织增生,其中埋藏铁钉或销钉,并形成干酪腔或脓腔。还有一部分病例,由于网胃壁穿孔,形成弥漫性或局限性腹膜炎(图6-12),乃至胸膜炎,常常见有腹腔脏器互相粘连,或于

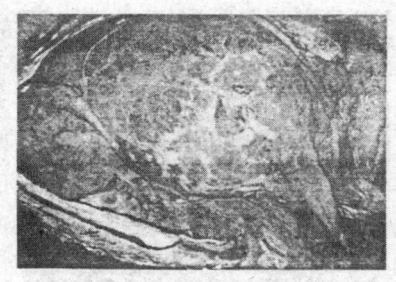

图 6-12 创伤性网胃腹膜炎
(瘤胃与腹膜壁层及肠管被覆有大量化脓性渗出物)

膈、脾、肝、肺各部分发现1个或数个脓肿。心脏受损害时,心包中充满多量化脓腐败性纤维蛋白性渗出液;也可能发生肺炎、肺脓肿、肺与胸膜粘连等病理解剖学变化。

【症　状】

病牛采食时随同饲料吞咽下的金属异物,在未刺入胃壁前,没有任何临床症状。通常存留在网胃内的异物,当分娩阵痛、瘤胃积食以及其他致使腹腔内压增高的因素影响下,突然呈现临床症状。

病的初期,一般多呈现前胃弛缓、食欲减退,有时异嗜,瘤胃收缩力减弱,反刍无力,不断嗳气,常常呈现间歇性瘤胃臌胀。肠蠕动音减弱,有时发生顽固性便秘,后期腹泻,粪有恶臭。奶牛泌乳量减少。由于网胃疼痛,病牛有时突然骚动不安。病情逐渐增剧,久治不愈,并因网胃和腹膜或胸膜受到金属异物损伤,呈现各种异常临床症状。

1. 姿态异常　站立时,常采取前高后低的姿势,头颈伸展,两眼半闭,肘关节向外展,拱背,不愿移动(图6-13)。

2. 运动异常　牵病牛行走时,不愿上下坡、跨沟或急转弯;牵牛在砖石或水泥路面上行走时止步不前。

3. 起卧异常　当卧地、起立时,因感疼痛,极为谨慎,肘部肌肉颤动,甚至呻吟和磨牙。

4. 叩诊异常　叩诊网胃区,即剑状软骨左后部腹壁,叩诊音呈鼓音,病牛感疼痛,呈现不安,呻吟退让,躲避或抵抗。

5. 反刍吞咽异常　有些病例,反刍缓慢,间或见到吃力地将网胃中食团逆呕到口腔,并且吞咽动作常有特殊表现,颜貌痛苦,吞咽时缩头伸颈,停顿,很不自然。

图6-13　创伤性网胃腹膜炎
(病牛左肷部凹陷,肚腹蜷缩,弓背,眼球凹陷,极度痛苦状)

6. 敏感检查　用力压迫胸椎脊突和剑状软骨,或于鬐甲与网胃水平连线上,双手将鬐甲皮肤捏成皱襞,病牛表现出敏感不安,并引起背部下凹现象,称为鬐甲反射阳性。

7. 疼痛试验　由于胸骨剑状软骨区的疼痛,因此可用器官(网胃)叩诊法(用拳头叩击网胃)或剑状软骨区触诊法,可能获得阳性结果。最好用一根木棍通过剑状软骨区的腹底部猛然抬举,给网胃施加强大的压力,对急性病例阳性反应是明显的。

8. 诱导反应　必要时,应用副交感神经兴奋剂,皮下注射,促进前胃运动功能,病情随之增剧,表现疼痛不安状态。

9. 血象检查　白细胞总数增多,可达 11 000～16 000 个/mm^3。其中嗜中性白细胞增至 45%～70%,淋巴细胞减少 30%～45%,核型左移。结合病情分析,具有实际临床诊断意义。

10. 全身功能状态　体温、呼吸、脉搏在一般病例无明显变化。但在网胃穿孔后,最初几天体温可能升高至 40℃ 以上。其后降至常温,转为慢性过程,无神无力,消化不良,病情时而好转,时而恶化,逐渐消瘦。

被金属异物穿透网胃、膈达到心包时,金属异物对心包造成创伤,胃腔内病原菌感染心包膜,致使心包膜的壁、脏层感染后出现炎症反应,急性阶段为浆液性、纤维素性,随后转为化脓腐败性渗出,大量渗出物积聚心包腔内,使其内压增高,限制心脏舒张,致使静脉血回流受阻,心输出量减少,动脉压下降,形成全身性血液循环障碍。病牛往往因心力衰竭及毒血症死亡,此称为化脓性心包炎。

病情延误治疗或治疗不当,化脓性心包炎常常转为慢性缩窄性心包炎。其特征为:心包脏层与壁层上沉积着大量机化的纤维素,逐渐增厚,厚度达 2～3cm,呈颗粒状或茸毛状纤维板,包裹心脏,限制心脏的舒张,静脉血回流受阻,心输出量减少,动脉供血减少,冠状循环供血不足,病牛表现行走缓慢,静脉怒张,中心静脉压升高至 25～28cm 水银柱,颌下及胸前水肿(图 6-14),病牛终因心力衰竭而死亡。

由于金属异物穿刺网胃,刺损内脏和腹膜的部位不同所导致的炎症变化也不同,有的金属异物穿透网胃后,向右侧经瓣胃并刺入右侧胸壁处,引起局部化脓感染和瓣胃瘘;有的金属异物刺入肝脏引起肝脏脓肿;有的刺入肠壁而引起局部的感染和肠穿孔等。

一般而言,这些损伤常发生急性局限性腹膜炎,体温轻度升高,脉搏增数,姿态异常,食欲减少,当异物被结缔组织包埋后,症状可能消退;若伴发急性弥漫性腹膜炎时,全身症状明显,常因全身脓毒败血症病情急剧发展和恶化。

图 6-14　奶牛创伤性心包炎
（牛胸前水肿）

【病程及预后】

牛误食金属异物,在饲养管理粗放的情况下,是常有的现象。只有在异物刺入网胃壁,才引起创伤性炎症反应。轻度的病例,病情轻微,经过数日或数周后,结缔组织增生,或被包埋,或形成瘢痕,逐渐好转而痊愈。但多数病例,转变为慢性病理过程,呈现顽固性前胃弛缓,久久不能治愈。重剧的病例,病情发展急剧,也有于数天内死亡的。

完全穿孔的病例,病情发展不定,有时好转,有时恶化,在病程发展过程中,可能继发肝脓肿、脾脓肿、肺与膈脓肿,局限性或弥漫性腹膜炎,内脏器官粘连以及创伤性心包炎、心肌炎、肺坏疽以及胸膜炎等,因受到各种不良因素的影响,促进病程急剧发展,甚至伴发脓毒败血症而死亡,预后不良。

【诊　断】

由于本病临床特征不突出,一般病例都具有顽固性消化功能紊乱现象,容易与胃肠道其他疾病混淆,惟有反复临床检查,结合病史进行论证分析,予以综合判定,才能确诊。

本病的诊断应根据饲养管理情况,结合病情发展过程进行。姿态与运动异常,水草迟细,顽固性前胃弛缓,逐渐消瘦,网胃区触诊与疼痛试验,血象变化(白细胞总数增多,嗜中性白细胞与淋巴细胞比例倒置)以及长期治疗不见效果,是本病的基本病征。应用金属异物探测器检查,可获得阳性结果。有条件单位,应用 X 线透视或摄影,也可获得正确诊断印象。

【治　疗】

创伤性网胃腹膜炎,在早期如无并发病,采取手术疗法,施行瘤胃切开术。从网胃壁上摘除金属异物,同时加强护理措施,其治愈率可达 85.1%。

保守疗法,将病牛立于斜坡上,或斜台上,保持前躯高、后躯低的姿势,减轻腹腔脏器对网胃的压力,促使异物退出网胃壁。同时应用磺胺类药物,按每千克体重 0.07g,内服;或用青霉素 600 万 U 与链霉素 6g,每天上、下午分别肌内注射,连续用药 3 天,据报道治愈率可达 70%。也可用特制磁铁经口投入网胃中,吸取

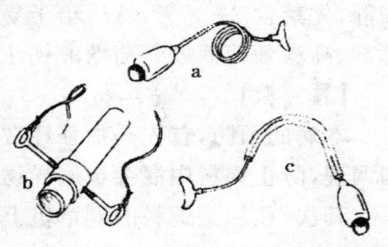

图 6-15　网胃内金属异物打捞器
a. 强性磁铁及金属软绳
b. 开口器及固定绳
c. 保护金属软绳的塑料管

胃中金属异物(图 6-15),同时应用青霉素和链霉素,肌内注射,治愈率约达 50%。但有少数病例可能复发。

操作方法是,病牛禁食 12h 以上,不限制饮水。在操作前先让牛充分饮水或给牛灌水 4 000~5 000ml。先装置牛网胃金属异物打捞器开口器,并抬高牛头使之呈水平状态,将打捞器磁铁经特制开口器的硬质塑料管送入牛咽腔内,牛即可自然咽下磁铁,与磁铁相连的金属软绳及塑料管端仍保留在口腔外,拉紧金属软绳,推送塑料管,将塑料管端顶在磁铁尾端,用塑料管推送磁铁通过贲门进入瘤胃内 10~15cm,然后放松金属软绳,向外抽出塑料管 15~20cm,使塑料管末端进入食管,此时一手固定塑料管,另一只手缓缓向外牵拉金属软绳,当磁铁靠近贲门时,金属软绳的阻力加大,

此时猛然放松金属软绳,使磁铁从瘤胃前庭的贲门处自然下降而落入下方的网胃腔内,让磁铁在网胃腔内停留 5～8min,待磁铁吸上网胃内金属异物后,再缓缓向外牵拉金属软绳,将磁铁和吸在磁铁上的金属异物一起经食管拉出口腔外,去除磁铁上的金属异物,经过 3～4 次的反复打捞即可将游离在网胃内或与网胃壁结合不太紧密的金属异物全部取出。此外,加强饲养和护理,使病牛保持安静,先禁食 2～3 天,然后给予易消化的饲料,并适当应用防腐止酵剂、高渗葡萄糖或葡萄糖酸钙注射液,静脉注射,增进治疗效果。

【预　防】

本病的预防,首先是加强经常性饲养管理工作,注意饲料选择和调理,防止饲料中混杂金属异物。

其次,在加工饲料的铡草机上,应增设清除金属异物的电磁铁装置,除去饲料、饲草中的异物,以防本病的发生。

第三,不可将碎铁丝、铁钉、缝针、发卡以及其他各种金属异物随地乱抛,加强饲养管理工作。

第四,建立定期检查制度。特别是对饲养场的牛群,可请兽医人员应用金属探测器进行定期检查,必要时再应用金属异物打捞器从瘤胃和网胃中摘除异物。

第五,目前已有许多奶牛场应用磁铁笼,经口投入网胃,吸附金属异物,也有应用磁铁牛鼻环,以减少本病的发生。

第六,新建奶牛场或饲养场,应远离工矿区、仓库和作坊。乡镇与农村饲养牛的牛房,也应离开铁匠铺、木工房以及修配车间,以减少本病发生的机会,保证牛群的健康。

七、瓣胃阻塞

瓣胃阻塞,主要是因前胃弛缓、瓣胃收缩力减弱、内容物充满而干涸,致使瓣胃扩张、坚硬、疼痛,导致严重消化不良所引起。因内容物停滞压迫,胃壁麻痹,瓣叶坏死,引起全身功能变化,是牛的一种严重的胃脏疾病。

【病　因】

本病的病因,通常见于前胃弛缓,可分为原发性和继发性两种。

原发性阻塞,主要见于长期饲喂麸糠、粉渣、酒糟等含有泥沙的饲料,或粗纤维坚硬的甘薯蔓、花生秧、豆秸、青干草、红茅草以及豆荚、麦秸等。

其次,饲料突然变换,饲料质量低劣,缺乏蛋白质、维生素以及微量元素,或因饲养不正规,饲喂后缺乏饮水以及运动不足等都可引起。

继发性阻塞,常见于皱胃阻塞、皱胃变位、皱胃溃疡、牛肠便秘、腹腔脏器粘连、生产瘫痪、黑斑病甘薯中毒、急性热性病以及血液原虫病等。在这些疾病经过中,往往伴发本病。

【病理变化】

瓣胃内容物充满,坚硬如木,指压无痕,其容积增大 2～3 倍。重剧病例,瓣胃邻近的腹膜及内脏器官,多具有局限性或弥漫性的炎性变化。瓣叶间内容物干涸,形如纸板,可捻成粉末状。瓣胃叶上皮脱落变为菲薄,有溃疡、坏死灶或穿孔。此外,肝、脾、心、肾,以及胃肠等部分,具有不同程度的炎性病理变化。

【症　状】

本病的初期,呈现前胃弛缓,食欲不定或减退,便秘,粪呈饼状,或干小呈算盘珠样,瘤胃轻度臌胀,瓣胃蠕动音微弱或消失。于右侧腹壁瓣胃区(第 7～9 肋间的中央)触诊,病牛感疼痛。叩诊,浊音区扩张,精神迟钝,时而呻吟。泌乳量下降。

病情进一步发展,精神沉郁,反应减退,鼻镜干燥、龟裂,空嚼、磨牙,呼吸浅表、快速,心脏功能亢进,脉搏数增至 80～100 次/min。食欲、反刍消失,瘤胃收缩力减弱。进行瓣胃穿刺检查,用 15～18cm 长穿刺针,于右侧第 9 肋间肩关节水平线上,进行穿刺时,有阻力,不感到瓣胃收缩运动。直肠检查可见肛门与直肠痉挛性收缩,直肠内空虚、有黏液,少量暗褐色粪块附着于直肠壁。晚期病例,瓣胃叶坏死,伴发肠炎和全身败血症,体温升高 $0.5℃\sim1℃$,食欲废绝,排粪停止,或排出少量黑褐色糊状带有少量黏液恶臭粪便。尿量减少、呈黄色,或无尿。呼吸疾速,次数增多,心悸,脉搏数可达 $100\sim140$ 次/min,心律失常,有时徐缓,微循环障碍,皮温不整,结膜紫绀,形成脱水与自体中毒现象。体质虚弱,神情忧郁,卧地不起,病情显著恶化。

【病程及预后】

本病的病程经过 $1\sim2$ 周,轻症的及时治疗,可以痊愈。重症病例若通过瓣胃冲洗预后良好,但保守疗法多预后不良。

【诊　断】

瓣胃阻塞多继发于前胃其他疾病和皱胃疾病,临床诊断应分清原发与继发。对该病的诊断应根据病史调查,临床病征,瓣胃蠕动音低沉或消失,触诊瓣胃敏感性增高,叩诊浊音区扩大,粪便呈算盘珠大小,数量很少或不排粪或排出较多的黏液等表现,结合瓣胃穿刺诊断。必要时进行剖腹探诊,可以确诊。同时,应注意同前胃弛缓、瘤胃积食、创伤性网胃腹膜炎、皱胃阻塞、肠便秘等病进行鉴别诊断,以免误诊。

【治　疗】

治疗原则,应着重增强前胃运动功能,促进瓣胃内容物排出。

初期,可用硫酸镁或硫酸钠 $400\sim500g$,常水 $8\,000\sim10\,000ml$,或液状石蜡 $1\,000\sim2\,000ml$,或植物油 $500\sim1\,000ml$,1 次内服。同时应用10％氯化钠注射液 $100\sim200ml$,20％安钠咖注射液 $10\sim20ml$,静脉注射,增强前胃神经兴奋性,促进前胃内容物运转与排除。病情重剧的,同时可应用土的宁 $0.015\sim0.03g$,或毛果芸香碱 $0.02\sim0.05g$,或新斯的明 $0.01\sim0.02g$,或氨甲酰胆碱 $1\sim2mg$,皮下注射。但须注意,体弱、妊娠牛、心肺功能不全病

第六章 奶牛内科病

牛,忌用这些药物。

瓣胃注射,可用10%硫酸钠溶液2 000～3 000ml,液状石蜡或甘油300～500ml,普鲁卡因2g,盐酸土霉素3～5g,配合1次瓣胃内注入。注射部位,在右侧第8肋间与肩关节水平线相交点,略向前下方刺入10～12cm,判明针头已刺入瓣胃时,方可注入。

病牛具有肠炎或全身败血症现象时,可根据病情发展,应用撒乌安注射液100～200ml,或樟酒糖注射液200～300ml,静脉注射。同时尚须注意及时输糖补液,防止脱水和自体中毒,缓和病情。

山东农业大学经瘤胃切开进行瓣胃冲洗治疗顽固性瓣胃梗塞7例,除1例因瓣胃黏膜坏死脱落死亡外,其余6例全部治愈。

瓣胃梗塞的胃腔冲洗:瘤胃切开术。先将瘤胃内容物基本掏空,随之左手持胃导管端插入网瓣胃孔内(重剧的瓣胃梗塞,因网瓣胃孔多为干涸胃内容堵塞,须用手指掏出部分堵塞物,再插入胃管),导管另一端在体外接一漏斗灌入等渗温盐水,待瓣胃沟冲出一定空间后,手持导管端进入瓣胃沟内,用温水浸泡和手指松动胃内容物相结合的方法,将瓣胃叶间干涸内容物清除掉。切忌急于沟通皱瓣胃孔,以免瓣胃叶间干涸内容物尚未清除前,使大量温盐水进入皱胃。瓣胃左后上方叶间内容物手指不易触及,为加快排除此处胃内容物,术者手退回瘤胃腔内,隔瘤胃右侧壁按压瓣胃,使其叶间内容物脱落,并随温盐水返流入网胃和瘤胃腔内。温盐水的持续灌注,手指对胃内容物的不断松动和隔着胃壁对瓣胃的按压,瓣胃内容物都可被除尽。返流入瘤胃腔内的水及瓣胃内容物,可用虹吸法排除。

按中兽医辨证施治原则,牛百叶干是因脾胃虚弱,胃中津液不足,百叶干燥,着重生津。清胃热,补血养阴,通畅润燥,宜用藜芦润燥汤。即:藜芦60g,常山60g,二丑60g,当归60～100g,川芎60g,水煎后加滑石90g,液状石蜡1 000ml,待药液降至40℃时加入蜂蜜 250g,内服。

在治疗过程中,应加强护理,充分饮水,给予青绿饲料,有利于恢复健康。

【预　防】

本病的预防,在于注意避免长期应用麸糠及混有泥沙的饲料喂养,同时注意适当减少坚硬的粗纤维饲料,糟粕饲料也不宜长期饲喂过多,注意补充矿物质饲料,并给予适当运动。发生前胃弛缓时,应及早治疗,以防止发生本病。

八、瘤胃积沙

【病　因】

奶牛吃进沙子的主要原因有两种:一种原因是在风沙大的地区草料中带有一定量的沙子,特别是在牧草的叶柄部分更容易存有细沙;另一种原因是长期饮用混有泥沙的河水、涝地水,或经常在积有细沙的水流急的浅溪饮水,很容易随水带入泥沙积于胃肠而致病。奶牛由于体内缺乏矿物质、维生素等营养物质而患有异嗜癖,奶牛常常舔食地面运动场上的泥沙或喜食碎砖等物,往往也是造成本病的病因。

【症　状】

病牛精神沉郁,食欲减少或废绝,远离饲槽,不反刍,鼻镜时干时湿,口腔发干,神情不安,目光凝视,左侧肷窝处胀满,有较长时间的排粪动作,但是往往不见有粪便排出,偶尔排出一些黑色软粪,水洗粪内含有沙子,不断发出微弱的呻吟。触诊腹部,躲闪或蹦踢。左下腹部坚硬。触诊瘤胃,如触松软面袋状。听诊瘤胃蠕动音减缓且次数减少,后期消失。肠音初期增强后期消失。体温、呼吸、脉搏正常。

【诊　断】

主要依据长期食欲不振,渐进性消瘦,粪便稀薄,瘤胃蠕动减弱进行初步诊断,必要时进行瘤胃切开探查确诊。

【防　治】

1. 治疗　液状石蜡 2 000ml,硫酸钠 500～750g,配成 4%～6%水溶液分别用胃管投服,上、下午各 1 次,直至 2 天后顺利排出软粪,食欲、反刍有所恢复。这时,减少液状石蜡用量为 1 000ml,上下午各 1 次,停止使用盐类泻剂,直至 2 天后食欲好转,粪内不再含沙子。

2. 预防　在牛圈垫沙之前,提前加喂食盐让其自由采食,有条件的牛场应常年使用矿物质舔砖,以补充牛的矿物质元素。积极做好前胃弛缓的预防与治疗工作,注意防止异嗜癖的发生。

九、瘤胃异物

【病　因】

在放牧过程中,奶牛因误食了塑料纸片、编织袋片、衣物碎片、尼龙绳、麻绳、沥青等不能消化的异物,或吞食了大块坚硬的饲料及异物,这些东西不能被消化,加之瘤胃不停地蠕动使这些异物与草料被揉成坚硬的团,引起此病的发生。

【症　状】

病牛表现食欲不振,反刍减少,甚至废绝,脊背拱起,回头顾腹,后肢踢腹,磨牙,站卧不定,渐进性消瘦,消化功能紊乱,食欲减退,精神不振,喜卧,粪便稀薄,最后卧地不起,衰竭而死。听诊瘤胃蠕动次数明显减少,强度减弱,心跳加速,呼吸深而快,鼻镜干燥,排软粪,体温多正常。

【诊　断】

主要依据左腹部下垂,触诊瘤胃下部似面袋状进行诊断。

【防　治】

早期诊断,及时排出阻塞物。病牛饮食欲废绝,脱水明显时,应静脉补液,同时补碱,如 25%葡萄糖注射液 500～1 000ml,复方氯化钠注射液或 5％糖盐水 3～4L，5％碳酸氢钠注射液 500～800ml 等，静脉注射。重症而顽固的瘤胃异物，应用药物不见效果或阻塞物太大时，可行瘤胃切开术。

要加强管理，定时定量饲喂，防止因饥饿采食过急。合理调制饲料，不喂霉败、冰冻等质量不良的饲料。不要突然变换饲料，适当切碎块根饲料，防止异物混入等。补给青绿饲料、胡萝卜、酵母粉、发芽饲料、骨粉和多种维生素添加剂。

十、犊牛前胃周期性臌胀

【病　因】

本病多发于 2～3 月龄犊牛，饲喂不当或饲料质量不良是主要病因，如过早地改为无乳饲喂，或用奶加工副产品替代牛奶而又增喂干草或多汁饲料等。

【症　状】

主要表现为瘤胃周期性臌胀和消化功能紊乱。

【诊　断】

主要依据犊牛的发病日龄、饲养管理情况及周期性瘤胃臌胀进行诊断。

【防　治】

治疗要点是消除病因，排出积气，制止发酵，促进前胃功能恢复。①导胃或瘤胃穿刺放气。②液状石蜡 100～200ml，福尔马林 5～10ml，混合，1 次胃管投服。③20％鱼石脂酒精，0.1％高锰酸钾溶液，0.5％食盐溶液或 5％碳酸氢钠溶液各适量，混合 1 次直肠灌注。④稀盐酸 5～15ml，加温水 500ml，饮喂。

第四节 奶牛皱胃疾病

一、奶牛皱胃解剖生理特点与皱胃疾病的关系

皱胃(真胃)为一梨状囊,位于腹腔底壁及网胃与瘤胃腹囊的后方,约与第11肋至第13肋骨下方腹壁相对。皱胃起始部宽大沉底,与瓣胃相连。后端变窄,称幽门端,与十二指肠相接。中部称体。皱胃背侧缘凹陷称小弯,与瓣胃相邻;腹侧缘凸出称为大弯。皱胃大弯部位在腹腔底壁,自剑状软骨部沿肋骨伸向最后肋骨的下部(图6-16)。

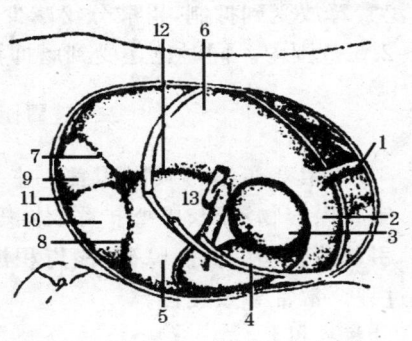

图6-16 牛右侧腹腔
(肠管与网膜已切除)

1.食管 2.网胃 3.瓣胃 4.皱胃 5.瘤胃腹囊 6.瘤胃背囊 7.后背冠沟 8.后腹冠沟 9.后背盲囊 10.后腹盲囊 11.后沟 12.右纵沟 13.十二指肠一部

皱胃黏膜平滑而柔软,形成12~14个螺旋褶。幽门部环形肌层组成的括约肌发达。正常情况下,胃内仅有适量的粥状内容物。皱胃阻塞时,其体积扩大至2~3倍,触之坚硬。皱胃左侧变位时,其位置由右侧腹底部移至左肷部瘤胃背囊与最后2~3肋骨间。

皱胃黏膜全部被覆柱状腺上皮,分为贲门腺区、幽门腺区和胃底腺区,胃液的成分为盐酸、胃蛋白酶、凝乳酶、脂肪酶及少量黏液等,以消化由前胃连续运转进入皱胃的内容物。

皱胃的运动,是在大脑皮层控制下,通过交感神经和副交感神经进行调节,皱胃液的分泌连续不断,是在神经-体液因素调节下进行的。因为胃液的分泌是由前胃进入皱胃的食糜中外源性刺激物——低级脂肪酸,通过内源性刺激物——乙酰胆碱,胃泌素和组胺等进行大量分泌。但皱胃食糜的 pH 值是影响胃泌素释放的主要因素。来自前胃食糜略呈酸性,并且有高度缓冲性,使皱胃的 pH 值升高,刺激胃泌素释放,促进胃液的分泌;pH 值降低时,则胃泌素释放受到抑制,胃酸分泌减少,从而使皱胃的 pH 值保持在 2~2.5 范围内。同时也还受到肠抑胃素的自动反馈和调节。

二、皱胃阻塞

皱胃阻塞亦称为皱胃积食。主要由于迷走神经调节功能紊乱,皱胃内容物滞积、胃壁扩张、体积增大,形成阻塞,继发瓣胃秘结,引起消化功能极度障碍、瘤胃积液、自体中毒和脱水的严重病理过程。常常导致死亡。

【病　因】

皱胃阻塞,发生的原因,一般而言,是由于饲料与饲养或管理使役不当而引起的。西北和华北以及苏、鲁、豫、皖相毗连各地区,特别是冬、春缺乏青绿饲料,用谷草、麦秸、玉米秸秆、高粱秸秆或稻草铡碎喂牛,发病率较高。

据文献记载,原发性皱胃阻塞,犊牛有的因大量乳凝块滞积而发生。成年牛有的因误食胎盘、毛球或麻线而发生。犊牛因误食破布、木屑、刨花以及塑料布等,引起机械性皱胃阻塞。实际上,都是由于消化功能和代谢功能紊乱,发生异嗜、舔食异物和泥沙的结果。

【发病机制】

皱胃阻塞的发生,主要起源于迷走神经紊乱或受损伤。迷走神经分为背、腹两支。背支主要支配前胃,而腹支则支配前胃和皱

第六章 奶牛内科病

胃。迷走神经具有兴奋与抑制作用，平时兴奋强于抑制。在迷走神经功能紊乱或受损伤的情况下，若受到饲养管理等不良因素的影响，即反射性地引起幽门痉挛、皱胃壁弛缓和扩张；或因皱胃炎、皱胃溃疡、幽门部狭窄、胃肠道运动障碍，则由前胃陆续运转进入皱胃的内容物，大量积聚，因而形成阻塞，继而导致瓣胃秘结，更加促进其病情急剧的发展过程。

与此同时，前胃功能受到反射性的抑制，消化障碍，食欲、反刍废绝，呈现迷走神经消化不良的部分综合征。瘤胃内菌群群系急剧变化，内容物腐解过程加剧，产生大量的刺激性有毒物质，引起瘤、网胃黏膜组织炎性浸润，渗透性增强，瘤胃内大量积液，全身功能状态显著恶化，发生严重的脱水和自体中毒现象。

【病理变化】

从剖检变化上看，多数病例，皱胃极度扩张和伸展，体积显著增大，甚至超过正常两倍以上。局部缺血的部分，胃壁菲薄，容易撕裂。内容物过度充满，有的达 30kg 以上。

皱胃黏膜炎性浸润、坏死、脱落，有的幽门区和胃底部，散在出血斑点或溃疡。瓣胃体积增大，瓣胃沟显著扩张，内容物滞积、黏硬，瓣叶上粘着干涸饲料，瓣叶坏死，黏膜大面积脱落。瘤胃内充满大量粥状内容物和液体，散发特殊性腐败臭味，黏膜亦有炎性变化和出血现象。

【症　状】

病的初期，前胃弛缓，食欲、反刍减退或消失，有的病例则喜饮水。瘤胃蠕动音减弱，瓣胃音低沉，肚腹无明显异常。尿量短少，粪便干燥，伴发便秘现象。

随着病情发展，病牛食欲废绝，反刍停止，肚腹显著增大，瘤胃内容物充满，腹部臌胀或下垂，瘤胃与瓣胃蠕动音消失，肠音微弱。常常呈现排粪姿势，有时仅排出少量糊状、棕褐色带有大量黏液的粪便，尿量少而浓稠，呈黄色或深黄色，具有强烈的臭味。

由于瘤胃大量积液,冲击性触诊,呈现波动。若用听诊器放置在左侧或右侧肷窝听诊。同时以手指轻轻叩诊左侧倒数第1~5肋骨弓,或右侧倒数第1~2肋骨弓,即可听到叩击钢管清朗的铿锵音。因皱胃阻塞后体积增大,硬度增加而下沉,若对阻塞的皱胃进行穿刺,穿刺针可感到有阻力,回抽注射器,则抽不出内容物。须向皱胃内注入30~50ml生理盐水后再回抽注射器内栓可抽出内容物。皱胃内容物测定,pH值为1~4。

重剧的病例,视诊,右侧中腹部向后下方局限性膨隆;触诊,以两手掌抵触右侧腹部肋骨弓的后下方皱胃区,进行冲击式触诊,可感触到皱胃体显著扩张的轮廓及坚硬度。

直肠内有少量粪便和成团的黏液,混有坏死黏膜组织。

病牛精神沉郁,被毛逆立,污秽不洁,体温无变化,个别病例中后期体温上升至40℃左右。重剧病例心脏衰竭,脉微欲绝,心搏动达100次/min以上。血液常规检查见血沉缓慢,嗜中性白细胞增多及伴有核右移,但有少数病例白细胞总数减少,嗜中性白细胞比率降低。

病的末期病牛精神极度抑郁,体质虚弱,皮肤弹力减退,鼻镜干燥,眼球下陷,结膜紫绀,舌面皱缩,血液黏稠,呈现严重的脱水和自体中毒症状。

犊牛的皱胃阻塞,也同样具有部分的消化不良综合征。由含有多量的酪蛋白牛乳所形成的坚韧乳凝块而引起的犊牛皱胃阻塞,持续腹泻,体质瘦弱,腹部膨胀而下垂,用拳冲击式触诊腹部,可听到一种类似流水的异常音响。即使通过皱胃手术,除去阻塞物,仍然可能陷于长期的前胃弛缓现象。

【病程及预后】

皱胃阻塞,急性的较为少见,通常多为慢性的病理发展过程。病程持续2~3周或更长。病情逐渐恶化,食欲、反刍完全消失,全身虚弱,常常左侧位卧地,不断呻吟,有时发吭声。

第六章 奶牛内科病

继发于创伤性网胃腹膜炎的病牛,迷走神经受到严重损伤,反复发生瘤胃臌气,伴随皱胃和瓣胃的扩张、阻塞,以至麻痹;食欲完全废绝,显著消瘦。若不及时确诊,采取皱胃手术,取出阻塞的内容物,疏通胃肠道,则预后不良。

【诊　断】

皱胃阻塞的临床病征,多与前胃疾病、皱胃变位和肠阻塞的症状很相似,往往容易误诊。但皱胃阻塞病程发展到中后期,有其一定的特征,只须认真地进行瘤胃、网胃和肠管的检查,一一分析和论证。根据右腹部皱胃区局限性膨隆,在此部位用双手掌进行冲击式触诊便可感到阻塞皱胃的轮廓及硬度,这是诊断该病的最关键方法。在肷窝进行叩诊,在肋骨弓进行听诊,呈现叩击钢管清朗的铿锵音,与皱胃穿刺测定其内容物,pH 值 1～4,即可确诊,但须注意与下列疾病鉴别。

皱胃阻塞常常与前胃弛缓误诊。但前胃弛缓,右腹部皱胃区不膨隆,触诊皱胃无异常。应用上述听诊结合叩诊方法检查,不呈钢管叩击音,两者鉴别不难。

皱胃变位。皱胃变位病牛的瘤胃蠕动音低沉而不消失,并且从左腹胁至肘后水平线部位,可以听到由皱胃发出的一种高朗的玎玲音,或潺潺的流水音,同时通过穿刺内容物检查,在左侧倒数第 2 肋间的髋结节水平线用手指叩诊结合听诊,可听到叩击钢管音等特征性音调,可以确定皱胃左方变位。至于皱胃扭转,则于右腹部肋弓后方进行冲击性触诊和听诊时,可呈现拍水音和回击音,结合临床症状分析,与本病也易鉴别。

【治　疗】

皱胃阻塞不通,应根据病情发展过程,着重消积化滞,防腐止酵,缓解幽门痉挛,促进皱胃内容物排除,防止脱水和自体中毒。严重病例,胃壁已经过度扩张和麻痹,必须采取手术疗法。

病的初期,皱胃运动功能尚未完全消失时,为了消积化滞、防腐止酵,可用硫酸钠300～400g,植物油500～1000ml,鱼石脂20g,95%酒精50ml,常水6000～8000ml,混合内服。但须注意病的后期发生脱水时,忌用泻剂。

在病程中,为了改善中枢神经系统调节作用,促进胃肠功能,增强心脏活动,促进血液循环,防止脱水和自体中毒现象,可及时应用10%氯化钠注射液200～300ml,20%安钠咖注射液10ml,静脉注射。当发生自体中毒时,可用撒乌安注射液100～200ml,或樟酒糖注射液200～300ml,静脉注射。发生脱水时,应根据脱水程度和性质进行输液。通常应用5%糖盐水2000～4000ml,20%安钠咖注射液10ml,40%乌洛托品注射液30～40ml,静脉注射。必要时,应用维生素C注射液1～2ml,肌内注射。此外,可适当地应用抗生素或磺胺类药物,防止继发感染。

必须指出,由于皱胃阻塞,多继发瓣胃秘结,药物治疗效果不好。因此,在确诊后,要及时施行瘤胃切开术,掏空瘤胃内容物,将胃管插入网—瓣胃孔,通过胃管灌注温生理盐水,冲洗瓣胃和皱胃,达到疏通的目的。

山东农业大学自20世纪80年代以来,治疗奶牛、黄牛皱胃积食36例,全部为饲喂麦秸或麦糠后发病。瘤胃于病初充满大量麦秸或麦糠,后期多为液状,虽经导胃但仍可反复出现大量液状内容物,36例中有30例继发不同程度的瓣胃梗塞,于右侧最后肋骨后方深部触诊,可触及到扩张的瓣胃。右腹部进行冲击式触诊有振水音者20例。病牛排粪减少到停止,直肠内蓄积黑色黏液软粪便,尾根及肛门两侧附着黑色粪痂,粪便潜血试验阳性。右下腹部触诊皱胃轮廓明显,硬度增大,当病牛左侧位俯卧,更易触及皱胃。皱胃范围向上可扩张至肩端水平线上方5cm,向后可扩张至膝关节垂线,个别达耻骨前缘。腹围增大,右腹下沉,左右腹部不对称。据15例皱胃积食经瘤胃切开进行胃冲洗病例统计:网胃内有金属异物者有13例,8例金属异物刺入胃壁,其中有4例形成创伤性网胃腹膜炎,继发瓣胃梗塞者12例,继发结肠袢便秘者2例。

皱胃积食的保守疗法,如硫酸钠合并液状石蜡作瓣胃注射、迷走神经兴奋剂合并泻剂都无效时,转入手术疗法。

皱胃积食的手术途径分为瘤胃切开进行胃冲洗手术途径和皱胃切开进行胃冲洗的手术途径,一般来说,中等体型以下的牛通过瘤胃切开进行胃冲洗,可以充分的对瓣胃与皱胃进行探查与病区解除,而成年奶牛的瘤胃切开进行瓣皱胃的胃冲洗,由于术者手臂长度限制很难探查到网瓣胃孔及瓣皱胃口,因而需采用腹下切口作皱胃切开进行胃冲洗。

瘤胃切开术见第三章的第十一节。现介绍皱胃切开的胃冲洗。

保定与麻醉。左侧卧保定,两前肢和两后肢分别拴系保定在柱栏的立柱上(图6-17),前肢的肩下和头部用草垫垫好,以减少其摩擦和压迫,用速眠新进行全身麻醉,术部进行局部浸润麻醉。

切口定位。牛的右侧肋弓下斜切口(图6-18,图6-19)。

手术方法。于术部切开皮肤显露腹横筋膜(图6-20)。切开腹横筋膜显露腹直肌,对手术切

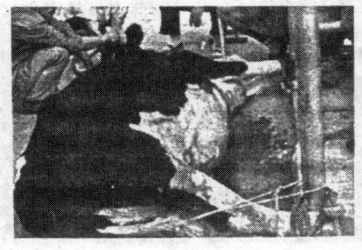

图6-17 左侧横卧保定
(两前肢和两后肢分别拴系在柱栏的立柱上,头部由保定人员保定,防止抬头)

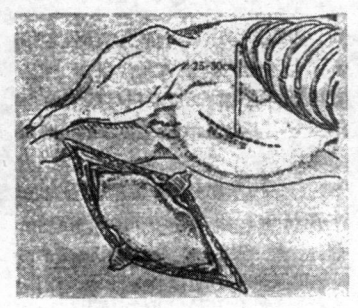

图6-18 用橡胶布缝合固定在皱胃壁上,展开橡胶布,用巾钳固定在创巾上

图 6-19　皱胃切开切口定位及术部隔离　　图 6-20　切开皮肤显露腹横筋膜

口上的血管进行贯穿结扎(图 6-21)，对腹直肌进行钝性分离。显露腹横肌膜和腹膜，切开腹横肌膜和腹膜显露皱胃。将浸有生理盐水的灭菌纱布，填塞于腹壁切口和皱胃壁之间(图 6-22)，以防切开皱胃后皱胃内容物污染创口，然后用灭菌塑料布或灭菌橡胶布在皱胃预定切开线的周围缝合固定(图 6-23)，缝合时用弯圆针或直圆针仅穿过皱胃壁的浆肌层，展开橡胶布，用巾钳固定在隔离创巾上(图 6-24)。

图 6-21　切开腹横筋膜显露腹直肌，对手术切口上的血管进行贯穿结扎　　图 6-22　将浸有生理盐水的灭菌纱布，填塞于腹壁切口和皱胃壁之间

切开皱胃，塞入橡胶洞巾(图 6-25)。切开皱胃后，对皱胃口创缘的出血可用结扎法进行止血，用手指伸入切口区，掏出靠近皱

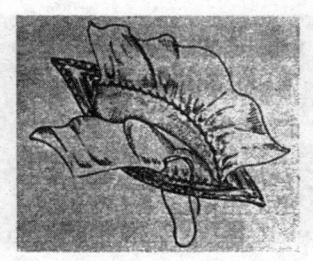
图 6-23 将橡胶布连续缝合于皱胃预定切开线的两侧创缘上

图 6-24 用橡胶布缝合固定在皱胃壁上,展开橡胶布,用巾钳固定在创巾上

胃切口内的积粪,然后再套入橡胶洞巾,手持胃导管端伸入皱胃内(图 6-26),另一端连接漏斗向皱胃内灌入等渗温盐水,一边向内灌水,一边用手指松动皱胃内硬结的积粪,必要时术者手抓持导管端,进入胃腔内,对准皱胃的阻塞处冲洗。这样被冲散的皱胃内容物随水自皱胃切口内流出,直至将整个皱胃内容物全部冲净为止(图 6-27,图 6-28)。

图 6-25 切开皱胃壁,塞入橡胶洞巾

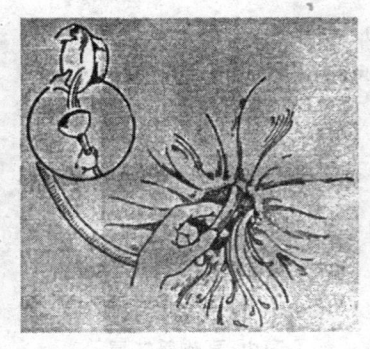
图 6-26 向皱胃内插入胶管,用等渗温盐水冲洗皱胃内容物

皱胃阻塞的病牛经常继发瓣胃梗塞,若对瓣胃内容物不除去,

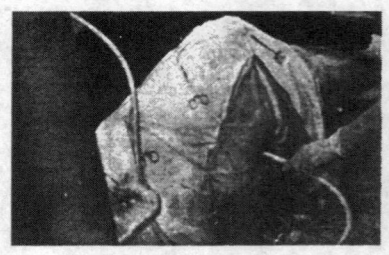

图 6-27 进行皱胃切开的直接胃冲洗

图 6-28 将皱胃引出切口外,检查并清除皱胃浆膜上的血凝块、草渣及其他异物,准备还纳

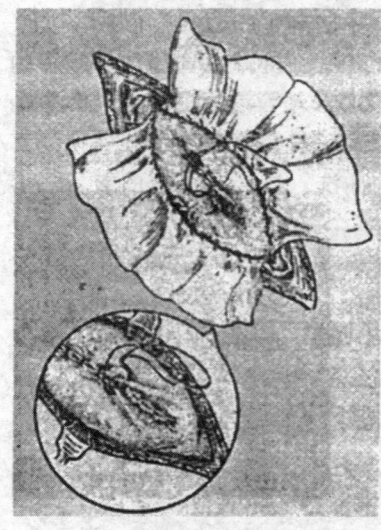

图 6-29 对皱胃切口作康乃尔氏缝合,拆除橡胶洞巾,再作第二层连续伦勃特缝合

瓣胃则下垂压迫空虚的皱胃,可造成皱胃的压迫性阻塞。因此,凡有瓣胃阻塞的情况,在皱胃内容物冲洗排空的基础上,术者手持导管端经瓣皱胃孔进入瓣胃内,清除瓣胃叶片间隙中干涸的胃内容物。冲洗界限不要沟通网瓣胃孔,否则瘤胃内大量液状内容物经瓣皱胃孔及皱胃切口向体外倾泻,病牛常可发生急性虚脱而预后不良。

胃壁缝合。对已遭受机械性损伤的皱胃壁创缘作部分切除,是预防皱胃瘘后遗症的有效措施。

用 7 号丝线对胃壁先作一层连续康乃尔氏全层缝合(图 6-29),拆除胃壁上橡胶洞巾,除去填塞纱布,用生理盐水冲洗胃壁,再进行连续伦勃特缝合,经缝合后皱胃壁可能会有轻度充血,但生命力良好。胃壁涂以抗生素油膏,还纳腹腔内,关腹。

术后护理。术后使用抗生素4~6天。常用下列处方进行治疗:5%糖盐水3 000~4 000ml,青霉素1 000万~1 800万U,氢化可的松注射液300~500mg,维生素C注射液1.5~2.0g,静脉注射,1天1次;庆大霉素60万~80万U,肌内注射,1天2次,连用4~6天;地塞米松25~50mg,肌内注射。

为促进胃肠功能的恢复,术后可适当使用新斯的明注射液4~25mg,肌内注射。还可在术后经口灌服液状石蜡油500~1 000ml,以通肠润便。给予健胃剂以促进食欲的恢复。皱胃疾病的恢复是一个缓慢的过程,只要坚持有效合理的用药,一般预后良好。

三、皱胃左方变位

皱胃的正常解剖学位置改变,称为皱胃变位。皱胃通过瘤胃下方移到左侧腹腔,置于瘤胃和左腹壁之间,称为左方变位。

【病　因】

关于发病原因,目前有两种假说,一种认为由于皱胃弛缓所致,另一种认为由于皱胃机械性转移所致。

以皱胃弛缓作为左方变位的一种原因,其理由在于当皱胃伴有弛缓时,皱胃功能不良,形成扩张和充气,容易因受压而被迫游走,往往先游走到瘤胃左方,然后再移到瘤胃左上方。至于弛缓原因,包括分娩期的努责,奶牛高产,脓毒性乳房炎或子宫炎所致的毒血症,瘤胃消化不良,过食高蛋白日粮引起胃酸过多而导致有溃疡或无溃疡的神经末梢损伤,以及生产瘫痪、酮病等代谢紊乱。

以皱胃机械性转移作为左方变位的假说,是从皱胃解剖学上与妊娠子宫和沉重的瘤胃之间关系的角度出发的。认为皱胃的正常位置其所以会改变,直接原因是子宫妊娠后其胎儿逐渐增大和沉重,并逐渐将瘤胃向上抬高及向前推移,皱胃乃趁机向左方移走。而当母牛分娩时,由于腹腔这一部分的压力骤然释去,于是瘤胃恢复原位而下沉,致使皱胃被压挤瘤胃左方,置于左腹壁与瘤胃之间,同时也由于皱胃含有相当多的气体,很容易进一步跑到左腹腔的上方。有时还可从公牛配种和母牛发情而爬跨其他母牛时引起皱胃变位,进一步证实这种假说是可靠的。两种假说都有各自的理论依据,并且在临床上也确实能证明具有发病意义。然而,决不应过度强调一面而忽视另一面,尽管可随奶牛不同具体条件而定,但弛缓因子始终是主要的。引起弛缓的因子很多,最有发病意义的是饲喂大量谷类饲料造成不饱和脂肪酸的蓄积。当瘤胃消化不良时,不饱和脂肪酸氢化不全,通过皱胃进入十二指肠,反射地导致皱胃弛缓。

【发病机制】

正常牛的皱胃是在腹底部下方的瘤胃和网胃的右侧(图6-30),只要皱胃向左侧越过腹部正

图6-30　皱胃在大网膜浅层固定下的正常位置(断面图)

中线以后,就很容易滑到左腹部,同时大网膜在瘤胃下方经过,把移位到左下腹部的皱胃包起来,并且由于皱胃含有相当多的气体,胃大弯向上扩张,很容易向上移到瘤胃前盲囊和网胃之间,最后定居在瘤胃背囊和左腹壁之间(图6-31),有时向侧方移近脾脏,有时移到脾脏与瘤

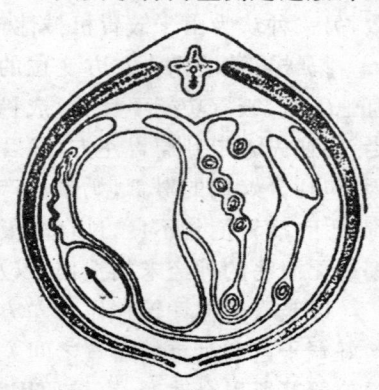

图6-31　皱胃左方变位的位置

背囊之间。瓣胃、网胃、十二指肠和肝脏也被转动而变位（图 6-32）。变位的皱胃被瘤胃和左腹壁所包围，部分地受压缩，于是皱胃内容物逐渐减少，运动力逐渐降低。其他各胃都伴有一定的轻度旋转，也影响食管沟的正常功能活动及食管沟的食物的通过。皱胃内容物中含有相当多的气体，是助长皱胃向腹腔上方移走的原因，但变位只造成皱胃的不完全阻塞，因此有一些内容物还可以进入到小肠，极少会发生严重的积食。然而由于皱胃能压迫瘤胃，加之病牛采食减少，致瘤胃体积逐渐缩小。再者陷落在左腹壁与瘤胃之间的皱胃并不发生血

图 6-32　皱胃左方变位
（皱胃移至最后肋骨后方，左肷部切开显示扩张的皱胃，A 为十二指肠横行弯曲部）

液供给障碍，而只发生消化和运动扰乱，导致一种营养不足状态。

【症　状】

本病较多发生于高产奶牛，大多数发生在分娩之后，少数发生在产前 3 个月至分娩之间。本病一开始就有食欲减少，个别病牛伴有严重的腹痛和腹部臌胀。食欲始终是逐渐地和间断地变化，可能拒食各类饲料，或是逐日呈波动性地采食一些谷类饲料。在有些母牛中虽然呈现饥饿现象，但只采食几口就退回不食，青贮料的采食往往减少，大多数对粗饲料仍保留一些食欲。产奶量伴同采食量的变化而呈现波动性，可减少 $1/3 \sim 1/2$，但极少会急剧下降。极少伴有严重腹痛和瘤胃臌胀者。通常粪便量减少，呈糊状，深绿色，往往呈现腹泻；腹泻时伴有正常的肠蠕动，或许也出现腹

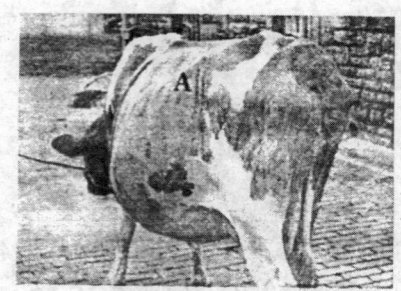

图 6-33　皱胃左方变位
（左腹部膨大）

泻与便秘的交替，但所出现的便秘，极少持续 24h，在粪中很少见到潜血或明显的血液。大多数病例，最终其产奶量明显下降，瘦弱，腹围缩小。个别病例产奶量可能还维持正常水平（图 6-33）。

仔细检查病牛颈部皮肤、乳汁或呼吸气息，可发现酮体气味。取尿样检查，可发现中度至重度酮尿。大多数病例，外表正常或轻度沉郁，有些病例可发现存在脱水现象。但另一些病例，由于产后体况良好，故在发病后也不致严重消瘦，在左腹壁最后 3 个肋弓区与右侧相对部位比较，往往呈现明显的膨大，但左侧腰旁肷窝下陷，这是由于皱胃插入在瘤胃与腹壁之间所致。同时，右侧腰旁肷窝也明显下陷，这是由于皱胃已移到左腹之故。

大多数病牛若无并发症，其体温、呼吸、脉搏数基本上正常，虽然瘤胃蠕动受抑制，但内容物极少完全积滞。由于瘤胃与腹壁之间被皱胃所隔绝，故瘤胃蠕动音受抑制，或完全听不到。很可能当瘤胃每蠕动 1 次而引起皱胃产生 1 次相应的疼痛，这时病牛做出相应的踏步动作。又由于皱胃蠕动在时间上与瘤胃不同，因此可在左侧中部第 11 肋间听诊，能发现与瘤胃蠕动时间不一致的皱胃音。通常腹部没有明显疼痛，强力的叩诊也不会诱起疼痛，除非存在并发症。病程延长到几周者，则瘤胃变小，对体型较小的牛，直肠检查时能在瘤胃左方摸到皱胃，个别病例瘤胃呈现慢性臌胀。

【诊　断】

早期诊断比较困难，因为呈现急性腹痛和拒食者总是极少数，且胃肠仍保留蠕动。应考虑与分娩有无联系，皮肤及呼吸气息有无酮体气味（必要时作尿酮检查）。粪便稀薄及腹泻，两侧腰旁肷窝均不饱满,而左侧最后3个肋间则显示膨大。确诊借左腹中部最后几个肋间的听诊(皱胃蠕动音)及叩诊(含气皱胃呈钢管音)。在左侧倒数第2～3肋间处,一边叩诊一边听诊,若听到叩诊音为典型的钢管音者可诊断为皱胃左侧变位。用听诊与叩诊相结合的方法,可一直叩打至左腹肋部,视有无从皱胃音过渡到瘤胃音。必要时可作该区穿刺检查,若胃液呈酸性反应(pH值1～4),棕褐色,缺乏纤毛虫等,可证明为皱胃变位。此外,尿中酮体显著阳性反应及直肠检查发现瘤胃背囊明显右移,而背囊的外侧部压力降低,亦可作为诊断的参考。在诊断时,必须与原发性酮病和创伤性网胃炎区别。原发性酮病有其饲料原因,对葡萄糖的治疗能立即见到良好反应。创伤性网胃炎在站立或运动时,可表现特殊姿势,胸壁疼痛和白细胞总数及分类检查有诊断意义。

【治疗】

有两种方法用于治疗,即滚转法和手术疗法。前者疗效不确实,运用巧妙时可以痊愈(图6-34)。

1. 滚动法　先使母牛呈左侧横卧姿势,后再转成仰卧式(背部着地,四蹄朝天),随后以背部为轴心,先向左滚转45°,回到正中,再向右滚转45°,再回到正中(共90°的摆幅)。如此来回地左右摇晃约3min,突然停止在右侧横卧姿势,再转成俯卧式(胸部着地),最后使之站立,检查复位情况。如尚未复位,可重复进行。应

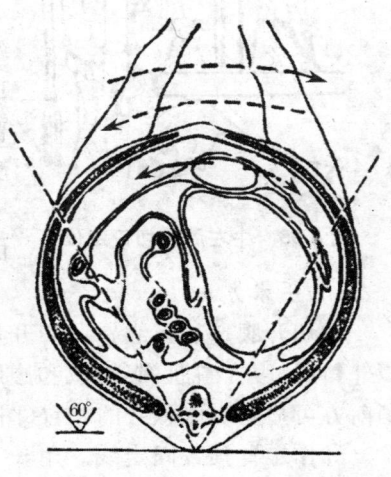

图6-34　皱胃左侧变位的滚转整复

（以牛背为轴心,向左、右呈45°反复晃摇3min使之复位）

用此法时,事先使病牛饥饿数日,并限制饮水。因为在病的进行阶段,使瘤胃变得越小,其成功率越高。经过90°摆幅的反复摇晃,使瘤胃内容物逐渐向背部下沉,并逐渐再移向左侧腹壁。同时,皱胃由于含有大量气体,也伴同摇晃,上升到仰卧中的腹底上方,最后逐渐移向右侧面而复位。

2. 手术疗法 对于变位已久,特别是皱胃已和腹壁或瘤胃发生粘连时,必须采取手术疗法。手术疗法采取左侧腹壁切开,放气、排液、减压、整复及右侧腹壁作皱胃固定术,其操作方法如下。

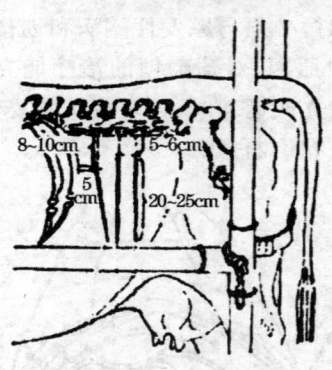

图 6-35 牛左肷部切口定位

(1)术前准备 对瘤胃积液过多的牛应先进行导胃减压,对有脱水和电解质紊乱的牛应进行补液和纠正代谢性碱中毒。

(2)保定与麻醉 六柱栏内站立保定,速眠新麻醉注射液1.5～2.0ml 肌内注射,3％盐酸普鲁卡因注射液腰旁神经传导麻醉。

(3)切口定位 左肷部前切口(图 6-35)。

(4)手术方法

①切开腹壁显露皱胃。切开皮肤20～25cm,依次切开皮肌、腹外斜肌、腹内斜肌、腹横肌和腹膜。用牵开器开张创口,于创口稍前方可显露臌胀积液的皱胃(图 6-36)。

②作皱胃预置固定线。用长 2m 的 10 号缝合线于皱胃的大弯上作第 1 个浆肌层水平钮扣缝合,距第 1 个水平钮扣缝合线4～5cm处再缝合第 2 个、第 3 个水平钮扣缝合线。3 个水平钮扣缝合线的线尾用止血钳暂时固定在创巾上(图 6-37)。

③皱胃放气、排液减压。在皱胃大弯上先作 1 个荷包缝合线,

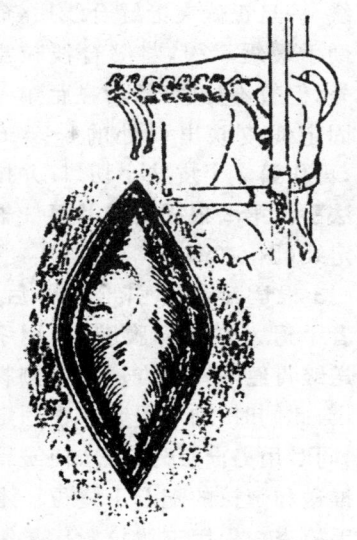 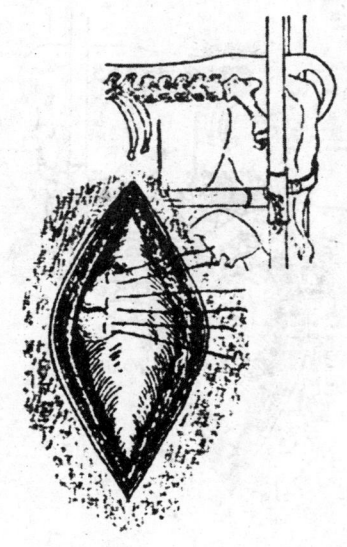

图 6-36 切开左肷部前切口显露皱胃　　图 6-37 在皱胃大弯上缝合 3 个预置固定线

线尾不抽紧,在线圈中央切开皱胃,迅速向皱胃腔内插入直径 8～10mm 的灭菌乳胶管,抽紧荷包缝合线,乳胶管另一端放低,排出皱胃内液体和气体(图 6-38),使皱胃减压,便于整复。气体和液排完后,抽出排液管抽紧荷包线,消毒后准备整复。

④在右侧腹壁上穿系皱胃固定线整复皱胃。术者手持皱胃壁上的预置固定线线尾,经瘤胃下方绕到右侧腹腔,确定该预置缝线与右侧腹壁相对应位置后,用手指在腹内向外推顶,指示助手在右腹壁的对应处剃毛、消毒和局部浸润麻醉,并对皮肤作 1 个 1cm 小切口。助手用止血钳经皮肤小切口,向腹腔内戳入,使止血钳端进入腹腔;与此同时,术者手指在腹腔内保护戳入腹内的止血钳钳端,以防损伤腹内脏器。术者指示助手开张止血钳,在助手开张止血钳的同时,术者将线尾送入止血钳的钳嘴内,并命令助手钳夹缝

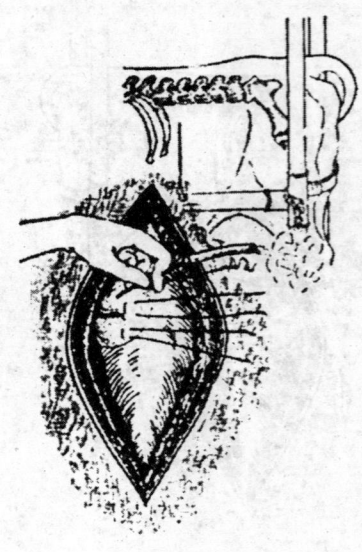

图 6-38 皱胃放气、减压

合线,一旦正确夹上缝合线后,命令助手缓缓牵引,将缝合线拉出体外,但暂不拉紧,然后在距第一根固定线皮肤出口处的 4~5cm 处,再作第 2 个皮肤小切口,并按同法引出第 2 根固定线及第 3 根固定线(图 6-39)。

3 根固定线都引出体外后,术者手退入左胺部腹腔内,用手推送皱胃经瘤胃下方进入右侧腹腔,与此同时,助手提起 3 根固定线,同时用力向腹外牵拉,使皱胃在推送和牵拉的配合下复位。术者手检查 3 根固定线拉紧后是否缠绕上肠管或网膜,皱胃复位是否正常。若固定线缠绕上肠管应

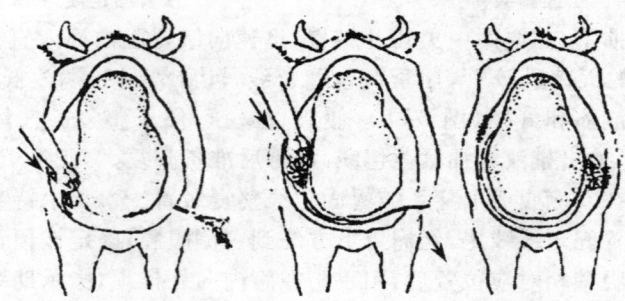

图 6-39 皱胃整复
(在右侧腹壁上固定,术者抓持 1 根线进入右侧腹腔,
助手持止血钳戳入腹腔内,钳夹缝线)

当放松固定线,解除其缠绕后再拉紧。总之,在确信皱胃复位正

常、固定线对内脏无缠结的情况下,指示助手拉紧3根固定线,在3个皮肤小切口内打结。打结方法是,先在皮肤小切口内各放入一根长1.5cm烟卷粗的无菌纱布卷,将线结打在纱布卷上,剪去线尾,皮肤小切口缝合1～2针,到此皱胃已牢固地固定在右侧腹底壁上。

⑤闭合左欣部前切口。腹膜、腹横肌连续缝合,腹内斜肌、腹外斜肌间断缝合,皮肤结节缝合。

(5)术后护理 术后4～6天内,使用抗生素,纠正脱水和代谢性碱中毒,使用抗生素和氢化可的松以控制炎症的发展,使用兴奋胃肠蠕动药,以恢复胃肠蠕动,可适当应用缓泻剂,以清除胃肠内滞留的腐败内容物。只要精心护理其手术治愈率很高。

四、皱胃右方变位

皱胃右方变位即皱胃顺时针扭转。变位的特征是皱胃转到瓣胃的后上方位置上,从而置于肝脏和腹壁之间,呈现亚急性扩张、积液、臌胀、腹痛、碱中毒和脱水等幽门阻塞综合征。

【病　因】

发病原因与皱胃左方变位相同,认为由于皱胃弛缓所致。至于其他可疑原因,如冬季采食根部带有大量泥土的饲料等,但还未完全被证实。

【发病机制】

急性扭转通常呈180°～270°,在瓣胃和皱胃孔附近以垂直平面旋转,从右侧看来是顺时针方向(图6-40),并导致幽门完全阻塞,皱胃有盐酸分泌增加和液体积聚,随后发生休克、

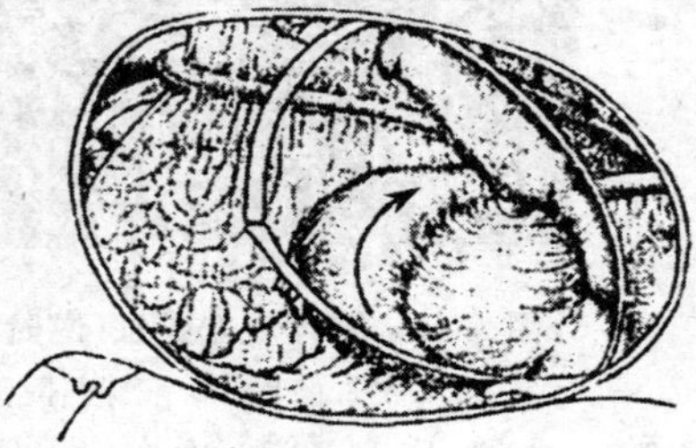

图6-40　皱胃右方变位 (顺时针方向扭转至瓣胃后上方)

脱水及碱中毒。亚急性扭转时,有少量内容物可以通过幽门部,积液和扩张的程度比较轻,不妨碍皱胃的血液供给,碱中毒和脱水的发生也相对地比较慢。

也可向右前方呈逆时针方向扭转到瓣胃前上方(图6-41),而将皱胃置于网胃与膈之间。此病实属皱胃扭转,因其皱胃位置还是在右腹部,故称为皱胃右方变位(图6-42)。

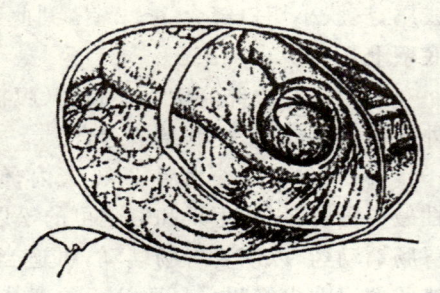

图 6-41　皱胃右方变位　(逆时针方向扭转至瓣胃前上方)

【症　状】

急性病例,突然发生腹痛,蹴踢腹部,背下沉,呈蹲

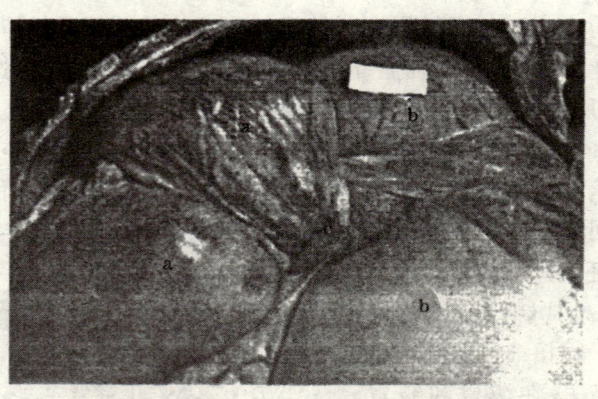

图 6-42　皱胃右方变位(逆时针扭转,皱胃极度扩张)
a.皱胃　b.瘤胃与网胃　c.十二指肠

伏姿势。心跳 100～120 次/min,体温偏低或正常,瘤胃蠕动缺乏,粪便可呈黑色,混有血液。通常粪量中等,但也可大量腹泻。由于皱胃充满气体和液体,右腹(皱胃)和左腹(瘤胃)膨胀,作冲击

性触诊和振摇,可听到一种液体振荡音。通常在发病后 3~4 天,右侧腹部呈明显的臌胀,将听诊器紧密地压在右侧肷窝内,并同时在腰旁窝至前方最后 2 肋上以手指叩打,能听到一种高调的乒乓音或钢管音。直肠检查,由于扩张的皱胃可伸到最后肋弓之外,能在右侧腹部触摸到臌胀而紧张的皱胃,而皱胃将肝脏向腹正中线推移。轻度扭转或伴有扩张,都可出现酮尿,尿量减少,尿色深黄,严重的病例还常伴有重度脱水、休克和碱中毒。轻度扭转时,病程可达10~14 天,但严重扭转而呈急性者,病程较短,可在 48~96h 死亡。有时由于皱胃高度扩张,以致发生大网膜撕裂及皱胃破裂和突然死亡。

【诊　断】

皱胃右方变位由于幽门阻塞而引起皱胃臌胀和积液,因此右侧最后肋弓及肋弓后方明显的臌胀,通过右侧肷窝的听诊、叩诊、冲击式触诊和振摇,可以证实皱胃呈顺时针方向扭转。也可通过直肠检查,摸到扩张而后移的皱胃。若有怀疑,还可进行穿刺术,按皱胃液的特征核对诊断。然而,有时须与皱胃阻塞、皱胃左方变位、原发性酮病、胎儿水肿、盲肠扭转等区别。皱胃阻塞时,扩张的皱胃不是在右侧肋弓上 1/2 部位,更不会进入到右腹胁部,振摇时也不会发现液体振荡音。皱胃左方变位时虽亦呈现酮尿,但臌胀部位是在左侧最后 3 个肋骨的中部,两侧腹部肷窝均不臌胀,且大多数呈亚急性或慢性,腹泻可能也是其特征之一。在左侧最后 3 个肋间,叩诊时结合用听诊器听诊,出现类似钢管音。腹部臌胀亦以该区为明显,该区穿刺可以确诊。原发性酮病时,腹壁检查皱胃无异常,对葡萄糖治疗有良好反应。胎儿水肿时,可在后腹腔摸到臌胀的子宫。盲肠扭转、肠套叠时均可通过直肠检查加以确诊,且都比皱胃小。皱胃扭转常导致碱中毒和低钾血症。

【治　疗】

采用手术疗法。

1. 术前准备 保定与皱胃左侧变位方法相同。

2. 麻醉 速眠新注射液 1.5～2.5ml，肌内注射，右䏚部作腰旁神经传导麻醉。

3. 切口定位 右䏚部中切口，切口长 20～25cm。

4. 手术方法 切开皮肤，依次切开腹外斜肌、腹内斜肌、腹横肌和腹膜。打开腹腔后，常常从切口内流出较多的淡红色腹水，腹水中常混有纤维素絮块，表明皱胃扭转后发生炎性渗出。遇此情况，在作腹腔探查时应详细、仔细和谨慎，以防扭转的部位破裂。

探查皱胃，术者手伸入腹腔内，寻找皱胃，判明其皱胃变位的方向及严重程度。若皱胃臌胀积液，可先在皱胃壁上作荷包缝合，在线圈中央切开并插入导管后，抽紧荷包缝合线，通过导管放出皱胃内积液及积气。待皱胃内减压后，拔出导管抽紧荷包缝合线，然后整复皱胃。为防止整复的皱胃再度变位，可在皱胃大弯上作2～3个水平钮扣缝合线并在右侧腹壁上固定，其缝线引出腹壁的方法可参考皱胃左侧变位的皱胃固定线引出法。

闭合腹壁切口及术后护理要点参考皱胃左侧变位。

第五节 奶牛肠管疾病

一、奶牛肠管解剖学特点与手术途径的关系

奶牛的大肠和小肠以总肠系膜悬挂于腹侧壁。总肠系膜的两层浆膜由脊柱向下左右分开，将结肠初袢、终袢和盲肠的一部分，以及旋袢的肠盘包在中间。在旋袢的周缘，两层浆膜合并形成短的空肠系膜，将空肠悬挂于结肠袢的周围。

牛的肠管位于牛体正中面右侧，与瘤胃右侧面相接触，借总肠系膜附着于腰下部。牛的肠管分为十二指肠、空肠、回肠、盲肠、结肠和直肠（图6-43）。

第六章 奶牛内科病

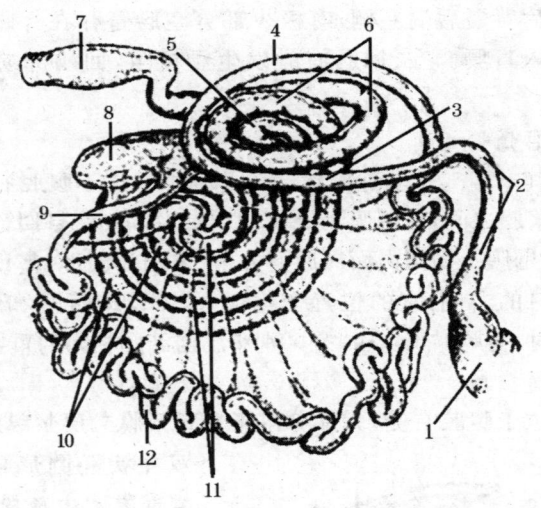

图 6-43 牛的肠管模式
1.皱胃 2.十二指肠乙状弯曲 3.十二指肠髂弯曲 4.十二指肠第3段 5.结肠初袢 6.结肠终袢 7.直肠 8.盲肠 9.回肠 10,11.结肠旋袢 12.空肠

(一)十二指肠

十二指肠长约1m,自幽门起(位于第10～13肋骨下端)向背侧走,到肝的脏面,形成第一段(乙状弯曲);第2段(髂弯曲)沿腰椎横突的下方向后方走,到髋结节处再转向前方;第3段弯曲向前走与结肠末端相邻近,延接总肠系膜的空肠部。

牛的十二指肠便秘常发部位是乙状弯曲和髂弯曲。瘤胃积食或严重瘤胃臌胀,可压迫髂弯曲和第3段弯曲而继发十二指肠假性梗阻。

(二)空、回肠

空、回肠呈密袢状弯曲,围绕在总肠系膜周缘呈花环状排列,位于结肠袢的前、腹、后缘。内侧面接瘤胃腹囊的右侧面,外侧和腹侧为大网膜被包而接腹壁,背侧接结肠,前方接瓣胃和皱胃。有时在瘤胃后背囊后端左侧,有极少部分空肠管存在。回肠末端经回盲口进入盲肠。空、回肠有时发生肠梗阻,回肠部易发生肠套叠。

(三)盲肠

盲肠其末端1/3呈游离状,前1/3固定,位于腹腔右侧总肠系膜的两层浆膜之间,在网膜上隐窝内,长约75cm。自回盲肠交界处起,盲肠沿网膜上隐窝内面向后上方走,末端为圆形,其顶部常位于骨盆腔入口的右侧,它的位置变化很大,可以向背侧和腹侧弯曲。腹腔探查时,盲肠臌气与否,是区别小肠与结肠梗阻的重要标志。

(四)结 肠

结肠位于腹腔右侧,大部分位于总肠系膜二层浆膜之间,形成双袢状椭圆形环状弯曲,袢部之间由疏松结缔组织互相粘连,肠系膜甚短,整个肠袢在网膜上隐窝内。结肠袢的左侧面接瘤胃,右侧面贴大网膜和空肠,袢的前、腹、后缘为空、回肠。

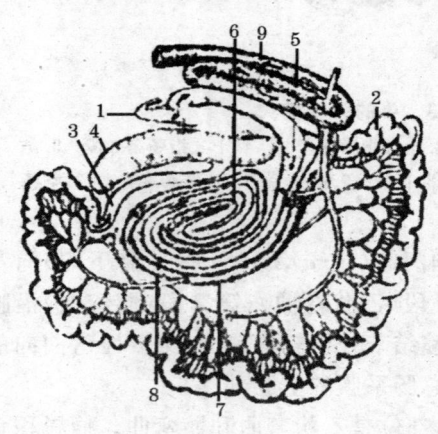

图 6-44 网膜上隐窝内的肠管模式
(右侧面)
1.十二指肠第三段 2.空肠起始部 3.回肠
4.盲肠 5.结肠向心回的起始部
6.结肠中曲 7.结肠离心回
8.结肠向心回 9.结肠乙状弯曲

结肠可分3部分,即初袢、旋袢和终袢(图6-44,图6-45)。

1. 初袢 为结肠的前段,呈S状盘曲,大部分位于右髂部小肠和结肠旋袢的背侧。

2. 旋袢 为结肠的中段,肠管盘曲成圆盘状,分向心回、中曲和离心回3部分。向心回和离心回互相交错，在牛各有一周半，中曲是旋袢中央部盘曲的肠管。结肠袢的左侧面回转经路比较清楚。探查时，手沿瘤胃右侧面与结肠袢之间入手，探查肠袢上有无便秘点。

3. 终袢　结肠末端离肠袢后，沿十二指肠末端背侧向后走，经右肾腹侧面，斜向右侧近骨盆腔口形成乙状弯曲，连接直肠。

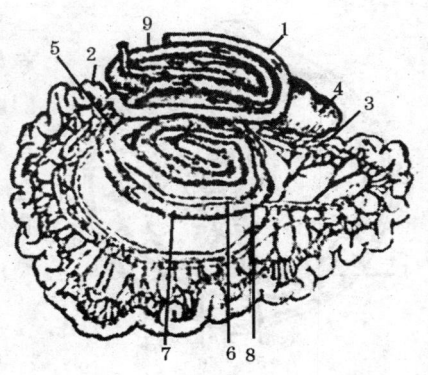

图6-45　网膜上隐窝内肠管模式
（左侧面）
1. 十二指肠第三段　2. 空肠起始部　3. 回肠
4. 盲肠　5. 结肠向心回的起始部
6. 结肠中曲　7. 结肠离心回
8. 结肠向心回　9. 结肠乙状弯曲

（五）小　网　膜

小网膜起自肝的脏面，主要止于皱胃和十二指肠第一段，将瓣胃包在里面，其腔隙是网膜囊的一部分。在肝脏与十二指肠间，形成网膜孔，可容一二指通过。腹腔经此孔与网膜囊相通。皱胃的大弯与小弯分别与大、小网膜相连。所以皱胃的脏面位于网膜囊内，而壁面直接与腹壁相接。

（六）大　网　膜

除了十二指肠外，大网膜覆盖肠管右侧面及大部分瘤胃腹壁表面。大网膜分为深、浅两层（图6-46），浅层由瘤胃左纵沟起向下走，绕过瘤胃腹囊，再向上转到右侧，覆盖于网膜深层的外面，再向前走，终于十二指肠的第2段（髓弯曲）和皱胃的大弯。深层起于瘤胃右纵沟，向下方绕过肠袢到它的右侧面，被大网膜浅层所覆盖，末端进入十二指肠系膜的内层。

网膜深、浅两层在瘤胃后沟的附着部互相连接吻合，同时在十二指肠第2段（髂弯曲）和结肠的起始部互相连接吻合，两层之间的腔称为网膜腔，腔内无任何器官。

网膜深、浅两层自瘤胃左、右侧纵沟向下走，再向上转到右侧，包被总肠系膜上的结肠袢、空肠、回肠和盲肠。此间隙称为网膜上隐窝。网膜上隐窝的后口，乃网膜深、浅两层互相连接吻合处，此口定名为网膜上隐窝间口（图6-47）。

腹腔探查瓣胃、皱胃、十二指肠的第1段及第2段，都在网膜上隐窝外进行。探查十二指肠第3段、空肠、回肠、盲肠和结肠袢等，在网膜上隐窝内进行。

奶牛肠性腹痛的发病率比前胃疾病，甚至皱胃疾病的发病率要低得多，成年奶牛表现为肠性

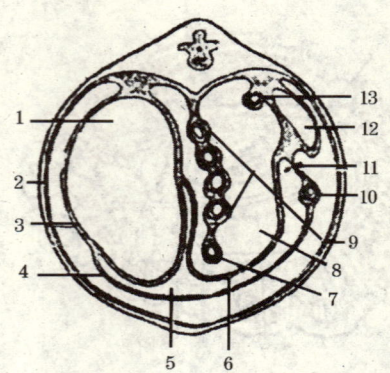

图 6-46　牛大网膜断面模式
1.瘤胃　2.腹膜壁层　3.腹膜脏层
4.网膜浅层　5.网膜腔　6.网膜深层
7.空肠　8.网膜上隐窝　9.结肠袢
10.十二指肠第1部　11.网膜孔
12.肝　13.十二指肠第3部

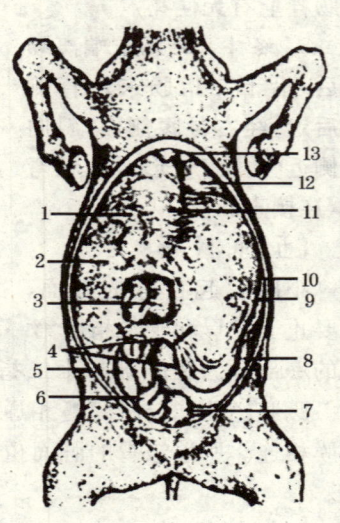

图 6-47　牛大网膜深、浅层与网膜上隐窝间口
1.幽门　2.大网膜浅层　3.大网膜深层
4.网膜上隐窝间口　5.盲肠　6.空肠
7.膀胱　8.瘤胃后背盲囊　9.瘤胃左纵沟上的大网膜浅层　10.瘤胃背囊
11.皱胃　12.瘤胃前腹盲囊
13.剑状软骨

腹痛的病例主要是肠便秘和肠扭转,偶尔是肠痉挛。犊牛有时可发生肠套叠。肠扭转主要发生于空肠,有时也可发生于盲肠。至于肠嵌闭和肠绞窄,都极为少见。

二、肠套叠

【病　因】

本病多继发于腹泻、肠痉挛以及某些肠道寄生虫病。另外,采食了冰冷、腐败霉变的饲草饲料也能引起发病。

【症　状】

病牛腹痛,后肢踢腹或后肢交替踏地,举尾,病牛不吃草不反刍,排粪次数增多,但每次排粪量减少,12~24h后,腹痛减轻或消失,病牛精神委顿、鼻镜干燥,嘴角上常常有白色垂缕状黏液。常作排粪姿势,排出少量粪,粪中常带有黏液和少量血凝块或排少量煤焦油样粪便,发病3~4天后排粪完全停止。

【诊　断】

依据病牛腹疼、排粪次数增多,但粪便量少,且粪便中带有少量血凝块或呈煤焦油样进行诊断。

【防　治】

在初期,可使用温水高压灌肠法进行复位,不能奏效时,只能采用手术疗法,术后要加强护理。

加强饲养管理,及时诊断并治疗各种原发疾病,防止继发感染。

三、肠便秘

【病　因】

许多因素能够导致肠便秘,饲喂过多的粗硬饲料,特别是品质低下的粗硬饲料,日粮以及饲喂方式的突然改变,饮水不足,食盐不足,气候突变等因素均能引起肠便秘。

【症　状】

鼻镜干燥,食欲消失,反刍停止,口腔干燥。肠音减弱或停止,排粪减少、变干。体温、心率、呼吸变化不明显。病初有阵发性轻度腹痛,四肢频频踏地,后肢踢腹,拱腰努责举尾,排出少量带胶冻样的粪便。腹痛剧烈时,时起时卧。病情中后期,腹痛停止,排粪停止,精神高度沉郁,喜卧,体温下降,心动过速,中度脱水,自体中毒。

【诊　断】

病牛腹痛,口腔干燥,粪少且干甚至停止排粪进行初步诊断,必要时进行直肠检查。

【防　治】

保守疗法,灌服硫酸钠 500~1 000g,温水 5~7L,或液状石蜡 1~2L。皮下注射新斯的明 30~60mg。同时可以配合直肠按摩阻塞。保守疗法无效时,可以采用手术疗法,取出便秘块。

加强饲养管理,注意精、粗饲料搭配,供应充足饮水和食盐,防止偷吃大量稻谷。

四、盲肠扩张

【病　因】

日粮中精料过高以及饲喂大量易发酵饲料是该病发生的直接原因,其他因素如低血钙、乳房炎或子宫炎也可引起盲肠扩张。

【症　状】

扩张初期食欲不振,排粪减少和腹部臌胀。体温、呼吸正常。随病情发展,出现腹痛。叩击右腹呈鼓音,右上腹冲击触诊有拍水音。右腹明显臌胀。直检可在右后腹摸到臌胀的盲肠,在盆腔入口处可以摸到盲肠尖。

【诊　断】

依据临床表现并结合右腹叩诊呈鼓音,冲击式触诊有拍水音以及直检检查进行诊断。

【防　治】

初期给予保守疗法,应用轻泻剂、瘤胃蠕动剂,必要时给予钙剂。如果保守疗法无效,则进行手术疗法。

加强饲养管理,保持日粮中合适的精、粗比,注意易发酵饲料的饲喂量。及时治疗原发病。

五、盲肠扭转

【病　因】

盲肠扭转与盲肠扩张是同一种疾病的不同病理过程,盲肠扩张时盲肠不同程度的臌胀并滞留气体和液体,进一步臌胀则会导致盲肠发生扭转。因此能够引起盲肠扩张的因素均有可能引起盲肠扭转。

【症　状】

产奶量、食欲及排粪急剧减少,脱水,腹部显著臌胀,瘤胃停滞且臌胀。鼓音叩诊区由右侧肷窝向前延伸,这一点可以与真胃扭转相鉴别。直检可发现盲肠臌胀且呈旋转或扭转状态,近心端结肠臌胀。

【诊　断】

主要依据左、右腹均臌胀,右侧鼓音叩诊区由右侧肷窝向前延伸,且直检时盲肠呈扭转状态进行诊断。

【防　治】

采取手术疗法,包括右肷部剖腹术和盲肠切开术,术后加强护理。

加强饲养管理,保持日粮中合适的精、粗比,注意易发酵饲料的饲喂量。及时治疗原发病。

六、肠痉挛

【病　因】

肠痉挛多因气温和湿度的剧烈变化、风雪侵袭、汗后淋雨、寒夜露宿，暴饮饮水，采食霜冻或发霉、腐败的草料等引起。

【症　状】

本病一般在采食和饮冷水 1~2h 发生。腹痛，多以阵发性的轻度或剧烈腹痛为特征。病牛不安，时卧时起，后肢踢腹，回头顾腹，精神烦躁，食欲、反刍停止，磨牙，心跳加快，轻微臌胀，胃肠蠕动增强，肠鸣，有时数步以外即听到高朗的肠音，偶尔出现金属音。随着肠音增强，牛排便次数也相应增加，频频排出松散、水样粪便。严重时牛肌肉震颤，倒地不起，头颈伸直，呻吟。

【诊　断】

具有受寒或暴饮冷水病史，腹痛具有明显的间歇性，肠音高亢、水样粪便进行诊断，必要时进行直肠检查（肠管呈疙瘩状）。

【防　治】

1. 治疗　治疗原则解除肠痉挛，清肠制酵。

（1）解痉止痛　静脉注射安溴注射液 50~100ml，或静脉注射 5% 的水合氯醛酒精注射液 100~200ml。

（2）清肠制酵　可用水合氯醛 8g、樟脑粉 8g、植物油 500ml，内服。

中药治疗可用丁香散。

2. 预防　注意使奶牛不受寒冷刺激，防止饮用大量冷水和采食霜冻的饲料；在使役中出汗时，应防止雨浇和风雪侵袭；患有寄生虫病时，应定期驱虫，即可防止本病的发生。

七、肠　炎

【病　因】

原发性肠炎病因：饲喂霉变的饲料或不洁的饮水，采食了有毒植物，采食了尖锐的异物损伤肠黏膜后被细菌感染，各种应激因素等。

继发性肠炎病因：可继发于真胃炎症、肠便秘等，各种病毒和细菌传染病以及寄生虫病。

【症　状】

腹泻，排泄软粪甚至呈水样腹泻，粪便中混有血液、黏液和黏膜组织，有时混有脓液，具有恶臭味。肠音初期增强、后期减弱甚至消失；波及直肠时屡屡呈现排粪动作，表现里急后重现象。全身症状比较严重，脱水和自体中毒现象明显。

【诊　断】

根据严重的全身症状，食欲紊乱以及粪便中的病理产物进行确诊。

【防　治】

1. 治疗　首先要抗菌消炎。可以肌内注射庆大霉素(1 500～3 000U/kg)，还可灌服0.1%的高锰酸钾2 000～3 000ml。当病牛腹泻不止时，可用鞣酸蛋白20g，碳酸氢钠40g，加水适量内服。要纠正酸中毒，补充钾离子和扩充血容量。另外，要加强管理，搞好卫生。

中药治疗可用郁金散或白头翁汤。

2. 预防　改善饲养管理，保持适当运动。必须注意饲料质量、饲养方法，建立合理的饲养制度，同时防止各种应激反应。

八、犊牛消化不良

【病　因】

母牛与犊牛饲养管理不当,发病多在吸吮母乳不久,或过1~2天发病。犊牛吃不到初乳或量不足,使体内形成抗体的免疫球蛋白来源贫乏,导致犊牛抗病力低。如乳头或喂乳器不洁,人工给奶不足,奶的温度过高或过低,由哺乳向喂料过渡不好等,均可引起该病发生;妊娠母牛的不全价营养,尤其是蛋白质、维生素、矿物质缺乏,可使母牛的营养代谢紊乱,影响胎儿正常发育,犊牛发育不良、体质衰弱,抵抗力低下;犊牛周围环境不良,如温度过低、圈舍潮湿、缺乏阳光、闷热拥挤、通风不良等。

【症　状】

该病以腹泻为特征,初期犊牛精神尚好,以后随病情加重出现嗜睡、昏迷。腹泻粪便呈粥状、水样,呈黄色或暗绿色,肠音高朗,有臌胀及腹痛症状。脱水时,心跳加快,皮无弹性,眼球下陷,衰弱无力,站立不稳。当肠内容物发酵腐败,毒素吸收出现自体中毒时,可出现神经症状,如兴奋、痉挛,严重时嗜睡、昏迷。

【诊　断】

根据病史、症状即可进行诊断,必要时进行肠道菌群的检查和初乳质量的分析,有助于本病的诊断。

【防　治】

先施行饥饿疗法,停止喂奶8~10h,此时可口服补液盐,按每千克体重给50~100ml。消除胃肠内容物,可用缓泻剂或温水灌肠排除,促进消化可给胃蛋白酶,适量维生素B。防止肠道感染,可肌内注射链霉素10mg/kg体重或卡那霉素10~15mg/kg体重,头孢噻吩钠10~20mg/kg体重。

加强母牛妊娠期饲养管理,尤其是妊娠后期应给充足的营养,保证蛋白质、维生素及矿物质的供应量。改善卫生条件及饲养护理,犊牛出生后要尽早吃到初乳,搞好圈舍的防寒保暖、通风透光,定期清洗消毒,更换垫草等。

九、直肠破裂

【病　因】

该病常发生于直检时术者缺乏经验、动作粗暴或奶牛保定不确实,也见于自然配种时阴茎误入直肠所致。

【症　状】

直检造成直肠破裂时会马上发现新鲜血液流出,奶牛出现里急后重。直肠壁非全层撕裂时奶牛表现里急后重,厌食,粪中有血迹。若全层撕裂,则出现发热、胃肠梗塞、拱背站立,再次直肠检查时奶牛出现抗拒,若直肠全层破裂后与腹腔相通,粪漏入腹腔而发生脓毒性腹膜炎,动物很快死亡。

【诊　断】

主要依据有直肠检查病史,粪便中带有血液,里急后重,再次直检病牛抗拒进行诊断。

【防　治】

若仅出现直肠黏膜损伤,对损伤处用魏氏流膏涂敷至少1周。若损伤已达黏膜下层或肌层,应立即进行直肠内单手缝合撕裂处。若直肠全层撕裂并与腹腔相通时,注射阿托品,进行直肠内单手缝合撕裂处。

第六节　奶牛腹膜疾病

一、腹腔积脓

【病　因】

胃肠、子宫的炎症是导致该病发生的最常见病因。

【症　状】

奶牛体质虚弱、抵抗力低下,精神不振,食欲减退,产奶量下降,腹部膨胀,发热(抗生素治疗无效)。腹部冲击触诊时可能观察腹内脓汁波动,出现拍水音。脓汁上部有气体蓄积,于右肷部叩击呈现低沉的鼓音。实验室检查见球蛋白升高,清蛋白下降,腹水中固形物$>3.5g/100ml$。腹腔穿刺可流出脓汁。

【诊　断】

依据临床表现及腹部检查进行诊断。腹腔穿刺有脓汁流出即可确诊。

【防　治】

切开引流,将脓性液体清除干净,术后应用广谱抗生素防止继发感染,有条件者可根据脓肿培养物和药敏试验结果制定抗生素治疗措施。

加强饲养管理,消除原发病因。

二、腹膜炎

【病　因】

原发性腹膜炎是由于受寒或某些理化因素的影响,机体防御功能降低,抵抗力减弱,受到细菌的侵害而发生。继发性腹膜炎多由胃肠及其他脏器破裂或穿孔所致,或者腹壁的创伤、腹腔与胃肠的穿刺或手术感染引起,还可见于腹腔脏器炎症的蔓延。

【症　状】

病牛精神沉郁,眼窝凹陷,四肢集于腹下,拱背而立,强迫行走,步态小心,有时表现疼痛呻吟。食欲减退或废绝,瘤胃蠕动音消失,轻度的膨气,便秘,体温变化不明显。直肠检查发现在直肠中宿粪较多,可感到腹壁紧张,腹腔积液时肠管呈浮动状。慢性腹膜炎的病牛,则逐渐消瘦。

第六章 奶牛内科病

【诊　断】

主要依据腹痛,腹壁紧张,便秘进行初步诊断,腹腔穿刺可进行确诊。

【防　治】

加强护理,消炎止痛,保护心脏功能,增强病牛抵抗力。使病牛保持安静,随病情的好转逐步饲喂青草和流质食物。用青霉素200万U,链霉素200万U,0.25%盐酸普鲁卡因注射液300ml,5%葡萄糖注射液500～1000ml,1次腹腔注射。防止臌胀可内服鱼石脂。增强机体抵抗力可用10%氯化钙注射液100～150ml,40%乌洛托品注射液20～30ml,5%糖盐水1500ml,1次静脉注射。改善血液循环,增强心脏功能,可及时应用安钠咖或毒毛旋花子苷K、西地蓝。

避免各种不良因素的刺激和影响,特别注意防止腹腔及骨盆腔脏器的破裂和穿孔。导尿、直肠检查、灌肠都必须谨慎,腹腔穿刺以及腹壁手术均应按照操作规程进行,防止腹腔感染。母牛分娩、胎盘剥离、子宫整复、难产手术及子宫内膜炎的治疗等必须谨慎,防止本病发生。

三、腹　水

【病　因】

非炎性积液形成的腹水,主要见于肾病、慢性间质性肾炎、重度营养不良,慢性心脏衰弱,肿瘤压迫、结核引起的淋巴回流受阻等疾患。炎性积液形成的腹水,主要见于各种原因引起的弥漫性腹膜炎。

【症　状】

除有引起腹腔积液的原发病所特有的临床症状外,最明显的症状是腹部外形的变化,腹部向下,向两侧对称性臌胀,状如蛙腹。由于腹水压迫横膈膜,奶牛常常表现呼吸困难。

【诊　　断】

主要依据腹部两侧对称性下坠,穿刺腹水清亮透明进行诊断。

【防　　治】

本病的治疗,首先应着重治疗原发病,如肾病、慢性间质性肾炎、肝硬变、营养不良、心脏衰弱和腹膜炎等疾病。为促进漏出液或渗出液的吸收和排出,可应用强心剂和利尿剂。有大量积液时,应采取腹腔穿刺排出腹腔积液。

避免各种不良因素的刺激和影响。

第七节　奶牛肝脏疾病

一、肝　炎

【病　　因】

1. 中毒性因素　长期饲喂霉败饲料,误食有毒植物,化学性毒物中毒。

2. 传染性因素　细菌、病毒、钩端螺旋体等各种病原体感染。

3. 营养因素　主要见于硒缺乏、维生素 E 缺乏、蛋氨酸缺乏和胱氨酸缺乏。

【症　　状】

急性肝炎表现消化不良,粪臭、色浅淡,可视黏膜黄染,肝浊音区增大,触诊疼痛。精神沉郁、嗜眠、昏睡、昏迷或兴奋狂暴,鼻、唇、乳房等无色素部分皮肤黄染、肿胀、瘙痒、甚至溃疡,呈现光敏性皮炎。体温升高或正常,脉搏和心动徐缓。有时全身无力,表现为轻微腹痛和排粪带痛。慢性肝炎呈现长期的消化不良,逐渐消瘦,可视黏膜苍白,皮肤水肿,继发肝硬化则出现腹腔积液。

【诊　　断】

依据消化不良、可视黏膜黄染、肝脏浊音区扩大、触诊肝区疼痛敏感进行诊断。

【防治】

加强饲养管理、清肠、保肝、排毒及治疗肝昏迷。细菌感染和传染病引起者,应使用抗生素治疗。可内服适量人工盐,皮下注射小剂量氨甲酰胆碱或毛果芸香碱,用氢化可的松减轻炎症反应。具有出血性素质的病例静脉注射10%氯化钙注射液100～150ml,疼痛狂躁不安者可注射水合氯醛或安溴注射液。

加强饲养管理,严格按照"四定"方针饲喂,尽最大的努力消除一切可能的潜在的病因。

二、肝硬化

【病因】

原发性肝硬化主要病因是各种中毒,如扁豆等植物中毒,铅、磷等化学物质中毒以及大量饲喂酒糟或饲料霉败等。继发性肝硬化发生于其他疾病的经过之中,如肝片吸虫,慢性胆管炎等。

【症状】

便秘与腹泻交替发生,顽固性消化障碍,久治不愈。慢性前胃迟缓或瘤胃臌胀,渐进性消瘦,最后陷于恶病质体态。进行性腹腔积液,两侧腹部下方膨大,肷窝部塌陷,腹腔穿刺有大量透明的淡黄色漏出液流出,屡放屡有,不见减少。肥大性肝硬化、肝、脾浊音区显著扩大。

【诊断】

依据临床表现可进行初步诊断,对肝脏进行B超检查可确诊。

【防治】

消除病因,加强饲养管理,给予富含糖类和蛋白质、低脂肪的饲料。若肝片吸虫引起的应当驱虫,可用丙硫咪唑,10mg/kg体重,内服。

用硫酸钠或人工盐内服,清理胃肠,促进胆汁分泌;应用5%葡萄糖注射液500～1 500ml静脉注射护肝,增强解毒功能;对腹腔积液者可用利尿药,如利尿酸3～8g,或醋酸钾25～30g,加适量水1次灌服,药物治疗无效者,可实行穿腹术放出腹腔积液。

防止喂给霉败饲料和食入有毒植物,及时治疗各种原发病,是预防本病发生的根本措施。

第八节　奶牛营养代谢病

一、奶牛酮病

【病　因】

奶牛高产,日粮中的糖和生糖物质不足,泌乳高峰出现越早,酮病发病率越高。日粮中营养不平衡和供给不足。产前过度肥胖,生糖物质缺乏,能量负平衡,产生大量酮体。继发性酮病。

【症　状】

厌食及消化紊乱,初拒精料继而食欲废绝、异嗜、便秘、粪便上覆盖有黏液。精神沉郁、消瘦、凝视。尿呈浅黄色,水样,易形成泡沫。产奶量降低,严重者在排出的奶、呼出气体和尿液中有酮体气味,加热更明显。病牛呈拱背姿势,表示轻度腹痛。酮病牛还常常伴发子宫内膜炎,导致繁殖功能减弱,休情期延长,人工授精率下降。

【诊　断】

依据病牛厌食精料,乳、尿、呼出气具有酮味进行诊断。

【防　治】

补糖用25%葡萄糖注射液500～1 000ml,1次静脉注射,每日2次,连用3天。解除酸中毒,内服碳酸氢钠50～100g,每日2次,连用3天。也可静脉注射5%碳酸氢钠液500～1 000ml,每日1

次。调整胃肠功能可用脱脂乳 2 升,蔗糖 500~1 000g,1 次灌服,每日 1 次,连用 3 天。此外,为缓解神经症状、兴奋瘤胃、增强心脏功能,可注入钙制剂。

科学饲养管理,合理调配日粮,防止干奶牛过肥,严格控制全泌乳期营养投入,建立酮体监测制度。

二、低镁血症

【病　因】

牧草中镁的含量低,饲料中的镁吸收不良,肾小管对镁的重吸收降低。在寒冷、潮湿、风沙、阳光少等恶劣气候条件下,易诱发此病。

【症　状】

1. 急性型　发病前吃草正常,突然甩头、吼叫,盲目奔跑,呈疯狂状态,倒地后四肢划动,惊厥,背、颈和四肢震颤,牙关紧闭,磨牙,状如破伤风样,惊厥呈间断性发作,通常在几小时内死亡。

2. 亚急性型　只有步态强拘,对触诊和声音过敏,频频排尿,并可转为急性,惊厥期可长达 2~3 天之久。

【诊　断】

依据突然发病、病牛狂暴、惊厥、夏季雨后放牧易发生进行诊断。必要时检测血镁含量进行确诊。

【防　治】

对病牛可缓慢静脉注射 25% 硫酸镁注射液 300~400ml。最好静脉缓慢注射钙、镁合剂(硼葡萄糖酸钙 250g,硼葡萄糖酸镁或硫酸镁 50g,蒸馏水加至 1 000ml)。注射时应检查心率、强度。心跳过快即停止注射。

注意日粮配合,使日粮干物质镁含量不少于 0.2%,在缺镁土壤中施加镁肥以提高牧草含量,过冬的牛群应注意防寒、防风、补充优质干草。

三、佝偻病

【病　因】

①主要是饲料中钙、磷缺乏或比例不当,或维生素D缺乏所致。另外,胃肠炎、肠道寄生虫病或内分泌失调等,均可引发该病。②妊娠牛体内维生素D和钙、磷不足,使胎儿发生先天性佝偻病。③早期断奶而使犊牛维生素D和钙、磷摄取不足。

【症　状】

病犊牛精神沉郁,喜卧,消瘦,被毛逆立,生长发育迟缓或停滞。常发生异嗜,舔食墙土、饲槽、砖头及粪尿等异物,便秘和腹泻交替出现。站立时四肢频频交换负重,运动时步态强拘。头骨肿大,胸廓变扁且窄,颈变短。脊柱弯曲,肋骨与肋软骨结合部呈串珠状肿胀。关节肿大,骨端增粗。四肢弯曲,呈内弧(O形)或外弧(X形)姿势。体温、脉搏及呼吸一般无变化。

先天性佝偻病时,犊牛出生后几天不能站立,或两前肢趴开伏卧;站立时四肢弯曲、拱背;下颌骨、四肢关节大小不一且不对称。严重病例出现脑室积水症状。

【诊　断】

依据发病年龄、饲养管理条件和临床表现建立诊断。

【防　治】

患病犊牛应适当运动,多晒太阳,给予富含维生素D的饲料,但必须配合饲料中滴加鱼肝油类药物或注射维生素D。鱼肝油10～15ml,内服,每日1次,发生腹泻时停止使用。维丁胶性钙1～4ml,皮下注射,每天1次;或用乳酸钙5～10g内服,每天1次。

严重病例可用10％氯化钙注射液5～10ml,或10％葡萄糖酸钙注射液10～200ml,20％磷酸二氢钠注射液5～10ml,静脉注射,每天1次。

加强对妊娠和哺乳母牛的饲养管理,经常补充维生素D和钙、磷。犊牛要经常运动,多晒太阳,给予优质的饲料。预防胃肠疾病及体内寄生虫病的发生。

四、骨软症

【病　因】

①饲料和饮水中钙、磷含量不足。②饲料搭配不当,钙、磷比例失调,或维生素 D 缺乏。③长期舍饲或牛舍潮湿阴暗,运动不足,发生慢性消化不良性疾病。④产奶盛期或妊娠后期的牛钙、磷摄取量不足。

【症　状】

初期病牛消化不良,食欲不定,呈明显的异嗜癖。不断磨牙和空嚼,随后喜卧,不愿起立,站立时拱背,四肢叉开,行走时步态强拘,出现一肢或多肢跛行。严重时骨骼肿胀、变形。两后肢跗关节以下向外倾斜,呈"X"状。尾椎骨移位变软或被吸收,肋骨与肋软骨结合处肿大。蹄变形、变脆,呈粉末状。后期病牛反刍、嗳气减弱,瘤胃蠕动减弱,便秘、腹泻交替进行。下腹部蜷缩。泌乳牛产奶量减少,有的伴发贫血和神经症状。低磷性骨软症病牛还可出现血红蛋白尿,最终卧地不起。

【诊　断】

根据奶牛的年龄、饲养管理条件、慢性经过、生长迟缓、异嗜癖、运动困难以及牙齿和骨骼变化等特征,不难诊断。血清钙、磷水平及碱性磷酸酶活性的变化,也有参考意义。骨的 X 线检查及骨的组织学检查,可以帮助确诊。但须注意,1 岁以内的犊牛铜缺乏,也可引起在临床上、X 线像上和病理上与佝偻病相似的结果。后者其血清铜浓度及肝脏铜成分下降,呈现的是骨骺炎而非骺软骨持久性肥大和增宽,血清碱性磷酸酶活性不明显增高。

【防　治】

可用磷酸二氢钠 80～120g 内服,每天 1 次,5～7 天为 1 个疗程；磷酸氢钙每次10～40g，或乳酸钙每次10～30g，鱼肝油每次20～60ml，每天2～3次。混入饲料中喂给。

对严重病例可静脉注射。用10％葡萄糖酸钙注射液300～500ml，或5％氯化钙注射液300～500ml，20％磷酸二氢钠注射液300～500ml，1次静脉注射。同时，肌内注射维丁胶性钙1～4ml，每天1～2次。

平时保证日粮中钙、磷含量及比例合理，适当运动，多晒太阳。注意妊娠后期和泌乳盛期母牛钙磷的补充。特别是干奶期的奶牛。

五、铜缺乏症

【病　因】

原发性铜缺乏症是由于采食了在铜缺乏土壤上生长的牧草所致。

继发性铜缺乏症是指饲料和饮水中铜含量虽充足，但奶牛机体组织对铜的吸收和利用受阻。

【症　状】

1. 原发性铜缺乏症　病牛食欲减退，异嗜，生长发育缓慢，尤其是犊牛更为明显。被毛无光泽，黑色毛变为锈褐色，眼周围被毛呈无毛或白色似眼镜外观。腹泻，贫血。妊娠牛表现为泌乳性能降低，所产犊牛多表现跛行，步样强拘，甚至两腿相碰，关节肿大，骨质脆弱，易发骨折。重症病牛往往发生急性心力衰竭，有的在24h内突然死亡

2. 继发性铜缺乏症　基本上同原发性铜缺乏症。所不同的是贫血程度较轻，而腹泻症状较重，多呈持续性腹泻。

【诊　断】

依据流行病学调查（地区性铜缺乏）和临床表现进行初步诊断，补铜效果显著进行判定。

第六章　奶牛内科病

【防　治】

可投服硫酸铜制剂，成年牛每天 2g，犊牛每天 1g，或每周 4g/成年牛，每周 2g/犊牛。还可应用 0.2%硫酸铜注射液，成年牛剂量为 125～250ml，静脉注射。

对铜缺乏土壤可施用含铜肥料。对舍饲牛群可皮下注射甘氨酸铜制剂，成年牛 400mg，犊牛 200mg，可起到良好的预防效果。

六、锌缺乏症

【病　因】

1. 原发性锌缺乏症　由于饲喂锌缺乏地带生长的牧草而发病。

2. 继发性锌缺乏症　饲喂的饲料中含有过多的钙等，阻碍了机体对锌的吸收和利用。

【症　状】

病牛生长发育缓慢或停滞，食欲减退甚至废绝，皮肤角化不全，骨骼发育异常，繁殖性能紊乱等。犊牛表现生长缓慢，鼻镜、阴门、肛门、后肢和颈部等处皮肤易发角化不全、干燥皲裂、肥厚、弹性减退，并在四肢、阴囊、鼻孔周围、颈部等处脱毛，出现皱襞，后肢弯曲，关节肿胀、僵硬，步样强拘等异常姿势。

公牛精液量和精子减少，活力降低。母牛从发情到分娩整个过程受到严重影响，其生殖器官发育异常。

【诊　断】

依据临床表现可进行初步诊断，补锌效果明显可验证诊断。

【防　治】

在对本病治疗上，除每头内服硫酸锌 2g/天或肌内注射(1g/周)，犊牛可连续服用硫酸锌(100mg/kg 体重)，经 3～4 周后可痊愈。

对饲养在锌缺乏地带的牛群，严格控制饲草中钙含量的同时，宜在饲料中补加硫酸锌 25～50mg/kg 饲料混饲。在饲喂新鲜牧草时要适量添加大豆油,对治疗和预防锌缺乏症都可收到较好的效果。

七、铁缺乏症

【病　因】

①饲喂铁含量过少的饲草的牛群,则会发生低铁性贫血。②遭受寄生虫的侵袭,外伤等原因引起过多失血,以及由于铁代谢障碍等可导致慢性贫血。③胃肠吸收功能紊乱、饲喂含磷过多的精料,以及肠黏膜产生脱铁蛋白等诱因,致使对铁吸收功能降低而发生低铁血症。

【症　状】

犊牛表现为食欲不振、异嗜、生长发育缓慢,可视黏膜苍白、消瘦、衰弱、便秘或腹泻。重症犊牛多呈严重贫血症状,如呼吸促迫,四肢末梢发凉等症状。

【诊　断】

依据病牛异嗜、可视黏膜苍白,衰弱进行初步诊断,血液学检查可确定诊断。

【防　治】

何种原因的铁缺乏症均宜用铁制剂治疗,较适用的是用硫酸亚铁制剂进行口服,每天 24g,2 周为 1 个疗程。对寄生虫性贫血的犊牛,可用延胡索酸铁等制剂注射,疗效较快。对轻型病犊牛还可补铁添加剂,按每 kg 饲料添加硫酸亚铁 25～30mg 混饲。如与维生素 B_{12} 注射液混合注射,疗效更好。

八、碘缺乏症

【病　因】

1. 原发性碘缺乏　饲料和饮水中的碘含量不足而造成奶牛

碘缺乏。

2. **继发性碘缺乏** 由于对碘需要量增多和致甲状腺肿的物质存在等均可构成碘缺乏症的发病原因。

【症　状】

妊娠牛，除胎儿生长发育受到影响则多发生早死、胎儿吸收和偶发早产外，往往妊娠期延长和产出犊牛体质虚弱而不能站立。有的被毛生长发育不全，稀毛或无毛，皮肤呈厚纸浆状等病变。先天性甲状腺肿的犊牛，多数死于窒息，少数犊牛为侏儒牛；青年牛性器官发育延缓，性周期无规律，受胎率低，泌乳性能下降，以及产后胎衣停滞；公牛性欲减退，精子品质低劣，精液量也减少。

【诊　断】

依据病牛被毛稀少和甲状腺肿大进行诊断。

【防　治】

舍饲碘缺乏症的病牛，宜及早补饲碘盐或碘饲料添加剂，或应用有机碘化合物40%溶解油剂，肌内注射，疗效明显。

在预防上，对犊牛宜用卢戈尔氏液几滴内服，连续1周时间。对妊娠牛，以含0.015%碘盐，按0.1%比例添加在饲料中饲喂，可起到较好的预防作用。

九、钾缺乏症

【病　因】

奶牛一般不存在钾缺乏的现象，但是在对高产奶牛饲喂高精料饲料时可能出现钾缺乏的现象。此外，当奶牛患有顽固性前胃弛缓、瘤胃积食、真胃积食、呕吐、腹泻、生产瘫痪等疾病时，容易造成血钾浓度降低。

【症　状】

病牛卧地不起，肌肉松弛无力，横卧于地。时间长的有褥疮现象发生。但病牛神志清醒，饮食可随原发病的不同而异。重症者食欲下降、憔悴、虚弱,后躯摇晃,步态强拘,产奶量下降。

【诊　断】

主要依据病牛神志清醒、肌肉松弛无力进行初步诊断,血钾检查可确诊。

【防　治】

原则是首先治疗原发病,同时在饮水中添加1%～2%的氯化钾(每次5～10g)以给病牛补充钾。重症者可静脉注射10%氯化钾注射液50～100ml,注意慢速滴注,防止心脏骤停,引起奶牛死亡。

十、硒与维生素E缺乏症

【病　因】

长期饲喂含硒量低的日粮,或饲喂劣质干草、稻草、豆壳类以及长期贮存的干草和陈旧的青贮等饲草以及体内由于饲喂富含不饱和脂肪酸的动物性和植物性饲料而过度消耗维生素E等均可引起发病。另外,长途运输、腹泻、天气骤变等因素也可诱发本病。

【症　状】

1. 急性病例　病牛常突然死亡。

2. 亚急性病例　病牛精神沉郁,背腰发硬,步态强拘,后躯摇晃,后期常卧地不起。臀部肿胀,触之硬固。呼吸加快,脉搏增数,犊牛可达120次/min以上。初期心搏增强,以后心搏减弱,出现心率失常。

3. 慢性病例　病牛运动缓慢,步样不稳,喜卧,有异嗜现象。呼吸加快,被毛粗乱,缺乏光泽,黏膜苍白,腹泻多尿。

【诊　断】

依据临床表现和病理学变化(心脏、肌肉变性坏死)即可进行诊断。必要时检测血清中硒和维生素E的含量。

第六章 奶牛内科病

【防　治】

0.5％亚硒酸钠注射液 8～10ml，肌内注射，隔 20 天再注射 1 次；维生素 E 注射液 50～70mg，肌内注射，每天 1 次，连用数日。

也可全群在饲料中添加亚硒酸钠 0.2mg/kg，维生素 E 30mg/kg 饲料，充分拌匀进行饲喂。

加强妊娠牛和犊牛的饲养管理，冬季多喂优质干草，增喂苜蓿、麸皮和麦芽。在产前 2 个月，每天可补喂卤碱粉 10g。在该病流行的地区，入冬后对妊娠牛每 2 周肌内注射维生素 E200～250mg，每 20 天肌内注射 0.1％亚硒酸钠注射液 10～15ml，共注射 3 次。对犊牛也可采用同样的方法进行预防，剂量减半。

十一、维生素 A 缺乏症

【病　因】

①长期单一地饲喂含维生素 A 或维生素 A 原（胡萝卜素）缺乏或不足的饲料。②饲料的收割、加工、贮存不当，胡萝卜素也可受到破坏。③饲料搭配不当，精料多而青绿饲料少。④犊牛、妊娠母牛和产奶牛，维生素 A 摄取量不足。⑤胃肠疾病、寄生虫病和肝胆疾病时，可引起维生素 A 吸收不足。

【症　状】

本病以犊牛较多患病。病初呈夜盲症，患牛盲目前进，碰撞障碍物，或行动迟缓，小心谨慎，继而角膜干燥或浑浊，羞明流泪，发生角膜炎，甚至失明。生长发育弛缓，骨骼变形，颅骨内腔变窄，使脑脊髓液压力增高致共济失调、阵发性痉挛或惊厥。视听障碍，皮肤发炎，背部及尾部附着大量糠麸样痂皮，蹄角质生长不良。母牛受胎率下降，易发生流产、死胎、畸胎或产后发生胎衣不下等。常可继发肾炎、尿石症等。

【诊　断】

依据发病年龄、饲养管理情况、夜盲、脂溢性皮炎进行诊断。

必要时检测血清中维生素 A 的含量。

【防　治】

第一，立即更换饲料，多喂青草、优质干草、胡萝卜、南瓜等富含维生素 A 的饲料，必要时在饲料内滴加适量的鱼肝油。

第二，鱼肝油 20~60ml，1 次内服，或肌内注射维生素 A 注射液 5 万~10 万 U。

第三，当发生结膜炎时，可用 2％硼酸溶液或 0.03％高锰酸钾溶液冲洗；胎衣不下者可进行手术剥离，并用抗生素控制感染。

第四，改善饲养管理，注意日粮的全价性，补充青绿饲料，特别是含维生素 A、胡萝卜素较多的饲料。对妊娠牛、犊牛应重点护理。在冬季青绿饲料少时，应添加鱼肝油，适当运动，多晒太阳。

十二、维生素 B_{12} 缺乏症

【病　因】

长期饲喂维生素 B_{12} 含量较低的植物性饲料，或饲料中蛋白质含量过高，或长期饲喂微量元素钴、蛋氨酸缺乏或不足的饲料，奶牛发生长期胃肠道疾病、肝脏疾病或长期使用广谱抗生素，造成胃肠道微生物区系受到抑制或破坏，均可造成维生素 B_{12} 缺乏。

【症　状】

犊牛表现为生长缓慢，共济失调，行走摇摆，食欲下降，黏膜苍白，皮肤被毛粗糙，肌肉弛缓无力；成年牛很少发病。

【诊　断】

依据流行病学调查、黏膜苍白、喜食粪便进行诊断，必要时进行血清中钴含量测定。

【防　治】

治疗时，不必补充维生素 B_{12}，只要口服钴制剂即可。氯化钴混饲或内服，1 次量，0.5g/成年牛、0.2g/犊牛。

预防时应保证日粮中含有足量的维生素 B_{12} 和微量元素钴。

对钴缺乏的地区,应适当施加钴肥。

十三、维生素C缺乏症

【病　因】

犊牛出生后10~20天体内不能合成维生素C,须从母乳中获取。因此,母乳中维生素C量不足或缺乏,均能导致犊牛发病。另外,某些热性疾病可增加维生素C的消耗,间接地引起维生素C缺乏。

【症　状】

犊牛发病时,精神沉郁、食欲减退,可表现为出血性素质,多见于背和颈部、口腔及齿龈出血、进而形成溃疡,严重时颊和舌也发生溃疡或坏死,牙齿松动甚至脱落。大量流涎且口腔有不良气味。若机体抵抗力下降,易继发感染肺炎、胃肠炎和一些传染病。

另外,在临床上还常见皮炎或结痂性皮肤病,犊牛表现为毛囊角化过度,表皮脱落形成结痂、秃毛,四肢关节增粗、疼痛、运动障碍,多喜卧;在成年奶牛表现为泌乳下降,易发生酮病。

【诊　断】

依据口腔溃疡、齿龈出血、四肢疼痛进行初步判定。补充维生素C效果显著帮助建立诊断。

【防　治】

改善饲养管理,调整日粮组成,给予富含维生素C的青绿饲料。

治疗时应用维生素C制剂。维生素C丸每头犊牛每次0.7~3g,内服或混饲,连用15天。

对口腔溃疡者,在补充维生素C的同时,可用0.1%的高锰酸钾溶液或其他抗菌药液冲洗患部,并涂敷碘甘油或抗生素药膏。

为预防本病,应注意保持日粮组成的全价性,保证日粮中含足量的维生素C。

十四、腹部脂肪坏死症

【病　因】

肥胖是该病发生的主要诱导因素。现在一般认为不断增生肥厚的脂肪组织压迫脂肪内的微小血管，导致微小血管通透性改变甚至破坏，使血液中的酯酶溢出，从而促使脂肪组织分解，引起脂肪组织发生坏死。

【症　状】

患病牛多无明显的临床症状。一般病牛逐渐消瘦，食欲减退或时好时差，经常发生瘤胃积食或臌胀，反复地发生腹泻和粪便较干硬的轻度便秘、频频提举尾根努责作排粪姿势，并可发生轻度或中度疝痛，进行性消瘦或衰竭，最终被迫淘汰或死亡。

【诊　断】

此病缺乏典型的临床表现，诊断较为困难。过度肥胖母牛反复发生腹泻或轻度便秘可考虑本病。

【防　治】

防止奶牛过度肥胖是防止本病发生的重要措施。另外，手术摘除过度肥厚坏死的脂肪是较为有效的措施。

十五、淀粉样变性病

【病　因】

慢性化脓性炎症是奶牛发病最常见的原因，如奶牛的慢性乳房炎、子宫内膜炎和肝脏疾病等。另外，奶牛机体反复受到抗原物质的刺激也是发生该病的重要原因。

【症　状】

本病在临床上多为轻型经过，主要表现为慢性腹泻、消瘦、渴欲增加，泌乳量减少，轻度或中度的蛋白尿，全身性轻度水肿以及发情延缓，发情不明显或受胎率低等繁殖障碍。当触诊乳房组织时，可发现圆形淀粉样蛋白凝结的小结节，且其一般无活动性。发生这种轻型经过的病牛常被忽视和误诊。严重病例，产犊后2周的母牛发生食欲减退，水泻，全身水肿，迅速消瘦，于发病后的2~5周内死亡。

【诊　　断】

主要依据慢性腹泻、饮水增多和尿液中蛋白质含量增高进行诊断。

【防　　治】

应对引起本病的原发性疾病如慢性化脓性炎症进行治疗，消除产生病原体抗原的刺激，促进本病的逐渐康复。淀粉样变性病奶牛本身无治疗价值，但本病大多数为慢性经过，病程较长，因此不必急于淘汰。

第九节　奶牛呼吸系统疾病

一、感　冒

【病　　因】

气温骤变、风寒侵袭、牛舍潮湿及雨水浇淋等饲养管理不当。牛营养不良、机体瘦弱、患有其他疾病、抵抗力下降。

【症　　状】

①突然发病，体温升高，心跳和呼吸加快。②咳嗽，流涕（初期清、后期稠），鼻黏膜充血潮红。③耳尖、鼻端发凉，鼻镜干燥，拱腰哆嗦，精神不振，食欲不佳，前胃弛缓，生产性能下降。④眼结膜潮红、流泪。

【诊　　断】

依据受寒病史和临床表现即可诊断。

【防　治】

解热镇痛、驱风散寒、防止继发症发生,是治疗本病的基本原则。①500kg体重的成年牛,肌内注射30%的安乃近注射液或复方氨基比林注射液20~40ml,同时配合全身注射青霉素、链霉素或恩诺沙星注射液,每天2次,连用2~3天。②加强饲养管理,提高机体对环境因素变化的适应能力和抵抗能力。③防止风寒、潮湿因素侵袭。

二、鼻　炎

【病　因】

原发性鼻炎可由受寒感冒引起。鼻炎还可继发于流感、出血性败血症、牛痘、牛恶性卡他热及支气管炎等疾病。

【症　状】

急性原发性鼻炎,病牛常表现为摇头,于周围物体上摩擦鼻部。有的病牛体温升高,鼻黏膜充血、肿胀,颌下淋巴结肿胀。鼻液初为浆液性,逐渐变为黏液性、黏液脓性,且常混有血液。此时,颌下淋巴结肿大,鼻腔可发生糜烂。当鼻液脓稠和鼻黏膜肿胀明显时,常发生吸气性呼吸困难,并发生鼻塞音。脓稠鼻液可在鼻孔周围形成结痂,痂下皮肤色素消失。当炎症蔓延时,可发生邻近器官的炎症,如额窦蓄脓,叩诊时呈浊音;咽喉炎,吞咽困难和咳嗽;结膜炎,眼睑肿胀和流泪等。

慢性或继发性鼻炎病程较长,临床表现为时轻时重,且常由原发病继发。

【诊　断】

依据临床表现和鼻腔检查进行诊断。

【防　治】

首先除去病因,置病牛于温暖通风良好的厩舍。对轻度的卡他性鼻炎可不治而自愈。对症状较重的病牛,可用1%明矾溶液或0.1%高锰酸钾溶液冲洗鼻腔,每天1～2次。也可向鼻腔中撒入青霉素或磺胺类药物粉末。对体温升高,全身症状明显的,要及时应用抗生素进行治疗。

鼻炎的预防主要为预防受寒冷感冒。对继发性鼻炎应及时根治原发病。

三、鼻 出 血

【病　因】

原发性鼻出血。主要是由机械损伤引起。此外,昆虫的刺蛰、鼻蝇幼虫寄生等可损伤鼻黏膜,也可引起出血。

其他原因的鼻出血,见于高热、日射病、热射病时的血压升高,可引起鼻黏膜毛细血管过度充血、扩张,而使其破裂引起出血。

另外,炭疽病、维生素C或维生素K缺乏,中毒,肝炎等疾病,也能引起鼻出血。

【症　状】

原发性鼻出血多为单侧性。血色鲜红,不含气泡,呈滴状或线状流出。如为较大的静脉血管或小的动脉血管破裂则血液呈细流状从鼻孔涌出。动脉性出血,流出的血液为鲜红色;静脉性出血则暗红色。短时间的少量出血,全身症状不明显,但长时间大量出血,可出现结膜苍白,呼吸困难,脉搏快而弱,肌肉震颤,皮温下降,严重者可引起休克、昏迷,甚至死亡。

【诊　断】

依据鼻腔流出血液即可诊断。

【防　治】

加强饲养管理,避免碰撞鼻部。使用胃管时,小心操作,避免损伤鼻黏膜。

去除病因,让病牛保持安静,并使其头部稍抬高,然后用浸冷水的毛巾或冰袋冷敷鼻梁部,轻度出血,经数分钟至半小时即可止血。如果出血不止,可用1%～2%鞣酸或0.1%肾上腺素湿敷鼻腔或用脱脂棉堵塞鼻腔。重症病例,可配合使用10%氯化钙注射液100～200ml,1次静脉注射;或0.5%安络血注射液20ml,1次肌内注射。大量出血后引起严重贫血,应补给铁制剂、维生素C和维生素B_{12}等。

四、额窦炎

【病　因】

头部外伤,导致额部挫伤而发生额窦炎。其次是犊牛去角时发生感染或机械性损伤导致角折等均可导致额窦发炎。

【症　状】

本病多为慢性经过,病程较长,多数病例为单侧性额窦炎。病初尚见不到流出脓性鼻液,只是仔细观察该牛在低头采食时有不安的表现,偶见摇头,随着炎症的发展积液越来越多,角根处有开口者则在侧头时从创口流出炎性渗出物,鼻液变为黏液或脓汁,其中往往混有血液,并带有臭味。鼻液时多时少,但在运动之后,特别在低头时可大量排出。额窦肿大,叩诊呈浊音。严重者由于鼻黏膜肿胀,鼻塞导致呼吸困难。

【诊　断】

依据临床表现并结合额窦肿胀、叩诊呈浊音建立诊断。

【防　治】

首先应查清病因,并采用有效的措施而消除之。尽管可用药物蒸气吸入疗法,但疗效很差。故治疗的根本方法是尽早施行圆锯术,用消毒液冲洗窦腔,取出坏死组织及化脓性脓块,以后创口任其开放,直至创腔痊愈。

中药辛夷散也有一定的疗效。方剂及使用方法如下:辛夷45g,酒知母30g,沙参21g,木香9g,郁金15g,明矾9g,研成细末,开水冲服,每天1剂,连服3～5剂,重症4～6剂,然后隔天1剂,一般服至7~8剂即可见效。

五、气管-支气管炎

【病　因】

主要是受寒冷因素、各种理化因素的刺激,受条件性病原菌的侵害等所引起。此外,也可以继发于上呼吸道疾病、化脓性疾病、传染病和寄生虫病等。

【症　状】

多由气管及支气管蔓延而来,故临床上初期呈现气管及支气管炎的症状。病牛表现精神沉郁,食欲减退或废绝。体温升高至40℃~41℃,呈弛张热。脉搏加快、呼吸急促,随病情的发展,呼吸困难,常呈混合性呼吸困难,严重时呈腹式呼吸。结膜潮红或紫绀,鼻液多呈黏性或脓性。胸部叩诊时引起疼痛、咳嗽。听诊时,可听到支气管呼吸音呈干、湿啰音。

【诊　断】

根据临床表现、胸部检查及病史即可建立诊断。

【防　治】

加强护理,抑菌消炎,祛痰止咳,制止渗出和促进渗出物的排出。

第一,做好防寒保暖工作,改善饲养管理。

第二,青霉素500万~800万U、链霉素3~5g、安乃近注射液20~40ml,混合,1次肌内注射。每天1~2次,连续3~4天。

第三,10%~20%磺胺嘧啶钠注射液100~300ml,肌内注射。

第四,祛痰止咳可用:氯化铵20g、碘化钾2g、远志末30g、温水500ml,1次灌服。

第五,防止渗出和自体中毒可进行输液疗法,25%葡萄糖注射液500~1 000ml,10%氯化钙注射液100~300ml(缓慢输入),5%糖盐水1 000ml,四环素500万U,5%碳酸氢钠注射液300ml,

20%安钠咖注射液 10~20ml,1 次静注。

六、上呼吸道阻塞

【病　因】

阻塞分为先天性和获得性阻塞。在犊牛先天性异常包括呼吸道上皮原性咽囊肿、鼻囊肿、囊性鼻甲异常、颅骨异常、喉畸形等。当囊肿增大或畸形、呼吸道黏膜水肿或肿胀时,会造成异常的呼吸困难。获得性阻塞可发生于犊牛和成年奶牛,大部分病变是由呼吸道以外的组织和结构的增大或炎症引起的。

【症　状】

犊牛可发生吸气性呼吸困难,可听见打鼾声或鼾声性吸气是常见症状,可能出生时就存在或出生后几个月之内能见到。获得性机械性或阻塞性上呼吸道病变可以发生于犊牛或成年牛。大部分病变是呼吸道以外的组织和结构的增大或炎症,患牛进行性吸气性呼吸困难是最先观察到的症状。上颌窦炎、单侧鼻咽或上颌窦肿瘤以及局部放线菌感染增生的患牛可出现单侧流鼻液或 1 个鼻孔气流减少。有些病例由于慢性炎症或肿瘤坏死,在呼吸气中有一种腐臭味。

【诊　断】

主要依据典型的吸气性呼吸困难并具有鼾音进行诊断。

【防　治】

对于先天性阻塞,治疗方法取决于所发现的特异性病变。囊肿性病可进行外科摘除。其他疾患如喉畸形和颅骨异常则预后不良。对有严重呼吸困难的犊牛可先做气管切开术,然后再治疗原发病,以免诊断造成窒息死亡。

七、肺 炎

【病 因】

本病病因复杂。原发性肺炎多由细菌、病毒、真菌、寄生虫以及不良的理化因子引起,继发性肺炎多由于病菌乘机通过血液侵入肺脏而致。饲养管理不当、营养缺乏等因素均可降低机体抵抗力而导致奶牛发病。

【症 状】

病初以咳嗽为主且不明显,而后食欲下降、精神沉郁、反刍停止、粪少且干,有的有腹泻症状,初期以多量浆液性鼻液为主,后变为少量的黏、脓性。病初干咳,痛苦,后变为湿咳。呼吸增数,体温升高、黏膜紫绀、心音增强。肺病灶部听诊肺泡呼吸音减弱,有捻发音,但病变周围肺泡呼吸音增强。

【诊 断】

本病以咳嗽、流鼻液、发热、肺泡呼吸音减弱以及呼吸音啰音、捻发音为特征。诊断并不困难。

【防 治】

加强病牛的护理,给予易消化的适口性饲料。使用广谱抗菌药杀菌消炎防止炎症扩散,强心、补液、利尿、防止脱水,减少渗出或促进渗出物吸收,缓解病牛呼吸困难。

加强对病牛的诊断,早发现早治疗。加强饲养管理,减少各种应激因素对病牛的刺激;加强平时的卫生防疫工作,防止或减少传染病的传入,从而控制肺炎的发病机会。

八、肺充血和肺水肿

【病 因】

主动性肺充血多发生于长期躺卧的病牛,血液停滞于卧侧肺。被动性肺充血主要发生于代偿功能减退期的心脏疾病。肺水肿是由于肺充血的病因持续作用而引起,也继发于急性变态反应等。

【症　状】

肺充血时突然发病,进行性呼吸困难,头颈伸直,鼻孔高度开张,胸腹部表现明显的起伏动作。听诊肺泡呼吸音粗厉,可视黏膜潮红或紫绀,静脉怒张。病牛可因窒息而突然死亡。

肺水肿时,从两侧鼻孔流出多量浅黄色或粉红色细小泡沫状鼻液。肺部听诊有广泛的湿性啰音或捻发音。肺部叩诊呈浊音或浊鼓音。

【诊　断】

有长期躺卧、心脏疾病的病史。进行性呼吸困难,流粉红色泡沫鼻液,X线检查肺视野的阴影一致性加深可进行诊断。

【防　治】

首先将病牛安置在清洁、干燥和凉爽的环境中,避免运动和外界因素的刺激。对极度呼吸困难的病牛,可静脉放血。为制止渗出,可静脉注射10%氯化钙注射液100~150ml,因血管通透性增加引起的肺水肿,可适当应用大剂量的糖皮质激素。变态反应引起的肺水肿,通常将抗组胺药如扑尔敏并与肾上腺素结合使用。有机磷中毒引起的肺水肿,应立即使用阿托品减少液体渗出。

本病的预防,主要是加强饲养管理,保持环境清洁卫生,避免刺激气体和其他不良因素的影响,在炎热的季节应减轻运动。长途运输的奶牛应避免过度拥挤,并注意通风,供给充足的清洁饮水。对卧地不起的奶牛,应多垫褥草勤翻身。

九、异物性肺炎

【病　因】

异物性肺炎最常见的原因是吞咽障碍及强迫投药,如咽麻痹、咽炎、某些伴有意识障碍的脑病、生产瘫痪、肝昏迷、食管麻痹、颈部食管阻塞等引起唾液和饲料误咽所致。还见于患严重呼吸困难的疾病,如甘薯黑斑病中毒、肺间质气肿等。由于强迫投药不慎,特别是经口灌油类泻剂时,常常发生该病。另外,全身麻醉或手术中引起的误咽,吸入尘烟、霉菌孢子等也会引起异物性肺炎。

【症　状】

病初频咳、气喘、不安,随后出现支气管肺炎的症状以及呼出带有特殊气味的气体,气味性质视吸入物质及引起肺组织腐败的程度而定。肺部听诊,初期在前下部叩诊音低沉呈浊音或半浊音,当肺空洞形成及其与支气管相沟通时,叩诊为金属音、破壶音。

【防　治】

最原始的方法就是让牛站在前高后低的地方,并将头放低以利于异物的排出。大剂量应用抗生素以制止肺内细菌孳生和防止肺组织的腐败分解。另外,静脉注射樟脑酒精 200~250ml,可预防自体中毒和败血症的发生。

十、肺气肿

【病　因】

厩舍内空气污浊,吸入气体含有潜在性刺激物质;饲料发霉、变质,含尘土、霉菌孢子等过多,异物刺伤肺脏时;某些有毒气体等均可引起该病。

【症状及诊断】

病牛精神沉郁,食欲减少,浆液性或脓性鼻液,站立不安不愿卧地,可视黏膜紫绀,体温升高,口流白沫,产奶量骤减,心搏增速,心律失常,呼吸困难而气喘,见病牛腹部扇动、鼻孔开张、举头伸颈、张口吐舌,胸部叩诊有过轻音,肺部听诊有摩擦音和啰音,背部两侧皮下出现气肿,触诊捻发音,并可蔓延至胸颈部、肩和头部,伴水肿时肺下部有实变和湿啰音。

【防　治】

本病治疗尚无有效方法,轻微活动就可能导致奶牛缺氧死亡,治疗以利尿、缓解呼吸困难和抗菌消炎为主。

加强管理,保持牛舍清洁、通风,防止尘土飞扬,禁喂霉败饲料。饲料中可加入一些抗生素防止该病发生。

第十节　奶牛心血管系统疾病

一、创伤性心包炎

【病　因】

发病牛多由创伤性网胃-腹膜炎转化而来。自然发生病例往往由于创伤性膈炎而波及心包。金属异物刺穿网胃进一步向前刺穿心包而引起心包的细菌感染,引起心包的化脓性感染,进而导致毒血症和心包腔内积聚大量化脓性液体及纤维素块,并压迫心脏而产生充血性心力衰竭。有时心包膜与心脏粘连,若异物反复进退,可引起心肌脓肿或损害心脏的传导系统,有时可直接刺破心脏的冠状动、静脉,引起急性心包积血而死。

【症状及诊断】

病牛体温升高至 40℃ 以上,心包膜及心肌发炎,心包腔内出现纤维蛋白性化脓性渗出液。心跳加快,心音异常,听诊时可听到明显的拍水音、摩擦音等心外杂音,后期心音变得低沉、模糊。颈静脉怒张,中心静脉压升高到 242.4 帕以上。在怒张的颈静脉部位可见到随心跳节律而出现的明显波动,在颌下及颈下方的垂皮处形成广泛性皮下水肿。食欲、胃蠕动和反刍减退甚至消失,精神委顿、嗜睡、不愿行动、步态谨慎、两肘外展,胸、肘部明显颤抖,产奶量迅速减少,大便少而干,外包一层黏液,颜色变黑,急剧消瘦。

【防　治】

发生本病后要尽早治疗,有药物和手术两种。但两种方法效果均不好,确诊后应尽早淘汰病牛。也可用普鲁卡因青霉素 1 000

万U,双氢链霉素10g,每天2次肌内注射,连续6天为1个疗程,症状好转时可再延续1~2疗程,以巩固疗效。行手术切开,虽能取出异物,但最后病牛仍以心力衰竭而死亡。

防止饲料混入异物,严格检出混入饲料和饲草中的铁丝和铁钉。

二、血栓形成和静脉炎

【病　因】

反复地静脉穿刺术和静脉注射时漏出静脉外刺激性药物,是血栓形成和血栓性静脉炎的主要原因。10%氯化钙注射液和10%葡萄糖酸钙、10%氯化钠和静脉注射用碘化钠等药物易引起本病。

【症状及诊断】

血栓在静脉内形成后,用手触诊静脉血栓形成处可感到局部柔软或坚实样感觉,静脉眼观稍有扩张,血栓性静脉炎引起受损静脉及其周围非常明显的肿胀、疼痛,肿胀部触诊温热,在血栓近心端压住静脉时,感到静脉空虚塌瘪而不怒张,血栓远端出现明显的回流障碍性水肿。因此,颈静脉血栓易形成面部肿胀,乳静脉血栓易形成同侧的乳房肿胀。药物外漏引起的血栓和静脉炎易引起局部组织坏死、蜂窝织炎和脓肿形成。

【防　治】

发病初期(36h以内)可于局部进行冷敷,以后改为25%硫酸镁溶液热敷。钙剂漏出者可用25%硫酸钠注射液注入局部皮下,也可用0.5%盐酸普鲁卡因注射液对局部封闭。若漏出药液过多时可切开皮肤排出药液。化脓性者可用抗菌药治疗,局部可用3%过氧化氢溶液冲洗。

三、高血钾症

【病　因】

大肠杆菌、冠状或轮状病毒等病原微生物常可引起本病。另外,还见于四肢肌肉的严重弥散性白肌病、膀胱破裂、肾功能衰竭、泌尿道阻塞等。

【症状及诊断】

本病常有腹泻等病史,临床上易与其他疾病混淆而忽视其存在,主要症状表现为心电图 T 波出现尖峰,P 波变得宽而短,P-R 间期延长,直至 P 波消失,QRS 波变宽,R-R 间期不规则。腹泻伴有高血钾的犊牛易出现 P 波消失、心动迟缓等,进一步会发生房室传导阻滞、心搏脱漏、心室纤颤及心搏停止等。

【防　治】

急性期伴有代谢性酸中毒的高钾血症可静注含 150mmol/L 碳酸氢钠($NaHCO_3$)的 5% 葡萄糖注射液 1~3L,以利于 K^+ 向细胞内回流和治疗低血糖症。此后可用含 K^+ 的平衡电解质溶液进行治疗,可收到较好的效果。

四、先天性心脏病

受精卵发育形成胚胎时或形成胎儿后的发育过程中,心脏或由心脏发展起来的大血管的起始部发生任何异常的形态变化而导致的疾病都叫先天性心脏病。遗传因素对本病有较大影响。

【病　因】

目前病因有较多猜测,如胚胎发育异常,染色体畸形和基因突变而致;妊娠初期母牛营养不良或受到放射线及某种化学物质侵袭;妊娠 2~3 个月时母牛受到病毒侵袭等。

【症状及诊断】

大多有明显的心室杂音。出生时大多正常,随后会出现呼吸困难、咳嗽等症状。有时并不表现呼吸困难，但与同龄牛相比生长慢、身材矮小，成年牛易患心衰而出现明显的腹侧水肿。有时表现为心室中隔缺损、眼过小或尾巴缺损等。患病严重的犊牛一般预后不良，大多不能活到生长年龄。

【防　治】

本病目前无有效的处置方法，一经发现犊牛增重缓慢、黏膜紫绀和呼吸困难时可考虑本病，诊治无效时立即淘汰。虽然有些病例可做手术整形，但大多预后不良，没有治疗价值。

五、心力衰竭

【病　因】

急性心力衰竭是由于容量负荷过重而导致的心肌负荷过重，慢性心力衰竭是由于某些固有的缺损或继发于传染病、内科病及某些中毒病等引起。

【症状及诊断】

病牛精神沉郁，食欲废绝，易出现疲劳、出汗、呼吸加快，肺泡呼吸音增强，可视黏膜紫绀，体表静脉怒张，心搏亢进，心音细数，第一心音增强，有时出现心内杂音和心律失常。进一步发展可出现肺水肿，胸部听诊有广泛的湿啰音，鼻孔流出无色细小泡沫状鼻液，病牛体重逐渐减轻。

【防　治】

加强护理。为减轻心脏负担可以静脉放血2 000ml，然后补以等量的糖盐水。缓解呼吸困难可进行吸氧，增强心肌收缩能力和排血量使用10%安钠咖注射液或10%樟脑磺酸钠注射液20～40ml，静脉注射或肌内注射。另外，还可根据出现的症状给予健胃、缓泻、镇静等制剂，ATP、辅酶A等营养合剂做辅助治疗。

六、贫 血

【病因】

失血性贫血是由于外伤性大血管或手术中的破裂所引起。另外,动脉血管受病理性损害,如脓肿、蜂窝织炎过程中引起的动脉血管坏死而破裂,或正常止血功能障碍如香豆素类药物引起的凝血酶源合成障碍导致的出血。再生障碍性多由非再生性贫血引起,如慢性肾炎、肺脓肿等;溶血性贫血与红细胞破坏有关,犊牛常见于水中毒。

【症状及诊断】

急性失血性贫血表现为衰弱无力、体温降低、黏膜苍白、心率加快等。慢性贫血者表现生长缓慢、消瘦、胸腹及皮下出现浮肿。溶血性贫血表现为黏膜及皮肤黄疸,心动过速、呼吸困难,血红蛋白尿和红细胞减少等。再生障碍性贫血表现为黏膜和皮肤苍白、呼吸困难、晕眩,红细胞畸形和血红蛋白尿等。

【防治】

对于外出血者要立即用外科结扎或压迫的方法进行止血,内出血者需用止血药。严重失血者,可进行输血,2 000~3 000ml/次,或用右旋糖苷和高渗葡萄糖补充血容量。另外,还要增进机体的造血功能,注射维生素 B_{12}、维生素 C 及肝制剂等。

第十一节 奶牛泌尿系统疾病

一、尿毒症

【病因】

尿毒症多为继发性综合征,主要是各种原因引起的急性或慢性肾衰竭,或者是由慢性肾炎、慢性肾盂炎等各种肾脏疾患所引起。

【症状及诊断】

兽医临床上将尿毒症分为真性尿毒症和假性尿毒症两种类型。

真性尿毒症主要是因含氮产物(主要是非蛋白氮)在血液和组织内大量蓄积(氮质血症)。奶牛表现精神沉郁,厌食,呕吐,意识障碍,嗜睡,昏迷,腹泻,胃肠炎,呼吸困难,呼气有尿味。还可见到出血性素质,贫血和皮肤瘙痒现象。血液非蛋白氮显著升高。

假性尿毒症是由其他(如胺类、酚类等)毒性物质在血液内大量蓄积,致使脑血管痉挛和由此引起的脑贫血所致,又称抽搐性尿毒症或肾性惊厥。临床上主要表现为突发性癫痫样抽搐及昏迷。病畜呕吐,流涎,厌食,瞳孔散大,反射增强,呼吸困难,并呈阵发性喘息,卧地不起,衰弱而死亡。

【防 治】

积极治疗原发病,加强饲养管理,减少日粮中蛋白质和氨基酸的含量,补充维生素是防止尿毒症进一步发展的重要措施。

为缓解酸中毒,纠正酸碱失衡,可静脉注射碳酸氢钠,一次注射量5～30g。为纠正水与电解质紊乱,应及时静脉输液。严重病例可进行血液透析。

二、肾 炎

【病 因】

肾炎的发病原因不十分清楚,但认为与感染、毒物刺激和变态反应有关。

1. **感染因素** 多继发于某些传染病的经过之中,如炭疽、牛出血性败血病、口蹄疫、结核、传染性胸膜肺炎、败血症。

2. **毒物作用因素** 主要是有毒植物,霉败变质的饲料,被农药和重金属(如砷、汞、铅、镉、钼等)污染的饲料及饮水,或误食有强烈刺激性的药物（如斑蝥，松节油等）。

3. **诱发因素**　创伤、营养不良和受寒感冒均为肾炎的诱发因素。此外，本病也可由肾盂炎、膀胱炎、子宫内膜炎、尿道炎等邻近器官炎症的蔓延和致病菌通过血液循环进入肾组织而引起。

【症状及诊断】

1. **急性肾炎**　病牛食欲减退，精神沉郁，消化不良，体温微升。由于肾区敏感、疼痛，病畜不愿行动。站立时腰背拱起，后肢叉开或齐收腹下。强迫行走时腰背弯曲，发硬，后肢僵硬，步样强拘，小步前进，尤其向侧转弯困难。

病牛频频排尿，但每次尿量较少，严重者无尿。尿色浓暗，比重增高，甚至出现血尿。

肾区触诊，病牛有痛感，直肠触摸，手感肾脏肿大，压之感觉过敏，病牛站立不安，甚至躺下或抗拒检查。眼结膜显淡白色。

2. **慢性肾炎**　病牛逐渐消瘦，血压升高，脉搏增数，硬脉，主动脉第二心音增强。疾病后期，眼睑、颌下、胸前、腹下或四肢末端出现水肿，重症者出现体腔积水。尿量不定。病牛倦怠，消瘦，贫血，抽搐及出血倾向，直至死亡。

【防　　治】

本病的治疗原则是消除病因，加强护理，消炎利尿，抑制免疫反应。

第一，消除炎症、控制感染。一般选用青霉素，1万～2万 U/kg 体重，每天 3～4 次，连用 1 周。其次，可与链霉素、诺氟沙星、环丙沙星合并使用可提高疗效。

第二，免疫抑制疗法。一般选用氢化可的松注射液，一次量为 200～500mg，肌内注射或静脉注射，每天 1 次；亦可选用地塞米松，10～20mg，每天 1 次。

为促进排尿，减轻或消除水肿，可选用利尿剂，双氢克尿噻，0.5～2g，1 次/天。连用 3～5 天。

三、肾盂肾炎

【病　因】

肾盂肾炎的主要病因是感染,多发生在全身和局部化脓性疾病的经过中。病程中可因病原菌沿血液循环到达肾盂而致病,也可因尿道、膀胱、子宫的炎症上行蔓延而发生,产后的胎衣滞留亦可造成肾盂的感染。

【症状及诊断】

全身症状较为明显,病牛精神沉郁,食欲减退,消化不良,呈进行性消瘦,经常发生腹痛。急性病例,体温升高,可达41℃,多呈弛张热或间歇热型。

肾区疼痛,病牛多拱背站立,行走时背腰强直。

排尿困难,多数病牛频频排尿,拱背,努责。病初,尿量减少,排尿次数增多。后期尿量增多,尿液浑浊,可见多量黏液和脓汁并有大量蛋白质。

【防　治】

治疗原则是加强护理,抑菌消炎和尿路消毒。

抑菌消炎可使用青霉素 6 000~12 000U/kg 体重,链霉素6~12mg/kg 体重,每天2次,肌内注射。

四、膀胱炎

【病　因】

膀胱炎的发生与创伤、尿潴留、难产、导尿、膀胱结石等有关。

1. 细菌感染　除某些传染病的特异性细菌继发感染之外,主要是化脓杆菌和大肠杆菌,其次是葡萄球菌、链球菌、绿脓杆菌、变形杆菌等,经过血液循环或尿路感染而致病。

2. 机械性刺激或损伤　如导尿管过于粗硬,插入导尿过于粗暴,或膀胱镜使用不当以至损伤膀胱黏膜。

3. 邻近器官炎症的蔓延 如肾炎、输尿管炎、尿道炎，尤其是母畜的阴道炎、子宫内膜炎等，极易蔓延至膀胱而引起本病。

4. 毒物影响或某种矿物质元素缺乏 缺碘可引起动物的膀胱炎。牛在蕨中毒时因毛细血管的通透性升高，也发生出血性膀胱炎。

【症状及诊断】

急性膀胱炎，典型的临床表现是频频排尿，或屡作排尿姿势，但无尿液排出，病牛尾巴翘起，阴户区不断抽动，有时出现持续性尿淋漓、痛苦不安等症状。直肠检查，病牛抗拒，表现疼痛不安。触诊膀胱，手感空虚。严重者可导致膀胱自发性穿孔破裂。尿液检查，终末尿为血尿。尿液浑浊，尿中混有黏液、脓汁、坏死组织碎片和血凝块，并有强烈的氨臭味。

慢性膀胱炎，由于病程长，病牛营养不良，消瘦，被毛粗乱，无光泽，其排尿姿势和尿液成分与急性者略同。若伴有尿路梗塞，则出现排尿困难，但排尿疼痛不明显。

【防 治】

本病的治疗原则是，加强护理，抑菌消炎，防腐消毒及对症治疗。

抑菌消炎与肾炎的治疗基本相同。

尿路消炎可口服诺氟沙星 $0.5\sim1g$，或静脉注射 40% 乌洛托品注射液 $50\sim100ml$。

在进行治疗的同时要多饮水，有利于本病的恢复。

五、尿石症

【病 因】

尿石症普遍认为是泌尿器官病理状态下的全身性矿物质代谢紊乱的结果，并与下列因素有关：①高钙、低磷和富硅、富磷的饲料。长期饲喂高钙低磷的饲料和饮水，可促进尿石形成；②饮水不足；③维生素 A 缺乏；④感染因素，肾和尿路感染发炎时，炎性产物、脱落的上皮细胞及细菌积聚,可成为尿石形成的核心物质。

【症状及诊断】

尿结石病牛主要表现为以下症状。

1. 刺激症状　病牛排尿困难,频频作排尿姿势,叉腿、拱背、缩腹、举尾,阴户抽动,努责,哞叫,线状或点滴状排出混有脓汁和血凝块的红色尿液。

2. 阻塞症状　当结石阻塞尿路时,病牛排出的尿流变细或无尿排出而发生尿潴留。因阻塞部位和阻塞程度不同,其临床症状也有一定差异。

结石位于肾盂时,多呈肾盂炎症状,有血尿。阻塞严重时,有肾盂积水,病牛肾区疼痛,运步强拘,步态紧张。

当结石移行至输尿管并发生阻塞时,病牛腹痛剧烈。直肠内触诊,可触摸到其阻塞部的近肾端的输尿管显著紧张而且膨胀。可出现疼痛性尿频,排尿时病牛呻吟,腹壁抽缩。

膀胱结石时可出现疼痛性尿频,排尿时病牛呻吟,腹壁抽缩。

尿道结石,公牛多发生于乙状弯曲或会阴部。当尿道不完全阻塞时,病牛排尿痛苦且排尿时间延长,尿液呈滴状或线状流出,有时有血尿。当尿道完全被阻塞时,则出现尿闭或肾性腹痛现象,病牛频频举尾,屡作排尿动作但无尿排出。尿路探诊可触及尿石所在部位,尿道外部触诊,病牛有疼痛感。直肠内触诊时,膀胱内尿液充满,体积增大。若长期尿闭,可引起尿毒症或发生膀胱破裂。

【防　治】

1. 治疗　本病的治疗原则是消除结石,控制感染,对症治疗。常用下列方法和药物。

(1) 水冲洗　导尿管消毒,涂擦润滑剂,缓慢插入尿道或膀胱,注入消毒液体,反复冲洗。适用于粉末状或沙粒状尿石。

(2) 手术治疗　尿石阻塞在膀胱或尿道的病例,可实施手术切开,将尿石取出。

2. 预防 本病的预防工作应从以下几个方面进行。

第一,应查清奶牛的饲料、饮水和尿石成分,找出尿石形成的原因,合理调配饲料,使饲料中的钙、磷比例保持在 1.5∶1 的水平,并注意饲喂维生素 A 丰富的饲料。

第二,磁化饮水。

第三,对奶牛泌尿器官炎症性疾病应及时治疗,以免出现尿潴留。

第四,平时应适当增喂多汁饲料或增加饮水,以稀释尿液,减少对泌尿器官的刺激,并保持尿中胶体与晶体的平衡。

第十二节 奶牛中毒性疾病

一、饲料中毒

(一)瘤胃酸中毒

【病　因】 常见的病因主要有下列几种:①饲喂大量谷物,如大麦、小麦、玉米、稻谷、高粱及甘薯干,特别是粉碎后的谷物,在瘤胃内高度发酵,产生大量的乳酸而引起瘤胃酸中毒;②突然饲喂高精饲料时,易发生瘤胃酸中毒;③短时间内采食了大量的畜禽的配合饲料,而发生急性瘤胃酸中毒。

【症状及诊断】 最急性病例,往往在采食谷类饲料后 3~5h 内无明显症状而突然死亡,有的仅见精神沉郁、昏迷,而后很快死亡。

轻度瘤胃酸中毒的病例,病牛表现神情恐惧,食欲减退,反刍减少,瘤胃蠕动减弱,瘤胃胀满,呈轻度腹痛(间或后肢踢腹),粪便松软或腹泻。若病情稳定,无须任何治疗,3~4 天后能自动恢复进食。

中等度瘤胃酸中毒的病牛,精神沉郁,鼻镜干燥,食欲废绝,反刍停止,空口虚嚼,流涎,磨牙,粪便稀软或呈水样,有酸臭味。体温正常或偏低。

重剧性瘤胃酸中毒的病例,病牛蹒跚而行,碰撞物体,眼反射减弱或消失,瞳孔对光反射迟钝。卧地,头回视腹部,对任何刺激的反应都明显下降。有的病牛兴奋不安,向前狂奔或转圈运动,视觉障碍,以角抵墙,无法控制。随病情发展,后肢麻痹、瘫痪、卧地不起,最后角弓反张,昏迷而死。

【防　治】　加强护理,清除瘤胃内容物,纠正酸中毒,补充体液,恢复瘤胃蠕动。

重剧病牛宜行瘤胃切开术,排空内容物,用5%碳酸氢钠液或温水洗涤瘤胃数次,尽可能彻底地洗去乳酸。然后向瘤胃内放置适量轻碱泻剂和优质干草,条件允许时可经口给予正常健康牛瘤胃内容物1~2L。其他病例可通过洗胃的方法清除瘤胃内容物。并静脉注射钙制剂和补液。若发生酸、碱或电解质平衡失调,应静脉补充碳酸氢钠和糖盐水、生理盐水等。

为防止继发瘤胃炎、急性腹膜炎或蹄叶炎,消除变态反应,可静脉注射扑敏宁300~500mg。

在患病过程中,出现休克症状时,宜用地塞米松60~100mg,静脉或肌内注射。血钙下降时,可用10%葡萄糖酸钙注射液300~500ml静脉注射。

预防应以正常的日粮水平饲喂,不可随意加料或补料。防止奶牛闯入饲料房、仓库,暴食谷物、豆类及配合饲料。

(二)瘤胃碱中毒

【病　因】　可分为原发性与继发性2种类型。原发性的较为少见,而一般多为前胃疾病和皱胃疾病的继发症,临诊时却很少注意,常被忽略,应当引起重视。

【症状及诊断】　本病临床表现无明显特征。病牛通常食欲减退,消化不良,瘤胃蠕动减弱,反刍缓慢,反复发生中等程度瘤胃膨胀,有时腹泻。瘤胃液 pH 值升高,呈碱性反应,带有氨臭气味,瘤胃内微生物群系活性降低,纤毛虫寥寥可数。奶牛泌乳量减少,乳脂率降低。

本症由于低氯血症、低钾血症明显,脱水严重,导致心脏衰弱,心律失常。

【防　治】　首先,可用 5% 糖盐水 2 000～4 000ml,静脉注射。

其次,应用丙酸钠或醋酸钠 50g,1 天分 2 次内服,连用 3～5 天。或反复接种健康牛瘤胃液 2～5L,恢复瘤胃内微生物群系的活力,增进治疗效果。

第三,必要时,还可给予适量乳酸或谷氨酸内服,以调整瘤胃液 pH 值,改善瘤胃内微生态环境。

第四,当病牛呈现痉挛或不全麻痹时,宜用 10% 葡萄糖酸钙注射液 200～500ml,静脉注射,同时应用适量的维生素 C 和维生素 B_1 及抗组胺药物,具有良好的作用。

第五,如果确系低氯血、低钾血性碱中毒,则应及时应用电解质平衡溶液,给予复方氯化钠注射液(任氏液)2 000～3 000ml,静脉注射。同时应用氯化钾 5～10g,经口内服,以缓解碱中毒。

第六,若系继发瘤胃积食、瓣胃秘结、皱胃阻塞或变位的严重病例,必要时可采取瘤胃手术或开腹术,予以治疗和整复,进行急救。

此外,必须加强护理,改善饲养,给予青干草,加喂容易消化的多汁块根饲料,增进治疗效果。

日常应按照饲养标准重视日粮的调配,蛋白质、碳水化合物及饲草比例要适当,加强饲养,不喂霉败变质饲料。变换饲料时,应逐渐进行,不宜突然变更。奶牛应给予适当运动,并需注意环境卫生。

(三)食盐中毒

【病　因】　奶牛食盐中毒多见于配料疏忽,误投过量食盐或对大块结晶盐未经粉碎和充分拌匀,或饲喂含盐分高的酱渣、咸菜及腌菜水和卤咸鱼水等。

【症状及诊断】 急性中毒主要表现神经症状和消化功能紊乱。病牛烦躁不安,食欲废绝,渴欲增加,流涎,呕吐,腹泻,腹痛,粪便中混有黏液和血液。黏膜紫绀,呼吸迫促,心跳加快,肌肉痉挛,牙关紧闭,视力减弱,甚至失明,步态不稳,关节屈曲无力,肢体麻痹,衰弱及卧地不起。体温正常或低于正常。妊娠牛可能流产,子宫脱出。

慢性中毒,主要表现食欲减退,体重减轻,体温下降,衰弱,有时腹泻,多因衰竭而死亡。

【防 治】

(1)治疗 尚无特效解毒剂。对初期和轻症中毒病牛,可采用排钠利尿、双价离子等渗溶液输液及对症治疗。

①供水。发病早期,立即供给足量饮水,以降低胃肠中的食盐浓度。

②应用钙制剂。5%葡萄糖酸钙溶液200～500ml或10%氯化钙溶液200ml静脉注射。

③利尿排钠。可用双氢克尿噻,以0.5mg/kg体重内服。

④解痉镇静。5%溴化钾、25%硫酸镁注射液静脉注射。

⑤缓解脑水肿、降低颅内压。25%山梨醇或25%甘露醇静脉注射,也可用25%～50%葡萄糖注射液进行静脉注射。

⑥对症治疗。口服液状石蜡以排钠,灌服淀粉黏浆剂保护胃肠黏膜。

(2)预防 日粮中应添加占总量0.35%的食盐,以防因盐缺乏引起对食盐的敏感性升高。限用咸菜水、酱渣饲喂。在饲喂含盐分较高的饲料时,应严格控制用量,同时供以充足的饮水。

(四)酒糟中毒

【病 因】 新鲜酒糟中含有乙醇、甲醇、杂醇油、醛类、酸类等。

【症状及诊断】 奶牛中毒时则发生顽固性前胃弛缓,有时出现支气管炎、腹泻和后肢湿疹(称酒糟性皮炎)。

突然大量饲喂酒糟时可引起急性中毒。急性中毒时,病牛开始呈现兴奋不安,心动亢进,呼吸急促,随后呈现腹痛、腹泻等胃肠炎症状。病牛步态不稳,四肢麻痹,卧地不起,最后体温降低,可由于呼吸中枢麻痹而死亡。长期单一饲喂酒糟,往往引起慢性中毒,表现为长期消化功能紊乱,便秘或腹泻,并有黄疸,时有血尿,结膜发炎,视力减退甚至可致失明,出现皮疹和皮炎。由于大量的酸性产物进入机体,当矿物质供给不足时,可导致缺钙并出现骨质软化等缺钙现象。母牛不孕,妊娠牛发生流产。

【防　治】 发病后立即停喂酒糟,并用小苏打液内服、灌肠或静脉注射,同时静脉注射葡萄糖注射液、生理盐水等。对便秘的可内服缓泻剂,胃肠炎严重的应消炎。兴奋不安的使用镇静剂,如静脉注射硫酸镁、水合氯醛、溴化钙,5%葡萄糖注射液。胰岛素和维生素 B_1 配合,可加速乙醇氧化,但应酌情使用。

酒糟应尽可能新鲜喂给,力争在短时间内喂完。如果暂时用不完,应隔绝空气保存。可将酒糟压紧在缸中或地窖中,上面覆盖薄膜。贮存时间不宜过久,有条件时,也可用作青贮。酒糟生产量大时,也可采取晒干或烘干的方法,贮存备用。控制用量一般以不超过饲粮的20%~30%为宜,妊娠母牛应减少喂量。

(五)亚麻籽饼粕中毒

【病　因】 亚麻籽饼中主要含有生氰糖苷、亚麻籽胶和抗维生素 B_6 等有毒有害物质。

【症状及诊断】 患牛精神沉郁,不安,呼吸困难而急速,脉搏快而微弱,剧烈腹痛和腹泻,有时尿闭,肌肉震颤,尤其肘部和胸前肌肉更明显,步行蹒跚,呼吸极度困难时呈犬坐姿势,心跳疾速,结膜紫绀。重则卧地不起,四肢伸直,全身肌肉震颤,角弓反张,瞳孔散大,昏迷,心力衰竭,呼吸麻痹而死亡。

【防　治】　急性中毒,可按氢氰酸中毒的方法治疗。慢性中毒,主要补充维生素 B_6 和对症疗法。

亚麻籽饼经水浸泡后煮沸(打开锅盖)10min,使氢氰酸挥发,消除其毒性。由于亚麻籽胶可溶于水,故用水处理(亚麻籽饼：水=1：2)可将其除去。

亚麻籽饼应与其他饲料搭配喂给,要适当控制用量。

(六)霉烂甘薯中毒

【病　因】　甘薯贮藏一定时间后,病变部位表面密生菌丝,发臭,味苦。奶牛采食或误食霉烂甘薯后可引起中毒。

【症状及诊断】　临床症状因个体大小及采食霉烂甘薯的数量有所不同。

通常在采食后发病,病初表现精神不振,食欲大减,反刍减少和呼吸障碍。急性中毒时,食欲和反刍很快停止,全身肌肉震颤,体温一般无显著变化。本病的特征是呼吸困难,呼吸次数可达80次/min 以上。随着病情的发展,呼吸动作加深而次数减少,呼吸用力,呼吸音增强,似"拉风箱"音。不时出现咳嗽。听诊时,有干湿啰音。

后期可于肩胛、腰背部皮下(即于脊椎两侧)发生气肿,触诊呈捻发音。病牛鼻翼扇动,张口伸舌,头颈伸展,并取长期站立姿势增加呼吸量,但仍处于严重缺氧状态。表现可视黏膜紫绀,眼球突出,瞳孔散大和全身性痉挛等。多因窒息死亡。在发生极度呼吸困难的同时,病牛鼻孔流出大量鼻液并混有血丝,口流泡沫性唾液。伴发前胃弛缓、瘤胃臌胀和出血性胃肠炎,粪便干硬,有腥臭味,表面被覆血液和黏液。心脏衰弱,脉搏增数。颈静脉怒张,四肢末梢冰凉。尿液中含有大量蛋白。

奶牛中毒后泌乳量大为减少,妊娠牛往往发生早产和流产。

【防　治】

(1)治疗　治疗原则为迅速排出毒物和解毒,缓解呼吸困难以及对症疗法。并减少各种应激反应。

①排出毒物及解毒。如果早期发现,毒物尚未完全被吸收,可用洗胃和内服氧化剂两种方法。用生理盐水大量灌入瘤胃内,再用胶管吸出,反复进行,直至瘤胃内容物的酸味消失。用碳酸氢钠300g,硫酸镁500g,克辽林20g,溶于水中灌服;或1%高锰酸钾溶液1 500～2 000ml,1次灌服。

②缓解呼吸困难。5%～20%硫代硫酸钠注射液100～200ml,静脉注射。在静脉注射时尽量减少病牛的骚动,以防病牛在骚动不安中因窒息和心力衰竭死亡。

(2)预防　收获甘薯时尽量不伤表皮,贮藏时地窖应干燥密封。对有病甘薯苗不能做种用,严防被牛误食。禁止用霉烂甘薯及其副产品喂奶牛。

(七)霉麦芽根中毒

【病　因】　霉菌在代谢过程中产生棒曲霉素,两者均为神经毒。

【症　状】　以神经症状为主,并伴有呼吸系统和循环系统的改变。

本病体温始终不高,一般是38.5℃～39℃。发病初期食欲减少,后逐渐恢复,在后期虽不能站立,但仍能采食。

神经系统的变化。病初兴奋性增强,对外界刺激敏感。在伴随肌肉震颤的同时,病牛姿势也发生改变,后肢时时抬举及伸展,继而强直,严重时倒地不起,初期呈俯卧姿势,两后肘向外开张,不久呈侧卧姿势,头向后弯曲,四肢呈阵发性游泳状运动。最后四肢强直,直至死亡。

呼吸系统变化。病初呼吸浅表、增数,末期呼吸次数接近正常,濒死期患牛呼吸急促,表现出高度呼吸困难,并从鼻腔流出大量白色泡沫状液体。

【防　治】　目前尚无特效疗法,只能采取对症疗法。预防是根本措施,应禁止饲喂发霉的麦芽根。

(八)霉稻草中毒

【病　因】　本病多发生于舍饲,有明显的季节性,秋收时期阴雨连绵,稻草普遍霉烂,在饲喂霉烂饲草后发病。

【症　状】　本病发生突然,多在早晨发现,步态僵硬,部分病牛在前1~2天表现患肢间歇性提举。数日后,肿胀蔓延至腕关节或跗关节,呈明显的跛行。继之,肿部皮肤变凉,表面有淡黄白色透明液体渗出。肿部皮肤出血,化脓,坏死。疮面久不愈合,腥臭难闻。最后蹄匣或指(趾)关节脱落。

【防　治】

(1)治疗　停喂霉烂稻草,加强营养,并进行对症治疗。

第一,病初促进局部血液循环,对患肢进行热敷,按摩或灌服白胡椒酒(白酒200~300ml,白胡椒20~30g,1次灌服)。

第二,肿部破溃继发感染时,可用抗生素或磺胺类药物治疗,并进行外科处理。

第三,为了疮口愈合,可用红霉素软膏涂敷。

第四,病情严重者,可静脉注射葡萄糖及维生素C等。

(2)预防　本病的预防主要为在秋收时应收好、晒好和贮存好稻草,防止稻草发霉。不给牛饲喂霉烂稻草。

(九)黄曲霉毒素中毒

【病　因】　黄曲霉毒素主要是黄曲霉和寄生曲霉等产生的有毒代谢产物。黄曲霉和寄生曲霉等广泛存在于自然界中,主要污染玉米、花生、豆类、棉籽、麦类、大米、秸秆,以及加工业副产品如酒糟、油粕、酱油渣等。奶牛黄曲霉毒素中毒的原因多是采食上述产毒霉菌污染的花生、玉米、豆类、麦类及其加工业副产品所致。

【症状及诊断】　黄曲霉毒素中毒多见于3~6月龄犊牛,表现精神沉郁、角膜浑浊、磨牙、腹泻、里急后重和脱肛等,无目的地徘徊,个别的见惊恐或转圈运动等神经症状。成年牛多取慢性经过,厌食,消化功能紊乱,间歇性腹泻,腹水多。产奶减少或停止,间或发生流产。中毒病牛,剖检主要见肝脏质地变硬、纤维化及肝细胞瘤,胆囊扩张,腹腔积液。

【防　治】　对本病尚无特效疗法。发现中毒时,应立即停喂霉败饲料,改喂富含碳水化合物的青绿饲料和高蛋白饲料,减少或不喂含脂肪过多的饲料。一般轻型病例,不给任何药物治疗,可逐渐康复。

在平时的饲喂工作中应注意:①防止饲草、饲料发霉;②霉变饲料的去毒处理,常用的去毒方法有连续水洗法、化学去毒法、物理吸附法、微生物去毒法;③定期监测饲料,严格实施饲料中黄曲霉毒素最高允许量标准。成年牛日粮黄曲霉毒素 B_1 的允许量(mg/kg)$\leqslant$0.01。

(十)棉籽饼中毒

【病　因】　对犊牛长期饲喂未经加工调制的棉籽饼,棉酚在体内蓄积。对成年牛,日粮营养不全、蛋白质水平低,维生素 A 缺乏或不足及长期大量饲喂而造成。

【症状及诊断】

(1)急性中毒　病牛食欲废绝,反刍停止,瘤胃弛缓或瘤胃积食,呻吟,心跳增数至 100 次/min,心音微弱,黏膜紫绀,初便秘,后腹泻,有的呈兴奋不安,运动失去平衡,全身肌肉发抖,脱水,眼窝凹陷。经 2~3 天,死亡率达 30% 左右。

(2)慢性中毒　消化功能紊乱,食欲减少,尿频,消瘦,夜盲症,尿石症,有的继发呼吸道炎及慢性增生性肝炎,呼吸急促,贫血,黄疸,妊娠牛流产。公牛经常举尾,频频作排尿姿势,尿淋漓或尿闭,尿液浑浊呈红色。

(3)犊牛中毒　食欲和消化功能紊乱,胃肠炎,腹泻,呈佝偻病症状,也有发生夜盲症、尿石症和黄疸。

【防　治】　目前尚无特效疗法,应停止饲喂含毒棉籽饼粕,加速毒物的排出,采取对症治疗方法。

第一,5%糖盐水或复方氯化钠注射液5 000～10 000ml,分2～3次静脉注射。每次静脉注射时可加入5%碳酸氢钠注射液500ml或11.2%乳酸钠注射液200～400ml。

第二,洗胃。经口腔插入大口径胃导管,向瘤胃内注入温水5 000～10 000ml,然后导出,再灌入再导出,直至将其由胃内导出。

第三,投服泻剂。硫酸镁500～1 000g加水配成10%溶液1次灌服;0.1%高锰酸钾溶液1 000～2 000ml,1次灌服。

棉籽饼应经去毒处理后再喂,严格控制喂量。掌握科学饲养技术,不同生理阶段的牛对棉酚敏感性不同,哺乳期犊牛、断奶前犊牛和妊娠牛对过食棉籽饼较为敏感,这一阶段最好不喂。

(十一)淀粉渣中毒

【病　因】　淀粉渣喂量过大或连续饲喂时间过长,可引起中毒,淀粉加工过程中使用亚硫酸浸泡玉米,致使淀粉渣中含有大量的亚硫酸所造成的。当淀粉渣饲喂量过大或饲喂时间过长而引起本病。

【症状及诊断】　用淀粉渣喂乳牛,当日喂量达10kg以上,连续饲喂半个月以上后就会发生中毒。当出现中毒时,表现减食或停食,前胃弛缓,产奶量降低等消化不良症状,继而腹泻或便秘,粪色深暗,呈煤焦油样,并被覆有黏液、血液和肠黏膜。有的呈不同程度的跛行。调换饲料和采取适当治疗可以恢复。重者,拒食1周后卧地不起,一般药物治疗很难奏效。尸体剖检,可见胃肠内容物不多,有的较空虚,胃肠黏膜脱落,尤其是瘤胃绒毛和瓣胃叶片黏膜色黑,易脱落。小肠呈出血性、甚至溃疡性炎症。肝脏和肾脏都有不同程度的肿胀且变脆,有的发生肝脓肿。

【防　治】　对本病目前尚无很好的治疗方法,在采取一般排毒解毒措施和对症治疗的同时,可使用较大剂量的维生素 A、维生素 B、维生素 C、维生素 D 制剂,及一定量的钙制剂。

减少淀粉渣的饲喂量,或者对淀粉渣进行脱毒是降低本病发生的主要措施。

(十二)蓖麻籽中毒

【病　因】　蓖麻籽、蓖麻叶和蓖麻饼粕中含有毒物质,奶牛误食或人工饲喂一定剂量后,均可引起中毒病。

【症状及诊断】　体温无明显变化,呼吸和心跳增数,其主要特征是伪膜性出血性胃肠炎。妊娠牛常发生流产,奶牛的产奶量减少。

剖检可见肺部充血和水肿,肝坏死,肠壁和肠黏膜有轻度出血。镜检可见肝、肾细胞质空泡化,伴有核浓缩及坏死现象。

【防　治】　蓖麻中毒通常选用抗蓖麻毒素血清治疗。尼可刹米、异丙肾上腺素能对抗过敏原的毒性作用。奶牛发生蓖麻中毒时,立即用 0.5%～1%单宁酸液或 0.2%高锰酸钾液洗胃,并给以盐类泻剂、黏浆剂,灌服吐酒石、豆浆等,也可用利尿剂和乌洛托品等注射,用 4%碳酸氢钠液灌肠。对症疗法用强心剂、兴奋剂等。

对蓖麻籽饼进行脱毒处理后饲喂。在种植蓖麻的区域,应及时收获并妥善保管蓖麻籽实,避免成熟籽实散落地面或混入饲料而被奶牛采食。加工蓖麻籽的用具,必须彻底清洗,否则不能用来加工饲料。

(十三)马铃薯中毒

【病　因】　马铃薯贮存时间过长和保存不当,特别是引起发芽、变质或腐烂时,致龙葵素显著增量时,便能引起奶牛中毒。马铃薯茎叶内尚含有硝酸盐或腐败毒,乃是引起马铃薯中毒的综合因素。

【症状及诊断】　马铃薯中毒呈神经系统及消化系统功能紊乱。重剧的中毒,多呈急性经过,病牛呈现明显的神经症状(神经型)。病初兴奋不安,表现狂暴,向前猛冲直撞。继则转为沉郁,后躯衰弱无力,运动障碍,步态摇晃,共济失调,甚至麻痹。可视黏膜紫绀,呼吸无力,次数减少,心脏衰弱,瞳孔散大,全身痉挛,一般经2~3天死亡。

奶牛多于口唇周围、肛门、尾根、四肢的系凹部以及母牛的阴道和乳房部位发生湿疹或水疱性皮炎。有时四肢,特别是前肢皮肤发生深层组织的坏疽性病灶。

【防　治】　当发现病牛有马铃薯中毒的可疑时,应立即改换饲料,停止喂饲马铃薯并采取饥饿疗法。

为排出胃肠内容物,可应用0.5%高锰酸钾液或0.5%鞣酸液进行洗胃;对狂暴不安的病牛,可应用镇静剂溴化钠15~50g,1次灌服。

应用马铃薯作饲料时,饲喂量应逐渐增加,不宜饲喂发芽或腐烂发霉的马铃薯。如必须饲喂时,应充分煮熟后并与其他饲料搭配饲喂。发芽的马铃薯应去除幼芽,煮熟后应将水弃掉。用马铃薯茎叶喂饲时,用量不宜过多,腐烂发霉的茎叶不宜作饲料。

(十四)生豆饼(粕)中毒

【病　因】　用生豆饼(粕)喂牛或用未经充分加热处理后生豆饼(粕)喂牛,有时引起发病。

【症状及诊断】　生豆饼(粕)某些成分具有抗蛋白酶作用,饲喂后幼犊生长发育不良;另外,还具有血球凝集素作用,奶牛食后发生弥散性血管内凝血的症状,如肝、肾、胃、肠等发生微血栓,出血性淤点和淤斑,组织水肿和坏死。全身性溶血和贫血。重者发生休克,严重的死亡。

【防　治】　发现症状立即停止饲喂生豆饼(粕)。已经出现症状的无有效疗法,只能进行对症疗法。

不用生豆饼(粕)喂牛,用生豆饼(粕)喂牛前应予以蒸煮,一般在100℃高温下30min即可去毒。对于籽粒饲喂的最好方法是先将籽粒炒成八成熟,然后打成粉,再制成饲料饲喂,也可用蒸或煮的方法加热后再喂。

(十五)尿素中毒

【病　因】　将尿素堆放在饲料的近旁,导致发生误用(如误认为食盐)或被奶牛偷吃。尿素饲料用量过多。个别情况下,牛因偷饮大量人尿而发生急性中毒的病例。

【症状及诊断】　牛采食尿素后 20～30min 即可发病。开始呈现不安,呻吟,反刍停止,瘤胃膨气,肌肉震颤和步态不稳等,继则反复发作痉挛,呼吸困难,口、鼻流出泡沫状液体,心搏动亢进,脉数增至 100 次/min 以上。后期出汗,瞳孔散大,肛门松弛。急性中毒病例,病程在 1～2h 内即因窒息死亡。如延长 1 天,可发生后躯不完全麻痹。

【防　治】　早期可灌服大量的食醋或稀醋酸等弱酸类,以抑制瘤胃中脲酶的活力,并中和尿素的分解产物氨。成年牛灌服 1％醋酸溶液 1L,糖 0.5～1kg,水 1L。此外,可用硫代硫酸钠溶液静脉注射,作为解毒剂,同时对症应用葡萄糖酸钙溶液、高渗葡萄糖溶液、水合氯醛以及瘤胃制酵剂等,可提高疗效。

必须严格饲料保管制度,不能将尿素肥料同饲料混杂堆放,以免误用。在奶牛舍内尤其应避免放置尿素肥料,以免奶牛偷吃。

饲用尿素饲料的牛群,要控制尿素的用量及同其他饲料的配合比例。而且在饲用混合日粮前,必须先经仔细地搅拌均匀。

二、农药中毒

(一)有机磷农药中毒

【病　因】　有机磷农药中毒可发生于下列情况:配制或撒布药剂时,粉末或雾滴污染附近或下风方向的牛舍、运动场、草料、饮水,被奶牛舔吮、采食或吸入;误将配制农药的容器当作饲槽、水桶而饮喂奶牛;用药不当,超量灌服敌百虫用于胃肠驱虫或治疗完全阻塞的肠便秘。此外,还有人为放毒。

【症状及诊断】 奶牛主要以毒蕈碱样症状为主,表现不安,流涎,鼻液增多,反刍停止,粪便往往带血,并逐渐变稀,甚至出现水泻。肌肉痉挛,眼球震颤,结膜紫绀,瞳孔缩小,不时磨牙,呻吟。呼吸困难,听诊肺部有广泛性湿啰音。心跳加快,脉搏增数,肢端发凉,体表出冷汗。最后因呼吸肌麻痹而窒息死亡。妊娠牛流产。

【防　治】 立即实施特效解毒,然后尽快除去尚未吸收的毒物。

实施特效解毒。常用的有解磷毒、氯磷定、双解磷、双复磷等。解磷毒、氯磷定剂量为 $10\sim39mg/kg$ 体重,用生理盐水配成 $2.5\%\sim5\%$ 注射液,缓慢静脉注射,以后每隔 $2\sim3h$ 注射 1 次,剂量减半,直至症状缓解。

乙酰胆碱对抗剂,常用硫酸阿托品,用量为 $0.25mg/kg$ 体重,皮下或肌内注射。

防止误食有机磷污染的青饲料,或误饮撒药地区附近的地面水,对有机磷农药进行严格管理。

(二) 有机氯农药中毒

【病　因】 最常见的病因为有机氯农药,发生漏失散落,沾污饲料。或在牛舍内外和饲料地进行不适时或过多的用药,造成奶牛直接接触农药撒粉或喷雾。此外,亦有为奶牛驱虫、灭虱时,由于用药浓度过高、剂量过大,或药液被奶牛舔食而引起中毒的病例。

【症状及诊断】 有机氯农药中毒,畜禽主要表现为明显的中枢神经功能紊乱症状。病牛骚动不安,肌肉震颤,阵发性或强直性痉挛以及全身性麻痹等。该病的末期,将导致后躯麻痹或消瘦,严重的呼吸、循环障碍等极其复杂的病理后果。

【防　治】 首先应排除继续接触或摄入有机氯农药的机会。为此,应绝对停用可疑带毒的饲料和饮水。对于摄入物不久的急性病例,则应尽快使之排毒或解毒。

为维护肝脏功能,可输入高渗葡萄糖注射液或葡萄糖酸钙注射液。

此外,对症治疗可给予维生素 B_1,维生素 C 和强心剂等,有利于病情好转。如病牛有出血者,可给予维生素 K_1 与维生素 K_3,以提高钙剂的功效。

平时饲养管理中应注意:①遵守农药的安全使用和管理制度;②严密管好饲料地、饲料仓库和水源,加强牛舍内外的安全措施;③避免直接在牛舍内或对牛体使用有机氯农药;④应用有机氯制剂杀灭体外寄生虫时,应按规定浓度、用量和用法,用药后应将病奶牛单独隔离饲养,并注意防止舔食。

(三)有机硫杀菌剂中毒

【病　因】　农药的管理、使用制度不完善使奶牛误食,或被投毒破坏。奶牛偷食喷洒过有机硫杀菌剂而残效期尚未过的禾谷、麦类、水稻或蔬菜等。

【症状及诊断】　经消化道中毒者,可引起呕吐、腹痛、腹泻。随后可出现神经系统症状,严重者可使中枢神经,尤其是呼吸、循环中枢发生功能衰竭,血压下降,呼吸呈抑制状态等。病的末期,也可以引起肝、肾功能障碍。

【防　治】　皮肤黏膜污染时,用温水清洗污染部。口服中毒时,用温水或 1:2 000 高锰酸钾液洗胃,然后内服盐类泻剂(禁用油类泻剂),根据症状进行对症疗法(但禁用酊剂)。

严格遵守农药的保管、使用制度,严禁滥用农药。注意管理奶牛防止误食、偷食喷洒农药后残效期尚未过的作物或蔬菜。

(四)氟乙酰胺中毒

【病　因】　用氟乙酰胺农药喷洒农作物,该药在农作物秸秆上的残效期长,饲喂奶牛后可引起中毒。用氟乙酰胺污染的饮水和饲料喂牛也可引起中毒。

【症状及诊断】　主要表现为心血管症状,有急性与慢性两种。

急性型无前驱症状,突然倒地,剧烈抽搐,惊厥或角弓反张,迅速死亡。慢性型一般在摄入 5~7 天后发病,初期食欲不振,反刍停止,离群或单独倚墙而立或卧地,肘肌震颤,有时轻微腹痛。在整个病程中,体温正常或偏低。

【防　治】

(1)治疗　对病牛应及时采取清除毒物和应用特效解毒药相结合的治疗方法。

①清除毒物。及时通过催吐、洗胃、缓泻以减少毒物的吸收。

②应用特效解毒。解氟灵,剂量 0.1~0.3g/kg 体重,肌内注射。

(2)预防　本病的预防主要采取以下措施:①严加管理剧毒有机氟农药的生产、经销、保管和使用;②喷洒过有机氟化合物的农作物,从施药到收割期必须经 60 天以上残毒排除时间,方可作饲料用,禁止饲喂刚喷洒过农药的植物叶、瓜果以及被污染的饲草饲料;③有机氟化合物中毒死亡的动物尸体应该深埋,以防其他动物食入。

(五)敌鼠钠中毒

【病　因】　由奶牛误食含有敌鼠钠的毒饵而引起。

【症状及诊断】　急性中毒病例常无先兆症状而突然死亡,尤其是脑血管、心包腔、纵隔和胸腔多发生大出血时,常很快死亡。亚急性中毒时,可视黏膜苍白、鼻出血和便血等常见症状。广泛性的皮下血肿,特别是易受创伤的部位。有时巩膜、结膜、眼内出血。呼吸困难,步态蹒跚,卧地不起。当脑、脊髓、硬膜下腔或蛛网膜下隙出血时,则出现痉挛、共济失调、抽搐、昏迷等神经症状而急性死亡。出血严重时,病牛十分虚弱,心搏动减弱,心律失常。

【防　治】　对于中毒病牛,应保持安静、避免外伤,在凝血酶原尚未恢复正常之前,禁止任何外伤及外科手术。及时应用止血药,扩充血容量并维持肝正常功能。为消除凝血障碍,应补给维生素 K，首选药物维生素 K_1，按每 kg 体重 1mg 计算，将维生素 K_1 混合于葡萄糖注射液内静脉注射，1 次/12h，连用 2～3 次，疗效显著。在此基础上，按 5mg/kg 的剂量，同时口服维生素 K_3，连续 3～5 天，以巩固疗效。

出血严重的急性病例，按 20～30ml/kg 输入新鲜全血，一半量迅速输注，另一半缓慢滴注，以增加血容量和增强止血功能。此外，应进行对症治疗。

三、药物中毒

（一）士的宁中毒

【病　　因】　士的宁一次用量过大，或多次重复使用士的宁，造成蓄积作用而发生中毒。

【症状及诊断】　士的宁中毒的典型症状是感觉过敏、骚动不安、肌肉抽搐，四肢强直。病初，患牛表现过敏，继则出现惊厥。牙关紧闭，头颈后仰，四肢挺伸；惊厥后又恢复安静状态，以后二者交替出现，最终导致麻痹或衰竭死亡。

【防　　治】　对中毒奶牛应加强护理，保持安定，尽量避免一切外来刺激。若经口吃入而中毒者，对肠胃内尚未吸收的药物可用高锰酸钾经氧化而解毒。为延缓内服药物的吸收，可应用活性炭混悬液或应用药用炭口服，然后投给盐类泻剂，以促其排出。若通过胃肠引起中毒者则需用镇静剂，如安溴注射液 100～200ml，静脉注射。

应用士的宁治疗时，应特别注意剂量及用法。当用药时或用药之后，一但发现奶牛对外界刺激反应增强或反应过敏时，应考虑有中毒的可能性，并立即停止用药，采取相应的急救措施。士的宁制剂应列入剧毒类药，并妥善保管以防误用。

（二）麦角中毒

【病　　因】　牛误食麦角寄生的禾本科牧草，或采食被麦角菌污染的糠麸及谷物饲料而发生中毒。

【症状及诊断】 按其症状可分为中枢神经系统兴奋型和末梢组织系统坏疽型两类。按其病程又可分急性和慢性2种。急性中毒多属兴奋型,慢性中毒多属坏疽型。但临床上急性型较为少见。

(1) 急性兴奋型 急性经过,常见短时间兴奋不安,以后沉郁,兴奋渐渐变为迟钝,平衡紊乱,步态蹒跚,运动失调,出现震颤、痉挛。中毒牛流涎、腹泻和形成溃疡性口炎。妊娠的牛能引起剧烈收缩而发生阵痛、流产,子宫、直肠脱垂。有时角膜发生混浊,间歇性瞳孔散大,失明。然而慢性痉挛性麦角中毒则出现奶牛机体虚弱,易疲劳,食欲紊乱,胃肠功能失调,发生口膜炎,流涎、腹泻和胃肠疼痛。奶牛产奶量减少。

(2) 慢性坏疽型 流泪、沉郁,开始出现跛行。病变继续发展,皮肤干燥,并与健康组织分离剥落,脱掉的部分其边缘不平整、干燥,细胞坏死,最后蹄壳变形脱落。

【防治】 无特效药物。当发生中毒后,应立即停喂被麦角污染的饲草饲料,将病牛转移到温暖的厩舍中同时对症治疗,给予大量饮水,促使毒素迅速排出。

对用作饲料的谷粒均要详细检查,若发现被麦角菌污染的谷粒,应立刻清除干净。否则,严禁饲喂。对可疑的粉料或铡短的饲草应当及时化验,如混有麦角的,也应严禁饲喂。防止麦角菌在自然界的扩散。

(三) 二恶英中毒

【病因】 二恶英是化工业以氯苯为母体生产化工产品过程中的副产品。牛采食了二恶英污染饲料而造成的中毒。

【症状及诊断】 牛吞食被二恶英污染的饲料和饮水后,从隐性期至出现症状5~10天,全身抑制,进行性体质降低,可引起结膜炎、皮肤角化过度症、秃毛、鳗状疹、皮肤溃疡,黏膜黄疸,消化紊乱,代谢障碍,肝、肾功能不全,患牛水肿,酸中毒,妊娠牛流产或产弱胎。

【防　治】　目前尚无有效的治疗方法。

应加强食品安全体系建设,要特别警惕含氯化合物的产生。

第一,规范农药和除草剂的使用,综合治理环境垃圾,减少二恶英的产生和排放。

第二,加强海关检疫,严防国外二恶英类污染物进入我国。

第三,加强环境卫生监测,包括对空气、饮水、土壤、食品中的含量进行监测。

(四)除草剂中毒

【病　因】　在用过除草剂不久的草场上放牧,牛采食了除草剂废液污染水、饲料等而发生中毒。

【症　状】　奶牛中毒后,精神沉郁,前胃弛缓,瘤胃轻度臌胀,肌肉虚弱,有的腹泻,慢性者尚出现口腔黏膜溃疡。病牛衰弱,消瘦,死前无惊厥和挣扎表现。剖检可见,瘤胃积食,胃内容物中含有绿的发亮的未消化饲料(草);肝脏肿大易碎,淋巴结、肠系膜血管充血,心外膜出血,心室积液等。

【防　治】　无特效解毒药,但可对症治疗。可采用催吐导泻,保护胃肠黏膜等。适当给予解痉,安神药物。

在饲草饲料场喷洒该农药时,应准确计算其用量。防止误食误用。

四、矿物质中毒

(一)砷中毒

【病　因】　本病主要是奶牛采食被无机砷或有机砷农药处理过的种子、喷洒过的农作物、污染的饲料,误食毒鼠的含砷毒饵,或饮用被砷化物污染的水引起急性中毒。

【症状及诊断】　最急性中毒,一般看不到任何症状而突然死亡。

急性中毒表现剧烈的腹痛不安,呕吐,腹泻,粪便中混有黏液和血液。病牛呻吟,流涎,口渴喜饮,站立不稳,呼吸迫促,肌肉震颤,甚至后肢瘫痪,卧地不起,脉搏快而弱,体温正常或低于正常,可在1~2天内因全身抽搐和心力衰竭而死亡。

亚急性中毒可存活2~7天,病牛仍以胃肠炎为主。表现腹痛,厌食,口渴喜饮,腹泻,粪便带血或有黏膜碎片。初期尿多,后期无尿,脱水,病牛出现血尿或血红蛋白尿。心率加快,脉搏细弱,体温偏低,四肢末梢冰凉,后肢偏瘫。后期出现肌肉震颤、抽搐等神经症状,最后因昏迷而死。

牛剑状软骨部有疼痛感,偶见有化脓性蜂窝织炎。奶牛产奶量显著减少,妊娠牛流产或死胎。病牛腹泻和便秘交替发生,甚至排血样粪便。大多数伴有神经麻痹症状,且以感觉神经麻痹为主。

【防　治】

(1) 治疗

①急救处理。通过洗胃和导胃,以排出毒物、减少吸收,然后内服解毒液,或其他吸附剂与收敛剂。

②特效解毒。常用巯基络合剂和硫代硫酸钠。如10%二巯基丙醇乳油,肌内注射,首次用量按5mg/kg体重计算,其后则每隔6小时减半重复用药。

③对症治疗。主要为强心补液,缓解呼吸困难,镇静,利尿,调整胃肠功能。

(2) 预防　防止奶牛采食被无机砷或有机砷农药处理过的种子、喷洒过的农作物、污染的饲料,误食毒鼠的含砷毒饵,或饮用被砷化物污染的水。

(二) 铜中毒

【病　因】　急性铜中毒常见于偶然超量摄入大量可溶性铜盐。如奶牛采食铜含量较高的牧草,或一些因素改变铜的代谢,通过促进铜的吸收和滞留使体内铜水平超过奶牛体的需要而发生慢性铜中毒。

【症状及诊断】 急性铜中毒主要表现严重的胃肠炎,以腹痛、腹泻、食欲下降或废绝、脱水和休克为特征。如果奶牛未死于胃肠炎,3天后则发生溶血和血红蛋白尿。

慢性铜中毒在出现溶血前临床症状不明显,血液化学检测谷草转氨酶、谷丙转氨酶等酶活性升高,发生溶血后突然出现精神沉郁,虚弱,食欲下降,口渴,血红蛋白尿和黄疸等症状。中毒奶牛常在1~2天因贫血和肝脏功能不全而死亡。存活的奶牛多死于尿毒症。

【防　治】 铜中毒奶牛首先应停止铜供给,采食容易消化的优质牧草。静脉注射三硫钼酸钠,剂量为0.5mg/kg体重,稀释为100ml,3h后根据病情可再注射1次。

在高铜土地上种植饲料饲草的奶牛场,应在精料中添加钼7.5mg/kg,锌50mg/kg和0.2%的硫,可预防铜中毒,且有利于被毛生长。

(三)汞中毒

【病　因】 农用或医用汞制剂保管和使用不当,易造成散毒和直接污染饲料、饮水和器具等,被奶牛误食、舔吮或接触皮肤、黏膜而引起中毒。用有机汞农药拌过的种子,由于保管看护不好或种植过程中照管粗心,而使奶牛有机会误食、偷食而发生中毒。

【症状及诊断】

(1)急性中毒　流涎,反刍停止,腹痛,腹泻,粪便内混有血液、黏液和伪膜,呕吐物中亦带有血色。后者则主要表现呼吸困难,咳嗽,流鼻液,肺部有广泛性的捻发音和啰音。肾病和神经功能紊乱。病牛体温升高,尿量减少,尿液中有大量蛋白质、肾上皮细胞和管型,严重者出现血尿。肌肉震颤,共济失调。心跳加快,节律不齐,严重脱水,黏膜出血,循环障碍,最终因休克而死亡。

(2)慢性中毒　病牛表现为流涎,齿龈红肿甚至出血,口腔黏膜溃疡,牙齿松动易脱落,食欲减退,逐渐消瘦,站立不稳。神经症状主要包括兴奋,痉挛,肌肉震颤,有的咽麻痹引起吞咽困难。随后发生抑制,对周围事物反应迟钝,共济失调,后肢轻瘫,甚至最终呈麻痹状态,卧地不起,全身抽搐,在昏迷中死亡。

【防　治】　立即停喂可疑饲料和饮水,禁喂食盐。

采用驱汞疗法。选用以下竞争性制剂(巯基络合剂、依地酸钙钠、硫代硫酸钠),使其与组织中的汞离子结合形成稳定的络合物,最终随尿液排出体外,以达到驱除汞的目的。

正确使用和保管农用或医用汞制剂。保管好用有机汞农药拌过的种子,防止奶牛误食。

(四)硒中毒

【病　因】　生产中发生硒中毒的主要原因有:①土壤含硒量过高;②动物采食高硒植物;③防治奶牛硒缺乏症时用量过大或在饲料中添加混合不均。

【症状及诊断】　急性硒中毒表现为瘤胃臌胀,腹痛,步态不稳,体温升高,瞳孔散大,呼吸困难,黏膜紫绀,鼻孔有泡沫,呼出气体有大蒜味,最终因呼吸衰竭而死亡。严重病例在几小时内即可死亡。

亚急性硒中毒主要是奶牛采食高硒植物或谷物几周或几个月而发生的中毒。病牛初期视力下降,食欲降低,但体温正常。随着疾病的发生和发展,视力进一步下降,到处瞎撞,体温下降,喉和舌麻痹,吞咽障碍,最后由于呼吸衰竭而死亡。

慢性硒中毒主要表现跛行,蹄裂,关节僵硬,迟钝,精神沉郁,衰弱和脱毛,蹄变形等。

【防　治】　无特效解毒药,急性和亚急性中毒可采取对症治疗和支持疗法。可用0.1%砷酸钠注射液皮下注射,有一定效果。

预防本病的关键是日粮添加硒时,一定要根据机体的需要控制在安全范围内,并且混合均匀。在治疗奶牛硒缺乏症时,要严格掌握用量和浓度。在富硒地区,增加日粮蛋白质的含量,饲粮中适当添加硫酸盐、砷酸盐等硒拮抗物。

(五)铅中毒

【病　因】　主要见于牛误食了含铅的油漆、颜料或含铅机油、滑润油,或者采食了被含铅农药、含铅废气废水污染的饲草和饮水所致。

【症状及诊断】　急性中毒多见于犊牛,突然发作。病犊口吐白沫,空嚼磨牙,眨眼,眼球转动。步态蹒跚,头、颈肌肉明显震颤。惊厥,对触摸和声音敏感。瞳孔散大,继而两眼失明。角弓反张,脉搏和呼吸加快,迅速死亡。

亚急性多见于成年牛。表现精神迟钝,食欲废绝,流涎,磨牙,踢腹。眼睑反射减弱或消失,继而失明。瘤胃蠕动微弱,先便秘,后腹泻,排出恶臭稀粪。步态蹒跚,共济失调,间隙性转圈。有的出现感觉过敏和肌肉震颤;有的则呈现极端呆滞,或盲目行走;有的卧地不起,安静死亡。

【治　疗】　对已确诊的铅中毒病牛,其治疗原则是解除惊厥,增加铅的可溶性,加速铅的排除。①缓解惊厥:可用水合氯醛,剂量为 6~8g/100kg 体重,以生理盐水无菌配成 10% 注射液,静脉注射。②促使铅离子形成可溶性铅络合物,促进排泄:可用乙烯二胺四乙酸钙二钠 3~6g,配成 12.5% 注射液静脉注射。③排除胃中的铅:可用 1%~2% 硫酸镁溶液洗胃。④对症治疗。

【预　防】　加强对含铅涂料、油漆及盛过油漆的废容器的保管和处理,不要随意乱抛乱放。粉刷奶牛舍、围栏时,避免使用带铅油漆或涂料,并等油漆彻底干后再进牛使用。饲养过程中,要供应平衡日粮,特别要注意矿物质钙、磷及微量元素的供应,减少异食癖的发生,最大限度的防止因异食将铅食入而发生中毒的可能。

(六)镉中毒

【病　因】　主要发生于工业生产造成的镉污染区,奶牛采食了含镉量较高的牧草、作物及饮水而致本病的发生。

【症状及诊断】 急性中毒,主要表现为呕吐、腹痛、腹泻,严重时血压下降,最后虚脱而死。

慢性中毒,主要表现为贫血、消瘦、皮肤发红。另外,公牛睾丸缩小,精子生成受损,母牛不孕或死胎。

【防　治】 镉中毒的解毒主要用依地酸二钠钙或巯基络合剂(如二巯基丙磺酸钠)。要预防本病需在工业镉污染区严格控制镉的排放,或远离该地区建奶牛场。日粮中增加蛋白质、钙、锌添加量可减轻镉对机体的损害。

(七) 钼 中 毒

【病　因】 主要由于钼矿及其冶炼厂排放含钼废水的污染,使周围土壤含钼量过高,从而在该地区种植的饲草、饲料含钼量超标,牛采食了这类饲料而引起中毒。

【症状及诊断】 病牛主要表现有色被毛褪色、腹泻、跛行、受胎率下降等症状。

(1) 有色被毛褪色　主要是有色被毛白色化,黄色被毛变成棕色,到处可见脱毛部位,尤其眼圈周围最为明显,看起来像戴眼镜似的。褪色部位的毛有白色和黑色两部分交替,白色部分较细易折断。

(2) 腹泻　育成牛较轻,产奶牛腹泻严重,病初粪便稀软,而后粪便变成粥样或水样,混有气泡。

(3) 跛行　病牛肢背僵硬、腰部弯曲、运步异常,严重的起立困难、消瘦和发育不良,育成牛发育停止,体温、呼吸和脉搏数无异常。

患病牛受胎率下降。

【防　治】 立即停止给予高含钼量牧草,同时每吨饲料中加硫酸铜 1kg,或每 1 000ml 水中加硫酸铜 0.02g,对本病有一定疗效。

在工业污染区,应积极治理污染源,避免土壤、牧草、水源的污染,同时使奶牛场远离这些污染区,并禁止从污染区收购牧草,可以有效的防止本病的发生。

(八)无机氟中毒

【病　因】　①地区性土壤高氟,导致饲料、饮水氟含量过高。②金属冶炼厂、磷肥厂等工业排放"三废",导致环境污染,使饲料、饮水氟含量过高。③使用未脱氟处理的磷酸氢钙等饲料添加剂。

【症状及诊断】　急性无机氟中毒表现为厌食、流涎、腹泻、呼吸困难、肌肉震颤、阵发性强直痉挛、虚脱等低血钙症状。

慢性无机氟中毒表现为被毛粗乱无光、干燥、换毛延迟,行动迟缓,异嗜,跛行,不愿走动,关节肿大,牙齿缺损等。

实验室检测饲料、饮水、尿、骨骼中的氟含量超标即可进行诊断。

【防　治】　①0.5% $CaCl_2$ 或2%石灰水洗胃。②10% $CaCl_2$ 或10%葡萄糖酸钙100~300ml静脉注射。③补充维生素D、维生素C进行辅助治疗。④限制饲喂高氟饲料和饮用高氟水源。

五、动物毒中毒

(一)蛇毒中毒

【病　因】　主要是奶牛在运动场或牧场上被毒蛇突然咬伤而引起发病。

【症状及诊断】

(1)神经毒症状　被咬伤后,流血少,红肿热痛等局部症状轻微,但常在咬伤后的数小时后出现急剧的全身症状。病牛呻吟,兴奋不安,全身肌肉颤抖,吞咽困难,口吐白沫,瞳孔散大,呼吸困难,心律失常,最后四肢麻痹,窒息而死。

(2)血循毒症状　被咬伤后,表现咬伤部位剧痛,流血不止,迅速肿胀,发紫发黑,有的发生水泡、血泡,甚至发生组织溃烂坏死。

肿胀很快向上蔓延,一般经 6~8h 可蔓延到头部或颈部,毒素被机体吸收后,表现全身颤抖,继而体温升高,心动过速,脉搏加快,血尿。重者血压下降,呼吸困难,不能站立,最后倒地,死于心脏麻痹。

(3)混合毒症状 被咬伤后,红肿热痛和感染坏死等局部症状明显,毒素被吸收后,全身症状加剧,而且复杂,既具备神经毒所致的各种神经症状,又具有血液循环毒素所致的各种临床表现。

【防 治】

(1)治疗 采取急救措施,防止蛇毒扩散,进行排毒和解毒,并配合对症治疗。

立即用细绳子或布带在伤口上方 2~10cm 处结扎肢体,结扎后每隔一定时间放松 1 次,以免组织坏死;结扎后可用清水、冷开水、肥皂水、3%过氧化氢溶液或 0.2%高锰酸钾溶液冲洗伤口,清除残留的蛇毒及污物。用干净的小刀划破两个毒牙痕间的皮肤,并压迫周围组织使毒液外流;在扩创的同时向创腔内点状注入 1%高锰酸钾或胃蛋白酶溶液可破坏蛇毒。

(2)预防 搞好牛舍卫生,对牛舍周围的树洞、岩洞、鼠洞要及时堵塞。牛舍内要经常灭鼠,以防毒蛇因捕鼠而进入牛舍咬伤奶牛。

(二)斑蝥中毒

【病 因】 主要是由于饲养管理过程中,使奶牛吃了斑蝥虫体或含斑蝥毒素的饲料、饲草而引起发病。

【症状及诊断】 病牛兴奋不安,时而卧地回头顾腹部,并用牙齿啃咬腹部皮肤;时而无目的地奔跑,跑时可见头常出现不规则摇动。站立或卧地时呼吸困难,常张口呼吸,肌肉呈阵发性痉挛。食欲废绝,口角流出淡黄色口涎,小便呈红色,排尿时有痛苦状。后期病牛卧地不起呈昏迷状,呼吸异常困难,继而转入麻痹,用针刺病牛皮肤无疼痛反应。

【治　疗】　用温肥皂水或0.1%高锰酸钾溶液对昏迷病牛进行洗胃,50%硫酸镁溶液进行导泻,用温0.9%氯化钠溶液或1%肥皂水灌肠,以加速毒物排泄。同时,采取对症和支持疗法可以取得一定的疗效。

避免奶牛接触斑蝥是预防本病的最有效方法。

(三) 蜂毒中毒

【病　因】　有的蜂巢在牛场灌木丛及草丛中等隐蔽处,当奶牛活动到蜂巢附近时,常遭到群蜂的袭击,而引起中毒。

【症状及诊断】　病初被螫伤部位及其周围皮下组织迅速出现热痛及捏粉样肿胀,针刺肿胀部位流出黄红色渗出物。同时病牛兴奋,体温升高,病程中有的出现荨麻疹。后期或重病例,发生溶血,结膜苍白黄染,严重贫血,甚至出现神经症状,步态不稳,晃腰乃至斜行,心律失常,呼吸困难,往往因呼吸麻痹而死。

【防　治】　治疗原则为排毒、解毒、脱敏、抗休克及对症治疗。病初对肿胀部位用小宽针行皮肤乱刺,然后用3%氨水、肥皂水、5%碳酸氢钠溶液或0.1%高锰酸钾溶液冲洗,患部以0.25%盐酸普鲁卡因注射液加适量青霉素进行肿胀周围封闭;用0.5%氢化可的松注射液100ml配合糖盐水静脉注射。为保肝解毒,可应用高渗葡萄糖、5%碳酸氢钠,40%乌洛托品,钙剂及维生素B_1或维生素C等,配合驱风解毒中药,有良好疗效。

及时清除运动场或牧地蜂巢,以免奶牛在运动时碰撞蜂窝而遭到蜂群袭击。

第十三节 奶牛神经系统疾病

一、脑充血

【病　因】

奶牛遭烈日暴晒、车船运输、拥挤闷热,及某些药物中毒、有毒植物中毒、瘤胃臌胀、瘤胃积食、心包炎、心肌炎、心脏肥大以及心脏衰弱等都可引起本病的发生。

【症状及诊断】

发病突然,病牛狂躁不安,高度兴奋,并呈进行性发作,摇头,啃咬物品,磨牙,前冲或后退,病牛结膜充血,头盖部灼热,瞳孔散大或缩小,呼吸急促,脉搏增数,体温有时升高。后期,病牛转入抑制,出现精神沉郁,目光呆滞,行走摇晃,呼吸、脉搏减慢,有的伴发转圈运动或倒地抽搐。

【治　疗】

将病牛置于安静、凉爽通风处,头部施行冷敷,直肠灌注冷盐水。严重病例,视体况可进行静脉放血,必要时可快速静脉注射20％甘露醇注射液或高渗葡萄糖等药物,以降低颅内压,防止急性脑水肿或脑内出血;病牛狂躁不安时,可静脉注射安溴液。

预防本病首先应从日常管理及运输入手,一定要加强日常管理,防止各种疾病的发生,以免继发本病。避免牛只遭受烈日暴晒,车船运输时不可过分拥挤,必要时可注射镇静剂。

二、脑震荡及脑挫伤

【病　因】

引起本病的主要原因是粗暴外力作用,如冲撞、角斗、摔倒、打击或从运输车上摔下等均可导致本病发生。

【症状及诊断】

若组织受到严重损伤,可在短时间内死亡。若发生脑震荡,且病情较轻者,病牛踉跄倒地,短时间内又可从地上站起来恢复到正常状态。若病情严重,病牛可长时间内倒地不起,陷于昏迷,意识丧失,知觉和反射减退或消失,瞳孔散大,呼吸变慢,脉搏细数,节律不齐,粪尿失禁。

若颅脑挫伤,除神智昏迷、呼吸、感觉、脉搏、运动及反射功能障碍外,还出现局部脑症状,病牛痉挛,抽搐,麻痹,瘫痪,视力丧失,口唇歪斜,吞咽障碍及舌脱出,间或呈癫痫发作,多呈交叉性偏瘫。

【防　治】

加强护理,控制出血和感染,预防和消除水肿。首先将舌稍向外牵出,注射止血剂,同时进行头部冷敷。可应用抗生素控制感染,用20%甘露醇注射液静脉注射以消除脑水肿。若病牛长时间处于昏迷状态,可肌内注射咖啡因和樟脑磺酸钠等兴奋中枢神经功能活动的药物。必要时,可静脉注射高渗葡萄糖和ATP激活脑组织功能,防止循环虚脱。

加强奶牛日常生产及运输中的管理,防止遭受暴力作用,在最大程度上避免本病的发生。

三、脑膜脑炎

【病　因】

原发性脑膜脑炎,多数认为是由感染所致如牛恶性卡他热病毒;细菌感染,如葡萄球菌、链球菌、肺炎球菌、巴氏杆菌、化脓杆菌;另外,也可见于各种中毒病。

继发性脑膜脑炎多见于脑部及邻近器官炎症的蔓延,如颅骨外伤、角坏死、龋齿、额窦炎、中耳炎、内耳炎、眼球炎、脊髓炎等。也见于寄生虫病,如脑包虫病等。

【症状及诊断】

1. **脑膜刺激症状** 病牛颈部及背部感觉过敏,对其皮肤较轻刺激,即可出现强烈的疼痛反应,并反射性地引起颈部背侧肌肉强直性痉挛。

2. **一般脑症状** 病牛先兴奋后抑制或交替出现。病初,呈现高度兴奋,体温升高,感觉过敏,反射功能亢进,瞳孔缩小,视觉紊乱,易于惊恐,呼吸急促,脉搏增数;行为异常,不易控制,狂躁不安或作转圈运动;频频嗳气,口流泡沫;在数十分钟兴奋发作后,病牛转入抑制,呈嗜眠、昏睡状态,瞳孔散大,反射功能减退及消失,呼吸缓慢而深长;后期,卧地不起,意识丧失,昏睡。

3. **局部脑症状** 主要是痉挛和麻痹。如眼肌痉挛,眼球震颤,斜视;咬肌痉挛,咬牙,吞咽障碍;颈部肌肉痉挛,角弓反张;某一组肌肉或某一器官麻痹,或半侧躯体麻痹时呈现单瘫与偏瘫等。

【防　治】

本病的治疗原则是抗菌消炎,降低颅内压和对症治疗。

先将病牛放置在安静、通风的地方和避免光、声刺激。若病牛有体温升高、头部灼热时可采用冷敷头部的方法降温。

抗菌消炎,可静脉注射青霉素和庆大霉素,每天3次。

降低颅内压,视体质状况可先放血 1 000~3 000ml,再用等量的 10% 葡萄糖注射液并加入 40% 的乌洛托品注射液 50~100ml,静脉注射。也可选用 25% 山梨醇注射液和 20% 甘露醇注射液 5~10ml/kg,静脉注射。也可考虑应用 ATP 和辅酶 A 等药物。

对症治疗,当病牛狂躁不安时,可用安溴注射液 50~100ml,静脉注射。心功能不全时,可应用强心剂安钠咖。

预防本病只有从管理入手,加强管理,防止各种疾病的发生。同时,要避免各种不必要的外伤,从而避免本病的发生。

四、脑水肿

【病因】

在脑外伤、中毒和缺血缺氧性脑病等都可引起不同程度的脑水肿。

【症状及诊断】

病牛倒地、昏迷,知觉和反射减退,呼吸缓慢,眼结膜充血,口腔潮红,心跳增数,节律不齐。病牛肌肉抽搐,神情痴呆,听觉紊乱,皮肤感觉迟钝,举止笨拙。

【防治】

控制病牛心力衰竭,可用20%甘露醇注射液5~10ml/kg体重,每天1~2次。也可用25%山梨醇注射液8~10ml/kg体重,快速静脉滴注,一般要求在15~30min滴完。必要时3~6h可重复用1次。同时,可与利尿药速尿交替使用。头部温度高需要降温时,可用冰水毛巾围敷于牛头部,一直用到降温后为止。

加强饲养管理,提高机体抵抗力,防止各类继发病的发生。

五、中暑

【病因】

主要由于天气炎热,牛的头部受到强烈日光照射或牛舍拥挤,降温设施不完善、通风不良、饮水不足,可导致本病的发生;用密闭而闷热的车、船运输等,也是引发本病的原因。

【症状及诊断】

中暑初期精神沉郁,四肢无力,步态不稳,共济失调,有的全身性麻痹,皮肤、角膜及肛门反射减退或消失,有的兴奋不安,突然倒地痉挛或抽搐、昏迷,体温升高至42℃~43℃。全身出汗,继而汗液变得黏稠,皮温升高,体表静脉怒张,结膜充血紫绀,瞳孔初散大而后缩小。初期心音增强,以后减弱,心律失常,最后因中枢麻痹而死亡。

【防　治】

将病牛置于阴凉通风处,头放冰袋、冷水泼身、凉水灌肠。当体温降至39℃时,即可停止降温,以防虚脱。

维护心肺功能,可先注射强心剂后静脉放血1 000~2 000ml,然后输注复方氯化钠注射液2 000~3 000ml。

纠正酸中毒,可静脉注射5%碳酸氢钠注射液500~1 000ml。

降低颅内压,可静脉注射25%甘露醇注射液或20%山梨醇注射液500~1 000ml。

病牛兴奋时,可静脉注射安溴注射液100ml。

病情好转后而食欲不佳时,可应用健胃剂。

在炎热季节一定要注意做好防暑工作,牛舍一定要宽敞,通风良好。车、船运输时,不可过于拥挤。可经常洗刷牛体,保持凉爽清洁。

第七章 奶牛外科病

第一节 损 伤

损伤是由各种不同外界因素作用于动物机体,引起机体组织器官在解剖上的破坏或生理上的紊乱,并伴有不同程度的局部或全身反应。按损伤组织和器官的性质将损伤分为软部组织损伤和硬部组织损伤;根据皮肤及黏膜的完整性是否受到破坏,又分为开放性损伤和非开放性损伤。按损伤的病因将损伤分为机械性损伤、物理性损伤、化学性损伤和生物性损伤等。

一、创 伤

创伤是因锐性外力或强烈的钝性外力作用于机体组织或器官,使受伤部皮肤或黏膜出现伤口及深在组织与外界相通的机械性损伤。创伤一般由创缘、创口、创壁、创底、创腔、创围等部分组成。创缘为皮肤或黏膜及其下的疏松结缔组织;创缘之间的间隙称为创口;创壁由受伤的肌肉、筋膜及位于其间的疏松结缔组织构成;创底是创伤的最深部分,根据创伤的深浅和局部解剖特点,创底可由各种组织构成;创腔是创壁之间的间隙,管状创腔称为创道;创围指围绕创口周围的皮肤或黏膜。根据受伤伤后经过的时间,将创伤分为新鲜创和陈旧创。若根据创伤有无细菌感染,又将创伤分为无菌创、污染创和感染创3种。

【病　因】

机体组织和器官在外界致伤物体的机械刺激下发生损伤,如尖锐细长物体(钢丝、草叉等)刺入体内,这种创伤创口小,创腔狭窄而长,易引起深部组织的损伤和出现创伤感染化脓与厌氧性感染(如破伤风等),锐利的刀类、铁片、玻璃片等切割组织发生切创,奶牛之间抵斗或受到打击、冲撞、蹴踢和跌倒在硬地上均能引起体表组织挫伤。

【症　状】

1. 出血　出血量的多少决定于受伤的部位、组织损伤的程度、血管损伤的状况和血液的凝固性等。

2. 创口裂开　创口裂开是因受伤组织断离和收缩而引起。创口裂开的程度决定于受伤的部位,创口的方向、长度和深度,以及组织的弹性。

3. 疼痛及功能障碍　疼痛是因为感觉神经受损伤或炎性刺激而引起。疼痛的程度决定于受伤的部位、组织损伤的性状和个体差异。富有感觉神经分布的部位如蹄冠、外生殖器、肛门和骨膜等处发生创伤,则疼痛显著。由于疼痛和破坏受伤部的解剖组织结构,常出现肢体的功能障碍,如跛行、不能站立等。

【诊　断】

创伤诊断的目的在于了解创伤的性质,决定治疗措施和观察愈合情况。

1. 一般检查　从问诊开始,了解创伤发生的时间,致伤物的性状,发病当时的情况和病牛的表现等。然后检查病牛的体温、呼吸、脉搏,观察可视黏膜颜色和病牛的精神状态。检查受伤部位和救治情况,以及四肢的功能障碍等。

2. 创伤外部检查　按由外向内的顺序,仔细地对受伤部位进行检查。先视诊创伤的部位、大小、形状、方向、性质,创口裂开的程度,有无出血,创围组织状态和被毛情况,有无创伤感染现象。继而观察创缘及创壁是否整齐、平滑,有无肿胀及血液浸润情况,有无挫灭组织及异物。然后对创围进行柔和而细致的触诊,以确定局部温度的高低、疼痛情况、组织硬度、皮肤弹性及移动性等。

3. 创伤内部检查　应遵守无菌规则。首先对创围剪毛、消毒;检查创壁时,应注意组织的受伤情况、肿胀情况、出血及污染情况;检查创底时,应注意深部组织受伤状态,有无异物、血凝块及创囊的存在,必要时可用消毒的探针、硬质胶管等,或用戴消毒乳胶手套的手指进行创底检查,摸清创伤深部的具体情况。

【治　疗】

1. 一般原则

(1)抗休克　严重的创伤,应先抗休克,待休克好转后再行清创术,但对大出血、胸壁穿透创及肠脱出的病例,则应在积极抗休克的同时,进行创伤的治疗。

(2)防治感染　大部分创伤,一般不可避免被细菌所污染,伤后应立即开始使用抗生素,预防化脓性感染,同时进行积极的局部治疗,使污染的伤口变为清洁伤口并进行缝合。抗感染应贯穿在创伤治疗的全过程。

(3)消除影响创伤愈合的因素　影响创伤愈合的因素很多,如感染化脓、异物、坏死组织、血液循环不良、创伤不安静、营养缺乏症等都可以抑制创伤愈合或延长愈合的时间。在创伤治疗过程中,注意消除这些因素,促进创伤早期治愈。

(4)加强饲养管理　精心护理,给予病牛高蛋白及富有维生素的饲料,能增强病牛机体抵抗力,促进伤口愈合。

2. 创伤治疗的基本方法

(1)创围清洁法　清洁创围的目的在于防止创伤感染,促进创伤愈合。清洁创围时,先用数层灭菌纱布块覆盖创面,防止异物落入创内。后用剪毛剪将创围被毛剪去,剪毛面积以距创缘周围10cm左右为宜。创围被毛如被血液或分泌物黏着时,可用3%过氧化氢和氨水(200:4)混合液将其除去,再用70%酒精棉球反复擦拭紧靠创缘的皮肤,直至清洁干净为止。离创缘较远的皮肤,可用肥皂水和消毒液洗刷干净,但应防止洗刷液落入创内。最后用5%碘酊或5%酒精福尔马林溶液以5min的间隔,两次涂擦创围皮肤。

(2)创面清洗法 去除覆盖创面的纱布块,用生理盐水冲洗创面后,持消毒镊子除去创面上的异物、血凝块或脓痂。再用生理盐水或防腐液反复清洗创伤,直至清洁为止。清洗创腔后,用灭菌纱布块轻轻地擦拭创面,以便除去创内残存的液体和污物。

(3)清创手术 清创手术包括剪毛,消毒,清洗创伤附近的污物,修整创缘,切除挫灭、坏死和严重污染的组织,扩大创口,以解除深层组织的张力,清除异物,消灭死腔,仔细止血,尽可能保存有活力的组织和修复特殊组织,尽早地使开放性创转为闭合创等步骤。

(4)创伤用药 用药的目的是防止创伤感染,加速炎性净化,促进肉芽组织和上皮的新生。药物的选择和应用取决于创伤的性状、感染的性质和创伤的时间。对于化脓创,以控制细菌感染和促进炎性净化为目的,常应用魏氏流膏(碘仿3,松馏油5,蓖麻油92);对于肉芽创应使用保护肉芽生长的药物,如抗生素软膏。新鲜的污染创若污染轻,清创彻底,密闭缝合,术后一般仅应用抗菌药。

(5)创伤缝合法 据创伤情况可分为初期缝合、延期缝合和肉芽创缝合。初期缝合是对受伤后数小时的清洁创或经彻底外科处理的新鲜污染创施行缝合。适合于初期缝合的创伤条件是:创伤无严重污染,创缘及创壁完整,且具有生活力,创内无较大的出血和较大的血凝块,缝合时创缘不致因牵引而过分紧张,且不妨碍局部的血液循环等。延期缝合是先用药物治疗3~5天,无创伤感染后,再施行缝合,经初期缝合后的创伤,如出现剧烈疼痛、肿胀显著,甚至体温升高时,说明已出现创伤感染,应及时部分或全部拆线,进行开放疗法。肉芽创缝合又叫二次缝合,适合于肉芽创,对肉芽创经适当的外科处理后,根据创伤的状况施行接近缝合或密闭缝合。

(6)创伤引流法　创腔深、创道长、创内有坏死组织或创底潴留渗出物等时,引流可使创内炎性渗出物流出创外。以纱布条引流最为常用,多用于深在化脓感染创的炎性净化阶段。引流纱布是将适当长、宽的纱布条浸以药液(如青霉素溶液、中性盐类高渗溶液、魏氏流膏等),用长镊子将引流纱布条的两端分别夹住,先将一端疏松地导入创底,另一端游离于创口下角。

(7)创伤包扎法　创伤包扎,应根据创伤具体情况而定。一般经外科处理后的新鲜创都要包扎。当创内有大量脓汁、厌氧性及腐败性感染,以及炎性净化后出现良好肉芽组织的创伤,一般可不包扎,采取开放疗法。创伤绷带用3层,即从内向外由吸收层(灭菌纱布块)、接受层(灭菌脱脂棉块)和固定层(卷轴绷带、三角巾、复绷带或胶绷带等)组成。对创伤作外科处理后,根据创伤的解剖部位和创伤的大小,选择适当大小的吸收层和接受层放于创部,固定层则根据解剖部位而定。四肢部用卷轴带或三角巾包扎;躯干部用三角巾、复绷带或胶绷带固定。当绷带已被浸湿而不能吸收炎性渗出物时,脓汁流出受阻时,以及需要处置创伤时等,应及时更换绷带。

(8)全身性疗法　创伤病牛是否需要全身性治疗,应按具体情况而定。例如,对污染较轻的新鲜创,经彻底的外科处理以后,一般不需要全身性治疗;对伴有大出血和创伤愈合迟缓的病牛,应输入血浆代用品或全血;对严重污染而很难避免创伤感染的新鲜创,应使用抗生素或磺胺类药物,并根据伤情的严重程度,进行必要的输液、强心措施,注射破伤风抗毒素或类毒素。

二、挫　伤

挫伤是机体在钝性外力直接作用下引起组织的非开放性损

伤。其受伤的组织或器官可能是皮肤、皮下组织、筋膜、肌肉、肌腱、韧带、神经、血管、骨膜、关节、胸腹腔及内脏器官。

【病因】

奶牛在钝性物体的打击和冲撞下,造成软部组织非开放性损伤称为挫伤。

【症状】

局部出现血斑、血液浸润和血肿,皮肤变色。肿胀呈坚实性,有弹性。受伤部位疼痛。挫伤发生部位不同,出现不同功能障碍。

【治疗】

挫伤的治疗原则是制止和促进溢血,消炎镇痛,防止感染,加速组织修复能力。病初局部冷敷,亦可涂布复方醋酸铅散等。经过24h后改用温热疗法或采用病灶周围普鲁卡因封闭疗法。局部涂擦安德列斯粉调制的膏剂或樟脑酒精、樟脑软膏、5%鱼石脂软膏等。并发感染者可用磺胺类药物或抗生素。

三、血肿、淋巴外渗

(一) 血肿

血肿是由各种外力作用而使血管破裂,溢出的血液分离周围组织,形成充满血液的腔洞。

【病因】 多因钝性物体的冲撞、刺创、咬创、火器创等原因而致使血管破裂,但皮肤没有破裂,血液流到皮下或肌肉间隙。非开放性骨折也能出现血肿。

【症状】 一般血肿的特点是受伤后迅速肿胀,肿胀呈局限性波动感或充满感,局部不痛、不热。4~5天后肿胀周围呈坚实感(图7-1),中央部有波动,局部增温有时出现捻发音。穿刺时有血液流出。

【诊断与鉴别诊断】 血肿特点是突然肿胀,有波动、无热无痛和无全身变化等。根据其特点不难确诊。为了进一步确诊可进行

图 7-1　奶牛会阴部巨大血肿
（闫振贵）

穿刺。血肿应与脓肿、肿瘤、疝、蜂窝织炎等病鉴别。脓肿肿胀比血肿慢，局部四周硬、中心软，局部增温，有痛感。蜂窝织炎局部出现红、肿、热、痛，并能引起全身变化。肿瘤肿胀慢，局部硬，无热无痛。疝有疝轮、无热无痛等特点。

【治疗】 治疗原则是制止溢血、防止感染，排除积血。当发生血肿时，立即装压迫绷带，局部皮肤涂碘酊，全身注射止血药物。经 4~5 天，如血肿小，可用穿刺法将血液排除。如血肿较大，可切开皮肤，清除血凝块和结扎血管止血，然后缝合创口（图 7-2）。

（二）淋巴外渗

淋巴外渗是在钝性外力作用下，由于淋巴管断裂，致使淋巴液聚积于组织内的一种非开放性损伤。淋巴外渗常发生于颈部、肩前、腹背部及膝前部等部位。

图 7-2　血肿切开取出的血凝块
（闫振贵）

【病因】 钝性外力在奶牛体上引起的挫伤，致使皮肤或筋膜下的或肌肉间的淋巴管发生断裂。

【症状】 淋巴外渗在临床上发生缓慢，一般于伤后 3~4 天出现肿胀，并逐渐增大，有明显的界限，呈明显的波动感，皮肤不紧张，炎症反应轻微。穿刺液为橙黄色稍透明的液体，或其内混有少量的血液。时间较久,析出纤维素块,但囊壁没有明显的结缔组织增生,仍呈明显的坚实感(图7-3)。

【治疗】 首先使奶牛安静,有利于淋巴管断端的闭塞。较小的淋巴外渗可不必切开,于波动明显处用注射器抽出淋巴液,然后注入95%酒精或酒精福尔马林液(95%酒精100ml,福尔马林1ml,碘酊数滴,混合后用),停留3～5min后将其抽出,以期淋巴液凝固堵塞淋巴管断端,而达到制止淋巴液流出的目的。应用1次无效时,可行第二次注入。较大的淋巴外渗可行切开,排出淋巴液及纤维素,用酒精福尔马林液冲洗,并将浸有上述药液的纱布填塞于腔内作假缝合(图7-4)。当淋巴管完全闭塞后,可按创伤治疗。

图 7-3　奶牛右侧腹部巨大淋巴外渗 (王春璈)

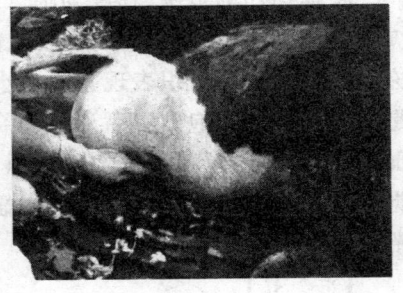

图 7-4　奶牛右侧腹部巨大淋巴外渗,切开排液　(王春璈)

治疗时应当注意,长时间的冷敷能使皮肤发生坏死;温热疗法、涂擦刺激剂和按摩疗法,均可促进淋巴液流出和破坏已形成的淋巴栓塞。

四、冻　伤

由低温引起的组织的病理变化,称为冻伤。如果低温反复长期地作用于组织,引起组织慢性炎症,称为冻疮。

【病因】

组织长时间暴露在寒冷环境中易引起冻伤。湿度高、风速大,均能加速机体热能的损失。从温暖地区引入的奶牛抗寒性差。奶牛长途运输过度疲劳、饥饿、失血、长期缺乏运动以及肢体装着止血带等,都是容易发生冻伤的因素。冻伤的部位多为乳房、乳头、耳尖和蹄部。外周循环不良的新生犊也易发生冻伤,脱出的子宫、阴道和直肠在未能得到及时处理时极易发生冻伤。冬季乳头药浴后,药液未干便将奶牛赶出挤奶厅,可能使乳头遭受冻伤。

【症状】

受冻组织的主要损伤是原发性冻融损伤和继发性血循环障碍。根据损伤的范围、程度和临床表现,可将冻伤分为3度。一度冻伤:皮肤及皮下组织有疼痛性水肿,数日后局部反应消失。二度冻伤:皮肤、皮下组织表现弥漫性水肿,有时皮肤出现水泡,水泡液是血样液体。水泡破溃后形成愈合缓慢的溃疡。三度冻伤:冻伤部位血液循环障碍,最后发生组织坏死。表现为患部厥冷,缺乏感觉。常因静脉血栓形成以及继发感染而发生湿性坏疽,特别容易招致破伤风等厌氧性感染。

【治疗】

首先将奶牛转移到温暖、避风的地方,对冻伤的组织施行复温治疗:用40℃~42℃的温水水浴患部。这种快速复温法比慢速复温(用18℃~20℃的水水浴,在25min内使水温升高至38℃)引起的疼痛要剧烈得多,但可减少对组织细胞的破坏。应使用羊毛脂或冻疮膏。广泛的冻伤需早期应用抗生素疗法,对已发生湿性坏疽的,应加速坏死组织的离断,促进肉芽组织的生长和上皮形成。因此,当组织已坏死时,可将坏死处切开,如有可能,应尽早切除和截断坏死的组织,早期注射破伤风类毒素进行预防。

在寒冷季节,牛舍应保温,最好不用药液而采用生石灰浴蹄。

在我国东北和西北地区,有人冬季用纱布和棉花做的"乳罩"保护乳房和乳头,预防冻伤的效果很好。

五、溃疡、窦道和瘘

(一)溃 疡

皮肤(或黏膜)上经久不愈合的病理性肉芽创称为溃疡。从病理学上来看,溃疡是有细胞分解物、细菌,有时有脓样腐败性分泌物的坏死病灶,并常有慢性感染。溃疡与一般创口不同之点是愈合迟缓,上皮和瘢痕组织形成不良。

【病　因】　发生溃疡的原因有多种:即血液循环、淋巴循环和物质代谢的紊乱;由于中枢神经系统和外周神经的损伤或疾病所引起的神经营养紊乱;某些传染病、外科感染和炎症的刺激;维生素不足和内分泌的紊乱;伴有机体抵抗力降低和组织再生能力降低的机体衰竭、严重消瘦及糖尿病等;异物、机械性损伤、分泌物及排泄物的刺激;防腐消毒药的选择和使用不当;急性和慢性中毒和某些肿瘤等。

【分类、症状及治疗】　临床上常见的有下述几种溃疡。

(1)单纯性溃疡　溃疡表面被覆蔷薇红色、颗粒均匀的健康肉芽。肉芽表面覆有少量黏稠黄白色的脓性分泌物,干涸后则形成痂皮。溃疡周围皮肤及皮下组织肿胀,缺乏疼痛感。

治疗的着眼点是精心的保护肉芽,防止其损伤,促进其正常发育和上皮形成。因此,在处理溃疡面时必须细致,防止粗暴。禁止使用对细胞有强烈破坏作用的防腐剂。为了加速上皮的形成,可使用加 $2\%\sim4\%$ 的水杨酸锌软膏、鱼肝油软膏等。

(2)炎症性溃疡　临床上较常见。是由于长期受到机械性、理化性物质的刺激及生理性分泌物和排泄物的作用,以及脓汁和腐败性液体潴留的结果。溃疡呈明显的炎性浸润。肉芽组织呈鲜红色,有时因脂肪变性而呈微黄色。表面被覆大量脓性分泌物,周围肿胀,触诊疼痛。

治疗时,首先应除去病因,局部禁止使用有刺激性的防腐剂。如有脓汁潴留时应切开创囊排净脓汁。溃疡周围可用青霉素盐酸普鲁卡因溶液封闭。为了防止从溃疡面吸收毒素亦可用浸有20%硫酸镁或硫酸钠溶液的纱布覆于创面。

(3)坏疽性溃疡　见于冻伤、湿性坏疽及不正确的烧烙之后。溃疡表面被覆软化污秽无构造的组织分解物,并有腐败性液体浸润。常伴发明显的全身症状。

此溃疡应采取全身和局部并重的综合性治疗措施。全身治疗的目的在于防止中毒和败血症的发生。局部治疗在于早期剪除坏死组织,促进肉芽生长。

(4)水肿性溃疡　常发生于心脏衰弱的病牛及局部静脉血液循环被破坏的部位。肉芽苍白脆弱呈淡灰白色,且有明显的水肿。溃疡周围组织水肿,无上皮形成。

治疗主要应消除病因。局部可涂鱼肝油、植物油或包扎血液绷带、鱼肝油绷带等。禁止使用刺激性较强的防腐剂。应用强心剂调节心脏功能活动并改善病牛的饲养管理。

(5)蕈状溃疡　常发生于四肢末端有活动肌腱通过部位的创伤。其特征是局部出现高出于皮肤表面、大小不同、凸凹不平的蕈状突起,其外形恰如散布的真菌故称蕈状溃疡。

治疗时,如赘生的蕈状肉芽组织超出于皮肤表面很高,可剪除或切除,亦可充分搔刮后进行烧烙止血。亦可用硝酸银棒、苛性钾、苛性钠、20%硝酸银溶液烧灼腐蚀。

(6)褥创及褥创性溃疡　褥创是局部受到长时间的压迫后所引起的因血液循环障碍而发生的皮肤坏疽。常见于牛体的突出部位。坏死的皮肤即暴露在空气中,水分被蒸发,腐败细菌不易大量繁殖,最后变得干涸皱缩,呈棕黑色(图7-5)。

平时应尽量预防褥创的发生。已形成褥创时,可每天涂擦

3%～5%龙胆紫酒精或3%煌绿溶液。夏天应当多晒太阳,应用紫外线和红外线照射可大大缩短治愈的时间。

（二）窦道和瘘

窦道和瘘都是狭窄不易愈合的病理管道,其表面被覆上皮或肉芽组织。窦道和瘘不同的地方是前者可发生于机体的

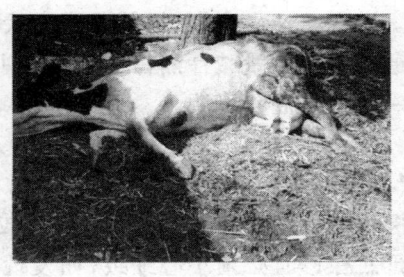

图7-5 奶牛胸下和臀股部褥疮
(闫振贵)

任何部位,借助于管道使深在组织（结缔组织、骨或肌肉组织等）的脓窦与体表相通,其管道一般呈盲管状。而后者可借助于管道使体腔与体表相通或使空腔器官互相交通,其管道是两边开口。

1. 窦道 窦道常为后天性的,见于牛体臀部、鬐甲部、颈部、股部、胫部、肩胛和前臂部等。

【病　因】 引起窦道的病因有:①异物常随同致伤物体一起进入体内,或手术时将其遗忘于创内的如弹片、沙石、木屑、谷芒、钉子、被毛、金属丝、结扎线、棉球及纱布等；②脓肿、蜂窝织炎、开放性化脓性骨折、腱及韧带的坏死、骨坏疽及化脓性骨髓炎等化脓性炎症,创伤深部脓汁不能顺利排出,而有大量脓汁潴留的脓窦,或长期不正确地使用引流等都容易形成窦道。

【症　状】 从体表的窦道口不断地排出脓汁。当窦道口过小,位置又高,脓汁大量潴留于窦道底部时,常于自动或他动运动时,因肌肉的压迫而使脓汁的排出量增加。窦道口下方的被毛和皮肤上常附有干涸的脓痂。由于脓汁的长期浸渍而形成皮肤炎,被毛脱落。

窦道壁的构造、方向和长度因病程的长短和致病因素的不同而有差异。新发生的窦道,管壁肉芽组织未形成瘢痕,管口常有肉芽组织赘生。陈旧的窦道因肉芽组织瘢痕化而变得狭窄而平滑。

窦道在急性炎症期,局部炎症症状明显。当化脓坏死过程严重,窦道深部有大量脓汁潴留时,可出现明显的全身症状。陈旧性窦道一般全身症状不明显。

【诊　断】　除对窦道口的状态、排脓的特点及脓汁的性状进行细致的检查外,还要对窦道的方向、深度、有无异物等进行探诊。探诊时可用灭菌金属探针、硬质胶管,有时可用消毒过的手指进行。探诊时必须小心细致,如发现异物时应进一步确定其存在部位、与周围组织的关系、异物的性质、大小和形状等。探诊时必须确实保定,防止病牛骚动。要严防感染的扩散和人为的窦道发生。必要时亦可进行 X 线检查。

【治　疗】　窦道治疗的主要着眼点是消除病因和病理性管壁,通畅引流以利于愈合。

第一,对疖、脓肿、蜂窝织炎自溃或切开后形成的窦道,可灌注10％碘仿醚、3％双氧水等以减少脓汁的分泌和促进组织再生。

第二,当窦道内有异物、结扎线和组织坏死块时,必须用手术方法将其除去。在手术前最好向窦道内注入除红色、黄色以外的防腐液,使窦道管壁着色或向窦道内插入探针以利于手术的进行。

第三,当窦道口过小、管道弯曲,由于排脓困难而潴留脓汁时,可扩开窦道口,根据情况造反对孔或作辅助切口,导入引流物以利于脓汁的排出。

第四,窦道管壁有不良肉芽或形成瘢痕组织者,可用腐蚀剂腐蚀,或用锐匙刮净或用手术方法切除窦道。

第五,当窦道内无异物和坏死组织块,脓汁很少且窦道壁的肉芽组织比较良好时,可填塞铋碘蜡泥膏(次硝酸铋 20％,碘仿 40％,石蜡 40％)。

2. 瘘　先天性瘘是由于胚胎期间畸形发育的结果,如脐瘘、膀胱瘘及直肠阴道瘘等。此时瘘管壁上常被覆上皮组织。后天性瘘较为多见,是由于腺体器官及空腔器官的创伤或手术之后发生的。在奶牛常见的有皱胃瘘、肠瘘、食管瘘及乳腺瘘等。

【分类及症状】 可分为以下两种。

①排泄性瘘。其特征是经过瘘的管道向外排泄空腔器官的内容物(尿、饲料、食糜及粪等)。除创伤外,也见于食管切开、尿道切开、瘤胃切开、肠管切开等手术化脓感染之后。

②分泌性瘘。其特征是经过瘘的管道分泌腺体器官的分泌物(唾液、乳汁等)。常见于腮腺部及乳房创伤之后。当奶牛采食或挤乳时,有大量唾液和乳汁呈滴状或线状从瘘管射出时,是腮腺瘘和乳腺瘘的特征。

【治疗】

第一,对肠瘘、皱胃瘘、食管瘘、尿道瘘等排泄性瘘管必须采用手术疗法。其要领是:用纱布堵塞瘘管口,扩大切开创口,剥离粘连的周围组织,找出通向空腔器官的内口,除去堵塞物,检查内口的状态,根据情况对内口进行修整手术、部分切除术或全部切除术,密闭缝合,修整周围组织,缝合。手术中一定要尽可能防止污染新创面,以争取第一期愈合。

第二,对腮腺瘘等分泌性瘘,可向管内灌注20%碘酊、10%硝酸银溶液等。或先向瘘内滴入甘油数滴,然后撒布高锰酸钾粉少许,用棉球轻轻按摩,用其烧灼作用以破坏瘘的管壁。一次不愈合者可重复应用。上述方法无效时,对腮腺瘘可先向管内用注射器在高压下灌注溶解的石蜡,后装棉胶绷带。亦可先注入5%~10%的甲醛溶液或20%的硝酸银溶液15~20ml,数日后当腮腺已发生坏死时进行腮腺摘除术。

六、休 克

休克不是一种独立的疾病,是动物机体受到严重致病因素,引起的神经系统、体液因子失调与急性微循环障碍所引起的有效循环血量锐减,导致组织灌流量不足。直接或间接导致生命器官、组织、细胞广泛受损的综合征。

【病因与分类】

临床上出现的休克主要有过敏性休克、低血容量性休克、神经性休克、感染性休克和心源性休克,其中以过敏性休克最为多见。

1. 过敏性休克　具有过敏体质的奶牛接受某些药物(如青霉素)、疫苗(如口蹄疫疫苗)注射、血清制剂(如破伤风抗毒素)等治疗时可引起过敏性休克。过敏性休克属Ⅰ型变态反应。当致敏的机体再次接触同一过敏原时,抗原与结合于肥大细胞和嗜碱性粒细胞表面上的 IgE 结合,并促使细胞合成和释放组胺等生物活性物质引起血管扩张和微血管通透性增加,从而导致血管容积增加和血容量减少而引起休克。

2. 低血容量性休克　血液或其他体液大量丢失,导致血液总量减少,心排血量降低。血管容量增大,使有效循环血量绝对或相对减少,循环发生障碍,导致全身组织器官血液灌注不足,细胞缺血缺氧。临床上常见于大创伤、剧烈呕吐、严重腹泻、肠梗阻等而发生。

3. 感染性休克　奶牛发生肠变位、肠扭转后发生肠坏死、弥漫性腹膜炎、出血性坏死性乳腺炎、化脓性腹膜炎、创伤并发严重感染,细菌的内、外毒素进入血液循环等,引起休克。

4. 心源性休克　大多发生于急性心包填塞或严重的气胸、血胸之后而妨碍静脉血的回流,使回心血量减少,心排血量减少,导致周围循环衰竭,组织灌流量减少,进而造成组织细胞缺氧和重要生命器官的损伤,如奶牛创伤性心包炎。

5. 神经性休克　奶牛发生骨折、脊髓损伤、软组织大面积撕裂伤,或手术中麻醉不好等,都可引起中枢神经系统的抑制或损伤,反射性引起血管运动神经的紧张性丧失,血管舒张,外周血管阻力下降或消失,血压下降,脉搏细弱,称为神经性休克。

第七章 奶牛外科病

【症　状】

休克发生的时间,用药物数秒至数分钟内发生休克的占50%,用药后5min之内发生的占45%,用药后30min之内发生的占10%,用药后几天,再用药时偶有发生。休克的先兆表现为病牛烦躁不安,可视黏膜苍白,全身灼热,肢体发痒、腹痛、憋气、嗜睡等。休克的临床特点有呼吸困难、微循环衰竭和中枢神经症状。

1. 呼吸困难　喉头水肿,气管痉挛,呼吸道阻塞窒息,气促哮喘,可视黏膜紫绀,肺水肿。

2. 微循环衰竭　可视黏膜苍白、虚脱、心悸冷汗、脉搏细弱,肢体湿凉,精神沉郁,血压骤降。

3. 中枢神经症状　烦躁不安,意识障碍,神经错乱、视神经水肿,四肢瘫痪,癫痫抽风,大小便失禁,脑水肿。

【诊　断】

休克发生发展迅速,若诊断失误、救治不当常可导致死亡。为此,对过敏性休克要及早做出诊断。其诊断要点有:①有引起过敏性休克的病因;②奶牛意识异常;③心跳快速,脉搏细弱或不能触知;④四肢及身体皮肤温度降低,可视黏膜苍白、紫绀,尿量明显减少或无尿;⑤血压下降。

【治　疗】

1. 治疗原则　一旦发生应迅速抢救,消除病因。应当就地抢救,保暖,补液,应用血管活性药物,纠正水、电解质及酸碱平衡失调,并采用支持疗法,力求在1~4h内改善微循环,增加心排出量,尽量在12~24h内脱离危险期,防止并发症。

2. 抢救要点及方法

第一,应用抗过敏药同时采取抗休克疗法。立即肌内注射0.1%肾上腺素注射液5~10ml,必要时30min后重复1次;立即注射地塞米松注射液40~80mg(妊娠牛禁用);立即静脉缓注10%葡萄糖酸钙注射液500~1 000ml,肌内注射扑尔敏100mg。

第二，休克伴有气管痉挛，立即静脉缓注 50% 葡萄糖注射液 20ml，氨茶碱 250mg，地塞米松 10mg；稍后静脉滴注 10% 葡萄糖注射液 250～500ml，氨茶碱 500mg，地塞米松 10mg。

第三，休克伴喉头水肿、严重的气道阻塞，应立即做气管切开，插上气管导管。

第四，休克伴发体温下降者，应立即保暖，若休克伴发体温升高，应立即物理降温。可用冰块、冷水敷在病牛头部。

第五，伴发无尿、少尿及昏迷者，立即插导尿管，严密观察尿量，若尿量正常说明内脏血液灌注良好，病情好转。

七、皮肤移植术

兽医临床上，奶牛皮肤的大面积磨损创、真菌等引起的皮肤损伤、蜂窝织炎引发的大面积皮肤坏死、重度的皮肤烧伤以及不恰当的注药引起的感染及皮肤大面积坏死等十分常见。皮肤损伤处容易化脓感染，且长期不愈合，形成大面积瘢痕组织，影响外观及运动。皮肤移植能加速皮肤大面积缺损创的愈合，对改善局部功能有重要意义（以新鲜创的薄层皮片嵌植为例）。

（一）创面处理

1. 新鲜创的处理　意外皮肤大面积撕裂创，当皮肤无生命力时，剪除皮肤后，显露皮下组织，创面充分止血，用生理盐水冲洗干净。在其上面覆盖一层涂有恩诺沙星流膏的四层灭菌纱布，外覆一层厚塑料布，连同纱布一起用缝针固定在皮肤上，缝线打活结。每隔 1 天解开塑料布，用生理盐水棉球擦拭创面，然后用青霉素生理盐水冲洗创面，创面周围的皮肤用碘酊棉球消毒，更换新的恩诺沙星流膏灭菌纱布。

2. 肉芽创面的处理　新鲜创经处理后大约 5 天就开始有大量肉芽生长，原来的新鲜创逐渐变为肉芽创。肉芽创面常有一薄层脓性分泌物，每隔 1 天用生理盐水棉球擦拭，除去分泌物，修整不健康的肉芽组织,然后用青霉素生理盐水冲洗创面,更换新的恩诺沙星流膏灭菌纱布。待肉芽面分泌物变少,肉芽颗粒致密坚实、无水肿,呈现粉红色,肉芽面基本与周围皮肤等高时,已适合进行皮肤移植(图7-6)。

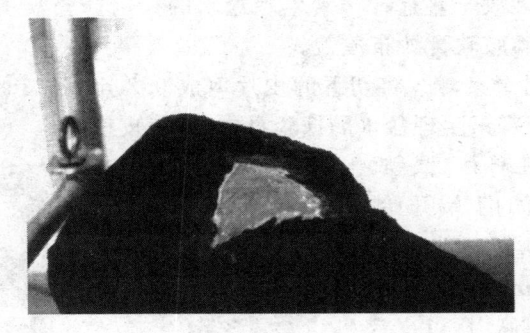

图7-6　牛腰背部创伤肉芽面与周围皮肤长平,等待植皮
（王春璈）

(二)皮肤移植

1. 受皮区的准备　创缘及创围进行常规消毒。植皮前一天用生理盐水冲洗肉芽面,并用青霉素溶液喷洒。在植皮前用生理盐水青霉素溶液彻底处理,清除所有的脓性分泌物。用碘酊及酒精消毒创缘,等待植皮。

2. 供皮区的准备　选择牛颈部作为供皮部位。植皮前一天用肥皂和温水清洗供皮区皮肤,剃毛,然后进行常规消毒。取皮前再次清洗,消毒,等待取皮。

(三)移植方法

1. 切取皮片　选用0.2cm厚的薄层皮片,约占皮肤的1/3厚度。取皮前对奶牛进行全身麻醉。将一剃须刀片从中间掰开,用持针钳夹持其中一半作为取皮刀。助手持消毒木板压在供皮区的上端,术者左手持木板压在供皮区的下端,使供皮区表面变平坦。

术者右手将刀刃轻轻下压,使之与皮肤呈 30°角开始切入皮内,然后改用 10°~15°角,以前后拉锯动作取皮。取皮时以能够透过切取的皮片看到刀刃在皮下划动,供皮创面上有许多密集、细小的出血点而无大的出血为宜。除去切下的薄层皮片上的血污,创面朝下,迅速平展放于盛有青霉素生理盐水的灭菌搪瓷盘中。取皮后的创面,用磺胺软膏纱布覆盖。

2. 皮片的处理 将切下的皮片剪成 0.3cm×0.3cm 的皮块,放于盛有青霉素生理盐水的搪瓷盘中,待植皮使用。

3. 皮片移植(嵌植) 从肉芽创面的下端开始,用小宽针斜向下方刺一创囊,深约 3~4mm,用组织镊将皮片栽入创囊内,以皮片和肉芽面相平或稍突出为宜。皮片间距为 1~1.5cm。植皮时应注意皮片的正、反面,且使皮片的被毛方向和受皮区原来的被毛方向一致(图 7-7)。

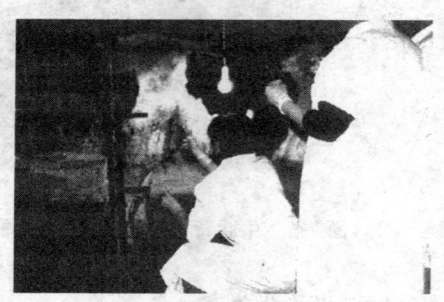

图 7-7 在肉芽面上进行小块皮肤移植(王春璇)

4. 植皮创面的保护 用涂有恩诺沙星流膏的灭菌纱布覆盖受皮区,外覆一层塑料布,将纱布和塑料布缝合于皮肤上。

(四)术后护理

在植皮后的前 16 天内采用非开放疗法。每隔一天打开塑料布,用生理盐水棉球擦拭脓汁,青霉素溶液喷洒植皮区,并更换覆盖创面的恩诺沙星流膏纱布。此后实行开放疗法,植皮区用魏氏流膏涂布,并每隔一天用生理盐水清洗、换药(图 7-8)。

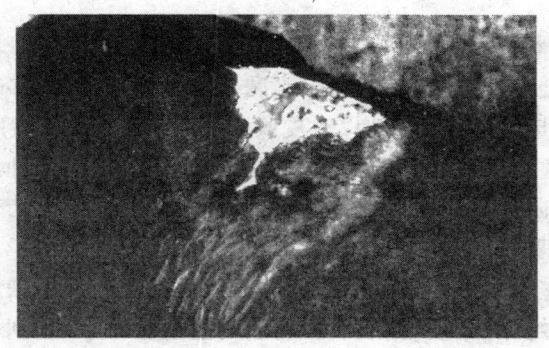

图 7-8 移植皮块成活长大,创面开始愈合(王春璇)

第二节 外科感染

一、脓皮病

脓皮病是化脓菌感染引起的皮肤化脓性疾病。

【病　因】

分为原发性的和继发性的两种。临床上根据发病情况也可分为浅层脓皮病和深层脓皮病,或者局部的和全身性脓皮病。毛囊口被污物堵塞、局部皮肤过度摩擦以及引起皮脂腺功能障碍等因素都可以引起皮肤病的发生。在奶牛脓皮病中凝固酶阳性的中间型葡萄球菌是主要的致病菌,金黄色葡萄球菌、表皮葡萄球菌、链球菌、化脓性棒状杆菌、大肠杆菌、绿脓杆菌和奇异变形杆菌等也是常引起脓皮病的致病菌。过敏(皮肤的穿透性增大)、外寄生虫感染、代谢性和内分泌性疾病(影响皮肤的生理屏障)是浅层脓皮病的主要病因;有些脓皮病是特发性的。影响皮肤微生态环境的因素(如皮肤表面的酸碱度、湿度、温度等的改变)可能是脓皮病发生的诱因。

【症　状】

病变处皮肤上出现脓疱疹、小脓疱和脓性分泌物,多数病例为继发的,临床上表现为脓疱疹、皮肤皲裂、毛囊炎和干性脓皮病等症状。应注意毛囊崩解的角化碎屑可助长异物性肉芽肿反应的发生,病灶会阻碍抗生素穿透到深层的脓皮病病灶,影响药效。

【诊　断】

实验室诊断可以做细菌培养和活组织检查。浅层脓皮病的诊断主要是做皮肤脓疹、脓疱或者皮肤的直接涂片,红疹刮取物的染色、镜检,必要时做细菌分离培养和药敏试验。

【治　疗】

局部用药配合全身用药是脓皮病治疗的基本原则。对于继发性脓皮病感染的病例,治疗原发病是必须的。全身和局部应用抗生素时,应当注意抗生素的使用顺序、剂量和次数,红霉素、林可霉素、头孢菌素、甲硝唑、利福平和恩诺沙星等药物可以用于治疗。对于奶牛的浅层脓皮病,使用抗菌香波有助于确保药效,外用洗液可以选择甲硝唑溶液、洗必泰溶液、聚烯吡酮碘溶液等。全身应用抗生素可以选择先锋霉素、克拉维酸-阿莫西林、氯林可霉素、红霉素、林可霉素、磺胺增效剂等。深部脓皮病的治疗用药疗程长,药物剂量大一些,对于顽固性病例应当根据药敏试验结果选择抗生素。在治疗再发性脓皮病时,可使用抗菌性香波、免疫调节增强剂治疗和扩大抗菌范畴。由于长期应用广谱抗生素导致机体正常菌群的紊乱,所以补充复合维生素是必要的。

二、脓　肿

在任何组织或器官内形成的外有脓肿膜包裹,内有脓汁蓄积的局限性脓腔称为脓肿。奶牛多发生在颈部、臀部、股外侧、腹部和乳房的皮下组织。根据脓肿发生的部位,可分为浅在性和深在

第七章 奶牛外科病

性脓肿。

【病　因】

致病菌主要是化脓性细菌,如葡萄球菌、化脓性链球菌、大肠杆菌、绿脓杆菌等,多因各种损伤,如咬伤、刺伤、抓伤等引起局部感染化脓或继发于邻近组织蜂窝织炎、脓毒血症和淋巴结炎,也可由血液、淋巴系统转移而来形成脓肿。另外,静脉注射某些刺激性较强的药物如氯化钙、硫喷妥钠、砷制剂、水合氯醛、高渗盐水等漏出血管外也会引起皮下脓肿。其次,注射时不遵守无菌操作规程可引起注射部位脓肿。

【症　状】

浅在性脓肿,常发生于皮下结缔组织和筋膜下,初期局部出现无明显界限肿胀,稍高于皮肤表面。触诊局部增温,坚实和疼痛。以后肿胀的界限逐渐清晰和局限,四周较硬,肿胀中心因组织细胞、致病菌和白细胞崩解破坏液化成脓汁而出现波动(图7-9)。由于脓汁溶解表层的脓肿膜和皮肤,可自行破溃而流出脓汁。

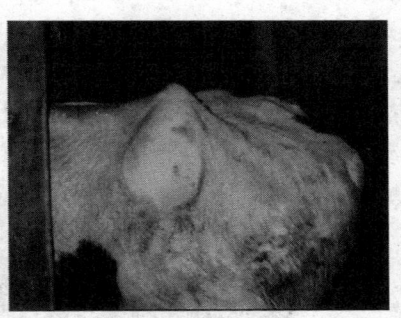

图7-9　左侧髋结节下脓肿
（齐长明）

深在性脓肿常发生于深层肌肉、肌间、骨膜下、腹膜下及内脏器官。由于脓肿部位深,局部肿胀不明显,但局部增温、疼痛。皮下出现炎性水肿,手压有指压痕。在急性炎症时有全身变化,如体温升高,食欲下降等。一旦脓肿形成,则局部、全身症状都有改善。由于外力的作用,使脓肿膜破裂,脓汁流到组织间,经血液或淋巴系统转移到其他组织或器官,可引起败血症或转移性脓肿。

【诊　断】

浅在性脓肿根据临床症状不难诊断,但对某些深在性脓肿诊断有困难时,可行穿刺诊断和超声波检查,如有脓汁抽出就可确诊,超声波检查还可确定脓肿的部位和大小。脓肿必须与血肿、淋巴外渗、挫伤、疝、肿瘤、蜂窝织炎等区别。

【治　疗】

初期以消炎、止痛及促进炎性渗出物的消散吸收为主,局部采用冷敷、0.5%普鲁卡因青霉素溶液病灶周围封闭等疗法。炎症渗出停止后(即2～3天后),可用温热疗法,局部涂擦刺激药,如鱼石脂软膏、5%碘酊等,以促进脓肿的成熟。局部治疗的同时,还需全身注射抗菌药。如果脓肿成熟(中间有波动、穿刺有脓汁流出),应及时切开排脓(图7-10),以防毒素吸收扩散。切开后,用0.1%新洁尔灭溶液或3%双氧水冲洗脓腔,再用碘酊消毒,必要时可安置纱布条或胶皮管进行引流。

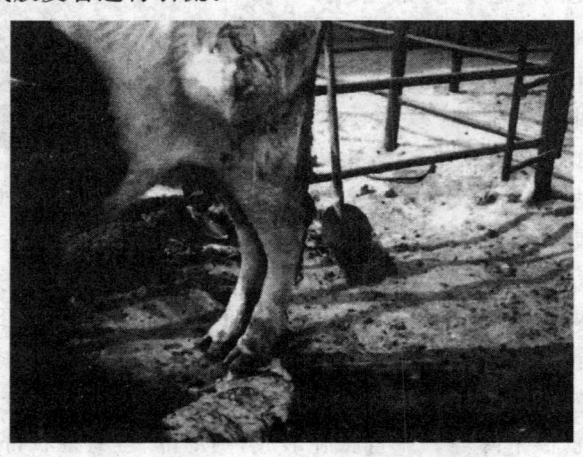

图7-10　后肢股部巨大脓肿,切开排脓

(王春璈)

三、蜂窝织炎

蜂窝织炎是疏松结缔组织内发生的急性弥漫性化脓性炎症。奶牛常发生于臀部、大腿、腋下、胸部和尾部等部位的皮下、筋膜下、肌间隙或深部疏松结缔组织内,其特征是脓性渗出物浸润,迅速扩散,病变不局限,与正常组织无明显界限,常伴有明显的全身症状。

【病　因】

主要是由于化脓菌感染引起发病,特别是金黄色葡萄球菌、溶血性链球菌和厌氧性细菌,常常通过极微小的刺伤或擦伤等侵入机体而引起本病。静脉注射强刺激药(如钙制剂、浓盐水等)时漏出皮下,也能引起蜂窝织炎。奶牛由于发生挫伤引起皮下组织大面积的坏死也可导致发生原发感染。也可因邻近组织化脓性感染直接扩散或通过血源性引起蜂窝织炎。

【症　状】

病初,局部出现弥漫性肿胀,呈水样肿胀。触诊局部增温、疼痛明显,有坚实感,功能障碍,同时伴发体温升高、精神沉郁、食欲减退等全身症状。不久,因细菌作用使局部组织坏死,溶解液化,化脓,皮肤破溃,流出较臭的脓性分泌物。

发生在筋膜下、肌肉间组织内的蜂窝织炎,局部肿胀、坚实、界限不清,触之疼痛明显(图 7-11)。体温升高、精神沉郁、食欲下降等全身症状明显,如不及时治疗易发生败血症而死亡。发生在四肢的感染可引起严重的跛行。

图 7-11　奶牛左侧胸壁蜂窝织炎
(王春璈)

【诊　断】

本病是皮下、筋膜下和肌间的疏松结缔组织内发生的急性弥漫性化脓性炎症,病程发展迅速,既有以大面积肿胀、局部增温、疼痛剧烈和功能障碍为主的局部症状,又具有精神沉郁、体温升高、食欲不振和各系统功能紊乱为特征的全身症状。

【治　疗】

蜂窝织炎的治疗原则是减少炎性渗出、抑制感染扩散、减轻组织内压、改善全身状况、增强机体抵抗力,要采取局部和全身疗法并举的综合治疗措施。

1. 局部疗法

(1) 控制炎症发展,促进炎症产物消散吸收　病初(24~48h内),局部可用冷敷(如醋酸铅明矾溶液),以减少炎性渗出;同时进行 0.5% 普鲁卡因青霉素溶液作病灶周围封闭,防止炎症进一步向周围扩散。当炎性渗出物减少后(病后 3~4 天),改为温敷,以促进渗出物的消散吸收。

(2) 手术切开　如果局部肿胀严重、积液较多,可及时在肿胀处多处切开,并用高渗盐水引流,使渗出液排出。当局部已形成脓肿,应及时切开排脓,用消毒药冲洗,将坏死组织切除,再用抗菌药纱布条引流。

2. 全身疗法　在局部处理的同时,早期全身应用抗生素或磺胺类药物,以防全身性感染。还可注射肾上腺皮质类固醇或抗组胺类药物。

四、败血症

败血症是全身化脓性感染,即有机体从局部感染病灶吸收致病菌及其生活活动产物和组织分解产物而引起的全身性病理过程。根据临床症状和某些病理解剖学的特点,临床上分为毒血症、败血症和脓血症。毒血症是由致病菌所产生的大量毒素或组织的

第七章 奶牛外科病

病理分解产物被机体吸收到血液循环所致,可引起剧烈的全身反应。败血症是指致病菌(主要是化脓菌)侵入血液循环,持续存在,迅速繁殖,产生大量毒素及组织分解产物而引起的严重的全身性感染。脓血症是指局部化脓病灶的细菌栓子或脱落的感染的血栓,间歇进入血液循环并在机体其他组织或器官形成转移性脓肿。

【病　因】

多因化脓性病原菌,如金黄色葡萄球菌、溶血性链球菌、大肠杆菌、厌气菌和腐败菌等而引起的脓肿、蜂窝织炎等化脓病灶而发生全身性感染。因大面积烧伤、开放性骨折感染、泌尿系统感染、子宫感染、腹膜炎和某些传染病等也能引起败血症。此外,免疫功能低下的病牛,还可并发内源性感染尤其是肠源性感染,肠道细菌及内毒素进入血液循环,导致本病发生。

【症　状】

毒血症、败血症和脓血症3种类型的全身化脓性感染在临床上往往同时并存或随病变的转化而先后出现。它们的临床症状有许多共同点,即发病急,病情严重,发展迅速,体温升高,脉搏弱而快,精神沉郁,呼吸增快,可视黏膜潮红,食欲废绝,呕吐,腹泻等。病牛卧地不起,肌肉震颤。白细胞总数和嗜中性多形核白蛋白增多,核左移,尿中出现蛋白。局部创口或病灶呈浸润性肿胀。局部增温,疼痛剧烈,感染创坏死组织增多,其脓汁稀薄,恶臭。病情进一步恶化,可出现感染性休克而死亡。但这3类全身化脓性感染又有各自的临床特征,分述如下。

1. *毒血症*　当毒素进入机体后,可引起中枢神经系统发生严重的中毒,新陈代谢引起急剧的变化,网状内皮系统、造血器官及氧化过程出现抑制。临床表现精神极度沉郁,运步蹒跚,躺卧,持续体温升高,仅死前体温下降。食欲废绝、呼吸困难、心跳快而弱等全身症状。可视黏膜有出血点、结膜黄染。

2. *败血症*　原发性和继发性败血病灶的大量坏死组织分解

产物、脓汁以及致病菌所产生的毒素进入血循环后引起患病奶牛全身中毒症状。病牛体温明显升高,一般呈稽留热,恶寒战栗,四肢发凉,脉搏细数,起立困难,有时见到中毒性腹泻。随病程发展,可出现感染性休克或神经系统症状,病牛可见食欲废绝,结膜黄染,呼吸困难,脉搏细弱,嗜睡,尿量减少并含有蛋白或无尿,死前体温突然下降,最终器官衰竭而死。

3. 脓血症　当细菌栓子或被感染的血栓进入血液循环和各组织、器官,在条件适宜时,其细菌即生长繁殖,产生大量毒素和坏死组织,并在这些组织和器官内形成转移性脓肿。局部出现脓肿前,除破坏局部组织或器官功能,还出现全身性症状,如体温升高、呈弛张热、精神沉郁、食欲下降或废绝、呼吸加快、心跳快而弱等。一旦形成脓肿时,则全身症状有所改善。如机体抵抗力下降或不及时治疗,则长期高热,全身症状加重,可导致奶牛死亡。如果肝脏发生转移性脓肿,眼结膜可出现高度黄染;如肾脏发生转移性脓肿则出现血尿。

【诊　断】

在原发感染灶的基础上出现上述临床症状,诊断败血症并不困难。但临床表现不典型或原发病灶隐蔽时,诊断可发生困难或延误诊断。因此,对一些临床表现如畏寒、发热、贫血、脉搏细速、皮肤黏膜有淤血点、精神沉郁等,不能用原发病来解释时,即应提高警惕,密切观察和进一步检查。

确诊败血症可通过血液细菌培养。但已接受抗菌药物治疗的病牛,往往影响到血液细菌培养的结果。对细菌培养阳性者应做药敏试验,以指导抗生素的选用。同时,配合开展血液电解质、血气分析、血尿常规检查以及反应较重器官功能的监测,对诊治败血症具有积极的临床意义。

【治　疗】

败血症必须及早采取局部和全身性综合治疗措施,否则预后不良。

1. 局部感染病灶的处理　必须从原发和继发的败血病灶着手,以消除传染和中毒的来源。为此必须彻底清除所有的坏死组织,切开创囊、流注性脓肿和脓窦,摘除异物,排除脓汁,用刺激性较小的消毒药彻底冲洗,畅通引流。然后按化脓性感染创进行处理。创围用 0.5% 普鲁卡因青霉素溶液封闭。

2. 全身治疗　及早全身应用抗菌药,如大剂量抗生素,或磺胺类药物及磺胺增效剂等,可联合使用,并以静脉给药为主。重症者,结合使用肾上腺皮质激素,以减轻中毒症状。为了防止酸中毒可用碳酸氢钠疗法。为了增强机体的抗病能力,维持循环血量和中和毒素,可进行输血和补液。应当补给维生素和大量给予饮水。

3. 对症疗法　目的在于改善和恢复全身受损害的系统和器官的功能障碍,如补液、强心、利尿等。

五、厌氧性感染

厌氧性感染是一种严重的外科感染,一旦发生,预后多为慎重或不良。因此在临床上必须预防厌氧性感染的发生。

【病　因】

本病多由厌氧性致病菌感染所致,主要有产气荚膜梭菌、恶性水肿梭菌、溶组织梭菌、水肿梭菌及腐败弧菌等。这些致病菌均属革兰氏阳性菌,广泛存在于人、畜粪便及施肥的土壤中。缺氧的条件、软组织(尤其肌肉组织)的大量挫灭、有机体的防卫功能降低等能促进厌氧性感染的发生。

【症　状】

在伤后 1～3 天内发病。创伤周围出现水肿,并发生剧烈的疼痛,体温升高,脉搏加快,细弱。肿胀迅速蔓延,渗出物内含有气泡,出现捻发音。晚期出现严重毒血症、溶血性贫血和脱水。临床上常将厌氧性感染分为厌气性脓肿、厌气性坏疽和恶性水肿。

1. **厌气性脓肿** 脓肿内有红褐色脓样渗出物,并含有气体,叩诊呈鼓音。

2. **厌气性坏疽** 肿胀迅速扩大,疼痛剧烈。创内有带泡沫的红色液体,具有恶臭味,受伤部皮下有捻发音。创面高度水肿。呈黄绿色,肌肉似煮肉样,后变为黑褐色。

3. **恶性水肿** 创围大面积水肿,皮下出现捻发音,产气较多,创内流出红棕色液体,其中含有少量气体,有恶臭味。

【治　疗】

病灶应广泛切开,以利于空气的流通,尽可能切除坏死组织,用氧化剂、氯制剂及酸性防腐液处理感染病灶。

1. **手术治疗是最基本的治疗方法** 一经确诊为厌氧性感染后,对患部应立即进行广泛而深入的切开,直达健康组织。尽可能地切除坏死组织,清除创内异物和细菌,消除脓窦,切开筋膜和腱膜。

2. **药物疗法** 清创可用3%过氧化氢溶液,0.25%~1%高锰酸钾溶液,高渗盐水等。引流用0.1%雷佛奴尔溶液,3%过氧化氢溶液。创内撒布碘仿磺胺粉(1:9),抗生素粉,或磺胺类药剂。

3. **全身疗法** 全身大剂量应用抗生素、磺胺类药物、抗菌增效剂等药物,静脉注射。为防酸中毒可选用5%碳酸氢钠溶液。

六、腐败性感染

腐败性感染的特点是局部坏死,发生腐败性分解,组织变成黏泥样无构造的恶臭物。表面被浆液性血样污秽物(有时呈褐绿色)所浸润,并流出初呈灰红色后变为巧克力色发恶臭的腐败性渗出物。

【病　因】

引起本病的致病菌主要有变形杆菌、产气芽胞杆菌、腐败杆菌、大肠杆菌及某些球菌等。葡萄球菌、链球菌及上述的厌氧菌常与之发生混合感染。内源性腐败性感染可见于肠管损伤、直肠炎及肠管陷入疝轮而被嵌闭时。外源性腐败性感染常发生于创内含有坏死组织,深创囊或有可阻断空气流通的弯曲管道的创伤。

【症　状】

初期,创伤周围出现水肿和剧痛。水肿是由于腐败性感染的炎症区内大静脉发生栓塞性静脉炎,有时继发腐败性分解,因而血液循环受到严重破坏的结果。创伤表面分泌液呈红褐色,有时混有气泡,具有坏疽恶臭。创内的坏死组织变为灰绿色或黑褐色,肉芽组织发绀且不平整。因毛细血管脆弱故接触肉芽组织时,容易出血。有时因动脉壁受到腐败性溶解而发生大出血。腐败性感染时常伴发筋膜和腱膜的坏死以及腱鞘和关节囊的溶解。

腐败性感染时,由于病牛经感染灶吸收了大量腐败分解有毒产物和各种毒素,因而体温显著升高,并出现严重的全身性紊乱。

【治疗及预防】

病灶应广泛切开,以利于空气的流通,尽可能地切除坏死组织,用氧化剂、氯制剂及酸性防腐液处理感染病灶。

腐败性感染的预防在于早期合理扩创,切除坏死组织,切开创囊,通畅引流,保证脓汁和分解产物能顺利排出,并保证空气能自由地进入创内。

第三节　风湿病

风湿病是常有反复发作的急性或慢性非化脓性炎病。其特征是胶原结缔组织发生纤维蛋白变性以及骨骼肌、心肌和关节囊中的结缔组织出现非化脓性局限性炎症。这些变化均由于在变态反应中产生大量氨基乙糖所致。但氨基乙糖能被身体细胞的精蛋白中和,就不会发生纤维蛋白变性或表现不明显。

【病　因】

风湿病的病因至今未完全阐明。近年来研究表明,风湿病是一种变态反应性疾病,并与溶血性链球菌(医学已证明为 A 型溶血性链球)所致感染有关。已知溶血性链球菌感染后能引起两种不同的病理过程。一种是表现化脓性感染,另一种则表现为延期性非化脓性并发病,即变态反应性疾病,风湿病则属于后一类型。

风湿病的发生要有 4 个条件:A 型溶血性链球菌感染;病原菌持续存在或反复感染;机体对链球菌存在产生抗体;感染必须在上呼吸道,其他部位的感染不会引起风湿病。

此外,在临床实践证明,风、寒、潮湿、阴冷、过劳等因素在风湿病发生上起着重要作用。如大汗后受冷雨浇淋,洗澡受冷风侵袭,受贼风特别是穿堂风的侵袭等都能引发风湿病。

【症　状】

风湿病的主要症状是发病的肌群、关节及蹄的疼痛和功能障碍,主要发生于活动性较大的肌肉、关节及四肢,根据发病的组织和器官不同可分为肌肉风湿病、关节风湿病、蹄风湿病和心脏风湿病。肌肉风湿病主要发生在活动性较大的肌群,特别是背腰肌群、肩臂肌群、臀部肌群、股后肌群、颈部肌群等(图 7-12)。其特点是突然发生浆液性或纤维素性炎症,由于患病肌肉疼痛、运动不协调,步态强拘不灵活,跛行明显。由于患病肌肉不同,可出现支跛、悬跛或混合跛。跛行能随运动量增加和时间延长其症状减轻。触诊患病肌肉疼痛明显,肌肉紧张。风湿性肌炎

图 7-12　奶牛颈部风湿表现的颈部强直
(王春璇)

第七章 奶牛外科病

有游走性,时而一个肌群好转时而另一个肌群又发病。关节风湿病最常发生在肩关节、肘关节、髋关节等活动性较大的关节。患病关节外形粗大,触诊温热、疼痛、肿胀;患牛运步时出现跛行。蹄风湿病可发生在两前蹄或两后蹄或四蹄同时发病,站立时两前蹄向前伸,蹄尖翘起,以蹄踵部着地,同时头高抬、拱腰,后躯下沉。四蹄同时发病者常卧地不起。

【诊断与鉴别诊断】

到目前为止风湿病没有特异性诊断方法,兽医临床上主要靠病史和临床症状,如突发性肌肉疼痛、运动失调、步态强拘不灵活,随运动量增加症状有些减轻。风湿性肌炎常有游走性和复发性,对水杨酸制剂敏感等特点加以诊断。当前一些辅助诊断常有特异性水杨酸钠皮内注射试验、血常规检查、电泳法检查、抗O测定等。

肌肉风湿病常与外伤性肌肉炎症、骨骼损伤、脊髓损伤、外周神经麻痹等病相混淆。从病史、致病原因及临床症状可与外伤性肌肉炎症、骨骼的损伤、脊髓损伤、外周神经麻痹(无疼痛反应)等相区别。

【治 疗】

风湿病治疗原则是去除病因、解热镇痛、消除炎症、祛风除湿和加强饲养管理等。除应改善病牛的饲养管理以增强其抗病能力外,还应采取下述的治疗方法。

1. 应用解热、镇痛及抗风湿药 在这类药物中以水杨酸类药物的抗风湿作用最强,包括水杨酸、水杨酸钠及阿司匹林等。临床经验证明,应用大剂量的水杨酸制剂治疗风湿病,特别是急性肌肉风湿疗效较高,而对慢性风湿病疗效较差。除用其粉剂(水杨酸钠、阿司匹林)内服外,还可使用含有水杨酸的针剂,可将10%水杨酸钠溶液250～300ml,10%葡萄糖酸钙溶液300～400ml,分别静脉内注射,每天1次,连用5～7次。保泰松及羟保泰松两种药作用与氨基比林相似,但抗炎及抗风湿作用较强,临床上常用于风湿病的治疗,其用法和剂量是:保泰松片剂,2~4g/次,2次/天,3天后剂量酌减;羟保泰松片剂,前2天33mg/kg体重,后5天12mg/kg体重,连用7天。

2. 应用皮质激素类药物 这类药物能抑制许多细胞的基本反应,具有显著的消炎和抗变态反应的作用,它还能缓和间叶组织对内、外环境各种刺激的反应性,改变细胞膜的通透性。临床上常用的有:醋酸可的松注射液、氢化可的松注射液、地塞米松注射液、醋酸氢化可的松注射液、醋酸泼尼松(强的松)、氢化泼尼松(强的松龙)注射液、醋酸氢化泼尼松注射液、氟美松磷酸钠盐注射液及注射用促皮质素等。它们都能明显地改善风湿性关节炎的症状,但容易复发。

3. 应用抗生素控制急性风湿病的链球菌感染 风湿病急性发作期,无论从咽部是否证实有链球菌感染,均需使用抗生素。首选青霉素肌内注射,每天2~3次,一般应用10~14天。

4. 应用碳酸氢钠、水杨酸钠和自家血液疗法 其方法是,每天静脉内注射5%碳酸氢钠溶液500ml,10%水杨酸钠溶液300ml,自家血液的注射量为第1天80ml,第3天100ml,第5天120ml,第7天140ml。每7天为1个疗程,每疗程之间间隔1周,可连用两个疗程,对急性肌肉风湿病疗效显著,对慢性风湿病可获得一定的好转。

5. 其他方法 应用针灸、温热疗法、超短波电场疗法、中波透热疗法、激光疗法,局部涂擦刺激剂等均对风湿病有一定的治疗效果。

第四节 常见肿瘤

肿瘤是奶牛机体中正常组织细胞在致病因素长期作用下产生

的细胞增生与异常分化而形成的病理性新生物。它与受累组织的生理需要无关,无规律生长,丧失正常细胞功能,破坏原器官结构,有的转移到其他部位,危及生命。肿瘤组织还具有特殊的代谢过程,比正常的组织增殖快,耗损动物体大量的营养,同时还产生某些有害物质,损害机体。肿瘤是机体整体性疾病的一种局部表现,它的生长有赖于机体的血液供应,并且受机体的营养和神经状态的影响。

临床上,根据肿瘤对患牛的危害程度不同,通常分为良性肿瘤和恶性肿瘤;在诊断病理学中,根据肿瘤的组织来源和组织形态和性质不同,可区分为上皮组织肿瘤、间叶组织肿瘤、神经组织肿瘤和其他类型肿瘤。

肿瘤症状决定于其性质、发生组织、部位和发展程度。肿瘤早期多无明显临床症状。但如果发生在特定的组织器官上,可能有明显症状出现。

一、良性肿瘤

(一) 乳头状瘤

乳头状瘤由皮肤或黏膜的上皮转化而形成。它是奶牛最常见的表皮良性肿瘤之一。该肿瘤可分为传染性和非传染性两种,对于奶牛而言传染性乳头状瘤多发,并散播于体表呈疣状分布,所以又称为乳头状瘤病。

奶牛乳头状瘤,发病率最高,病原为牛乳头状瘤病毒,具有严格的种属特异性,不易传播给其他动物。传播媒介是吸血昆虫或接触传染。易感性以2岁以下的牛最多发。该病感染后,潜伏期为3~4个月,其好发部位为奶牛的面部、颈部、肩部和下唇,尤以眼、耳的周围最多发;成年母牛的乳头、阴门、阴道有时发生。传染性疣如经口侵入,可见口、咽、舌、食管、胃肠黏膜发生此瘤。

【症　状】　乳头状瘤的外形,上端常呈乳头状或分枝的乳头

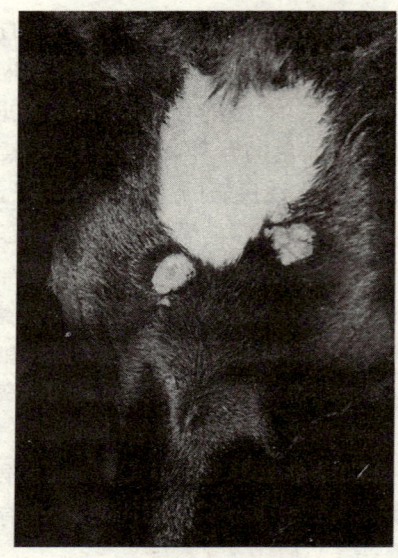

图 7-13 奶牛头部皮肤乳头状瘤
（齐长明）

状突起，表面光滑或凹凸不平，可呈结节状与菜花状等，瘤体可呈球形、椭圆形，大小不一，小者米粒大，大者可达数千克，有单个散在，也可多个集中分布。皮肤的乳头状瘤，颜色多为灰白色、淡红色或黑褐色。瘤体表面无毛，时间经过较久的病例常有裂隙，摩擦易破裂脱落。其表面常有角化现象（图 7-13，图 7-14）。发生于黏膜的乳头状瘤还可呈团块状，但黏膜的乳头状瘤则一般无角化现象。瘤体损伤易出血。病灶范围大和病程过长的病牛，可见食欲减退，体重减轻。乳房、乳头的病灶，则造成挤奶困难，或引起乳房炎（图 7-15）。

图 7-14 奶牛头颈部皮肤乳头状瘤
（齐长明）

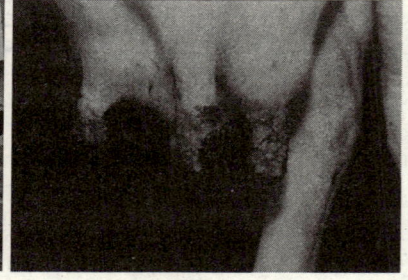

图 7-15 奶牛乳头皮肤乳头状瘤
（齐长明）

【治　疗】　采用手术切除，或烧烙、冷冻及激光疗法是治疗本病主要措施。据报道,疫苗注射可达到治疗和预防本病的效果。目前美国已有市售的牛乳头状瘤疫苗供应。

(二) 纤维瘤

纤维瘤是由结缔组织发生的一种成熟型良性肿瘤,由胶原纤维和结缔组织细胞构成。

【症状】 凡有纤维性结缔组织的部位均可发生;单纯以结缔组织的称为真性纤维瘤,多见于头部、胸部、腹侧和四肢的皮肤和黏膜,呈球形、质硬,有包膜,与周围组织界限明显,表面一般不破溃,大小不等,生长缓慢,光滑可动,切面呈半透明淡灰白色。根据瘤的结构分为5种:①硬纤维瘤,由大量纤维组织和少量细胞组成,见于腹壁肌肉或其他横纹肌中。生长缓慢、无痛、体积小,细胞的梭形或卵圆形核里染色质较少,胶原纤维排列成束,间或呈螺旋状;②软纤维瘤,间质少,由散在结缔组织组成,质软,瘤细胞呈星状,混杂有脂肪组织,瘤体较大;③黏液纤维瘤(黏液瘤),和软纤维瘤相似,不同的是含有一定黏液物质;④息肉,属于黏膜的纤维瘤,有根蒂,呈淡红色,被覆平滑光泽的黏膜,如牛的食管、乳头管、直肠或阴道等息肉;⑤瘢痕瘤,为骨样硬度的纤维瘤,由结缔组织组成,应与增殖的肉芽组织、瘢痕疙瘩相区别。

【治疗】 实行外科手术切除,预后良好。

(三) 脂肪瘤

脂肪瘤是奶牛常见的间叶性良性肿瘤。在任何有脂肪组织处都可发生。牛多见于腹腔和阴道。

【症状】 单发性脂肪瘤多见于皮下,一般生长缓慢,大小不一,质软而轻,有假性波动,容易扯碎,出血较少,呈球状、结节状或不规则的分叶状,周围有一层薄的纤维包膜,内有很多纤维素纵横形成许多间隔。常有较细的根蒂,移动性大,老的脂肪瘤变为脂肪囊肿,可钙化甚至骨化。

【治疗】 单纯性脂肪瘤可实行外科手术切除,预后良好。

(四) 骨 瘤

骨瘤为常见的良性结缔组织瘤,由骨性组织形成,它的来源通常认为是外生性骨疣,或者来自骨膜或骨内膜的成骨细胞。此外,还可从软骨瘤而来。外伤、炎症和营养障碍的慢性过程所致的骨瘤形成是常见的原因。

【症　状】　质地坚硬如骨,常发于头部与四肢,当发生在上颌骨和下颌骨时,通常有一个狭窄的基部附着;如发生在四肢关节附近,可引起顽固性跛行。若骨瘤压迫重要器官、组织、神经、血管时,可引起一定的功能障碍。

【治　疗】　单纯性骨瘤可实行外科手术切除,预后良好。

二、恶性肿瘤

鳞状细胞癌是由鳞状上皮细胞转化而来的恶性肿瘤,又称鳞状细胞癌,简称鳞癌。最常发生于奶牛皮肤的鳞状上皮和有此种上皮的黏膜(如眼结膜、口腔、食道、阴道和子宫颈等)。其他不是鳞状上皮的组织(如鼻咽、支气管和子宫的黏膜)在发生了鳞状化之后,也可出现鳞状细胞癌。

【病　因】

本病病因尚未完全清楚,遗传、缺乏色素、长时间阳光照射暴露于高剂量紫外线下均为致癌诱因,但是单一因素一般不诱发本病。此外,营养、环境、干燥、机械性刺激等物理因素,化学刺激、年龄、早期去势、病毒感染等均被认为与鳞状细胞癌有关。

【症　状】

奶牛最常发生的是眼部鳞状细胞癌,又称为眼癌。病变可出现在眼球各部及其附属物,角膜边缘和眼睑边缘较常发生。多发生于口腔、耳、唇、鼻、眼睑、腹部、乳房等部位。常单个发生,基底部宽,表面呈菜花样或火山口状,易出血,切面呈粉红色或淡粉红色。常侵害骨骼并转移到区域淋巴结,肺脏转移一般已属晚期。

眼部鳞状细胞癌的形成初期为角化斑,其次发展为乳突瘤,最后才是鳞状细胞癌。角化斑为局部增生的上皮,是单个或多个不同形状轻度突起,外观微隆起而扁平,表面光滑或呈颗粒状粗糙感,病牛表现为结膜充血、流泪、畏光等轻度症状。

【诊　断】

根据临床症状可以进行初步诊断,如要确诊,需要进行病理组织学检查。

【治　疗】

如能及早发现与确诊则可望获得临床治愈。目前,在兽医临床上,手术治疗仍不失为一种有效治疗手段,前提是肿瘤尚未扩散或转移,手术切除病灶,连同部分周围的健康组织,应注意切除附近的淋巴结。也可在早期采用放射疗法或辅助治疗,防止复发。

第五节　眼　病

一、结膜炎

结膜炎是指睑结膜和球结膜受外界刺激和感染而引起的炎症。临床上以畏光、流泪、结膜潮红、肿胀、疼痛和眼分泌物增多为特征。

【病　因】

结膜对各种刺激有敏感性,常由于外来或内在的轻微刺激而引起。机械性的刺激最常见,如结膜外伤、睑内翻、睫毛生长异常、灰尘、昆虫、吸吮线虫等。传染性因素如某些细菌、病毒、衣原体和支原体等病原体也可引起发病。其他因素如邻近组织疾病如角膜炎、鼻泪管阻塞等,化学试剂或药品刺激。变态反应如注射疫苗、应用某些眼药水等也可间接或直接引起结膜炎的发生。

【症　状】

结膜炎的共同症状是羞明、流泪、结膜充血、结膜水肿、眼睑痉挛疼痛、渗出物及白细胞浸润。根据病理及临床特点,可分为以下几种类型。

1. 卡他性结膜炎　临床上最为常见,为多种结膜炎的早期症状。结膜潮红,肿胀,充血,眼内角流出多量浆液或浆液黏液性分泌物。有急性和慢性两种类型:急性型时结膜充血潮红,分泌物稀薄或呈黏液性,严重者,眼睑肿胀、增温、羞明,结膜严重充血,疼痛剧烈;慢性型的常因急性炎症未及时治疗所致,患眼羞明,结膜充血,疼痛常不明显,有少量分泌物,经久则结膜增厚呈丝绒状。

2. 化脓性结膜炎　因感染化脓菌或在某种传染病(如恶性卡他热)经过中发生,也可以是卡他性结膜炎的并发症。一般症状都较重。眼内流出多量脓性分泌物,上、下眼睑常黏在一起,而并发角膜浑浊及眼睑湿疹等。

【治　疗】

1. 除去病因　应设法将病因除去,若是症候性结膜炎,则应以治疗原发病为主。

2. 遮断光线　将奶牛放入光线较暗处或包扎眼绷带。当分泌物多时,则不宜包扎眼绷带。

3. 清洗患眼　用3%硼酸、1%明矾溶液或生理盐水清洗患眼。

4. 对症治疗　急性卡他性结膜炎若结膜充血、肿胀明显时,可用冷敷疗法,分泌物变为黏液、增多时改用热敷。选用广谱抗生素眼药水点眼,配合应用醋酸氢化可的松眼药水效果更好。晚间可使用眼药膏。

急性结膜炎时可用0.5%盐酸普鲁卡因注射液4～5ml溶解氨苄青霉素5万～10万U加入地塞米松磷酸钠注射液做眼睑皮下注射,上、下眼睑皮下各注射2～2.5ml,也可做球结膜注射。疑为病毒感染,可使用疱疹净眼药水或吗啉胍眼药水,每天5～6次,同时可皮下注射聚肌胞注射液。

慢性结膜炎局部可用较浓的硫酸锌或硝酸银棒轻擦上、下眼睑,擦后立即用硼酸水冲洗,然后再进行温敷。也可用2%黄降汞眼膏涂于结膜囊内。

某些病例可能与机体的全身营养或维生素缺乏有关,因此应改善患牛的营养并增加维生素。

二、角 膜 炎

角膜炎是指角膜因受微生物、外伤、化学及物理性因素影响而发生的炎症,为奶牛常见疾病,临床上常见外伤性、浅表性、慢性浅表性、间质性和溃疡性角膜炎等。

【病　因】

多由于外伤或异物(如饲料)误入眼内引起,或因睑内翻、睑外翻、睫毛异常生长等引起。化学性损伤如有毒气体、高浓度的消毒剂或杀虫剂溅入眼内也可引起发病。角膜暴露、细菌感染、营养障碍、继发于结膜炎等邻近组织病变的蔓延等均可诱发本病。此外,当牛采食某些能够引起感光过敏的植物(如荞麦、油菜和三叶草等)或其化学产物时,部分病牛表现角膜炎症状。

【症　状】

角膜炎的共同症状是羞明、流泪、疼痛、眼睑闭合、水肿、角膜浑浊、角膜缺损或溃疡,严重则可发生角膜穿孔。各种角膜炎共有症状是角膜面上形成不透明的白色瘢痕即角膜浑浊或角膜翳(图7-16)。角膜浑浊是角膜水肿和细胞浸润

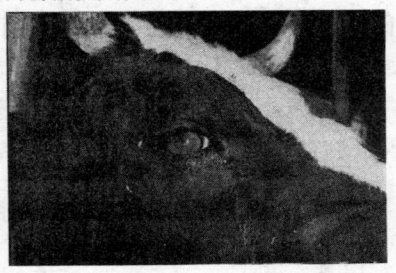

图 7-16　角膜炎导致的角膜浑浊
(齐长明)

的结果(如多形核白细胞、单核细胞和淋巴细胞等),致使角膜表层或深层变暗而浑浊。浑浊可能为局限性或弥漫性,也有呈乳白色或橙黄色。新的角膜浑浊有炎症症状,界限不明显,表面粗糙隆起。陈旧的角膜浑浊没有炎症症状,境界明显。深层浑浊时,由侧面视诊,可见到在浑浊的表面被有薄的透明层;浅层浑浊则见不到薄的透明层,多呈蓝色云雾状。轻度角膜炎常不容易直接发现,只有在阳光斜照下可见到角膜表面粗糙不平。外伤性角膜炎可见有伤痕、浅创、深创或贯通创,有时可见到异物残留,如有铁质异物残留则在角膜创周围可见带铁锈色的晕环。如穿孔则流出血清色液体或虹膜突出于创外。化学性因素引起的,轻的角膜上皮被破坏形成银灰色浑浊。深层受伤则出现溃疡,更严重的可发生坏疽,呈明显的灰白色。

【治 疗】

首先要去除病因。为消除炎症,可先用3%硼酸溶液或灭菌生理盐水冲洗患眼。可在结膜囊内点入广谱抗生素眼药水或药膏、醋酸可的松眼药水或四环素可的松眼膏,每天3~4次。为防止虹膜与晶状体的粘连或当有前色素层炎时可滴入1%硫酸阿托品。也可用0.5%利多卡因注射液或0.5%普鲁卡因注射液10ml加入50万U氨苄青霉素,再加入5mg地塞米松磷酸钠做球结膜下或做上、下睑皮下注射。也可用自家血点眼或做眼睑皮下注射。如为病毒性因素引起,可使用0.5%疱疹净眼膏或3%阿糖腺苷眼膏,每天6次;同时使用聚肌胞注射液,每天1次。也可通过第三眼睑遮盖术或睑缝合术覆盖病损部位,以利于病变角膜的修复。

三、虹 膜 炎

【病 因】

虹膜炎可分为原发性和继发性两种。原发性虹膜炎多由于虹膜损伤和眼房内寄生虫的刺激;继发性虹膜炎继发于各种传染病

(如流行性感冒、全身性霉菌病、线虫幼虫迷走性移行、口蹄疫和牛恶性卡他热),也可能是邻近组织的炎症蔓延的结果,如晶状体破裂和白内障。

【症　状】

患眼羞明、流泪、增温、疼痛剧烈。虹膜由于血管扩张和炎性渗出致使肿胀变形,纹理不清,并失去其固有的色彩和光泽。眼前房由于渗出物的蓄积而浑浊。由于房水浑浊变性和睫状前动脉扩张,角膜营养受影响,角膜呈轻度弥漫性浑浊。因瞳孔括约肌痉挛和虹膜肿胀,瞳孔常缩小,并对散瞳药的反应迟钝。由于瞳孔缩小和调节不良,易形成后粘连。虹膜炎时眼内压常下降。

【治　疗】

应将患牛系于暗厩内,装眼绷带。局部以用散瞳药1‰硫酸阿托品为主,每天点眼5~6次。对急性期病例可用0.05%肾上腺素溶液或0.5%可的松溶液点眼,也可应用抗生素溶液点眼。疼痛显著时可行温敷。严重病例可结膜下注射皮质类固醇,全身应用抗生素。

四、白　内　障

白内障是各种原因所致大小、形态不一的晶状体囊或晶状体浑浊的总称,可分为先天性白内障和后天性白内障。

【病　因】

1. **先天性**　奶牛先天性白内障多由遗传或母体妊娠期内感染牛病毒性腹泻病毒或其他病原感染和中毒所致,极少数是由于眼的发育异常引起。

2. **后天性**　后天性白内障通常起因于眼内炎症或眼的陈旧创伤。与色素层相关的眼炎或者严重的牛传染性角膜结膜炎和创伤均可引起虹膜后粘连和纤维蛋白渗出物黏附于晶状体前囊,影响了晶状体的正常代谢,引起囊性白内障或皮质性白内障。当奶牛饲草中银合欢属植物过多时,可导致白内障、甲状腺肿等病症。

【症　状】

本病的特征是晶状体囊或晶状体浑浊、瞳孔变色、视力消失或减退。浑浊明显时,肉眼检查即可确诊,眼呈白色或蓝白色。否则,需要做检眼镜检查,可见到眼底反射强度下降,浑浊部位呈黑色斑点。先天性白内障有时症状很轻微,累及部分晶状体的先天性白内障病程发展缓慢,晶状体完全浑浊时病牛失明。后天性白内障的晶状体前囊上可能有虹膜后粘连的棕色或黑色虹膜色素残斑,也可能见到晶状体脱位。

【治　疗】

白内障需手术治疗,必须确定病牛的眼底正常才可施术,手术方法有两种。在几周龄的幼犊,如果术后色素层的炎症轻微,晶状体切开术可成功治疗本病。该手术操作简单,可用 Bowman 氏针从背侧角膜缘刺入前房后切开晶状体前囊。正常的和变性的晶状体前囊壁和晶状体会下垂入前房,常可完全吸收。保留后囊于原位以确保玻璃体的正常位置。术后要使用皮质类固醇制剂抑制发生晶状体蛋白过敏性炎症反应,但在幼龄犊牛很少发生。由于前囊和晶状体下垂于前房内,术后可使牛复明。在年龄较大时,因可伴发色素层炎而使得该手术不可行,晶状体囊外摘除术和晶状体乳化术为最佳选择。前者需从角膜或角膜缘处打开前房,切除前囊后将晶状体核摘除。和其他动物一样,术后必须应用皮质类固醇制剂,最常见的并发症为虹膜痉挛所致的无瞳孔和后粘连,可能导致失明。色素层炎常可控制,总体来讲对视力预后良好。

眼损伤、牛传染性角膜结膜炎感染和各种原因引起的眼色素层炎时,局部使用阿托品眼膏可最大限度地预防牛眼继发白内障,并起到散瞳的作用,防止虹膜后粘连发生。

五、青光眼

青光眼是由于眼房角阻塞,眼房液排出受阻导致眼内压增高,进而损害视网膜和视神经乳头的一种眼病。犊牛和青年牛发病较多。

【分类与发病机理】

1. 原发性青光眼　多因眼房角结构发育不良或发育停止,引起房水排泄受阻、眼压升高。奶牛原发性青光眼与遗传有关,但其遗传类型多数不明,提示可能属多基因遗传,可受环境或多因子的影响。晶体增厚、虹膜与晶体相贴、瞳孔散大、内皮增生等使前房变浅、变窄,妨碍房水排泄,也可引起眼压升高。

2. 继发性青光眼　多因眼球疾病如前色素层炎、瞳孔闭锁或阻塞、晶体前或后移位、眼肿瘤等,引起房角粘连、堵塞,改变房水循环,使眼压升高而导致青光眼。

3. 先天性青光眼　房角中胚层发育异常或残留胚胎组织、虹膜梳状韧带增宽,阻塞房水排出通道。

至于其发病原因除以上发生的机制外,嗜视神经毒素的中毒、维生素A缺乏、近亲繁殖等也可引起发生青光眼。此外,急性失血、性激素代谢紊乱和碘不足,可能与青光眼的发生有一定关系。

【症　状】

本病可突然发生,也可逐渐形成。早期症状轻微,表现泪溢、轻度眼睑痉挛、结膜充血。瞳孔有反射,视力未受影响,眼轻微或无疼痛。眼压中度升高(4～5.2kPa),看上去眼"似乎变硬"。视网膜及视神经乳头无损害。随着病情发展眼内压增高,眼球增大,视力大为减弱,虹膜及晶体向前突出,从侧面观察可见到角膜向前突出,眼前房缩小,瞳孔散大,失去对光反射能力。滴入缩瞳剂(1%～2%毛果芸香碱溶液)时,瞳孔仍保持散大,或者收缩缓慢,但晶体没有变化。在暗室或阳光下常可见患眼表现为绿色或淡青绿色。最初角膜可能是透明的，后则变为毛玻璃状，并比正常的角膜要凸出些。

晚期眼球显著增大突出，眼压明显升高（>5.2kPa），指压眼球坚硬。瞳孔散大固定，对光反射消失，散瞳药不敏感，缩瞳药无效。角膜水肿、浑浊，晶体悬韧带变性或断裂，引起晶体全脱位或不全脱位。视神经乳头萎缩、凹陷，视网膜变性，视力完全丧失。较晚期病例的视神经乳头呈苍白色。两眼失明时，两耳会转向倾听，运步蹒跚，乱走，甚至撞墙。

【治　疗】

目前没有特效治疗方法，可采用下列措施。

1. 高渗疗法　可通过升高血液渗透压，以减少房水，降低眼压。可缓慢静脉推注20%甘露醇（1～2g/kg体重），3～5min注完，或静脉点滴注射。也可口服50%甘油（1～2g/kg体重）。用药后15～30min产生降压作用，维持4～6h。必要时8h后重复使用。

2. 应用碳酸酐酶抑制剂　这类药物可抑制房水的产生和促进房水的排泄，从而降低眼压。常用药为二氯磺胺、乙酰唑胺和甲醋唑胺。一般来说，用药后1h眼压开始下降，并可维持8h。可任选其中1种，口服，每天2～3次；剂量：二氯磺胺10～30mg/kg体重，乙酰唑胺为2～4mg/kg体重，甲醋唑胺为2～4mg/kg体重。

3. 应用缩瞳剂　可开放已闭塞的房角，改善房水循环，使眼压降低。可用1%～2%硝酸毛果芸香碱溶液滴眼，或与1%肾上腺素溶液混合滴眼。最初每小时1次，瞳孔缩小后减到每天3～4次。一般主张先用全身性降压药，再滴缩瞳剂，其缩瞳作用更好。

4. 手术治疗　用药48h后不能降低眼压，可考虑使用手术以便房水得以排泄，常用虹膜嵌顿术、睫状体分离术等。急性应急措施有角膜穿刺排液以及虹膜周边切除术。如果视神经已经萎缩、血管膜已变性、视力丧失，可以摘除眼球。

六、角膜溃疡

角膜溃疡即溃疡性角膜炎,有浅表性和深在性角膜溃疡。

【病　因】

浅表性角膜溃疡多因机械性损伤所致,如睑内翻、睫毛乱生、倒睫等。深在性角膜溃疡多因角膜软化(细菌、真菌感染,蛋白酶和胶原酶作用)、外伤和暴露性角膜(睑外翻、眼突出的奶牛等)等引起。

【症　状】

患眼流泪、结膜充血、睑痉挛和有脓性分泌物。可见角膜表层或深层不规则缺损。缺损部细胞浸润,角膜浑浊,血管增生。浅表性角膜溃疡疼痛明显,深在性则疼痛轻微。若伴发前色素层炎,易发生后弹力层和角膜穿孔。

【治　疗】

首先消除机械性刺激源。为防止感染,用高浓度广谱抗生素眼膏或眼药水点眼,并交替使用阿托品。对于因蛋白酶或胶原酶所致深在性角膜溃疡,可应用20%半胱氨酸溶液滴眼,每天4次。如角膜显露或泪腺分泌减少可滴用人工泪(0.5%～1%甲基纤维素),每天数次,以防止角膜干燥。

角膜穿孔时,应严密消毒防止感染。对新发生的虹膜脱出病例,可将虹膜还纳展平;脱出的病例,可用灭菌的虹膜剪剪去脱出部,涂黄降汞眼膏,装眼绷带,但一般虹膜脱出后会影响视力。感染严重无法控制的可行眼球摘除术。

1%三七液煮沸灭菌后待冷却点眼,对角膜创伤的愈合起促进作用,且能使角膜浑浊减退。中成药如拨云散、光明子散、明目散等对慢性角膜炎有一定疗效。

顽固性角膜溃疡者,可施行结膜瓣、第三眼睑瓣遮盖术,保护角膜2～4周。出现兔眼时,应施行永久性内或外侧睑闭合术。

七、眼眶蜂窝织炎

眼眶蜂窝织炎指的是眼眶皮下或眼眶筋膜下的炎症反应。炎症可能累及眶骨膜和疏松的眶周组织，如果治疗不当，炎症可波及整个眼球、视神经、眶骨或大脑。

【病　因】

1. 蚊、蝇叮咬伤所致的眼睑和眶周感染。
2. 异物从结膜或口腔刺入的异物可移行至眼眶而引起感染。
3. 伴有继发感染的眼眶肿瘤可引起眼眶的炎症。
4. 机体其他部位的感染常可扩散至眼眶，如牛的口腔坏死杆菌病或化脓棒状杆菌感染可继发本病。

【症　状】

眼眶蜂窝织炎影响眼部的静脉回流，可导致视神经乳头水肿。眼底检查可见眼底模糊不清或者视网膜出血。常见的临床表现有结膜水肿、眼睑肿胀、眼球突出、发热、白细胞增多、眼球运动受限和疼痛表现。病牛患有急性眼眶蜂窝织炎时，眼眶、眼睑温度升高，疼痛、肿胀。结膜水肿，第3眼睑外突，也可见眼球突出。慢性眼眶蜂窝织炎时，眼球突出不明显，但疼痛明显，局部软组织肿胀。

【诊　断】

仔细观察眼睑和结膜，看上面是否有创口。也可尝试打开患牛的口腔检查上颚及背侧龋齿，注意观察是否有肿胀或异物。探察手术可确诊本病，手术切口可位于皮肤或结膜。

【治　疗】

1. 药物治疗　肌内注射甲氧苄啶联合抗生素制剂可控制本病，也可肌内注射广谱抗生素如头孢噻呋钠、氨苄西林钠、恩诺沙星等。抗生素治疗的同时配合使用一些非类固醇类抗炎药物如阿司匹林或保泰松，可起到镇痛和轻度抗炎作用。结膜囊内应用抗生素眼膏可预防暴露性角膜炎和角膜溃疡的发生。

在眼眶发炎时,泪腺功能常受到抑制。在治疗期间,为避免发生暴露性角膜炎,可用人工泪液或10%甲基纤维素保持角膜的湿润,直至泪腺功能恢复(常需2～4周的时间)。

2. **手术治疗** 慢性眼眶蜂窝织炎或脓肿需对病变进行定位,以便手术引流。引流前可通过X线摄片、穿刺或超声波等方法确定感染部位。因脓肿中可能有化脓性放线菌存在,所以术后应全身应用青霉素1～2周。手术时可留置引流条以便每天冲洗。穿刺或手术中取得的病料可进行细菌培养和药敏试验,以确定后期治疗过程中使用的抗生素。

八、眼睑疾病

(一)眼睑内翻

眼睑内翻是指眼睑缘向眼球方向翻转,导致睫毛刺激眼球的一种异常状态。此病有一侧或两侧眼睑内翻,可以一侧或两侧眼发病。内翻后,睑缘的睫毛对角膜和结膜有很大的刺激性,可引起流泪与结膜炎,甚至引起角膜炎和角膜溃疡。

【病　因】 有先天性、痉挛性和后天性3种。

(1)**先天性** 可能是一种遗传缺陷,见于小眼球或眼睑异常,多见于下眼睑外侧、上眼睑内侧和下眼睑内侧。

(2)**痉挛性** 见于某些急性或疼痛性眼病,如角膜擦伤、眼内异物、结膜炎、角膜炎、倒睫及睫毛异生等继发眼轮匝肌痉挛而使睑内翻。

(3)**后天性** 因眼眶脂肪丧失或颞肌萎缩常导致睑内翻。慢性结膜炎或结膜手术后,因睑结膜瘢痕收缩可引起发病。

【症　状】 常见一侧或两侧睑内翻,由于睫毛甚至睑缘皮肤刺激结膜和角膜以及眼球引起眼睑痉挛、流泪、结膜充血、角膜浅层有新生血管形成,发生结膜炎、角膜炎,如不及时进行手术治疗,可出现角膜血管增生、色素沉着及角膜溃疡。

【治　疗】

(1)先天性　以手术矫正为主,一般以4~6月龄手术最为理想。距下眼睑缘2~4mm用镊子镊起皮肤,并用1把或2把直止血钳钳住。夹持皮肤的多少,视内翻严重程度而定。用力钳夹皮肤30s后松开止血钳。镊子提起皱起的皮肤,再用手术剪沿皮肤皱褶的基部将其剪除。切除后的皮肤创口呈半月形。最后用4号丝线结节缝合,闭合创口(图7-17)。缝合要紧密,针距为2mm。

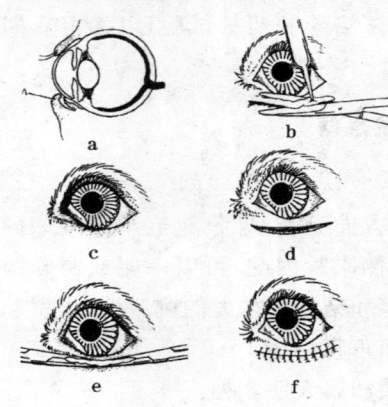

图7-17　眼睑内翻矫正手术
a,b.用手术剪剪去形成皱褶的皮肤
c,d 形成的皮肤缺损
e,f.将皮肤间断缝合

(2)痉挛性　应先确定和清除引起眼睑内翻的痉挛性因素,为此可对患眼表面麻醉或阻滞眼睑神经,观察眼睑是否能恢复到正常位置。若确定为痉挛性眼睑内翻,应治疗引起内翻的原发性眼病,病因去除后,病情有所好转。为减轻眼缘内翻程度和消除睫毛对眼球的持续刺激,可临时施第三眼睑瓣遮盖术,或将睑裂外1/3处作暂时缝合,以减轻睑缘的内翻程度,2~3周拆除缝线。如无效,需行内翻成形术。

(3)后天性　可采取眼外眦固定术,暂时性缩短睑裂,根据眼睑内翻程度进行内翻成形术。

(二)眼睑外翻

眼睑外翻是眼睑缘离开眼球向外翻转显露的异常状态,以下眼睑外翻多见。

【病　因】　先天性多与遗传性缺陷有关,或继发于眼睑的损伤、慢性眼睑炎、眼睑溃疡,或眼睑手术时切去皮肤过多,皮肤形成瘢痕收缩所引起。生理性的由于疲劳、老年奶牛肌肉紧张力丧失，眼睑皮肤松弛、麻痹性均可引起。在眼睑皮肤紧张而眶内容物又充盈情况下，眶部眼轮匝肌痉挛可发生痉挛性眼睑外翻。

【症　状】　眼睑缘离开眼球表面，呈不同程度的向外翻转，结膜因暴露而充血、潮红、肿胀、流泪，结膜内有渗出液积聚。病程长的结膜变为粗糙及肥厚，也可因眼睑闭合不全而发生色素性结膜炎、角膜炎。角膜干燥、粗糙，影响视力。

【治　疗】　多数眼睑外翻的奶牛无须手术治疗，仅那些已患有角膜炎或结膜炎，且药物治疗无效者，可施行手术疗法。

(1) 在下眼睑皮肤做"V"形切口法　然后将其缝成"Y"形，使下睑组织上推以矫正外翻，即 V－Y 形成形术。在距睑外翻下缘 2～3mm 处切一"V"形切口，并从其尖端向上分离皮瓣，用镊子将皮瓣提起，再用剪刀钝性分离"V"形皮肤切口周围皮下组织，然后从尖端向上作"Y"形缝合。边缝合边向上移动皮瓣，直至外翻矫正为止(图 7-18)。

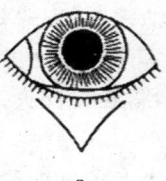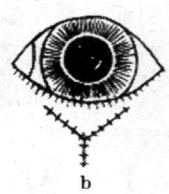

图 7-18　眼睑外翻 V-Y 形矫正术
a. 作 V 形皮肤切口
b. 间断缝合皮肤

(2) 在外眼眦手术　先用 2 把镊子折叠下睑，估计需要切除多少下睑皮肤组织，然后在外眦将睑板及睑结膜做 1 个三角形切除，尖端朝向穹窿部，分离欲牵引的皮肤瓣，再将三角形的两边对齐缝合(缝前应剪去皮肤瓣上带睫毛的睑缘)，然后缝合三角形创口，使外翻的眼睑复位(图 7-19)。

(三) 眼　睑　炎

指眼睑皮肤，尤其是睑缘部的急性或慢性炎症。眼睑炎可单独发生，但常伴有结膜炎和睑板腺炎。

 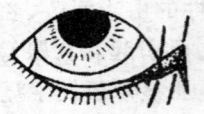 

图 7-19 眼睑外翻外眼眦三角形成形手术
a. 在外眼眦的皮肤及眼结膜做 1 个三角形切除
b. 分离皮肤瓣　c. 三角形切口对齐缝合

【病　因】　眼睑或睑缘受到机械性（如外伤）或化学性（如酸、碱烧伤）等因素的刺激，睑缘皮脂腺和睑板腺分泌旺盛，合并感染后引起。感染原包括细菌（主要是葡萄球菌和链球菌）、真菌（主要是石膏样小孢子菌和毛癣菌）和寄生虫（主要是蠕行螨和疥螨感染）。另外，脓皮病、脂溢性皮炎或过敏反应在眼部常表现为慢性眼睑炎。

【症　状】　临床上多见细菌感染，急性期，睑缘及周围眼睑充血、肿胀、有黄色痂皮形成，剥掉痂皮后暴露出睫毛根部的小脓疱。炎症通常波及结膜和睑板腺，眼睑结膜充血、水肿，在睑缘结膜面可能有小米粒大小的灰黄色脓点，从内眼角流出脓性分泌物。转为慢性后，睑缘糜烂或溃疡，睫毛脱落。随着病程延长，睑缘增厚变形，外翻或外旋，睫毛乱生，发现泪溢。真菌或寄生虫感染时，睑缘及眼睑除充血、肿胀外，表现脱毛和鳞屑增多。寄生虫感染或过敏反应还引起眼睑剧烈瘙痒，常造成局部擦伤或抓伤。

【治　疗】　用生理盐水棉球或 3% 硼酸水、3% 碳酸氢钠溶液洗涤眼睑缘，清除睑缘的痂皮和鳞屑，涂布四环素、泼尼松或金霉素等眼膏，每天 2～3 次。为缓解瘙痒，可使用 2% 丁卡因及 1∶3 000 硝酸汞甲酚眼膏，如为疥螨引起可用 10% 硫磺软膏。严重病例可肌注青霉素。真菌感染时可内服灰黄霉素，剂量为 25～60mg/kg 体重，每天 1 次，连用 6 周。使用硫磺软膏等外用药前，需先用无刺激性的硼酸软膏或磺胺软膏保护角膜。

九、传染性角膜炎

本病又名红眼病。从最初发现至今已有 100 多年的历史。本病具有高度的传染性,且在暴发时传染性强,可在夏、秋季感染放牧牛群。而舍饲牛群全年内可感染。青年牛和犊牛感染较严重,接触过本病病原的牛可能会产生局部免疫力。

【病　因】

目前大多数学者认为牛莫拉氏菌为本病的病原。该菌的菌毛有助于黏附于角膜上皮,使角膜感染。长期受到紫外线照射的角膜易感性增加,降低紫外线照射后,溃疡的角膜会逐渐痊愈,且在暴发本病时能够分离出的牛莫拉氏菌的数量降低。苍蝇、灰尘等在此病整个过程中都起重要的作用,特别是家蝇属和刺蝇属的蝇类已归于传播媒介。

此外,牛传染性鼻气管炎病毒除能引发鼻气管炎外还可导致结膜炎,而且从患牛眼部除分离到牛莫拉氏菌外还同时分离到了牛鼻炎支原体和莱德劳氏支原体。从暴发本病的牛群还分离到了布兰汉氏球菌、单核细胞增多性李斯特菌以及腺病毒。

【症　状】

初期羞明,流泪,结膜水肿、充血,眼睑痉挛和闭锁,局部增温,出现角膜炎和结膜炎的临床特征。眼分泌物量大,初为浆液性,后变为脓性并粘在患眼的睫毛上。晚期角膜中央浑浊,浑浊的范围逐渐增大,发生环形溃疡并变黄,再发展成不整环形的深火山口样溃疡,边缘融合、坏死。最终周围被新生血管包围,病牛可能继发色素层炎、角膜穿孔或失明(图 7-20,图 7-21)。75％的临床病例为单侧发病,最终多发展为双侧。青年牛病变较严重,恢复期也更长,患牛的采食量、产奶量和体重逐渐降低。

【治　疗】

首先应隔离病牛,消毒厩舍,转移变换牧场,消灭家蝇和牛体

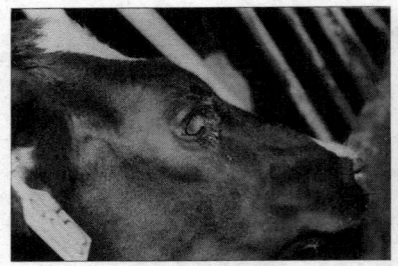

图7-20 传染性角膜结膜炎　　图7-21 传染性角膜结膜炎
（齐长明）　　　　　　　　　（齐长明）

上的壁虱，防止病原的传播。

第一，牛莫拉氏菌对包括很多防腐消毒剂在内的大多数抗微生物制剂敏感，但对林可霉素、泰乐菌素和红霉素有耐药性。在无分离培养设备的情况下，建议用抗生素对全群治疗以保护未感染的牛，考虑到潜在的病原携带者，入群前对新的奶牛要使用抗生素预防。如有条件，可隔离患牛至阴凉处同时全场灭蝇

第二，局部使用抗生素可以结膜下注射或以非口服的方式给药。目前，已有几种含氯唑西林、头孢洛宁以及青霉素和链霉素的合剂可以延长药物在结膜囊内停滞时间。结膜下注射抗生素是局部给药的另一种方法，但抗生素必须注射到背侧球结膜下。眼睑内注射多种抗生素的方法较为常用，但有证据表明，蓄积于眼睑肌肉内的药物可进入泪腺，重复注射长效青霉素、土霉素和青霉素可收到良好的效果。

第三，严重角膜溃疡和角膜穿孔而引起前房破裂可用第3眼睑遮盖术，该手术最好同时施睑缘缝合术，将眼睑缝合在一起。局部麻醉和眼轮匝肌麻醉可防止眼睑痉挛，将瞬膜与松弛的球结膜缝合在一起以覆盖角膜。用不可吸收缝线做褥式缝合，覆盖角膜2～3周后拆线。

第六节 四肢疾病

一、骨的疾病

(一) 骨膜炎

骨膜的炎症称骨膜炎。临床上可分为非化脓性与化脓性、急性与慢性骨膜炎。临床以非化脓性骨膜炎较多见。

【病因】

第一,骨膜直接遭受机械性损伤,如跌倒、蹴踢、冲撞等引起。最常发生在四肢下部。

第二,在快速运动中肌腱、韧带过度的牵张,或长期受到反复的刺激,致使其附着部位的骨膜发生炎症。

第三,有些病例的发生是由骨膜附近关节及软组织的慢性炎症蔓延而来。凡是肢势不正,蹄形不正的牛,容易发生本病。

【症状】

(1) 急性骨膜炎　病初病变部充血、渗出,出现局限性、硬固的热痛性扁平肿胀,触诊有痛感,指压留痕。四肢的骨膜炎可发生明显跛行,严重的病牛,常不愿站立而卧地。

(2) 慢性骨膜炎　由急性骨膜炎转变而来,或因骨膜长期遭到频繁、反复的刺激而发生,有两种病理过程。

①纤维性骨膜炎。以骨膜的表层和表、深层之间的结缔组织增生为特征。病患部出现坚实而有弹性的局限性肿胀,触诊有轻微热、痛。肿胀紧贴在骨面上,该部的皮肤仍有可动性,大多数病例功能障碍不显著或没有。

②骨化性骨膜炎。病理过程由骨膜的表层向深层蔓延。首先在骨表面形成骨样组织,以后钙盐沉积,形成新生的骨组织,小的称骨赘,大的称外生骨瘤。视诊可见病部呈界限明显、突出于骨面

的肿胀。触诊硬固坚实,没有疼痛,表面呈凹凸不平的结节状,或呈显著突出的骨隆起,大小不定,可由拇指至核桃大或更大些。当骨赘发生于关节的韧带部或肌腱的附着点时,可发生跛行。

【治　疗】　急性浆液性骨膜炎时,发病24h以内,可用冷疗法。以后改用温热疗法和消炎剂,如外敷用醋或酒精调制的复方醋酸铅散、10%碘酊或碘软膏、10%～20%鱼石脂软膏等。用盐酸普鲁卡因溶液加皮质激素制剂局部封闭,可获良好效果。

纤维性骨膜炎和骨化性骨膜炎的治疗,早期可用温热疗法及按摩。跛行较重的病例可应用刺激剂。可涂擦20%碘酊,每次10min。每天2次,共3次;碘酒精溶液(处方:碘酊1ml、70%酒精和蒸馏水各15ml),1次皮下注射。还可用10%重铬酸钾软膏,每天2次。陈旧的病例,可在点状烧烙后,再涂布刺激剂,通常要反复治疗几次,大部分病例在3～4周后跛行可望消失。

骨化性骨膜炎在上述治疗无效时,可在无菌条件下进行骨膜切除术。

各种骨膜炎都应当除去病因,对肢势不正的牛应及时进行削蹄。

(二)骨　折

由于外力的作用,使骨的完整性或连续性遭受机械破坏时称为骨折。骨折的同时常伴有周围软组织不同程度的损伤。常见于牛的四肢长骨骨折。多数是偶发的损伤,主要与饲养管理和保定不当等有关。

【病　因】

(1)外伤性骨折

①直接暴力。骨折都发生在打击、挤压等各种机械外力直接作用的部位。如重物压轧、蹴踢、角顶等,常发生开放性骨折甚至粉碎性骨折,大都伴有周围软组织的严重损伤。

②间接暴力。指外力通过杠杆、传导或旋转作用而使远处发

生骨折。如奔跑中扭闪或急停、跨沟滑倒等,可发生四肢长骨、髋骨或腰椎的骨折;肢蹄嵌夹于洞穴、木栅缝隙等时,肢体常因急旋转而发生骨折。

③肌肉过度牵引。肌肉突然强烈收缩,可导致肌肉附着部位骨的撕裂。

(2)病理性骨折　病理性骨折是有骨质疾病的骨发生骨折。如患有骨髓炎、骨疽、佝偻病、骨软病,衰老、妊娠后期或高产奶牛泌乳期中,营养神经性骨萎缩,慢性氟中毒等疾病,这些处于病理状态下的骨,疏松脆弱,抵抗力降低,有时遭受不大的外力,也可引起骨折,奶牛常发生于骨盆骨与股骨的骨折。

【分　类】

(1)按骨折病因分为　外伤性骨折和病理性骨折。

(2)按皮肤是否破损分为

①闭合性骨折。骨折部皮肤或黏膜无创伤,骨断端与外界不相通。

②开放性骨折。骨折伴有皮肤或黏膜破裂,骨断端与外界相通。此种骨折病情复杂,容易发生感染化脓并发生股动脉损伤,骨盆骨折并发膀胱或尿道损伤等。

(3)按骨折发生的解剖部位可分为

①骨干骨折。发生于骨干部的骨折。临床上多见。

②骨骺骨折。多指幼龄牛骨骺的骨折,在成年牛多为干骺端骨折。如果骨折线全部或部分地位于骨骺线内,使骨骺全部或部分与骨干分离,称骨骺分离。

(4)按骨损伤的程度和骨折形态分为

①不全骨折。骨的完整性或连续性仅有部分中断。如发生骨裂或犊牛的骨折。

②全骨折。骨的完整性或连续性完全被破坏,骨折处形成骨折线。根据骨折线的方向不同,可分为横骨折、纵骨折、斜骨折、螺

旋骨折、嵌入骨折、穿孔骨折等；如果骨离断成两段（块）以上，称粉碎性骨折，骨折线可呈"T"、"Y"、"V"形等（图7-22），因此只能做内固定。

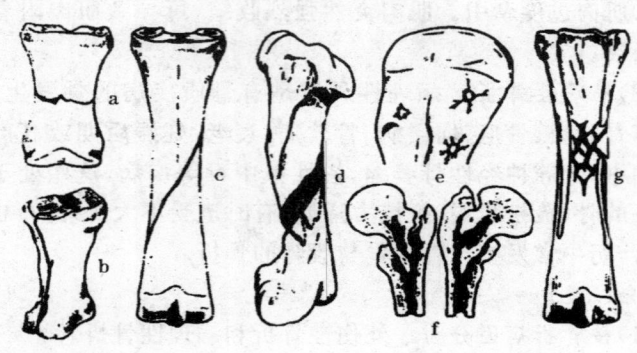

图 7-22　全骨折
a. 横骨折　b. 纵骨折　c. 斜骨折　d. 螺旋骨折
e. 穿孔骨折　f. 嵌入骨折　g. 粉碎骨折

【症　状】

(1) 骨折的特有症状

①肢体变形。骨折两断端因受伤时的外力、肌肉牵拉力和肢体重力的影响等，造成骨折段的移位。骨折后的患肢呈弯曲、缩短、延长等异常姿势。

②异常活动。在骨折后负重或作被动运动时，出现屈曲、旋转等异常活动。但肋骨、椎骨、蹄骨、干骺端等部位的骨折，异常活动不明显或缺乏（图7-23）。

③骨摩擦音。骨折两断端互相触碰，可听到骨摩擦音，或有骨摩擦感。但在不全骨折、骨折部肌肉丰厚、局部肿胀严重或断端间嵌入软组织时，通常听不到。

(2) 骨折的其他症状

①出血与肿胀。骨折时骨膜、骨髓及周围软组织的血管破裂

出血,经创口流出或在骨折部发生血肿,加之软组织水肿,造成局部显著肿胀。

②疼痛。骨折后骨膜、神经受损,病牛即刻感到疼痛,病牛不安、避让,全身发抖等症状。骨裂时,用手指压迫骨折部,呈现线状压痛。

③功能障碍。骨折后因肌肉失去固定的支架,以及剧烈疼痛而引起不同程度的功能障碍,都在伤后立即发生。如四肢骨骨折时突发重度跛行、脊椎骨骨折伤及脊髓时可致相应区后部的躯体瘫痪等。

(3)全身症状 轻度骨折一

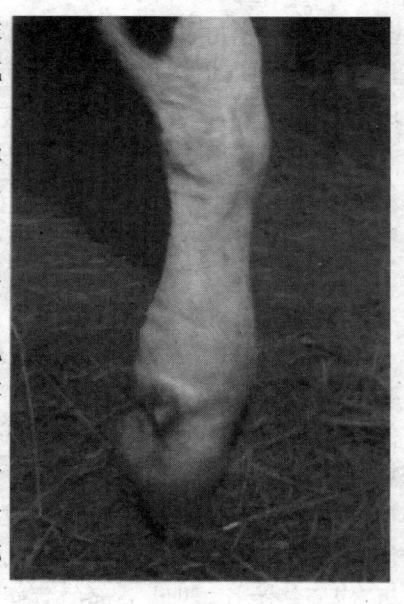

图7-23 牛前肢掌骨骨折

般全身症状不明显。严重的骨折伴有内出血、肢体肿胀或者内脏损伤时,可并发急性大失血和休克等一系列综合症状。

【诊 断】 根据外伤史和局部症状,一般不难诊断。根据需要,可用下列方法作辅助检查。

(1)X线检查 用X线透视或摄片,可以清楚地了解到骨折的形状、移位情况。

(2)直肠检查 用于髋骨或腰椎骨折的辅助诊断,检查人员手臂深入直肠内,另一人搬动后肢做他动运动,在直肠内的手仔细触诊和感觉髋骨和腰椎有无摩擦音。

开放性骨折,除具有上述的变化外,可以见到皮肤及软组织的创伤。有的形成创囊,骨折断端暴露于外,创内变化复杂,常含有血凝块、碎骨片或异物等,容易继发感染化脓。

【骨折的急救】 骨折发生后应不让奶牛走动。严重的骨折常伴有不同程度的休克,开放性骨折有大出血时,首先要制止出血和防治休克。奶牛疼痛不安或有骚动时,宜使用全身镇静剂。

开放性骨折在使用全身镇静剂后,清创,撒布抗菌药物,随后包扎。

骨折的暂时固定应就地取材,用竹片、木板、树枝、树皮、钢筋等,将骨折部上、下2个关节同时固定。处理结束,尽快现场治疗或将骨折奶牛送动物医院治疗。

【治　疗】 奶牛骨折经过治疗后,是否能恢复生产能力,这是必须考虑的问题。由于奶牛的年龄、营养状况不同,发生骨折的部位、性质、损伤程度不一,以及治疗条件、技术水平等因素,骨折后愈合时间的长短以及愈合后病肢功能恢复的程度有较大差异。若预计治疗后不能恢复生产性能,或治疗费用要超过奶牛的经济价值时,就应该断然做出淘汰的决定。一般四肢下部的非开放性骨折,应坚持治疗,四肢上部的骨折或四肢的开放性骨折可考虑淘汰。

非开放性骨折的治疗,包括复位与固定和功能锻炼2个环节。

(1)复位与固定　骨折复位是使移位的骨折端重新对位,时间要越早越好,力求做到1次整复正确。一般应在侧卧保定下,根据病牛的种类、采用全身麻醉进行整复。

轻度移位的骨折整复时,可由助手将病肢远端适当牵引后,术者对骨折部托压、挤按,使断端对齐、对正;若骨折部肌肉强大,断端重叠而整复困难时,可在骨折段远、近两端稍远离处各系上一绳,远端也可用铁丝系在蹄壁周围,向远端牵引将腿拉直。按"欲合先离,离而复合"的原则,先轻后重,沿着肢体纵轴作对抗牵引,然后使骨折的远侧端凑合到近侧端,根据变形情况整复,以矫正成角、旋转、侧方移位等畸形,力求达到骨折前的原位。复位是否正确,可以根据肢体外形,抚摸骨折部轮廓,在相同的肢势下,按解剖位置与对侧健肢对比,以观察移位是否已得到矫正。

临床常用的外固定方法有以下两种。

①夹板绷带固定法。采用竹板、木板、铝合金板、铁板等材料,制成长、宽、厚与患部相适应,强度能固定住骨折部的夹板数条。包扎时,将患部清洁后,包上衬垫,于患部的前、后、左、右放置夹板,用绷带缠绕固定。包扎的松紧度,以不使夹板滑脱和不过度压迫组织为宜。为了防止夹板两端损伤患肢皮肤,里面的衬垫应超出夹板的长度或将夹板两端用棉纱包裹(图7-24)。

②石膏绷带固定法。石膏具有良好的塑型性能,制成石膏管型与肢体接触面积大,不易发生压创,具有较好固定作用(图7-25)。

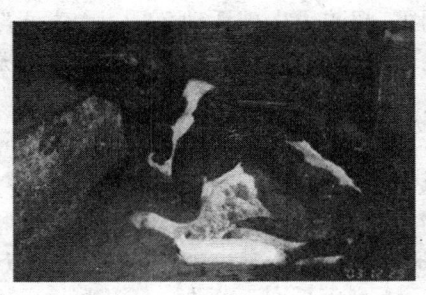

图7-24 奶牛后肢蹠骨骨折夹板绷带

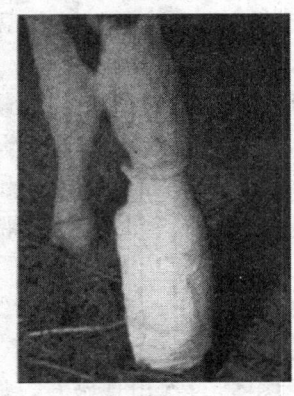

图7-25 奶牛前肢掌骨骨折石膏绷带固定

(2)骨折奶牛的药物疗法和物理疗法 骨折固定后需采用一定的辅助疗法,有助于加速骨折的愈合。

为了加速骨痂形成,增加钙质和维生素是非常需要的。可在饲料中加喂碳酸钙和增加青绿饲草等。犊牛骨折时可补充维生素A,维生素D或鱼肝油。必要时可以静脉补充钙剂。

骨折愈合的后期常出现肌肉萎缩、关节僵硬、骨痂过大等后遗症。可进行局部按摩、搓擦,增强功能锻炼,同时配合物理疗法如石蜡疗法、温热疗法,以促使其早日恢复功能。

二、关节疾病

(一)关节捩伤

关节捩伤(关节扭伤)是指关节在突然受到间接的机械外力作用下,超越了生理活动范围,瞬时间的过度伸展、屈曲或扭转而发生的关节损伤。最常发生于系关节、肩关节和髋关节。

【病　因】　关节捩伤发病原因,奶牛在运动中失足登空、嵌夹于穴洞的急速拔腿、跳跃障碍、不合理的保定、肢势不良、削蹄失宜或误踏深坑或深沟、跳沟扭闪(跨越沟渠)、跌倒等。轻者引起关节韧带和关节囊的全断裂以及软骨和骨骺的损伤。韧带损伤常发生于骨的附着部,纤维发生断裂,若暴力过大,能撕破骨膜和扯下骨片,成为关节内的游离体。韧带附着部的损伤,可引起骨膜炎及骨赘。关节囊或滑膜囊破裂常发生于与骨结合的部位,易引起关节腔内出血或周围出血,浆液性、浆液纤维素性渗出。

【症　状】　关节捩伤在临床上表现有疼痛、跛行、肿胀、温热和骨质增生等症状。

(1)疼痛　韧带损伤痛点位于侧韧带的附着点纤维断裂处,触诊可发现疼痛。他动运动有疼痛反应,举起患肢进行关节他动运动,只要使受伤韧带紧张,即使不超过其生理活动范围,立即出现疼痛反应,甚至拒绝检查。转动关节向受伤的一方,使损伤韧带弛缓,则疼痛轻微或完全无痛。

(2)跛行　原发性跛行,受伤时突发跛行。行走数步之后,疼痛减轻或消失,这是原发性剧烈疼痛的结果。反应性疼痛跛行在伤后约经12～24h,炎症发展为反应性疼痛,再次出现跛行,跛行程度随运动而加剧。组织损伤的越重,跛行也越重。如损伤骨组织时表现为重度跛行。病牛在站立时,如为中等度捩伤,患肢屈曲

第七章 奶牛外科病

以蹄尖着地,免负体重;重度捩伤以蹄尖支柱,时时提起患肢或悬起不敢着地(图7-26,图7-27)。

(3)肿胀 捩伤关节的肿胀,出现在病程的2个阶段。病初炎性肿胀,是关节滑膜出血、关节腔血肿、滑膜炎性渗出的结果。另一种肿胀出现在慢性经过的骨质增殖,形成骨赘时,表现硬固肿胀。

(4)温热 发病初期局部温热,在慢性过程关节周围纤维性增殖和骨性增殖阶段有肿胀、跛行而无温热。

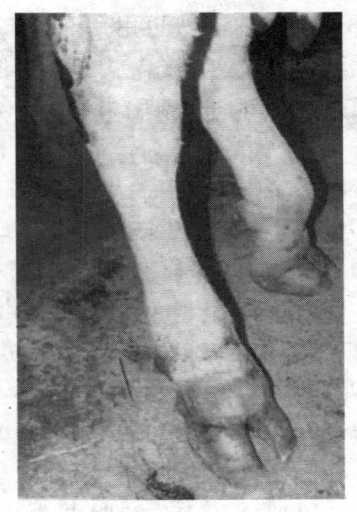

图7-26 奶牛肘关节扭伤

(5)骨赘 慢性关节捩伤可继发骨化性骨膜炎,常在韧带附着处形成骨赘。

【治 疗】

治疗原则是制止出血和炎症发展,促进吸收,镇痛消炎,预防组织增生,恢复关节功能。

(1)制止出血和渗出 在伤后24h内,为了制止关节腔内的继续出血和渗出,应进行冷疗和

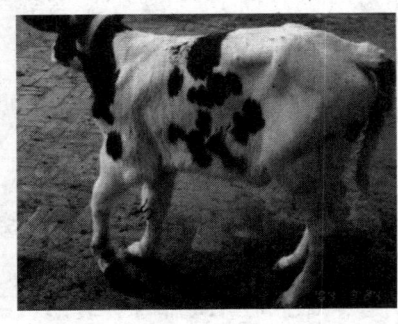

图7-27 奶牛前肢系关节扭伤

包扎压迫绷带。冷疗可用冷水浴(将病牛牵于小溪、小河及水沟里,或用冷水浇)或冷敷。

急性炎性渗出减轻后,一般伤后48h后应及时使用温热疗法,促进吸收。如温水浴(用25℃~40℃温水浴,连续使用,每用2~

3h 后,应间隔 2h 再用)、干热疗法(热水袋、热盐袋)促进溢血和渗出液的吸收。如关节内出血不能吸收时,可作关节穿刺排出,同时通过穿刺针向关节腔内注入 0.25% 普鲁卡因青霉素溶液。

(2)镇痛 注射镇痛剂。可向疼痛较重的患部注射盐酸普鲁卡因酒精(处方:普鲁卡因 2g,25% 酒精 80ml,蒸馏水 20ml,灭菌)10~15ml,或向患关节内注射 2% 盐酸普鲁卡因注射液或涂擦弱刺激剂,如 10% 樟脑酒精、碘酊樟脑酒精合剂(处方:5% 碘酊 20g,10% 樟脑酒精 80ml),或注射醋酸氢化可的松。

对转为慢性经过的病例,患部可涂擦碘樟脑醚合剂(处方:碘 20g,95% 酒精 100ml,乙醚 60ml,精制樟脑 20g,薄荷脑 3g,蓖麻油 25ml)。每天涂擦 5~10min,涂药同时进行按摩,连用 3~5 天。

(3)装蹄疗法 如肢势不良,蹄形不正时,在药物疗法的同时进行合理的削蹄或装蹄。

(二)关节挫伤

奶牛经常发生关节挫伤,多发生于肘关节、腕关节和系关节,而其他缺乏肌肉覆盖的膝关节、跗关节也有发生。

【病 因】 打击、冲撞、跌倒、跳越沟崖等常引起关节挫伤。牛棚地面(牛床)不平,不铺垫草,冬季地面结冰滑倒,缰绳系绊得过短,易发生关节挫伤。

【症 状】 致病的机械外力直接作用于关节,引起皮肤脱毛和擦伤,皮下组织的溢血和挫灭。关节周围软组织血管破裂形成血肿以及急性炎症。损伤黏液囊时,引起黏液囊炎。外力过大损伤翼状韧带及滑膜层的血管,在纤维层与滑膜层间形成血肿,有时血液渗入关节周围软组织中。大量血液进入关节内,引起关节血肿,进入关节腔的血液与滑液混合,血小板虽能被黏液素破坏,但纤维蛋白原被滑液和黏液渗出物的高度稀释,以及关节的自动运动,部分血液脱纤,因而血液的凝固比血肿慢。进入关节内的红细胞受机械性和有溶血作用细菌的破坏而发生溶血。若患关节长时间固定不动,能引起粘连性滑膜炎,关节活动受限制,有时关节软骨、骨膜和骨骺受到损伤,形成关节粘连。擦伤感染时,能引起关节周围蜂窝织炎、化脓性关节周围炎及化脓性黏液囊炎。

轻度挫伤时,皮肤脱毛,皮下出血,局部稍肿,随着炎症反应的发展,肿胀明显,有指压痛,他动患关节有疼痛反应,轻度跛行。

重度挫伤时,患部常有擦伤或明显伤痕,有热痛、肿胀,病后经24~36h则肿胀达高峰。初期肿胀柔软,以后坚实。关节腔血肿时,关节囊紧张膨胀,有波动,穿刺可见血液。软骨或骨骺损伤时,症状加重,有轻度体温升高。病牛站立时,以蹄尖轻轻支持着地或不能负重。运动时出现中度或重度跛行。损伤黏液囊或腱鞘时,并发黏液囊炎或腱鞘炎。

【治　疗】　治疗方法同关节捩伤。

(三) 关节创伤

关节创伤是指各种不同外界因素作用于关节囊招致关节囊的开放性损伤。有时并发软骨和骨的损伤,多发生于跗关节和腕关节,但也发生于肩关节和膝关节。

【病　因】　锐利物体的致伤,有刀、叉、铁丝、铁条等所引起刺创、钝性物体的致伤。

【症　状】　根据关节囊的穿透有无,分关节透创和非透创。

(1) 关节非透创　轻者关节皮肤破裂或缺损、出血、疼痛,轻度肿胀。重者皮肤伤口下方形成创囊,内含挫灭坏死组织和异物,容易引起感染。有时甚至关节囊的纤维层遭到损伤,同时损伤腱、腱鞘或黏液囊,并流出黏液。非透创病初一般跛行不明显,腱和腱鞘损伤时,跛行显著。

(2) 关节透创　特点是从伤口流出黏稠透明、淡黄色的关节滑液,有时混有血液或由纤维素形成的絮状物。滑液流出状态,因损伤关节的部位以及伤口大小不同,表现也不同。活动性较大的跗关节囊有时因挫创损伤组织较重,伤口较大时,则滑液持续流出;当关节因刺创,组织被破坏得比较轻,关节囊伤口小,伤后组织肿胀压迫伤口,或纤维素块的堵塞,只有自动或他动运动屈曲患关节时,才流出滑液。一般关节透创病初无明显跛行,严重挫创时跛行明显。跛行常为悬跛或混合跛行。

如伤后关节囊伤口长期不闭合,则出现感染症状。临床常见的关节创伤感染为化脓性关节炎和急性腐败性关节炎。

【治　疗】

(1)治疗原则　防治感染,增强抗病力,及时合理地处理伤口,力争在关节腔未出现感染之前闭合关节囊的伤口。

创伤周围皮肤剃毛,清理与消毒。

(2)伤口处理　清理伤口内血凝块,排除伤口内盲囊,用防腐剂穿刺洗净关节创,由伤口的对侧向关节腔穿刺注入防腐剂,禁忌由伤口向关节腔冲洗,以防止污染关节腔。最后涂碘酊。可用肠线或丝线缝合关节囊及其皮肤。若创伤发生12h并且有感染倾向时,仅用肠线缝合关节囊,皮下创口内撒青霉素粉后其他软组织可不缝合,然后包扎绷带。术后全身用抗生素疗法。

对陈旧伤口的处理,已发生感染化脓时,清洁伤口,除去坏死组织,用防腐剂穿刺洗涤关节腔,清除异物、坏死组织,用碘酊凡士林敷盖伤口,包扎绷带,此时不缝合伤口。如伤口炎症反应强烈时,可用青霉素溶液敷布,包扎保护绷带。

(3)全身疗法　为了控制感染,从病初开始尽早的使用抗生素疗法、磺胺疗法、普鲁卡因封闭疗法、碳酸氢钠疗法、自家血液和输血疗法及钙疗法。

(四)关节脱位

关节骨端正常的位置关系,因受某些致病因素作用后,失去其原来状态,称关节脱位。关节脱位常是突然发生,有的间歇发生,或继发于某些疾病。本病多发生于牛的髋关节和膝关节。

第七章 奶牛外科病

1. 髋关节脱位　奶牛的髋关节发育异常和髋臼窝与韧带的异常,可出现髋关节脱位。髋关节窝浅、股骨头的弯曲半径小、髋关节韧带(尤其是圆韧带、副韧带、髀韧带)薄弱是主要内因。另外,有些牛没有副韧带。

【病　因】　种公牛的发病率比一般母奶牛高,与采精、配种时的用力爬跨和突然转倒有关。分娩的奶牛突然摔倒时后肢外伸,也有发生髋关节脱位的。

髋关节脱位的类型:当股骨头完全处于髋臼窝之外时,是全脱位;股骨头与髋臼窝部分接触时是不全脱位。根据股骨头变位的方向,又分为前方脱位、上方脱位、内方脱位和后方脱位。

【症　状】

①前方脱位。奶牛股骨头转位固定于关节前方,大转子向前方突出,髋关节变形隆起,他动运动时(术者一手贴于髂关节处,另一手他动后肢)可感到骨端与髂骨体的碰撞音。站立时患肢外旋,运步强拘,患肢拖曳而行,抬举困难。患病时间比较长时,起立、运步均困难。

②上外方脱位。股骨头被异常地固定在髋关节的上方。站立时患肢明显缩短,呈内收肢势或伸展状态,同时患肢外旋,蹄尖向前外方,患肢飞节比对侧高数厘米。他动患肢外展受限,内收容易。大转子明显向上方突出。运动时,患肢拖拉前进,并向外划大的弧形。

③后方脱位。股骨头被异常固定于坐骨外支下方。站立时,患肢外展叉开,比健肢长,患侧臀部皮肤紧张,股二头肌前方出现凹陷沟,大转子原来位置凹陷,如突然向后牵引患肢时,可听到骨的摩擦音。运动时三肢跳跃,且患肢在地上拖曳明显外展。

④内方脱位。股骨头进入闭孔内时,站立时患肢明显短缩。他动运动内收外展均容易。运动时患肢不能负重,以蹄尖着地拖行。直肠检查时,可在闭孔内摸到股骨头。

【治　疗】　牛髋关节完全脱位预后不定。治疗的原则是正确整复,妥善固定。在临床实践中尚未见有完成整复的,即便完成整复后,也无法固定,容易复发。因此,此病难以治愈。

2. 膝盖骨脱位　膝盖骨脱位有外伤性脱位与病理性脱位和习惯性脱位。根据膝盖骨的变位方向有上方脱位、外方脱位及内方脱位,而牛以上方和习惯性脱位为多见。

【病　因】　多系在卧位起立时后肢向后方强伸、跌跤、撞击,由于股四头肌的异常收缩,常能引起膝盖骨上方脱位。膝盖内直韧带或膝盖内侧韧带剧伸和撕裂,慢性膝关节炎,营养不良性病态,均能引起膝盖骨外方脱位。

【症　状】

①膝盖骨上方脱位。常突然发生。是在运动中在滑车面滑动的膝盖骨,被固定于滑车的近位端,患病关节不能屈曲。相对较短的膝内直韧带,转位稽留于内侧滑车崤上,不能复位。站立时后腿、向后伸直肢势,膝关节、跗关节完全伸直而不能屈曲。运动时以蹄尖着地拖曳前进,同时患肢高度外展。他动患肢不能屈曲。

②习惯性脱位。牛多发生在运动中,突然发出复位声,脱位的膝盖骨自然复位,恢复正常肢势。经常反复发作,在运动中毫无任何原因突发上方脱位,走几步后,可自然复位,症状立即消失。如此反复发作。再发间隔时间不定,有的仅间隔几步,有的时间长些。

【治　疗】　习惯性膝关节上方脱位,可用25％葡萄糖注射液向膝关节腔内注射,在膝内直韧带与膝中直韧带之间刺入针头进入关节腔内,注射量30～40ml,每天1次,经2～3次即可治愈。

当注药无效时,可进行手术疗法。

牛膝盖骨上方脱位内直韧带切断术:病牛柱栏保定或侧卧保定(患肢在下)。术部剃毛消毒,适当使用镇静剂。先在胫骨结节与膝盖骨内侧缘之间连一条直线,在直线中点处可摸到呈极度紧张状态的内直韧带,在此点进行局麻。切开皮肤6~7cm,切开皮下组织、浅筋膜,显露韧带,将球头弯刃刀插入韧带下方,由内向外切断韧带,韧带切断后膝盖骨即可复位。创内撒布抗生素或磺胺类药物,缝合筋膜和皮肤,打结系绷带。

(五)滑膜炎

滑膜炎是以关节囊滑膜层的病理变化为主的渗出性炎症。

按渗出物性质可分为浆液性、浆液纤维素性、纤维素性、化脓性及化脓腐败性滑膜炎,以浆液性滑膜炎最为多见。

1. 浆液性滑膜炎 浆液性滑膜炎是不并发关节软骨损害的关节滑膜炎症。临床常见的有系关节、膝关节及跗关节的急性和慢性滑膜炎,特别以跗关节滑膜炎多见。

【病　因】 引起该病的主要原因是关节的捩伤、挫伤,特别是种公牛在采精时因体重转移于后肢,常引起跗关节滑膜层的炎症。肢势不正、关节软弱等也容易发生;有时也是某些传染病(流行性感冒、布鲁氏菌病)的并发病,急性风湿病也能引起关节滑膜炎。

【症　状】

①急性浆液性滑膜炎。关节腔积聚大量浆液性炎性渗出物,或因关节周围水肿,患关节肿大,热痛,指压关节憩室突出部位,明显波动。渗出液含纤维蛋白量多时,有捻发音。他动运动患关节明显疼痛。站立时患关节屈曲,免负体重。两肢同时发病时交替负重。运动时,表现以肢跛为主的混跛。一般无全身反应。

②慢性浆液性滑膜炎。关节腔蓄积大量渗出物,关节囊高度膨大。触诊只有波动,无热痛。临床称此为关节积液。他动运动屈伸患关节时,因积液串动,关节外形随之改变。一般病例无明显跛行,但在运动时患关节活动不灵。还由于流体动力的影响,关节屈伸缓慢,容易疲劳。如积液过多时,常引起轻度跛行(图7-28)。

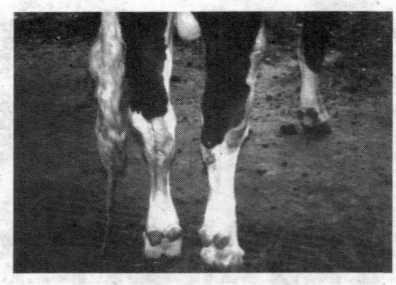

图 7-28 跗关节滑膜炎

【治　疗】

治疗原则是制止渗出、促进吸收、排出积液、恢复功能。

急性浆液性滑膜炎时,病牛安静。为了镇痛和促进炎症转化,可使用 2% 利多卡因注射液15～25ml 患关节腔注射,或 0.5% 利多卡因青霉素关节内注入。为了制止渗出,病初可用冷敷疗法,包扎压迫绷带或石膏绷带,适当制动。

急性炎症缓和后,为了促进渗出物吸收,可应用温热疗法,或饱和盐水、饱和硫酸镁溶液湿绷带,或用樟脑酒精、鱼石脂酒精湿敷。

关节积液过多,药物治疗无效时,可穿刺抽液,同时向关节腔注入盐酸利多卡因青霉素注射液和醋酸泼尼松注射液(图 7-29),并包扎压迫绷带。

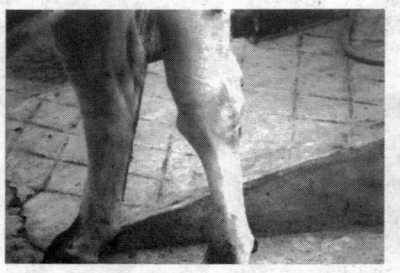

图 7-29　跗关节滑膜炎
（关节穿刺排液）

常用醋酸泼尼松注射液 2.5～5ml、青霉素 80 万 U,0.5% 盐酸利多卡因注射液 20～30ml 患关节内注射,隔日 1 次,连用 3～4次。在注药前先抽出渗出液适量(40～50ml),然后注药。

2. 化脓性滑膜炎　化脓性滑膜炎是关节化脓性炎症的初发阶段,化脓感染仅局限于关节滑膜层,临床所见的关节化脓感染多为此种类型。

【病　因】　本病主要是化脓菌引起的关节内感染。病原菌的侵入经路为:关节创伤感染;邻近软组织或由骨的感染所波及;血

第七章 奶牛外科病

行性感染如牛的乳房和子宫的化脓灶、膈肌脓肿、心内膜炎,病灶的转移及牛败血病所引起多发性关节炎。

【症　状】

①化脓性滑膜炎。比浆液性滑膜炎的症状剧烈,并有明显的全身反应,体温升高(39℃以上),精神沉郁,食欲减少或废绝。患关节热痛,肿胀,关节囊高度紧张,有波动。站立时患肢屈曲,运动时呈混合跛行,严重时卧地不起,穿刺检查容易确诊(图 7-30)。

②化脓性关节囊炎。是化脓性滑膜炎症感染的进一步发展,

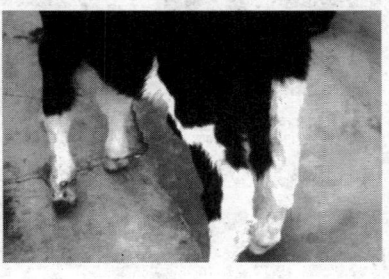

图 7-30　奶牛系关节化脓性滑膜炎

感染发展至侵害纤维层和韧带。在关节软组织中形成脓肿或蜂窝织炎。患部显著肿胀,关节外形展平,发热疼痛。如有瘘管或伤口则由此处流出脓液。他动运动有剧痛,病牛高度跛行,患肢不能负重。精神沉郁、食欲减退、体温增高(图 7-31)。

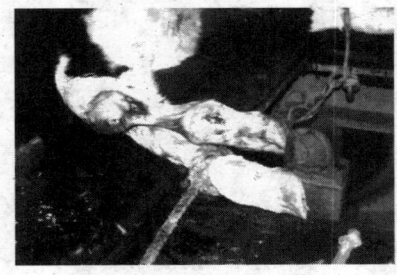

图 7-31　奶牛化脓性腕关节和系关节炎

【诊　断】　首先关节穿刺作滑液检查判定滑膜炎类型、病原体及病的发展阶段时间及组织的受害程度。应注意与化脓性黏液囊炎、化脓性腱鞘炎鉴别。

【预　后】　急性化脓性滑膜炎,及时妥善治疗,一般预后良好。化脓性关节囊炎及化脓性全关节炎,多数并发全身症状,预后不定或不良,往往死于治疗不当和不及时,慢性化脓性滑膜炎常遗留关节强直后遗症。

【治　疗】　治疗原则:早期控制与消灭感染、排出脓液减少吸

图7-32 化脓性关节囊炎的局部处理

收、提高抗感染能力。关节囊化脓已破溃的,对关节化脓处要进行清洗消毒(图7-32)。

为了控制与治疗感染,全身应用大剂量的抗生素和磺胺制剂,患关节包扎制动绷带。对关节囊内有脓蓄积的排除脓液,局部清洗消毒后,穿刺排脓,然后用0.5%盐酸利多卡因溶液洗至滑液透明为止,再向关节内注入利多卡因青霉素和链霉素。患关节肿胀严重时,可用普鲁卡因封闭。

当关节化脓性滑膜炎蓄脓过多时,可切开。切开后用0.25%～0.5%盐酸利多卡因青霉素溶液、生理盐水冲洗关节腔。关节周围脓肿时,切开按化脓创处理。

在治疗中注意全身疗法,使用抗菌、强心、利尿及健胃剂。对病牛加强护理,起立困难,长时间侧卧时,注意预防褥疮的治疗。

(六)关节周围炎

关节周围炎是在关节囊及韧带抵止部所发生的慢性纤维性和慢性骨化性炎症。此病多发生于腕关节、跗关节、系关节。

【病　因】　常继发于关节的捩伤、挫伤、关节脱位等,因关节剧伸,韧带、关节囊的抵止部的滑膜发生撕裂,有时并发于关节囊的蜂窝织炎,以及凡能使关节边缘的骨膜长期受刺激的慢性关节疾病、牛的布鲁氏菌病等,均能引起关节周围炎。

【症　状】　本病可分为慢性纤维性关节周围炎和慢性骨化性关节周围炎两种。

(1)慢性纤维性关节周围炎　患关节出现无明显热痛、界限不清的坚实性肿胀,关节粗大,外形稍平坦,关节活动范围变小,他动运动有疼痛。运动时关节不灵活,特别是在休息之后,运动开始时

第七章 奶牛外科病

更为明显,继续运动一段时间后,此现象逐渐减轻或消失,久病可能因增生的结缔组织收缩,发生关节挛缩(图7-33)。

(2)慢性骨化性关节周围炎 由于纤维结缔组织增殖,骨化,关节粗大,活动性小,甚至不能活动,肿胀坚硬无热痛。

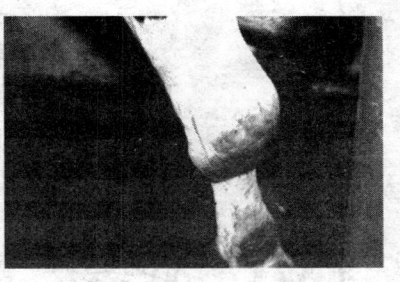

图7-33 奶牛腕关节周围炎

肿胀部位皮肤肥厚,可动性小。运动时关节活动不灵活、屈伸不充分,有的跛行明显,有的仅在运动开始时出现跛行,有的不出现跛行。休息时不愿卧倒,卧倒时起立困难。病久患肢肌肉萎缩。

【治 疗】 对慢性纤维型关节周围炎,应用温热疗法、酒精温敷、可的松皮下注射等,但疗效甚微。

三、腱及腱鞘疾病

腱由多数胶原纤维束所构成,共分三级腱束,相互粘连。腱的功能是传导来自肌肉的运动和固定有关的关节。

腱鞘构成囊状的滑膜鞘包在腱外,它由纤维层与滑膜层构成。纤维层位于外层,坚固致密,起固定腱位置的作用。滑膜层在内,由双层围成筒状包于腱外。在滑膜层脏、壁两层折转处有腱系膜联系。在两层滑膜间的滑膜腔中有滑液,当腱鞘发病时,滑膜液增多。

奶牛四肢较强大的腱,在背侧的有指(趾)总伸肌腱和指(趾)外侧伸肌腱,在掌侧的有指(趾)浅屈肌腱、指(趾)深屈肌腱和悬韧带。

四肢主要的腱鞘:在腕部的有腕桡侧伸肌腱鞘、腕外侧屈肌腱鞘、指外侧伸肌腱鞘、指总伸肌腱鞘、腕斜伸肌腱鞘、腕桡侧屈肌腱鞘、腕部指浅和指深屈肌腱鞘,在跗部有趾长伸肌腱鞘、趾外侧伸肌腱鞘、跟腱和趾浅屈肌之间的腱鞘，趾深屈肌腱鞘和趾长屈肌腱鞘，在指（趾）部有指（趾）浅和指（趾）深屈肌腱鞘（见图7-34至图7-36）。

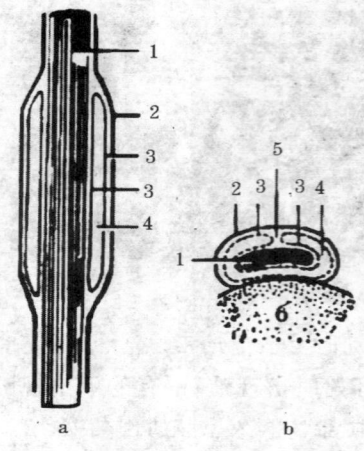

图7-34 腱与腱鞘的关系模式图
　　a. 纵断面　b. 横断面
1. 腱　2. 纤维层　3. 滑膜层的壁层和脏层　4. 滑膜腔　5. 腱膝膜
6. 骨横断面

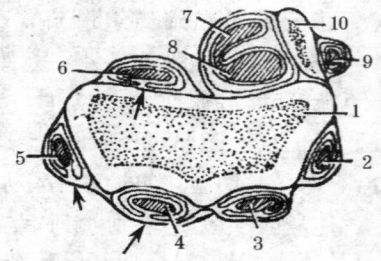

图7-35 腕部腱及腱鞘横断模式图
1. 桡骨　2. 指外侧伸肌腱及腱鞘
3. 指总伸肌腱及腱鞘　4. 腕桡侧伸肌腱及腱鞘　5. 腕斜伸肌及腱鞘
6. 腕桡侧屈肌腱及腱鞘　7. 指浅屈肌腱及腱鞘　8. 指深屈肌腱及腱鞘
9. 腕外侧屈肌腱及腱鞘　10. 副腕骨

（一）腱　炎

奶牛有时发生腱炎。牛后肢支持作用大，特别是种公牛后肢发病率较高。一般屈腱比伸腱发病多，而在屈腱之中则指深屈肌腱多发病。

【病　因】 种公牛在采精时后肢支撑体重能引起腱的剧伸损伤腱纤维而发病。

腱的创伤感染或由于周围组织的化脓性炎症的蔓延，侵入病原微生物，常在腱束膜结缔组织内发生脓性浸润，引起化脓性腱炎。

【症　状】 急性无菌性腱炎时，突然发生程度不同的跛行，患部增温，肿胀疼痛。因治疗不当，则转为慢性腱炎，腱变粗而硬固，临床特征是患部硬固疼痛肿胀，病牛运动开始，表现严重的跛行，

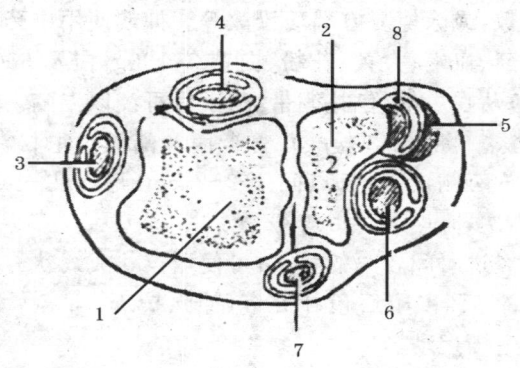

图 7-36 跗部(上排跗骨)腱及腱鞘横断模式图
1. 距骨 2. 跟骨 3. 趾长伸肌腱及腱鞘 4. 指外侧伸肌腱及腱鞘
5. 指浅屈肌腱及腱鞘 6. 指伸屈肌腱及腱鞘
7. 趾长屈肌腱及腱鞘 8. 跗跖侧韧带

随着运动跛行减轻或消失。休息之后,慢性炎症的患部迅速出现淤血,疼痛反应加剧。因损伤部位的肉芽组织机化形成瘢痕组织,腱缩短,甚至与之有关的关节活动均受限制,此即腱挛缩。腱的挛缩和骨化,常能引起腱性突球。

化脓性腱炎,临床症状比无菌性炎症时剧烈,常发部位在腱束间的结缔组织,因而经常并发局限性的蜂窝织炎,最终能引起腱的坏死。

【治 疗】 治疗原则是减少渗出,促进吸收,防止腱束的继续断裂,恢复功能。

急性炎症时,首先使病牛安静,如出现在蹄形不正的病例,须在药物治疗的同时进行矫形削蹄,以防止腱束的继续断裂和炎症发展。

急性炎症初期,为控制炎症发展和减少渗出,发病后 1~2 天内进行冷疗,可使用冰囊、雪囊、冷醋和明矾水冷敷,或用冷醋泥贴敷。

急性炎症减轻后,为了消炎和促进吸收,使用酒精热绷带、酒精鱼石脂温敷,或涂擦复方醋酸铅散等。抑或使用中药消炎散(处方:乳香、没药、血竭、大黄、花粉、白芷各100g,白及300g,碾细加醋调成糊状)贴在患部,包扎绷带,药干后可浇以温醋。

封闭疗法。将0.5%盐酸普鲁卡因及醋酸泼尼松注射液3~5ml注于患肢两侧皮下,每点间隔2~3cm,每点注入0.5~1ml,每2~3天1次,3~4次为1个疗程。

对慢性经过时间较久的腱炎,可使用点状或线状烧烙,在烧烙完成后局部涂5%碘酊后包扎绷带,加强护理。在治疗过程中应保持病牛的适当运动。

腱挛缩时可进行切腱术。

对化脓性腱炎,应按照外科感染疗法治疗。

(二) 腱 断 裂

腱断裂是腱的连续性被破坏而发生分离。临床上常见的腱断裂是屈腱断裂和跟腱断裂。

1. 屈腱断裂 屈腱断裂是指(趾)浅屈肌腱、指(趾)深屈肌腱和悬韧带所发生的开放性和非开放性断裂,3条屈肌腱有的单独发生,有时同时发生。临床多见于开放性指(趾)浅深屈腱的完全断裂。

图 7-37 奶牛后肢开放性屈腱断裂

【症 状】 屈腱断裂,主要表现患腱弛缓和指(趾)轴改变。开放性断裂,腱的断面多为横断或斜断,多在掌部或系凹部。完全断裂时,突然呈现支跛。站立时以蹄踵或蹄球着地,蹄底向前,蹄尖翘起,系骨呈水平位置。运动时,患肢蹄摆动,以蹄踵或蹄球着地,球节高度背屈、下沉(图7-37)。

第七章 奶牛外科病

【预　后】　不全断裂,一般多是可以完全治愈。完全断裂的愈合时间虽然较长,如能早期合理的治疗,也能够治愈,但有时遗留下顽固跛行。发生在骨的附着部的腱断裂,腱的缝合和固定都很困难,一般预后不良。犊牛的腱断裂比成年牛的治愈率要高。

【治　疗】　治疗原则是合理固定,吻合断端,防止感染,促进再生。

腱断裂的治疗,关键在于固定。只有在充分固定的基础上,促进腱的断端紧密结合,以利于腱的再生。

腱的全断裂,可进行腱缝合术,以促进断端紧密结合,加速修复。创内缝合法,用粗线(18号线)作双交叉扣绊缝合,进针部位距离断端5~8cm,交叉穿线,然后拉紧打结(图7-38)

撒布青霉素粉,缝合皮肤,然后包扎绷带(图7-39)。

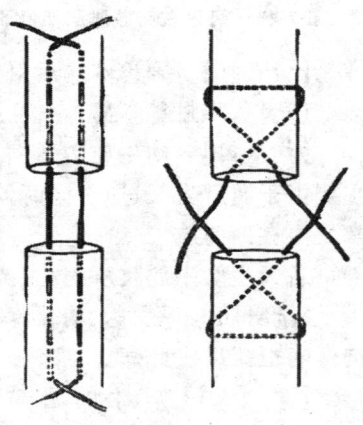

图7-38　创内腱缝合法

图7-39　奶牛屈腱断裂缝合后打夹板绷带

2. 腓肠肌和跟腱断裂　腓肠肌和跟腱有伸展与固定跗关节的作用,断裂部位多在跟结节处。

【病　因】　多因外伤引起,或骨软症牛在跳跃障碍过程中发生。

【症　状】　患部肿胀疼痛,有时可以摸到断裂的缺损部,举

图 7-40 奶牛右后肢腓肠肌断裂

起后肢屈曲跗关节无抵抗。完全断裂在站立时,患肢前踏,跗关节高度屈曲并下沉,膝关节伸展,患侧臀部下降,小腿与地面垂直,跖部倾斜,跟腱弛缓。运动时,表现以支跛为主的混合跛行,如两后肢同时发病,运动困难(图 7-40)。

【治疗】 确诊本病后对病牛淘汰。

(三)幼牛屈腱挛缩

【病因】 幼牛屈腱挛缩有先天性与后天性两种。先天性的主要由于屈腱先天过短,同时伸肌虚弱所造成。常发生于犊牛,并常发生在两前肢。

后天性幼牛屈腱挛缩,主要是幼犊在发育期间完全舍饲、运动不足、全身肌肉不发达、消化障碍、营养不良所引起。风湿性肌炎、佝偻病也能诱发此病。

【症状】 犊牛的屈腱挛缩根据程度不同,表现多种多样。轻度先天性挛缩,以蹄尖负重,行走时容易猝跌,球节腹屈。重度挛缩病例球节基本不能伸展,球节背面接触地面行走(图 7-41)。

后天性屈腱挛缩,初期以蹄尖负重,随着病势的发展,蹄踵逐渐增高,球节向前方突出。球节前面接触地面后,不久便引起创伤,损伤关节,往往并发化脓性关

图 7-41 犊牛先天性屈腱挛缩

节炎。

【治疗】 先天性幼犊屈腱挛缩,可包扎石膏绷带或夹板绷带进行矫正。在打绷带时应将患肢的球节拉开至蹄负面完全着地,用石膏绷带固定。后天性挛缩,首先除去原因,可试用石膏绷带固定矫正,屈腱挛缩较重的幼犊,可行腱切断术。

(四) 腱 鞘 炎

腱鞘炎奶牛有时发生,屈腱的腱鞘比伸腱多发,腕部、指(趾)部的腱鞘发病率较高,跗部腱鞘也有时发病。

【病因】

(1) 机械性损伤 例如挫伤、打击、压迫、刺创,腱的过度牵张,保定不当,或在不平运动场上运动和种公牛采精中继发后肢腱鞘炎。

(2) 感染 脓毒症、传染病(流感、布鲁氏菌病、结核、)并发,周围组织炎症(蜂窝织炎、脓肿、化脓性黏液囊炎、化脓性关节炎)蔓延。

【症状】 腱鞘炎分急性、慢性、化脓性和症候性4种类型。

(1) 急性腱鞘炎 根据炎性渗出物性质分为浆液性、浆液纤维素性和纤维性腱鞘炎。急性浆液性腱鞘炎较多发,腱鞘内充满浆液性渗出物,有的在皮下肿胀达鸡蛋大乃至苹果大,有的呈索状肿胀,温热疼痛,有波动。有时腱鞘周围出现水肿,患部皮肤肥厚;有时与腱鞘粘连,患肢功能障碍。

(2) 化脓性腱鞘炎 腱鞘感染后约经2~3天后,则变为化脓性腱鞘炎。病牛体温升高,疼痛,跛行剧烈。如不及时控制感染,可蔓延到腱鞘纤维层,引起蜂窝织炎,出现严重的全身症状。表现严重的跛行并有剧痛。或形成多发性脓肿最终破溃。病后往往遗留下腱和腱鞘的粘连。

【治疗】 以制止渗出、促进吸收、消除积液、防治感染和粘连为治疗原则。

在病初 1~2 天内应用冷疗,如 2％醋酸铅溶液冷敷,硫酸镁或硫酸钠饱和溶液冷敷,同时包扎压迫绷带,以减少炎性渗出。

急性炎症缓和后,可应用温热疗法,如酒精温敷,复方醋酸铅散用醋调湿敷等。如腱鞘腔内渗出液过多,可作穿刺,同时向腱鞘腔内注入 2％~3％盐酸普鲁卡因注射液 10~50ml,青霉素 80 万~160 万 U。注后慢慢运动 10~15mim,同时配合热敷 2~3 天。可间隔 2 天后,再穿刺 1 次,要包扎压迫绷带。

对亚急性或慢性腱鞘炎,可用鱼石脂、鱼石脂酒精外敷,亦可采用热敷、石蜡疗法。

如腱鞘腔内纤维凝块过多而不易分解吸收时,可手术切开排除。

对化脓性腱鞘炎,可行穿刺排脓,然后使用盐酸普鲁卡因青霉素溶液冲洗,伤口用 0.1％呋喃西林溶液湿敷。应根据病情,不失时机早期切开,充分排脓,切除坏死组织和瘘管。

四、黏液囊疾病

在皮肤、筋膜、韧带、腱、肌肉与骨、软骨突起的部位之间,为了减少摩擦常有黏液囊存在。黏液囊有先天性和后天性两种。后天性黏液囊是由于摩擦而使组织分离形成裂隙所成。黏液囊的形状和大小各异。黏液囊壁分两层,内被一层间皮细胞,外由结缔组织包围。

奶牛常见的黏液囊有肘部、腕部、坐骨结节部、膝前部、跟结节部的黏液囊易引起炎症。

(一)肘头皮下黏液囊炎

【病　因】　局部挫伤可导致急性肘头皮下黏液囊炎。奶牛长时间地卧于坚硬地面上,肘头皮下黏液囊受到压挤,反复刺激肘头皮下黏液囊部,可引起肘头皮下黏液囊炎。

【症　状】　在肘头部有界限明显的肿胀。初期可感温热,似生面团样,微有痛感。以后由于渗出液的浸润和黏液囊周围结缔组织的增生,即变得较为坚实。有时黏液囊膨大,并有波动。发炎的黏液囊内积聚含有纤维素凝块的液体,小的如鸭蛋,大的如拳头,本病一般没有跛行。

【治　疗】　病初宜用冷疗或囊内注射可的松,或2‰～3‰的盐酸普鲁卡因青霉素。当囊内液体量过多时,可穿刺排出积液,然后再注射上述药物。

若已成为化脓性黏液囊炎,可切开、排脓,用复方碘溶液涂擦囊内壁。在黏液囊增大、坚实、肥大的慢性过程,可进行手术摘除。

(二)腕前皮下黏液囊炎

腕前皮下黏液囊炎多为一侧性的,有时两侧同时发病。

【病　因】　若地面坚硬而粗糙,牛床不平,垫草不足或不给垫草,当牛起卧时腕关节前面不免反复遭受挫伤而发病。

布鲁氏菌病可并发或继发腕前皮下黏液囊炎。

【症　状】　病牛腕关节前面发生局限性、带有波动性的隆起,逐渐增大,无痛无热,时日较久,患病皮肤被毛卷缩,皮下组织肥厚。牛的腕前膨大可增至排球大小,脱毛的皮肤胼胝化,上皮角化,呈鳞片状。肿胀的内容物多为浆液性,混有纤维素小块,有时带有血色。如有化脓菌侵入,则形成化脓性黏液囊炎。若腕前皮下黏液囊由于炎症积液多而过度增大,运步时出现机械障碍(图7-42)。

图7-42　奶牛腕前皮下黏液囊炎

【诊　断】　应注意与腕关节滑膜炎和腕桡侧伸肌腱鞘炎作鉴别诊断。本病的肿胀位于腕关节前面略下方;腕关节滑膜炎时,肿大主要位于腕关节的上方及侧方;腕桡侧伸肌腱鞘炎时,呈纵行的分节肿胀。

【治　疗】　初期可穿刺放液后注入适量的复方碘溶液或可的松,局部装置压迫绷带。对特大的腕前皮下黏液囊炎,当实行手术切开或摘除。

（三）跟骨头皮下黏液囊炎

跟骨头皮下黏液囊位于跟骨结节的顶端,俗称"飞端肿"。

【病　因】　跟骨头皮下黏液囊炎是踢蹴或是与坚硬物体碰撞、滑跌、过度用力造成损伤的结果。

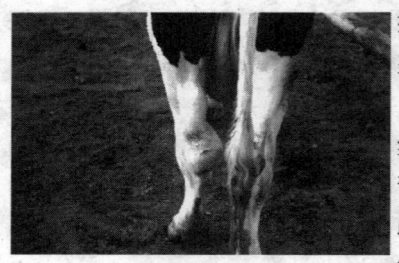

图7-43　奶牛跟骨头皮下化脓性黏液囊炎

【症　状】　跟骨头皮下黏液囊炎,一般如鸭蛋或苹果大小,局部肿胀具有弹性。触诊时,急性跟骨头皮下黏液囊炎局部增温,触之疼痛。如为化脓性炎症,肿胀显著增大(图7-43)。单纯的黏液囊炎,并不发生跛行,甚至有化脓过程时,也很少出现跛行。

【治　疗】　同腕前皮下黏液囊炎。

五、四肢神经麻痹

（一）肩胛上神经麻痹

肩胛上神经麻痹常发生于牛。常为一侧性麻痹,很少两侧发病。

肩胛上神经是来自臂神经丛的比较粗的神经,由6,7,8颈神经组成,从肩胛骨下进入肩胛下肌和冈上肌之间,绕经肩胛骨前缘的切迹转到外面,并分布于冈上肌、冈下肌。在前肢负重时,这些肌肉起制止肩关节外偏的作用。

第七章 奶牛外科病

【病　因】　当肩胛部受到挤压、挫伤、打击等损伤时,可导致肩胛上神经的麻痹。

【症　状】　当肩胛上神经完全麻痹时,因肩关节失去制止外偏的功能,所以病牛站立时,肩关节偏向外方与胸壁离开,胸前出现凹陷,同时肘关节明显向外突出。表现明显肢跛。如提举对侧健肢时,支持体重全部落在病肢上时,则症状更为明显。运动前进时,患肢提举无任何障碍,当在患肢着地负重时,表现明显肢跛,肩关节外偏,并表现交叉步样,患肢向前内方叉出。如在泥泞地或以患肢为中心作圆周运动时,跛行程度加重。病后1~2周,麻痹的冈上肌、冈下肌迅速发生萎缩。肩胛冈明显露出。

肩胛上神经不全麻痹时,上述症状较轻微或不明显。病初在运动时,可见到肩关节外偏,病久,肌肉发生萎缩,并可见到肩关节与胸壁明显离开。

(二)桡神经麻痹

分全麻痹、部分麻痹和不全麻痹。

桡神经是以运动神经为主的混合神经,出自臂神经丛后向下方分布于臂三头肌、前臂筋膜张肌、臂肌、肘关节。并分出桡浅和桡深两大分支。桡浅神经分布于前臂背侧皮肤,桡深神经分布于前肢腕指伸肌。因该神经主要分布于固定肘关节的肌群和伸展前肢的所有肌群,所以当桡神经麻痹时,由于掌管肘关节、腕关节和指关节伸展功能的肌肉失去作用,因而患肢在运步时提伸困难,负重时肘关节等不能固定而表现过度屈曲状态。

【病　因】　不合理的倒卧保定,冲撞、挫伤、蹴踢等外伤都能引起本病的发生,特别是侧卧保定、手术台保定时,过紧的系缚臂骨外髁附近部位(此处桡神经比较浅在)以及在不平地面上侧卧保定,前肢转位,使臂部、前臂部受地面或粗绳索的压迫而发生。

【症　状】

（1）桡神经全麻痹　站立时肩关节过度伸展，肘关节下沉，腕关节形成钝角，此时掌部向后倾斜，球节呈掌屈状态，以蹄尖壁着地。运动时患肢各关节伸展不充分或不能伸展，所以患肢不能充分提起，前伸困难，蹄尖曳地前进，前方短步，但后退运动比较容易。由于患肢伸展不灵活，不能跨越障碍，在不平地面快步运动容易跌倒，并在患肢的负重瞬间，除肩关节外，其他关节都屈曲。患肢虽负重不全，如在站立时人为地固定患肢成垂直状态，尚可负重。此时如将患肢重心稍加移动，则又恢复原来状态，以后肌肉萎缩（图7-44）。

图 7-44　奶牛桡神经完全麻痹

（2）桡神经部分麻痹　主要因为损伤支配桡侧伸肌及指伸肌的桡深支。而桡浅支及其支配的肌肉此时仍保持其功能。站立时，常以蹄尖负重。如在平地、硬地上运动时，可见到腕关节、指关节伸展困难。当快步运动时，特别是在泥泞地时，症状加重，患肢常蹉跌（打前失），球节和系部的背面接触地（图7-45）。

图 7-45　奶牛桡神经部分麻痹

（三）坐骨神经麻痹

分为全麻痹和不全麻痹，一侧性或两侧性麻痹。

【病　因】　一侧性麻痹主要由损伤引起，如骨折、摔倒及蹴踢等，中毒、牛的产后截瘫、牛的布鲁氏菌病也能引起发病。另外，在臀部肌内注射刺激性药物也可继发坐骨神经麻痹。

第七章 奶牛外科病

【症　状】

（1）坐骨神经全麻痹　是坐骨神经的全神经干受侵害，除股四头肌外，后肢所有肌肉的主动运动能力全部丧失。除指关节外，其他关节丧失屈曲能力，患肢变长，不能支持体重。站立时，患肢几乎完全用系部前面着地，跟腱弛缓。若人工扶助使各关节伸直，则能用患肢负重，当除去外力扶助，立即恢复病态。运动时，运步困难。久病，半膜肌、半腱肌和股二头肌萎缩。病牛逐渐消瘦。

（2）坐骨神经不全麻痹　关节不能主动伸展，变为被动屈曲，趾关节随之屈曲。站立时，跗、球、冠关节屈曲，放于稍前方略能负重。运动时，各关节过度屈曲，蹄高抬，而后以痉挛样运动向下迅速着地。病牛不能快步运动。患肢股后、胫后部肌肉弛缓，迅速萎缩。

（四）股神经麻痹

股神经按功能属混合神经，由3，4，5，6腰神经组成，其运动纤维分布于股四头肌、缝匠肌、髂腰肌、股薄肌。而其感觉纤维分布于股、胫、跖部内侧的皮肤。股神经是分布于膝关节的伸肌、内收肌和向前提腿的肌肉。

【病　因】　同坐骨神经麻痹。

【症　状】　股神经麻痹时，这些肌肉弛缓无力，迅速萎缩，丧失功能。站立时，以蹄尖轻着地，膝盖骨不得固定，膝关节以下各关节呈半屈曲状态。病牛常试探以患肢负重，但因膝关节不能伸展，膝、跗关节出现突然屈曲，并同时表现膝关节明显下降。同侧前肢肘关节也出现假性下降，着地时表现典型支跛。运动时，患肢提起困难，呈外转肢势。股、胫、跖内侧的皮肤感觉丧失。如两侧发病，既不能站立也不能运动。

（五）闭孔神经麻痹

闭孔神经是运动神经，由5，6，7腰神经组成，沿髂骨体内面和骨盆伸延，经闭孔的外侧穿出，分布于腿内侧的肌肉，如闭孔内肌、内收肌、耻骨肌和股薄肌等。奶牛常发此病,特别是分娩后多见。

【病　因】　闭孔神经在与骨接触的部分易受损伤,如分娩时胎儿过大压迫神经,或助产时强力牵引,引起神经损伤。耻骨骨折、骨盆骨有骨痂或新生物都可压迫神经,引起麻痹。动物滑倒时叉开两肢,或因某种原因后肢强力挣扎也可引起闭孔神经损伤。

【症　状】　成年牛一侧闭孔神经麻痹时,可见患肢外展,运步时,即使是慢步,也可见步态僵硬,小心翼翼地运步。两侧闭孔神经麻痹时,病牛不能站立,力图挣扎站立时,呈现两后肢向后叉开,呈蛙坐姿势。

（六）胫神经麻痹

胫神经是坐骨神经的一分支,属混合神经,分布于股二头肌、半腱肌、半膜肌、腓肠肌、比目鱼肌及趾屈肌。其运动纤维分布于上述肌肉,感觉纤维直达肢的末梢。

【病　因】　胫神经受到打击、压迫、不恰当的保定而发生。

【症　状】　胫神经麻痹时,则上述肌肉丧失功能。病牛站立时跗关节、球节及冠关节屈曲,稍向前伸,以蹄尖着地。此时因为有跟腱固定跗关节,股四头肌和阔筋膜张肌仍可固定膝关节,故患肢尚能负重。运动时,因有髂腰肌协助,患肢能抬高,所有关节高度屈曲。经久的病例肌肉萎缩,股部和臀部两侧明显不对称。

（七）腓神经麻痹

分全麻痹和不全麻痹。

腓神经为坐骨神经一分支,在膝关节附近分出背侧皮肤分支,分布于胫部,在股二头肌转为腱质处,又分出一支到胫外侧皮肤,腓神经主干行至腓骨头时在皮下分成腓浅神经(较细)与腓深神经(较粗)。腓浅神经在趾长伸肌及趾外侧伸肌之间的浅部沿肌沟下行,分布于小腿和跖部外侧的皮肤;腓深神经在趾长伸肌及趾外侧伸肌之间的深部下行,向胫部背侧肌肉分出一些分支,同时在趾伸肌及跖骨之间向下行。

【病　因】 腓神经受到压迫、打击、摩擦和不恰当的对后肢用绳保定也可发生。

【症　状】

(1)神经全麻痹　病牛站立时，跗关节表现高度伸展状态，以系骨及蹄的背侧面着地。运动时，患肢借髂腰肌和阔筋膜张肌的作用而提伸，此时跗关节在膝关节的带动下能被动的屈曲，但趾部不能伸展，所以蹄前壁接地前行，若人为固定患肢的趾部，则可以驻立，但重心转移时蹄前壁立即着地(图7-46)。

(2)神经不全麻痹　上述的症状比较轻。站立时无明显变化或有时出现球节掌屈。运动时，有时出现程度较轻的蹄尖壁触地现象，特别是在转弯或患肢踏着不确实时，容易出现球节掌屈。

图7-46　牛的腓神经麻痹

(八)外周神经麻痹的治疗

治疗原则是除去病因，恢复功能，促进再生，防止感染、瘢痕形成及肌肉萎缩。

为了兴奋神经，可应用电针疗法，或白针疗法。

为了促进功能恢复，提高肌肉的紧张力和促进血液循环，可应用按摩疗法，每次按摩15～20min，每天3～4次，在按摩后配合涂刺激剂等。

使用维生素B_1、维生素B_{12}，肌内注射。

为了防止瘢痕形成和组织粘连，可在局部应用透明质酸酶2～4ml或链激酶10万U，溶于10～50ml灭菌蒸馏水中，神经鞘外1次注射。必要时24h再注射1次。

为了兴奋骨骼肌，可肌内注射氢溴酸加兰他敏注射液，每日

0.05～0.1mg/kg 体重。

加强运动、可减少肌肉的萎缩。

第七节 蹄 病

一、指(趾)间皮炎

没有扩延到深层组织的指(趾)间皮肤的炎症,称为指(趾)间皮炎,特征是皮肤呈湿疹性皮炎的症状,有腐败气味。

【病　因】

潮湿不卫生为其宿因,条件菌感染为其诱因。有关兽医人员已从病变部分离出结节状杆菌和螺旋体。

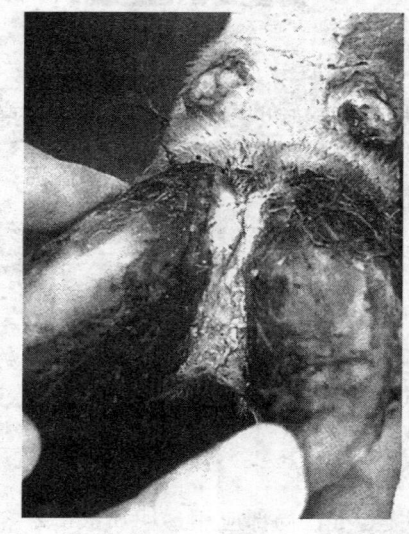

图 7-47　趾间皮炎、趾间皮肤表层
渗出性炎症

【症　状】

本病病初跛行不明显,病变局限在表皮,表皮增厚和稍充血,在指(趾)间隙有一些渗出物,有时形成痂皮(图 7-47)。病进一步发展,通常在两后肢外侧趾球部出现角质分离。在这以前,与球部相邻的皮肤可发生肿胀,并有轻度跛行。在分离的角质和下面的真皮之间,很快进入泥土、粪便和褥草等异物,使角质和真皮进一步分离,在少数病例,化脓性潜道可深达蹄匣内,严重的可引起蹄匣脱落。如果不发展成潜道,病变可平静下来转为慢性。本病常常发展成慢性坏死性蹄皮炎(蹄糜烂)和局限性蹄皮炎(蹄底溃疡)。

【治　疗】

首先保持蹄的干燥和清洁,其次局部应用防腐和收敛剂,每日2次,连用3天。病牛也可进行蹄浴。

二、指(趾)间蜂窝织炎

指(趾)间蜂窝织炎是指(趾)间皮肤及其下组织发生炎症,特征是皮肤坏死和裂开。常常包括指(趾)间皮肤、蹄冠、系部和球节的肿胀,有明显跛行,并有体温升高。本病可发生于各种年龄的牛,但多发于2～4岁的牛。

【病　因】

指(趾)间隙由于异物造成挫伤或刺伤,或粪尿和稀泥浸渍,使指(趾)间皮肤的抵抗力降低,微生物从指(趾)间进入,坏死杆菌是本病的病原菌。指(趾)部皮炎、指(趾)间皮肤增殖和黏膜病等可并发本病。

【症　状】

在病变发展后几小时内,牛的1个或更多的肢有轻度跛行,系部和球节屈曲,患肢以蹄尖轻轻负重,约75%的病例发生在后肢。在18～36h之后,指(趾)间隙和冠部出现肿胀,皮肤上有小的裂口,有难闻的恶臭气味,表面有伪膜形成。在36～72h后,病变可变得更显著,指(趾)间皮肤坏死,腐脱,指(趾)明显分开,指(趾)部,甚至球节出现明显肿胀,奶牛此时有剧烈疼痛,病肢常试图提起。体温常常升高,食欲减退,泌乳量明显下降。再过1～2天后,指(趾)间组织可完全腐脱。有的病牛蹄冠部高度肿胀,卧地不起。转归好的病例,以后出现机化或纤维化。在某些病例,坏死可持续发展到深部组织,出现各种并发症,甚至蹄匣脱落。

【治　疗】

全身应用抗生素和磺胺类药物。局部用防腐液清洗,去除任何游离的指(趾)间坏死组织,伤口内放置抗生素或其他化学药品,绷带要环绕两指(趾)包扎,不要装在指(趾)间,否则妨碍引流和创伤开放。口服硫酸锌,可取得满意效果。

三、指(趾)间皮肤增殖

指(趾)间皮肤增殖是指(趾)间皮肤和皮下组织的增殖性反应。在文献上曾有不同名称,如指(趾)间瘤、指(趾)间结节、指(趾)间赘生物、指(趾)间纤维瘤、慢性指(趾)间皮炎、指(趾)间穹窿部组织增殖等。

各种品种的牛都可发生,发生率比较高的有荷兰牛和海福特牛,且以后指趾间多发。

【病　因】

引起本病的确切原因尚不清楚。一般认为与遗传有关,但仍有争论。两指(趾)向外过度扩张(开蹄),引起指(趾)间皮肤紧张和剧伸,或某些变形蹄,泥浆、粪尿等异物对指(趾)间皮肤的经常刺激,都易引起本病。有人观察认为指(趾)骨有外生骨瘤与本病发生有关,也有人观察缺锌时可引起本病。运动场为沙质土壤,蹄部比较清洁的牛群,发病率明显降低。

【症　状】

本病多发生在后肢,可以是单侧的,也可以是两侧的。

从指(趾)间隙一侧开始增殖的小病变不引起跛行,因而容易被忽略。增大时,可见指(趾)间隙前部的皮肤红肿、脱毛,有时可看到破溃面。指(趾)间穹窿部皮肤进一步增殖时,形成"舌状"突起(图7-48,图7-49),此突起随着病程发展,不断增大增厚,在指(趾)间向蹄底间隙伸出,其表面可由于压迫坏死,或受伤发生破溃,引起感染。根据病变大小、位置、感染程度和患指(趾)受到的压力,出现不同程度的跛行。病牛驻立时非常小心,因为局部碰到物体或受两指(趾)压迫时,患牛可感到剧烈疼痛。增殖的突起后

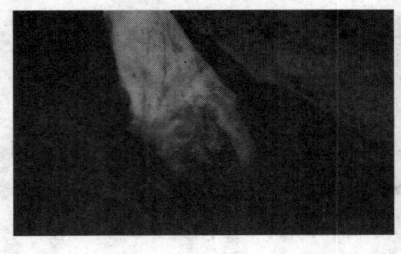 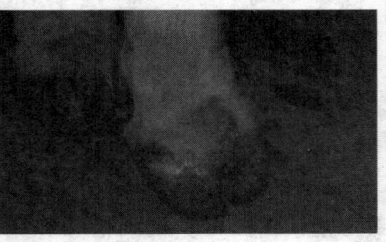

图 7-48　奶牛后趾间皮肤增殖　　图 7-49　公牛两后趾间皮肤增殖

期可角化。由于指（趾）间有增殖物，可造成指（趾）间隙扩大或出现变形蹄。

【治　疗】

在有炎症期间，清蹄后用防腐剂包扎，可暂时缓和炎症和疼痛，但不能根治。对小的增殖物，可用腐蚀的办法进行治疗，但不易成功。根治的办法是手术切除，手术时将病牛侧卧保定，全身麻醉。或在修蹄架中站立保定，神经传导麻醉。局部常规消毒后，沿增殖物周围将其彻底切除。手术中如若碰破大血管，则出血较多，可用烧烙止血法。局部应用抗生素或防腐剂，创缘可不缝合，最后打蹄绷带保护，外装防水蹄套。

四、蹄纵裂和横裂

本病是与背侧面平行或与冠缘平行的蹄壁角质裂开（图 7-50），多发于前肢。

【原　因】

引起牛蹄裂的主要原因：①蹄冠部直接受到损伤，这通常是小的裂开；②蹄受到剧烈震荡，当奔跑、爬跨、跌倒时发生，这通常是不完全裂开。干燥、热性病和营养代谢有缺陷

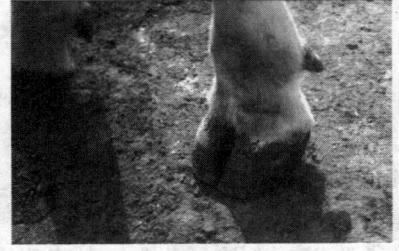

图 7-50　蹄横裂

是其宿因；③牛口蹄疫可引起蹄球部或蹄冠部裂开。

【症　状】

当蹄壁完全裂开和暴露出真皮时，会有跛行。当异物、泥土、粪尿等从裂口进入时，可引起感染和跛行，引起深部组织的压迫和坏死。在裂开的蹄冠部有明显的肿胀，有时形成化脓性过程，深部组织感染时，可扩延到指（趾）关节。裂缘之间有肉芽组织长入时，或裂开的角质尚与真皮小叶相连时，以及运动时奶牛可感到非常疼痛。

横裂的另一种形式是角质从蹄冠分开，当新角质从老角质层下形成时，则缺损逐步向下退。

【治　疗】

患蹄彻底清洗消毒后，用防腐剂绷带包扎。如有跛行时，将蹄角质泡软，麻醉后用手术方法去除部分离断角质，这时减少了松动壁的活动，能使疼痛减轻。蹄冠处有急性病变，并在裂开处脓肿形成时，为了使病变不蔓延到关节，可在麻醉下，从蹄冠真皮脓肿部位去除一块三角形角质，三角形底部接皮肤，而三角形顶点延伸到裂口最远处。手术时病变内严禁搔刮，清洁处理后用防腐剂绷带包扎，如不包扎，肉芽组织可过度生长。治疗时奶牛要限制活动，以免感染蔓延到关节。另外，蹄壁涂松馏油或植物油，以减轻蹄壁的过度干燥，可减轻蹄裂的发生。

五、弥散性无败性蹄皮炎

弥散性无败性蹄皮炎又称为蹄叶炎，可分为急性、亚急性和慢性，通常侵害几个指（趾）。最常发病的是前肢的内侧指和后肢的外侧趾。

【病　因】

牛蹄叶炎是全身性代谢紊乱的局部表现，过多的饲喂精料、不适当运动、遗传和季节因素等可引起发病。牛过食精料后，其血浆中的内毒素含量增高；变形蹄奶牛血清中内毒素和组织胺的含量均升高,这些物质的增多可引起蹄叶炎的发生。

发病初期侵害的部位是蹄真皮血管层,组织学上可见充血、水肿、血栓形成和出血。这些变化可能与毒素和内毒素直接作用有关。

【症　状】

急性时,病牛突然发生运步困难,特别是在硬地上。两前肢向前伸,两后肢伸于腹下(图7-51),因四蹄疼痛,不能长时间站立。如仅前肢发病时,症状更加严重,后肢向前伸,达于腹下,以减轻前肢的负重。有时可见前肢交叉,以减轻两内侧患指的负重。通常内侧指疼痛更明显,一些奶牛常用腕关节跪着采食。后肢患病时,常见后肢运步时划圈。患牛不愿站立,常长时间躺卧,在急性期早期可见明显的出汗和肌肉颤抖。体温可升高,脉搏可加快。牛蹄叶炎时血压降低。

图7-51　急性蹄叶炎四肢的站立姿势
（四肢集于腹下）

局部症状可见肢的静脉扩张,患蹄叶炎腿的指（趾）动脉搏动明显,蹄冠的皮肤发红,触诊病蹄可感到增温,特别是靠近蹄冠处。蹄底角质脱色,变为黄色,有不同程度的出血。

急性型如不在早期抓紧治疗,很容易变成慢性型。慢性蹄叶炎常常没有全身症状。站立时以球部负重,蹄底负重不确实。时间较长后,出现蹄变形,蹄延长,蹄前壁和蹄底形成锐角（图7-52,图7-53）。由于角质生长紊乱,出现异常蹄轮。由于蹄骨下沉、蹄底角质变薄,甚至出现蹄底穿孔。

【治　疗】

首先应除去病因。给抗组胺制剂,也可应用止痛剂。瘤胃酸

图 7-52　慢性蹄叶炎蹄延长　　　图 7-53　慢性蹄叶炎变形蹄

中毒时,静脉注射碳酸氢钠液,并用胃管投给健康牛瘤胃内容物。慢性蹄叶炎时注意护蹄,维持其蹄形,防止蹄底穿孔。

六、局限性蹄皮炎

局限性蹄皮炎又名蹄底溃疡,是蹄底和蹄球结合部的局限性病变,是蹄底后 1/3 处的非化脓性坏死,通常靠近轴侧缘,真皮有局限性损伤和出血,角质后期有缺损。常常侵害后肢的外侧趾,通常是两侧性的。公牛更常侵害前肢的内侧指。

【病　因】

本病的确切原因尚不清楚。长期站立在水泥地面,或在铺炉灰渣的运动场运动,护蹄不良,牛舍或运动场过度潮湿,运动场内有石子、砖瓦、玻璃碎片等异物,冬天运动场有冻土块、冰块以及冻牛粪等都易造成本病发生。饲料中缺锌,也可引起本病大量发生。

【症　状】

病牛表现轻度至重度跛行。发生于后肢外侧趾时,肢常保持稍外展,用内侧趾负重。当后肢患病时,倾向于用蹄尖负重,也可看到肢的抖动,在硬地上跛行增重。两侧肢患病的病例,患牛后肢常交互负重,躺卧的时间长,运步时很笨拙。患指(趾)的动脉搏动可增强,患侧蹄匣经常是发热的。清洁蹄底后,早期可看到蹄底和蹄球结合部有局限性脱色,压迫时感到发软,奶牛表现疼痛。较后期病例,角质可出现缺损,暴露出真皮,或者已长出菜花样或莲蓬状肉芽组织。粪尿、泥土等异物从角质缺损处进入组织内,易引起感染,形成不同方向的潜道或化脓性蹄皮炎,或并发深部组织的化脓性过程,在蹄冠部形成脓肿。

【治　疗】

清蹄后,首先暴露病变组织,切除游离的角质和坏死的真皮以及过剩的肉芽组织,然后用防腐剂和收敛剂包扎。如感染化脓时,可用抗生素控制。

七、外伤性蹄皮炎

外伤性蹄皮炎是由各种异物造成的刺伤、挫伤或偶发伤,引起了真皮的炎症。如继发感染时,则引起化脓性蹄皮炎。

【病　因】

蹄底角质过度磨灭、蹄底角质过薄或过软、某些变形蹄,都易被异物损伤。重型牛和妊娠牛更容易受伤。

【症　状】

受伤后可出现跛行,跛行的程度决定于损伤的类型、程度、大小和感染的程度。如异物还存在时,容易找到患部;如异物已脱落,必须仔细检查才能确定患部,要注意刺伤处有湿的痕迹。蹄底挫伤时,在削蹄后,可见有大小不同的血斑痕迹,颜色随红细胞的分解出现不同颜色。压迫挫伤处,可感到角质有弹性,奶牛表现疼痛。已经感染形成化脓性蹄皮炎时,可有脓性渗出物从伤口流出,或脓汁向深部或沿小叶蔓延。引起蹄内化脓性过程时,蹄的炎症症候明显,跛行更为重剧,甚至有全身症候。

【治　疗】

刺伤引起化脓时,必须扩开角质,排除渗出物或脓汁,清洗,灌注碘仿醚或其他药剂,用消毒纱布和脱脂棉包扎。注射破伤风血清,全身应用抗生素。

挫伤时,轻度的停止运动,用甲醛或硫酸铜蹄浴,使角质变硬和防止感染,如挫伤严重或已感染时,也要扩开治疗。

八、白线裂病

白线裂是连接蹄底和蹄壁的软角质分离,通常远轴侧白线易遭损伤,公牛蹄尖部白线更多发病。

【病　因】

正常运动时,远轴侧白线常承受最大的牵张,特别是硬地上运步或爬跨时,更加重对白线的牵张。变形蹄,如卷蹄、延蹄、芜蹄,白线处易遭受刺伤,特别是牛舍和运动场潮湿、角质变软时,更易发病。

【症　状】

通常侵害后肢的外侧趾。白线分离后,泥土、粪尿等异物易进入,将裂开的间隙堵塞,也将使白线更大的扩开,并易引起感染(图7-54)。感染可向蹄冠的深部蔓延,引起蹄冠部脓肿、深部组织的化脓性过程。两后肢同时发病时,可掩盖跛行,直到1个蹄出现并发症时,才能被诊断出来。早期病例,很难诊断,因病变很小,容易被忽略,必须仔细削切,并清除松散的脏物才能看到白线的裂纹,进一步检查,可发现较深处有存积的脏物。跛行的表现不同,

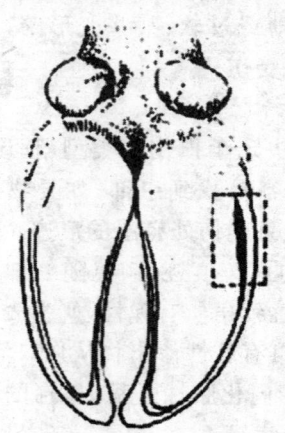

图 7-54　白线裂外侧趾远轴侧

当白线裂仅限于角质处时,跛行不明显,若裂开到真皮时则跛行。一旦形成脓肿,跛行表现剧烈,特别向深部组织侵害时,蹄可见发热、球部肿胀,常在蹄冠部出现窦道,此时牛体重明显减轻,泌乳量

明显下降。

【治 疗】

用蹄刀从蹄负面将裂口扩开,尽可能清除碎屑杂物和脓汁,但常常不可能到达深部。尽可能扩大伤口,使脓汁排出,灌注碘酊后用麻丝浸松馏油填塞。蹄冠有窦道开口时,打通,冲洗,包扎。深部感染时,采取相应措施,扩大伤口进行治疗。全身应用抗生素。

九、蹄糜烂

蹄糜烂是蹄底和球负面糜烂,又名慢性坏死性蹄皮炎,是奶牛常发的蹄病。

【病 因】

过长蹄、芜蹄、牛舍和运动场潮湿、不洁是本病的宿因。指(趾)间皮炎与发生在球部的糜烂有直接关系,结节状杆菌也是引起糜烂的微生物。

【症 状】

本病进展很慢,除非有并发症,很少引起跛行。轻病例只在底部、球部、轴侧沟有小的深色坑;进行性病例,坑融合到一起,有时形成沟状,坑内呈黑色,外观很破碎,最后,在糜烂的深部暴露出真皮。

糜烂可发展成潜道,偶尔在球部发展成严重的糜烂,长出恶性肉芽,引起剧烈跛行。

【治 疗】

彻底清洁蹄部,削除不正常的角质,扩开所有的潜道,应用硫酸铜和松馏油绷带包扎。

第八节 胸、腹壁及脊柱疾病

一、胸壁透创及并发症

胸壁透创是穿透胸膜的胸壁创伤。发生胸壁透创时,胸腔内的脏器往往同时遭受损伤,可继发气胸、血胸、脓胸、胸膜炎、肺炎及心脏损伤等。

【病　因】

多由尖锐物体(如叉、刀、树枝和木桩)刺入、牛角的顶撞等造成。

【症　状】

由于受伤的情况不同,创口的大小也不一样。创口大的,可见到胸腔的内面,甚至肺脏的部分脱出创口外。创口狭小时,可听到空气进入胸腔的咝咝声。创缘的状态与致伤物体的种类有关。由锐性器械所引起的切创或刺创,创缘整齐清洁,由铁钩、树枝、木桩、牛角顶撞等所致的创伤,其创缘不整齐,常被泥土、被毛等所污染,极易感染化脓和坏死。病牛不安,沉郁,一般都有程度不等的呼吸、循环功能紊乱,出现呼吸困难,脉快而弱。

【胸壁透创的合并症】

1. 气胸　是由于胸壁及胸膜破裂,空气经创口进入胸腔所引起。气胸可分为如下 3 种。

(1)闭合性气胸　胸壁伤口较小,创道因皮肤与肌肉交错、血凝块或软组织填塞而迅速闭合,空气不再进入胸膜腔者称为闭合性气胸。

(2)开放性气胸　胸壁创口较大,空气随呼吸自由出入胸腔者为开放性气胸。开放性气胸时,胸腔负压消失,肺组织被压缩,进入肺组织的空气量明显减少。常引起纵隔左右移动称纵隔摆动

(图 7-55)。

由于肺脏被压缩,肺通气量和气体交换量显著减少;胸腔负压消失,影响血液回流,使心排血量减少;空气反复进出胸腔和纵隔摆动,不断刺激肺脏、胸膜和肺门神经丛。因而,患牛表现严重的呼吸困难、不安、心跳加快、可视黏膜紫绀和休克症状。

(3)张力性气胸(活瓣性气胸) 胸壁创口呈活瓣状,吸气时空气进入胸腔,呼气时不能排出,胸腔内压力不断增高者称为张力性气胸。另外,肺组织或支气管损伤也能发生张力性气胸。

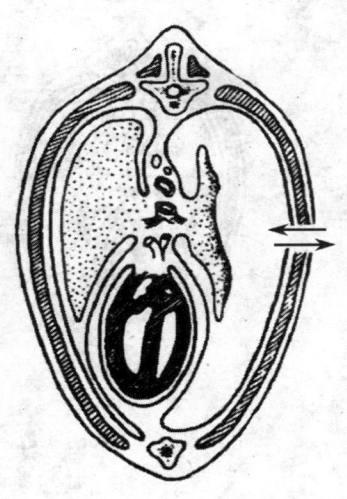

图 7-55 开放性气胸

由于胸腔压力不断增大,受伤侧肺脏被压缩,纵隔被推向健侧,健侧肺也受压,同时严重地影响静脉血的回流,导致呼吸和循环系统功能严重障碍。临床表现极度的呼吸困难、心律快、心音弱、颈静脉怒张、可视黏膜发绀,有的出现休克症状(图 7-56)

2. 血胸 胸部大血管受损,血液积于胸腔内的称为血胸,若与气胸同时发生则称为血气胸。一般出血不多,并能自行停止,裂口不大时还可自行愈合;肺脏或心脏的大血管、肋间动脉、胸内动脉、膈动脉受损后破裂,出血十分严重,病牛表现贫血和呼吸困难等症状,常出现死亡。

3. 脓胸 是胸壁透创后胸膜腔发生的严重化脓性感染,常在胸壁透创后 3~5 天出现。病牛体温升高,食欲减退,心律加快,呼吸浅表、频数,可视黏膜紫绀或黄染,有短、弱带痛的咳嗽。叩诊胸廓下部呈浊音,听诊时肺泡呼吸音减弱或消失,穿刺时可抽出脓汁。

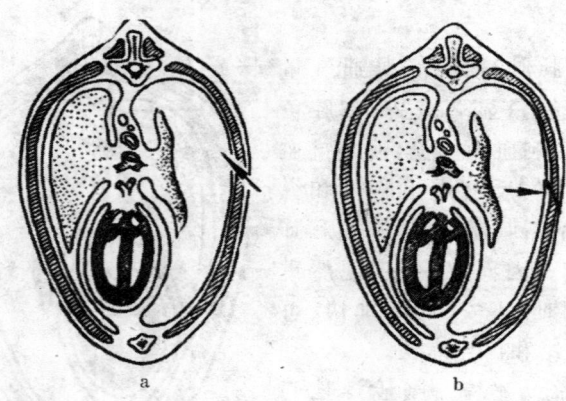

图 7-56 张力性气胸
a. 吸气时　b. 呼气时

4. 胸膜炎　指壁层和脏层胸膜的炎症,是胸壁透创常见的并发症。本病预后不良,常导致死亡。

【治　疗】

对胸壁透创的治疗,主要是及时闭合创口,制止内出血,排除胸腔内的积气与积血,恢复胸腔内负压,维持心脏功能,防止休克和感染。

对开放性气胸及张力性气胸应争分夺秒的去抢救,尽快闭合胸壁创口使其转变为闭合性气胸,然后排出胸腔积气。其方法是在创伤周围涂布碘酊,除去可见的异物,然后用大块厚敷料(如数层大块纱布、毛巾、脱脂棉、宽绷带等)紧紧堵塞创口,以达到不漏气为原则。

经上述处理之后,如有条件可进行强心、镇痛、止血、抗感染等治疗。随后尽快进行修补手术。

手术方法如下。

1. 保定与麻醉　尽量采用站立保定和肋间神经传导麻醉,以减少对肺脏代偿性呼吸的影响。

2. **清创处理** 创围剪毛消毒,取下包扎的绷带,然后以3%盐酸普鲁卡因溶液对胸膜面进行喷雾,以降低胸膜的感染。除去异物、破碎的组织及游离的骨片。操作时,防止异物在病牛吸气时落入胸腔。对出血的血管进行结扎,对下陷的肋骨予以整复。然后用一块大的灭菌纱布将其中间部分填入创口内,纱布四角保留在创口外,再用数块小纱布向创口内填塞,然后牵拉大纱布4个角,使填塞的纱布形成内塞。以暂时封闭胸壁创口,防止气体进入胸腔。以减轻气胸发生后的缺氧。

3. **闭合** 从创口上角自上而下对肋间肌和胸膜做一层缝合,边缝边取出部分敷料,待缝合仅剩最后1~2针时,将敷料全部撤离创口,关闭胸腔。胸壁肌肉和筋膜做一层缝合。最后缝合皮肤。缝合要严密,以保证不漏气为度。

4. **排除积气** 在病侧第7~8肋间的胸壁中部(侧卧时)或胸壁中1/3与背侧1/3交界处(站立或俯卧时),用带胶管的针头刺入,接注射器抽出胸腔内气体,以恢复胸内负压。

对急性失血的病牛,静脉注射10%葡萄糖酸钙注射液,同时在手术中要迅速找到出血部位进行结扎止血,防止发生失血性休克。必要时给予输血、补液,以补充血容量。

对脓胸的病牛,穿刺排出胸腔内的脓液,然后用温的生理盐水或林格氏液反复冲洗,最后注入抗生素注射液。

术后应密切注意全身状况的变化,给病牛全身使用足量抗菌药物控制感染,并根据每天病情的变化进行对症治疗。

二、腹壁透创

腹壁透创是穿透腹膜的腹壁创伤。本病多伤及腹腔脏器,严重者可致内脏脱出,继发内脏坏死、腹膜炎或败血症,甚至死亡。

【病 因】
病因基本上同胸壁透创。

【症　状】

腹壁透创有各种不同情况，主要分为4种类型。

1. 单纯性腹壁透创　指不并发腹腔脏器损伤或脱出的腹壁透创。在刺创时因创口小而周围有炎性肿胀及异物的覆盖，有时不易确诊。大的创口，内脏容易暴露，较容易做出诊断。

图7-57　腹壁透创伴发内脏脱出

2. 并发腹腔脏器损伤的腹壁透创（图7-57）　最常见的为胃、肠穿孔，其内容物流入腹腔而引起腹膜炎。肝、脾和肾实质器官受损时易发生长时间的、大量的、间歇性出血，或急性大失血，引起死亡。肾和膀胱受损时，可发生血尿。膀胱破裂时，尿液流入腹腔，排尿减少或停止。

3. 并发肠管部分脱出的腹壁透创　小肠的管径小、蠕动强，易脱出，脱出的肠管受到不同程度的污染。当发生腹壁斜创时，脱出肠管可进入肌间，有时可进入腹膜与深层肌肉之间。

4. 脱垂肠管已有损伤的腹壁透创　脱垂肠管时间较长且有损伤，是一种较严重的腹壁透创。肠管及网膜有严重污染、破损、断裂，甚至坏死。

腹壁透创的主要并发症是腹膜炎和败血症，若伴随实质性器官或大血管损伤时可出现内出血、急性贫血，引起休克、心力衰竭，甚至死亡。

【治　疗】

腹壁透创的急救主要应根据透创的程度和全身性变化决定，首先对病牛进行全身或局部麻醉，妥善保定后再对局部进行处理。

对单纯性腹壁透创，应严密消毒创围，彻底清理创腔，分层缝合腹壁。

对肠管脱出的腹壁透创应根据其脱出的时间和损伤的程度而选择治疗方法。若肠管没有损伤,色彩接近正常,仍能蠕动,可用温灭菌生理盐水或含有抗生素的溶液冲洗后送回腹腔。若肠管因充气或积液而整复困难时,可穿刺放气、排液。对坏死肠管或已暴露时间较长,缺乏蠕动力,即使用灭菌生理盐水纱布温敷后也不能恢复蠕动者,则应考虑作肠部分切除术,再进行肠管断端吻合。

对胃、肠破裂,胃肠内容物已流入腹腔的病例,应在缝合破损后,用温生理盐水反复冲洗腹腔。

肝、脾及肾等实质脏器出血时,应使病牛保持安静,静脉或肌内注射止血药物。若发现继续出血或有大出血时,应对相应脏器进行缝合止血,必要时采取补液及抗休克措施。

腹壁闭合前,为了预防腹膜炎及脏器间粘连的形成,可于腹腔内注入抗生素。必要时安置引流管。

术后护理要全身使用抗生素并根据病牛的情况进行补液、强心及对症治疗。

三、脊柱损伤

脊柱损伤是脊柱骨及其软组织的损伤。

【病　因】

1. **直接外力的作用**　如尖锐物体刺入,配种时因公牛过大或其他母牛爬跨。

2. **间接外力的作用**　奔跑、跳跃时扭闪、滑跌、撞击、不正确的保定或直接受到打击等。

3. **诱因**　骨骼疾病,如脊椎炎。骨组织代谢紊乱,如骨质疏松症、骨软病、妊娠后期或高产奶牛泌乳期、老年及营养不良、慢性氟中毒等。

【症　状】

由于外力作用的大小、受伤组织的种类和程度不同,临床表现也不一样。按损伤的性质和部位,可区分为轻度腰部损伤、脊柱骨折和脱位、脊髓损伤。

1. **轻度腰部损伤** 仅为椎间韧带或肌肉的过度牵拉,通常受伤部位外形变化不明显,偶见皮肤有擦伤,表现为后躯无力,尾部活动不灵活,运步时腰部强直,两后肢强拘或摇晃,后退及转弯困难。患部触诊或叩诊有时有疼痛反应。

2. **脊柱骨折和脱位** 多发生于最后胸椎和第一腰椎。脊柱骨轻度损伤可发生椎骨的横突、棘突或椎体骨裂,重度损伤则可发生完全骨折甚至脱位,同时伴有不同程度的脊髓损伤。

棘突或横突的骨裂,通常患部出现肿胀、增温、疼痛,背腰部强拘紧张,起卧困难;全骨折时,患部症状比较明显,表现椎骨变形,触诊疼痛,病牛起卧困难,运步时后躯摇晃。椎体发生骨裂时,有的病牛尚能站立,仅出现轻度腰损伤的症状;若发生全骨折并有错位或同时伴有关节脱位,临床上除了患部肿胀疼痛外,同时脊髓也发生错位或椎管内出血压迫脊髓,可呈现脊髓损伤的各种症状。

3. **脊髓损伤** 症状随损伤程度和部位而定。通常分为横贯性损伤和部分损伤。

脊髓的横贯性损伤常表现为损伤节段以后两侧对称性的运动及感觉功能障碍。病牛突然出现截瘫,卧地不起,痛觉迟钝或丧失,阴茎脱垂,尾弛缓,尿潴留,便秘或排粪、排尿失禁。严重时全身状况恶化,呼吸、脉搏频数,可很快死亡。在最后胸椎与第一腰椎处的脊髓损伤,常表现为强直扩展到两前肢,麻痹性无痛扩展到两后肢。但两前肢仍有随意运动,并能完成所有的体位反应和脊反射。当第3胸椎段脊髓发生损伤时,可出现霍纳氏征,即奶牛物瞳孔缩小,第3眼睑脱出,眼裂小,眼球向眼眶内陷落,两前肢的脊反射降低,两后肢全麻痹。

【治　疗】

1. **限制损伤部位的活动** 对脊柱损伤的病牛,应避免脊柱屈曲、伸展或扭转,疼痛不安者可使用镇静剂或镇痛剂。

2. **药物治疗** 对于脊髓震荡、挫伤而没有脊髓受压的奶牛,可静脉注射20%甘露醇注射液或皮质激素,以减少脊髓的水肿。另外可用0.5%盐酸普鲁卡因注射液30~40ml、青霉素160万U、醋酸泼尼松250mg、维生素B_1 1g,混合后穴位注射。

3. **防止并发症** 脊柱损伤常见的并发症有尿潴留与尿道感染、便秘和褥疮。

(1) 防止尿道感染 多数病例脊髓损伤后很快发生膀胱麻痹和尿潴留,引起膀胱张力的丧失,易发生膀胱感染。因此,应经常导尿,促使尿液的排出,防止尿潴留。导尿后膀胱内注入抗生素或泌尿道消毒剂冲洗膀胱。

(2) 便秘的处理 脊髓损伤的奶牛常发麻痹性肠梗阻和粪便停滞。每日用温水灌肠。

(3) 防止褥疮 对卧地不起但后身躯感觉正常的奶牛,应将奶牛放在沙坑或垫草上,并常改变体位。

第九节 肌肉疾病

奶牛肌肉疾病,最常见的有肌炎、肌肉断裂和肌肉转位。

一、肌 炎

肌炎是肌纤维发生变性、肌纤维之间的结缔组织、肌束膜和肌外膜发生病理变化。

【病 因】

各种损伤性因素,如挫伤、蹴踢、跌落、剧伸,重者出现血肿和肌肉断裂等无菌性肌炎。此外,也有风湿性肌炎。

感染葡萄球菌、链球菌、大肠杆菌以及周围组织炎症蔓延与转移后(如关节炎、化脓灶、脓肿、蜂窝织炎等),可发生化脓性肌炎。

放线菌也能引起该病。

【症　状】

1. 急性肌炎　多为突然发病,在患病肌肉的一定部位指压有疼痛。患部增温,出现轻重不一的跛行,一般规律多数为悬跛,少数是支跛。

2. 慢性肌炎　多来自急性肌炎,患病肌纤维变性、萎缩,患部脱毛,皮肤肥厚,缺乏热、痛和弹性,肌肉肥厚、变硬。患肢功能障碍。

3. 化脓性肌炎　患病肌肉有明显的热、痛、肿胀、功能障碍。随着脓肿的形成,局部出现软化、波动。深在病灶虽无明显波动,但可见到弥散性肿胀。穿刺检查,有时流出灰褐色脓汁。

【治　疗】

治疗原则:除去病因,消炎镇痛,防治感染,恢复功能。

急性肌炎时,根据肌炎的病理过程,可采用冷敷与温敷,控制炎症发展或促进吸收。用青霉素盐酸普鲁卡因封闭,涂刺激剂等。注射2%盐酸普鲁卡因、维生素B_1、安乃近、安痛定、水杨酸制剂及类皮质激素等。

慢性肌炎时,可应用针灸、按摩、涂强刺激剂、石蜡疗法等。

化脓性肌炎,前期应用抗生素或磺胺疗法,形成脓肿后,适时切开,病情严重的要采取全身疗法。

二、肌肉断裂

肌肉断裂常发生于肌肉弹力和反弹力小的部位,如肌肉的骨附着点、肌纤维与腱的胶原纤维结合处。

【病　因】

多由损伤引起,如牛牴、冲撞、后肢踢空、跌倒、跳跃障碍、四肢陷于穴洞内时的用力拔出等直接、间接暴力所引起。

症候性肌肉断裂有时发生,如代谢疾病(骨软症、佝偻病)或某些传染病发病过程中,肌纤维组织变性、萎缩、弹性降低,肌肉中结缔组织瘢痕形成,都是发病的原因。

【症 状】

肌肉断裂后出现不同的功能障碍,支撑体重的肌肉断裂时,跛行比较明显。提伸肢的肌肉断裂时,跛行较轻。局部变化,新发生的肌肉断裂处凹陷,随炎症发展,局部肿胀,常出现血肿,温热疼痛。临床上常见的肌肉断裂如下。

1. 冈下肌断裂 常发生于臂骨结节附近的浅腱肢。突然发生重度支跛,肩关节显著外展。常能诱发腱下黏液囊炎。

2. 臂二头肌断裂 断裂部位多在腱质的移行部位。全断裂时,病牛站立状态下肩关节和指关节屈曲,支撑困难。运动时,表现混合跛行。

3. 臂三头肌断裂 常发生于肘突附近。站立时患肢负重困难,重度支跛。运动时,患肢关节屈曲拖曳前进。

4. 胫骨前肌和第三腓骨肌断裂 断裂部位多在骨的附着点。站立时,患肢膝关节高度屈曲,跗关节伸直,跗关节与跖部构成直线向后方伸展。他动患肢,可无阻力的向后方自由牵拉,在运动时呈悬跛,患肢股部高度提举,膝关节过度屈曲,跗关节处于反常伸展状态,病牛基本不能后退,当两后肢的胫骨前肌和第三腓骨肌同时断裂时,病牛站立时将两后肢置于后方,行动困难。

【治 疗】

病初绝对安静,有利于促进肌肉的再生修复。局部可应用红外线照射、钙离子透入疗法、石蜡疗法和涂刺激剂。过一段后根据病情,可进行少量的牵遛运动。

三、肌 肉 病

肌肉病是由于肌肉组织中神经调节和物质代谢障碍所引起的肌肉疾病。是以肌束或肌群的功能失调为特征。

【病　因】

主要由于一组肌肉或全肢肌肉紧张劳动所致。在不平道路上持续性的过重运动,削蹄失宜,长期舍饲运动不足等均能引起发病。

【症　状】

病牛容易疲劳、出汗、肌肉震颤,运步表现特殊功能障碍,病牛行动无力,步态蹒跚,不灵活,步幅随之发生改变。如侵害多个肌群时,则症状更为明显复杂,功能障碍明显,甚至有全身性变化,体温升高、脉搏频数。严重时,病牛不能起立。触诊患肢肌上有结节状隆起,并能感到肌肉痉挛。

肩臂部肌束肌肉病,患肢在运动时表现进行性的不协调的缓慢运动。触诊患病肌肉(臂头肌、冈上肌、冈下肌及三角肌)可见到腱质的移行部位肌束痉挛,坚实,表面不平,有疼痛反应。常并发腕关节炎、指关节炎以及腱鞘内迅速出现浆液性渗出物。肌腱的紧张度减退,易疲劳。慢性经过时,患病肌肉的深组织坚实,以后逐渐发生萎缩。

腰带肌束肌肉病常发生于臀肌和背最长肌。病牛站立时,无明显变化。运动时,如单侧肌肉患病表现轻度跛行,如二肢同时发病,步样紊乱,臀部摇摆,共济失调。触诊患部肌肉有疼痛性反应。

【治　疗】

首先除去病因,应用物理疗法,如按摩、温敷、热泥疗法、石蜡疗法、透热疗法、电离子疗法。为了镇痛可在患部肌内注射0.25%盐酸普鲁卡因注射液150～200ml。当关节和腱鞘内渗出物增多时,应装置压迫绷带。全身可应用氯化钙制剂。药物治疗的同时,应根据病情做适当的活动。

第十节 皮肤疾病

一、真菌性皮肤病

真菌性皮肤病也称钱癣,常见于育成奶牛,成年奶牛也可发病。嗜动物皮癣菌为本病病原,皮肤病变主要表现为圆形脱毛、渗出和局部痂皮形成,取慢性经过。

【病　因】

钱癣是由于真菌感染皮肤、毛发后所致的疾病。

传染的方式是直接接触感染,幼龄、衰老、瘦弱及有皮肤缺陷的奶牛易感染。

【症　状】

患病的奶牛患部断毛、掉毛或出现圆形脱毛区,皮屑较多。也有不脱毛、无皮屑而患部有丘疹、脓疱或脱毛区皮肤隆起、发红、结节化,这是真菌急性感染或继发性细菌感染,称为脓癣。须发癣感染时,面部、耳朵、颈部和躯干等部位易被感染,病变处被毛脱落,呈圆形或椭圆形,有时呈不规则状。痂下因细菌继发感染而化脓。痂下的皮肤呈蜂巢状,有许多小的渗出孔。痂皮多在1~3个月自然脱落,以后病灶处可长出新毛。

【诊　断】

真菌检查的简单方法是刮取患部鳞屑、断毛或痂皮置于载玻片上,加数滴10%氢氧化钾溶液于载玻片样本上,微加热后盖上盖玻片。显微镜下见到真菌孢子即可确认真菌感染阳性。真菌的培养在真菌培养基上进行。

【治　疗】

治疗真菌感染主要根据病的轻重。轻症、小面积感染可外敷克霉唑或癣净等软膏,新药特比萘酚的临床疗效好。患部周围剪毛,洗去皮屑、痂皮等污物,用硫磺香皂洗患部,再将软膏涂在患部皮肤上,每天2次,直至病愈。患病奶牛应隔离,被病牛污染的用具饲槽能传播癣病,应消毒处理。由于患病牛能传染其他牛或人,所以对牛污染环境的消毒也是预防牛病的重要环节。

二、湿　疹

湿疹是皮肤表皮和真皮乳头层轻型过敏性皮肤病,属迟发型变态反应。任何年龄的牛都可发生。湿疹可分为急性和慢性两大类型。急性湿疹以红斑、表皮糜烂和瘙痒为特征,慢性湿疹主要表现为细胞浸润、皮肤增厚和皮肤苔藓样硬化。

【病　因】

奶牛的过敏性素质是主要因素。先天性或后天性过敏性素质:有些动物似乎为先天性过敏性素质,如 IgE 的先天性(遗传性)缺乏,导致皮肤抵抗力降低,使其对外界或体内产生的各种致敏因子的敏感性增高而发生湿疹。在另一些情况下,与代谢失调(如维生素 A 缺乏、矿物质代谢障碍等)有关,内分泌调节障碍引起机体防御能力下降而发病。

其他的致病因子,如炎性渗出液、泪液、鼻漏、粪尿等排泄物对皮肤的刺激都可造成局部的湿疹病变,外寄生虫侵袭以及机械性摩擦,强光照射、过度寒冷、圈舍阴湿等均为本病的诱因。

【症　状】

在奶牛湿疹的发病部位最多见于股内侧与乳房之间相邻的皮肤,股内侧皮肤和与之相对应的乳房皮肤发红,湿润。若发生继发感染,皮肤会发生糜烂,有特殊的臭味。其他易发部位包括:眼的周围、颈部和尾根等处,呈对称性发病,另外奶牛可发生指(趾)间湿疹。

急性湿疹病程短暂,恢复较快。

【诊　断】

根据本病的皮损具有对称性及表现复发倾向,结合患病奶牛具有先天性或后天性过敏性素质,以及环境中存在致敏因子,可做出初步诊断。

【治　疗】

加强饲养管理,保持环境和牛体清洁、卫生,消除致病性刺激因素,抑制渗出、脱敏和促使角化上皮溶解脱落,防止继发感染的治疗原则。

1. 局部治疗　在局部治疗之前,要剪去或刮除被毛后,用0.1%高锰酸钾溶液清洗,去除渗液和痂皮。在湿疹初期,可选用保护性粉剂药物(氧化锌 20g、滑石粉 40g、淀粉 40g)或清凉擦剂(石灰水 50ml、花生油 50ml),人用的六神痱子粉对初期湿疹有效。已经有渗液或脓性分泌物时,宜收敛、消炎,促进表皮生长,选用复方粉剂(水杨酸 3g、滑石粉 87g、淀粉 3g),也可用醋酸铅液(醋酸铅 5g、明矾 10g,水加至 100ml)。当蚊蝇滋扰、病变部有异味时,可选用魏氏流膏(蓖麻油 500ml、松馏油 100ml、碘仿 50g)。对于结痂期的湿疹,可用氧化锌软膏(氧化锌 20g、水杨酸 5g、淀粉 25g、凡士林 1 000g)。对于皮肤已经增厚且呈苔藓样硬化的慢性湿疹,选用碘仿鞣酸软膏(碘仿 10g、鞣酸 5g、凡士林 100g)或硫磺松馏油软膏(硫磺 20g、松馏油 20g、钾肥皂 40g、安息香豚脂 40g、樟脑 10g)。上述药物既可抑制表皮细胞增生,又能促使角化上皮软化、溶解与脱落。

2. 全身疗法

(1)抗生素疗法　常采用广谱抗生素或青霉素、链霉素等进行治疗。

(2)脱敏疗法　可用乳酸钙 20～50g,加常水适量口投,10%氯化钙注射液 100～200ml 静脉输注,每天 1 次。同时给予抗组胺制剂,如苯海拉明、扑尔敏等口投或注射。

(3) 激素疗法　当急性湿疹采用多种药物治疗无效时,可选用糖皮质类固醇进行治疗,如氢化可的松(0.5%注射液100～200ml)或地塞米松(60～80mg)(妊娠牛禁用)。为了防止继发感染,应用激素类药物的同时,要配合应用抗生素,疗程一般不超过5天。

3. 普鲁卡因封闭疗法　采用0.25%普鲁卡因注射液100～150ml静脉注射,阻断皮损部位对中枢神经的不良刺激,适用于湿疹性瘙痒,可收到暂时性效果。

三、感光过敏(光敏性皮炎)

感光过敏,又称光敏性皮炎。是皮肤组织内的感光物质,在强烈的阳光照射下引起的急性过敏性皮炎。本病多发生在户外饲养的奶牛。

【病　因】

当皮肤内存在一定量的感光物质并受到紫外光的照射,光化学反应产生的能量即可引起皮肤的损伤。牛的黏膜和皮肤连接处是光敏性皮炎的常发部位。

由于感光物质的来源及其形成途径等不同,病因有以下几种情况。

1. 原发性或外源性感光过敏　大多数引起原发性感光过敏的物质是植物,当牛采食荞麦(其中含有荞麦素)、金丝桃属植物(含金丝桃素)、各种油菜和三叶草;投服吩噻嗪(在肠道内形成硫氧基吩噻嗪),以及注射四环素族药物,接触硫磺以及注射曙红、吖啶黄、二碘曙红和亚甲蓝等荧光色素时,其中所含感光物质,在阳光直接照射时可引发本病。

2. 继发于肝脏疾病　牛瘤胃中的叶绿素,经微生物分解后生成叶红素,这是色素代谢的正常终末产物,正常时随胆汁排出体外。肝脏或胆囊的某些疾病可以影响叶红素的排出,当叶红素在血液中达到一定水平时,便可发生本病。

3. 牛先天性卟啉病 牛红细胞生成性卟啉症,也称为"红牙齿",是许多品种牛的一种遗传性缺陷。在荷斯坦牛、爱尔夏牛和短角牛的皮肤内蓄积卟啉代谢产物易引起感光过敏。

4. 原因不明性感光过敏 除以上原因外,偶尔见到一些牛曾在生长茂盛的紫花苜蓿、红三叶草、苏丹草或野豌豆等草场放牧过而发生本病,但真正的病因不清楚,病牛的肝功能也正常。

【症　状】

患光敏性皮炎的奶牛的皮肤出现水肿、红斑、水疱、渗液和皮肤坏死,坏死区的皮肤脱落。病变区和健康皮肤分界明显,尤其是荷斯坦奶牛,其黑毛与发生病变的白色被毛区分界明显。患牛可有极度瘙痒。若病变发生在乳头皮肤,挤奶困难。继发于肝脏疾病的患牛表现黄疸、体温升高及其他全身症状。个别病例发现时皮肤已处于坏死阶段,而看不到皮肤水肿与增厚。

【诊　断】

大多数病例根据临床症状即可做出诊断,但确切病因需做实验室诊断。

【治　疗】

对感光过敏的奶牛移至光线较弱的厩舍内饲养,对继发细菌性皮炎的奶牛给予局部或全身抗生素治疗。

对局限性皮损,首先剪毛并清除痂皮,局部涂抗生素油膏或紫草油膏。

对肝源性光致敏,还要给予支持疗法。如增加葡萄糖,维生素B_{12}、维生素B_1、维生素 C 等,但这种奶牛多因患有严重的肝胆疾病而预后不良。

牛红细胞生成性卟啉症除使病牛避开阳光外无其他治疗方法,这种患牛应予以淘汰。

原发性病例的早期阶段,注射皮质类固醇和非甾体抗炎药物有助于降低皮肤腐离脱落的程度。

四、接触性皮炎

接触性皮炎按病因可分为刺激性和变态反应性皮炎。前者是由于奶牛接触具有刺激性的物质引起的,而变态反应性皮炎是一种皮肤的过敏反应,致敏物质很少或浓度很低即可引起发病。

能引起奶牛发生刺激性皮炎的物质很多,如运动场、通道及垫草内的生石灰,某些乳房清洗液和乳头药浴液,包括碘制剂、洗必泰、漂白粉等。难产助产、阴道检查及子宫送药前清洗外阴部的消毒液、肥皂水等,均可引起会阴部、尾部皮肤的接触性皮炎。在偶然的情况下,驱蚊、蝇的喷雾剂也可致病。

长时间躺卧在不洁运动场内的牛常见粪尿浸渍皮肤。桶饲犊牛,奶温过高或饲以代乳品时,往往发生刺激性接触性皮炎,表现鼻镜、鼻、口角处及下颌处脱毛、发红。犊牛喂奶后不用干毛巾擦拭,残留的奶常黏附在口鼻部,冬季易引起附着物干硬、龟裂,引起皮炎。有慢性腹泻的犊牛可表现尾部、会阴部及后肢皮肤的浸渍而脱毛和皮炎。

变态性接触性皮炎较为少见,可能有对植物、昆虫和垫草的变态反应。这种反应多局限在牛群内的个别个体或少数牛。

治疗包括对局部的外科处理和涂擦保护性油膏,如凡士林、氧化锌软膏。如能确定病因,避免接触是最好的方法。

第十一节 疝

一、脐疝

脐疝以犊牛为多见。一般以先天性原因为主,可见于初生时,或者出生后数天或数周。犊牛的先天性脐疝多数在出生后数月逐渐消失,少数病例愈来愈大。

【病　因】

是由于脐孔发育不全,没有闭锁,脐部化脓或腹壁发育缺陷等以及断脐太短引起。

胎儿的脐静脉、脐动脉和脐尿管通过脐带走向胎膜,它们的外面包围着疏松结缔组织。当胎儿出生后脐带被扯断,血管和脐尿管就变成闭锁不通,而在四周则结缔组织增生,在较短时间内完全闭塞脐孔。如果断脐不正确(如扯断脐带血管及尿囊管时留得太短)或发生脐带感染,腹壁脐孔则闭合不全。此时若犊牛出现强烈努责或用力跳跃等原因,使腹内压增加,肠管容易通过脐孔而进入皮下形成脐疝。

【症　状】

脐部呈现局限性球形肿胀,质地柔软,也有的紧张,但缺乏红、痛、热等炎性反应。病初多数能在挤压疝囊或改变体位时疝内容物还纳到腹腔,并可摸到疝轮。听诊可听到肠蠕动音。犊牛脐疝一般由拳头大小可发展至小儿头大,甚至更大(图7-58)。由于结缔组织增生及腹压大,往往摸不清疝轮。脱出

图7-58　犊牛脐疝

的网膜常与疝轮粘连,或肠壁与疝囊粘连。肠与疝囊粘连往往是广泛而多处发生,因此手术时必须仔细剥离。箝闭性脐疝虽不多见,一旦发生就有显著的全身症状,病牛极度不安。体温升高,脉搏加快,如不及时进行手术则常引起死亡。

【诊　断】

根据局部症状及触诊疝囊及疝轮即可确诊。但应注意与脐部脓肿和肿瘤等相区别,必要时可慎重地作诊断性穿刺。

【治　疗】

非手术疗法（保守疗法）适用于疝轮较小、年龄小的犊牛。用95％酒精（或用2％～5％碘液或10％～15％氯化钠溶液代替酒精）在疝轮四周分点注射，每点3～5ml，可取得一定效果。

幼龄犊牛可用一大于脐环的、外包纱布的小木片抵住脐环，然后用绷带压迫固定，以防移动。若同时配合疝轮四周分点注射10％氯化钠溶液，效果更佳。

手术疗法十分可靠。术前禁食。按常规无菌技术施行手术。全身麻醉或局部浸润麻醉，仰卧保定或半仰卧保定（图7-59）。切口在疝囊底部，呈梭形。皱襞切开疝囊皮肤，仔细切开疝囊壁，以防伤及疝囊内的脏器。认真检查疝内容物有无粘连和坏死。仔细剥离粘连的肠管，若有肠管坏死，需行肠

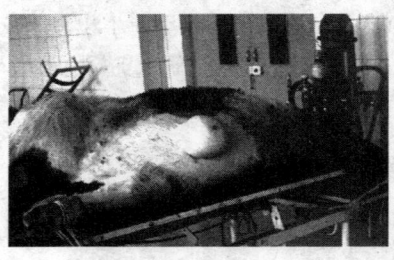

图7-59　奶牛脐疝手术的仰卧保定

部分切除术。若无粘连和坏死，可将疝内容物直接还纳腹腔内，充分显露疝轮（图7-60），然后缝合疝轮。采用钮扣缝合，打结闭合疝轮后但需将疝轮光滑面作轻微切割，形成新鲜创面再对已闭合的疝轮进行结节缝合，以便于疝轮的愈合。对病程较长、疝轮较大的病例，

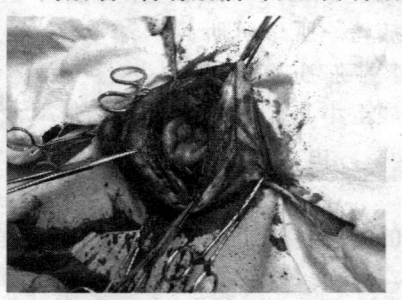

图7-60　切开疝囊显露疝轮

疝轮的边缘变厚变硬，先用18号缝合线对疝轮进行水平钮扣缝合，然后用手术剪切割疝轮，形成新鲜创面（图7-61），再进行缝合。另一方面，在闭合疝轮后，需要分离疝囊壁形成左右2个纤维

组织瓣,将一侧纤维组织瓣缝在对侧疝轮外缘上,然后将另一侧的组织瓣缝合在对侧组织瓣的表面上。修整皮肤创缘,皮肤作结节缝合。

犊牛脐疝的疝囊壁上常有脓肿的形成,这多因不恰当的穿刺疝囊引起。对疝囊壁上伴有脓肿的脐疝,在手术时应完整摘出脓肿,然后再闭合疝轮。

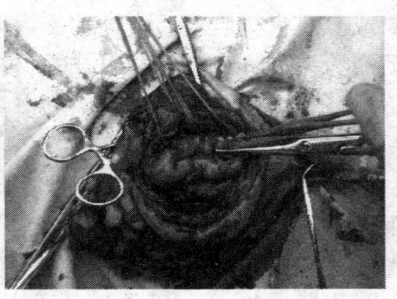

图 7-61　对已闭合的疝轮用手术剪修剪下一层形成新鲜创面

切忌在手术中切开脓肿,否则会引起创内的严重污染,并且术后还会再度感染化脓和再次形成脐疝。

【术后护理】

术后不宜喂得过饱,限制剧烈活动,防止腹压增高。术部包扎绷带,保持术部卫生。术后 5~7 天内,每天应用抗生素以控制创口的感染。

二、腹 壁 疝

腹壁疝可发生于各年龄牛,约占疝病的 3/4,由于腹肌或腱膜受到钝性外力的作用而形成腹壁疝的较为多见。也常继发于剖宫产后的切口疝(图 7-62)。奶牛常见的是发生在左侧腹壁的瘤胃疝及右侧剑状软骨部的真胃疝。

【病　因】

主要是强大的钝性暴力所引起。由于皮肤的韧性及弹性大,仍能保持其完整性,但皮下的腹

图 7-62　奶牛剖腹产后形成的腹壁疝

肌或腱膜直至腹膜易被钝性暴力造成损伤。因被牛角抵撞而引起的疝为多见，因剖宫产切口疝也较多见。其次是因腹内压过大，如母牛妊娠后期或分娩过程中难产强烈努责等引起。

【症　状】

外伤性腹壁疝的主要症状是腹壁受伤后局部突然出现一个局限性扁平、柔软的肿胀（形状、大小不同），触诊时有疼痛，常为可复性，多数可摸到疝轮。伤后2天，炎性症状逐渐发展，形成越来越大的扁平肿胀并逐渐向下、向前蔓延。外伤性腹壁疝可伴发淋巴管断裂，淋巴液流出是水肿的原因之一。其次是受伤后腹膜炎所引起的大量腹水，经破裂的腹膜而流至肌间或皮下疏松结缔组织中间而形成腹下水肿，此时原发部位变得稍硬。在腹下的水肿常偏于病侧，一般仅达中线或稍过中线，其厚度可达10cm（图7-63）。发病两周内常因大面积炎症反应而不易摸清疝轮。疝囊的大小与疝轮的大小有密切关系，疝轮越大则脱出的内容物也越多，结果疝囊就越大。

图7-63　奶牛外伤性腹底壁疝

腹壁疝内容物多为肠管（小肠），但也有网膜、真胃、瘤胃、膀胱、怀孕子宫等各种脏器，并经常与相近的腹膜或皮肤粘连，尤其是在伤后急性炎症阶段更为多见。

【诊　断】

外伤性腹壁疝的诊断可根据病史，受钝性暴力后突然出现柔软可缩性肿胀，触诊时摸到疝轮，听诊能听到肠蠕动音（如为肠管脱出），视诊时疝囊体积时大时小，有时甚至随着肠管的蠕动而忽高忽低即可确诊。

第七章　奶牛外科病

【治　疗】

可采用保守疗法(非手术疗法)与手术疗法,各有其适应症和优缺点。

1. 保守疗法　适用于初发的外伤性腹壁疝,凡疝孔位置高于腹侧壁的 1/2 以上,疝孔小,有可复性,尚不存在粘连的病例,可试行保守疗法。在疝孔位置安放特制的软垫,用特制压迫绷带在牛体上绷紧后可起到固定填塞疝孔的作用。随着炎症及水肿的消退,疝轮即可自行修复愈合。缺点是压迫的部位有时不很确实,绷带移动时会影响疗效。

2. 手术疗法　手术是可靠的治疗方法。术前要禁饲,根据疝轮的大小和部位,禁饲 1～5 天不等,但饮水照常。对疝轮较大的病例,要充分禁食,以降低腹内压,便于修补。关于进行手术的时间问题,应根据病情决定。国外不少人主张发病后急性炎症阶段(5～15 天)不宜做手术。但国内许多单位经长期实践证明,手术宜早不宜迟,最好在发病后立即手术。若发病后未及时进行手术,需等待疝囊部位炎症消退后再进行手术。一般伤后 15 天以后再进行手术。术前应充分禁食,最大限度地减少腹内压。

现将手术疗法要点分述如下。

(1)保定与麻醉　全身麻醉。

(2)手术径路　切口部位应选择非粘连部位。在病初尚未粘连的,可在疝轮附近做切口;如已粘连须在疝囊处做一梭形皮肤切口。钝性分离皮下组织,将内容物还纳入腹腔,缝合疝轮,闭合手术切口。

(3)疝修补手术方法

①新患腹壁疝。又因疝轮的大小不等而有所不同,分为以下两种情况区别对待。

当疝轮小,腹壁张力不大时,若腹膜已破裂可用 2 号或 3 号肠线缝合腹膜和断裂的腹横肌,然后用丝线缝合腹横筋膜,连续缝合皮肌,皮肤结节缝合。

②陈旧性腹壁疝。因腹壁疝疝轮大部分已瘢痕化,肥厚而硬固,对疝轮用12～18号丝线进行间断水平钮扣缝合,然后再对已闭合的疝轮作修整手术,将瘢痕化的结缔组织用外科刀切削成新鲜创面,用10号丝线间断缝合已切削成新鲜创面的疝轮。如果疝轮过大还需用纤维性病囊壁组织或筋膜做成瓣以填补疝轮。最后将过多的皮肤切削后,进行皮肤切口的缝合,打结系绷带。

【术后护理】

第一,术后限制饲喂量,减少腹内压。

第二,保持术部清洁、干燥,防止摔跌。

第三,术后用抗生素5～7天,以控制局部感染。

三、会阴疝

会阴疝是由于盆腔肌组织缺陷,腹膜及腹腔脏器向骨盆腔后结缔组织凹陷内突出,以至向会阴部皮下脱出。疝内容物常为膀胱、肠管或子宫等。本病常见于牛。

【病　因】

本病的病因较复杂,包括先天性、各种原因引起的盆腔肌无力和激素失调等。妊娠后期、难产、严重便秘、强烈努责或脱肛等情况下,常诱发本病。脱出通道可以为腹膜的直肠凹陷(公牛)、直肠子宫凹陷(母牛)或直肠周围的疏松结缔组织间隙。瘦弱的奶牛,特别是发生习惯性阴道脱的奶牛易发生本病。

【症　状】

在肛门、阴门近旁或其下方出现无热、无痛、柔软的肿胀,常为一侧性的,肿胀对侧的肌肉松弛。会阴疝的肿大范围可达小儿头或大人头大,柔软或有波动感,阴道脱垂,尿道口向外突出。如疝内容物为膀胱时,挤压肿胀有时可见到喷尿,病牛频频排尿,但量不多或无尿,检查者用手由下向上挤压肿胀时常会逐渐缩小,并伴随被动性排尿,松手时又可增大,或隔一段时间后愈来愈大。

【诊　断】

根据临床症状可初步诊断,确诊需进行直肠检查。

【治　疗】

保守疗法基本无效,手术修补的效果良好。

手术方法如下:术前禁食24~48h,温水灌肠,清除直肠内蓄粪,导尿。站立保定,荐尾硬膜外腔麻醉。手术径路在肛门外侧,自尾根外侧向下至坐骨结节内侧做一弧形切口。钝性分离打开疝囊,避免损伤疝内容物。将疝内容物送回腹腔内,复位困难时,可用夹有纱布球的长钳抵住脏器将其送回原位。为了防止再次脱出,也可用麦粒钳或长止血钳夹住疝囊底,沿长轴捻转几圈,然后在钳子上套上线圈,用另一把钳子把线圈推向疝囊颈部,在尽可能的深处打一个外科结,并在靠近疝囊的地方进行结扎,其残余部分可保留作为生物学填塞。在漏斗状凹陷的上部是软而平的尾肌,从尾肌到肛门括约肌上部用肠线作2~3针缝合,暂不打结,然后再由侧面的荐坐韧带到肛门括约肌作1~3针荷包缝合。漏斗状凹陷的下壁是软而平的闭锁肌,由此肌到肛门括约肌作2~3针结节缝合。用生理盐水彻底清洗后,创内撒布抗生素,然后再打结。切除疏松而多余的皮肤后,皮肤创作结节缝合,覆以结系绷带。经过10~12天拆线。

【术后护理】

保持术部清洁干燥,遇有粪便污染时应随时清除并消毒或换绷带。术后应避免腹压过大或强烈努责,术后全身应用抗生素5~7天,以控制切口的感染。

四、膈　疝

膈疝是腹腔内一种或几种内脏器官通过膈的破裂孔进入胸腔。在奶牛膈的腱质部或肌质部遭到意外损伤的裂孔或膈先天性缺损时可导致本病。

【病　　因】

先天性膈的缺损常见于犊牛。后天性的,牛可因创伤性网胃炎损伤膈肌或膈脓肿导致膈肌破裂而引起。也因外伤或腹内压增加而使膈破裂造成本病。

【症　　状】

外伤性膈疝,有外伤病史。牛患膈疝时,瘤胃呈现一定程度的臌胀,初期病牛食欲时好时坏,体况不良,可发生空口咀嚼,粪便呈糊状,粪量减少,反刍停止,偶尔可出现呕吐,特别是当插入胃管时更常出现逆呕。体温正常,脉搏减慢,呼吸多数无变化,但臌胀时呈现短期的呼吸增快。心脏常受挤压偏向左或向前。心音不清楚。牛有时也出现呼吸困难,并在网胃收缩时产生疼痛,常在臌胀发生后3~4周,由于营养不良而死亡。

【诊　　断】

先天性膈疝在出生后有明显的呼吸困难,常在几小时或几周内死亡。一般通过剖腹探查术可以确诊,胸部听诊发现网胃拍水音,另外通过叩诊音变化及右侧肺叩诊,可确定疝孔的位置。

【治　　疗】

手术修补膈疝时,在剑突后方径路进入腹腔,边分离粘连,边拉回形成疝的网胃,并用连续锁边缝合法闭合膈的疝孔。术后病牛均应补液以纠正水盐代谢紊乱,膈疝主要出现呼吸性酸中毒,应特别注意加以纠正。抗生素连用7~10天。

第十二节　直肠及肛门疾病

一、先天性直肠肛门畸形

(一) 锁　　肛

锁肛是肛门被皮肤所封闭而无肛门孔的先天性畸形。犊牛偶可见到(图7-64)。

【病因】 在胚胎发育过程中,有个别的发育不全,即后肠、原始肛发育不全或后肠和原始肛发育异常或发育不全,则可出现锁肛,或肛门与直肠之间被一层薄膜所分隔的直肠与肛门的畸形。

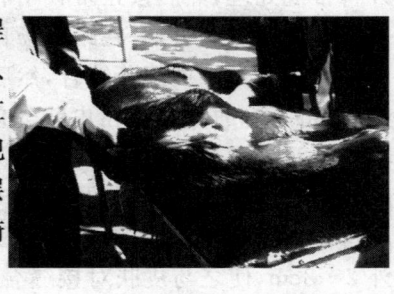

图7-64 犊牛的先天性锁肛

【症状】 锁肛通常发生于初生犊牛,一时不易发现,2~3天后病牛腹围逐渐增大,频频做排粪动作,停止喝乳,此时可见到在肛门处的皮肤向外突出,触诊可摸到胎粪。如在发生锁肛的同时并发直肠、肛门之间的膜状闭锁,则可感觉到薄膜前面有胎粪积存所致的波动。若并发直肠、阴道瘘或直肠尿道瘘,则稀粪可从阴道或尿道排出(图7-65)。

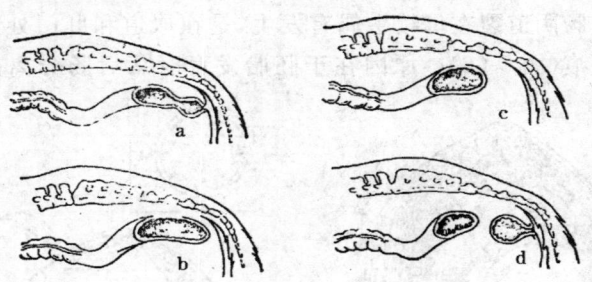

图7-65 直肠肛门闭锁类型
a. 肛门直肠狭窄　b. 肛门膜状闭锁
c. 肛门直肠闭锁　d. 直肠后端闭锁

本病应与直肠闭锁相鉴别。直肠闭锁是直肠盲端与肛门之间有一定距离,努责时肛门周围膨胀不明显。

【治疗】 施行锁肛造孔术(人造肛门术)。可行局部浸润麻醉,倒立或侧卧保定。在肛门突出部或相当于正常肛门的部位,行外科常规处理,然后按正常犊牛肛门孔的大小切割成一圆形皮瓣,暴露并切开直肠盲端,在距直肠盲端1~1.5cm处,将直肠肌层与相邻的皮肤做1周间断缝合,然后剪开盲端,并修整直肠盲端呈圆形,再将肠管的黏膜缝在皮肤创口的边缘上。为了便于排粪和防止粪便污染术部,可在切口周围涂以抗生素软膏。若直肠末端下降至会阴皮肤处,可在切开剥离皮瓣后,继续分离皮下组织直达直肠盲端,在直肠盲端上缝以牵引线,充分剥离直肠壁并拖至肛门口外2~3cm,使之与皮肤对接缝合,然后以细丝线将直肠壁与四周皮下组织缝合固定,再环切盲肠端,掏出胎粪,冲洗消毒,最后将直肠断端黏膜结节缝合于皮肤切口边缘上(图7-66,图7-67)。

【术后护理】 保持术部清洁,防止感染。伤口愈合前宜在排粪后用防腐液洗涤清洁,并注意加强饲养管理,防止便秘影响愈合。

(二)直肠阴道裂

直肠阴道裂在母犊牛偶有发生,是在尿道和肛门处形成一明显的裂痕(图7-68)。原因在于胚胎发育时从后肠分离出的尿生

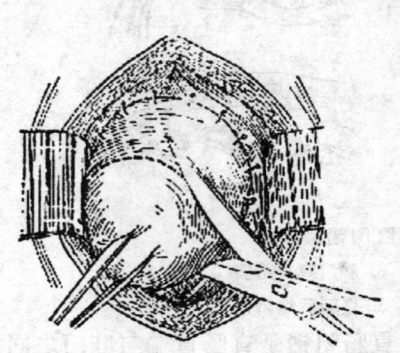

图7-66 间断缝合盲端前方直肠壁与切口内皮下组织,剪开盲端

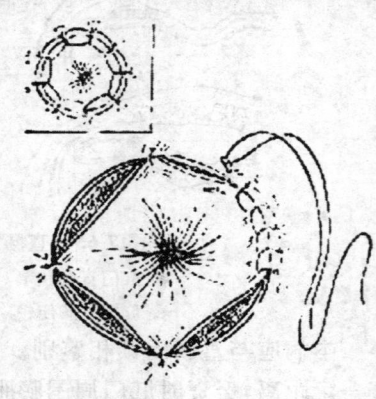

图7-67 直肠壁内创缘与皮肤创缘结节缝合

殖道薄膜缺乏,形成尿道裂。同时,肛门和肛门括约肌腹侧发育不完整,使粪便和尿液经1个口排出。

犊牛发生的直肠生殖道裂,主要通过手术矫形,进行肛门整形或肛门再造术。在肛门和阴门间进行,治疗结果较满意。

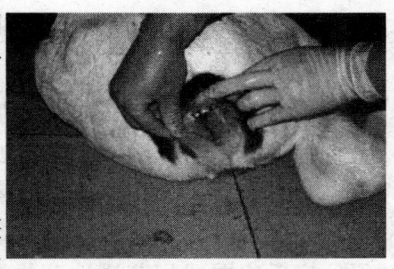

图7-68 犊牛直肠阴道裂

(三)直肠阴道瘘

直肠阴道瘘是直肠瘘管通入阴道,且常伴发锁肛。

【病　因】　直肠阴道瘘并非均为先天性畸形。有的成年母牛在分娩中胎儿通过产道时,其蹄及突出部分损伤阴道顶部和直肠底部,在直肠阴道之间形成1个通道,粪便随之进入阴道而排除。

【症　状】　粪便可经阴道流出。此类病例很少有其他临床症状,初生不易发现,除非奶牛发生便秘或瘘口较小,排便受阻时才出现腹围增大,排便困难,继发巨结肠症等。病牛阴部周围常被粪便污染,引起湿疹、阴部敏感等症状。

【治　疗】　对于先天性直肠阴道瘘,惟一的治疗方法是手术。可在会阴正中线,由阴道向后上方至肛门缘切开,分离直肠与周围的结缔组织,阴道瘘管处行梭形切口,将瘘管与周围组织分离。牵引直肠,移于肛门部,将瘘管口直肠黏膜与皮肤缝合。最后缝合会阴切口。也可先由阴道内围绕瘘口环形切开黏膜,沿瘘管将直肠与周围组织分离。然后在肛门原位开一纵切口,将直肠由切口牵出,并将直肠黏膜与肛门皮肤缝合,如无括约肌时,再做括约肌成形术。

二、直肠和肛门脱垂

直肠和肛门脱垂是指直肠末端的黏膜层脱出肛门(脱肛)或直肠一部分、甚至大部分向外翻转脱出肛门(直肠脱)。严重的病例在发生直肠脱的同时并发肠套叠或直肠疝。本病多见于犊牛。

【病　因】

直肠脱是由多种原因综合的结果,但主要原因是直肠韧带松弛,直肠黏膜下层组织和肛门括约肌松弛和功能不全。而直肠全层肠壁脱垂,则是由于直肠发育不全、萎缩或神经营养不良松弛无力,不能保持直肠正常位置所引起。直肠脱的诱因为长时间腹泻、便秘、病后瘦弱或用刺激性药物灌肠后引起强烈努责,腹内压增高促使直肠向外突出。此外,牛的阴道脱出也是诱发本病的原因。

【症　状】

轻者直肠在病牛卧地或排粪后部分脱出,但当站起后又复位,若此现象经常出现,则脱出的黏膜发炎、水肿,失去自行复原的能力。临床诊断可在肛门口处见到圆球形、颜色淡红或暗红的肿胀。随着炎症和水肿的发展,则直肠壁全层脱出即直肠完全脱垂。诊断时可见到由肛门内突出呈圆筒状下垂的肿胀物(图7-69)。由于脱出的肠管被肛门括约肌嵌压,而导致血液循环障碍,水肿更加严重,同时因受外界的污染,表面污秽不洁,沾有泥土和草屑等,甚至发生黏膜出血、糜烂、坏死和继发损伤。此时,病牛常伴有全身症状,体温升高,食欲减退,精神沉郁,并且频频努责,作排粪姿势。

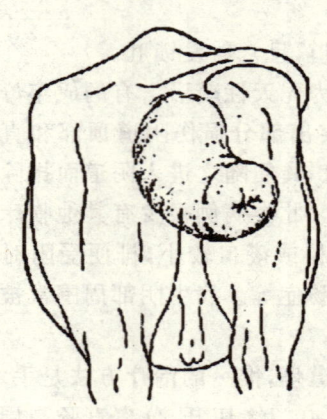

图 7-69　牛的直肠脱出

【诊　断】

可依据临床症状做出诊断。但应注意判断有否并发套叠和直肠疝。单纯性直肠脱,圆筒状肿胀脱出向下弯曲下垂,手指不能沿脱出的直肠和肛门之间向盆腔的方向插入,而伴有肠套叠的脱出

第七章 奶牛外科病

时,脱出的肠管由于后肠系膜的牵引,而使脱出的圆筒状肿胀向上弯曲,坚硬而厚,手指可沿直肠和肛门之间向骨盆方向插入,不遇障碍。

【治 疗】

病初及时治疗便秘、腹泻、阴道脱出等。并注意饲喂青草和软干草,充分饮水。对脱出的直肠,则根据具体情况,参照下述方法及早进行治疗。

1. 整复 是治疗直肠脱的首要任务,其目的是使脱出的肠管恢复到原位,适用于发病初期或黏膜性脱垂的病例。整复应尽可能在直肠壁及肠周围蜂窝组织未发生水肿以前施行。方法是先用0.1%温热的高锰酸钾溶液或1%明矾溶液清洗患部,除去污物或坏死黏膜,然后用手指谨慎地将脱出的肠管还纳原位。为了保证顺利地整复,可使牛躯体后部稍高。为了减轻疼痛和挣扎,最好给病牛施行荐尾硬膜外腔麻醉或直肠后神经传导麻醉。在肠管还纳复原后,可在肛门处给予温敷以防再脱。为了防止再度脱出,应做肛门环缩术。用弯三角针系10号缝合线,线端穿上青霉素胶盖。缝针距肛门缘1.5~2cm处的6时处(假定时针指处,下同)刺入皮下,经皮下至3时处穿出(图7-70)再缝上1个胶盖。缝针于2~3时之间的皮外进针(图7-71)至皮下12时处出针,再缝上1个胶盖。在9时处同样进针,至6时处胶盖进针与出针,缝线绕肛门1周,抽2个线头使肛门缩小,两线尾打结将肛门缩小,但要允许能正常地排粪(图7-72)。

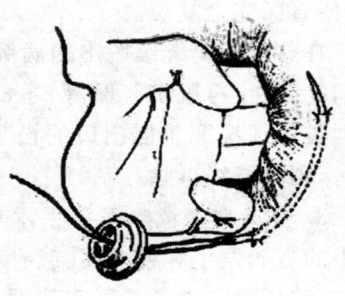

图7-70 缝针6时处刺入,3时处穿出

2. 剪黏膜法 是我国民间传统治疗家牛直肠脱的方法,适用于脱出时间较长、水肿严重、黏膜干裂或坏死的病例。其操作方法按"洗、剪、擦、送、温敷"5个步

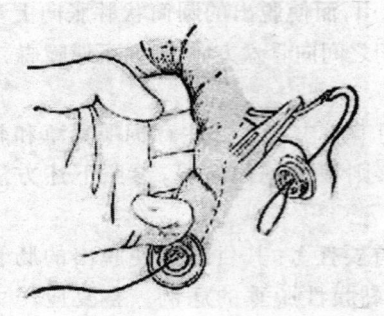
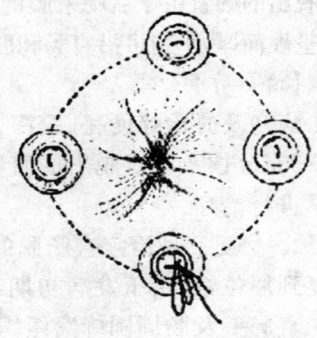

图7-71 缝针在3时处穿出后，穿第2个胶盖，在2～3时处进针

图7-72 肛门环缩术完成

骤进行。先用温水洗净患部，继以温防风汤（防风、荆芥、薄荷、苦参、黄柏各12g，花椒3g，加水适量煎两沸，去渣，候温待用）冲洗患部。之后用剪刀剪除或用手指剥除干裂坏死的黏膜，再用消毒纱布兜住肠管，撒上适量明矾粉末揉擦，挤出水肿液，用温生理盐水冲洗后，涂1%～2%的碘石蜡油润滑，然后谨慎地将脱出的肠管向内翻入肛门内。在送入肠管时，术者应将手臂随之伸入肛门内，使直肠完全复位。

在整复后仍继续脱出的病例，则需考虑将肛门做环缩术，缩小肛门孔，防止再脱出。保留2～3指大小的排粪口，打成活结，以便根据具体情况调整肛门口的松紧度，经7～10天左右病牛不再努责时，则将缝线拆除。

3. 直肠部分截除术　手术切除用于脱出过多、整复有困难、脱出的直肠发生坏死、穿孔或有套叠而不能复位的病例。

（1）麻醉　进行荐尾间隙硬膜外麻。

（2）手术方法

①直肠部分切除术。在充分清洗消毒脱出肠管的基础上，取2根灭菌的兽用麻醉针头或细编织针，紧贴肛门外交叉刺穿脱出

的肠管将其固定。在固定针后方约 2cm 处,将直肠环形横切,充分止血后(应特别注意位于肠管背侧痔动脉的止血),用细肠线和圆针,把肠管 2 层断端的浆膜和肌层分别做结节缝合,然后用单纯连续缝合法缝合内外两层黏膜层。缝合结束后用生理盐水充分冲洗、蘸干,涂以碘甘油或抗生素药物。

②黏膜下层切除术。适用于单纯性直肠脱。在距肛门周缘约 1cm 处,环形切开达黏膜下层,向下剥离,并翻转黏膜层,将其剪除,最后顶端黏膜边缘与肛门周缘黏膜边缘用肠线作结节缝合(图 7-73)。整复脱出部,并做肛门口环缩术。

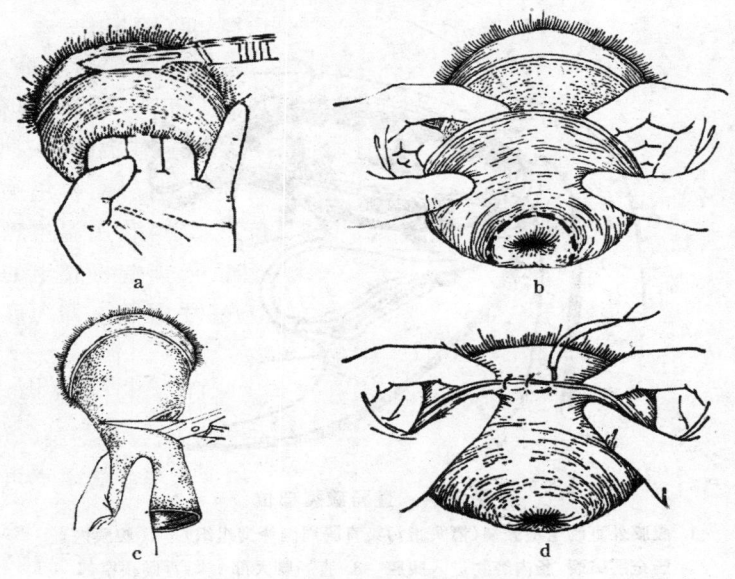

图 7-73 直肠脱出部的黏膜下层切除术
a. 环形切开脱出的基部黏膜　b. 剥离黏膜层　c. 切除翻转的黏膜层　d. 缝合

当并发套叠性直肠脱时,则切开脱出直肠外壁,用手指将套叠的肠管推回肛门内,或开腹进行手术整复。为防止复发,应将肛门进行环缩术。

【护　理】

手术后喂以易消化的优质饲草,减少饲喂量以减轻腹内压。不限饮水,术后应用抗生素5~7天,保持会阴部的清洁。

三、直肠损伤

直肠损伤包括两类,一类是仅直肠黏膜和肌层的损伤,但浆膜完整无损称直肠不全破裂;另一类为直肠壁全层破裂称直肠全破裂或直肠穿孔。根据破裂的部位,又分为腹膜内直肠破裂和腹膜外直肠破裂两种(图7-74)。

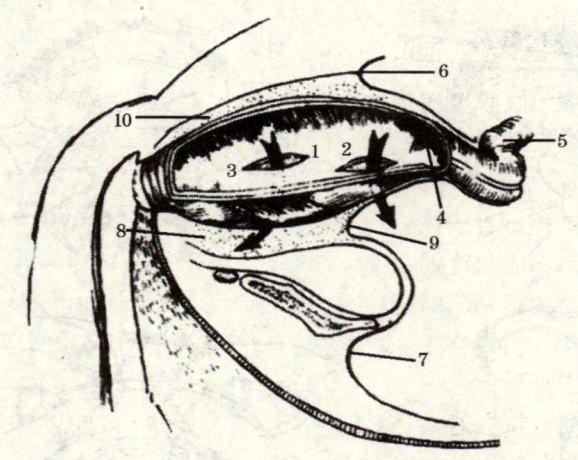

图 7-74　直肠破裂部位
1. 腹膜外直肠全层破裂(箭头指污染直肠周围蜂窝组织)　2. 腹膜内直肠全层破裂,肠内容物进入腹腔　3. 直肠膨大部　4. 直肠狭窄部　5. 小结肠　6. 直肠上腹膜部　7. 腹膜　8. 直肠腹侧疏松组织　9. 直肠膀胱腹膜凹陷　10. 直肠背侧疏松组织

【病　因】

引起直肠损伤的原因大多为直肠检查或人工授精时不按常规,操作粗暴,或检查时奶牛突然骚动、强烈努责而被手指戳破。

第七章 奶牛外科病

此外，也可由于测体温时体温计刺破直肠，粗暴地插入灌肠器，以及直肠内膀胱穿刺不当划破直肠，也见于配种时阴茎误入直肠而引起。

【症　状】

直检时手及手臂上发现沾有血迹，是直肠损伤的明显指征。但由于损伤的部位、程度和范围的大小、有无并发症等，临床症状也有所不同。仅黏膜破损，出血较少，如黏膜、肌层同时破损，特别是破损面积较大时，出血较多，排出带血的粪便，再次直检时，可见损伤的局部水肿，表面粗糙，但早期一般全身变化不大，若破裂口在直肠背面，预后也较好。若破口在直肠腹面，当奶牛排粪时，直肠内粪便可掉入破口内引起感染，最后浆膜也发生破裂预后不良。当直肠后部无腹膜覆盖部位发生破裂时，由于该处无浆膜被覆，而是借助于疏松结缔组织、肌肉和邻近器官相连，所以当黏膜和肌层同时破裂时，则容易使粪便污染直肠周围组织，而引起直肠周围蜂窝织炎及脓肿。直肠完全破裂时，则肠内容物进入腹腔，病牛立即出现不安和不同程度的疝痛症状，全身出汗，呼吸促迫，肌肉震颤，腹壁紧张而敏感，频频作排粪姿势，直检时可清楚地摸到破裂口。此时病牛往往出现弥漫性腹膜炎和败血症症状，而陷于重剧休克，预后多为不良，常于1～2天内死亡。在直肠起始部破裂时，小肠肠袢可经创口进入直肠内，甚至可经肛门脱出。如因病理性分娩所致的直肠破裂，则粪便可从阴道中漏出。

【治　疗】

1. 确定直肠破裂的程度和部位　凡直检时发现手及手臂上带有鲜血时，都应重复直检以确定破裂程度和部位。仅仅损伤直肠黏膜和出血不多的病例，可不予以治疗，如损伤直肠黏膜和肌层且创口较大、出血较多，则需肌内注射或静脉注射止血药和抗生素，并应立即进行直肠内单手缝合创口。缝毕向创口附近注入魏氏药膏，每天3～4次。当直肠内有积粪，应及时仔细地掏出积粪，以减少对损伤部的刺激和压迫,并喂给柔软的饲料和适量盐类泻剂。

2. **手术疗法** 凡直肠全破裂的病例均应及早施行手术治疗。手术治疗方法较多,现介绍下面几种方法。

(1)直肠内单手缝合法 主要适用于直肠后段破裂的病例。

①保定。柱栏内站立保定。

②麻醉。用2%盐酸普鲁卡因注射液8~10ml,行荐尾硬膜外腔麻醉。

③手术。选中号1/2弯针,穿以1~1.5m长的10号缝线,以拇指和食指持针尖,手掌保护针身,将缝针带入直肠内,用中指和无名指触摸创缘,以拇指和食指推动针尾,穿透肠壁破口的一侧,针再穿透至对侧创缘,第一针缝毕后,将针握在手掌中,谨慎地拉出体外,缝针经肛门外线尾端的线圈内穿入,用左手缓缓拉线,右手再伸入直肠内将线圈推送至破口处,使已缝好的一针两创缘处对合严密。左手拉紧缝线,保持创口对齐,右手再用缝针用同样方法对整个破裂口进行全层单纯连续缝合,每缝一针均需拉紧缝线。缝完破裂口后须作细致检查,必要时可作补充缝合,最后打结并剪除线尾,用魏氏药膏涂敷缝合处。

直肠内单手缝合法的缺点是缝合时仅用单手操作,又不能在直视下进行。所以,没有熟练的缝合技巧,往往缝合不够确实。

(2)长柄全弯针缝合法 本缝合法用特制长柄缝针。全弯针弧度的直径约3cm左右,距针尖0.6cm处有一挂线针孔。缝合方法与直肠内单手缝合基本相同。术者在直肠内的手只需固定创缘和确定进针部位,推针动作则由另一手在体外转动针柄进行。

(3)直肠缝合器缝合法 是长柄全弯针缝合法的一种改进新法,是应用特制的T_{64}型直肠缝合器,结合应用直肠手术窥镜,进行直肠破裂处缝合。其操作方法基本与上述缝合法类同。由于缝合器内配有线梭、刀片、线导,从而简化了在直肠内打结、剪线等操作。

【术后护理】

第一,术后全身大剂量使用抗生素控制创口的感染。

第二,饲以优质易消化的青草防止便秘。

第三,每天向创口处涂魏氏药膏。

第十三节 泌尿生殖器官疾病

一、泌尿器官疾病

(一)膀胱破裂

膀胱破裂常见于公牛。

【病 因】 引起膀胱破裂最常见的原因是继发于尿路的阻塞性疾病,特别是由尿道结石、沙性尿石或膀胱结石阻塞了尿道或膀胱颈,尿道炎引起的局部水肿、坏死或瘢痕增生,阴茎头损伤以及膀胱麻痹等,造成膀胱积尿,均易引发膀胱破裂。由慢性蕨中毒、棉酚中毒等继发的膀胱炎或膀胱肿瘤等,有时也可以引起膀胱破裂。其他外伤性原因,如骨盆骨骨折、粗暴的助产都可能发生膀胱破裂。

对公牛不正确地或多次反复地直肠内膀胱穿刺导尿,可导致膀胱的不全破裂。

【症 状】 奶牛膀胱破裂的部位可以发生在膀胱的顶部、背部、腹侧和侧壁。膀胱破裂后尿液立即进入腹腔。临床上根据破裂口的大小及破裂的时间不同,症状轻重不等。主要出现排尿障碍、腹膜炎、尿毒症和休克的综合征。

一般从尿路阻塞开始到膀胱发生破裂的时间为3天左右。发生完全破裂的病牛,失去尿意,不再作排尿姿势。大量尿液进入腹腔,腹下部腹围迅速增大,破裂1天后可呈圆形。在腹下部用拳短促推压,有明显的振水音。腹腔穿刺,有大量已被稀释的尿液从针孔冲出,一般呈棕黄色,透明,有尿味。置试管内沸煮时,尿味更浓。继发腹膜炎时,穿刺液呈淡红色,较浑浊,且常有纤维蛋白凝块将针孔堵住。直肠检查,膀胱空虚皱缩,或膀胱不易触摸到,经数小时复查,膀胱仍然空虚,有时可隐约摸到破裂口。

随着尿液不断进入腹腔,腹膜炎和尿毒症的症状逐渐加重。病牛精神沉郁,眼结膜充血,体温升高,心率加快,呼吸急促,肌肉震颤,食欲消失。反刍停止,胃肠弛缓,瘤胃呈现不同程度的臌胀,便秘。

膀胱不全破裂或裂口较小的病例,破裂口常常可以被纤维蛋白覆盖而临床自愈。

由于直肠内膀胱穿刺导尿所引起的膀胱穿孔,直肠检查时可触及不充盈的膀胱,直肠与膀胱间因有纤维蛋白析出和气体的存在而呈现捻发音。有些病例因尿液漏入腹腔,发生局限性腹膜炎。随着纤维蛋白析出,膀胱与肠管、网膜、瘤胃等发生广泛粘连。少数病例在粘连范围内形成一个包囊并与膀胱相通,囊内潴留尿液。直肠检查膀胱内尿液充盈不足,病牛除排尿障碍外,一般没有全身症状。有的病例形成直肠-膀胱瘘,可见粪中混有尿液。

【诊　断】　根据临床症状、腹腔穿刺和直肠检查即可确诊。

【治　疗】　膀胱破裂的治疗应抓住3个环节:①对膀胱的破裂口及早修补;②控制感染和治疗腹膜炎、尿毒症;③积极治疗导致膀胱破裂的原发病。以上3点互为依赖,相辅相成,应该统筹考虑,才能提高治愈率。

施行膀胱修补的牛采取半仰卧保定,速眠新全身麻醉。切口在左侧阴囊和腹股沟管之间,紧靠耻骨前缘,距离腹白线8～10cm处;由后向前分层纵行切开,显露腹膜后,先剪一小口,缓慢地放出腹腔内积尿。随着破裂时间不同,一般有20～40L的尿液或更多。然后清除血凝块和纤维蛋白凝块。手伸入骨盆腔入口处检查膀胱，如果膀胱和周围的组织发生粘连，就应认真细致地尽可能将粘连分离解除。用舌钳固定膀胱后轻轻向切口外牵引（但在临床上并不是所有的破裂膀胱都能拉出切口外），拉出后检查破裂口，修整创缘，切除坏死组织，然后检查膀胱内部，如有结石、沙性尿石、异物等，将其清除，有炎症的可进行冲洗。用肠线缝合破裂口。缝合时缝针不穿过膀胱壁全层，只穿过浆膜、肌层。缝合两层，第一层作连续缝合（裂口小的可作荷包缝合），第二层作间断内翻缝合。

为了减少破裂口缝合部的张力，保证修补部位良好愈合，减少粘连，或者在膀胱麻痹、膀胱炎症明显的病例可在修补破裂口的同时，作膀胱插管术。方法是在膀胱前底壁用刀切一小口，作一荷包缝合，将医用22号开花（或蕈状）留置导管放入膀胱内后，抽紧荷包缝线固定导管。在腹壁切口旁边的皮肤上做1个1.5cm的小切口，伸入止血钳钝性穿入腹腔，夹住留置导管的游离端，通过小切口将其引出体外，将导管缝合固定在腹壁上，尿液可经导管不断排出。最后以大量灭菌生理盐水冲洗腹腔，尽量清除纤维蛋白凝块、缝合腹壁各层（图7-75）。

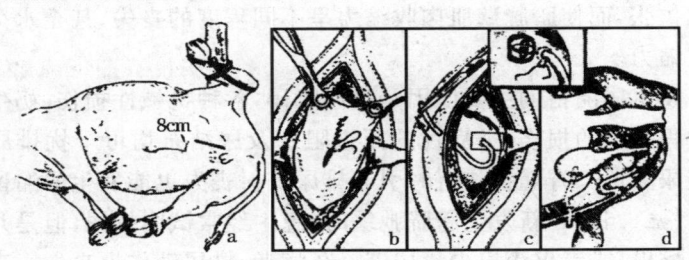

图7-75　牛的膀胱修补术
a. 保定姿势及切口位置　b. 膀胱破裂口的缝合
c. 放留置导管　d. 膀胱内插管模式图

【术后护理】　膀胱修补的病牛，腹膜炎和尿毒症通常在1~2

天后即能缓解,全身症状很快好转。此时在治疗上切勿放松,必须在治疗腹膜炎和尿毒症的同时,抓紧时间治疗原发病,使原尿路及早地通畅,恢复排尿功能。

要防止开花(蕈状)留置导管滑脱和保持排尿通畅。若有阻塞,应立即用生理盐水、0.9%新洁尔灭溶液冲洗疏通,以清除血凝块、纤维蛋白凝块、脱落的坏死组织或沙性尿石等。

患膀胱炎的病牛,术后除了需全身用药外,每天应通过导管用消毒药液冲洗2~3次,随后注入抗菌药物。经过5~6天后可夹住管头,定时释夹放尿,待炎症减轻和尿路畅通后,每天延长夹管时间,直到拔管为止。

若原发病已治愈或排尿障碍已基本解决,可将开花留置导管拔除,一般以手术后10天左右为宜,不超过15天。导管留置的时间过长,易形成膀胱瘘。

(二)膀胱弛缓

膀胱弛缓是膀胱壁肌肉的紧张性消失、不能正常排尿的一种疾病。通常见于刚分娩后的奶牛。

【病　因】　常见于各种原因引起的尿潴留,发生急性或慢性膀胱扩张,而使膀胱壁肌肉收缩力呈不同程度的丧失,甚至永久失去收缩力。

发生尿潴留的主要原因是排尿障碍,各种机械性损伤、奶牛难产过程膀胱的损伤、炎症性的尿道阻塞及尿结石均可干扰排尿而引起尿潴留。脊髓损伤有时引起排尿反射丧失也能发生尿潴留。

【症　状】　新发生膀胱弛缓时,患牛经常试图排尿,但是几乎无尿排出,或者仅滴出少量尿液。久病者,排尿动作也丧失。直肠内按压膀胱时可排出尿液,放松按压排尿又停止。

【诊　断】　注意与膀胱炎鉴别。膀胱弛缓时,膀胱胀满,排空后似一空瘪的气球,膀胱不收缩不变小,膀胱壁呈弛缓状态。

【治　疗】　首先应消除引起膀胱弛缓的原因,如除去尿结石、消除尿路炎症、治疗尿路损伤和脊髓损伤等。其次,当尿路畅通后,应注意经常排空膀胱,防止膀胱扩张,尽早恢复膀胱张力。可留置导尿管以便及时排空膀胱内尿液。必要时,直肠内按摩膀胱,挤压出尿液。

(三)尿道损伤

尿道损伤是因强烈的机械、物理因素直接或间接地作用于尿道而使其受到伤害。多见于公牛。

【病　因】　会阴部及阴茎遭受直接或间接的打击、蹴踢、碰撞或跳越障碍物时引起挫伤,不正确的尿道探查,尿道手术后遗症等。在公牛采精时失误也可引起尿道损伤。

【症　状】　阴茎部尿道闭合性损伤,损伤部位肿胀、增温、疼痛,触诊时敏感。病畜拱背,步态强拘,牛阴茎不能外伸或回缩,时间稍长伸出的阴茎可因损伤而发生感染,甚至坏死。病牛出现排尿障碍,尿频、尿不畅、尿淋漓,甚至无尿、血尿。会阴部肿胀,皮肤呈暗紫色。尿闭严重者可引起膀胱破裂。会阴部尿道开放性损伤,尿液可流入皮下,引起腹下局部水肿,如感染化脓可引起蜂窝织炎和形成瘘管。骨盆部尿道损伤时常伴发休克。尿液渗到骨盆腔内,下腹部肌肉紧张,并发水肿。尿液流入腹腔可发生腹膜炎、尿毒症。尿道阻塞而引起的尿道压迫性坏死或穿孔,可导致尿道破裂,局部突发严重肿胀及引起腹下广泛性肿胀(水肿性捏粉样肿)。若发生感染则继发蜂窝织炎、脓肿、皮肤和皮下组织坏死。尿道外伤常伴有阴茎的损伤。

【诊　断】　临床需与膀胱破裂相鉴别,可通过直肠检查与导尿管探查确诊。

【治　疗】　治疗原则是解除疼痛、预防休克和控制感染。

首先用生理盐水清洗阴茎,必要时可从尿道外口插入导尿管用生理盐水冲洗。局部可注射0.5%普鲁卡因青霉素注射液进行封闭。对开放性损伤可按创伤处理,清洗,除去异物,修补破裂的尿道。为促进尿道创口的愈合,可插入导尿管,留置 7 天。膀胱积尿时可穿刺导尿,若尿道阻塞严重排尿不畅,可作会阴部尿道造口。当损伤位置靠近骨盆或坐骨弓时,可作膀胱插管手术建立临时尿路。再行修补尿道,治疗损伤。早期使用抗生素控制感染及防治腹膜炎、尿毒症。

二、生殖器官疾病

(一) 包皮炎

包皮炎是包皮的炎症,通常和龟头炎伴发,形成龟头包皮炎。

【病因】 急性包皮炎主要因包皮或龟头部遭受机械性损伤而引起。损伤多发生在交配、采精过程中,或在包皮口进入草茎、麦秸、树枝、沙粒等异物后。在管理和卫生条件差的情况下,包皮口常为粪尿、垫草、泥沙等沾污,细菌就可侵入而发生急性感染。

慢性包皮炎常因尿液和包皮垢的分解产物长期刺激黏膜而引起,或由附近炎症蔓延而发生。此外,某些传染性病原体如牛传染性鼻气管炎病毒(牛疱疹病毒),可引起公牛的脓疱性龟头包皮炎。牛的毛滴虫病也可引起包皮、阴茎黏膜的炎症。

【症状】 龟头包皮急性发炎时,包皮前端呈现轻度的热痛性肿胀。包皮口下垂,流出浆液性或脓性渗出物,黏附于毛丛上,公牛拒绝交配。以后炎症可蔓延到腹下壁和阴囊上,包皮口严重肿胀、淤血,呈紫红色,皮肤发亮有光,手指难以伸入。由于包皮口紧缩狭窄,阴茎不能伸出,病牛排尿痛苦、困难,尿流变细或呈滴状流出。触诊局部呈捏粉状,极为敏感,在包皮内可发现暗灰色、污秽、带腐败味的包皮垢。

若取化脓性经过时,可逐渐形成包皮内脓肿,大小不定,呈球形,触诊柔软有波动。

慢性经过的病例,可导致包皮纤维性增厚,结缔组织围绕阴茎而限制阴茎的自由活动。

【治　疗】　首先要彻底清除包皮内异物、积尿和包皮垢。剪除包皮口毛丛,用温的碱性溶液如肥皂水充分洗净包皮和龟头,食指涂润滑油后伸入包皮内彻底挖除包皮垢。用3%过氧化氢溶液或消炎收敛性药液充分灌洗包皮腔。

包皮内脓肿在穿刺确诊后,应及时拉出阴茎,通过内包皮黏膜切开排脓,不宜通过皮肤切口排脓,否则容易引起继发感染。

由于龟头包皮部比较敏感,在治疗中禁用刺激性的药物和疗法。否则,将会加重炎症的发展。可应用0.5%盐酸普鲁卡因青霉素在脓肿周围封闭或全身应用抗生素治疗。

(二)阴茎损伤

阴茎损伤常发生于牛。

【病　因】　本病大多发生于阴茎部的直接损伤,或交配时阴茎挫伤,人工采精中不恰当地使用假阴道,以及进行尿道探查时,如果过度牵引阴茎,牵引时对龟头牵引或用细绳扣系过紧,也常可引起阴茎或龟头的损伤。

阴茎血肿多发生在公牛交配过程中。当阴茎勃起,海绵体充血时,由于猛力挫撞,导致白膜破裂和阴茎海绵体的血管损伤而引起阴茎的血肿。在公牛采精过程中,若假阴道放置不正致使阴茎插入假阴道受阻,也可发生阴茎损伤。

【症　状】　随损伤部位和性质而异,可发生包皮、阴茎、尿道各部损伤或合并伤。

包皮部的撕裂伤或挫伤,在包皮过长的牛更容易发生。阴茎和包皮的挫伤,在损伤部位引起炎性肿胀、增温、疼痛,触诊十分敏感。病牛于阴茎勃起时疼痛明显,呈现拱背,步态强拘和拒绝交配。有的病例包皮严重肿胀,包皮口狭窄,阴茎不能外伸;有的因龟头及阴茎末端部伤后肿胀,不能回缩到包皮内,时间稍长,常因病牛起卧而进一步加重挫伤,加之感染化脓,导致坏死,龟头呈现紫红色或紫黑色。病牛通常出现排尿障碍,轻者尿频,排尿不畅或淋漓,重者尿闭,甚或继发尿道或膀胱破裂。

阴茎血肿大多发生在阴囊前方阴茎"乙"状弯曲的前段背侧,少数在阴囊后方。通常肿胀于伤后立即发生,阴茎不能回到包皮口内,阴茎肿胀颜色暗红,时间长的病例可因产生瘢痕组织而使阴茎偏斜。

严重的阴茎挫伤可导致阴茎黏膜的破裂、阴茎海绵体出血,使局部严重肿胀,阴茎不能缩回。

【治　疗】　包皮的新鲜撕裂伤,按新鲜创治疗原则处理后,涂布抗生素油膏,全身用抗生素治疗1周,多数可获治愈。如果撕裂伤深达包皮的弹力膜,由于包皮腔内通常寄居有假单胞菌、棒状杆菌、葡萄球菌、链球菌等属的菌群,当阴茎缩回时把细菌带到深部组织,容易引起感染而化脓。因而,撕裂创是否缝合必须按情况慎重考虑。阴茎海绵体的损伤,需要进行缝合。

阴茎部挫伤初期采用冷疗。2~3天后改用热敷、按摩等疗法,并涂擦消炎止痛性软膏。应注意局部忌用强刺激药。损伤部后段阴茎背侧可用盐酸普鲁卡因青霉素封闭。

急性炎症期间排尿有严重障碍者,需作直肠内膀胱穿刺排尿;损伤严重而估计下尿路完全阻塞的时间可能较长者,可施行膀胱内插管作为临时尿路;下尿路没有可能恢复畅通的病牛,可考虑会阴部尿道造口,以重建尿道。

阴茎血肿的病牛,有人主张用保守疗法,注射抗生素和蛋白溶解酶,继续治疗1周,防止脓肿形成和促进血肿消散,可能获得痊愈。若血肿较大就需手术治疗,手术时间在伤后5~10天内较为理想,严重的可在血肿形成后的3周内进行。在良好的麻醉下,严格按无菌技术实施手术。逐层切开皮肤、皮下组织后连同弹力膜引出阴茎,要尽量少损伤阴茎周围的弹力膜、阴茎缩肌,以及背侧的血管和神经,这对减少术后并发症的发生十分重要。在消除白膜裂口下海绵体内的血肿后,细心地分层缝合白膜的横向裂口、弹力膜、皮下组织和皮肤切口,术后注射抗生素 7～10 天。

(三)阴茎麻痹

阴茎麻痹是阴茎脱出于包皮口外不能缩回,感觉障碍又不能勃起的公牛。

【病　因】　发生于阴茎的直接损伤,或支配阴茎的神经和阴茎缩肌受到挫伤,继发于阴茎的嵌顿包茎、脊髓损伤或受压。某些传染病或中毒病损害到中枢神经,或中枢神经系统患病时,亦可发生阴茎麻痹。此外,交配过度也是阴茎麻痹的常见原因。

【症　状】　阴茎弛缓无力,脱出并下垂于包皮口外,不能自行缩回,伸缩性显著减退,痛觉消失,但无排尿障碍。行走时随身体运动而摆动。阴茎发生下垂性淤血和水肿,并在阴茎体与内包皮的移行部位出现环状无痛的冷性浮肿。脱出的阴茎遭受外界不良刺激,久后导致溃疡和坏死。有的病例阴茎表皮反复摩擦,导致表层慢性角化。

【治　疗】　病初为了保护阴茎,防止继发性损伤和淤血水肿,可将阴茎还纳到包皮内,在包皮外口作不影响排尿的暂时性缝合,或用吊起绷带将脱出的阴茎托到腹下壁上,直到阴茎缩肌的功能恢复为止。

应及时消除病因和治疗原发病。皮下注射硝酸士的宁或藜芦碱等。同时可并用电疗或电针疗法,针灸穴位为阴茎退缩肌上取任意穴并配合百会穴和交巢穴。配合腰部热敷等。对阴茎的损伤进行外科处理。

对治疗数周而无效的病牛,宜施行阴茎截断术。在包皮环上端切除阴茎脱出的部分。

(四)嵌顿包茎

阴茎脱出后嵌顿在包皮口的外面,或因龟头体积增大自包皮囊内脱出而不能缩回者,称为嵌顿包茎。

【病　因】　本病常见的原因是部分阴茎由于机械的、物理的和化学性的损伤,而发生炎性水肿等病理过程,使其体积增大,并造成阴茎缩肌的张力降低,从而发生嵌顿包茎。它也可能发生于龟头新生物和阴茎不全麻痹时。

【症　状】　阴茎无力地脱出于包皮囊外,因淤血而发生肿胀。有时在包皮的内层移行至阴茎体处形成一个环形肿胀,如袖口样环绕着阴茎,脱出的阴茎常发生损伤和炎症。在龟头上有时见有溃疡和坏死病灶,以后环形肿胀由急性炎症转为慢性,而发生结缔组织增生。此时肿胀坚硬,无痛无热。嵌顿继续发展,阴茎则完全丧失感觉。

【治　疗】　首先应消除病因。对新发生的、由炎性水肿而引起的嵌顿包茎,可用 0.5％高锰酸钾溶液清洗患部。也可用高渗溶液对局部进行热敷,以减轻水肿。用吊起绷带使阴茎呈水平位置,待水肿减轻后,即将脱出的阴茎涂以抗生素-类固醇类软膏整复至包皮囊内。对阴茎上的局部坏死组织切除后涂魏氏药膏并用无菌纱布包扎。待坏死组织完全脱落后将阴茎还纳回包皮囊内。

对病牛加强饲养管理,在治疗过程中经常观察公牛的排尿动作,注意膀胱的充盈度,必要时可进行人工导尿。

(五) 睾丸炎和附睾炎

睾丸炎是睾丸实质的炎症,由于睾丸和附睾紧密相连,易引起附睾炎。两者常同时发生或互相继发,根据病程和病性,临床上可分为急性与慢性,非化脓性与化脓性。

【病　因】　睾丸炎常因直接损伤或由泌尿生殖道的化脓性感染蔓延而引起。直接损伤如打击、蹴踢、挤压,尖锐硬物的刺创或撕裂创等,发病以一侧性为多。化脓性感染可由睾丸或附睾附近组织或鞘膜的炎症蔓延而来,病原菌常为葡萄球菌、链球菌、化脓棒状杆菌、大肠杆菌等。某些传染病,如布鲁氏菌病、结核病、放线菌病、沙门氏杆菌病等亦可继发睾丸炎和附睾炎,以两侧性为多。

【症　状】　急性睾丸炎时,一侧或两侧睾丸呈现不同程度的肿大、疼痛。病牛站立时拱背,患侧的后肢外展,运步时两后肢开张前进,步态强拘。触诊睾丸体积增大、温热,疼痛明显,鞘膜腔内有浆液纤维素性渗出物,精索变粗,有压痛。

病情较重的除局部症状外,病牛出现体温增高、精神沉郁、食欲减退等全身症状。当并发化脓性感染时,局部和全身症状更为明显。整个阴囊肿得更大,皮肤紧张、发亮。随着睾丸的化脓、坏死、溶解,脓灶成熟软化,脓液蓄积于总鞘膜腔内,或向外破溃形成瘘管,或沿着鞘膜管蔓延上行进入腹腔,继发严重的弥漫性化脓性腹膜炎。

由结核病和放线菌病引起的,睾丸硬固隆起,由放线菌引起的睾丸的化脓形成冷性脓肿。布鲁氏菌和沙门氏杆菌引起的睾丸炎,睾丸和附睾常肿得很大,触诊硬固,鞘膜腔内有大量炎性渗出液,其后,部分或全部睾丸实质坏死、化脓,并破溃形成瘘管。

慢性睾丸炎时,睾丸发生纤维变性,萎缩,坚实而缺乏弹性,无热痛症状。病牛精子生成的功能减退,甚或完全丧失。

【治　疗】　主要应控制感染和预防并发症,防止转化为慢性,导致睾丸萎缩或附睾闭塞。

急性病例应停止采精,安静休息。24h 内局部用冷敷,以后改用温敷。阴囊用绷带托起,使睾丸得以安静并改善血液循环,减轻疼痛。疼痛严重的,可用盐酸普鲁卡因青霉素作精索内封闭,同时全身应用抗菌药物。

进入亚急性期后,除温热疗法外,可行按摩,配合涂擦消炎止痛性软膏,无种用价值的病牛宜去势。

已形成脓肿的最好早期进行睾丸摘除。

由传染病引起的睾丸炎应先治疗原发病,再进行上述治疗,可收到预期效果。

第十四节 头颈部疾病

一、角 折

【病　因】

多因暴力损伤引起。有直接与间接的暴力,前者发生较多的是牛的角斗;后者如在奔跑中跌倒在硬地,如保定不慎,仅仅将角拴紧在保定架,奶牛受惊而强力挣扎;或倒牛时牛角误碰硬地引起等。

【症　状】

角折症状明显,但根据其部位与受伤程度差异甚大。预后也很不一致。常可分为以下4种。

1. 角鞘(角壳)脱落　角鞘活动甚或全部脱落可取下,常同时损伤角根部软组织。角突部骨质表面常有大量混有血液的渗出物积聚。

2. 角鞘破裂　可发现在角的生发层表面出血,在角突骨质上可能出现骨裂或骨折。有时破裂口组织被污染,有时因病期稍长可感染化脓。

3. 低位角折　是常发的一种角折。角折位于角全长的1/2以下靠近角基部。可以看到从损伤的角血管中大量出血,有时甚至还伤及额骨。一般均可见到与额窦相通的角突腔,其中充满血液,甚至从鼻腔流出血液。如不及时治疗,角突腔与额窦容易感染而继发化脓,甚至在夏季出现蝇蛆。严重者继发化脓性脑膜炎,使病情更为复杂。

【治　疗】

已与角突失去联系的角鞘应取下或切除,在角突上敷以抗生素油膏并加包扎。绷带外面涂松馏油防蛆和防水,不必更换绷带,待创面结痂后自生角质。如角鞘破裂尚未脱落,则应该利用金属夹板将病角固定于健康的角上,以减少活动创造条件使破裂的角鞘生长愈合。为了消除感染,要先用消毒药液洗净角鞘、拭干,用碘酊消毒,撒布抗生素粉,用卷轴绷带作"8"字形包扎。

对于角基部的角折,角突和角壳均已脱落,此时要充分止血,用骨锯修整残端使其平整并充分处理好角突腔。新鲜创经碘酊消毒后,创面撒布磺胺粉用无菌技术处理并加包扎。化脓创应细致处理创口使其整洁清净。待停止化脓,出现肉芽组织,又无臭气,炎症基本消退时才可进行角修补术。

角突腔封闭方法常采用固齿粉填塞法。取直径 1.5mm 骨钻,在距角断面约 2cm 处平行交叉钻开四个孔,以不锈钢丝从孔中交叉穿入固定。在交叉的钢丝上放置一块形状、大小与角突腔横断面开口完全一致的塑料板(或废 X 线胶片),板四周务必与腔壁密接。在板上再穿一不锈钢丝固定塑料板。把调好的固齿粉(或其他填塞物)填入角突腔内,使之密闭。最后在外浇上沥青或包扎沥青绷带。

二、颌面部疾病

(一) 颌骨骨折

颌骨骨折一般分为颌前骨骨折、上颌骨骨折和下颌骨骨折。临床多见于下颌骨骨折。

颌骨骨折最多见的是奶牛因各种原因跌倒时头部颌骨部分或切齿触地,或因头部猛烈摇摆而与其他坚硬物冲撞,导致颌骨骨折。其次,棍棒等打击、开口器装置不当、头部保定不正确等导致颌骨骨折。

下颌骨骨折是最常见的一类颌骨骨折,发生部位以沿正中矢面骨折或齿槽间隙边缘一侧或两侧较为多见。

【症　状】　因受伤部位不同而异。开放性骨折患部变形,骨端外露,出血与肿胀,疼痛,并出现异常活动,采食和咀嚼困难,一般经数日后由破口处流出脓性渗出物。如果正中联合发生骨折,则两侧的骨体和下颌支活动,切齿不能保持在一条线上;如果在齿槽间隙发生骨折,则下颌骨体切齿部下垂;如果下颌骨体臼齿部骨折,则局部变形并伴有碎骨片造成的舌、颊组织的损伤。此外,下颌骨后角折断时常伤及颈部血管,下颌骨关节突和冠状突骨折时常伤及颌关节、舌根及咽。口腔检查常可见到残留饲料,并有酸臭气味,日久奶牛消瘦。

【治疗】 根据骨折的部位选择治疗方法。一般采用侧卧保定,全身麻醉。首先应对创伤进行彻底的外科处理。下颌骨体正中联合骨折可在口腔内用金属丝套住两侧的臼齿加以固定,横骨折则分别套住两侧的犬齿和臼齿进行固定,其他情况的骨折可按同理选择相应的牙齿用金属丝固定,必要时可在骨上钻孔后再环扎(图 7-76);或者采用接骨板或骨髓钉作内固定。

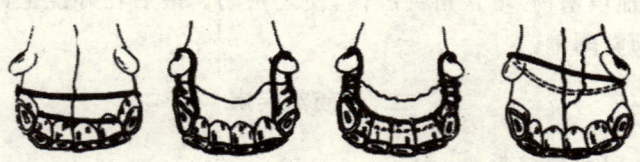

图 7-76 颌骨骨折不锈钢丝固定

【术后护理】 术后喂以柔软易咀嚼的饲草,每次喂后用 0.1%高锰酸钾溶液冲洗口腔。

(二)面神经麻痹

面神经麻痹又称"歪嘴风"。面神经不能控制面部肌肉的活动、感觉和唾液分泌等,面神经麻痹临床上以单侧性多见。根据损伤程度分为全麻痹和不全麻痹,根据损伤部位分为中枢性和末梢性麻痹。

【病　因】　中枢性面神经麻痹多半是因脑部神经受压,如脑内肿瘤、血肿、挫伤、脓肿、结核病灶、牛多头蚴等,其次是传染病如流行性感冒、李氏杆菌病以及放线菌、毒草及矿物质中毒等均可出现症候性面神经麻痹。

末梢性面神经麻痹主要是由于神经干及其分支受到创伤、挫伤、压迫、长期侧卧于地、摔跌猛撞于硬物等引起。

【症　状】　由于神经损伤的部位和程度不同,功能障碍的情况和麻痹区的分布、范围各异,症状上也不完全一样。

单侧性面神经全麻痹时,患侧耳歪斜呈水平状或下垂,上眼睑下垂,眼睑反射消失,鼻孔下塌,通气不畅,上、下唇下垂并向健侧歪斜,出现歪嘴,采食、饮水困难,牛由于鼻镜及唇部厚,故歪嘴症状不明显,但采食和反刍时常有饲料和唾液自患侧口角流出,用手打开口腔时可感到唇颊部松弛。

单侧性上颊支神经麻痹时,耳及眼睑功能正常,仅患侧上唇麻痹、鼻孔下塌且歪向健侧。单侧性下颊支神经麻痹时,患侧下唇下垂并歪向健侧。

两侧性面神经全麻痹多是中枢病变的结果,临床上极为少见。

【治　疗】　由中枢性或全身性疾病所引起的面神经麻痹应积极治疗原发病,预后视原发病的转归而异。凡由于外伤、受压等引起的末梢性面神经麻痹,在消除致病因素后可选择下列方法治疗。

第一,在神经通路上进行按摩,温热疗法,并配合外用10%樟脑醑或四三一搽剂等刺激药。

第二,在神经通路附近或相应穴位交替注射硝酸士的宁(或藜芦碱)和樟脑油,隔日1次,3~5次为1个疗程。

第三,采用电针疗法,以开关、锁口为主穴,分水、抱腮为配穴。也可根据临床症状判断发生神经麻痹的部位,在神经通路上选穴。电针刺激20~30min,每天1次,6~10次为1个疗程。

第四,灌服中药牵正散也有一定的治疗作用。

三、舌损伤

【病因】

主要是由奶牛误食尖锐或有刺的异物，装置开口器不当，用细绳对下颌作强力保定等引起。

【症状】

初期表现为口炎症状，流涎并混有血液，虽有食欲，但采食困难或不能采食。口腔检查可见多种形式的损伤，轻的仅擦伤黏膜，但大部分病例伤及肌肉，发生舌的撕裂、缺损或断离。时间较久后，损伤的舌面坏死，颜色发白，发出恶臭气味。由锐齿引起的损伤多位于舌的侧面，由开口器引起的舌损伤常伴有口腔黏膜的损伤。

【治疗】

首先除去病因，对损伤面小的可用 0.1% 高锰酸钾溶液冲洗，再涂布碘甘油或撒布青黛散（青黛、黄柏、儿茶各 30g，冰片 3g，明矾 15g，研末过细罗筛）或冰硼散。

若创口裂开较大，包括舌尖部的断裂，不要轻易将其剪除，应力争进行舌缝合。

奶牛取站立保定，全身麻醉或舌神经传导麻醉。对初发生的新鲜创，除去口腔内的异物，用 0.1% 高锰酸钾等消毒液彻底清洗口腔，将舌经口角缓缓引出，用消毒绷带在舌体后方系紧，起止血与固定作用，清洗舌创面后做水平钮孔缝合，并在创缘对合处补充以间断缝合（图 7-77）。对陈

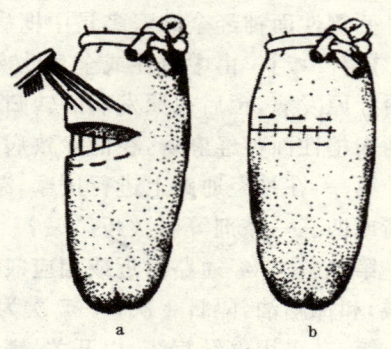

图 7-77 舌缝合术
a. 做 2～4 个水平钮孔缝合
b. 在创缘作补充间断缝合

旧性严重舌损伤应先对创面做适当的修整,切除坏死部分,造成新鲜创面,创面做成楔状,清洗消毒后施行缝合。

缝合时应在舌背侧打结,缝线穿过舌组织时要距舌腹侧黏膜2mm以上,不宜穿透舌腹侧黏膜,以免缝线刺激口腔底的黏膜。

【护　理】

术后牛3天内用胃管经口腔投饲。4天后可给予软而嫩的青草或青干草等供奶牛采食。饲喂后要用温盐水或0.1%高锰酸钾溶液洗口腔。经8～10天后可拆线。

四、牙齿磨灭不正

反刍动物上、下臼齿的咀嚼面,并非垂直正面相对,上臼齿的外缘向外向下,超出下臼齿的外缘,下臼齿的内缘向内向上超出上臼齿的内缘,咀嚼时不仅上下运动,而且更以横向运动为主,除了撞击捶捣外,还有锉磨研压的功能,虽然上下颌的宽度不同,齿列广度不等,但是牙齿的咀嚼面则是一致的。奶牛的臼齿平均每年磨灭2mm。牛在咀嚼时下颌横向运动的幅度很大,口缝不能闭合,所以在采食咀嚼时总是抬头至水平位置。

【症　状】

1. 斜齿(锐齿)　是下颌过度狭窄及经常限于一侧臼齿咀嚼而引起的。上臼齿外缘及下臼齿内缘特别尖锐,故易伤及舌或颊部。多发生于老龄牛或患软骨症的牛,严重的斜齿称为剪状齿。

2. 过长齿　臼齿中有一个特别长,突出至对侧,常发生在对侧臼齿短缺的部位。

3. 波状齿　常以下颌第4臼齿为最低,上颌第4臼齿为最长,从整个齿列的咀嚼面来看就略呈凹凸不平的线条。凡是臼齿磨灭不正而造成的上、下臼齿咀嚼面高低不平呈波浪状称为波状齿。一旦凹陷的臼齿磨成与齿龈相齐,则相对应的臼齿将压迫齿龈而产生疼痛,甚至引起齿槽骨膜炎。

4. 阶状齿　基本原理同波状齿,只是形成如同阶梯之病齿。

5. 滑齿　指臼齿失去正常的咀嚼面,不利于饲料的嚼碎,多见于老龄奶牛。犊牛发生本病是由于先天性牙齿釉质缺乏硬度所致。

【治　疗】

根据牙齿异常的病类及其情况分别选用下列疗法。

1. 过长齿　将牛口中装上大家畜开口器并将头抬高,由一助手抓住开口器柄以防滑脱,操作人员用齿剪或齿刨打去过长的齿冠,再用粗、细齿锉进行修整。

2. 锐齿　可用齿剪或齿刨打去尖锐的齿尖,再用齿锉适当修整其残端。用齿锉修整锐齿是常用方法。装上开口器后,将牛头吊高至和人头平行状态,术者将齿锉伸入牛口腔内修整。下臼齿的锐齿重点在内侧缘,上臼齿的重点在外侧缘。动作要快。将齿锉压在牙齿的锐利边缘上,来回快速摩擦和锉动,即可将锐边锉钝。并同时用0.1%高锰酸钾溶液,或2%氯酸钾溶液反复冲洗口腔。舌、颊黏膜的伤口或溃疡可用碘甘油合剂涂搽。用电动锉,功效较高,可减轻繁重之体力劳动。

五、腮腺炎

是腮腺及其导管的急性或慢性炎症。患病的腮腺常可发生脓肿。

【病　因】

本病通常是由于腮腺或其邻近组织的创伤或感染所致。由于腮腺位于体表,易受损伤。另外,由于腮腺导管开口于口腔黏膜,易受异物特别是麦芒的刺入或病原微生物的侵袭,从而导致导管及腮腺的炎症。

继发性腮腺炎常与传染病有关,如牛结核病、牛放线菌病,另外,还有继发于咽炎、鼻炎等疾病而发生腮腺炎的。

第七章 奶牛外科病

【症　状】

急性腮腺炎的初期在耳下局部出现痛疼、肿胀及增温,触之敏感。随着炎症的发展,病牛常有体温升高,由于疼痛和肿胀,时有流涎、食欲减退或废绝、吞咽困难。脓肿成熟后破溃,口中散发出恶臭气味。如经皮破溃,则可导致腮腺瘘管形成。有时瘘管内排出饲草碎片或植物芒刺。通常在脓肿切开或破溃后,多数病例能较快地痊愈。

慢性腮腺炎患部呈坚实、无痛性肿胀,其他症状均不明显。

【治　疗】

轻度感染并有中等程度的肿胀时,可选用全身性抗生素疗法。较为严重的感染,对病灶进行热敷,还可采用盐酸普鲁卡因青霉素封闭疗法。

当形成脓肿时,成熟后应切开、排脓。仔细探查脓腔内有无异物及坏死组织并取出异物和坏死组织。每天用0.1%的高锰酸钾溶液清洗处理病灶。排液以后应采用抗生素(如青霉素、磺胺类药物或广谱抗生素)疗法,连用4～5天。

对经久不愈的腮腺瘘管,可考虑腮腺部分摘除或全摘除术。结扎连通的腺管更为安全。

六、颈静脉炎

颈静脉炎在奶牛中常有发生。

【病　因】

最常见的是因为颈静脉注射葡萄糖酸钙或10%氯化钙,药液渗漏于皮下形成。其次是采血、放血、注射等不按照无菌操作规程,反复多次地刺激或损伤颈静脉及其周围组织。

【症　状】

根据炎症发生的范围和性质可分为下列几种。

1. 颈静脉炎　指单纯性颈静脉本身组织的炎症,静脉管壁增厚,硬固而有疼痛。一般发病后 5~6 天即可逐步恢复正常。

2. 颈静脉周围炎 颈静脉沟出现不同程度的急性炎症现象,特别是静脉注射钙制剂时药液渗漏于血管外后,几个小时内可引起颈静脉周围的弥漫性肿胀。热、痛明显。随着病程的发展,至后期在颈静脉沟中可出现质地稍硬、高低不平的增生性肿胀。

3. 血栓性颈静脉炎 颈静脉沟出现炎性水肿,局部热、痛,颈静脉内有血栓形成,并在沟内出现长索状粗大的肿胀物,质较硬,血栓远心端颈静脉怒张,患侧眼结膜淤血,甚至头颈水肿。当侧支循环建立后,则这些现象逐渐缓解。血栓近心端颈静脉触之空虚。

4. 化脓性颈静脉炎 视诊及触诊可发现弥漫性温热、疼痛及炎性水肿。不易触知颈静脉。病牛出现精神沉郁、食欲减退、体温升高等全身症状。头颈部活动受限,有时可见头部水肿。以后患处可出现一处或多处小脓肿,脓肿破溃后,不断排出混有组织碎片的脓汁。

在某些重症病例,血栓和血管壁可发生化脓性溶解,而突然发生大出血,并危及生命。如经血流途径发生全身性转移,可形成败血症。

【治　疗】

对刺激性药物漏至颈静脉外时,应立即停止注射,并向局部隆起处注入生理盐水,同时用 20% 硫酸钠溶液热敷。也可在隆起周围用盐酸普鲁卡因封闭。若隆起过大,可考虑在其下缘做切口,以排出漏出的药物。如是氯化钙漏出,可局部注射 10%~20% 硫酸钠注射液,以使形成无刺激性的硫酸钙。

无菌性血栓性颈静脉炎,可应用局部温热疗法。也可应用消炎消肿散、复方醋酸铅散等外敷。不宜涂刺激性强的软膏。

颈静脉周围蜂窝织炎时,应早期切开,切口要大,深达受侵害的肌肉,以有效地清除坏死组织和渗出液。

化脓坏死性血栓性颈静脉炎时,宜采用颈静脉切除术。

第七章 奶牛外科病

七、斜 颈

斜颈是颈部向一侧偏斜或扭转的一类征候群。包括骨骼、肌肉、神经等软组织的损伤或功能障碍。

【病　因】

斜颈病因非常复杂,但以机械性损伤最为常见。其中主要为与颈椎长轴呈一定角度的暴力所致,如缰绳被踩,而奶牛猛拉;突然摔倒且头颈弯曲,头颈被压于体下;侧卧保定时头颈未确实固定,头颈猛摆而致颈部肌肉和韧带等软组织拉伤,颈椎脱位及骨折等均可致病。另外,为一侧性颈部肌肉的风湿病,颈肌麻痹也可引起斜颈;在颈部肌内注射也有发生斜颈的病例。

【症　状】

本病的主要症状就是发生颈部偏斜,但具体表现差异较大。

仅是颈部肌肉损伤导致的斜颈,症状较轻,患部肌肉肿胀,病初局部增温、疼痛,常常出现运动障碍(图 7-78)。如果由于颈椎椎体或椎弓骨折或颈椎脱位,则症状明显,常在发病

图 7-78　奶牛斜颈

后即由于脊髓的损伤而倒地不起,视其损伤程度,严重时可致高位截瘫。如为颈部肌肉风湿病,则表现出风湿病的一般症状。

【预　后】

颈椎脱位和骨折所致斜颈预后不良。肌肉及软组织单纯性挫伤、拉伤、断裂等所致斜颈预后良好。

【治　疗】

对颈椎脱位、骨折及风湿病、耳病所致斜颈应治疗原发病。

对颈部肌肉、韧带、肌腱等软组织损伤所致的斜颈,如奶牛卧地不起,则应尽可能使其站立,并限制其头颈部运动。在早期,对充血性水肿可将头部抬高,并使用刺激性擦剂,如樟脑酒精、樟脑鱼石脂软膏等,或行物理疗法,以促进炎症的消散。

第八章　奶牛产科病

第一节　正常分娩与接产

一、分娩预兆

母牛在达到预产期(平均 285 天)前 10 天开始出现分娩预兆,乳腺开始增大,乳头可挤出少量清亮的胶样液体或初乳,至产前 2 天时除乳房极度膨胀、皮肤发红外,乳头中充满白色初乳,有的奶牛有漏奶现象,漏奶开始后数小时至 1 天即分娩。分娩前 1 周阴唇开始逐渐柔软、肿胀,分娩前 1~2 天子宫颈开始胀大、松软。封闭子宫颈的黏液软化,流入阴道,有时吊在阴门之外,呈透明索状。骨盆荐坐韧带从分娩前 1~2 周即开始软化,至产前 12~36h 荐坐韧带后缘变得非常松软,外形消失,臀部尾根两侧出现塌陷,触诊尾根两侧感到松软,俗称"塌胯"。母牛产前一般出现精神沉郁及徘徊不安等现象,有离群和寻找安静地方分娩习性。临产前食欲不振,粪尿排量少而次数多,表现不安,如起卧、刨地、回头看腹、拱背、举尾等。

二、分娩过程

包括子宫开口期、胎儿排出期和胎衣排出期。

(一)子宫开口期

母牛采食和反刍不规则,尾根抬起,脉搏呼吸加快。子宫阵缩为每 15min 1 次,每次 15~30s;随后阵缩频率增加,可达每 3min

1次;至开口期末,阵缩每小时达24次,产出胎儿之前可达24~48次。此时子宫颈变软扩张,充分开大。此期大约需要2~8h。此期仅有子宫阵缩,没有腹肌努责。

(二)胎儿排出期

母牛表现极度不安,时常刨地,回顾腹部,嗳气,拱背努责。一般在开始努责后卧下,有的时起时卧,至胎头通过骨盆上棘之间的狭窄部时才卧下。一般均侧卧,四肢伸直,腹肌强烈收缩。子宫阵缩频率增加,每15min阵缩约7次,每次约1min。多数牛是尿膜绒毛膜囊先露出阴门外,此囊破裂、排出第一胎水即褐色尿水后,尿膜羊膜囊才突出阴门之外,囊内有胎儿和羊水。努责和阵缩加强时,胎儿向产道的推力加大,羊膜绒毛膜囊在阴门外或阴门口处破裂,流出第二胎水即淡白色羊水。有时两胎囊同时露出于阴门外。无论哪一个胎囊先破裂,胎儿排出时,身上都不会包被完整的羊膜。此期大约需要3~4h。

胎儿能否顺利产出,取决于母体和胎儿等多种因素,如母体的产力(努责和阵缩)强弱、硬产道(骨盆)开放度和软产道(子宫颈和阴道)软化扩张度,胎儿胎位(正常为上位)、胎势、胎向(正常为纵向)和大小等因素。

(三)胎衣排出期

有阵缩,无努责。此期母牛子宫收缩每半小时8~10次,每次100~130s。奶牛子宫收缩从子宫角尖端开始,所以胎衣也是从子宫角尖端开始脱离子宫黏膜。牛的胎盘属于子叶型胎盘,子叶上的绒毛在肉阜腺窝内嵌合紧密,绒毛从腺窝中脱出要比其他类型的胎盘分离难些,因而发生胎衣不下者也就较多。母牛正常排出胎衣时间为4~6h。

三、接　产

(一) 接产准备工作

1. 产房　在产前 10 天左右将母牛移入宽敞、清洁、干燥、安静、通风和室温良好的产房中，或转移到牛舍群栏边缘处，地上铺上柔软的干草。每天检查母牛的健康状况和注意分娩征兆。

2. 药械和用品　准备好接产用的各种消毒液、催产药和手术助产器械等。

3. 接产人员　应受过接产训练。

(二) 接产方法

1. 临产检查　当牛犊胎儿前置部分进入产道并且胎囊已经破裂时，可将手臂伸入产道，检查胎向、胎位及胎势，对胎儿的反常做出早期诊断和矫正。如果胎儿正常，正生时 3 件（唇和两蹄）俱全，可等候它自然排出。此外，还应注意母牛的骨盆有无变形，阴门、阴道及子宫颈的松软扩张程度，以判断有无因产道反常而发生难产的可能。

2. 及时助产　当母牛努责阵缩微弱，无力排出胎儿；产道狭窄，或胎儿过大，产出滞缓；正生时胎头通过阴道困难，迟迟没有进展；倒生时脐带被胎儿骨盆挤压妨碍血流时，应尽早帮助拉出胎儿。接产时，由一人配合母牛的努责交替牵拉胎儿两前肢和胎头（或两后肢），另一人两手按压母牛的阴门上联合。胎头产出后要向后下方牵引，不可强拉硬拽。

(三) 处理新生牛犊

1. 擦干羊水　胎儿出生后先擦净鼻孔内的羊水，防止窒息。同时观察呼吸是否正常。然后擦干犊牛身上的羊水。

2. 处理脐带　牛胎儿出生后，脐带一般均被自行扯断。注意检查脐带长度，应留短些，以防犊牛当成奶头吸吮。断脐后，在脐带外面涂上碘酊或在碘酊内浸泡片刻，以防发生脐带炎。并要肌内注射破伤风抗毒素,以防感染破伤风。

3. 帮助哺乳 每次挤出够吃的初乳,让犊牛吸吮手指引导犊牛喝完盆中的初乳后,再训练几次,犊牛即可独自喝完盆中的牛奶了。

4. 检查胎衣排出情况 胎衣排出后要检查是否完整。除胎儿产出时造成的破口外,如有其他破口应检查是否胎衣缺损。如有缺损,接产人员应将手臂消毒后伸入子宫,按缺损部分方位将它找到,剥离并取出。

第二节 妊娠期疾病

一、流 产

流产是指由于胎儿或母体异常而导致妊娠生理过程发生扰乱,或它们之间的正常关系受到破坏而导致的妊娠中断。

【病 因】

引起牛流产的原因很多,大致可分为普通性流产、传染性流产和寄生虫性流产。每类流产又可分为自发性流产和症状性流产。自发性流产是指胎儿及胎盘发生反常或直接受到影响而发生的流产;症状性流产是指妊娠牛因某些疾病的症状或饲养管理不当导致的流产。

1. 普通性流产 普通性流产的原因主要有以下几点。

(1)胎儿及胎膜异常 卵子或精子缺陷,染色体异常,胎儿畸形或胎儿器官发育异常,胎膜水肿,胎盘炎,胎膜无绒毛或绒毛发育不全,以及脐带水肿等。

(2)母牛的疾病 包括严重的肝、肾、心、肺、胃肠和神经系统疾病,大失血或贫血,局限性子宫内膜炎,先天性子宫发育不全等。

(3)饲养管理不当 包括母牛长期营养不足而过度瘦弱,饲料单纯而缺乏某些维生素和矿物质,饲料腐败或霉败。大量饮用冷水或带有冰碴的水,吞食过量的雪,饲喂不定时而母牛贪食过多等。

(4)机械性损伤　包括剧烈的跳跃、跌倒、抵撞、蹴踢、挤压、鞭打、惊吓以及粗暴的直肠或阴道检查等。

(5)医疗错误　使用大量的泻剂、利尿剂、驱虫剂、麻醉剂和其他可引起子宫收缩的药品等。

(6)有的母牛妊娠至一定时期就发生流产　这种习惯性流产多半是由于子宫内膜变性、硬结及瘢痕,子宫发育不全,近亲繁殖或卵巢功能障碍所引起。

2. 传染性流产　近年来在临床中日益增多,尤其是胎儿弯曲杆菌、衣原体、支原体、传染性鼻气管炎病毒等引起的流产在国内外牛场中时有报道,应引起注意。

【症　状】

1. 隐性流产　妊娠初期,受精卵附植前后,胚胎组织液化被母体吸收。常无临床症状,多在母牛重新发情时发现。

2. 小产　即排出死亡未经变化的胎儿。母牛流产前,具有分娩的临床征兆但不明显,乳牛的乳房和阴唇在流产前2~3天才肿胀。

3. 早产　排出不足月的活犊。临床征兆同小产。早产胎儿体格虽小,体质虽差,但若经精心护理,仍有成活的可能。

4. 胎儿干尸化　又称木乃伊。胎儿死在子宫内,因子宫颈口仍关闭,细菌不能进入感染子宫,死胎的组织水分及胎水被母体吸收,体积缩小变硬,呈干尸样。母牛腹部不随妊娠期的延长而增大,到分娩期不见产犊,直肠检查发现子宫内容物坚硬,无胎动和胎水波动。卵巢有黄体。

5. 胎儿浸溶　妊娠中断后,死亡胎儿的软组织分解,变为液体流出,而骨骼留在子宫内。病牛精神沉郁,体温升高,食欲减退或废绝,消瘦,腹泻,努责,从阴门流出污褐色黏稠液体,具有腐臭味,内含细小骨片,最后仅排出脓液,黏附于尾根及坐骨节结上。阴道检查见子宫颈口开张,阴道内积有褐红色黏液、骨碎片或脓汁。直肠检查可触摸到滞留在子宫内的骨片,捏挤有摩擦音。

6. 胎儿气肿　胎儿死在子宫内,腐败菌侵入胎儿,引起胎儿软组织腐败分解,产生硫化氢、二氧化碳和氨等气体,积于胎儿皮下、胸腹腔和肠管内。临床症状类似于胎儿浸溶,阴道检查子宫颈和阴道内有污褐色不洁液体,具腐败味,子宫颈开张。直肠触摸胎儿,有捻发音。

【治　疗】

1. 先兆性流产　母牛外观有流产的征兆,但子宫颈塞尚未溶解,应以保胎为主。可使用抑制子宫收缩药予以保胎。肌内注射孕酮50～100mg,或1%硫酸阿托品2～5ml。禁止阴道检查和直肠检查。

2. 不可避免性流产　母牛除具有外观流产症状外,子宫颈口已开,有黏液流出,则以引产为主。可使用以下促进子宫收缩的药物:雌二醇20～30ml,肌内或皮下注射,同时皮下注射催产素40～50U;肌内注射前列腺素5mg或平滑肌兴奋药新斯的明。

3. 滞留性流产(胎儿干尸化和胎儿浸溶)

第一,使用上述促子宫收缩药,扩张子宫颈,增强子宫张力。

第二,子宫内灌注滑润剂,减少产道干燥。将温肥皂或液状石蜡1 000～2 000ml灌入子宫内,用手或器械拉出子宫内干尸,或取出骨片。胎儿腐败的母牛产道内还需灌注0.2%高锰酸钾溶液。

第三,子宫内抗菌、消炎。彻底取出干尸或骨骼后,用土霉素粉2.5～3g或金霉素粉1.5～2g,溶解后灌入子宫内,每天或隔日1次。

4. 习惯性流产　应在习惯流产的妊娠期前半月持续注射保胎药物孕酮。

【预　防】

第一,对普通性流产要从上述各种病因着手,加强饲养管理,增强饲养员、兽医、配种员责任心,提高奶牛体质,防止各种意外事故的发生。

第二,对传染性流产要加强防疫、定期进行疫情的普查,淘汰或隔离传染流产的病牛。

二、胎水过多

胎水过多主要是尿水过多,也可能是羊水过多,或者是尿水和羊水同样积聚过多。正常牛羊水含量约为 1~5L,尿水约为 3.5~15L。当发生胎水过多时总量可达 100~200L。

【病　因】

牛胎水过多的原因还不清楚。此病常发生在怀双胎和有子宫疾病时,这可能由于缺乏维生素 A,子宫内膜的抵抗力降低,子宫内膜上皮有变性坏死;起作用的胎盘数目很少,主要位于孕角内,而且代偿性的附属胎盘发生。母牛患心脏病、肾脏病或贫血时,导致循环和代谢障碍而引起胎水过多。发生胎水过多时,母体也常发生水肿。羊水过多可能和羊膜上皮的作用反常有关,但也可能因胎儿发育反常所致。

【症　状】

牛胎水过多多见于妊娠 5 个月后,表现为腹部增大明显,发展迅速,严重时腹部很大,其下部向两旁扩张,腹壁紧张,肷窝充满,背部凹陷。叩诊腹部呈实音。推动腹壁可感到有液体晃动。病牛呼吸困难,脉搏快而弱,体温正常。病牛长期站立,不愿躺卧。全身状况随疾病的加重而逐渐恶化,精神萎靡,食欲减退,消退,被毛蓬乱。

【治　疗】

病情较轻的,可给予营养丰富的饲料,限制饮水,增加运动,并给以强心利尿轻泻剂。对于严重病例,由于子宫收缩无力,子宫颈不能开张,可施行剖腹产。如果症状严重且距分娩时间还尚远时,宜及早施行引产。皮下注射雌二醇 30~50mg 后 6~8h,肌注 $PGF_{2\alpha}$ 4~6mg。

三、妊娠牛水肿

妊娠牛水肿是指妊娠末期妊娠牛腹下及后肢等处发生水肿。如果水肿面积小,症状轻,是妊娠末期的正常生理现象;如果发展为大面积的严重水肿,则为病理状态。一般在分娩前 1 个月左右出现。

【病　因】

妊娠末期,由于胎儿和胎水的压迫以及母牛运动不足,使腹下和后肢静脉血液回流缓慢,引起淤血及毛细管壁的渗透性增高,血液中水分渗出,引起水肿。迅速发育的胎儿、子宫及乳腺都需要大量的蛋白质等营养物质,如果日粮中蛋白质不足,则因血浆蛋白减少,血浆胶体渗透压降低而使水分积留于组织间隙。内分泌腺功能发生变化,抗利尿素、醛固酮及雌激素分泌增多,使肾小管远端对钠的吸收作用增强,水和钠潴留于组织内。妊娠期间因新陈代谢旺盛和循环血量增加,使心脏及肾脏的负担加重。如果运动不足,机体衰弱,特别是有心脏病或肾病时,容易发生水肿。

【症　状】

水肿常从腹下和乳房开始出现,逐步向前蔓延至胸下及胸前,向后蔓延至阴门部。水肿一般呈扁平状,左右对称,无热无痛,有冷感,触之柔软如面团状,有指压痕,一般无全身症状。严重者出现精神沉郁,食欲减退等,四肢无力,两后肢经常交替负重,行走时后躯摇摆、步态强拘,卧下后起立困难。

【治　疗】

对于病牛给予富蛋白质的营养饲料,减少多汁饲料,限制饮水和限制食盐的饲喂量,加强运动,往往可使水肿停止发展,甚至消失。严重者,为了促进吸收,可应用强心利尿剂,如皮下注射 20%苯甲酸钠咖啡因 20ml,连用 3~4 天。

四、妊娠毒血症

奶牛妊娠毒血症也称为肥胖母牛综合征、牛的脂肪肝和肥胖牛的酮病。当奶牛肝脏内脂肪代谢过程受阻,使脂肪在肝脏中蓄积,并超过肝脏中正常含量的 5%时,即称为脂肪肝。此病常发生于围产期间。病牛表现出酮病、进行性衰弱、神经症状、乳房炎、卧地不起、胎衣不下和子宫内膜炎。死亡率高,剖检见肝、肾严重的脂肪变性。此外,患牛的繁殖力和免疫力也会受到不同程度的影响。

【病因及发病机制】

干奶期奶牛日粮中精料喂量过大、能量和蛋白质水平过高,致使牛肥胖;分娩后,牛食欲降低,造成能量负平衡,血糖下降,促使体脂肪动员加剧和脂肪肝的形成。而酮体浓度增加,则引起了机体的中毒病程。脂肪动员过程中形成大量的游离脂肪酸(FFA)浸润于肌细胞间隙和子宫肌层,则将引起骨骼肌和平滑肌运动障碍,诱发母牛卧地不起、真胃移位、胎衣停滞、子宫炎等综合征。血中FFA 含量增多,促使 Ca^{2+} 向脂肪细胞转移,加之 FFA 与 Mg^{2+} 形成螯合物,不仅可诱发低镁血症的出现,尚能影响钙的动员,致使低钙血症发生。由于脂肪肝影响雌激素和孕酮的代谢,临床上表现出不孕症、产犊间隔延长等繁殖障碍。

【症　状】

急性者,随母牛分娩而表现出症状,患牛精神沉郁,食欲废绝,瘤胃蠕动微弱。病牛通常是先拒食精料,随后拒食青贮料,但还能继续采食干草,并可能表现出异食癖,体重迅速减轻。由于明显消瘦和皮下脂肪消失而出现皮肤弹性减弱。少奶或无奶,可视黏膜紫绀、黄染。体温初期升高(39.5℃以上)。步态强拘,目光呆视,对外反应微弱。轻者便秘,重者腹泻,排出黄褐色、具恶腥臭稀粪。对药物无反应,于2~3天内死亡或后期卧地不起而淘汰。亚急性者,多于分娩3天后发病,病牛主要呈现为产后酮病。表现为食欲降低或废绝,产奶量减少,粪便量少且干,尿液偏酸,pH值6.0,具酮味。酮体检验呈阳性。病程延绵,呈渐进性消瘦。有的病牛尚伴发乳房炎、胎衣不下。有乳房炎时,见乳房肿胀,乳汁呈脓性或极度稀薄,呈黄水样,乳汁酮体检验呈阳性。产道内蓄积多量褐色具臭味恶露。患轻度和中度脂肪肝的患牛,约经1个半月的时间可能自愈,但产奶量不能完全恢复,免疫力和繁殖力均受到影响,容易因伴发其他疾病而留下后遗症。药物治疗无效,后期卧地不起,呻吟,磨牙,衰竭死亡。

脂肪肝患牛某些血液生化指标也会发生相应的变化。如血糖含量下降,游离脂肪酸浓度上升,天门冬氨酸氨基转移酶(AST)上升,血中胆红素的含量也有所升高,血镁含量比正常牛低,这可能是脂肪分解使血液中游离脂肪酸含量过高的结果。

本病的病死率约为25%。死亡奶牛的肝脏明显增大,增大的程度因肝脏内脂肪浸润的程度而异。肝脏颜色呈暗黄色,边缘变钝,切口外翻,小叶形状明显,质地变脆,触之易碎。其他内脏外附有脂肪,子宫壁上有脂肪沉积,有时可见皱胃左方变位。

【诊　断】

奶牛患脂肪肝后,临床症状通常不明显,单纯依据临床症状很难做出确诊。诊断时首先应了解病史,特别是参考母牛产犊时间、饲料组成、营养水平、泌乳量及产前产后的体况变化,这些将为确切诊断提供有价值的参考。目前,比较准确可靠的诊断方法有肝组织活检和血液生化成分分析法等。

在诊断脂肪肝时,应和酮病加以区别。研究表明,牛患酮病时常伴发肝功能不全。有人认为酮病和脂肪肝都发生于低血糖,而脂肪肝是酮病的继发现象。此外,牛创伤性网胃心包炎、慢性肾盂肾炎和慢性消化不良等病均可能与脂肪肝混淆。如果脂肪肝伴发子宫炎、乳房炎和皱胃变位,则诊断更加困难。但上述病例一般都有轻度体温升高、心率加快以及原发疾病的某些局部症状。

【治　疗】

药物治疗的目的是抑制脂肪分解,减少脂肪酸在肝脏中的积存,加速脂类的利用。其原则是解毒保肝、补充葡萄糖以缓解血糖下降。

1. 提高血糖浓度,补充糖原　①50%葡萄糖注射液500～1 000ml,静脉注射。②50%右旋糖酐注射液,第1次量为1 500ml,后改为500ml,每天2～3次,静脉注射。③木糖醇注射液500～1 000ml,1次静脉注射,每天2次,有升糖和降酮作用。④丙酸钠114～228g或丙二醇117～342g,每天2次,内服。服药前,可静脉注射50%右旋糖酐注射液,其效果更好。

2. 促脂肪氧化,用解脂制剂　①50%氯化胆碱粉50～60g,1次内服。也可用10%氯化胆碱溶液250ml,1次皮下注射。可促脂肪酸氧化和脂蛋白的合成,有显著的解脂作用。②泛酸钙200～300mg,配成10%注射液,1次静脉注射,连续注射3天。③复合维生素B液200～250ml,1次灌服,每天2次。能增进食欲,改善瘤胃功能。④烟酸12～15g,1次内服,连服3～5天,灌服后能抗脂肪分解和抗酮体的生成。

3. 对症治疗　为防止继发感染,可使用抗生素如四环素、金霉素,静脉注射。为防止氮血症,可用5%碳酸氢钠注射液500～1 000ml,一次静脉注射。对黄疸及粪少而干病牛,用硫酸镁300～500g,加水6～8L灌服,连用3天。

【预　防】

本病的治疗效果不佳,且费用较高,应以预防为主。平时要加强饲养管理,合理供给营养,及时治疗影响消化吸收的胃肠道疾病。对干奶期的奶牛应减少精料的饲喂量,以免产前过于肥胖。妊娠期要保证日粮中含有充足的钴、磷和碘,并在妊娠后期适当增加户外运动量。对产后牛要加强护理,改善日粮的适口性,逐渐增加精料,避免发生因产后泌乳等所造成的能量负平衡,出现过度的消瘦。

五、妊娠牛截瘫

妊娠牛截瘫是妊娠末期妊娠牛既无导致瘫痪的局部因素,又无明显的全身症状,但后肢不能站立的一种疾病。

【病　因】

许多病例的病因很难查清楚。妊娠牛截瘫可能是妊娠末期许多疾病的症状,如营养不良、胎水过多、严重的子宫扭转、损伤性胃炎继发腹膜炎、酮血病、风湿、青草搦症、后部肌腱及关节损伤等。但饲料单纯,营养不良,钙、磷等矿物质及维生素缺乏,可能是发病的主要原因。

【症　状】

牛一般在分娩前1个月左右逐渐出现运动障碍。最初仅站立时无力,两后肢常交替负重。行走时后躯摇摆,步态不稳。卧下时起立困难,因而久卧不起。以后症状加重,后肢不能起立。有时可能因行走不稳而滑倒后发病。

【治　疗】

如截瘫是因缺钙引起的,牛可静脉注射10%氯化钙注射液200~300ml及5%葡萄糖注射液500ml,也可静注10%葡萄糖酸钙注射液200~500ml及5%葡萄糖注射液500ml,隔日1次,有良好效果。

六、阴道脱出

阴道壁一部分或全部脱出于阴门外,称为阴道脱出。前者称不完全脱出,后者称完全脱出。有些牛阴道全脱出后,露出子宫颈外口,又称子宫颈脱。本病多发生于奶牛妊娠后期,以经产年老体弱的牛发病率较高。

【病因】

妊娠后期,胎盘产生过多的雌激素,或产后患卵巢囊肿时产生大量的雌激素,均可使骨盆内固定阴道的韧带松弛,腹肌努责,引起阴道脱出。妊娠后期胎儿过大,胎水过多或怀双胎,以及瘤胃臌胀等使腹内压增高。营养不良,体弱消瘦或年老经产,运动不足时,全身组织特别是盆腔内的支持组织张力减弱或降低可引起此病。

【症状】

阴道部分脱出时,阴道壁从阴道口呈球状翻出。多发生于产前。在牛爬下时,可见到一个鹅蛋或拳头大的粉红色瘤状物夹在两侧阴唇之间,或露出于阴门外。站立时,脱出部分多能自行复位。如病因未除,反复发生脱出,则脱出的部分越来越大,以至病牛需很长时间才能自行缩回,有的则不能自行缩回。子宫颈脱出时,宫颈外口紧缩或松弛,位于脱出阴道末端的凹陷内。有时膀胱也经尿道外翻而脱出,呈苍白色球状物,个别的病牛还可继发直肠脱出。

初期脱出的阴道黏膜表面光滑、湿润呈粉红色。脱出时间过久,黏膜出现淤血、水肿、干燥,变为紫红色或暗红色甚至出现龟裂,流出带血的液体。如脱出的黏膜经受擦伤及粪便、垫草和泥土的污染,则发炎、破裂、坏死,裂口或糜烂区域有炎性渗出物或血液流出。夏季可能生蛆,冬季可能冻伤。病牛由于疼痛而剧烈地努责。若子宫颈塞失掉,则出现流产和早产。母牛到妊娠后期均发生此病者,叫习惯性阴道脱出。

【治疗】

1. 保守疗法 对站立后能自行缩回的脱出阴道,且距离分娩较近时，可将母牛饲养在前低后高的地面上，使后躯高于前驱 5～15cm。避免卧地过久，每天增加放牧或运动时间；喂给易消化的饲料，以防病情加重。妊娠期的阴道脱，可每日注射孕酮 50～100mg。

2. **手术疗法** 对阴道完全脱出和不能自行复位的部分脱出病例，要进行局部清理和整复固定。

(1)局部清理 脱出部分用生理盐水或 0.1%高锰酸钾溶液或 0.05%～0.1%新洁尔灭溶液消毒，再用 3%温明矾溶液清洗，使其收缩变软。感染发炎部位涂布抗生素，损伤部位应予缝合。对水肿严重的可用毛巾热敷 10～20min，使其体积变小。

(2)保定和麻醉 要将奶牛固定在特制的前低后高的牛床上进行整复，以利于整复脱出的阴道。努责强烈的施行硬膜外麻醉。

(3)整复 先由助手用消毒纱布将脱出的阴道托起至阴门部，术者趁患牛不努责时，用手掌将脱出的阴道从子宫颈开始往阴门内推送。待全部送入后，再用拳头将阴道顶回原位。这时手臂应在阴道内停留一段时间，以免努责时阴道再次脱出。

(4)固定 阴门缝合常采用双内翻缝合固定法。在阴门裂的上 1/3 处，从右侧阴唇距阴门裂 3.5～4cm 处的外侧皮肤进针，在同侧距阴门裂 3.5～4cm 内侧黏膜处穿出，在左侧距阴门裂 3.5～4cm 处内侧黏膜进针，在同侧距阴门裂 3.5～4cm 外侧皮肤处出针。在同侧下 2～3cm 距阴门裂 3.5～4cm 处外侧皮肤处进针，同侧 3.5～4cm 黏膜处出针。在右侧距阴门裂 3.5～4cm 处内侧黏膜进针，皮肤出针，将右侧的两线尾收紧打一活结，以便在临产时易于拆除。根据阴门裂的长度必要时再用上法作 1～2 道缝合，但要注意留下阴门下角，便于排尿。另外，在阴门两侧外露的缝线套上一段细胶管，以防止强烈努责时缝线勒伤组织。

此外，还有袋口缝合固定法、阴道侧壁臀部缝合固定法等。无论哪种缝合法，缝线应牢固，能承受很大的压力，同时均在母牛分娩前拆除。阴道脱整复后,也可用绳将阴门压定器固定在阴门裂上。

(5) 术后护理　将病牛置于前低后高的牛床上进行饲养,最好术后不要让母牛趴卧,强行其运动。为防止继续努责,可适当给些镇静剂,每日给阴道内涂布碘甘油或其他消毒防腐药。如果有全身症状,应连续注射3天抗生素,完全愈合后再进行拆线。

七、子宫出血

子宫出血可分发情期出血、妊娠期出血、分娩期出血和产后期出血。妊娠期子宫出血主要发生于妊娠后期,是因绒毛膜或子宫黏膜血管破裂所致。大部分妊娠期子宫出血与流产、胎儿死亡和子宫扭转有关。

【病　因】

妊娠奶牛腹部被撞、踢、抵伤跌倒,或对分娩牛进行不正确的助产或粗暴剥离胎衣,导致子宫黏膜及绒毛膜血管发生损伤和破裂而引起的。

【症　状】

病初出血量少时,血液聚积在子宫腔内,不向外流,难以发现,只是在分娩前随子宫颈黏液塞一起排出,妊娠牛有时表现不安和努责。如出血量较多时,血液可流出阴道之外,并且常常隔一些时间流出1次。大量出血时,呈现全身贫血和不安症状。

【治　疗】

为了制止出血,应抬高妊娠牛的后躯,以减轻后躯的血压,并设法使其安静,同时冷敷腰荐部,皮下注射0.1%肾上腺素5ml和全身止血药。有急性贫血症状时,可补液或输血,静脉注射生理盐水或10%明胶注射液300ml。

八、子宫疝

子宫疝是妊娠母牛腹肌断裂,妊娠子宫脱出于皮下,使腹壁突出,是腹壁疝的一种。此病多发于老龄垂腹母牛。

【病　因】

常常是因受到撞击、踢伤、抵伤或因跌倒、跳跃等造成腹肌断裂而引起。胎儿过大、胎水过多或多胎妊娠或腹肌过度伸张时,也可引起本病。

【症　状】

通常是突然发生,最初突出部很小,以后逐渐增大,往往达到相当大的容积,致使母牛腹壁改变。当耻骨联合附近的腹直肌断裂时,下腹壁显著突出和下垂,阴门凹陷。乳房往往向前移位。触诊时可摸到腹肌裂口的边缘,此即疝环,但有时不易触知。隔着疝囊,可摸到胎儿,有时还可看到引起的疝囊颤动。

【治　疗】

因手术不易成功,在治疗上主要是防止疝囊继续增大。可用压迫带扎上腹部。加强饲养管理,给予富有营养的饲料。分娩时常无力产出胎儿,所以应使母牛仰卧、半仰卧,然后进行人工助产取出胎儿。

第三节　分娩期疾病——难产

一、难产的原因

胎儿在妊娠牛体内发育到足月后,连同胎膜从母体娩出的过程,称为分娩。分娩过程能否正常进行,决定于产力、产道和胎儿3个因素。所以,产力、产道、胎儿称为决定分娩的三要素,其中1个或几个因素异常可引起难产。

第八章　奶牛产科病

(一) 产　力

将胎儿从子宫中排出的力量,称为产力。它是由子宫肌及腹肌的有节律的收缩共同构成的。子宫肌的收缩,称为阵缩,是分娩过程中的主要动力。腹肌和膈肌的收缩,称为努责。它与阵缩协同,对胎儿的产出也起十分重要的作用。

产力异常,包括产力出现过早、产力不足和产力减弱,是造成难产的原因之一。母牛肥胖或营养不良,疾病,分娩时外界因素的干扰等,可使产力减弱或不足。此外,给子宫收缩剂不适时,也可造成产力异常,如肌内注射催产素过早,可使产力出现过早,胎儿来不及调整自己的姿势、位置和方向而造成难产,给予大剂量的麦角制剂,可引起子宫的持续收缩而致胎儿窒息。

(二) 产　道

产道是胎儿产出的必经之路,其大小、形状、是否柔软松弛等,能够影响分娩的过程。产道是由软产道和硬产道共同构成的。软产道由子宫、阴道、尿道生殖前庭及阴门构成;硬产道指的是骨盆。

骨盆畸形,骨折,子宫颈、阴道及阴门的瘢痕、粘连和肿瘤,或者发育不良,都可使产道狭窄和变形,影响胎儿的产出。

(三) 胎儿因素

胎儿因素主要是指胎儿与母体产道的关系。如胎儿与产道的相对大小,胎儿与产道的相对位置、方向及姿势等。

1. 胎向　即胎儿的方向,也就是胎儿身体纵轴与母体身体纵轴的关系。胎向包括纵向、横向和竖向。

(1) 纵向　是胎儿纵轴与母体纵轴互相平行,又分为正生纵向和倒生纵向两种情况。

(2) 横向　是胎儿横卧于子宫内,胎儿的纵轴呈水平的与母体纵轴呈十字形垂直。分为背横向和腹横向两种。

(3) 竖向　是胎儿站立或倒立于子宫内,胎儿纵轴的上下与母体纵轴呈十字垂直。它分为背竖向和腹竖向两种。

纵向是正常的胎向,横向和竖向是反常的,可致难产。

2. 胎位　即胎儿的位置,也就是胎儿背部与母体的腹部或背部的关系。胎位包括上位、下位和侧位3种。

(1)上位　也叫背荐位,胎儿伏卧于子宫内,背部在上,接近母体的背部或荐部。

(2)下位　也叫背耻位,胎儿仰卧于子宫内,背部在下,接近母体的背部或耻骨。

(3)侧位　也叫背髂位,是胎儿侧卧于子宫内,背部位于一侧,接近母体的髂骨。

上位是正常的,下位和侧位是异常的。

3. 胎势　即胎儿的姿势,也就是胎儿各部分是伸直的或是屈曲的。正常的胎势是在正生时,胎儿的头颈和两前肢伸直;倒生时两后肢伸直。其他的胎势是异常的,如头颈侧弯、腕部前置、坐骨前置等。据统计,胎势异常造成的难产,占胎儿难产的90%以上。

二、难产的检查

难产助产的手术效果如何,与诊断是否正确有密切的关系。经过仔细检查,确定母牛和胎儿的反常情况,并通过全面的分析和判断,才能正确地决定采用哪一种助产方法及预后如何。然后要把检查结果、预定使用的手术方法及其预后向畜主交待清楚,争取在手术过程中及术后取得畜主的支持、配合及信任。

(一)询问病史

遇到难产病例,首先必须了解病牛的情况,以便做好必要的准备工作。

询问事项主要有以下几方面。

1. 产期　产期如尚未到,可能是早产或流产,胎儿一般较小,容易拉出;但这时如果胎儿为下位,则矫正工作也可能遇到困难。产期若已超过,胎儿可能较大,拉出矫正都较为困难。

2. **年龄及胎次** 母牛的年龄较小,常因骨盆发育不全,胎儿不易排出;初产母牛的分娩过程也较缓慢。

3. **分娩过程** 妊娠牛躁动不安的情况,努责开始的时间,努责的频率和强弱,胎水是否已经排出,胎膜及胎儿是否露出,通过这些情况可判断是否发生了难产。

在胎儿尚未露出以前,其方向、位置及姿势仍有可能是正常的,但在正生时,若1条或2条腿已经露出很长而不见唇部,或者唇部已经露出而不见1只或2只蹄尖;在倒生时,只见1后蹄或仅见尾尖,都表示胎儿已发生了姿势或其他异常。

4. **病牛过去的特殊病史** 过去发生过的某些疾病:如阴道脓肿、阴唇裂伤等对胎儿的排出有妨碍作用。骨盆部骨质的损伤可使骨盆狭窄,影响胎儿通过。腹壁疝可使努责无力。

5. **是否经过处理** 如果已经对病牛进行助产,必须问明助产之前胎儿的异常是怎样的,已经死亡还是活着;助产方法如何;使用过什么器械,用在胎儿的哪一部分,如何拉胎儿及用力多大;助产结果如何,对母体有无损伤,是否注意消毒等。助产方法不当,可能造成胎儿死亡,或加重其异常程度,并使产道水肿,增加了手术助产的困难。不注意消毒,可使子宫及软产道受到感染;操作不慎,可使子宫及产道产生损伤或破裂。这些情况可以帮助我们对手术助产的效果做出正确的预后。

(二)母牛的全身检查

检查母牛的全身状况时,除一般全身检查项目如体温、呼吸、脉搏等外,还要注意妊娠牛的精神状态及能否站立,才能确定妊娠牛的全身状况能否经受住复杂的手术。

另外,还要检查阴门及尾根两旁的荐坐韧带后缘是否松软,向上提尾根时荐骨后端的活动程度如何,以便确定骨盆腔及阴门能否充分扩张。同时,还需检查乳房是否胀满,乳头中能否挤出白色初乳,从而确定妊娠是否已经足月。

(三)胎儿及产道检查

1.胎儿检查　检查胎儿的姿势、方向、位置有无反常,胎儿的死活,体格大小,进入产道的深浅,是术前检查的最重要的项目之一。

检查时,手臂及母牛外阴部均需消毒。可隔着胎膜触摸胎儿的前置部分,但在大多数情况下胎膜已破裂,术者的手可伸入胎膜内直接触诊。这样既摸得清楚,又能感觉出胎儿体表的滑润程度,越滑润操作越容易。

(1)胎儿是否反常　可以通过触诊其头、颈、胸、腹、背、臀、尾及前后腿的解剖特点及状态,判断胎位、胎向及胎势的异常。

检查时,首先要弄清楚胎儿前置部位露出的情况有无异常。如果前腿已经露出很长而不见唇部,或者唇部已经露出而看不到1条或2前腿,或者仅看见尾巴,而看不见1条或2条后腿,应先将手伸入产道仔细检查,确定胎儿异常的性质及程度,而不要把露出的部分向外拉,否则可使胎儿的反常加剧,给矫正工作带来更大的困难。

有时在产道内发现两条以上的腿,这时应仔细判断是同一胎儿的前后腿,还是双胎,或者是畸形。前、后腿可以根据腕关节和跗关节的形状及肘关节的位置不同做出鉴别。

(2)胎儿的大小　胎儿与产道相对大小可确定是否容易矫正和拉出。这从胎儿与产道间隙的大小做出判断。

(3)胎儿进入产道的深浅　如果胎儿进入产道很深,不能推回,且胎儿较小,异常不严重,可先试行拉出;若进入尚浅时,则应先矫正异常的胎势、胎位或胎向。

(4)胎儿的死活　对胎儿死活的判定,决定着手术方法的选择。如果胎儿已经死亡,在保全母牛及产道不受损伤的情况下,可对它采用任何措施。如果胎儿还活着,而应首先考虑挽救母子双方的方法,尽量避免锐利器械。实在不能兼顾时,则需考虑是挽救母牛还是保活胎儿。一般情况下,挽救的对象首先是母牛。

(5)鉴别胎儿生死的方法　正生时,可将手指塞至胎儿口内,感觉有无吸吮动作;捏拉舌头,感觉有无活动。也可用手指压迫眼球,感觉头部有无反应;或者牵拉前肢,感觉有无回缩动作。如果头部姿势异常无法摸到,可以触诊胸部或颈部动脉,感觉有无搏动。

倒生时可将手指伸入肛门,感觉是否收缩。也可触诊脐动脉是否搏动。肛门外面如有胎粪,则表示活力不强或已死亡。对反应微弱、活力不强的胎儿和濒死胎儿,必须仔细检查判定。濒死胎儿对触诊无反应,但在受到锐利器械刺激引起剧痛时,则出现活动。

检查胎儿时,发现它有任何一种活动,均代表还活着。只有胎儿一点也没有活的迹象时,才能做出死亡的判定。此外,胎毛大量脱落,皮下气肿,触诊皮肤有捻发音,胎衣、胎水的颜色污垢,并有腐败气味,说明胎儿已经死亡。脱落的胎毛很难完全从子宫中清除,往往会导致不孕。

2.产道检查　在检查胎儿的同时,也要检查产道。注意检查阴道的松软及滑润程度,子宫颈的松软及扩张程度。也要注意骨盆腔的大小及软产道有无异常等,骨盆腔变形、骨瘤、软产道畸形等均会使产道狭窄,影响胎儿的产出。

处理难产时,究竟应当采用什么手术方法助产,通过检查后应正确、及时而果断地做出决定,以免延误时机,给助产工作带来更大困难,同时也造成经济上的损失。

(四)术后检查

术后检查的目的,主要是判断子宫及软产道是否受损伤,母牛能否站立以及全身情况。必要时,检查后还可进行破伤风预防注射。

助产过程中若发觉子宫及软产道受到损伤,见有鲜血,术后一定要检查并及时处理。子宫的很多部位都可能受到损伤,但主要是子宫体靠近耻骨前缘的部分和子宫颈。

胎衣腐败容易引起伤口感染,胎衣能剥离的应剥离下来,不易剥离的可在子宫内放置抗生素胶囊防止胎衣腐败,等待自行排出。

通过以上检查,可以决定母牛的预后。

三、常见难产手术助产器械

(一)产科绳

奶牛难产助产时都要用产科绳拴住胎儿某一肢体强行拉出。产科绳一般长 2～3m,直径 0.5～0.7cm,以丝质或棉质为宜。绳的一端留有圈套,拴缚胎儿肢体的常用绳结是单滑结或双套结或单活结(图 8-1 至图 8-4)。

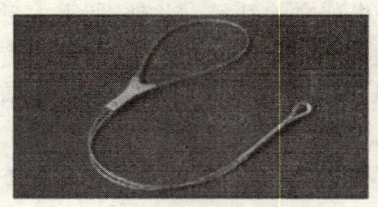

图 8-1 犊牛产科绳

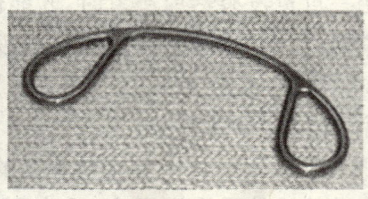

图 8-2 绳 导

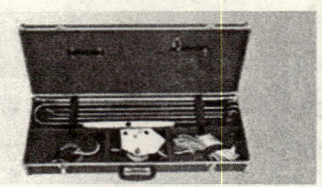

图 8-3 产科包

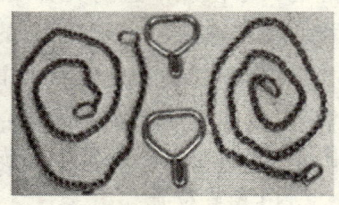

图 8-4 牵拉链

(二)产科钩

在矫正拉出胎儿时,若用手或绳不奏效,可使用产科钩。产科钩有下面几种。

1. **长柄产科钩** 又分为钝钩和锐钩(图 8-5,图 8-6),钝钩用于矫正拉出活胎儿,锐钩用于拉出死胎。使用时可钩住眼眶、下颌骨体、后鼻孔、耻骨联合或其他坚固组织。

2. **短柄产科钩** 也有钝钩与锐钩之分,其优点是可用手带入产道内,并随着手的转动任意钩住胎儿。

3. **复钩** 形似钩钳(图 8-7),拉动时钳口相对闭合,牢固地夹住胎儿肢体,操作方便,效果确实。

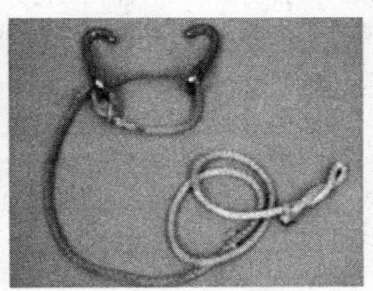

图 8-5 钝型产科钩

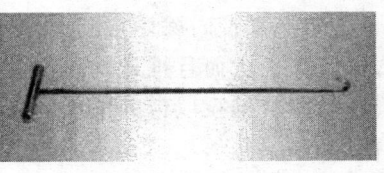

图 8-6 长柄产科钩

4. **肛门钩** 为一弧形小钩,通常用于胎儿倒生,伸入肛门钩住骨盆入口的骨质部分。

(三)隐刃刀

就是一种刀刃可以隐藏入刀鞘内的刀,常用的有直、弯两种,也有双面刃的。使用时将其带入产道,根据需要伸出适当长度刀刃,进行切割,多用于截胎术。

图 8-7 复 钩

(四)产科凿

胎儿某些骨骼、关节、韧带,单独用隐刃刀难以切断,利用产科凿敲击柄端或猛力推动易于奏效。产科凿是一种长柄凿,凿刃有平形、弧形和V形,在刃的两侧有钝的突起,起着隐藏刀刃的作用。

（五）剥皮铲

在进行截胎时,为了保护母体产道和不使骨骼断端碎片掉落子宫腔内,需将胎儿肢体皮肤分离借以保护断端,也可用来铲断四肢与躯干的连接(图8-8)。

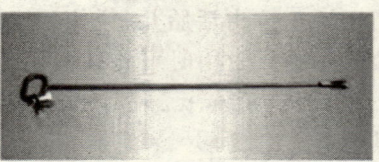

图8-8 剥皮铲

（六）产科梃

难产助产时除术者可用手推送外,还能用产科梃(图8-9)推送,不但力大而且推送的距离较远。有时还可通过梃端的左、右、前、后旋转推拉以帮助矫正胎儿。产科梃包括长柄梃、双孔梃和多能梃等几种。

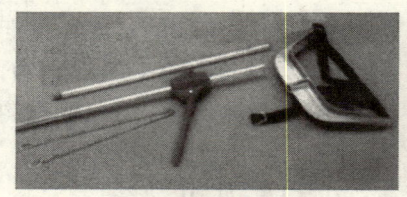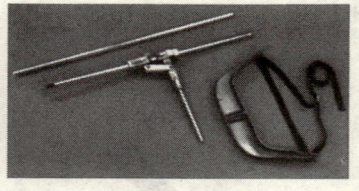

图8-9 产科梃

（七）产科线锯

线锯是截胎的良好工具,多用于严重难产时的死胎分割。线锯通常由双筒线锯管、线锯芯、线锯条及线锯柄4部分组成。

（八）胎儿绞断器

用于绞断胎儿某些部位,绞断比锯断快,任何部位均可使用。但断端不齐,骨茬锋利,取出胎体时,易损伤子宫、产道和术者手臂,故最好在关节处绞断或将骨茬包几层纱布。

绞断器由绞盘、钢管、钢绞绳、大摇把、小摇把、抬杠等部件组成(图 8-10)。

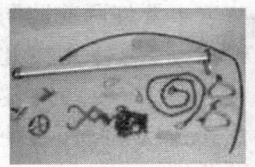  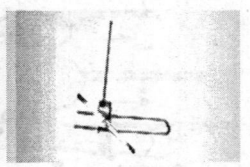

图 8-10　截胎器

胎儿绞断器是实用的截胎器械,截胎效果良好,较剖宫产术手术时间短,母牛恢复快。此外,绞断器还可用作推退、牵拉和扭转胎儿之用。

上述助产及难产手术器械,用前都要用化学药剂浸泡消毒,常用的消毒液有 0.1% 新洁尔灭溶液,浸泡 5~30mim;0.1% 洗必泰溶液,浸泡 5~10mim;3% 煤酚皂溶液,浸泡 30mim。

四、常见难产助产术

(一)胎儿过大助产术

胎儿过大,有绝对过大和相对过大之分。绝对过大,是母牛骨盆正常而胎儿体型特大,导致娩出困难。相对过大,是骨盆狭窄而胎儿正常,致使不能娩出。

胎儿过大的助产方法,是通过人工协助,强行拉出胎儿。强行拉出胎儿是具备下列条件方可施术,即子宫颈口已完全开张,非骨盆腔狭窄的娩出困难,胎儿的姿势、位置,方向确诊是正常的或矫正后仍属正常才可强行拉出。

胎儿正生时,先将两前肢分别缚以产科绳,术者手伸入产道,将拇指插入口腔,握住下颌骨体,趁母牛不努责之际,连同两前肢拉出产道。如胎儿已死,可用短柄产科钩钩住下颌骨体或后鼻孔,钩的柄环上穿以绳索,边牵拉胎儿,边扩张产道,并拉出胎儿。如上述方法牵拉胎儿仍有困难,也可先将胎头拉出,然后分别拉出前

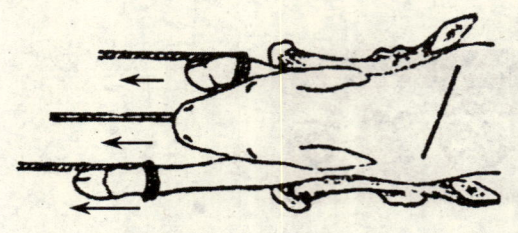

图 8-11 使胎儿肩错开拉出胎儿

肢。分别拉出前肢意味着不要将两前肢同时拉动,应使其彼此错开,从而使两肩端之间成为斜向,易使胎儿通过骨盆腔(图8-11)。在牵拉过程中,助手也可用力下压胎儿胸部,使胸围减小,以防阴门撕裂,使分娩顺利完成。

倒生时牵拉胎儿使后躯略有扭转,因母牛骨盆腔的上、下内径通常是大于骨盆腔左右的横径,扭转后的胎儿臀部易于通过骨盆腔(图 8-12)。当强行拉出胎儿无效时,应及早确定剖宫产或碎胎术。

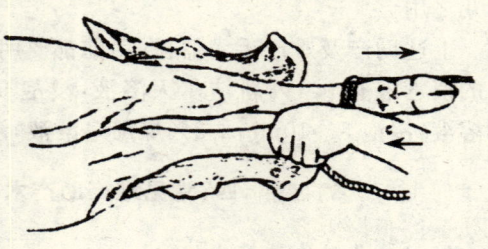

图 8-12 扭转后躯拉出胎儿

(二)胎头一侧偏斜助产术

胎头一侧偏斜,是胎儿两前肢伸入产道。头颈弯屈偏于自身肩胛或胸壁上。这种姿势加大了胸围而造成难产。根据弯屈程度有唇部向后,唇部向下,也有头颈扭转,唇部向上而额部向下。在诊断时要区别是下位难产还是头颈一侧偏斜。

胎头一侧偏斜难产,在临床上相当多见,几乎占胎儿姿势不正难产的 2/3。

本难产外观可见两蹄底朝下的前肢,而且一长一短。一般短的一侧即为头颈偏斜的一侧。如果另侧前肢越长,则说明头颈弯屈的程度也越大,难产越加复杂,助产就更加困难。

产道检查可依据颈部的项脊、额部、下颌等来触摸头颈偏向何侧与偏斜的程度。牛的颈部较短,术者手可触摸到眼眶、耳部、鼻端(图8-13),根据触摸判定向何侧弯屈,给矫正提供依据。

助产时,若母牛难产时间不长,体况较好,可令母牛以前低后高姿势站立。如母牛不站立,则行侧卧保定。将弯屈的胎头

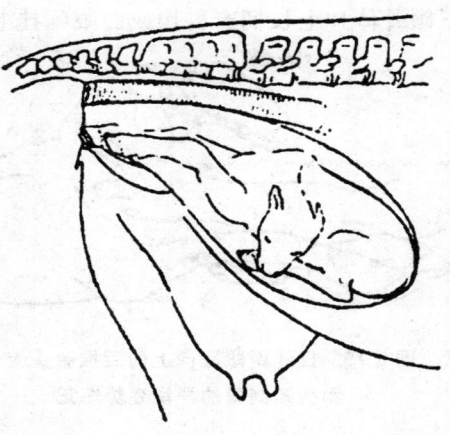

图8-13 牛胎儿头一侧偏斜(两前肢一长一短在阴道内)

位于保定的上侧,把母牛后躯垫高。这种体位是利用势能胎儿会自然地向腹腔内移动,为矫正反常姿势创造了条件。将露出阴门外的前肢或产道内的前置器官缚住,便于矫正后拉出。

对头颈弯屈程度不甚严重的胎儿,术者手伸入产道后,寻找非屈曲侧眼眶,沿眼眶下滑即可摸到胎儿鼻端。然后手心向上、手背向下即可摸到胎儿鼻端。然后手心向上、手背向下握住鼻端,在助手用产科梃推动胎儿的同时,术者臂膀依靠髂骨干作支点,用力将一侧偏斜胎头向上向对侧抬推,同时向骨盆腔内牵拉,即可将胎头矫正导入产道(图8-14)。在

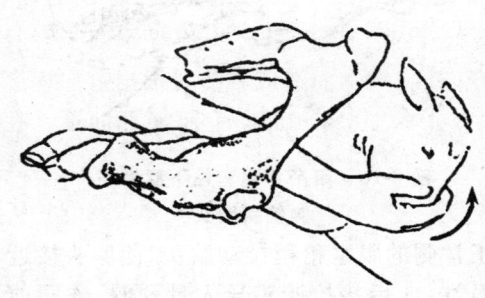

图8-14 手握鼻端向上向对侧推胎头,使胎头一侧弯曲矫正过来

下颌骨体挂上长柄产科钩或两眼眶挂上复钩强行拉出产道。

对胎头弯屈程度不大、额部楔入骨盆腔时,术者用拇指、中指捏住两眼眶,在助手向子宫腔内推送胎儿的同时,左右摇动并向上向后推抬胎头,即可将胎头矫正,最后强行拉出(图8-15)。

图8-15 捏住两眼眶向上向后推胎头使一侧头颈侧弯的异常姿势矫正

难产时间较长,由于子宫收缩将胎儿颈部嵌闭在骨盆腔入口处较紧,或因胎颈弯屈程度较大,单纯徒手矫正有困难,可用产科器械借助助手的力量进行矫正。操作时将产科绳打一单滑结,套在食指、中指、无名指上并带入产道。借手的触摸下滑到下唇,而将单滑结套住下颌并拉紧绳索。在助手牵拉产科绳的同时,术者握住鼻端向上向对侧抬头,即可将侧弯胎头矫正(图8-16)。

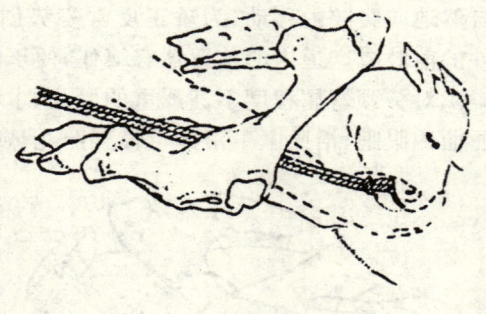

图8-16 用产科绳套住下颌矫正一侧偏斜胎头

上述矫正仍不奏效,可用短柄产科钩钩住正常侧的眼眶稍稍拉动胎头,使胎头接近骨盆入口,术者迅速握住鼻端,向后抬拉胎头导入骨盆腔,连同前肢一同把胎儿拉出产道。

亦可利用导绳器把双股产科绳围绕胎颈穿过,拉出产道后做成单滑结移近胎颈,将绳的一股由项脊移至颜面鼻梁处,抽紧绳索固牢鼻端,助手、术者互相配合即可将胎头矫正(图8-17)。不用更换器械,直接连同两前肢即可把胎儿拉出。

利用双孔桯矫正侧弯胎头虽然操作复杂,

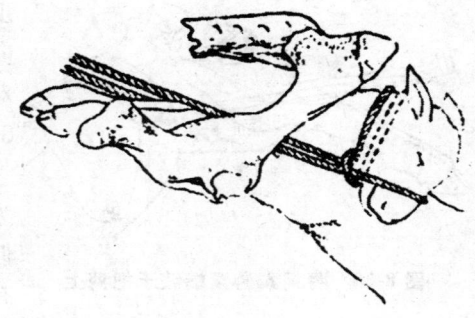

图8-17 借助产科绳直接矫正拉出胎头一侧

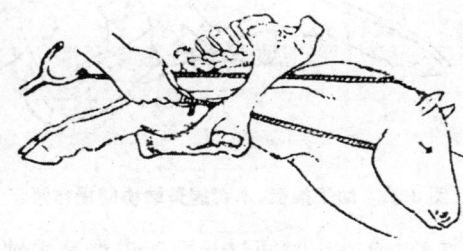

图8-18 将双孔桯上绳索穿越胎颈

但只要把绳索套住胎颈奏效很快。操作时也是利用导绳器将产科绳穿越胎颈(图8-18),拉出产道后,将绳的一端固定于双孔桯一股的桯孔上,绳的另一端穿过另一股桯孔,然后拉动绳索徐徐将双孔桯移近弯屈胎颈(图8-19)。在助手稍稍拉动后,头颈就被拉入骨盆腔入口并成横位。术者借助桯端沿下颌握住鼻端,令助手推退胎儿的同时,另一助手上下活动桯端,并间断抽动绳索,双孔桯就可移至喉部。拉紧绳索,缚住颈部头端,将绳的游离端缠在把柄

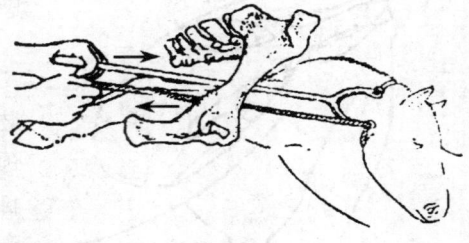

图8-19 抽紧绳索并将桯端移近一侧偏斜胎头

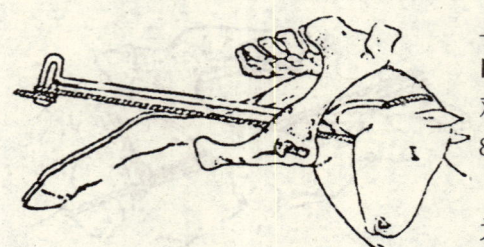

图 8-20 将绳索游离端缠于把柄上

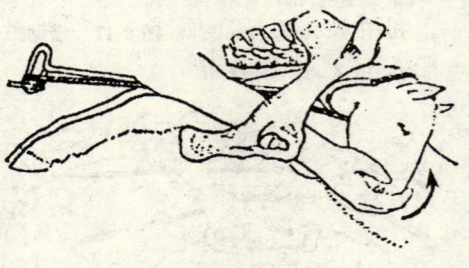

图 8-21 助手推梃,术者握鼻端协同操作矫正

上(图 8-20),术者手用力向上抬起胎头,助手拉动双孔梃而将胎头矫正(图 8-21),接着强行拉出胎儿。

上述几种矫正方法,为叙述方便而单独讲述,但在实践中要灵活运用,有些病例要用两种或两种以上方法矫正。不是先用第 1 种方法,依次应用第 2 种、第 3 种方法,而是综合各种方法进行矫正。有时不得不将 1 前肢或 2 前肢推回产道,待侧弯胎头矫正后,再拉出推回的前肢。

本难产如推退矫正不奏效,或操作时间过长而产道严重水肿,头颈弯屈扭转的程度又很大,则应及早施行碎胎术或剖腹取胎术。

(三)胎头下垂助产术

胎头下垂是胎儿两前肢或一前肢伸入产道,而头颈向下弯屈,胎儿下颌抵触自身胸前(图 8-22)。本难产的时间越长,胎儿在子宫收缩推送下,胎头向下弯屈的程度越大,故又将弯屈程

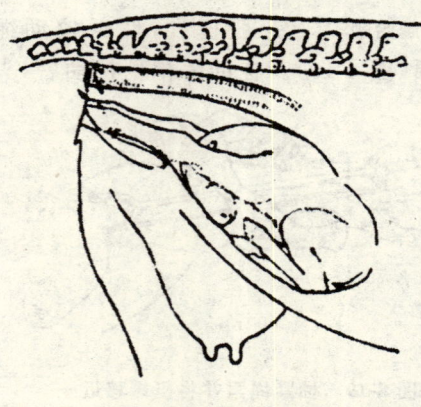

图 8-22 牛胎头下垂

度区分为额部前置、项部前置、颈部前置。

助产时,母牛保定和其他准备工作与胎头一侧偏斜难产助产术相同。额部和颈部前置时,术者手伸入产道沿胎儿颜面部下滑握住下颌,在助手将胎儿向子宫腔内推送的同时,术者用力向上抬胎头并向后拉,即可将胎头矫正并导入产道。惟术者手必须握住下颌而不能握住上颌向后拉动,否则在牵引时胎儿上下颌势必张开,下颌门齿划破子宫壁而导致子宫破裂。

徒手矫正有困难时,可利用产科梃、产科绳协助矫正。术者在胎颈基部与一侧前肢之间安放产科梃,同时将绳索带入产道。在助手用梃推送胎儿的同时,将绳套住胎儿下颌齿槽间隙,交给另一助手拉动。术者将手移至胎儿额部,向上向

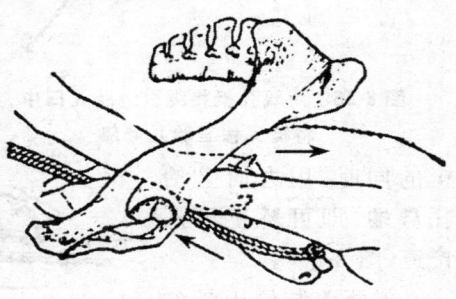

图 8-23　用产科绳套住胎儿下颌矫正胎头

后推送胎儿。这样三方配合即可将下垂胎头矫正(图 8-23)。

若母牛全身情况良好,可使母牛仰卧。这样胎儿体躯就向母牛脊背移动,使本来顶撞腹壁甚为严紧的胎儿改变体位。术者的手在产道内易于握住胎儿鼻端,用力向后向下拉压胎头,即可将胎头矫正(图 8-24)。

颈部前置,胎儿楔入骨

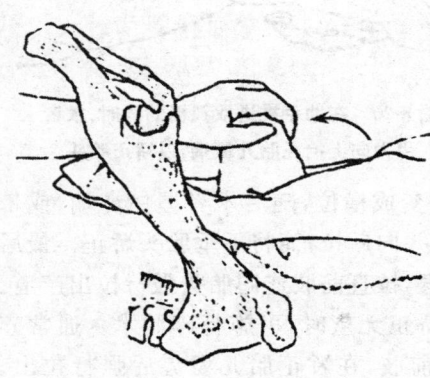

图 8-24　胎头下垂,使母牛仰卧,握住鼻端矫正胎头

盆腔较深,而且堵塞严密,用上述方法矫正较为困难,可用双孔梃矫正。首先将双孔梃两股孔眼的绳索系好,术者将绳引进产道套入胎儿口内,然后一面拉动绳索,一面将梃叉移至胎儿额部(图8-25)。绳索固定后,术者手握胎儿鼻端,在助手推送双孔

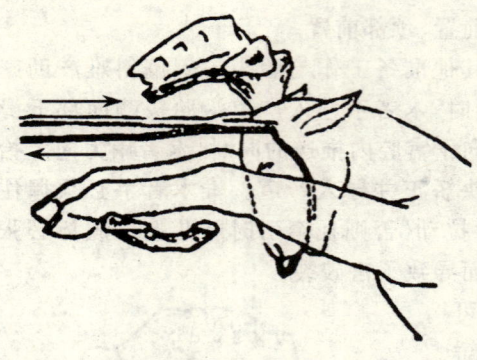

图 8-25 用双孔梃将绳引进胎儿口中,将梃叉移至胎儿额部

梃的同时,用力向上抬托鼻端,即可矫正导入产道(图8-26)。

如两前肢位于骨盆腔内,将下垂胎头置于中间而妨碍操作时,可将一肢系上绳索,向子宫内推送变成腕关节屈曲(图8-27)。因腕关节屈曲侧的空间变大,术

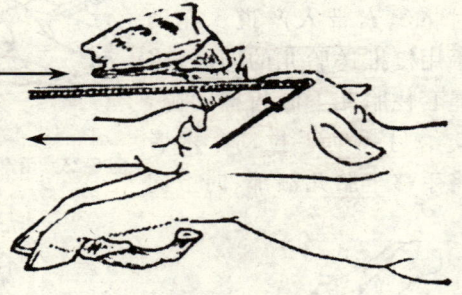

图 8-26 在助手推进双孔梃的同时,术者用力向上抬托胎儿鼻端,以矫正胎头

者将胎儿向一侧推动,使胎头变成横位,随后术者握住鼻端,或带入产科绳套住下颌,左右摇动并向后拉,而将下垂胎头矫正。最后再牵拉腕关节屈曲前肢的绳索,拉直前肢连同胎头强行拉出产道。

上述难产在徒手或器械矫正无望时,可施行碎胎术。通常碎胎是将头颈锯断或截除一侧前肢,在矫正胎儿姿势后强行拉出。如行碎胎术有困难,应迅速行剖腹取胎术。

第八章 奶牛产科病

(四)胎头后仰助产术

胎头后仰是胎儿头颈向上向后仰至自身背部,胎儿鼻梁与胎背相接。这种难产多由头颈偏向一侧而继发(图8-28)。

助产方法是将后仰的胎头变成胎头偏斜,而后按照胎头一侧偏斜的矫正法进行矫正。

如后仰胎头楔入骨盆腔不深,术者可将产科梃置

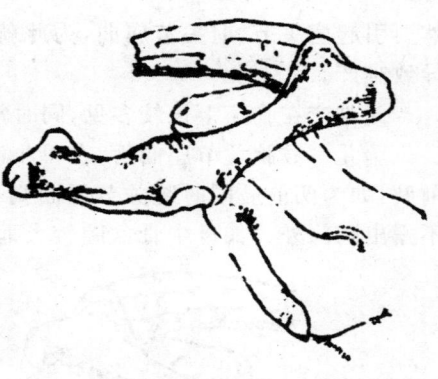

图8-27 胎头下弯,将胎儿前肢推回,再矫正胎头下弯

于胸骨前方,然后握住鼻端,在助手将胎儿推送的同时,术者向后拉头,并左右摇晃而将胎头拉直。当徒手矫正不力时,可借助产科绳套住下颌牵拉胎头。这一操作也要用手握住鼻端,否则易导致产道破裂。

如矫正无效,可考虑碎胎术或剖腹取胎术。

(五)前肢腕关节屈曲助产术

腕关节屈曲可为1前肢或2前肢同时发生。屈曲的腕关节必

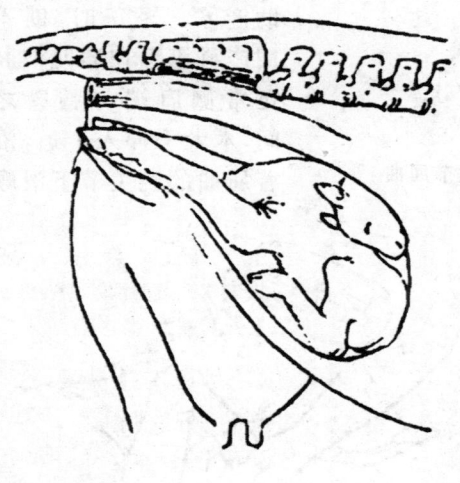

图8-28 牛胎头后仰

然要引起肩关节、肘关节屈曲,为此就增加了肩胛围的直径,因而导致难产。

此难产在临床上比较多见,同时常常伴发颈异常。

胎儿一肢腕关节屈曲后,在母牛阴门处可见一条蹄底向下的前肢;如为两前肢同时腕关节屈曲则看不见胎蹄。通常胎儿头颈不露出阴门外。如母牛骨盆腔较大而胎儿略小,屈曲的腕关节可进入产道,胎头露出阴门;反之,腕关节低于骨盆腔入口处,胎头可露出或不露出(图8-29)。

助产方法:母牛保定同胎头一侧偏斜难产助产术。矫正时,助手用产科梃顶在胎儿前肢正常侧肩端与胸壁之间,术者手伸入产道,沿着屈曲的腕关节下滑顺

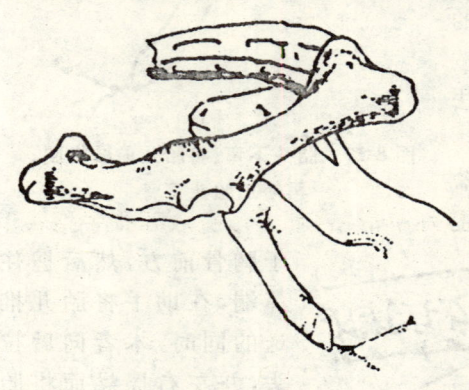

图8-29 牛胎儿腕关节屈曲

沿球节握住蹄尖。术者手心向上,手背向下,在助手推送胎儿的同时,术者用力向上向后抬拉,使反常侧的所有关节高度屈曲,并将前肢缓缓拉直,导入骨盆腔内(图8-30)。

如果腕关节屈曲较深,手触不到胎儿蹄尖,可先握掌部,先向上抬

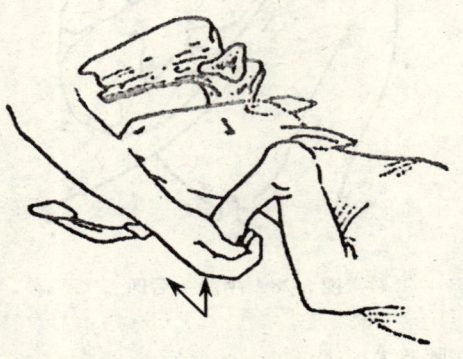

图8-30 握住蹄尖拉直前肢

举并向前推送前肢,使该前肢各个关节屈曲,手再下滑握住蹄尖,即可将前肢拉直并导入骨盆腔(图8-31)。

某些情况也可先握蹄头,然后再令助手将胎头推向子宫腔内,如此相互配合而拉直前肢。

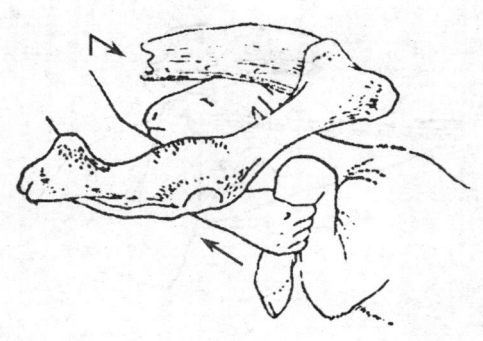

图 8-31 先握掌部再握蹄尖矫正前肢

用产科绳缚住屈曲肢的系凹部拉直前肢,效果显著。操作方法有二:一种是用产科绳打好单滑结,带入产道后开张手指将单滑结由蹄尖套入;另一种方法是利用导绳器将产科绳自胎儿掌部穿过,拉出产道后,将绳端穿入另一端绳环扣上,拉紧而将系凹部固定。最后术者握住腕关节下方,用力向上向后推送腕关节,就可拉直前肢(图8-32)。

双孔梃在矫正屈曲的腕关节也很奏效。把双孔梃股环孔上的绳索绕过腕部并抽紧,使梃

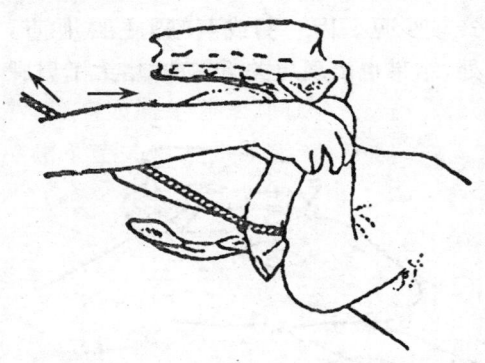

图 8-32 用产科绳缚住系凹部拉直前肢

端位于腕关节下方。在母牛坐骨弓上垫以纱布,以防推送时梃杆压迫软组织。术者手入产道保护梃端,助手向上向前推送腕关节。在推送一定距离后,术者手握蹄尖,相互协作拉直前肢(图8-33)。

胎儿体积略小,而母牛骨盆腔较大时,可将屈曲的腕关节向前

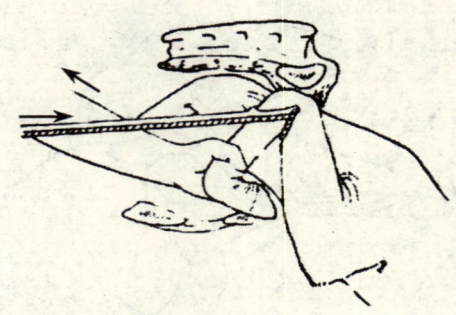

图 8-33 双孔梃推送,术者手握蹄尖矫正前肢

推送使之变成肩关节屈曲,强行拉出产道,临床证明对母牛无不良影响。

如腕关节屈曲是双侧性,在矫正一侧后再矫正另一侧。如推退矫正无效,胎儿已死,可施行碎胎术。其方法有腕关节截断术与正常前肢截除术。条件具备,行剖腹取胎更为有利。

(六)前肢肘关节屈曲助产术

胎儿肘关节屈曲的难产较少见。因一侧或两侧前肢未伸直,肘关节屈曲于骨盆腔入口处,结果也出现肩关节屈曲,增大了肩胛围而导致难产。

这种难产在外观上可表现为分娩延滞。有时在阴门处见到一前肢或两前肢稍稍露出。产道检查可发现臂骨几乎呈垂直状态,肘关节位于肩关节下方(图 8-34)。

此种难产易于矫正,只要稍将胎儿向子宫腔内推送,同时拉动

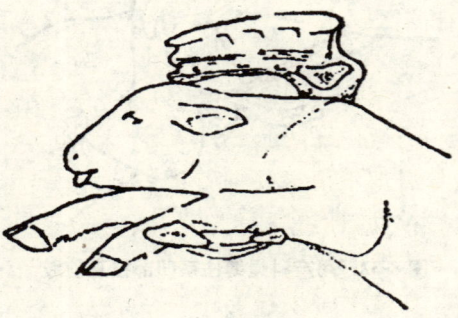

图 8-34 牛胎儿肘关节前置

屈曲的前肢,就很易将反常侧前肢拉直。如一人矫正有困难,可将产科绳缚住屈曲侧前肢的系凹部,术者在推送骨盆腔内的胎头或

肩胛时,由助手拉动产科绳,即可将肘关节屈曲的前肢拉直(图 8-35)。

(七)前肢肩关节屈曲助产术

正常分娩时,胎儿两前肢伸直,胎头置于两前肢之间的上方。如肩关节屈曲,则一前肢或两前肢向后伸入胎儿腹侧或腹下,从而导

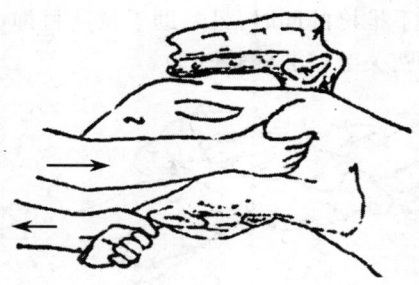

图 8-35 牛胎儿肘关节前置的矫正推肩胛,拉蹄部从而拉直前肢

致胎儿肩胛围扩大。产道检查可摸到胎头或仅一前肢,沿胎颈向前探查可摸到屈曲侧的肩端及前臂部(图 8-36)。

这种难产多因腕关节屈曲而继发。

助产方法:难产发生时间短暂,胎儿前躯楔入骨盆腔内并不甚紧密者,术者可反手伸入产道,

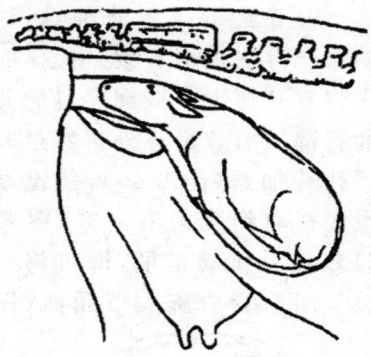

图 8-36 牛胎儿肩关节前置

沿着肩部下滑握住前臂部,用力向后拉动,即可变肩关节屈曲矫正方法把前肢拉直(图 8-37)。

如徒手一人操作不奏效时,可将产科绳缚于腕部上方,将产科梃端安放在对侧或同侧肩端与胸壁之间。术者用手护住梃端以防滑脱时戳破子宫壁。在

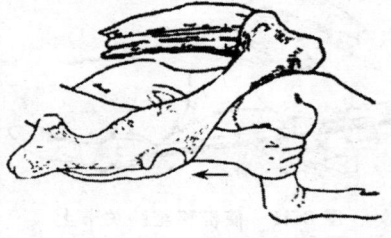

图 8-37 肩关节前置矫正方法
(手拉前臂部,使肩关节屈曲变为腕关节屈曲)

助手推梃的同时,另一助手拉产科绳(图 8-38)而将肩关节屈曲变为腕关节屈曲(图 8-39)。

图 8-38　在推梃的同时,拉动产科绳

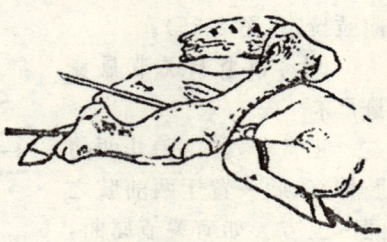

图 8-39　变肩关节前置为腕关节前置

用双孔梃矫正此种难产,如操作得法也很奏效。操作时先将双孔梃上一股绳穿过胎儿前臂部而后拉出体外再穿过股环孔并抽紧(图 8-40),使梃端慢慢移动到腕关节上方(图 8-41),然后拉动梃柄,即可将肩关节屈曲变成腕关节屈曲(图

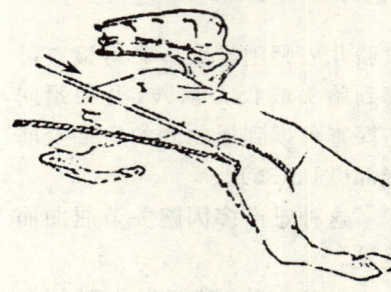

图 8-40　将产科绳抽紧

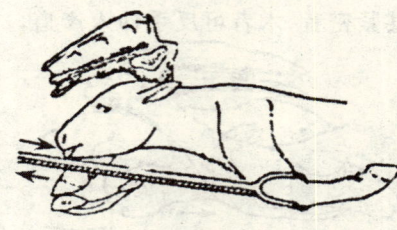

图 8-41　使梃移至腕关节上

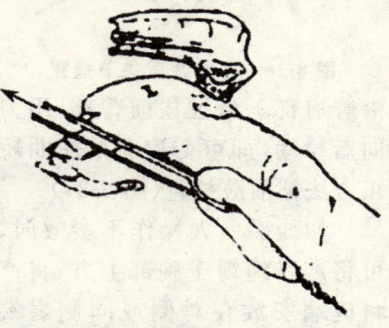

图 8-42　拉动梃柄,将肩关节屈曲变为腕关节屈曲

8-42)。最后术者手握蹄尖(图 8-43),向上向后推送腕关节,而将前肢拉直(图 8-44)。

在胎儿小而母牛骨盆腔大的情况下,可不加矫正,强行拉出肩关节屈曲的胎儿。

上述诸方法无效且胎儿已死,可行碎胎术或剖腹取胎术。

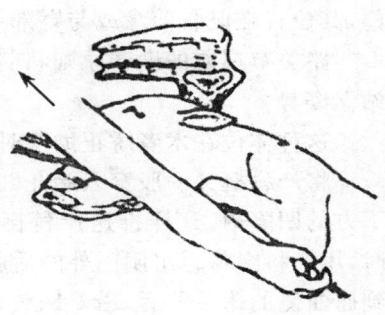

图 8-43 手握蹄尖

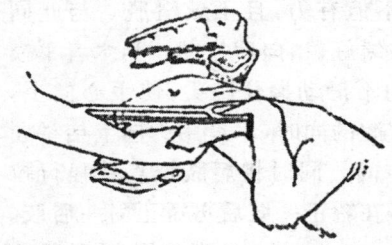

图 8-44 用双孔梃向后推动送腕关节,同时将前肢拉直

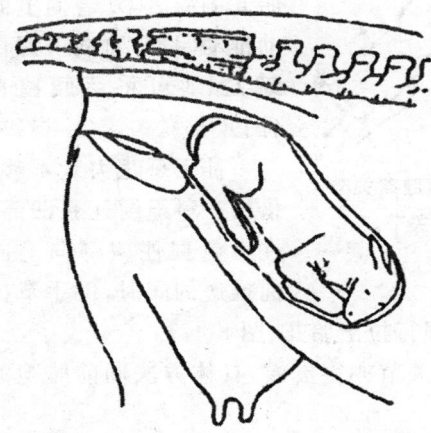

图 8-45 牛难产,牛胎儿两后肢跗关节屈曲

(八)跗关节屈曲助产术

倒生时,胎儿的正常姿势是两后肢伸直,进入产道,娩出阴门。妊娠后期的胎儿四肢在子宫腔内呈屈曲状态。分娩时,如果胎儿活力不旺盛或子宫收缩太快,在胎儿尚未变成分娩姿势,后躯已被推入骨盆腔,这就形成一后肢或两后肢跗关节屈曲(图 8-45),因而股骨、胫骨及跗骨折叠屈曲,胎儿通过骨盆部的体积增大,遂造成难产。

一侧跗关节屈曲,阴门处见到 1 蹄底朝上的后肢。产道检查可摸到屈曲的跗关节、尾部及肛门,其位置在耻骨前缘或与臀部一同楔入骨盆腔入口处。

跗关节屈曲的助产原则和前肢腕关节屈曲相似。母牛最好取站立姿势。

这种体位在术者矫正助产时方便得力。

将产科梃叉一股穿入胎儿肛门,另一股向下,顶在胎儿坐骨弓下方的凹陷内,这样推送产科梃不但有力,且不致滑脱。与此同时,用产科绳将露出阴门外的后肢缚好,稍向后拉动。当术者手摸到屈曲侧的跗关节后,沿着跖骨向下滑动握住蹄尖,使手心向上,手背向下,在助手推送胎儿入子宫腔的同时,术者用力向上抬举屈曲后肢的所有关节,以减少旋转空间。同时将后肢拉直并强行拉出胎儿。如为两后肢跗关节屈曲,在矫正一肢后再矫正另一后肢。

当胎儿臀部和屈曲后肢楔入骨盆腔深部,可先握住跗部,在助手推送胎儿的同时,术者向上向前推动跗部,再向下握住蹄尖,即可将后肢拉直(图 8-46)。

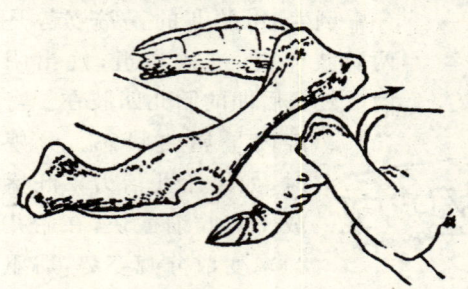

图 8-46 牛难产,牛胎儿两后肢跗关节屈曲,用手先向前推动跗关节,然后再将后肢拉直

徒手矫正力量不够,借助产科绳缚住系凹部,在术者握住跗部向上向前推送的同时,助手牵拉产科绳而将后肢拉直,最后强行拉出胎儿(图 8-47)。

用双孔梃矫正屈曲的跗关节亦很奏效,具体方法同前肢腕关节屈曲矫正法。

当胎儿楔入骨盆腔较深,且是一侧性跗关节屈曲,胎儿体积小,母牛骨盆腔宽大,可将跗关节屈曲变为髋关节屈曲,强行拉出胎儿。

当母牛强烈努责,胎儿被推送楔入骨腔很深时,推退矫正无

第八章 奶牛产科病

效,可考虑碎胎术或剖腹取胎术。

(九) 髋关节屈曲助产术

髋关节屈曲(坐生、坐骨前置),是倒生的胎儿一后肢或两后肢髋关节屈曲而其他关节均伸直,置于自身的腹下或腹侧,使臀部体积增大而导致难产。此种难产

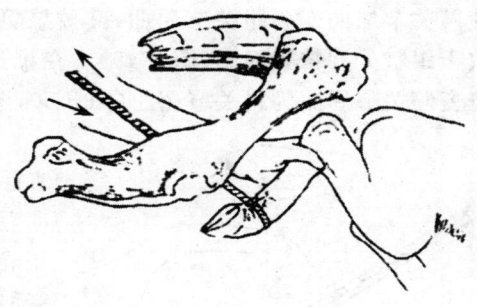

图 8-47 牛难产,牛胎儿两后肢跗关节屈曲,用产科绳协助矫正跗关节屈曲,强行拉直后肢

在牛、羊多见,往往是跗关节屈曲的继发症。

一后肢髋关节屈曲,阴门处可见一蹄底向上的后肢,在产道内能摸到尾部与肛门。两后肢髋关节屈曲,在阴门处未发现异常,但产道检查可确定髋关节屈曲难产。

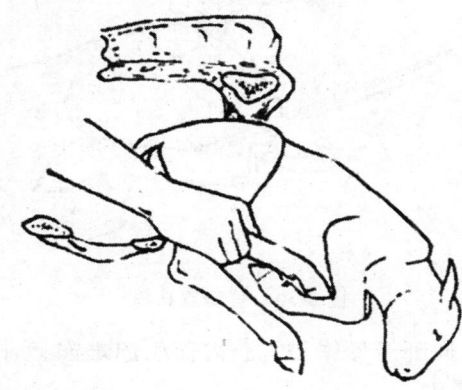

图 8-48 牛难产,髋关节前置的矫正,徒手变髋关节屈曲为跗关节屈曲

髋关节屈曲难产助产方法,与前肢肩关节屈曲助产术相似。首先将髋关节屈曲变为跗关节屈曲,然后按跗关节屈曲的矫正方法矫正之。

难产时间不长的母牛,取站立保定,在努责不十分剧烈的情况下可不麻醉。术者手入产道握住胫骨下部,在助手推送胎儿的同时,向上向后用力拉动,变髋关节屈曲为跗关节屈曲(图 8-48)。用双孔梃

使髋关节屈曲变为跗关节屈曲,其效果更好。操作时将双孔梃安放于跟腱处并拉紧绳索(图8-49)。在推送胎儿的同时,拉动双孔梃变髋关节屈曲为跗关节屈曲(图8-50,图8-51)。

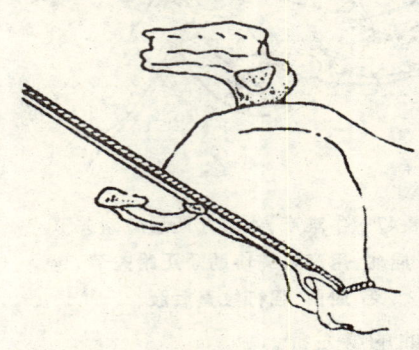

图8-49 将梃安放跟腱处,并拉绳索

因为母牛体躯过大,术者手不能触及胎儿胫骨部或向后拉动力量不足时,可利用导绳器引绳缚住胫部,将产科梃顶在坐骨弓处,令助手推梃拉绳,使之呈跗关节屈曲。

胎儿甚小母牛骨盆较大时,无论是一肢或双肢髋关节屈曲,均可在不加矫正的情况下强行拉出胎儿。如拉活的胎儿时,左右两后肢均各用一根绳子绕越腿和腹胁之间,然后在产道外将绳头拧在一起将胎儿强行拉出(图8-52)。矫正难度很大的死胎,可施行碎胎术或剖腹取胎术。

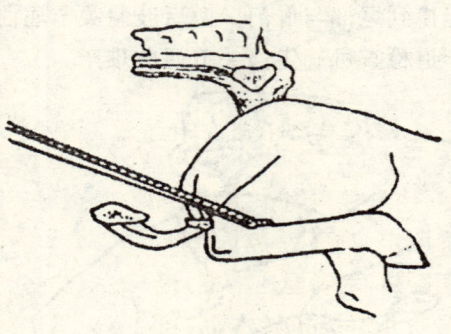

图8-50 拉动双孔梃

(十)胎儿下位助产术

胎儿下位分娩时,胎儿仰卧于母体子宫腔内而引起难产。有正生下位和倒生下位两种类型。

正生下位阴门处可见两蹄底向上的前肢,沿着前肢触摸到腕关节、唇、颈腹侧、气管与前胸等(图8-53)。

倒生下位时可见两蹄底向下的后肢,产道内可摸到跗关节、臀端与肛门等（图 8-54）。

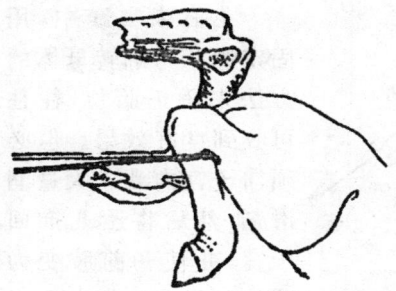

图 8-51 移动双孔梃至跗关节下方,变成跗关节屈曲

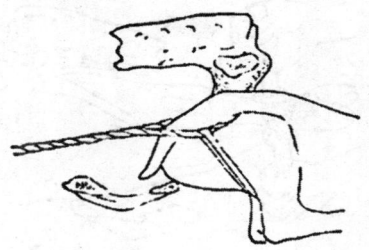

图 8-52 牛难产,髋关节前置,胎儿小、骨盆腔大可在不矫正情况下强行拉出胎儿

胎儿下位助产方法,不论哪种下位,首先须将胎儿变成上位或侧位,然后再按正生姿势不正难产或倒生姿势不正难产矫正方法矫正之。

倒生下位难产如两后肢伸出阴门外较多,可在两后肢之间,用木棍与绳作"8"字缠绕固定,向子宫腔内注入润滑剂,术者握住木棍,根据胎儿情况扭转木棍,将下位胎儿扭成上位（图 8-55）。

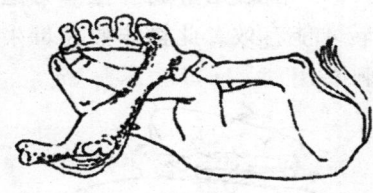

图 8-53 难产 （胎儿下位正生）

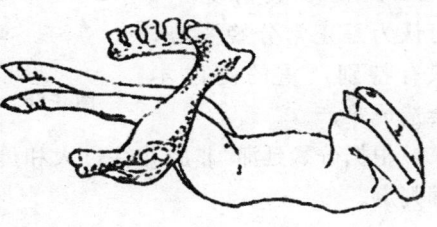

图 8-54 难产 （倒生下位）

正生下位变成上位的基本方法和倒生下位相同,惟在操作时较复杂。因为正生除两前肢外,尚有胎头需要矫正。

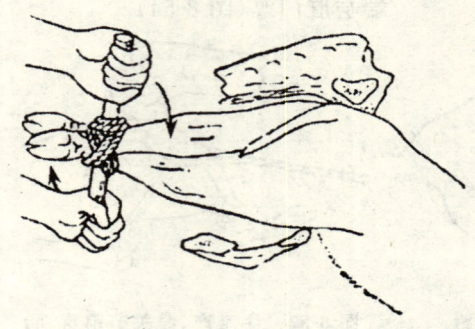

图 8-55 难产 （倒生下位难产助产，将下位胎儿扭成上位）

在临床实践中，用固定胎儿与翻转母体的方法来矫正胎位，往往可收到良好效果。但必须向子宫内灌入大量润滑剂，然后将胎儿推回子宫，并使一前肢变为腕关节屈曲。术者用力握住掌部加以固定，助手迅速翻转母体，将下位胎儿扭成上位。为达此目的，有时往往需要多次重复翻转才能有效。此操作要在母牛全身情况良好时，才能经受住翻转刺激。

（十一）胎儿侧位助产术

胎儿侧位分为正生侧位和倒生侧位两种（图8-56）。在多数情况下，可认为是正常分娩姿势，只有特别严重的侧位才会造成难产。

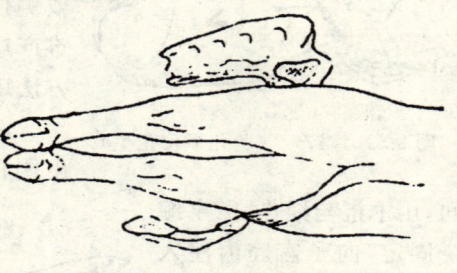

图 8-56 牛难产 （胎儿倒生，侧位）

根据分娩延滞，非胎儿性过大和母牛骨盆腔狭窄，即能做出正确判定。

助产方法：倒生侧位，胎儿两髋结节之间的距离较母牛骨盆入口的垂直直径短，胎儿的骨盆进入母牛骨盆腔并无困难，难产时稍加扭动胎儿后肢即可变为上位。但在正生上位往往因胎头妨碍，难以通过骨盆腔。矫正这种难产的关键操作是矫正胎头。通常以推退胎儿，擒住眼眶，将胎头扭正。活胎有时可用力捏其眼球，借胎儿自身反射即能矫正。死胎则需使用产科钩、产科绳协助矫正。用产科绳牵引两前肢的同时,术者手握侧位肘突,向上抬托胎儿即可矫正拉出(图 8-57)。

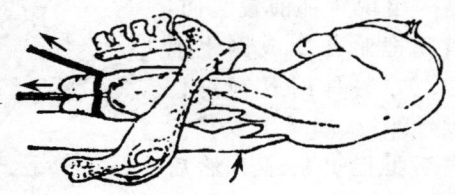

图 8-57 牛难产 （胎儿正生侧位,在牵引两前肢的同时,术者上托胎儿即可矫正侧位为正生上位）

(十二)胎儿竖向助产术

胎儿竖向是胎儿身体的纵轴与母体的纵轴呈上下垂直状态而难产,这是一种比较复杂的难产。它又分为腹部前置竖向和背部前置竖向。

在臀部向上腹部前置时,可见两后肢伸入产道,在临床观察似倒生一样,但长时间排不出胎儿。

头部向上腹部前置时,有时外观似正常分娩状。产道检查后肢各关节屈曲,胎儿呈犬坐状。

背部前置竖向,在产道入口处仅可摸到一硬固胎体,仔细分辨可触之脊背。

助产方法:胎儿竖向难产的助产原则是,首先把难产胎儿变成正生或倒生纵向,而后再变成上位。为此就要求有较大的回旋空间。在子宫剧烈收缩或难产时间较长时,矫正这种难产是相当困难的。

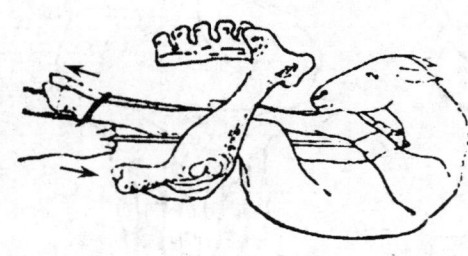

图 8-58 牛难产 （胎儿竖向助产,在推送两前肢的同时,牵引两后肢变腹部前置竖向为倒生下位）

当胎儿腹部前置竖向,可推送两前肢,同时令助手牵引两后肢变胎儿为倒生下位(图 8-58),然后再按下位矫正方法矫正之。

出现背部前置竖向，首先把胎儿变成倒生上位。方法是用复钩钩住项脊外拉，同时用双孔梃向后推胎儿后躯。然后再按髋关节屈曲矫正方法矫正。亦可把胎儿变为正生下位，再按下位矫正方法矫正竖向难产胎儿（图8-59）。

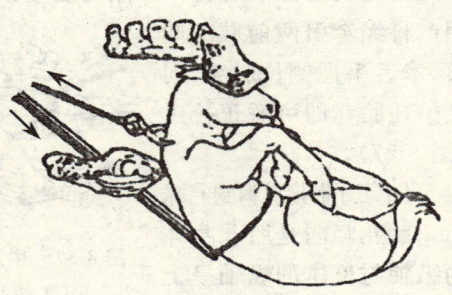

图 8-59　牛难产（竖向难产矫正助产变背部前置竖向为正生下位）

（十三）胎儿横向助产术

当胎儿身体的纵轴与母体的纵轴呈水平垂直状态即为胎儿横向难产。它又分腹部前置横向（图8-60）和背部前置横向（图8-61）。

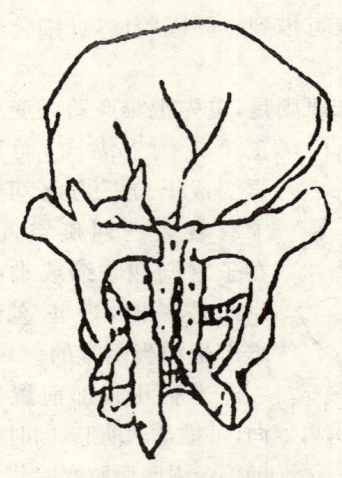

图 8-60　牛难产腹部前置横向

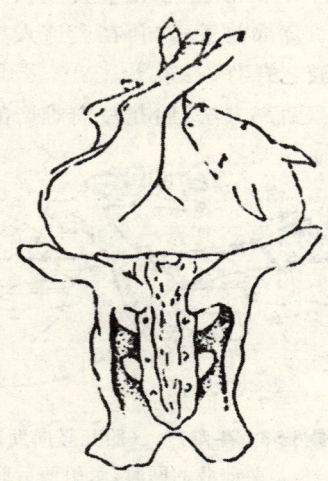

图 8-61　牛难产背部前置横向

这种难产在临床中少见。

助产方法：本难产的矫正原则和竖向难产类似，故不赘述。

五、阵缩与努责微弱

分娩时母牛子宫肌及腹肌收缩力弱、收缩次数减少和时间短，以至胎儿不能产出时，叫做阵缩及努责微弱。

【病　因】

原发性的多由于妊娠牛年老体弱、营养不良、运动不足、布鲁氏菌病以及内分泌平衡失调等所引起。此外，子宫疝、胎水过多、双胎、胎儿过大及子宫发育不全等，均可引起阵缩努责减弱。继发性的通常见于因种种因素导致胎儿未能顺利产出，子宫和腹壁的收缩起先是正常的，最后终因过多疲劳，致使阵缩和努责减弱以至完全停止。

【症状和诊断】

原发性病例，母牛分娩期满，并且有分娩前的预兆，但阵缩及努责弱而短，持久不能产出胎儿，有时分娩现象又很不明显。产道检查，子宫颈松软开张，子宫颈黏液塞已完全软化，在子宫颈前即可摸到胎儿。继发性的病例诊断没有困难，因为在此以前已经发生了正常收缩。

【助　产】

如果子宫颈已松软完全开张，应按助产的一般方法，缓缓地拉出胎儿。如欲促其自行产出胎儿，可用子宫收缩剂，如肌内注射催产素300U或麦角注射液8～10ml。必须指出麦角剂只限于子宫颈完全开张，胎势、胎向及胎位正常时使用，否则易引起子宫破裂。

当子宫收缩剂无效，子宫颈开张很小，无法拉出胎儿时，应施行剖宫产术。

六、阵缩及努责过强

阵缩及努责过强是指母牛分娩时子宫肌和腹肌收缩时间长,间隙短而力量强。

【病　因】

临产前受惊吓,气温突然下降或空腹饮用冷水;过量使用麦角类的子宫收缩药,或分娩时乙酰胆碱分泌过多及破水过早等,均可引起阵缩及努责过强。胎势、胎向和胎位不正、胎儿过大或产道狭窄时,由于阵缩及努责过强,不仅胎儿易发生窒息,甚至有时造成子宫或阴道破裂。

【症　状】

母牛努责频繁强烈,两次努责间隔时间短,也不见胎儿产出。阴道检查,可发现子宫颈松软程度不够,开张不大。

【助　产】

为了减弱和制止阵缩和努责,简单的方法是缓慢牵遛 15min 左右,或用指尖掐压其背部皮肤,可收到暂时的结果。不管母牛站立还是卧地,都要将其后躯垫高,以减轻子宫与骨盆部接触和对骨盆部压迫。阵缩和努责减弱或停止后,如果因胎儿异常或产道狭窄造成难产时,将胎儿矫正后牵引。

应用镇静剂有良好效果。可静脉注射水合氯醛硫酸镁溶液 150~250ml,也可口服白酒 800~1 000ml。

七、子宫颈狭窄

这种狭窄是产道狭窄中较常见的一种。

【病　因】

原发性子宫颈狭窄是由于胚胎时期两侧缪勒氏管发育为子宫颈的部分未完全融合,或发育不全。继发性的狭窄有以下几种可能因素:由于牛子宫颈肌肉发达,如果产前雌激素、前列腺素不足,引起的子宫颈浆液性浸润不够而未软化弛缓,就可发生子宫颈扩张不全。子宫颈瘢痕、子宫颈炎及子宫颈肿瘤均可造成子宫颈硬化而开张不全。双胎、胎水过多、子宫捻转、胎儿干尸化、双子宫颈等均可导致子宫颈开张不全。

【症状及诊断】

母牛分娩预兆、阵缩及努责都正常,但长久不见胎膜及胎儿露出和胎水流出。产道检查时,子宫颈稍开张,组织柔软,常为一度和二度狭窄。当有病理变化时,通过阴道及直肠检查,可发现子宫颈不柔软,弹性小,呈硬管状。

【助　产】

如果阵缩努责不强、胎囊未破且胎儿还活着,为使子宫颈口尽可能开大,可注射雌激素和缩宫素、葡萄糖酸钙。当胎囊和胎儿的一部分进入子宫颈管时,应向子宫颈管涂以润滑剂,再慢慢牵引胎儿。机械性扩张子宫颈有时可见效,戴上长臂橡胶手套并涂油,逐次用1～2个手指至全部手指扩大子宫颈。当子宫颈扩张到一定程度时,可缓慢地用产科绳强行拉出胎儿。

八、阴门阴道狭窄

阴门阴道狭窄是指在分娩中因产程、疾病等原因,引起软产道滑润及弹性不足,影响了胎儿的产出。

【病　因】

饲养不良和配种过早导致分娩时阴道发育不充分,弹性小,不能充分扩张。分娩过程延滞,或助产粗暴、时间过长,造成阴道壁水肿,也是阴道狭窄的原因。妊娠奶牛过肥,阴道周围脂肪过多,或脂肪坏死,引起阴道扩张困难。此外,阴门及阴道狭窄还可由于瘢痕收缩及肿瘤引起。

【症状及诊断】

1. 阴门狭窄　分娩时阴门扩张不大,在强烈努责时胎儿唇部和蹄尖出现在阴门处而不能通过,外阴部被顶出。努责间歇时,外阴部又恢复原状。由于努责过强,会引起会阴撕裂。

2. 阴道狭窄 阵缩及努责正常,但胎儿久不露出产道。阴道检查时可发现狭窄的部位及其原因,并在其前部可摸到胎儿。

【助 产】

首先向阴门黏膜上涂布或向阴道内灌注滑润油或肥皂水,然后应用产科绳缓慢牵拉头及前肢。此时助产者尽量用手扩张阴门,或在胎儿与阴道之间,用手指尽可能地扩张阴道。

九、骨盆狭窄

母牛的软产道、产力及胎儿均正常,只因骨盆大小和形态异常,而妨碍胎儿产出,统称骨盆狭窄。

【病 因】

一是骨盆先天性发育不全或发生畸形;二是配种过早,分娩时骨盆尚未发育完全;三是由于骨折或骨裂引起骨膜增生,骨盆变形或生有骨赘所造成的。

【症状及诊断】

阵缩及努责正常、但不见胎儿排出。检查产道时,胎儿不太大,而骨盆腔感到狭小,或者骨盆变形及有骨赘突出于骨盆腔。

【助 产】

一般骨盆狭小的病例,应按照胎儿过大的助产方法,试行拉出胎儿,骨盆变形或形成骨赘所造成的狭窄,拉出胎儿有困难时,应行剖宫产术。

十、子宫捻转

子宫捻转是指整个子宫、一侧子宫角或子宫角的一部分围绕自己的纵轴发生的扭转。90%的牛在临产时发生,捻转程度多为180°~270°,捻转处多为子宫颈及其前后,多涉及阴道,且向右比向左捻转的多。

【病　因】

1. 生殖器官解剖特点造成的　奶牛妊娠子宫小弯背侧由子宫阔韧带附着,固定住了孕角的后端,而大弯则游离于腹腔,位于腹底壁,依靠瘤胃及其他内脏和腹壁支撑,这样的解剖结构加上牛的特殊起卧方式,卧地时首先前肢先跪下,站立时后躯先起,以至妊娠牛在急剧起卧时一旦滑倒或跌跤,游离在腹腔内的妊娠子宫由于惯性作用,子宫就向一侧(左或右)扭转(图 8-62)。

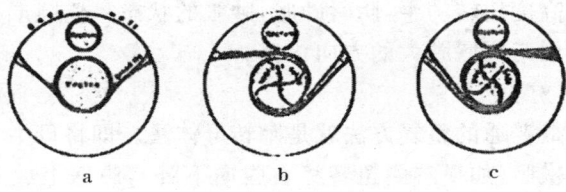

图 8-62　牛子宫正常和异常方向
a. 子宫正常位置　b. 子宫右捻转　c. 子宫左捻转

2. 妊娠子宫张力不足造成的　子宫壁松弛,非妊娠子宫角体积小,子宫系膜松弛,胎水量不足易发生子宫扭转。

【症　状】

产前发生的扭转,如果不超过 90°,母牛没有明显的特殊症状。超过 180°,妊娠牛有明显的不安摇尾,阵发性腹痛,前蹄刨地,回顾腹部,后肢踢腹,出汗,食欲减退或废绝。病牛拱腰、努责,但阴门不露胎儿和胎膜,往往误诊为消化道疾病或其他疾病。

在临产前或分娩时发生子宫扭转,病牛出现正常的分娩预兆,表现烦躁不安,频频摇动尾巴,有踏步踢腹动作,食欲废绝,出现阵缩或努责,但看不到胎膜、胎水和胎儿排出。腹痛和不安现象比正常分娩时要严重。

直肠检查。手伸入直肠深处,觉得不是直通而有转向一侧的感觉,可摸到子宫皱襞,扭转一侧的子宫阔韧带紧张,而另一侧的子宫阔韧带松弛,阴道呈螺旋形皱褶,使子宫拉紧,直肠检查偶尔能触到子宫体,胎儿都为纵向侧位或下位。

阴道检查:如果将消毒手臂伸入阴道后,当子宫颈前捻转的程度较轻的时候,无论怎样,手都能到达子宫外口。但如果程度严重后,前方就会变得狭窄,手伸不进去,沿扭转的方向触摸阴道壁呈螺旋状的褶。当发生子宫颈后捻转时,无论是在产前还是临产时发生,都表现为阴道壁紧张,阴道腔越向前越狭窄。

子宫高度扭转的牛,阴唇肿胀,肿胀的状态呈椭圆形。就是说扭转的方向与阴唇肿大的方向相反。

【治 疗】

此病最普通的整复方法就是翻转母体法。即将母牛于子宫扭转的同侧横卧(如果右侧扭转将右腹向下卧),腹壁上放上长3m、宽20cm的木板,一端着地,术者站立于着地的一端,将前肢和后肢分别用绳子绑住,将绳头留下约90cm,每边大约用3人的力量向与扭转的相同方向迅速拉绳子使牛回转(图8-63)。反复回转2~3次后,将消毒的手伸入产道检查一下是否解除了扭转。这种方法凡是在270°以下的扭转而且胎儿活着的情况下,大部分是成功的。进行这种方法最好在稍微倾斜的草地上进行。

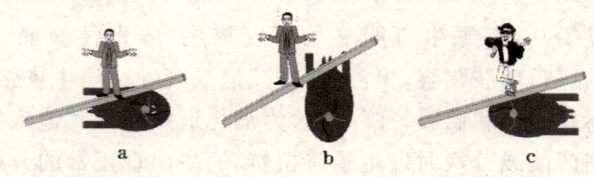

图 8-63 牛子宫捻转翻转矫正法
a.牛子宫右捻转时,右侧卧 b,c 向对侧翻转

当捻转的程度较轻,子宫颈口开张的时候,让母牛站立,在腹下横上厚板子向上抬子宫,从阴道或直肠内抓住胎儿的一部分来

回摇动子宫,一口气向扭转的相反方向回转也能整复。

当用任何助产方法都无济于事,并且胎儿已死了很长时间的时候,应通过剖宫产手术将胎儿取出。

十一、产道损伤

产道损伤包括子宫颈、阴道及阴门的损伤。

【病　因】

子宫颈的损伤主要是由于子宫颈开张不全,宫颈形成瘢痕组织或胎儿过大,胎势不正时未矫正完全即强行拉出引起的肌肉撕裂。此外,在宫颈充分软化扩张之前,过早地强行拉出胎儿,可造成人为的宫颈撕裂。阴道及阴门的损伤与使用产科器械不慎有关。拉出胎儿时对阴门保护不好或胎儿过大,产道干涩时亦可引起阴门撕裂。

【治　疗】

对子宫颈的损伤,如果继续出血,可用一端有细绳的浸有消毒药液的大块纱布填塞压迫血管,并同时肌内注射止血药物。阴门撕裂缝合后按外科方法处理。

第四节　产后期疾病

一、胎衣不下

胎衣不下又称胎膜滞留。是指母牛分娩后,经过 12h 仍不排出胎衣,即为胎衣不下(图 8-64)。但胎衣排出的最后期限也受季节影响,夏季奶牛产后 8h 仍未排出即可算异常,冬季超过 12h 胎衣也可能尚未在子宫内腐烂。

饲养管理不当、有生殖道疾病的舍饲奶牛多见。有的地区奶牛胎衣不下约占健康分娩牛的 8.2%,有些奶牛场甚至高达

图 8-64 牛胎衣不下 （阴门外悬吊一部分胎衣，其上有大小不等的胎儿子叶）

25%～40%，在个别奶牛场，每头牛平均 4.5 胎即被淘汰，其中多数就是由于胎衣不下引起子宫内膜炎而导致不孕者。因此，本病给牛的繁殖，尤其是奶牛业，带来极大的经济损失。

【病　因】

引起胎衣不下的原因很多，主要和产后子宫收缩无力、胎盘未成熟或老化、充血、水肿、发炎、胎盘结构有关。

1. **产后子宫收缩无力**　妊娠期间饲料单纯，缺乏钙、硒以及维生素 A 和维生素 E，消瘦、过肥、老龄、运动不足和干奶期过短等都可导致子宫弛缓；产双胎，胎儿过大及胎水过多，使子宫过度扩张；难产、流产、早产、生产瘫痪、子宫捻转会造成子宫收缩力不够。

2. **胎盘炎症**　妊娠期间胎盘受到来自机体某部病灶如乳房炎、蹄叶炎、腹膜炎和腹泻细菌的感染，从而发生胎盘炎，使母体胎盘和胎儿胎盘发生粘连，导致胎衣不下。

3. **胎盘未成熟或老化**　胎盘平均在妊娠期满前 2～5 天成熟，成熟后胎盘结缔组织胶原化，子宫腺窝的上皮层变平，组织变松，有利于胎盘分离。早产易出现胎盘未成熟现象。胎盘老化时，母体胎盘结缔组织增生，胎盘重量增加，母体

图 8-65 胎衣不下 （在阴门外仅悬吊少量胎衣，大部分胎衣离断）

第八章 奶牛产科病

肉阜表层组织增厚,使子叶绒毛嵌闭在腺窝中,不易分离。内分泌功能减弱易发生胎盘老化。

【症　状】

胎衣不下分为部分不下及全部不下。部分胎衣不下(图8-65),即胎衣的大部分已经排出,只有一部分残留在子宫内。一般不易察觉,有时发现病牛拱背、举尾和努责现象。全部胎衣不下即全部胎衣停滞在子宫和阴道内,仅少量胎膜悬吊于阴门外,其上有脐带血管断端和大小不同的子叶。

病牛发生胎衣不下时,初期一般没有全身症状,经1~2天后,停滞的胎衣开始腐败分解,从阴道内排出污红色混有胎衣碎片的恶臭液体,腐败分解产物若被子宫吸收,可出现败血型子宫炎和毒血症,病牛表现体温升高、精神沉郁、食欲减退、瘤胃弛缓、腹泻、泌乳减少等。

【治　疗】

胎衣不下的治疗方法很多,概括起来可分为药物疗法和手术剥离两类。

1. 药物疗法　促进子宫收缩,加速胎衣排出。先肌内注射苯甲酸雌二醇20mg,1h后皮下或肌内注射催产素50~100U。最好在产后8~12h注射,如超过24~48h,则效果不佳。也可注射麦角新碱1~2mg。

子宫内投放抗菌药。向子宫内投放四环素族、土霉素、磺胺类药物或其他抗生素,防止胎衣腐败。每次投药1~2g,隔日投药1次,共1~3次。

促进胎衣分离。在胎衣尚未腐烂前,向胎儿胎盘和母体胎盘之间注入10%高渗盐水500ml。

出现全身症状的应肌内注射抗生素。

2. 手术剥离　一般不赞成此方法。非要剥离时,先用0.1%高锰酸钾溶液或0.1%新洁尔灭溶液洗净外阴。后用左手握住外露的胎衣,右手顺阴道伸入子宫,寻找子宫叶。由近及远螺旋前进,并且先剥完一个子宫角,再剥另一个。先用拇指找出胎儿胎盘的边缘,然后将食指或拇指伸入胎儿胎盘与母体胎盘之间,把它们分开,至胎儿胎盘被分离一半时,用拇、食、中指握住胎衣,轻轻一拉,即可完整地剥离下来。如粘连较紧,必须慢慢剥离。越靠近子宫角尖端,越不易剥离,尤须细心,力求完整取出胎衣(图 8-66)。

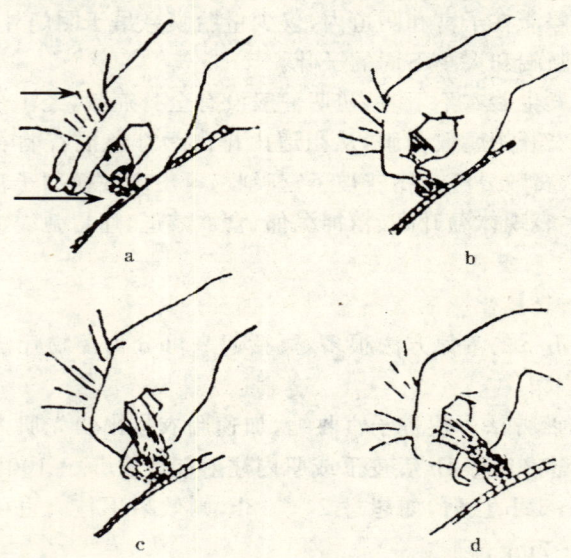

图 8-66　牛胎衣不下手术剥离
a. 中指与食指夹住胎儿胎盘,拇指在母体胎盘上剥离胎儿胎盘
b. 用拇指端分离　c,d. 当分离出 1/2 后,缓慢向外牵引使之完全剥离

【预　防】

给妊娠母牛饲喂含矿物质和维生素丰富的饲料(如胡萝卜)。舍饲奶牛产前需要一定的运动时间和干奶期。产前 1 周要减少精料,做好产房卫生消毒工作。当分娩胎囊破裂时,可接取羊水 300~500ml,在分娩后立即灌服,或让母牛舔干牛犊身上的胎水,

可促使子宫收缩,加快胎衣排出。分娩后立即注射催产素或钙制剂,避免给母牛饮冷水。

二、子宫内翻或脱出

子宫角前端翻入子宫腔或阴道内,称为子宫内翻;子宫全部翻出于阴门之外,称为子宫脱出。

【病　因】

1. 子宫弛缓　多因妊娠期饲养管理不当,饲料单一,质量差,缺乏运动,年老和经产,胎儿过大,母牛瘦弱无力等因素造成,从而致使会阴部组织松弛,无力固定子宫。

2. 腹压过大　分娩时腹肌强烈努责,生产瘫痪时间较长,瘤胃臌胀、瘤胃积食、便秘、腹泻等也能诱发本病。

3. 子宫腔出现负压　助产不当、产道干燥而强力拉出胎儿,胎衣不下时在露出的胎衣断端系以重物及胎儿脐带粗短等亦可引起。

【症　状】

子宫内翻时,母牛仅有不安、努责和类似疝痛症状,通过阴道或直肠检查才可发现。子宫全部脱出时,子宫角、子宫体及子宫颈部外翻于阴门外(图 8-67),且可下垂到跗关节。脱出的子宫黏膜上往往附有部分胎衣和子叶。子宫黏膜初为红色,以后子宫淤血、水肿,呈黑红色肉冻状,表面发生干裂,有血水渗出;寒冷季节常因冻伤而发生坏死;子宫脱出继发腹膜炎、败血症等,患牛才表现出全身症状。

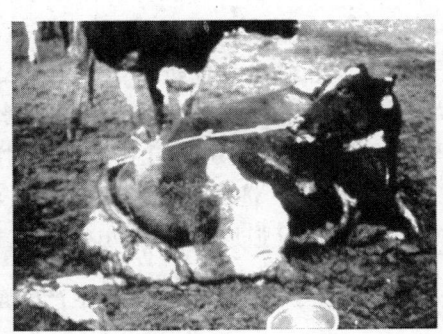

图 8-67　奶牛子宫脱出

【治 疗】

子宫全部脱出,必须及早进行整复,以防造成恶果。

1. 保定　病牛不管是站立保定还是卧着保定都要求前低后高,以减小推回阻力。

2. 清洗　用温的0.1%高锰酸钾溶液冲洗脱出子宫的表面及其周围的污物,除去其上黏附的胎衣、污物以及坏死组织,再用3%~5%温明矾水冲洗,并注意止血。如果脱出部分水肿明显,可用消毒针头乱刺黏膜挤压排液,黏膜上的小创伤可涂以抑菌防腐药,大的创伤则要进行缝合。

3. 麻醉　用2%普鲁卡因注射液8~10ml在荐尾间硬膜外麻醉注射。

4. 整复　由两助手用布将子宫兜起提高,使它与阴门等高,从靠近阴门的部分开始,趁患牛不努责时用手掌将脱出的子宫托送入阴道,直至子宫恢复正常位置,再插入一手至阴道并在里面停留片刻,以防努责时再脱。为保证子宫全部复位,可向子宫内灌注9~10L温水,然后导出。注意防止灌注的水过量逆行进入腹腔。同时,为防止感染和促进子宫收缩,可向子宫内投放抗生素或磺胺类药物,随后注射垂体后叶素或缩宫素60~100U。最后在阴门外固定栅状阴门夹或在阴门上2/3处用粗号线结节缝合阴唇,下1/3处留着排尿。整复后,为防止复发,注意不要让病牛趴卧,或强烈努责,术后应强迫病牛运动。

三、生产瘫痪

奶牛生产瘫痪亦称乳热症或低钙血症,是母牛分娩前、后突然发生的一种严重代谢疾病。5~9岁的3~6胎的高产奶牛最常发生,初产母牛则几乎不发生此病。多在产后12~48h突然发生,亦有在妊娠末期或分娩过程中,或产后数天发生者,但较少见。其特征是低血钙、全身肌肉无力、知觉丧失及四肢瘫痪(图8-68)。

本病多为散发,但复发率较高。对瘫痪母牛,即使在治疗顺利的情况下,病愈后产奶量平均下降10%;若同时伴发胎衣不下、乳房炎和酮病,损失更大。

图 8-68　牛生产瘫痪的典型卧姿

【病因及发病机制】

①分娩前、后大量血钙进入初乳且动用骨钙的能力降低,是引起血钙浓度急剧下降的主要原因。干奶期间母牛甲状旁腺功能降低,甲状旁腺激素分泌减少,动用骨钙的能力降低。妊娠末期不变更饲料配合,特别是饲喂高钙日粮的母牛,血钙浓度增高,刺激甲状腺分泌大量降钙素,同时也使甲状旁腺的功能受到抑制,导致动用骨钙的能力进一步降低。饲料中缺碘可造成甲状腺肿大,从而影响甲状腺素、降钙素和甲状旁腺素的分泌,使甲状腺调节功能失调,从而影响钙、磷的吸收及排出。

②妊娠末期胎儿迅速增大,胎水增多,妊娠子宫压迫胃肠,降低消化功能,从而使肠道吸收的钙量显著减少。分娩时雌激素分泌增加,也对消化和食欲产生影响,可减少肠道对钙的吸收,抑制骨骼中钙的动员。

③在分娩过程中大脑皮质过度兴奋,其后转为抑制状态。分娩后腹压突然下降,腹腔脏器被动充血,同时大量血液进入乳房,引起暂时性脑部贫血,因此使大脑皮质抑制程度加深。另外,妊娠后期胎儿发育迅速,消耗大量血钙和母体骨钙,从而使母体贮藏钙大为减少。

④日粮中离子平衡失调。日粮中钠、钾等阳离子饲料含量过高而阴离子(Cl^-,S^{2-})低,影响母牛骨骼中钙的正常调用,从而使

母体血钙水平降低。饲喂高阴离子饲料的奶牛比饲喂高阳离子饲料时骨组织脱钙能力强。饲料中蛋白过高时,其分解的氨基酸可以产生氨,使瘤胃内 pH 值升高,瘤胃内环境发生改变,B 族维生素的合成及瘤胃的消化代谢功能紊乱,过多的氨吸收后可直接抑制大脑的功能,并影响血液的酸碱平衡。

⑤遗传因素。生产瘫痪是一种能复发和能遗传的疾病。遗传力显著性估计为 0.04~0.2。

此外,光照不足、运动不足、前胃疾病、生殖器官疾病、脂肪肝、乳房炎等因素都可间接引起奶牛卧地不起。

【症　状】

1. 典型症状　初期通常是食欲减退或废绝,不反刍,排粪、排尿停止,泌乳量迅速降低,精神沉郁,表现轻度不安,对刺激敏感。继而出现共济失调,不愿走动,后肢交替踏脚,后躯摇摆,站立不稳,四肢肌肉震颤。如果不及时治疗很快转入抑制状态,呈典型卧姿,病牛以一种特殊的姿势卧地,即伏卧,四肢屈于躯干以下,头向后弯到胸部一侧,用手将头颈拉直,但一松手,又重新弯向胸部。时间一长,出现瘤胃臌胀。不久出现意识抑制和知觉丧失的特征症状。病牛昏睡,眼睑反射减弱或消失,瞳孔散大,对光线照射无反应。皮肤对疼痛刺激无反应。肛门松弛,反射消失。个别的发生喉头及舌麻痹,舌伸出口外不能缩回。呼吸变慢,体温下降,心跳加快,末梢冰冷,乃至昏迷,死亡时毫无动静。少数病例死前有痉挛性挣扎。整个病程在 12~48h 内。

2. 轻型症状　其症状除不发生瘫痪外,主要特征是头颈呈"S"状弯曲,精神沉郁而不昏迷,反射减弱而不消失,能站立却站不稳,体温下降却不低于 37℃,一般轻型症状占多数。

【治　疗】

静脉注射钙剂和乳房送风是治疗本病最有效的常用方法,同时可采用补糖和对症治疗。治疗越早,效果越好。

第八章 奶牛产科病

1. **补钙疗法** 按含钙量 2.2g/100kg 体重直接补钙，最佳钙剂为 20%～25% 硼葡萄糖酸钙（即葡萄糖酸钙中加 4% 硼酸，以提高其稳定性），可 1 次缓慢静注 500ml，6～12h 后重复注射，最多 3 次。也可以用 10% 葡萄糖酸钙 1 000ml 加 5% 糖盐水 2 000ml 一次性静脉点滴注射。还可用 10% 氯化钙注射液 100～200ml 静脉注射或缓慢推注，但不可漏出血管。

2. **同时补磷、镁和糖** 如 20% 磷酸二氢钠注射液 200ml 或 30% 次磷酸钙注射液 1 000ml，25% 硫酸镁注射液 50～100ml，25% 葡萄糖注射液 1 000ml，5% 糖盐水 1 500ml，0.5% 氢化可的松注射液 10ml×10 支，10% 氯化钾注射液 10ml×5 支，10% 氯化钠注射液 500ml×1 瓶，10% 安钠咖注射液 10ml×4 支，混合后 1 次静注。注意磷酸化合物不要与上述钙制剂混合注射，否则引起沉淀。

3. **士的宁糖钙疗法** 50% 葡萄糖注射液 200ml，5% 葡萄糖注射液 1 000ml，20% 安钠咖注射液 20ml，10% 葡萄糖酸钙注射液 400ml，混合 1 次静脉注射。硝酸士的宁 5ml（2mg/ml）作荐尾硬膜外腔注射。该法可以缩短疗程，提高效果。

4. **乳房送风疗法** 这是一种传统疗法，却简便有效，特别适用于对钙疗法反应不佳或复发的病例。具体做法是：用乳房送风器（图 8-69）连接乳导管，将滤过空气经消毒好的乳导管分别注入 4 个乳区，使乳房膨胀（要求皮肤紧张，界限清晰，轻敲有鼓响，气少无效，气多易胀破，注气后结扎阻止逸气），迫使乳房血回流，提高血钙、血磷及血容量和血压，同时刺激大脑皮质，消除脑缺血缺氧，解除抑制。通常经 30min 后，病牛均能苏醒站立，全身状况好转，如未见好转，经 6～8h 后再重复 1 次。

5. **促肾上腺皮质激素疗法** 肌内或静脉注射促皮质（ACTH）200～400U，每 8h 注射 1 次，效果良好。

采用上述疗法的同时，也可采用适当的对症疗法。患此病时，

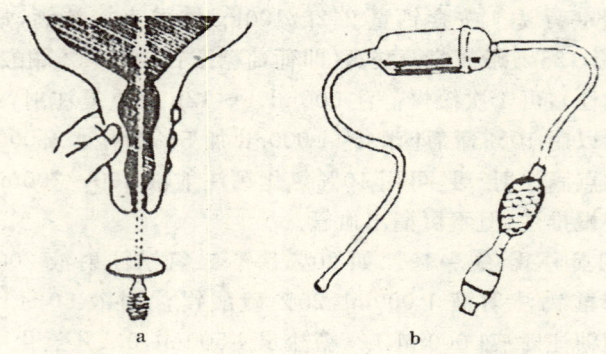

图 8-69 乳房送风器及其装置
a. 将乳导管插入乳头管内　b. 乳房送风器

禁止经口投服药物,因为稍有不慎,即可引起异物性肺炎。治疗期间,注意翻转瘫痪母牛,以防肌肉和神经因压迫受损。

【预　防】

1. 干奶期注重营养平衡,加强饲养管理

第一,增加谷物料,减少饼类和豆科蛋白质料,增加粗饲料(优质干草、苜蓿)的喂量。为防止母牛产后能量贮备不足或过肥,干奶期能量水平不应过低或过高,对于营养良好的母牛,可以从产前2周开始减少蛋白质饲料。

第二,产前2周饲喂低钙高磷饲料,使摄入的钙、磷比例保持在1.5～1∶1之间为宜,限制每日钙的摄入量在100mg以内,激活甲状旁腺功能。

第三,增加饲料中阴离子含量。增加氯和硫等阴离子的含量有助于预防低血钙症,提高阳离子钠和钾的含量可诱发低血钙症。

第四,根据地域的含碘量高低,在含碘量低的地区饲料中添加适量的碘,可以有效预防生产瘫痪。

第五,产前4周至产后1周,每天添饲氯化镁30g,可以防止血钙降低时出现的抽搐症状,对低血镁症有较好的预防效果。

第六,干奶期补充充足的维生素和微量元素,使饲料配方合理。

第七,加强饲养管理,保持牛舍清洁卫生和空气流通,舍饲牛经常晒太阳,以利于维生素 D_3 的合成和促进饲料中钙的吸收,适当增加妊娠母牛的运动量。

第八,母牛分娩后 3 天内,不要把初乳挤得太干净,一般只挤 1/3~1/2,以维持乳房内有一定的压力和防止钙损失过多。

2. 药物预防　①产前 3~5 天至分娩后 3 天内,静脉注射 20%葡萄糖酸钙注射液和 25%葡萄糖注射液各 500ml,每天 1 次。减少挤奶,以喂犊为限。②产前 3 天肌内注射维生素 D_3,每次 150 万~200 万 U,每天 1 次。

四、产后败血症和脓毒血症

奶牛产后败血症和脓毒血症是由局部炎症感染扩散而继发的严重全身性感染性疾病。败血症的特点是细菌进入血液并产生毒素;脓毒血症的特点是静脉中有血栓形成,血栓受到感染后,化脓软化,并随血流进入其他器官和组织中,发生转移性脓性病灶或脓肿。有时两者可同时发生。

【病　因】

难产,胎儿腐败或助产不当,软产道受到创伤和感染,严重的子宫炎、子宫颈炎及阴道阴门炎均可引起。胎衣不下、子宫脱出、子宫复旧延迟以及严重的化脓性坏死性乳房炎也可继发此病。

本病的病原菌为溶血性链球菌、葡萄球菌、化脓棒状杆菌和梭状芽胞杆菌等,而且常为混合感染。分娩时发生的创伤及生殖道黏膜淋巴管的破裂,为细菌侵入打开了门户,同时分娩后母牛抵抗力的降低也是发病的重要原因。因此,脓毒血症并不一定完全是由生殖器官的脓性炎症引起的,也可能由其他器官原有的化脓过程在产后加剧而并发。

【症　状】

奶牛产后败血症多呈亚急性病例,发病后如果能得到及时治疗,一般均可痊愈,但常会留下慢性子宫疾病或其他实质性器官疾病。急性病例如果延误治疗,病牛可在发病后 2～4 天内死亡。发病初期,奶牛体温突然上升至 40℃～41℃,触诊四肢末端及两耳有冷感。病牛精神极度沉郁,喜卧、呻吟、头颈弯向一侧,呈半昏迷状态,反应迟钝,食欲废绝,反刍停止,但喜欢饮水。产奶量骤减,2～3 天后泌乳完全停止。眼结膜充血,且微带黄色,发病后期结膜紫绀,有时可见小出血点,脉搏微弱,每分钟可达 90～120 次。呼吸浅快,临近死亡时,体温急剧下降,且常发生痉挛。整个病程中出现稽留热为败血症的一种特征性症状。

患病牛往往有腹膜炎的症状,腹壁收缩,触诊敏感。随着疾病的发展,病牛常出现腹泻,粪中带血,且有腥臭味。有时则发生便秘,由于脱水,眼窝凹陷,表现高度衰竭。另外,病牛阴道内还有少量恶臭的污红色或褐色液体流出,内含组织碎片。阴道检查时,母牛表现疼痛不安,黏膜干燥、肿胀,呈污红色。如果见有创伤,其表面多覆盖一层灰黄色分泌物或薄膜。直肠检查可发现子宫复旧延迟、子宫壁厚而弛缓。

产后脓毒败血症的临床症状表现常不一致,但一般常为突然发生,在开始发病及病原微生物转移引起急性化脓性炎症时,病牛体温常升高 1℃～1.5℃,待脓肿形成或化脓灶局限化后,体温下降,甚至恢复正常。经过一段时间后,如再发生新的转移时,体温又上升。所以在整个患病过程中,体温呈现时高时低的弛张热型,脉搏快而弱,每分钟可达 90 次以上。

大多数患病奶牛的四肢关节、腱鞘、肺脏、肝脏及乳房发生转移性脓肿。四肢关节发生脓肿后,奶牛出现跛行,起卧、行走均困难。受害的关节主要为跗关节,患部脓肿发热,且有疼痛表现。如肺脏发生转移性病灶,则呼吸加深,常有咳嗽,听诊有啰音,肺泡呼吸音增强,奶牛常发吭声,似痛苦状。病理过程波及到肾脏者,尿量减少,且出现蛋白尿,转移到乳房时,表现乳房炎的症状。

【治　疗】

常规的方法就是强心补液、抗菌消炎、促进子宫收缩。治疗必须及时彻底。

生殖道内投放抗生素,但绝对禁止冲洗子宫。为促进子宫内聚集的渗出物的迅速排出,可使用催产素、前列腺素和雌激素等。

全身使用抗生素及磺胺类药物。用量要比常规剂量大,并连续使用,直至体温降至正常2～3天后为止。常用的药物有青霉素、链霉素和磺胺嘧啶类等。

为促进血液中毒物排出和维持电解质平衡,防止组织脱水,可静脉注射葡萄糖液和生理盐水;补液时添加5%碳酸氢钠注射溶液及维生素C,同时肌内注射复合维生素B。

为改善血液渗透性、增进心脏活动,可静脉注射10%氯化钙注射液150ml或10%葡萄糖酸钙注射液500ml。对病情严重、心脏极度衰竭的病牛应避免使用。

五、阴道损伤及破裂

【病　因】

难产时努责过强,胎儿的前置部如蹄尖可挫破阴道壁。使用产科器械助产操作不慎,截胎后骨断端未加以很好保护,都可造成阴道的严重损伤。此外,阴门狭窄或严重水肿,易发生会阴撕裂。

【症状及诊断】

母牛常表现不安举尾及努责等现象。阴道检查可发现损伤破裂的部位及程度。阴道后上壁完全破裂时,可使盆腔的脂肪组织突入阴道内,继发阴道周围蜂窝织炎和阴道脓肿。阴道底壁破裂时,膀胱可能突入阴道内。阴道侧壁破裂时,易损伤大血管而发生大出血。阴道前端穿透时,往往发生肠管及网膜脱出(图 8-71),并继发腹膜炎。

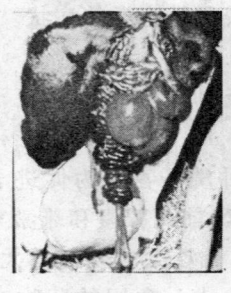

图 8-71　阴道损伤导致肠管脱出

【防　治】

阴门及阴道损伤时,如果胎儿尚未产出,应先设法取出。其后,对非穿透创可用 0.1% 高锰酸钾液消毒,然后涂以磺胺软膏或抗生素软膏。阴门或阴道破裂时,应加以清理和修整,并进行缝合。对伴有大失血的破裂,实行结扎止血。对从破裂口脱出的膀胱,须在还纳膀胱之后,再行缝合。

六、子宫复旧不全

奶牛分娩后,子宫的大小、形状、结构和功能恢复至未孕状态的时间延长,称之为子宫复旧不全或子宫弛缓。牛子宫正常复旧(图 8-72)的时间在产后 40 天左右。本病多发生于年老、体弱和营养不良的经产奶牛。

【病　因】

妊娠期间饲料不足,饲料中缺乏维生素和矿物质,特别是运动不足和使役过重,以及过度肥胖、老龄瘦弱,较易发生子宫弛缓。难产助产时损伤产道,胎水过多、胎儿过大或双胎引起子宫过度臌胀;胎衣不下和子宫脱出引起的子宫内膜炎以及产后乳腺炎,创伤

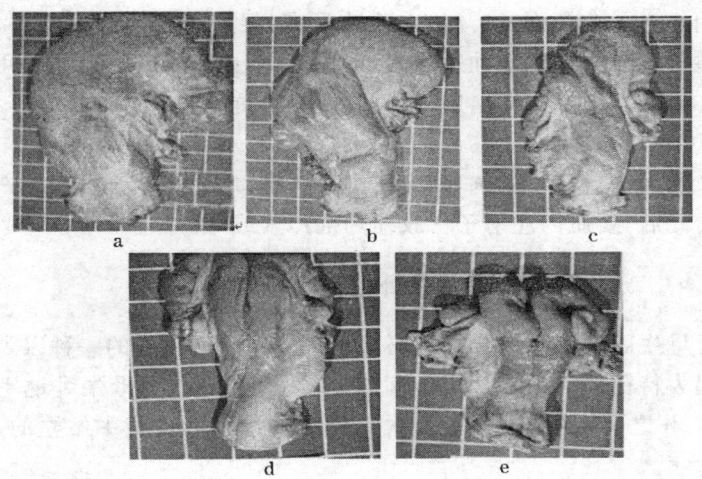

图 8-72 奶牛产后子宫复旧过程
a. 产后第 1 天　b. 产后第 5 天　c. 产后第 10 天
d. 产后第 15 天　e. 产后第 20 天

性网胃心包炎等因素也都可导致子宫复旧不全。

【症　状】

产后恶露排出时间延长,最初 4~5 天排血样恶露,以后变成黏液脓样。病牛全身症状不明显。只是产后发情迟延或久不发情,有时虽发情但屡配不孕。阴道检查可见子宫颈弛缓开张,有的病牛在产后 7 天仍能伸入整个手掌,产后 14 天还能通过 1~2 指。直肠检查可见子宫下垂,壁厚而软,体积较产后同期的奶牛要大,收缩反应微弱。有时还可摸到未完全萎缩的母体子宫阜。由于感染恶露腐败,容易继发子宫内膜炎。

【治　疗】

原则是提高子宫的收缩力,促进卵巢功能的早期恢复,防止子宫内膜炎的发生。肌内注射催产素、前列腺素、雌激素及麦角制剂等增强产后子宫收缩力;肌内注射 FSH 和 LH 等促进卵巢功能。

可用 40℃～42℃的 10%盐水冲洗子宫,促进子宫收缩。此外,可用益母草 150～200g 加适量水,煎成黄色,内服,每天 1 次,连用数次。待冲洗液完全排出后,向子宫内投置抗生素。

【预　防】

加强产后母牛的饲养管理,维持体能,增加运动。难产助产排出胎儿后,要肌内注射子宫收缩药催产素或雌激素。

七、母牛卧地不起综合征

母牛卧地不起综合征是泌乳母牛分娩前后发生的一种以卧地不起为特征的临床综合征。病因比较复杂,现认为母牛卧地不起 6～12h 之间,若通过静脉 2 次钙剂注射也不能使病牛站立的,即谓此病。

【病　因】

可能与以下几种因素有关:急性低血钙症同时伴有低磷酸盐血症、轻度低镁血症和低钾血症,致使生产瘫痪诊疗延误或不全治愈;分娩时胎儿过大及粗暴的牵拉,分娩后起立时在牛床上滑倒,不能及时翻转等造成骨盆周围的肌肉(大腿内侧肌肉、髋关节周围组织和闭孔肌)和神经(坐骨神经和闭孔神经)的损伤。只要病牛倒地不起状态持续达 4h 以上,就会因自身体重的重压引起臀部或四肢各个部位的肌肉和神经的外伤性损伤,尤其是高产而体型较大的牛,其病变程度更加严重。过度的肥胖是诱发本病的最主要的原因。在干奶期给予高能量的饲料,可引起肝脏的脂肪变性和肾脏等实质器官的脂肪沉着而引起这些器官的功能障碍。

【症　状】

一般都有生产瘫痪病史。大多经过两次钙剂治疗,继续呈倒地不起的状态,精神高度抑郁及昏迷等特征消失,体温大致正常或稍高,有一些食欲和饮欲,头颈部没有弯曲状态,瞳孔反射及意识正常。前肢完全正常,后躯的肌肉和腹肌弛缓呈严重的无力状态,尤其是在想要起立时这种状态更为突出,呈"青蛙腿"。大多数病例血液中的无机磷、血清和肌肉中钾的含量显著降低。

【治　疗】

先把病牛放到铺有大量褥草、宽敞的地方。每隔 2～4h 为其翻身 1 次,经常按摩被压部位的肌肉神经,以防止褥创和血液循环障碍发生。如果病牛有可能站起来,用吊带帮助其站立,但是不能勉强。经过 7 天以上不能站立而且排肌红蛋白尿的病牛,往往预后不良,应予以淘汰。

发病初期注射 2 次钙剂还不能起立的病牛,要立刻进行静脉注射 20% 磷酸二氢钠注射液 300ml 和 25% 硼葡萄糖酸镁注射液 400ml。怀疑低血钾症时,则以 10% 氯化钾注射液 100ml 加入 20% 葡萄糖溶液 1 000ml 中静脉注射,具有较好的效果。如果病初测得血钙不低于 9mg/dl,就应立即注射上述磷、钾、镁注射液,越早越好。

【预　防】

每日要尽量让牛进行日光浴和运动,饲养中要防止母牛过肥。分娩前 20 天左右要给予含钙量低的饲料,分娩前 2～8 天每日给牛肌内注射维生素 D_3 1 000 万 U,避免粗暴助产。分娩后口服磷酸钙 200mg,每天 2 次内服丙二醇 100mg,连服 20 天。

第五节　乳房疾病

一、乳　房　炎

【病　因】

乳房炎的病因非常复杂,乳房炎的病原体有 80～130 多种,其中主要的病原为无乳链球菌、停乳链球菌、乳房链球菌、金黄色葡萄球菌、支原体、大肠杆菌等。它们可借助于许多诱因感染乳腺,如乳头括约肌弛缓,挤奶导致的乳头括约肌受损,干奶不净,牛舍、牛乳腺、挤奶机及挤奶员手臂不卫生等。

【症　状】

1. 按临床症状区分　奶牛乳房炎若按临床症状可分为急性型、慢性型和隐性乳房炎。

(1) 急性型　急性型乳房炎的特征是有全身症状(如体温升高,食欲减退,精神沉郁等)和乳房局部症状,如红、肿、热、硬、痛,乳汁显著异常,奶量减少等(图 8-73)。

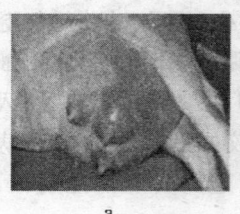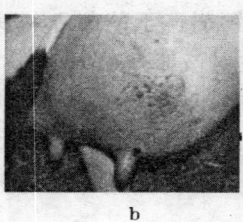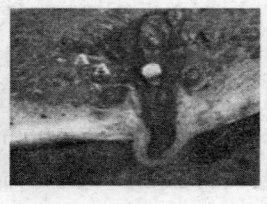

图 8-73　急性乳房炎
a,b. 红肿热痛乳房炎外观　C. 急性乳房炎切面

(2) 慢性型　慢性型乳房炎一般是由急性型治疗不完全转变过来的,全身症状不明显,仅是乳房有肿块,乳汁变清,有絮状物,产奶量明显下降。

(3) 隐性乳房炎　隐性乳房炎没有全身临床症状和乳腺外观局部症状,乳汁从外观上也发现不了变化。但是,乳汁中体细胞数大大增加,产奶量也不同程度地降低,加上其发生率较高,所引起的经济损失不容忽视。临床上尚未出现肉眼可见变化的任何症状,乳汁亦无肉眼可见变化,乳上淋巴结不肿胀。但经某些实验室方法检查发现乳汁异常。

2. 按病理特点区分　乳房炎若按病理特点可分为浆液性、卡他性、纤维蛋白性、化脓性和出血性乳房炎。

(1) 浆液性　乳汁稀薄,含絮状物。由于浆液渗出物及大量白细胞渗透到间质组织中,故病变仅限于间质组织。患区红肿热痛,同时乳上淋巴结肿胀。产奶量下降,全身症状轻微。

(2)卡他性

①输乳管及乳池卡他。最初挤的乳汁稀薄,内含有絮片或凝块,以后挤出的逐渐变为正常,无眼观变化。病牛无全身症状,乳腺无红肿热痛。

②腺泡卡他。可能出现全身症状。触诊乳头基部可触到鸽卵大有弹性的结节。患区产奶量急剧下降,乳汁呈水样,整个挤奶过程都可见絮状物。脱落的腺上皮细胞及白细胞沉积于上皮表面,故是一种黏膜上皮表面的炎症。

(3)纤维蛋白性　有明显全身症状,患叶红肿热痛,触之坚实。泌乳量急剧下降或中止,仅能挤出数滴乳清或混杂纤维素渣的脓性渗出物,有时含有血液。纤维蛋白沉积于上皮表面或组织内,为重剧急性炎症。

(4)化脓性　有较重全身症状和乳房症状。乳池、输乳管、腺泡发生化脓性炎症,排出少量脓性分泌物。触诊可摸到乳房中有许多脓肿,黄豆大小,乳汁脓样。

(5)出血性　有明显全身感染症状。患叶显著浮肿,剧烈疼痛,乳汁水样,含絮状物和血液,一般为深部组织和腺管出血,可能是溶血性大肠杆菌等感染引起,如外伤引起的则有疼痛。

【诊　断】

依据病历分析、乳房检查、乳汁试验室检验结果进行诊断。

1. 加利福尼亚乳房炎试验(C.M.T.)　对隐性乳房炎的检出率很高,是目前被广泛采用的一种方法,试剂已全部国产化,可在牛体旁进行。通过乳汁的凝结程度来判定隐性乳房炎的轻重。

2. 物理检验方法　即利用乳汁导电率测试。此方法仅能显示隐性乳房炎为阴、阳性和可疑,不能显示炎症的程度,我国已先后生产出3种型号乳房炎检测仪。

3. 体细胞检测法　利用体细胞仪检查奶样中体细胞数。我国把 50 万个/ml 以上定为阳性。

【治　疗】

1. 临床型乳腺炎治疗

(1)治疗原则　①早发现早治疗。②坚持手工挤奶,每天至少挤奶 3 次以上,每次都应把奶汁挤净。③局部用药和全身用药相结合。④选择敏感动物,要做奶汁细菌培养和药敏试验。⑤选用抗生素治疗时应注意弃奶时间。

(2)治疗方法

①局部乳房内灌注。在挤净奶汁后按无菌操作方法经乳头管向乳池内注入药物。

速诺(阿莫西林,克拉维酸,泼尼西龙),每个乳区 1 支。适用于泌乳早期乳腺炎治疗。

泌乳通(林可霉素+新霉素),每个乳区 1 支。泌乳后期乳腺炎最佳选择,间隔 12 小时用药 1 次,60 小时和 5 次弃奶期。

拜有利,每个乳区 10ml,1 天 2 次。

邻氯青霉素 200mg+氨苄青霉素,每个乳区 100mg,1 天 2 次。

头孢哌酮-舒巴坦钠,每个乳区 500mg,1 天 2 次。

乳房内灌注注意事项:A. 严格挤净乳区内奶汁;B. 严格无菌操作;C. 严禁从大瓶内抽药;D. 药物要到达乳池;E. 注药后要严格消毒乳头。

② 全身治疗。控制局部感染,防止出现败血症和菌血症,对全身症状明显的奶牛要进行全身抗生素疗法,同时纠正水电解质紊乱和酸碱平衡失调。

常用药物处方。A. 5%葡萄糖氯化钠 1 000～1 500ml,头孢噻酮-舒巴坦钠 15～20 支,静脉注射,1 天 1 次,连用 2～3 天。B. 10%复方磺胺对甲氧嘧啶,50mg/kg 体重,静脉注射,首次加倍,每天 2 次,连用 2~3 天。C. 复方板兰根注射液,0.1ml/kg 体重,肌内注射,每天 1 次,连用 2~3 天。D. 乳肿康 100ml,肌内注射,每天 1 次(孕牛需用注射黄体酮以保胎)

对具有代谢性酸中毒的奶牛应静脉注射 5%碳酸氢钠 500~1500ml/头。具有明显全身症状的非怀孕牛,还可用地塞米松 20~40mg 头配合上述药物进行静脉注射。治疗奶牛乳腺炎的药物很多,抗菌药物的筛选,最好通过药敏试验,选择敏感药物。

2. 非临床型乳腺炎治疗　在干奶期进行治疗是最佳选择,干奶期治疗乳腺炎降低分娩后临床型乳腺炎的发病率。干奶期乳腺炎的治愈率是泌乳期的 2 倍左右。

乳腺灌注抗生素是治疗非临床型乳腺炎的有效方法。

泌乳通、安倍宁、拜有利、头孢噻酮-舒巴坦钠对革兰氏阴性菌和革兰氏阳性菌都有很好的治疗作用,尤其对金黄色葡萄球菌引起的乳腺炎更为有效。

通过对奶的细菌培养和药敏试验,选择敏感药物乳腺灌注。

通过体细胞计数,小于 250 000 个即可转入干奶的操作规程。

3. 坏疽性乳腺炎治疗　控制厌氧菌感染,防止乳区坏死。全身大剂量应用抗菌素药物,防止代谢性酸中毒和败血症的发生。

第一,局部乳腺处理。先用生理盐水再用 2%双氧水冲洗患病乳池,拜有利 10ml 注入乳池内,每天 2 次。

第二,全身用药。5%葡萄糖氯化钠 500ml,林可霉素 100mg/kg,静脉注射,1 天 1 次;或 2%甲硝唑注射液,75mg/kg 体重,静脉注射,1 天 1 次;或 5%葡萄糖氯化钠 500ml,庆大霉素 5mg/kg 体重,静脉注射,1 天 1 次;或 5%碳酸氢钠 500~1 000ml,静脉注射,1 天 1 次。

【预　防】

第一,保持牛舍(垫煤灰或铺垫草)、运动场(垫沙子)、牛体(定期清洗)、挤奶人员手指和挤奶用具(注意消毒)的清洁,以创造良好的卫生条件。在散放饲养时,牛场除建有饲喂通道之外,应建设用于奶牛休息的自由卧栏。实践证明,这些投入对预防乳房炎可取得很好的效果。

第二,挤奶后乳头药浴或使用乳头保护膜。能防止奶牛乳头的皲裂、皱裂、晒伤等,保护乳头以避免乳腺管孳生细菌。

第三,定期注射乳房炎联价疫苗。美国进口的金黄色葡萄球菌乳房炎疫苗,效果很好。

第四,正确进行挤奶。挤奶前先用温水将乳房洗净并认真按摩,挤奶时用力均匀并尽量挤尽乳汁,先挤健康牛后挤病牛,逐渐停奶,停奶后注意乳房的充盈度和收缩情况,发现异常及时检查处理。注意挤奶机的适用,防止出现挤空现象。

第五,加强饲养管理。分娩前,乳房明显膨胀时,适当减少多汁饲料精料的饲喂量;分娩后,控制饮水适当增加运动和挤奶次数。有乳房炎征兆时,除采取医疗措施外,并根据情况隔离病牛。

第六,淘汰慢性乳房炎病牛。

第七,保护牛群的封闭状态,以避免因牛的引进或出入带来新的感染源。

第八,定期评价挤奶机的性能,挤奶机的真空稳定性和正常脉动频率,挤奶杯衬里的完整性。

第九,定期进行桶奶或个体牛奶的 SCC 检测,从而根据细胞数目采取相应防治措施。

第十,干奶期预防。泌乳末期,每头母牛的所有乳区都要应用抗生素,或使用左旋咪唑,能减少下一个泌乳周期乳房炎的发生。

乳房的干奶期包括自动退化期、退化稳定期和生乳期 3 个阶段。

自动退化期是乳房自动停奶的过程,通常要 30 天左右。这一阶段是重新感染的最危险期,尤其是停奶后的头 3 周。原因是在此期间乳头部附着的菌群、乳头管内细菌的生存能力、乳头管对细菌的渗透性以及乳房内防御功能都发生了变化,有利于细菌的侵入和感染。此期应向乳房内注射青霉素软膏,以预防炎症发生。

退化稳定期时乳房完全干奶,约为 2 周。这时乳头管收缩,乳房抗菌物质增加,细菌的渗透和生存能力降低,整个阶段临床型乳房炎极少发生。这一阶段的长短,与整个干奶期的长短呈正相关。

生乳期为产犊前的大约 2 周,乳房发生类似第一阶段的变化,乳房内白细胞吞噬能力降低,乳房开始充乳,乳头管扩张,甚至漏奶,有利于病原体的侵入,增加了感染的危险。

干奶期是预防产后发生临床型乳房炎的重要时期,也是控制乳房炎发生的一个重要环节,尤其是干奶的第 1 和第 3 阶段。有些国家已把干奶期的预防列入常规措施。干奶期预防主要是向乳房内注入长效抗菌药物,杀灭已侵入和以后侵入的病原体,有的有效期可达 4～8 周。

二、乳头管狭窄及闭锁

【病　因】

乳头挫伤、挤奶不当、慢性乳房炎或乳头乳池炎等因素引起乳头基部结缔组织增生肥厚、形成肉芽肿和瘢痕,引起乳头狭窄或闭锁。黏膜表面的乳头状瘤和纤维瘤等也可造成狭窄。

【症状及诊断】

乳头管狭窄时,挤奶困难,乳流很细。触诊发现乳头括约肌粗硬,或感到乳头上有结节。乳头管闭锁时,乳池中充满乳汁,但挤不出奶来。触诊乳头尖端有瘢痕或乳头管口被封闭。

【治　疗】

乳头管括约肌肥大性狭窄,可用硬质塑料、金属或玻璃制的近似圆锥状的扩张塞扩张乳头管。一般先用细的扩张塞,插入乳头管内停留 2～3min,依次放入大号塞,最后 1 个塞要放置 20～30min。严重的狭窄,可用乳头管刀切开乳头管瘢痕,并插入导乳管,直至愈合为止。乳头管闭锁,可用1%盐酸普鲁卡因注射液10ml,乳头周围注射,待麻醉后,将消毒过的奶头隐刃刀涂上润滑剂从乳头口插入乳导管,将阻塞组织捅开直至乳导管深处,利用隐刃刀锐处将堵塞乳导管的组织逐渐刮下,完毕后即可挤奶(尽量减少挤奶次数,每天2次即可)。挤完奶后均匀地撒布高锰酸钾(高锰酸钾用量0.5g)或硫酸铜脱脂棉(长度约3~5cm)裹在通乳针上,旋转通乳针缓慢插入乳导管,然后从通乳针注入5%碘酊1ml,最后将通乳针缓慢退出乳头管,切忌将药棉一起抽出。此方法一般连用2~3次即可痊愈,易于护理,成功率高。

三、乳池狭窄及闭锁

【病　因】

乳池狭窄及闭锁多数是由于早期乳头挫伤,挤奶不当,或长时间地使用导乳管,使黏膜受到损伤呈慢性炎症,形成瘢痕、肉芽肿或纤维化。

【症状及诊断】

部分乳头乳池狭窄,虽能挤出乳汁,但乳池充奶缓慢,影响挤奶速度。在乳头基部或乳池壁上,可摸到不移动的硬结样物,插入乳导管可遇到阻碍。局部黏膜脱落会导致间歇性阻塞。手工挤奶时,可以感觉到脱落黏膜在拇指与其他手指间"滑动"。

整个乳头乳池狭窄,乳房中充满乳汁,但挤不出奶,触诊乳头黏膜厚而硬,呈坚实的纵向团块,感到乳池内有一硬索状物,似为"铅笔样"。插入乳导管困难,与肉芽或纤维组织摩擦时会感到阻力。

弥漫性乳头肿胀使正常乳池狭窄、塌陷,乳头肿胀,具疼痛感,无明显团块,插导乳针容易并能将乳腺池内的乳汁导出。

【治　疗】

本病的治疗方法有保守疗法和手术方法。具体应用要根据每头病牛的实际情况来选择。

1. 保守疗法

第一,当患有局部或弥散性乳头阻塞,且又临近泌乳末期的母牛,为减少受损伤部位刺激,可以停奶、休息。4周后复查,以确定病变是否好转或恶化。

第二,当有漂浮物进入乳池时,应用手指将其固定,耐心而细致地用蚊式止血钳扩张乳头管和括约肌,并将其夹住去除。

第三,轻度狭窄时,乳头上涂碘化钾或黄色素软膏(黄色素0.5g、碳酸钙250g、石蜡4g、羊毛脂5g、凡士林16g),经常按摩。

第四,乳头弥散性肿胀,立即用10%硫酸镁液浸泡,局部用二甲基亚砜、羊毛脂或芦荟软膏保护乳头。

2. 手术疗法 包括开放性疗法与非开放性疗法。

非开放性疗法对于乳池内有肉芽组织、赘生物,可用眼科小锐匙反复刮削,将其去掉。术前,应向乳池内注入1%普鲁卡因注射液30~50ml,也可用柳叶刀进行摘除。

开放性即乳头切开术,其优点:①能直接观察到病变;②能准确地切除病变;③可以闭合黏膜缺失或用健康的黏膜缝合。缺点是伤口愈合不佳而形成乳头瘘,或是伤口不愈合。

【预　防】

关键在于加强饲养管理,严格遵守挤奶操作规程,提高挤奶技术,防止乳头损伤。

四、乳房脓疱病

乳房脓疱病是由表皮葡萄球菌侵害乳房皮肤,致使乳房上形成弥漫性、粟粒性毛囊炎和脓疱的疾病。又称乳房葡萄球菌病。

【病　因】

其主要原因是饲养管理不当、环境卫生不良。如运动场潮湿,粪、尿不及时清除,挤奶时清洗乳房不彻底,褥草不及时更换等,使乳房皮肤长时间被粪、尿浸渍,毛囊口被堵塞,此时为葡萄球菌的侵入创造了条件,引起葡萄球菌性皮炎。

【症状及诊断】

患牛乳房上有结节状化脓性炎症,初期为充满无色液体的囊,后期呈黄色,其中含有少量黏稠性黄白色脓汁。脓疱遍布于整个乳房,特别在毛多的乳房上可见,被毛与干的或湿的渗出物黏附一起而形成隆起的小毛簇。乳头背侧或整个乳头常被侵害而发生脓疱,挤奶时疼痛。脓疱破溃,脓汁流出,此时形成有覆盖痂皮的溃疡面,当新生角质层出现后痂皮脱落。

【治 疗】

首先应剪去乳房上的毛,用 0.3% 洗必泰液或稀碘液轻洗患部,再用清水冲洗,保持乳房干燥,每天冲洗 1~2 次。脓疱成熟者,应扩开脓疱,排出脓汁,然后用 1% 碘酊或 3% 龙胆紫等消毒药涂布于患部。

【预 防】

加强环境卫生,及时除去污秽环境中的污染源;加强乳房卫生保健,保持乳房皮肤清洁、干净。

五、乳房血肿

【病 因】

奶牛乳房血肿往往是由于外伤造成。

【症状及诊断】

皮肤不一定有外伤症状。轻度挫伤,血管少量出血,可能较快自然止血,血肿不大,血液不久能够完全吸收痊愈。

较大的血肿,往往从乳房的表面突起。血肿初期有波动,穿刺可放出血液;血凝后,触诊时有弹性,穿刺多不流血。深部血肿可并发血乳。大血肿不能完全被吸收时,形成结缔组织包膜,触诊时如硬实瘤体。如果乳房基部严重出血,形成血肿,乳房有所下沉,全身呈现内出血症状,如贫血、心律亢进、呼吸增数等,最终导致死亡。

【治　疗】

为了避免感染乳房炎,以不行手术切开为宜,小的血肿不需治疗。早期或严重时,可采取对症治疗,如冷敷或冷浴,并使用止血剂。经过一段时间后,可改用热敷,促进血肿吸收。用止血剂无效的,可输液治疗。

六、乳房厌氧性感染

【病　因】

腐败菌、梭菌或坏死杆菌自乳头管或乳房皮肤损伤,或经淋巴管侵入乳房。被感染的乳房组织形成败血性梗塞,广泛引起各组织发生急性或最急性腐败分解、坏死。

【症　状】

最初患区皮肤出现紫红斑,触之硬、痛。继而全乳区发生坏疽、肿胀、剧痛。最后全区完全失去感觉,皮肤湿冷,呈紫褐色乃至暗褐色。乳上淋巴结肿痛。有的并发气肿,捏之有捻发音,叩之呈鼓音。有的组织分解,排出红褐色、恶臭分泌物。病牛有全身症状。

【治　疗】

严禁热敷、按摩。及时治疗,否则难以收效。全身结合乳房局部使用抗生素。对组织开始分解的患区,可用1%～2%高锰酸钾溶液、3%过氧化氢溶液注入患区,进行冲洗治疗。对病初或轻症可施行坏疽乳区切除术。在创腔内撒布云南白药。

七、漏　奶

漏奶,是指未经挤奶,奶从乳头内自然流出的现象。

【病　因】

有的是因乳头括约肌先天性发育不良所致,最为常见的可能是由于乳头括约肌麻痹或损伤引起。如挤奶时用力过大,机器挤奶时真空压力过大,时间过长,引起乳头末端黏膜发炎和纤维化,破坏了乳头括约肌的正常紧张性,导致括约肌萎缩、松弛或麻痹。乳头外伤使其末端断离、缺损。

【症状及诊断】

乳房充胀时,乳汁自行滴下或射出。检查乳头,可发现松弛、紧张度差,或乳头缺损、纤维化。

【治　疗】

对于轻者,通过按摩、热敷,大多可以痊愈。可用拇指与食指、中指捏住乳头尖端,轻轻按摩乳头。可在乳头管开口处分点注射适量的灭菌液状石蜡,机械压迫乳头管腔。

可在乳头管周围注射青霉素、高渗盐水或酒精,促进结缔组织增生,以压缩乳头管腔。或用蘸有5％碘酊的细缝线在乳头管口做荷包缝合,然后在乳头管中插入灭菌乳导管,拉紧缝线打结,抽出乳导管。

火棉胶帽法。挤出过多的奶,把乳头在火棉胶中浸一下。火棉胶在乳头尖端部形成帽状薄膜,即能封闭乳头管口。

橡胶圈法。用橡胶圈箍住乳头,挤奶前摘下,挤奶后箍上。

【预　防】

严格遵守挤奶规程和挤奶技术,加强乳房卫生保健,防止损伤乳头。机器挤奶真空压不应高于50.6千帕,抽时不应超过5min。及时修整牛蹄,防止蹄角质过长而损伤乳头。手工挤奶应用拳握式,不能采用捋式,挤奶后要施行乳头药浴。

八、乳头创伤

【病　因】

主要见于大而下垂的乳房,往往是在乳牛起立时被自己的后蹄踏伤。母牛卧地时,乳头暴露在外,偶尔可发生被邻近牛的后蹄踏伤;地面上存在尖锐的物体(如针、钉、破碎玻璃片等),牛卧下时就可损伤乳头。损伤多在乳头下半部或乳头尖部,大多为横伤;重者可踩掉部分乳头。也可因挤奶粗暴引起。

【症状及诊断】

病牛有的只限于乳头皮下的浅部外伤,有的则为较深的外伤,乳头断裂时发生出血或漏奶。

【治　疗】

皮肤创伤按外科常规处理,但缝合要紧密。乳头裂伤可用芦荟提取液或液状石蜡治疗效果良好。在每次挤奶后涂擦乳头,每天2次,连用5天。

乳头断裂时,必须及时缝合。否则,由于漏奶与创缘水肿及肉芽增生、质脆而难以缝合紧密。缝合前,在乳头基部皮下施行浸润麻醉。创伤发生在乳头尖部并伤及乳头管时,则愈合困难。乳头或其一段完全断掉时,必须将断端各层相对缝合,使其不能排乳。否则自行流奶,并感染乳腺。

九、无奶及泌乳不足

【病　因】

更换挤奶员、改变挤奶环境、乳牛受到虐待、性兴奋期、舍内异常音响、患乳头或乳房疾病,性器官疾病以及各种应激作用,均可造成无乳或泌乳不足。这是由于神经系统兴奋性改变,使排乳系统的肌细胞发生持续性收缩或迟缓。

【症　状】

乳房内乳汁充满或过度充盈而乳池空虚无乳,以至产奶量暂时急剧下降。

【治　疗】

挤奶过程发生此现象,应在乳房按摩后,继续挤奶,多数效果良好。向阴道内注入空气或按摩生殖器,也可收到良好效果。顽固病例,可用镇静剂。

十、乳房水肿

奶牛乳房水肿又称乳房浮肿。主要是由于奶牛在妊娠的后期,乳房的血流量和淋巴液流量明显增多,当乳房的血液循环、淋巴液循环,或者是后躯静脉的血液循环发生障碍时,则从血管内渗出的液体成分,大量地蓄积于皮下,便可引起乳房肿胀。本病通常发生于奶牛产前或产后的 2 天,初产奶牛、高产奶牛和老龄奶牛多发,发病率在 10% 左右。

【病　因】

奶牛长期舍饲,尤其是在奶牛妊娠后期缺少适量的运动,易导致乳房血液循环不畅。妊娠后期奶牛胎儿明显增大,也会导致妊娠牛血液和淋巴液回流受阻,从而引起乳房水肿。奶牛饲料单一,配比不合理,精饲料饲喂比例过大,饲料中钠盐、钾盐含量过高,也可诱发奶牛乳房水肿。

【症　状】

一般无全身症状,从分娩前 1 个月到接近分娩期间突然出现乳房浮肿,乳房水肿多为 4 个乳区同时发病。临床表现为乳房皮肤充血,整个乳房明显肿胀带有光泽,指压留有痕迹,压痕持续数分钟不消退,乳房无痛感或微痛,水肿的乳头变得粗而短,挤奶困难,泌乳量减少,但乳汁无明显变化。

多数病牛从分娩前就表现食欲不振,到分娩后 7 天左右期间,

第八章 奶牛产科病

乳房臌胀,急剧下垂,浆液集中积于中隔时,致使后肢张开站立,母牛运动困难,易遭受外界损伤,并发乳房炎后,病状显著恶化。乳房水肿病程长时,水肿部由于结缔组织增生而变硬实,逐渐蔓延到乳腺小叶间结缔组织间质中,使后者增厚,引起腺体萎缩,如整个乳房肿大而硬结时,产奶量显著降低。

【治　疗】

一些轻症病牛通常不需要治疗即可痊愈,但为了促进水肿尽快消退,对水肿乳房可进行按摩和热敷,每天按摩乳房3次,每次15～30min。按摩后热敷乳房,以改善血液循环,促进渗出液的吸收。对病牛加强饲养管理,减少精饲料和多汁饲料喂量,控制饮水量,多喂干草,适度增加运动,促进血液循环。病程较长而严重的水肿,应停喂多汁饲料。

药物治疗,对治疗本病比较有效的方法,是给予利尿剂和高渗脱水剂,应尽量在分娩后早期开始给药。

第一,可给予双氢克尿塞、速尿等药物。初次投药时,可并用肾上腺皮质激素,可很快促进水肿消退,但给予利尿剂可丧失体内水分,所以,要注意观察脱水症状。

第二,50%葡萄糖注射液250ml或10%葡萄糖注射液1 000ml,5%氯化钙注射液200ml,25%硫酸镁注射液80～100ml,10%安钠咖注射液20ml,一次性静脉注射。

第三,口服苯甲酸钠咖啡因5～10g,每天1～2次,或皮下注射20%苯甲酸钠咖啡因注射液20ml,每天1～2次,连用2～4天。

第四,硫酸镁外敷乳房。将25%硫酸镁溶液外敷于患病乳房,连用3天,可明显促进水肿的消失。

另外,对于中隔水肿的病牛,对中隔的病灶可进行穿刺,或切开以排出渗出液,用浸透0.1%雷佛诺尔的纱布条引流,促使水肿早日消退。为防止细菌感染,要注意消毒处理伤口,肌内注射青霉素200万U,每天2次。

第六节 母牛不孕症

一、卵巢功能不全

卵巢功能不全是由于卵巢的功能暂时受到干扰,使卵泡不能正常地生长、发育、成熟和排卵导致发情和发情周期紊乱。其主要包括卵巢静止和卵巢萎缩、卵泡闭锁、卵泡交替发育或排卵延迟等。

(一)卵巢静止和卵巢萎缩

卵巢静止是卵巢的功能受到扰乱,直肠检查无卵泡发育,也无黄体存在,卵巢处于静止状态,母牛表现为长期不发情。如果长期得不到治疗则可发展成卵巢萎缩。卵巢萎缩通常是卵巢体积缩小而质地硬化,无活性,性功能减退。有时是一侧,也有时是两侧卵巢都发生萎缩及硬化。发情周期停止,长期不孕。

【病因】

第一,体质衰弱,年龄大。外加饲养管理不当常导致卵巢萎缩。

第二,卵巢疾病的后遗症,如继发于卵巢炎、卵巢囊肿等。

【症状】 在卵巢萎缩的过程中,性功能逐渐减退,卵巢体积逐渐缩小,发情不明显,卵泡发育不良,甚至发生闭锁。严重萎缩时,不但卵巢小质地硬,而且母牛长期不发情,子宫也收缩变得又细又硬。

【治疗】

第一,首先改善饲养管理,供给全价日粮,促进母牛体况的恢复。

第二,通过直肠对卵巢和子宫进行按摩,每隔 3~5 天按摩 1 次,每次 10~15min,加速血液循环,促进其功能的恢复。

第三,激素治疗。用促排卵 2 号 100~400μg,连续 3 次;促卵泡素(FSH)100~200U,肌注。

第四,应用氦氖激光治疗仪照射阴蒂或地户穴,功率 7~8 毫瓦,照射距 40~50cm,每次照射 10~15min,每天 1 次,连续照射 12 天为 1 个疗程。

(二)卵泡交替发育

卵泡交替发育都是指卵泡不能正常发育到成熟排卵的卵巢疾病。多发生在泌乳量高、体质衰弱及长期饲养在寒冷地区的奶牛及黄牛。

【病　因】

第一,长期在寒冷地区饲养的奶牛,牛舍温度低,保温条件差,气温变化大。

第二,饲料单纯,营养成分不足,运动不够等都会引起卵泡发育障碍。

【症　状】　母牛发情有时旺盛,有时微弱,连续或断续发情,发情期拖延很长,有时可达 30~90 天。一旦排卵,1~2 天内就停止发情。直肠检查两侧卵巢上的卵泡交替发育,发育到某种程度,开始萎缩。

【治　疗】

第一,随着气温的变化,改善饲养管理,增加运动,补饲鲜青草、麦芽可以促进发情周期的恢复。

第二,利用促卵泡素(FSH)、绒毛膜促性腺激素(HCG)和孕马血清促性腺激素(PMSG)进行治疗。

第三,使用激光进行治疗。利用激光照射阴蒂及地户穴来调节生殖激素的平衡,促进卵泡发育及排卵。也可以利用电针疗法。中草药治疗,利用活血或破血去淤的方剂为佳。

(三)排卵延迟

排卵延迟是排卵的时间向后拖延。奶牛在寒冬季节发生此病较多。

【病　因】

①由于垂体前叶分泌促黄体素不足而致。②气温过低、营养不良、奶牛挤奶过度等均可引起排卵延迟。

【症　状】　排卵延迟外观发情症状与正常发情症状相同,但发情的持续时间延长。

【治　疗】

第一,注射促黄体素(LH),或一次性注射绒毛膜促性腺激素并同时人工授精。

第二,可使用电针疗法,选择命门穴、百会穴、双雁翅等。

二、持久黄体

发情周期黄体或妊娠黄体超过正常时间而不消退,叫做持久黄体。由于持久黄体能持续分泌孕酮,抑制卵泡的发育,致使母牛长久不发情,引起不孕。

【病　因】

饲养管理不当,如饲料单纯、缺乏维生素、矿物质和雌激素,运动不足等。泌乳过多,子宫疾病,如子宫内膜炎、子宫内积液或蓄脓、产后子宫复旧不全、子宫内有死胎或肿瘤等,影响前列腺素的合成和分泌,均可影响黄体的退缩和吸收,而成为持久黄体。

【症　状】

母牛发情周期停止,长时间不发情。由于周期黄体的位置、大小、形状、硬度和组织结构与正常黄体相同,因此,目前已不再把它看成是一种病理组织。直肠B超检查可立即得出结论。

【防　治】

加强饲养管理,增强运动,减少应激条件,预防子宫疾病的发生。为了使持久黄体迅速溶解,可使用前列腺素(PG)及其合成类似物。前列腺素 F_3 5～10mg,肌内注射。也可应用氟前列烯醇或氯前列烯醇 0.5～1mg,肌内注射。注射一次后,一般在 1 周内奏效,如无效时可间隔 7～10 天重复 1 次。应用前列腺素,一般在用药后 2～3 天内发情。

三、卵巢囊肿

卵巢囊肿分为卵泡囊肿和黄体囊肿。卵泡囊肿是指卵泡上皮变性,卵泡壁结缔组织增生变厚,卵泡液增多,卵细胞死亡未被排出。其主要临床特点是母牛持续发情,甚至出现慕雄狂(图 8-74)。黄体囊肿是指未排卵的卵泡上皮黄体化(图 8-75),其主要临床特征是长期不发情。囊肿黄体是指卵巢排卵后由于黄体化不足,黄体的中心出现充满液体的腔,大小不等,是非病理性的(图 8-76)。

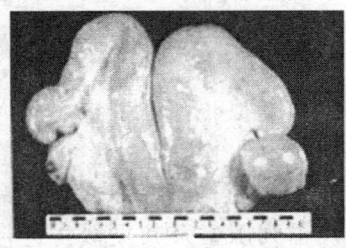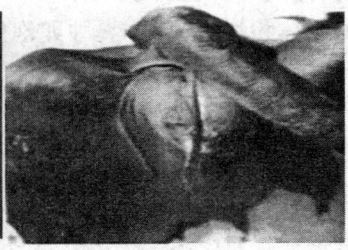

图 8-74 奶牛卵泡囊肿

【病　因】

确切原因尚不完全清楚。目前认为,卵巢囊肿可能与内分泌功能失调、促黄体素分泌不足、排卵功能受到破坏有关。饲喂雌激素含量高的饲料,如红三叶、豌豆青贮料等,饲喂含有霉菌毒素的干草和霉变青贮,有的具有遗传性。

【症　状】

卵泡囊肿时,病牛发情不规则,发情周期变短,而发情持续期延长,或者出现持续而强烈的发情现象,成为慕雄狂。母牛神情紧

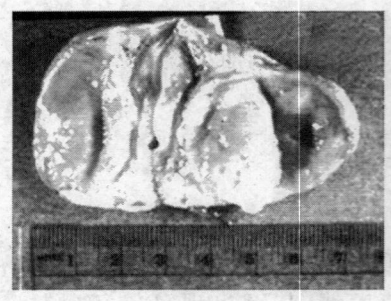 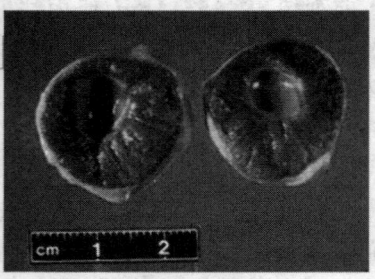

图 8-75 奶牛黄体囊肿　　**图 8-76 奶牛囊肿黄体**

张,不安哞叫,食欲减退,频繁排粪排尿,经常追逐或爬跨其他母牛,有时攻击其他牛或人。用手或 B 超直肠检查时,可发现卵巢增大,其中有 1～2 个直径 3cm 以上的大囊肿泡。

黄体囊肿时主要表现是母牛不发情。用手或 B 超直肠检查时,卵巢体积增大,黄体囊肿卵泡壁比正常卵泡壁略厚。

【治　疗】

1. **促性腺激素释放激素(GnRH)类似物**　奶牛每次肌内注射 400～600μg,每天 1 次,可连续 1～4 次,但总量不得超过 3 000μg。一般在用药后 15～20 天内,囊肿逐渐消失而恢复正常发情排卵。对黄体囊肿者可同时使用前列腺素及其类似物进行治疗,促进黄体尽快消退。

2. **垂体促黄体素(LH)**　无论卵泡囊肿或黄体囊肿,牛 1 次肌内注射 200～400U,一般 3～6 天后囊肿症状消失,形成黄体,15～20 天恢复正常发情。如用药 1 周后未见好转,可第二次用药,剂量比第一次稍增大。

3. **绒毛膜促性腺激素(HCG)**　具有促使黄体形成的作用。牛静脉注射 2 500～3 000U 或肌内注射 0.5 万～1 万 U,溶于 5ml 蒸馏水中。

四、输卵管炎

【病因及特征】

奶牛输卵管炎是由于胎衣停滞、流产、子宫内膜炎、子宫蓄脓、卵巢炎等细菌感染而引起的。奶牛输卵管疾病分为以下 5 种类型。

1. 急性输卵管炎 其病程特征是黏膜肿胀,出现小的出血点和白细胞浸润,局部有糜烂性溃疡,黏膜上皮变性和脱落。

2. 慢性输卵管炎 其病程特征是结缔组织增生,管壁增厚而变硬,管腔明显狭窄,或局部发生粘连,形成闭锁的腔体。

3. 化脓性输卵管炎 其病程特征是黏膜上有较深的变化,表面出现糜烂和溃疡,有时出现化脓性、纤维素性及伪膜性的沉积物。

4. 结节性输卵管炎 此种症状多为化脓性输卵管炎或输卵管水肿。

5. 单纯性输卵管炎 由于输卵管与周围组织粘连,输卵管的活动受到阻碍。病初触之有痛感,屡配不孕。

【治疗】

奶牛患双侧输卵管炎的不能留作繁殖用。患单纯输卵管炎只能等待对侧卵巢的卵泡发育成熟而输精,可照常受胎、产犊。对急性输卵管炎可应用抗生素和磺胺类药物进行治疗。为刺激和活化输卵管的活动和分泌功能,可皮下或肌内注射脑垂体后叶素 50～100U,或用催产素注射液 10～40U 肌内注射,或用苯甲酸雌二醇 5mg 肌内注射,每次间隔 2 天。

五、子宫内膜炎

慢性子宫内膜炎是指子宫黏膜的炎症,多数是由急性子宫内膜炎转变而来。它是引起母牛不孕的重要原因之一。

【病　因】

产房卫生差或在粪、尿污染的厩床上分娩,配种、人工授精、分娩助产及阴道检查时消毒不严,难产、胎衣不下、子宫脱出及产道损伤或剖宫产时无菌操作不严等,都可导致细菌的侵入。阴道内的非致病细菌在机体免疫力下降时可转变成致病菌,引起发病。另外,一些传染病如滴虫病、布鲁氏菌病、钩端螺旋体、牛传染性鼻气管炎、病毒性腹泻等都能引起子宫发炎。

产后早期能引起子宫炎的细菌有:化脓性放线菌、坏死梭菌、大肠杆菌、溶血性链球菌、变形杆菌、假单胞菌、梭状芽胞杆菌等。产后治疗不及时或久治不愈常转为慢性子宫炎,子宫内由多种混合菌变成单一的化脓性放线菌感染。

【症　状】

根据病理过程和炎症性质可分为急性黏液脓性子宫内膜炎、急性纤维蛋白性子宫内膜炎、慢性卡他性子宫内膜炎、慢性脓性子宫内膜炎和隐性子宫内膜炎。

急性子宫内膜炎发生在产后早期,常发生于分娩后的1～10天内,如不及时治疗,炎症易于扩散,可引起子宫浆膜炎或子宫周炎,有的甚至引起严重的全身毒血症。子宫内膜充血、水肿,有脓性渗出物和局部溃疡;子宫内膜和宫腔中有嗜中性白细胞浸润;网状纤维分解(图8-77,图8-78)。

慢性子宫内膜炎发生晚于前者,症状轻微或无全身症状;子宫内膜肿胀,苍白;内膜间质和子宫分泌物中有浆细胞和淋巴细胞浸润;纤维母细胞和血管增生,形成肉芽组织。

患轻度子宫内膜炎的母牛一般没有全身症状,发情正常,但不受胎。重度的伴有全身症状,如体温升高,脉搏、呼吸加快,精神沉郁,食欲下降,反刍减少等。患牛拱腰,举尾,有时努责,不时从阴道内流出大量污红色或棕黄色黏液脓性分泌物,有腥臭味,内含絮状物或胎衣碎片,常附着尾根,形成干痂。直肠检查子宫角变粗,

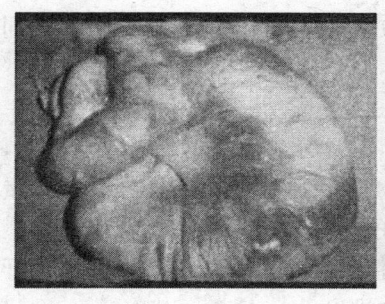 

图 8-77 奶牛产后急性子宫内膜炎　　图 8-78 奶牛子宫内膜炎剖检图

宫壁增厚,敏感,收缩反应弱。如子宫内蓄积有渗出物,触之则有波动感。

1. **急性黏液脓性子宫内膜炎**　炎症仅侵害子宫黏膜,有轻微全身症状,阴门排出黏液性或脓性分泌物。直检宫壁变厚,有疼痛。

2. **急性纤维蛋白性子宫内膜炎**　炎症不仅侵害子宫黏膜,而且侵害子宫肌层及其血管,因而导致纤维蛋白原大量渗出。全身症状明显,阴门流出污红色或棕黄色恶臭分泌物。子宫内膜表面粗糙,有的发生子宫穿孔或败血症。

3. **隐性子宫内膜炎**　临床上不表现症状,发情周期正常,但屡配不孕。发情时从子宫中排出多量浑浊含有絮状物的黏液。

4. **慢性卡他性子宫内膜炎**　母牛一般无全身症状,发情周期正常,但屡配不孕。阴门中经常排出一些黏稠浑浊的分泌物吊于阴门下角,发情时或卧下时排出增多。直肠检查子宫壁收缩反应减弱,子宫黏膜有溃疡和结缔组织增生。

5. **慢性卡他性脓性子宫内膜炎**　具有轻微临床症状,发情周期不正常,阴门中经常排出灰白色或黄褐色的稀薄脓液或黏稠脓性分泌物。排出物可污染尾根和后躯,形成干痂。直肠检查子宫壁厚薄不均,软硬不一。

6. 慢性脓性子宫内膜炎　临床症状和发情周期变化基本同卡他性脓性子宫内膜炎。

【诊　断】

1. 发情时分泌物性状检查　正常分泌物量较多,清亮透明,可拉成丝状。子宫内膜炎,分泌物量多而稀薄,不能拉成丝,或量少而黏稠,浑浊,呈灰白色或灰黄色。

2. 阴道检查子宫颈部　不同程度肿胀和充血。子宫颈稍开张,可见有不同性状的炎性分泌物排出。

3. 直肠检查　子宫角变粗,子宫壁增厚,收缩反应微弱。而有些病例则无明显形态上的变化。

【治　疗】

治疗原则是控制感染、消除炎症和促进子宫腔内病理分泌物的排出,对有全身症状的进行对症治疗。

1. 子宫灌注　可用下列药物:①卡那霉素300～400U,每天1次,连用3次[对隐性子宫内膜炎,输精前4h子宫内注入青霉素、链霉素80万U或庆大霉素24万U(6ml)有良好效果];②0.1%碘溶液40～80ml,隔日1次(碘溶液有较强的杀菌力,其刺激作用还可活化子宫);③7%鱼石脂溶液40～80ml,隔日1次(鱼石脂对子宫黏膜有微弱的刺激,可调节神经,改善子宫局部组织循环,且能抑菌,对顽固性炎症有一定作用);④0.1%雷佛奴尔溶液40～80ml,或0.05%新洁尔灭液每天或隔日1次(雷佛奴尔有较强的抑菌作用和穿透力,对组织无刺激性,对脓性子宫内膜炎疗效较好);⑤宫得康(北京市兽药厂生产)每次1～2支,7天1次,对各类子宫炎症均有较好的疗效。

对于纤维蛋白性子宫内膜炎,禁止冲洗,以防炎症扩散。应向子宫腔内投入抗生素,且采取全身疗法。

2. 增强子宫功能,促进子宫收缩　可使用苯甲酸雌二醇6～10mg,肌内注射,但不可反复或大剂量使用。用雌激素后可肌内注射缩宫素 50~80U,或肌注前列腺素 5ml,或静注 10％氯化钙液 100~200ml,诱导子宫内分泌物排出。

3. 肌注维生素 AD、维生素 E　对本病的恢复及受胎有良好的辅助作用。

4. 中药用行气活血汤　当归 60g,赤芍 50g,桃仁 40g,红花 30g,香附 40g,益母草 90g,青皮 30g。

卵巢功能不全或减退时,加阳起石 100g,淫羊藿 90g,菟丝子 80g,补骨脂 80g;卵巢囊肿时,加荆三棱 40g,莪术 40g;子宫弛缓时,加党参 50g,黄芪 100g,柴胡 30g,升麻 30g;子宫炎症较重时,加金银花 50g,连翘 50g,黄芩 50g。水煎 2 次混合,1 次灌服。

5. 对久治不愈的奶牛可进行人工诱导泌乳　通过诱导泌乳可使子宫颈口开张,子宫收缩增强,促进炎性产物的消除和子宫功能的恢复。方法是:每天按每千克体重肌内注射苯甲酸雌二醇 0.1mg,黄体酮 0.25mg,连用 7 天,停药 5 天,再按每头牛每天肌内注射利血平 3~4mg,连用 3 天。处理期间每天用温水擦洗按摩乳房及乳头 2~3 次,每次 15~20min。全部处理完毕即开始挤奶,产奶量开始较少,逐日增多,大约在产奶后 30~70 天达到高峰。

六、子宫颈炎

【病　因】

子宫颈炎通常继发于子宫炎,更多见的是继发于异常分娩如流产、难产之后,牵引术或截胎术不慎所致。自然交配时有时可将病原引入子宫颈而造成感染,子宫颈脱出也可遭受感染,阴道炎和阴道损伤也可继发。

【症　状】

子宫颈外口充血红肿,子宫颈外褶脱出,子宫颈黏膜呈粉红色,有黏脓样分泌物。直肠检查时发炎子宫颈增大。如果子宫颈炎和子宫内膜炎同时发生,则引起不育。

【治　疗】

用温和的消毒液冲洗阴道3～4天,冲洗后向子宫颈和子宫中注入抗生素。子宫颈外环脱出而发生慢性子宫颈炎时,常对治疗不发生反应,此时可将脱出的外环截除,其后再将阴道黏膜与子宫颈黏膜缝合,以便止血及促进伤口愈合。

七、阴　道　炎

【病　因】

阴道炎可继发于子宫炎及子宫颈炎,也可因阴道损伤、交配引入病原引起;流产、难产、施行截胎术、胎衣不下、阴道脱出、产后子宫炎、阴门严重损伤、粪尿污染阴道等,均可引起。

【症　状】

阴门流出灰黄色的黏脓性分泌物。阴道检查时,阴道底壁有分泌物沉积,阴道壁充血肿胀发炎。严重时发生溃疡坏死,有时出现全身症状。

根据炎症性质,阴道炎可分为慢性卡他性、慢性化脓性和蜂窝织炎3类。

1. 慢性卡他性阴道炎　症状不明显,阴道黏膜壁稍显苍白,有时红白不均,黏膜表面有皱纹或皱褶,带有渗出物。

2. 慢性化脓性阴道炎　阴道中积有脓性渗出物,卧下时向外流出;阴道检查时有痛苦表现,阴道黏膜肿胀,有程度不同的糜烂或溃疡。有时由于组织增生而使阴道变狭窄。病牛精神不佳,食欲减退,产奶量下降。

3. 蜂窝织炎性阴道炎　阴道黏膜肿胀、充血,触诊疼痛,黏膜下有弥散性脓性浸润,有时形成脓肿,亦可见到溃疡,日久形成瘢痕。病牛有全身症状,排粪尿时有疼痛表现。

【治　疗】

可用消毒收敛药液冲洗，如 200μmol/L 稀盐酸、0.05％新洁尔灭、1％～2％明矾及 5％～10％鞣酸等。冲洗后向阴道内放入浸有磺胺乳剂的棉塞。伴发子宫颈炎或子宫内膜炎的，应同时加以治疗。阴门严重损伤引起的阴道炎，在治疗同时，可施行阴门缝合术。

第七节　犊牛疾病

一、犊牛窒息

窒息又称假死，即刚出生的犊牛出现呼吸障碍，或无呼吸动作而仅有心跳。如不及时抢救，往往死亡。

【病　因】

分娩时产出期延长或胎儿排出受阻，胎盘水肿，胎囊破裂过晚，胎盘早期剥离，倒生胎儿和产道挤压脐带时间过长或脐带缠绕，以及子宫痉挛收缩，均可因胎盘血液循环减弱或气体代谢不足，引起胎儿过早地呼吸，以至吸入羊水而发生窒息。此外，分娩前母牛过度疲劳，发生贫血及大出血，患有某种热性病或全身性疾病，使胎儿缺氧和二氧化碳增高，也可因过早呼吸而发生窒息。

【症　状】

轻度窒息时，犊牛肌肉松弛及无力，呼吸微弱和急促，可视黏膜紫绀。舌脱出口外，口、鼻腔内充满羊水和黏液，心跳和脉搏快而弱；严重窒息时，犊牛呼吸停止，可视黏膜苍白，全身松软，反射消失，摸不到脉搏，仅有微弱心跳，卧地不动，呈假死状。

【治　疗】

首先用纱布擦去犊牛口、鼻腔内的黏液和羊水，然后一人握住两后肢将后躯提高，呈悬垂状态，另一人用手掌拍打犊牛胸壁两侧数下,即可出现呼吸。如不出现呼吸,也可用橡皮球或注射器的胶管吸出鼻腔气管内的黏液及羊水,同时用抹布擦皮肤,并用软一点的草把仔细摩擦其皮肤,引起牛犊呼吸运动。如无效,可对牛犊做人工呼吸。先将牛犊仰卧,一人站在牛犊前面用两手各握住一前肢,做两前肢互相交叉和张开动作,另一人将两手拇指放在牛犊腹部,另4个手指放在其胸部,与两前肢动做相应动作,两前肢张开时用手指按压,两前肢交叉时将手指抬起。进行人工呼吸的同时,还可输氧或使用刺激呼吸中枢的药物,如25%尼可刹米1.5ml皮下或肌内注射等。

二、脐带出血

脐出血是新生犊牛脐带断端或脐孔出血。脐静脉出血呈点滴流出,脐动脉出血从脐带或脐部涌出。脐带断端出血时,可用浸过5%碘酊的细绳,紧贴脐孔结扎。脐带残端过短而无法结扎时,可用消毒的大针头穿过脐孔部皮肤,再用缝线缠紧;也可缝合脐孔,止血效果确实。

三、脐 带 炎

犊牛产出后,脐带于2~6天干涸、脱落。上述过程如延长,则预示有可能已患脐带炎。

【病　因】

接产时牛舍不卫生,潮湿,脐带受到污染及尿液浸渍,断脐后消毒不严及处理不当(如脐带结扎)等,犊牛互相吸吮脐带。

【症　状】

脐带周围发热、充血、肿胀、疼痛。患犊拱背,喜卧。随着病程发展,脐孔处化脓、坏死、肉芽赘生,溃疡面形成,挤出恶臭脓汁。此时多数表现体温上升,精神极差,食欲大减。个别导致败血症死亡。

【治　疗】

病初可在脐孔周围分点注射青霉素 40 万 U，链霉素 20 万 U，0.25%～0.5%普鲁卡因注射液 30ml，每天 1 次，连续 2～4 天，以控制炎症发展。化脓时，应及时切开排脓，并用 0.1%高锰酸钾溶液冲洗患处并涂以 5%碘酊。当感染脐发生脉管炎或有全身反应时，应根据病情采取适当措施，配合全身疗法。防止感染扩散。

四、脐尿管瘘

脐尿管瘘是胚胎期脐尿管续存未闭，新生犊牛从脐带断端或脐孔经常流尿或滴尿的一种疾病。属于一种膀胱畸形疾病，临床上少见。

【病　因】

这种疾病与其组织发生学有关。在胚胎全长为 40～50mm 时，泌尿生殖窦分为两部分：上方膨大部分演化成膀胱，其下段管形部分形成尿道。膀胱顶部扩展到脐部，与脐管相固定，随着胚胎的逐渐长大，膀胱沿前腹壁下降。在此下降过程中，自脐有一细管即脐尿管与膀胱相连，以后退化成一纤维索。若脐尿管完全不闭锁，则在胎儿出生后膀胱与脐相通，则称为脐尿管瘘。绝大多数脐尿管病例中无下尿路梗阻病变。若脐尿管两端闭塞，而中段有管腔残存，则形成脐尿管囊肿。如果只在一端闭锁，则形成脐窦或膀胱顶部憩室。

【症　状】

排尿时，从脐孔中滴尿或流尿。脐孔周围经常受尿液浸渍发炎，肉芽组织增生，形成溃疡，长期不能愈合。

静脉注射靛胭脂或从尿道导管将亚甲蓝注入膀胱，可见染色尿液自脐部漏出，故能诊断。

【治　疗】

有脐带残端的，可用 5%碘酊充分加以浸泡，然后紧靠脐孔处予以结扎。从脐孔流尿液的,可每天用碘酊或 5%~10%甲醛溶液涂抹 2~3 次,或用硝酸银腐蚀,数天后即可闭合。最有效的方法是实施脐孔脐尿管集束或袋口缝合结扎。

五、胎粪停滞

犊牛胎粪停滞是指在出生后 1 天内排不出胎粪并伴有腹痛现象。

【病　因】

母牛营养不良致初乳分泌不足,犊牛吃不到初乳或先天性发育不良或早产。

【症　状】

犊牛吃奶次数减少,肠音减弱,表现出不安、拱背、翘尾作排粪状,严重时腹痛,踢腹,食欲不振,脉搏快而弱,有时出汗。

【治　疗】

及时用肥皂水灌肠,使粪便软化,以利于排出。直肠灌注植物油或液状石蜡 300ml 或硫酸钠 20g,并同时灌服酚酞 0.1~0.2g。在骨盆入口处有较大粪块阻塞而无法灌肠时,可试行将粪块拉出后再灌肠。也可热敷和按摩腹部,或用大毛巾等包扎犊牛腹部保温,以减轻腹痛。

六、先天性肌痉挛

【病　因】

牛的先天性肌痉挛属于遗传性缺陷病。其遗传特性已被反复繁殖试验确定为单基因常染色体隐性类型,但发病机制长期未能研究清楚。分子病理学研究证实,本病的根本病因是脊髓突触后甘氨酸受体先天性缺乏和抑制性神经递质甘氨酸介导的中间神经元突触抑制作用缺陷。

【症　　状】

病犊妊娠期平均缩短 10 天,通常在出生后 2h 内开始出现症状,存活期一般不超过 2 周。主要症状是感觉过敏和肌阵发痉挛性应答。病犊后肢伸展或交叉,常取侧卧姿势,但可抬起头颈。触觉、听觉以至视觉刺激均可诱发肌阵发痉挛应答,表现为头颈和四肢伸展,直至角弓反张。提起四肢或抬起躯体,常导致全身性僵硬和强直,伴以后肢内收,呼吸暂停。

【治　　疗】

尚无根治办法。

七、新生犊牛异形红细胞血症

【病　　因】

由于异常红细胞可在许多情况下出现,因此异形红细胞病不是特异的。然而,有些特异形状的异常红细胞对于诊断是极为有益的。这只是其中少数的,如泪珠形异常红细胞是骨髓纤维变性的特征,但在其他情况下也可见到。

引起巨红细胞症的疾病:维生素 B_{12} 或叶酸缺乏,巨幼红细胞贫血,骨髓早期有核红细胞的核成熟缺陷导致椭圆形巨红细胞形成等。

本病多见于荷斯坦品种的犊牛。其特征为出生后呼吸加快,红细胞外形不整齐,并带有刺状突起。

【症　　状】

本病的主要症状是出生后呼吸困难,频率达 45～160 次/min,虚弱,偶尔有贫血及心动过速(100～240 次/min),但并未见到溶血及血红蛋白尿。大部分病例体温正常。部分病例可见到红细胞压积、红细胞计数及平均血红蛋白浓度降低。所有病例都普遍见到有明显的异形红细胞。在新鲜血和抗凝血制备的血涂片上,均可见到不规则的红细胞。如膜异常的红细胞:球形红细胞、椭圆或卵圆红细胞、棘红细胞、裂红细胞或口细胞、编码红细胞或靶细胞等;损伤造成的异常:裂红细胞、角膜膜细胞、泪珠细胞、球形红细胞、半月形红细胞。

【治疗】

本病对症治疗时,输血和输氧均可收到良好效果。但最好的方法是根据病因治疗。例如,维生素缺乏引起的本病就该用维生素 B_{12} 和叶酸治疗;消化疾病如腹部疾病引起的,就应该补液治疗根本的腹部疾病,促进营养更好地吸收。

八、新生犊牛抽搐症

此病多发生于 2～7 日龄的犊牛。特征为发病突然,表现强直痉挛,继之出现惊厥和知觉消失。病程短,死亡率高。

【病因】

妊娠期间母体矿物质不足,由急性钙、磷和镁缺乏引起,或镁代谢紊乱引起。

【症状】

轻型者,当受惊吓时,机体突然发生数秒至数分钟的痉挛、眩晕或痴呆,站立不稳,很快又恢复正常,多不引起人们的注意,反复发作则病情加重。中型者,发作初期精神紧张,继而眩晕倒地,四肢抽搐,肌肉痉挛,头颈后仰;有的突然倒地,四肢强直;脉搏增数,呼吸加快;口不断空嚼,唇边有白色泡沫。重型者,表现为突然痉挛倒地,间歇时间短,数分钟到数十分钟发作 1 次。发作时,肌肉紧张,全身战栗,呈现抽搐性瘫痪。角弓反张,眼球震颤,牙关紧闭,呼吸困难,心跳加快,颇似癫痫或破伤风,体温正常或稍低。

【治疗】

第一,每次口服鱼肝油(1 万 U)6 粒,维丁胶性钙 1ml 5 支,维生素 B_{12} 25mg,钙糖片 3g,每天 1～2 次,连服 4～6 天。

第二,10% 氯化钙 20ml,25% 硫酸镁 10ml,20% 葡萄糖 20ml,

混合,一次静注。

【预　防】

调整钙、磷比例至 1.5~2∶1;结合补给生长素,每天 40~80g。饲草饲料多样化,给予维生素丰富的饲料,如青草、青干草、苜蓿等,以满足妊娠后期母牛对维生素、矿物质的需要。妊娠牛适当运动,增加日照。

九、犊牛水中毒

犊牛水中毒病是由于犊牛口渴时暴饮大量水,引起的阵发性血红蛋白尿,所以又叫犊牛血红蛋白尿症。一般是在炎热的夏季,多发生于 8 月龄以下的犊牛,尤其是断奶前后和哺乳期增喂精料时易发。

【病因和发病机制】

犊牛水中毒的原因有下面几个方面:首先是天气炎热、气温过高或活动量加大时,犊牛出汗多,丧失盐分,饮水次数又少,导致犊牛一次暴饮大量温水或冷水引起;其次是我国北方地区,每年的 10 月份至翌年 4 月份为夜长昼短、天寒地冻时期,水冷易结冰,犊牛饮水次数减少或只能饮冷水,常可引起许多犊牛发病;再次是犊牛断奶前后,改喂料草,实际需要的水分增多,饲养人员又未能及时增加供水次数,都可造成犊牛 1 次暴饮大量水而发病。一般地说,犊牛 1 次饮水超过 10L,就有可能发生水中毒。

正常情况下,犊牛可通过神经-内分泌系统控制和调节肾脏对水的排出和吸收,饮水过多时,利尿反应增强,从泌尿系统排出过多的体内水分。在严重缺水时,可反射性地引起垂体后叶分泌血管加压素,保护体内水分,表现为少尿或无尿。血管加压素的作用必须经过 6h 以上时间才能解除。如果在这段时间内饮了大量的水,不可能由少尿或无尿马上转变为多尿,势必造成组织蓄积大量水分。过多的水分使血液中红细胞发生溶解,血红蛋白从尿中排出,形成了血红蛋白尿。过多的水分还能使脑组织细胞更加胀满,从而出现类似大脑水肿的神经症状。这就是水中毒。

【症　状】

犊牛暴饮大量水后,瘤胃迅速膨大,经 1h 左右,最早的只经 15min,即见排出红色尿液。轻者,只是精神欠佳,粪便变稀,排一次或几次红色尿液后即好转。重者,瘤胃臌胀明显,精神紧张,呼吸困难,出汗,口角或鼻孔流出白色或红色泡沫,伸腰,回头望腹,后肢踢腹,排稀便和红色或咖啡色尿液;再重者,突然卧地,起卧不安,战栗,共济失调,痉挛,昏迷,极个别的会很快死亡。病犊体温正常或稍低。

【病理变化】

肾暗红色,膀胱里充满红色尿液,气管和肺切面有红色泡沫样液体。

【诊　断】

根据每天饮水次数少(1～2 次),犊牛有暴饮水的历史,饮水后排红色尿液,尿沉渣镜检红细胞变得极少的结果,即可做出诊断。但应注意和下面几种疾病的鉴别诊断。

1. 泌尿道出血　除尿液变为红色外,尿沉渣检验可见大量红细胞。

2. 牛梨浆虫病　主要在蜱大量繁殖的季节发生。呈急性经过,病犊体温升高,红细胞中有梨浆虫体,尿液红色。

3. 钩端螺旋体病　病犊体温升高至 41℃ 或以上,发病后 3 天内,尿中含有钩端螺旋体。

【治　疗】

发病轻的犊牛,只要增加饮水次数或让其自由饮水,杜绝 1 次暴饮过量水,即可逐渐康复,不治而愈。发病较重的犊牛,具有神经症状,可选用溴化物等镇静药物和静脉输注高渗溶液,如 10% 高渗盐水或 20% 葡萄糖注射液,每次静注 200～300ml。

【预　防】

主要是防止暴饮,夏季要备足清水,让犊牛自由饮水或多次少量给水。最好让其饮用低于 0.5% 的食盐水,但每只犊牛每天的盐用量不得超过 20g,在严寒的冬季,应让犊牛饮温水;断奶前后增添精料后,更要注意犊牛饮水的次数和均衡性。常需补液和用抗生素治疗 7 天。

十、犊牛轮状病毒病

【病　原】

轮状病毒是呼肠孤病毒科成员,能引起多种动物和人腹泻。A 型轮状病毒常感染牛。在奶犊牛感染中最为普遍,B 型则少见。新生犊牛对肠道轮状病毒最为易感,多数感染发生于 1 周龄以内,感染率极高,发病率达 50%～100%。在初生犊牛腹泻中,轮状病毒常与其他肠道病原混合感染而致病。轮状病毒引起肠细胞损伤,更利于大肠杆菌的感染和附着。轮状病毒感染主要局限于小肠,破坏肠绒毛细胞,导致消化吸收不良,分泌性腹泻。

【症　状】

无特征性临床表现,有亚临床型、轻度感染、中度感染及重症疾病多种表现。主要症状为精神沉郁、吸吮反应下降、腹泻、脱水。有些病例还见发热、流涎及躺卧。单纯轮状病毒性肠炎,粪便黄色水样。精神沉郁、脱水、休克,主见于 5 日龄内犊牛,2 周龄以上的犊牛少见。躺卧犊牛可见大量水样腹泻,右下腹部臌胀。

【诊　断】

采集急性感染病例的粪便,分离病毒并鉴定即可诊断。应在发病和腹泻 24h 内收集粪便,确定病毒抗原。对粪样应分别检查病毒、细菌和微细隐孢球虫,以确定有无混合感染。还应评估免疫球蛋白被动转移是否适当。

【治　疗】

可采用产肠毒素性大肠杆菌感染一样的疗法。对于严重脱水、休克、丧失吸吮反应及躺卧的患牛必须静脉补液,补液应以酸碱平衡和电解质浓度为标准。对严重感染患犊还应进行抗生素治疗。

【预　防】

严格管理措施以减少新生犊牛接触轮状病毒的机会。不同母牛产犊应隔离,彻底消毒、清洗产房,犊牛出生后立即转移到已彻底清洁消毒并移址的牛舍内,使用单独嘴式奶瓶等,都利于减少病毒的传播。在犊牛出生后 30 天内饲喂含 1×10^{24} 个/ml 水平以上中和抗体的初乳、初乳与常奶合剂或常奶,可通过局部免疫防止肠道感染轮状病毒,保护犊牛免受感染。同时,提高管理水平。提高初乳中轮状病毒中和抗体水平,可预防肠道轮状病毒感染。

十一、犊牛坏死性喉炎

犊牛坏死性喉炎俗称犊牛白喉。它是由坏死杆菌引起的一种特殊的恶性型坏死杆菌病。临床以口腔黏膜与齿龈硬肿、坏死和溃疡及肺炎为特征。

【病　因】

各种病牛是本病的主要传染源。病牛通过粪便、病灶炎性分泌物、唾液向环境中排出大量病菌,污染了饲料、牛舍、运动场、褥草、场地和水源等,而将疾病传播。传播途径是损伤的皮肤及黏膜,新生犊牛也可经脐带感染。

【发病机制】

完整的上皮和黏膜具有抵抗坏死杆菌侵入的功能。各种不良因素如刺伤、细菌和病毒感染,使口腔黏膜完整性遭受破坏,坏死杆菌随即由伤口侵入并在侵害部位繁殖,引起局灶性炎症和单核细胞(包括巨噬细胞)的聚集,坏死杆菌能产生强力的杀白细胞素和内毒素,因其对细胞的毒性作用,结果引起侵害部位的灶性坏死和脓肿的形成。当病变由口腔延伸到喉部,坏死物质吸收入肺可引起犊牛肺炎。

【症　状】

犊牛白喉多发生在 1～4 月龄犊牛。病初体温升高至 39.5℃～40.5℃,厌食,流涎,鼻液呈脓样,齿龈、颊部、硬腭、舌及咽部有界限明显的硬肿,上附粗糙、污秽褐色的坏死物质。坏死物脱落留下溃疡,边缘肥厚,底部不平整。鼻腔、气管黏膜也有病变。当喉部、肺部感染,呼吸困难,脖子伸长性呼吸,咳嗽短促具有疼痛感,呼出气体具有腐臭味,通常经 7～10 天死亡。病程长者,食欲恢复,体重增加缓慢,因部分勺状软骨凸入喉腔,故持续呈现喘鸣声。

【病理变化】

剖检见舌、齿龈黏膜上有溃疡。上附坏死黏膜及渗出物,坏死灶深达 2～3cm,溃疡底部有肉芽增生。喉、气管、鼻、真胃及大肠也可见有类似病变。当肺部感染,可见有肺炎灶、胸膜炎及肝肿大与坏死灶。组织学变化见坏死是广泛性,在整个损伤处可以看到丝状坏死杆菌和其他细菌菌落。

【治　疗】

1. 局部处理　小心用外科法除去口腔内的坏死组织及脓肿,用1‰～3‰过氧化氢溶液、1‰高锰酸钾溶液彻底冲洗患部,每天 1～2 次,再用碘甘油涂布。

2. 全身治疗　消除炎症,防止病灶转移。常用青霉素,剂量为 22 000U/kg 体重,肌内注射,每天 2 次。结合使用磺胺类药物(磺胺甲氧苄氨嘧啶,磺胺吡啶,磺胺二甲基嘧啶)和皮质类固醇激素消炎,效果更好。第 1 天剂量为 143mg/kg 体重,而后每天 70mg/kg 体重,治疗 7～14 天。根据全身症状,必要时可静脉注射葡萄糖、安钠咖,肌内注射维生素 A、维生素 D 等。

【预　防】

加强饲养管理,消除诱发因素。改善环境卫生条件,及时清除圈舍、运动场积水,保持干净、干燥;对患腐蹄病牛及犊牛白喉患牛,隔离治疗,污染的环境和器械应彻底消毒;助产要细心,脐带要严格消毒;营养要合理,给予优质细嫩干草。

第九章 奶牛场常用药物

第一节 奶牛用药注意事项

为了能合理用药,提高疗效和经济效益,奶牛场兽医师应重视药物的选择与应用技术。

一、药物来源要确实可靠

应在国家规定的兽药生产厂家或兽药经销点购买,以防假药。在购药时要注意药物生产日期、有效期、外包装,药物颜色是否符合药物说明书、是否变质、腐败、发霉、生虫等,确保药物的疗效。从 2005 年开始,我国实行"兽药生产质量管理规范",即 GMP。奶牛场在选购兽药时,要注意包装上有无 GMP 标志。

二、仔细阅读药品说明书与标签

注意药品标签的有效期,特别是抗生素类药物都有失效期,过期者不能再用。用药前仔细阅读药物说明书与标签,按说明书上注明的要求用药。

三、正确诊断是用药的基础

随着奶牛业的发展,优良品种的引进和改良,牛病越来越多,因而奶牛场的临床药物品种也越来越多。合理用药的关键是疾病的诊断是否正确,用药是在正确诊断的基础上进行的。否则,就不能达到理想的用药效果。

四、药物剂量和疗程

正确的药物剂量和充足的疗程是防病治病的保证,治疗用药一定要达到一定的药物剂量和一定的疗程,才能足以杀灭病原体。药物用量过大会使奶牛中毒,药量过小不能杀死病原体,相反还会使病原产生耐药性,给以后的治疗工作带来困难。抗生素、化学合成抗菌药物以及抗寄生虫药的不规范使用,可引起多种危害:一是诱发细菌产生耐药性,二是造成正常菌群失调,三是容易破坏机体主动免疫功能。

五、注意药物的配伍禁忌

处方中不能配伍使用的称为配伍禁忌。药物的配伍禁忌可分为药理性配伍禁忌(药理作用相互抵消或使毒性增强)、化学性配伍禁忌(呈现沉淀、产气、变色、燃爆以及水解等化学变化)、物理性配伍禁忌(产生潮解、液化、结晶等)。兽医临床中应注意常用药物的配伍禁忌,尤其是奶牛用药常采用多种注射液联合应用,此时应特别注意注射液的物理、化学配伍禁忌,以免造成不必要的损失。

六、肾功能损害和药物的半衰期

肾脏是药物的主要排泄器官。肾脏有疾病时,药物的排泄受到一定影响。患有严重肾病的奶牛,因为肾小球滤过率降低,有些药物易在体内蓄积而造成中毒。

药物在血浆中浓度下降一半所需要的时间称为半衰期。为了维持药物在体内的浓度,半衰期较短的药物应适当增加给药次数,缩短给药间隔时间。

七、增强奶牛的体质

药物是外因,起作用的是内因,如何增强牛群的抗病力,是养牛业发展的关键。只有为牛创造优越的环境条件(如保持舍内空气新鲜,有相对的湿度,光照充足,温度恒定,饲养合理,营养丰富),才能获得药物的最佳疗效。

八、怎样使用抗生素

奶牛是反刍动物,一般情况下抗生素是不能经口服用的,以免杀死瘤胃中的有益菌群而造成前胃疾病。

第一,在选用抗生素时,应选用疗效高、价格低廉、副作用小的抗生素。

第二,由于部分抗生素在使用过程中,用量过大或过小或选药不当,会导致细菌产生耐药性,使抗生素失去作用。因此,应正确使用抗生素。

第三,在大型的奶牛场,不要盲目大批量使用某种药物,在用药前须做好药敏试验和安全试验,特别是新品种药物,以免产生牛群大批反应或死亡。

第四,病奶牛如须口服药物,应选一些中成药或中草药进行口腔灌注。

九、群体给药

为了预防奶牛群的传染病、寄生虫病、营养代谢性疾病的发生,常给奶牛群全面用药。根据疫病特征和药物特性,采用不同的给药方法。

十、控制药物残留

为保证乳及乳制品的安全,避免危害人体健康,牛奶在上市和屠宰前,应按规定停药,并严格遵守屠宰前停药时间和弃奶时间。

第二节 抗生素与抗病毒药物

一、概　述

抗生素是细菌、真菌、放线菌等微生物的代谢产物，能杀灭或抑制病原微生物。抗生素除能从微生物的培养液中提取外，随着化学合成的发展，已有一些品种能人工合成或半合成。

(一) 抗菌谱

是指药物能够抑制或杀灭病原微生物的范围。根据抗菌谱的范围可将药物分为窄谱抗菌药和广谱抗菌药。仅对单一菌种或某属细菌有效的药物称窄谱抗菌药，如青霉素和链霉素，前者主要对革兰氏阳性细菌有效，后者则主要作用于革兰氏阴性细菌。广谱抗菌药物抗菌范围较广，对多种不同种类的细菌有抑制或杀灭作用，如四环素类、氯霉素类等。抗菌谱是兽医临床选药的基础。

(二) 抗菌活性

是指抗菌药物抑制或杀灭病原微生物的能力。常以最低抑菌浓度(MIC)及最低杀菌浓度(MBC)表示。MIC指在体外试验中能抑制培养基内细菌生长的药物最小浓度，MBC指能杀灭培养基内细菌的药物最小浓度。MIC和MBC可以通过体外抑菌试验即药敏试验测定。通过药敏试验测定药物的抗菌活性对临床用药具有重要参考意义。

(三) 耐药性

是指长期应用抗菌药治疗病原菌感染后，可使病原菌对药物的敏感性下降甚至消失的现象，又名抗药性。细菌耐药性的产生是抗菌药物在兽医临床应用中面临的一个严重问题，也是临床治疗失败的主要原因之一。不合理的用药方式可以加快细菌耐药性的发展，从而缩短抗菌药物的临床使用寿命。反之，合理规范地应用抗菌药物不仅可以延缓细菌耐药性的发生,甚至可以使产生耐药性的细菌重新恢复敏感性。

二、主要作用于革兰氏阳性菌的抗生素

(一)青霉素类

1. 青霉素(青霉素 G)Penicillin G

(1)作用与用途　青霉素属窄谱的杀菌性抗生素。对多种革兰氏阳性菌(包括球菌和杆菌)、部分革兰氏阴性球菌、螺旋体和放线菌有强大抗菌活性,但对革兰氏阴性杆菌作用很弱,对结核杆菌、立克次氏体、病毒等无效。

青霉素可用于各种敏感性病原体所致的疾病,如牛放线菌肉芽肿、破伤风、炭疽、气肿疽、乳房炎、子宫内膜炎、关节炎、钩端螺旋体感染等。

(2)用法与用量　肌内注射,一次量,每 kg 体重,成年奶牛 2 万～3 万 U,犊牛 3 万～4 万 U,1 日 2～3 次。牛乳室灌注 30 万 U/乳室,1 日 2 次。

(3)注意事项

第一,青霉素 G 钠(钾)不耐酸,内服易被胃酸和消化液破坏,同时易杀死牛瘤胃中的有益菌群而引起前胃疾病,故不宜口服。

第二,青霉素易水解,使用前要干燥保存,现用现配。

第三,本品与四环素类、大环内酯类等药物有拮抗作用,不宜配用。

第四,青霉素主要的不良反应为过敏反应,奶牛有过敏的报道。较轻的过敏可见皮疹、水肿等,重症则见流汗、不安、肌肉震颤、心率加快、呼吸困难,甚至发生过敏性休克,如不及时抢救,常致死亡。临床如出现严重过敏反应时,应立即肌内或静脉注射肾上腺素 2～5mg,必要时可加用地塞米松和抗组胺药。

2. 氨苄西林（氨苄青霉素）Ampicillin

（1）作用与用途　为半合成广谱抗生素，耐酸、不耐酶，内服或肌内注射均易吸收。对革兰氏阳性菌的作用与青霉素相近或稍弱，对多数革兰氏阴性菌如大肠杆菌、沙门氏杆菌、变形杆菌、巴氏杆菌等有较强的抗菌作用，但对绿脓杆菌、耐药金黄色葡萄球菌无效。

可用于牛肺炎、犊牛白痢、牛乳腺炎、牛的尿路感染以及沙门氏菌、大肠杆菌、变形杆菌、牛巴氏杆菌等感染。但对绿脓杆菌、金黄色葡萄球菌无效。严重感染时，可与庆大霉素、新霉素、卡那霉素等氨基糖苷类抗生素联用以增强疗效。

（2）用法与用量　静脉、肌内或皮下注射，每 kg 体重 2～7mg，每日 1～2 次；乳管内注入：每个乳室 75mg。

（3）注意事项　本品水溶液性质不稳定，应现用现配，在酸性环境中易分解，宜在中性环境中使用。不良反应与青霉素相似。

（二）头孢菌素（先锋霉素）类

兽医临床上常用的头孢类药物有：头孢唑啉、头孢噻肟、头孢曲松以及头孢噻呋等。

1. 头孢唑啉（先锋霉素 V）Cefazolin

（1）作用与用途　为半合成第一代头孢菌素。本品内服不易吸收，肌注后吸收良好。抗菌作用强，对酶稳定，血药浓度高。对革兰氏阳性菌及阴性菌一般均有效，对链球菌、大肠杆菌、肺炎杆菌、痢疾杆菌等的作用较强。临床用于敏感菌所引起的败血症、呼吸道、泌尿生殖道、皮肤软组织和关节等的感染。

（2）用法与用量　肌内、静脉或皮下注射，每 kg 体重 15～25mg，每天 3～4 次。

2. 头孢曲松 Ceftriaxone

（1）作用与用途　为第三代头孢菌素。其特点是对革兰氏阳性菌的抗菌作用不及第一代头孢，但对革兰氏阴性杆菌具有强大的抗菌作用。敏感菌有金黄色葡萄球菌、各种链球菌、大肠杆菌、变形杆菌、沙门氏菌、嗜血杆菌等。绿脓杆菌对本品亦较敏感。本品耐酶,对青霉素酶有良好的稳定性。

用于敏感菌所致的呼吸道、泌尿道、皮肤和软组织、腹腔、消化道感染、败血症及化脓性脑膜炎等。

(2)用法与用量　静脉、肌内或皮下注射,每 kg 体重一次量为 20~50mg,每天 3 次。

3. 头孢噻呋 Ceftiour

(1)作用与用途　本品为动物专用的第三代头孢菌素。具有肌注吸收完全,消除半衰期长等特征。头孢噻呋抗菌谱广,抗菌活性强。主要用于耐药性金黄色葡萄球菌、大肠杆菌、多杀性和溶血性巴氏杆菌、伤寒沙门氏杆菌、链球菌等引起的消化道、呼吸道、泌尿道感染,奶牛乳腺炎和预防术后败血症等。尤其适用于溶血性巴氏杆菌或出血性巴氏杆菌引起的支气管肺炎。

(2)用法与用量　注射用粉剂,每瓶 1g、4g。肌内注射,一次量,每 kg 体重,牛 1.1mg。每天 1 次,连用 3 天。

(3)注意事项　本品易溶于水,但在水溶液中保存时间短,故应在临用前稀释。

(三)大环内酯类

1. 红霉素 Erythromycin

(1)作用与用途　抗菌谱与青霉素相似,对革兰氏阳性菌中的金黄色葡萄球菌(包括耐药菌)、链球菌、肺炎球菌、炭疽芽胞杆菌等作用较强,对某些革兰氏阴性菌中的巴氏杆菌、布鲁氏菌也有一定作用,但对大肠杆菌、沙门氏菌属等肠道阴性杆菌无作用。此外,本品还对支原体、立克次氏体、钩端螺旋体等有效。

临床主要用于对青霉素耐药的金黄色葡萄球菌和其他敏感革兰氏阳性菌及支原体所致的各种感染。

(2)用法与用量　内服,一次量,犊牛每 kg 体重 2.2mg,每天

3~4次;静脉注射,一次量,每 kg 体重 1~2mg;肌内注射(硫氰酸盐),一次量,每 kg 体重 2mg。

2. 泰乐菌素 Tylosin

(1)作用与用途 本品为动物专用抗生素。抗菌谱与红霉素相似,对革兰氏阳性菌和某些革兰氏阴性菌、螺旋体等均有抑制作用,但对革兰氏阳性菌的作用不如红霉素。本品的特点是对支原体作用强大,是大环内酯类中抗支原体作用最强的药物之一。

主要用于防治动物的支原体病、敏感菌所引起的肠炎、肺炎、乳腺炎、子宫内膜炎及螺旋体、牛胸膜性肺炎等。

(2)用法与用量 皮下或肌内注射,一次量,每 kg 体重 2~10mg,每天 2 次,但日用量每 kg 体重不宜超过 60mg。

(四)林可胺(洁霉素)类

1. 林可霉素(洁霉素)Lincomycin

(1)作用与用途 抗菌谱与红霉素相似,对革兰氏阳性菌如金黄色葡萄球菌(包括耐药菌)、溶血性链球菌、肺炎球菌有较强抗菌作用,对某些厌氧菌和支原体有较强的抗菌作用,如杆菌属、破伤风杆菌、梭状芽胞杆菌、魏氏梭菌等。

主要用治疗革兰氏阳性菌特别是耐青霉素、红霉素的革兰氏阳性菌如葡萄球菌、链球菌、支原体所引起的各种感染。

(2)用法与用量 肌内或静脉注射,每 kg 体重一次量 10~20mg,每天 2 次。

2. 克林霉素 Clindmycin

(1)作用与用途 克林霉素的抗菌谱与林可霉素相似,但抗菌活性比林可霉素强 4~8 倍,对青霉素、红霉素或四环素耐药的细菌也有效。细菌对本品可产生耐药性,且与林可霉素之间有交叉耐药性。

临床应用同林可霉素相似,但疗效更佳。

(2)用法与用量 肌内或静脉注射,每 kg 体重一次量 5~

10mg,每天 2 次。

(五) 多肽类

杆菌肽 bacitracin

(1) 作用与用途 本品为窄谱抗生素,主要对大多数革兰氏阳性菌有强大抗菌作用,对螺旋体及放线菌也有效,但对革兰氏阴性杆菌无效,仅对脑膜炎双球菌、流感杆菌有效。与多种抗生素如青霉素 G、链霉素、新霉素、多黏菌素等有协同作用。本品毒性大,不能注射给药。

主要用于治疗奶牛的乳房炎、坏死性肠炎。常与多种抗生素如青霉素、链霉素、新霉素、金霉素、多黏菌素 B 等合用以增强疗效。

(2) 用法与用量 乳房内灌注,一次量为 1500U,每日 2 次;肌内注射,每 kg 体重 10~15mg,每天 1~2 次。内服,犊牛一次量为每 kg 体重 5 000U,每天 2~3 次。

三、主要作用于革兰氏阴性菌的抗生素

(一) 氨基糖苷类

1. 链霉素 Streptomycin

(1) 作用与用途 抗菌谱较广,对结核杆菌的作用较强,对多数革兰氏阴性杆菌如大肠杆菌、沙门氏菌、巴氏杆菌、嗜血杆菌等有效,对革兰氏阳性菌的作用较青霉素弱,对钩端螺旋体、放线菌、支原体亦有一定作用。本品内服极少吸收,只对肠道感染有效。治疗全身感染多采用肌内注射。

临床主要用于敏感菌引起的呼吸道、消化道、泌尿道感染及败血症等。

(2) 用法与用量 内服,一次量,犊牛 100 万 U,每天 2~3 次;肌内注射,一次量,每 kg 体重 1.5 万 U,每天 2 次。

2. 庆大霉素 Gentamycin

(1)作用与用途　本品在氨基糖苷类中抗菌谱较广,抗菌活性最强。对革兰氏阴性菌和阳性菌均有较强的作用。在阴性菌中,对大肠杆菌、变形杆菌、嗜血杆菌、绿脓杆菌、沙门氏菌等有较强的杀菌活性。在阳性菌中,对耐药金黄色葡萄球菌的作用最强,对耐药的葡萄球菌、溶血性链球菌也有效。此外,支原体对本品也较敏感。

本品内服很少吸收,肠内浓度高,肌内注射吸收迅速而完全。

临床上主要用于绿脓杆菌、变形杆菌、大肠杆菌、沙门氏菌、耐药金黄色葡萄球菌等引起的系统或局部感染,如呼吸道、泌尿生殖道感染及败血症等。对于严重细菌性感染常与青霉素类和头孢菌素类联合治疗。

(2)用法与用量　肌内或静脉注射,一次量,每 kg 体重 1～1.5mg,每天 2 次,连用 3～5 天。乳室灌注,每乳室 250～400mg。

3. 新霉素 Neomycin

(1)作用与用途　抗菌谱与卡那霉素相似。对金黄色葡萄球菌及大肠杆菌等肠杆菌科细菌有良好的抗菌作用。本品在氨基糖苷类药物中毒性最大,一般禁用于注射给药。

(2)用法与用量　内服,1 日量,成年牛每 kg 体重 8～15mg;犊牛每 kg 体重 20～30mg,分 3～4 次服用,连用 3～5 天。

4. 卡那霉素 Kanamycin

(1)作用与用途　抗菌谱广,主要对革兰氏阴性菌如大肠杆菌、沙门氏菌、肺炎杆菌、变形杆菌、巴氏杆菌等有效,对耐药金黄色葡萄球菌、支原体等亦有效。但对绿脓杆菌、厌氧菌、除金黄色葡萄球菌外的其他革兰氏阳性菌无效。

主要治疗奶牛的呼吸道感染、泌尿道感染和败血症、乳腺炎、肺炎、大肠杆菌病、沙门氏菌病等。

(2)用法与用量　内服,一次量,每 kg 体重 3～6mg,每天 3

第九章 奶牛场常用药物

次;肌内注射,一次量,每 kg 体重 10~15mg,每天 2 次。

4. 阿米卡星(丁胺卡那霉素)Amikacin

(1)作用与用途　本品的抗菌谱为本类药物中最广的。对大多数细菌的抗菌活性与卡那霉素相似或略优。其突出优点是对许多肠道革兰氏阴性杆菌和绿脓杆菌所产生的钝化酶稳定,即耐酶性较强。

主要用于治疗对其他氨基糖苷类耐药的细菌所致的感染,如对庆大霉素、卡那霉素、新霉素耐药的细菌引起奶牛的尿路感染、下呼吸道感染、腹膜炎、生殖道感染等都有一定的疗效。

(2)用法与用量　内服,一次量,每 kg 体重 3~8mg,每天 3 次;肌内注射,一次量,每 kg 体重 10~15mg,每天 2 次。

(二)多粘菌素类

多粘菌素 B(Polymycin B)

(1)作用与用途　本品为窄谱杀菌剂,只对革兰氏阴性杆菌有抗菌作用,尤其对绿脓杆菌作用强大,对大肠杆菌、肺炎杆菌、沙门氏菌、巴氏杆菌、弧菌等也有较强作用。但对革兰氏阳性菌、革兰氏阴性球菌、变形杆菌和厌氧菌等均无效。本品与庆大霉素、新霉素和杆菌肽联用有协同作用。

临床上常用于奶牛的乳房炎、沙门氏菌病、大肠杆菌病、布氏杆菌病、绿脓杆菌病等。

(2)用法与用量　内服,犊牛每头 0.5 万~1 万 U,每天 2~3 次;肌内注射,一次量,每 kg 体重 0.5 万 U,每天 2 次。

注意事项:肾功能不全者禁用。内服不易吸收。

四、广谱抗生素

(一)土霉素 Oxytetracycline

(1)作用与用途　本品为广谱抗生素,对革兰氏阳性菌、革兰氏阴性菌都有抑制作用,对衣原体、立克次氏体、支原体、螺旋体等也有一定的抑制作用。

主要用于防治牛大肠杆菌、沙门氏菌(如犊牛白痢、犊牛副伤寒等)、巴氏杆菌、布氏杆菌感染以及传染性胸膜肺炎、钩端螺旋体病、坏死杆菌所引起的组织坏死及防治奶牛子宫炎。

(2)用法与用量　内服,一次量,每 kg 体重,犊牛 10～20mg,每天 2～3 次;静脉或肌内注射,一次量,每 kg 体重 2.5～5.0mg,每天 2 次。子宫内投药,每次 2～3g,每 3～4 天投药 1 次。

(二)多西环素(强力霉素、脱氧土霉素)Doxycycline

(1)作用与用途　本品为半合成四环素类广谱抗生素。抗菌谱与四环素类其他抗生素相似,其特点是高效、长效、广谱、低毒。体外和体内抗菌作用在同类中均较强,是四环素的 2～10 倍。对四环素和土霉素耐药的金黄色葡萄球菌亦有作用。本品内服易吸收,在体内分布广泛,主要以代谢物方式消除,因而对肠道菌群无影响,少见二重感染。对牛的大肠杆菌病、沙门氏菌病、支原体病等有较好疗效。

(2)用法与用量　内服,一次量,每 kg 体重 1～3mg,每天 1 次。静脉注射,一次量,每 kg 体重 1～2mg,每天 1 次。

(三)氟苯尼考 Florfenicol

(1)作用与用途　本品为动物专用的广谱抗生素,其抗菌谱与抗菌活性优于甲砜霉素,对多种革兰氏阳性菌和革兰氏阴性菌均有作用。临床已用于治疗牛巴氏杆菌、呼吸道感染、牛胸膜性肺炎、牛放线菌病等。

(2)用法与用量　内服、静注,一次量,每 kg 体重 5～20mg。

五、抗真菌药物

(一)抗真菌抗生素

1. 制霉菌素 Nystain

(1)作用与用途　对念珠菌、隐球菌、组织胞浆菌、球孢子菌、芽生菌、毛癣菌、表皮菌等多种真菌均有抑制或杀灭作用,对念珠菌属的抗菌效力最为显著。本品比两性霉素 B 的毒性大,一般不宜用于全身感染。

内服难吸收,临床用于治疗消化道真菌感染,如牛真菌性网胃炎、真菌性乳腺炎、子宫炎等,或用于防治长期应用广谱抗菌药物所引起的真菌性二重感染,外用治疗体表的真菌感染。

(2)用法与用量 内服,每头一次量 250 万～500 万 U,每天 3～4 次;子宫灌注,150 万～200 万 U;乳管注入,每乳室 10 万 U。

2. 两性霉素 B Amphoteticin B

(1)作用与用途 本品为深部真菌感染药,抗真菌谱广。对隐球菌、球孢子菌、白色念珠菌、芽生菌等有抑制作用,高浓度时呈杀菌作用,是治疗深部真菌感染的有效药物。

(2)用法与用量 静脉注射,一次量,每 kg 体重 0.125～0.5mg,隔日 1 次或每周 2 次。

(二)合成抗真菌药

1. 克霉唑 Clotrimazle

(1)作用与用途 为咪唑类广谱抗真菌药。对多种致病性真菌有抑制作用,对皮肤真菌的抗菌谱和抗菌效力与灰黄霉素相似,对内脏致病性真菌如白色念珠菌、新型隐球菌、球孢子菌和组织胞浆菌等的抗菌效力与两性霉素 B 相似。本品内服可吸收,毒性小,各种真菌不易产生耐药性。

(2)用法与用量 内服,一日量,犊牛 1.5～3g;成年牛 10～20g,分 2 次内服。1%～5%克霉唑软膏,外用,每天 2～3 次。

2. 酮康唑 ketoconazole

(1)作用与用途 属咪唑类广谱抗真菌药,对全身及浅表真菌均有抗菌活性。对隐球菌、念珠菌、皮炎芽生菌、球孢子菌、曲霉菌及皮肤真菌均有抑制作用,疗效优于灰黄霉素和两性霉素 B,且更安全。内服易吸收,适用于消化道、呼吸道及全身性真菌感染,皮肤黏膜等浅表真菌感染。

(2)用法与用量】 内服,一次量,每 kg 体重,犊牛 10mg,每天 1 次。

3. 氟康唑 Fluconazole

(1)作用与用途 本品属咪唑类广谱抗真菌药。对深、浅部真菌均有很强的抗菌作用,体内抗真菌活性比酮康唑强 10~20 倍,以念珠菌、隐球菌、烟曲霉菌等最为敏感。本品毒性低,内服吸收良好,体内分布广泛,在体液、组织和皮肤中的浓度比血浆浓度高数倍。

内服用于浅表、深部真菌感染。

(2)用法与用量 内服,一次量,每 kg 体重,犊牛 10mg,每天 1 次,连用 5 天。

六、抗病毒药物

(一)利巴韦林(病毒唑,三氮唑核苷)Ribavirin

1. 作用与用途 为广谱抗病毒药物,对多种 DNA 病毒和 RNA 病毒均有抑制作用,可用于防治病毒性呼吸道感染和疱疹病毒病,如腺病毒性肺炎、病毒性结膜炎等。为防止并发或继发细菌感染,临床多与抗菌药如环丙沙星等联合使用。

2. 用法用量 肌内注射或静脉滴注,每 kg 体重 10~20mg,1 日 2 次。眼药水,每天 6 次滴眼,每次数滴。

(二)吗啉胍(病毒灵)Moroxydine

1. 作用与用途 本品为广谱抗病毒药物。对多种病毒如 RNA 病毒中的流感病毒、副流感病毒、呼吸道合胞病毒及 DNA 病毒中的腺病毒有效。临床可用于防治病毒性流感、疱疹以及病毒性肠炎。

2. 用法与用量 肌内注射,每次 5~15ml,每天 2 次。

(三)干扰素 Interferon,IFN

1. 来源 干扰素是病毒进入动物机体后,诱导宿主细胞产生的一类具有多种生物活性的糖蛋白。因其能作用于其他细胞,干扰病毒的复制,故被命名为干扰素。根据产生干扰素细胞的来源、理化性质和生物学活性的差异,可分为 α-干扰素、β-干扰素和 γ-干扰素。

2. 作用与用途 干扰素具有广谱抗病毒作用,几乎能抑制所有病毒的繁殖,对 RNA 病毒、DNA 病毒、某些肿瘤病毒都有作用。干扰素具有细胞种属特异性,即某一种属动物的细胞产生的干扰素,只能保护同种或非常接近的种属的动物和细胞。例如由鸡细胞产生的干扰素只能保护鸡而不能保护其他动物。牛干扰素只在牛体内有效,而在猪体内的效果很低,甚至无效,反之亦然。干扰素对动物的毒性较小,高剂量仅有一般生物制品的常见反应。抗原性很弱,因而可以反复应用,疗效也不降低。

由于干扰素具有抗病毒谱广、抗病毒效力强、毒性低、抗原性弱等优点,被公认为很有发展前途的抗病毒药物。

3. 用法与用量 肌内注射,每次 5~10ml,每天 2 次。

第三节 磺胺类药物与抗菌增效剂

一、常用磺胺类药物

(一)磺胺嘧啶(Sulfadiazine,SD)

1. 作用与用途 本品抗菌谱广,抗菌效果较好,对大多数革兰氏阳性菌和阴性菌均有抑制作用,对脑膜炎双球菌、肺炎链球菌、溶血性链球菌的抑制作用较强,能通过血脑屏障渗入脑脊液,为治疗脑部细菌感染的首选药。用于呼吸道感染及消化道感染等疾病。常与 TMP 配伍。

2. 用法与用量　内服,一次量,每 kg 体重,首次量 0.14～0.2g,维持量减半(0.07～0.1g),每天 2 次;静脉或肌内注射:一次量,每 kg 体重 0.07～0.1g,每天 2 次。

(二)磺胺甲噁唑(磺胺甲基异噁唑、新诺明)Sulfamethoxazole,SMZ

1. 作用与用途　抗菌谱与磺胺嘧啶相似,但抗菌作用较强。如与增效剂甲氧苄啶合用,其抗菌效能可增加数倍至数十倍。本品内服后吸收较慢,排泄较慢,有效血药浓度维持时间较长。缺点是本药在体内的代谢产物溶解度低,容易在尿道中析出结晶而致结晶尿、血尿等,大剂量应用时宜与等量碳酸氢钠同服。

主要用于敏感菌引起的呼吸道、消化道和泌尿道感染及葡萄球菌病、链球菌病、传染性鼻炎、犊牛球虫病等。

2. 用法与用量　内服,首次量,每 kg 体重,0.14～0.2g,维持量为 0.07～0.1g,每天 2 次。静脉、肌内注射,每 kg 体重 0.07～0.1g,每天 2 次。

(三)磺胺间甲氧嘧啶(制菌磺、磺胺 6 甲氧嘧啶)Sulfamonomethoxine,SMM

1. 作用与用途　本品为体内、外抗菌作用最强的新型磺胺药,对球虫、弓形虫、住白细胞原虫等也有良好作用。内服吸收良好,血中浓度高,维持时间接近 24h,属长效磺胺药。本品乙酰化率低,溶解度高,在尿中不易引起结晶,不良反应较少。

一般用于牛萎缩性鼻炎、牛乳腺炎、子宫炎及敏感菌所引起的呼吸道、泌尿道和消化道细菌感染。

2. 用法与用量　犊牛内服,预防,每 kg 体重,首次量 0.05～0.1g,维持量为 0.025～0.05g,每天 2 次;静脉或肌内注射,一次量,每 kg 体重 0.05g,每天 2 次;乳室灌注,每乳室 2～5g,每天 1 次;子宫灌注,4～5g,每天 1 次。

(四) 磺胺对甲氧嘧啶 (SMD)

1. 作用与用途　抗菌作用、临床疗效与 SD 相似。内服吸收迅速，作用维持时间长，体内乙酰化率低，且溶解度高，不易引起泌尿道损害。主要从尿中排出，排泄缓慢，对尿路感染有显著疗效。

主要用于防治化脓性链球菌、葡萄球菌、沙门氏菌等所致的生殖道、呼吸道、泌尿道、肠道和皮肤软组织感染，也用于防治牛球虫病。

2. 用法与用量　犊牛混饲、混饮、内服，用量同 SMM。

(五) 磺胺脒 (Sulfamidine, SG)

1. 作用与用途　本品内服吸收少，能在肠内保持较高浓度，主要用于犊牛的肠道细菌性感染，如胃肠炎、痢疾等。

2. 用法与用量　内服，一次量，每 kg 体重，犊牛首次量 0.14～0.2g，维持量 0.07～0.1g，每天 2～3 次。

二、抗菌增效剂

(一) 甲氧苄啶 Trimethoprim, TMP

1. 作用与用途　本品对大多数革兰氏阳性菌和革兰氏阴性菌均有抑制作用。内服或注射后吸收迅速，1～4h 可达有效血浓度，维持时间较短，尿中浓度较高。

2. 用法与用量　临床上主要按 1∶5 与磺胺药或某些抗生素配伍治疗牛呼吸道、消化道、泌尿生殖道感染及腹膜炎、各种败血症等。

第四节 喹诺酮类、喹噁啉类及硝基咪唑类药物

一、喹诺酮类药物

(一)诺氟沙星(氟哌酸)Norfloxacin

1. 作用与用途 本品为广谱杀菌药物。对多数革兰氏阴性菌如大肠杆菌、沙门氏菌、巴氏杆菌及绿脓杆菌有较强的杀菌作用;对革兰氏阳性球菌亦有作用,特别是对金黄色葡萄球菌的作用较庆大霉素强;对支原体也有一定作用。本品内服吸收迅速,但不完全,烟酸诺氟沙星的吸收利用率较盐酸诺氟沙星高。

适用于敏感菌引起的消化道、呼吸道、泌尿道、皮肤感染和支原体病。

2. 用法与用量 内服,一次量,每 kg 体重,犊牛 $10\sim20$ mg,每天 2 次。肌内注射,一次量,每 kg 体重,犊牛 $2\sim4$ mg,每天 2 次。

(二)氧氟沙星(氟嗪酸,Ofloxacin)

1. 作用与用途 本品抗菌谱广,对多数革兰氏阴性菌、阳性菌、厌氧菌和支原体有较强的抗菌作用,如绿脓杆菌、大肠杆菌、伤寒杆菌、痢疾杆菌等,可用于细菌混合性感染,敏感菌引起的呼吸道、泌尿道、肠道、皮肤和软组织感染。

2. 用法与用量 参考诺氟沙星。

(三)恩诺沙星(乙基环丙沙星)Enrofloxacin

1. 作用与用途 本品为动物专用氟喹诺酮类药物。对支原体有特效,对多种革兰氏阴性菌和阳性菌有良好抗菌作用。临床上用于呼吸道、消化道、泌尿道、支原体及细菌混合性感染。

2. 用法与用量 内服,一次量,每 kg 体重 $2.5\sim5$ mg;静脉、

肌内注射,一次量,每 kg 体重 2.5mg,每天 2 次,连用 3 天。必要时停药 2 天后再连用 3 天。

二、喹噁啉类药物

(一)乙酰甲喹(痢菌净)Maquindox

1. 作用与用途　为广谱抗菌药物,对革兰氏阴性菌的作用较强,主要用于防治犊牛副伤寒及细菌性肠炎。

2. 用法与用量　内服,一次量,每 kg 体重 5～10mg,每天 2 次;肌内注射,一次量,每 kg 体重,犊牛 2.5～5mg,每天 2 次。

(二)喹乙醇 Olaquindox

1. 作用与用途　广谱抗菌药物,兼有促进生长作用。抗菌谱与乙酰甲喹相似,对革兰氏阴性菌如巴氏杆菌、沙门氏菌、大肠杆菌及变形杆菌等作用较强;对革兰氏阳性菌如金黄色葡萄球菌、链球菌等亦有一定的抑制作用。可促进蛋白质同化,增加瘦肉率,促进奶牛生长,提高饲料转化率。

主要用于防治大肠杆菌病、葡萄球菌病、犊牛腹泻以及促进生长发育。

2. 用法与用量　混饲,每 1 000kg 饲料,犊牛促进生长 50g;治疗,50～100g。

三、硝基咪唑类药物

(一)甲硝唑(灭滴灵、甲硝哒唑)Metronidazole

1. 作用与用途　本品对大多数专性厌氧菌具有强大的杀灭作用,包括拟杆菌属、梭状芽孢杆菌属、产气荚膜梭菌属、粪链球菌属等,其杀菌活性超过林可霉素,但对需氧菌和兼性厌氧菌无效。此外,本品对滴虫、阿米巴原虫也有强大的杀灭作用。

临床用于防治组织滴虫病、鞭虫病和犊牛球虫病。

2. 用法与用量　每 1 000kg 犊牛饲料中,预防加 200g、治疗加 500g。

（二）地美硝唑（二甲硝咪唑）Dimetridazole

1. 作用与用途　是广谱抗菌和抗原虫药，对多种细菌、密螺旋体和原虫有杀灭作用，对组织滴虫作用显著，临床用于防治组织滴虫病、鞭虫病和犊牛球虫病。

2. 用法与用量　每 1 000kg 犊牛饲料中，预防加 100g、治疗加 250g。

第五节　抗寄生虫药

一、抗原虫药

（一）咪唑苯脲（双脒苯脲）Imidocarb

1. 作用与用途　属于均二苯基脲的衍生物，是一种动物专用的抗原虫的化学药物。临床上一般常用其二丙酸盐或双盐酸盐做成制剂，通过皮下或肌内注射，用以治疗牛的巴贝斯虫感染及附红细胞体等。注射后迅速吸收并分布于全身组织，1h 后即可达到血药峰浓度。本品主要通过粪便和尿以原形排出体外。

2. 用法与用量　皮下、肌内注射，一次量，每 kg 体重 1～2mg。过量可出现流涎、哆嗦、神经症状，甚至死亡。

（二）三氮脒 Diminazene Aceturate

1. 作用与用途　又称贝尼尔、血虫净。为黄色晶粉，易溶于水。该药对牛的双芽焦虫、巴贝斯焦虫、柯契卡巴贝斯焦虫等感染的治疗效果较好。对轻症病例效果较佳，一次用药即可使虫体驱尽。重症病例即使增加剂量，疗效也差。还可用于治疗锥虫病。对牛伊氏焦虫病疗效较差。对家畜血孢子虫病，既有治疗作用，又有一定的预防作用。过量时，牛起卧不安、心跳加快、肌颤、流涎。

2. 用法与用量　肌内注射，一次量，乳牛，每 kg 体重 2～

第九章 奶牛场常用药物

5mg。临用时配制5%~7%注射液,深部肌内注射。牛一般用1次,必要时可重复2~3次。

(三)青蒿素 Artemisinin

1. 作用与用途　青蒿素是从中药青蒿中提取的有过氧基团的倍半萜内酯药物。为高效、速效抗疟药。作用于疟原虫红细胞内期,适用于间日疟及恶性疟,特别是抢救脑型疟均有良效。其退热时间及疟原虫转阴时间都较氯喹短。对氯喹有抗药性的疟原虫,使用本品亦有效。青蒿素对疟原虫在红细胞内的裂殖体有强大的杀灭作用。其作用机理可能是通过干扰蛋白质的合成,引起细胞器的形态和功能损伤而产生杀灭疟原虫作用。近年来,青蒿素开始应用于兽医临床,主要用于治疗牛泰勒焦虫病及双芽焦虫病。

2. 用法与用量　青蒿素混悬液,肌内注射,每kg体重5mg,1日2次,连用2~4天。青蒿皮琥珀酯片内服,每kg体重5mg,首次量加倍,1日2次,连用2~4d。

二、抗蠕虫药

(一)驱线虫药

1. 伊维菌素 Ivermectin

(1) 作用与用途　伊维菌素是新型的广谱、高效、低毒抗生素类抗寄生虫药,对体内外寄生虫特别是线虫和节肢动物均有良好驱杀作用。但对绦虫、吸虫及原生动物无效。对线虫及节肢动物的驱杀作用,在于增加虫体的抑制性递质λ-氨基丁酸(GABA)的释放,以及打开谷氨酸控制的Cl^-通道,增强神经膜对Cl^-的通透性,从而阻断神经信号的传递,最终神经麻痹,使肌肉细胞失去收缩能力,而导致虫体死亡。

(2) 用法与用量　皮下注射,一次量,每kg体重,牛0.2mg。2~3周后重复注射1次。

2. 阿维菌素 Avermectin

（1）作用与用途　阿维菌素的驱虫机理、驱虫谱以及药动学情况与伊维菌素相同，其驱虫活性、驱虫谱与伊维菌素大致相似，但本品性质较不稳定，特别对光线敏感，贮存不当时易灭活减效。

（2）用法与用量　皮下注射，一次量，每 kg 体重，牛 0.2mg。2～3 周后重复注射 1 次。

3. 阿苯达唑（丙硫苯咪唑、抗蠕敏）Albendazole

（1）作用与用途　本品为广谱、高效、低毒的驱虫药，对牛胃肠道线虫、肺线虫、肝片吸虫和绦虫均有效；单用本品即可驱除牛体内混合感染的寄生虫，特别对牛囊尾蚴更有明显效果，尤其是杀灭囊尾蚴，对虫体作用快，杀灭力强，毒副作用小，价廉，为当前治疗囊尾蚴病的良好药物。作用是抑制虫体内延胡索酸还原酶的活性，进而抑制虫体对葡萄糖的利用，使糖原与三磷酸腺苷耗尽，以至蠕虫无法生存而死亡。

（2）用法与用量　内服，一次量，每 kg 体重 10～15mg；肌内注射，每 kg 体重 5～8mg。

4. 芬苯达唑（苯硫咪唑）Fenbendazole

（1）作用与用途　对牛大多数消化道线虫及一些吸虫、绦虫有效。临床上可用于驱除牛血矛属、奥斯特属、毛圆属、古柏属、食道口属茅线虫及莫尼茨绦虫，对其幼虫的驱除率达 90% 以上。

（2）用法与用量　内服，每 kg 体重 5～10mg。每天 1 次，连用 3 天。

5. 左旋咪唑 Levamisole

（1）作用与用途　本品为广谱、高效、低毒、使用方便的驱虫药。对牛皱胃中的血矛属、奥斯特属线虫，小肠的古柏属、毛圆属、仰口属线虫，大肠食道口属、毛首属线虫及牛蛔虫的成虫均有良好效果。但对消化道寄生虫的幼虫及童虫驱虫效果没有成虫好。主要是干扰虫体的能量供应，阻断虫体内能量物质的形成，减少三磷

第九章 奶牛场常用药物

酸腺苷(ATP),或造成三磷酸腺苷的匮乏,干扰其细胞正常活动,导致虫体麻痹,被排出体外。

(2)用法与用量 内服,一次量,每 kg 体重 8~10mg;肌内注射,一次量,每 kg 体重 4~5mg。

(二)驱吸虫药

1. 吡喹酮 Praziquantel

(1)作用与用途 口服易吸收且迅速。肌内、皮下、静脉注射或给药均可,药物吸收后,在肝、肾脏组织代谢失活。其大部分代谢物与原形药随尿排出,少数代谢物经胆汁排入肠道,随粪便排出体外。吡喹酮对曼氏血吸虫、埃及血吸虫和日本血吸虫的成虫及童虫有效,对虫卵无作用;对多种绦虫如多头绦虫、棘球绦虫、中华枝睾吸虫等均有效。药物直接作用于虫体,使虫体收缩和失活而被杀灭。

(2)用法与用量 肌内注射,一次量,每 kg 体重 10~20mg。

2. 硝氯酚 Niclofolan

(1)作用与用途 内服后,药物经 24~48h,血中药物浓度方见高峰,其后迅速下降。硝氯酚对牛肝片吸虫的成虫有良好驱虫效果,对童虫也有一定疗效。驱除童虫时,随其剂量的增加,驱虫效果显著,但安全指数下降。该药的驱虫效果,较四氯化碳更优,为低毒较理想驱虫药。主要是抑制虫体内琥珀酸脱氢酶的活性,使虫体内能量供应枯竭,虫体麻痹死亡。

(2)用法与用量 内服,一次量,每 kg 体重 6~8mg,都能有效驱除吸虫的成虫。

(三)驱绦虫药

1. 吡喹酮 Praziquantel 参见驱吸虫药。

2. 氯硝柳胺(灭绦灵)Niclosamide

(1)作用与用途 驱虫作用是阻断虫体对糖的摄取而断绝能量来源,使其失去吸附能力。抑制虫体无氧代谢氧化磷酸化过程,破坏三羧循环导致乳酸蓄积而死亡。虫体对蛋白水解酶敏感,使关节、体节部分分解,且排出完整的虫体。对牛的莫尼茨绦虫、裸头绦虫等都有效。给药前需空腹一夜。

(2)用法与用量　内服,一次量,每 kg 体重 60～70mg。

三、杀虫药及杀鼠药

(一)有机氯制剂

三氯杀虫酯 Acetofenate

(1)作用与用途　本品为白色晶体,无特殊气味,不溶于水,易溶于丙酮等有机溶剂。在中性和弱酸性中较稳定,碱性中分解。本品为滴滴涕类似物,具有高效,低毒,易降解的特点,为六六六或滴滴涕的替代品,对蚊、蝇和家畜体表寄生虫均有良好杀灭作用,其速杀效力类同拟除虫菊酯,优于滴滴涕,对有机氯或有机磷已产生抗性的蚊、蝇亦有杀灭作用。可用于对有机氯或有机磷有耐药性蚊、蝇的驱杀作用。

(2)用法与用量　喷雾,加水稀释成 1% 浓度,按 $0.4ml/m^2$ 喷雾。

喷洒,稀释成 1% 乳剂喷洒奶牛体表,常用 25% 乳剂稀释后喷洒($2g/m^2$)厩舍,1% 乳剂喷洒体表。也可与敌敌畏或胺菊酯等作气雾喷洒。

(二)有机磷制剂

1. 皮蝇磷 Fenchlorphos

(1)作用与用途　白色粉末,水溶性差,易溶于有机溶剂。主要治疗牛皮蝇幼虫。

(2)用法与用量　内服,每天每 kg 体重 2mg,连用 6 天;外用配制成 1% 溶液,涂搽患部,对虱、螨都有很好的疗效。

2. 二嗪农 Diazinon

(1)作用与用途　又称敌匹硫磷,在室温下溶于水,亦能溶于

第九章 奶牛场常用药物

多数有机溶剂。具有广谱杀虫作用,可具有触杀、胃毒及熏蒸作用,通过抑制虫体的胆碱酯酶达到杀灭作用,是一种良好的杀虫剂与杀螨剂。为牛虱、蜱、疥螨、牛皮蝇、螺旋体的有效杀灭剂。

(2)用法与用量　本品使用完全,一旦有不良反应,可用阿托品及解磷啶预防与解救。常用1.25%浓度喷洒。

(三)拟除虫菊酯类

除虫菊酯对各种虫害有高效、速杀的作用;对人与畜等安全无毒。化学性质不稳定,残效短,多数昆虫被击倒后可以复苏。

1. 二氯苯醚菊酯 Permethrin

(1)作用与用途　为淡黄色油状液体,有芳香味,不溶于水,能溶于乙醇、丙酮、二甲苯等有机溶剂。本品对光稳定,残效期长,但在碱性介质中易水解。

本品为高效、速效、无残留、不污染环境的广谱、低毒杀虫药。对多种畜禽体表与环境中的害虫,如螨、蜱、虱、虻、蚊、蝇、蟑螂等具有很强的触杀及胃毒作用,击倒作用强,杀虫速度快。主要用于驱杀各种畜禽体表寄生虫,防治由螨、蜱、虱、蝇引起的各类外寄生虫病。也广泛用于杀灭周围环境中的卫生昆虫。

(2)用法与用量　药浴,配成0.02%乳液。奶牛用药后需间隔6h方可挤奶,牛的休药期为3d。

2. 溴氰菊酯 Deltamethrin

(1)作用与用途　又称敌杀死,不溶于水,可溶于丙酮。本品具有杀虫范围广,对多种有害昆虫有杀灭作用,具杀虫效力强,速效,低毒,低残留等优点。比有机磷酸酯有更大的脂溶性,其杀虫效力比滴滴涕大366倍。比二氯苯醚菊酯大4～5倍。

(2)用法与用量　外用,常用杀灭蜱、螨,0.01%～0.0125%的浓度每平方米喷雾50ml,密闭4～6h。喷药时防止动物舔食药物。

第六节 作用于消化系统的药物

由于奶牛消化系统的解剖结构和生理特点,发病的种类和发病率也有很大差异。临床作用于消化系统的药物种类繁多,大多数是天然药物,按其药理作用和临床应用,可分为健胃药、瘤胃兴奋药和消沫药。

一、健胃药与助消化药

健胃药是指能提高食欲,促进唾液和胃液分泌增加,调整胃肠机能活动的一类药物。临床上常用的有苦味健胃药、芳香健胃药、盐类健胃药。

(一)苦味健胃药

苦味健胃药的有效成分具有强烈苦味,可通过刺激味觉感受器兴奋食欲中枢,提高食欲。给药时须使药物与舌的味蕾接触,才能充分发挥药效。苦味健胃药一般用于大家畜的食欲不振、消化不良。

1. 龙胆

(1)作用与用途　主要成分是龙胆苦苷,性寒味苦,能泻肝胆实热。刺激口腔味觉感受器,通过迷走神经反射性地兴奋食物中枢,从而使唾液和胃液增加,增进食欲,促进消化。使用时空腹为好。用于牛的食欲减退、消化不良或某些热性病的恢复期。

(2)用法与用量　内服:龙胆末,每头一次量20~50g;龙胆酊,每头一次量50~100ml;复方龙胆酊,每头一次量20~100ml。

2. 大黄

(1)作用与用途　内服小剂量时出现苦味健胃作用;中等剂量时,收敛止泻作用;大剂量时,致泻作用。还可以抗菌消炎,对革兰氏阳性菌和革兰氏阴性菌都有一定的抑制作用。临床上常用于健胃。

(2)用法与用量　①大黄末。内服健胃,每头一次量 20～40g;内服止泻,50～100g;内服泻下,成年牛 100～150g,犊牛 10～30g。②大黄苏打片。每片含大黄末和碳酸氢钠各 0.15g。内服健胃,犊牛每头一次量 3～5g。

(二)芳香健胃药

本类药物含有挥发油,具有芳香气味。内服后对消化道黏膜有轻度的刺激作用,能反射性地增加消化液的分泌,促进胃肠蠕动。也有抑菌和制止发酵的作用,挥发油吸收后,经呼吸道排出,能增加分泌,稀释痰液,有轻度的祛痰作用。芳香健胃药主要有陈皮、桂皮、姜、辣椒、小茴香、豆蔻及其制剂。

1. 橙皮酊

(1)作用与用途　为橙黄色液体,含有挥发性橙皮油、黄酮苷和维生素 B_1 等。

含有挥发油、橙皮苷、川皮酮等芳香性物质。有促进胃肠蠕动和分泌、轻度抑菌和制酵等作用。用于消化不良、胃臌胀、积食及咳嗽多痰等。

(2)用法与用量　内服,每头一次量 30～100ml。

2. 大蒜酊

(1)作用与用途　是以去皮大蒜 400g,捣烂后加入 70%酒精 1 000ml,浸泡 12～14 天后过滤而成。为淡黄绿色液体,有挥发性。主要成分是大蒜素,长期存放失效。内服刺激胃肠黏膜,增加胃肠蠕动和胃液分泌,有健胃作用,还有明显的抑菌制酵作用。临床上用于治疗瘤胃膨胀、前胃弛缓、胃扩张、肠臌气、慢性胃肠卡他炎等。

(2)用法与用量　内服,每头一次量 50～100ml。

3. 复方大黄酊

(1)作用与用途　黄棕色液体,有香气,味苦,微涩。每 100ml

相当于大黄10g、橙皮2g、草豆蔻2g。大黄含有大黄蒽苷、大黄酚及鞣酸,有苦味健胃作用。可刺激口腔味觉感受器和胃肠黏膜,促进消化液分泌和胃肠蠕动,使食欲增加和消化功能加强,用于消化不良,胃肠积食。

(2)用法与用量　内服,每头一次量30~100ml。

4. 姜酊

(1)作用与用途　淡黄色液体,有姜味。含有挥发油,姜辣素、姜酮和辛辣物质,内服后可刺激胃肠黏膜,促进消化液分泌和胃肠蠕动。用于消化不良、胃肠臌气。

(2)用法与用量　内服,每头一次量30~60ml,用前加水稀释成2%~4%的溶液。

(三)盐类健胃药

盐类健胃药系中性或弱碱性盐类,如氯化钠、人工盐、碳酸氢钠等。内服少量盐类,通过渗透压作用,可轻度刺激消化道黏膜,反射性地引起胃肠蠕动增强,消化液分泌增加,食欲增进,促进消化,又可补充离子,调节体内离子平衡。

1. 氯化钠(食盐)

(1)作用与用途　无色结晶或白色结晶性粉末,味咸,水溶液呈中性。易潮解,应密封保存。

内服少量食盐时,首先以其咸味刺激味觉感受器,同时轻微地刺激口腔黏膜,反射地增加唾液和胃液分泌,促进食欲。氯化钠到达胃肠时,能刺激胃肠黏膜,增加消化液分泌,增强胃肠蠕动。氯化钠还参与胃液盐酸的形成,促进消化过程。

(2)用法与用量　内服,每头一次量20~50g。

2. 碳酸氢钠(小苏打)

(1)作用与用途　无臭,味咸,易溶于水,水溶液呈弱碱性。在空气中易分解,应密闭保存。内服后能迅速中和胃酸,缓解幽门括约肌的紧张度,用于胃肠卡他、健胃、缓解酸中毒、碱化尿液、祛痰等。

(2)用法与用量　内服,每头一次量30～100g。

(3)注意事项　碳酸氢钠在中和胃酸时,能迅速产生大量二氧化碳。二氧化碳能刺激胃壁,促进胃酸分泌,出现继发性胃酸增多。二氧化碳能增加胃内压,禁用于瘤胃扩张病,以免引起胃进一步扩张。

3. 人工盐

(1)作用与用途　本品为干燥白色粉末,由44%硫酸钠、18%氯化钠、2%硫酸钾混合配成。小剂量促进胃肠蠕动,中和胃酸,加强消化。用于消化不良、瘤胃弛缓。大剂量具有泻药作用,用于大肠便秘。

(2)用法与用量　内服健胃,每头一次量50～150g;内服缓泻,每头一次量200～400g。

(四) 助消化药

1. 稀盐酸

(1)作用与用途　本品为无色澄清液体,约含盐酸10%,呈强酸性反应。

临床常用于因胃酸不足或缺乏引起的消化不良,食欲不振,胃内异常发酵。

(2)用法与用量　内服,一次量,牛15～30ml。用前加50倍水稀释成0.2%的溶液。

2. 胃蛋白酶

(1)作用与用途　本品是从健康猪、牛、羊的胃黏膜中提取的胃蛋白酶。

临床常用于胃液分泌不足或幼畜因胃蛋白酶缺乏引起的消化不良。

(2)用法与用量　内服,一次量,成年牛5～10g,犊牛2～5g。用前先将稀盐酸加水50倍稀释,再加入胃蛋白酶片,于饲喂前灌服。

(3)注意事项　本品忌与碱性药物配合使用,温度超过70℃时迅速失效,遇鞣酸、重金属盐产生沉淀,有效期1年。

3. 乳酶生　为白色或淡黄色干燥粉末,有微臭,难溶于水,遇热时其效力下降。

(1)作用与用途　本品为活乳酸杆菌的干燥制剂,内服进入肠内后,能分解糖类产生乳酸,使肠内酸度增高,从而抑制腐败性细菌的繁殖。临床主要用于防治消化不良、肠内臌气和犊牛腹泻等。

(2)用法与用量　内服,一次量,犊牛10～30g。

(3)注意事项　由于本品为活乳酸杆菌,故不宜与抗菌药物、吸附剂、酊剂、鞣酸等配合使用,以防失效。

二、瘤胃兴奋药

(一)氨甲酰甲胆碱

1. 作用与用途　白色结晶粉末,易溶于水和乙醇,pH值为5.5～6.5。氯化乙酰胆碱对胃肠道、膀胱和虹膜等平滑肌有较强的选择作用,可迅速增强胃肠的蠕动,兴奋瘤胃,促进排粪。可用于便秘、肠弛缓、瘤胃弛缓等。

2. 用法与用量　皮下注射,每kg体重0.05～0.1mg。

(二)新斯的明

1. 作用与用途　为拟胆碱药,对胃肠平滑肌有较强的选择作用,使其收缩加强,蠕动增快。用于前胃弛缓、瘤胃积食、瓣胃阻塞。当反刍停止,瘤胃麻痹,肠音废绝,高度臌气,食团大而硬时,不宜使用,以免胃肠平滑肌强烈收缩而引起腹痛或胃肠破裂。孕畜禁用,以免流产。

临床上常用于便秘、肠弛缓、前胃弛缓。

2. 用法与用量　皮下或肌内注射,每头一次量,4～20mg。

(三)硝酸毛果芸香碱

1. 作用与用途　白色结晶粉末,无臭,味微苦,可溶于水。硝酸毛果芸香碱对肠管等平滑肌有明显的兴奋作用,常用于不完全性阻塞,前胃弛缓。

2. 用法与用量　皮下注射,每头一次量 0.1～0.3g。

3. 注意事项　完全阻塞的病牛,体弱牛,妊娠牛,心、肺脏疾病奶牛禁用。

三、制酵药与消沫药

(一)松节油

1. 作用与用途　为常见的皮肤刺激药之一,也常用于消化道疾病。松节油内服后,能刺激消化黏膜,促进胃肠蠕动,并有制酵、驱风、消除泡沫等作用,用于瘤胃臌气及胃肠臌胀。由于能有效地降低气体泡沫局部的表面张力,使汇集的气泡气体随嗳气排出,亦用于泡沫性臌气。临用时加 3～4 倍植物油混合,以减少刺激性。禁止用于屠宰奶牛、泌乳奶牛及有胃肠炎、肾炎的奶牛。

2. 用法与用量　内服,每头一次量 20～60ml。

(二)二甲基硅油

1. 作用与用途　为微黄色澄清液体,不溶于水及乙醇,表面张力低。内服后 5min 开始迅速降低泡沫的局部张力,15～30min 作用最强,小气泡破裂后汇聚成大气泡排出,效果较好。

2. 用法与用量　内服,每头一次量 3～5g。临用时配成 2%～5%酒精溶液用胃导管投喂。

四、泻药与止泻药

(一)容积性泻药

临床上常用的容积性泻药有硫酸钠和硫酸镁两种。它们都是盐类,所以又称为盐类泻药。

1. 硫酸钠(芒硝)

(1)作用与用途　为无色透明结晶或颗粒粉末,味苦而咸,易溶于水。临床应用:①常用于结肠便秘,临用时配成4%～6%溶液灌服(若配合大黄、枳实、厚朴等药物,效果更好);②排除肠内毒物或辅助驱虫药排除虫体时,硫酸钠是首选的泻药之一;③奶牛瓣胃阻塞时,可用25%～30%硫酸钠溶液2500～3 000ml 直接注入瓣胃,以软化干结食团,以利搅拌并排出;④外用于化脓创口和瘘管的冲洗、引流,可用10%～20%硫酸钠溶液。

(2)用法与用量　内服健胃,一次量15～50g;内服泻下,400～800g。

2. 硫酸镁(泻盐)

(1)作用与用途　硫酸镁大剂量内服,其致泻作用与硫酸钠相似。

(2)用法与用量　内服,泻下剂量同硫酸钠;肌内或静脉注射,10～25g。

(3)注意事项　禁与氯化钙、碳酸氢钠同时应用,以免产生沉淀。注射量超过治疗量或注射速度太快时,易发生中毒,表现为呼吸浅表,肌腱反射消失,此时可静脉注射氯化钙解救。

(二)刺激性泻药

大　黄

(1)作用与用途　大黄的作用与其剂量有密切的关系。大剂量时,由于有足够量的蒽醌苷类,能刺激大肠壁的感受器,使肠蠕动增加,引起下泻。一般要在用药后6～24h才能排出软粪。单用大黄下泻作用慢而不确实,因为大黄含有较多的鞣酸,有时排粪后可再引起便秘。因此,常与硫酸钠配合使用。

(2)用法与用量　内服,致泻,成年奶牛一次量100～150g;犊牛一次量10～30g。

(三) 润滑性泻药

液状石蜡(石蜡油)

(1) 作用与用途　液状石蜡是一种矿物油，在肠道内不起变化，以原形通过整个胃肠道，对胃肠道黏膜起润滑和保护作用，是一种比较安全的泻药。适用于瓣胃梗塞、皱胃阻塞及肠便秘。

2. 用法与用量　内服，每头一次量 500～2 500ml。

(四) 止泻药

1. 药用炭(活性炭)

(1) 作用与用途　药用炭系将动物骨骼或木材在密闭窑内烧成，为黑褐色轻松粉末，无臭无味，加热能在空气中无火焰燃烧。本品表面积大，吸附作用强。

内服到达肠内后，能减轻肠内容物对肠壁的刺激，使肠蠕动减弱，呈现止泻作用。还能吸附胃肠内有害物质，如细菌、发酵产物、色素、气体以及生物碱等，用于腹泻、肠炎、毒物中毒等，可用于洗胃剂排除毒物。药用炭的吸附作用与其含水量有关，水分愈少，吸附作用愈强。

2. 用法与用量　内服，每头一次量 100～300g。

2. 白陶土(高岭土)

(1) 作用与用途　白色细软粉末，主要含硅酸铝，颗粒细小，表面积大，具有吸附作用，其吸附作用稍逊于药用炭。内服用于腹泻、肠炎。

(2) 用法与用量　内服，每头一次量 100～300g。

3. 鞣酸与鞣酸蛋白

(1) 作用与用途　鞣酸与蛋白质结合(1∶1)，生成鞣酸蛋白。内服后，鞣酸与胃内黏液蛋白生成鞣酸蛋白，覆盖黏膜上。而鞣酸蛋白进入肠腔后，在胰蛋白酶作用下，释放出鞣酸，呈收敛与保护作用。主要用于急性肠炎、非细菌性腹泻等。

(2) 用法与用量　内服，每头一次量 10～20g。

4. 矽碳银

(1) 作用与用途　矽炭银由白陶土 24 份，药用炭 6 份、氯化银 0.15 份混合制成，有收敛、吸附和抑菌等作用，常用于急性胃肠炎、腹泻、胃肠发酵等。宜于空腹时灌服。

(2) 用法与用量　内服，每头一次量 40～80g。

第七节　作用于呼吸系统的药物

一、祛痰药

(一) 氯化铵

1. 作用与用途　无色结晶或白色结晶性粉末。无臭、味咸。易溶于水，略溶于乙醇。有吸湿性，应密封保存于干燥处。

氯化铵内服后能刺激胃黏膜，通过胃迷走神经反射，引起支气管腺体分泌，同时，吸收后的氯化铵，有一部分经支气管黏膜排出时，可带出一定的水分，使稠痰变稀，黏度下降，易于咳出。此外，氯化铵还有酸化体液、尿液及轻微的利尿作用。主要用于呼吸道炎症的初期，痰液黏稠而不易咳出的症例。也可用以纠正碱中毒。

2. 用法与用量　内服，每头一次量 10～25g，每天 2～3 次。

3. 注意事项　氯化铵禁与磺胺类药物并用，以免磺胺在酸性尿中析出结晶，损害尿道。

(二) 碘化钾

1. 作用与用途　碘化钾内服后能刺激胃黏膜，反射性地使支气管腺体分泌增多。同时，吸收后，一部分碘离子很快从呼吸道排出，直接刺激支气管腺体分泌，使痰液变稀，易于咳出，故有祛痰作用。因其刺激性较强，不适用于急性支气管炎。临床多用于慢性或亚急性支气管炎。

2. 用法与用量　内服，每头一次量 5～10g。

(三) 乙酰半胱氨酸

1. **作用与用途** 本品为白色结晶性粉末,有类似蒜的臭气,味酸,有吸湿性。在水或乙醇中易溶。

本品为黏痰溶解性祛痰剂。由于化学结构中的巯基(—SH)可使黏蛋白的双硫键(—S—S—S)断裂,降低痰黏度,使黏痰容易咳出。用于痰液黏稠引起的呼吸困难,咳嗽困难。

2. **用法与用量** 喷雾,以10%～20%溶液喷雾吸入,中等动物一次用2～5ml,一日2～3次。一般喷雾2～3天或连续7天;

气管滴入,以5%溶液滴入气管内,一次量,牛3～5ml,每天2～4次。

二、镇咳药

(一) 枸橼酸喷托维宁(咳必清)

1. **作用与用途** 本品对呼吸道黏膜产生轻度局部麻醉作用,具有选择性抑制咳嗽中枢作用。可使痉挛的支气管平滑肌松弛。常与祛痰药合用,治疗伴有剧烈干咳的急性呼吸道炎症。

2. **用法与用量** 内服,每头一次量0.5～1g,每天3次。

3. **注意事项** 多痰性咳嗽不宜单用。

(二) 复方甘草合剂

1. **作用与用途** 本品含有甘草次酸,有镇咳作用。甘草制剂能促进咽喉及支气管分泌,有祛痰、解毒、抗炎等作用;复方樟脑酊能镇咳祛痰,甘油能覆盖于发炎的咽喉部组织,起保护作用;亚硝酸乙酯醑能松弛支气管平滑肌;酒石酸锑钾能刺激胃黏膜反射性地引起支气管腺体分泌增加,有镇咳、祛痰、平喘作用,适用于一般性咳嗽。

2. **用法与用量** 内服,每头一次量50～100ml。

三、平喘药

(一) 氨茶碱

1. 作用与用途　　白色或微黄色的颗粒或粉末,易结块,微有氨臭,味苦;水溶液呈碱性反应。

氨茶碱具有兴奋中枢神经系统、心脏,舒张血管,松弛平滑肌和利尿等作用。其中松弛支气管平滑肌的作用较突出。当支气管平滑肌处于痉挛状态时,氨茶碱的作用更为明显。临床上用于痉挛性支气管炎,急、慢性支气管哮喘;心力衰竭时的气喘及心性水肿的辅助治疗。

2. 用法与用量　　肌内注射,每头一次量 1~2g,一般用一次。

(二) 麻黄碱

1. 作用与用途　　麻黄碱的作用是松弛支气管平滑肌、扩张支气管。本品性质稳定,可内服给药。吸收后易于透过血脑屏障,有明显的中枢兴奋作用。可用于轻症的支气管喘息。也常配合祛痰药用于急、慢性支气管炎,以减弱支气管痉挛及咳嗽。

2. 用法与用量　　内服,每头一次量 0.05~0.5g,每天 2~3 次。

第八节　作用于血液循环系统的药物

一、强心药

(一) 洋地黄

1. 作用与用途　　治疗量能明显加强衰竭心脏的收缩力,心功能得到改善。治疗各种原因引起慢性心功能不全,阵发性室上性心动过速。

2. 用法与用量　　洋地黄片,内服,每 kg 体重的全效量为

0.033～0.066g。速给法,适用于病情严重的患者,首次内服,为全效量的1/2,6h后内服全效量的1/4,以后每隔6h内服全效量的1/8。

3. 注意事项

第一,洋地黄在体内代谢和排泄缓慢,易蓄积,应详细问明用药史,原则上2周内未用过强心苷的病牛才能常规给药。

第二,应用洋地黄期间,禁忌静脉注射钙剂、肾上腺素药物。

第三,洋地黄安全范围较小,应用不当易中毒。毒性反应有厌食、呕吐、腹泻等。

第四,心内膜炎、急性心肌炎、创伤性心包炎等应慎用。

(二)毒毛旋花子苷K

1. 作用与用途 是一种高效、速效的强心苷药物。适用于急性心功能不全或慢性心功能不全的急性发作。用药后排泄迅速,蓄积作用小,维持时间短。口服吸收不佳,适宜静注(适用于急性心衰,特别是对洋地黄无效的病症)。

2. 用法与用量 静脉注射,一次量1.5～3.75mg。用葡萄糖溶液或生理盐水稀释10～20倍,缓慢注射,必要时2～4h后再以小剂量重复注射一次。本品不能皮下注射。

(三)西地兰

1. 作用与用途 西地兰为无色或白色结晶或结晶性粉末;无臭,味苦;有引湿性。

为快速强心药,能加强心肌收缩,减慢心率与传导,作用快而蓄积性小,治疗量与中毒量之间的差距大于其他洋地黄类强心苷。用于慢性心力衰竭,心房颤动和阵发性室上性心动过速。

2. 用法与用量 静脉注射,一次量,牛1.6～3.2mg。用5%葡萄糖溶液作10～20倍稀释,缓慢静注。必要时,在4～6h后再注射0.8～1.6mg。在病牛心力衰竭严重,静注有困难时,可以肌注,剂量同上。

二、止血药与抗凝血药

(一)维生素 K

1. 作用与用途　维生素 K 的主要作用是促进肝脏合成凝血酶原,并能促进血浆凝血因子Ⅷ、Ⅶ、Ⅴ在肝脏内合成。如果维生素 K 缺乏,则肝脏合成凝血酶原和上述因子发生障碍,引起凝血时间延长,容易出血不止。临床诊断上主要用于维生素 K 缺乏所致的出血症,治疗某些疾病,如胃肠炎、肝炎、阻塞性黄胆等导致的维生素 K 缺乏和低凝血酶原症,以及牛摄食含双香豆素的霉烂变质的草木樨,或由于水杨酸钠中毒所导致的低凝血酶原症等。

2. 用法与用量　肌内注射,每头一次量 0.1～0.3g,每天 2～3 次。

(二)安络血

1. 作用与用途　本品可增强毛细血管对损伤的抵抗力,增进断裂毛细血管端的回缩,减低毛细血管的通透性,减少血液外渗。故能用于鼻出血、内脏出血、血尿、视网膜出血、手术后出血、产后出血等。

2. 用法与用量　内服,每头一次量 25～50mg,每天 2～3 次;肌内注射,每头一次量 25～100mg,每天 2～3 次。

(三)凝血酸

1. 作用与用途　对创伤性止血效果显著,手术前预防性用药,可减少手术渗血。

2. 用法与用量　静脉注射,每头一次量 2～5g,用时每 0.25～0.5g 加入 25％葡萄糖溶液 20ml。

3. 注意事项　肾功能不全及外科手术后有血尿的病牛慎用。用药后可能发生恶心、呕吐、食欲减退、嗜睡等,停药后即可消失。

(四)枸橼酸钠

1. 作用与用途　枸橼酸根离子与钙离子能形成难以离解的

可溶性络合物,因而降低了血中钙离子的浓度,使血液凝固受阻。

2. 用法与用量　本品常用作体外抗凝血药。一般配制成 2.5%～4%的灭菌溶液,在每 100ml 全血中加 10ml,即可抗血液凝固。

注射用枸橼酸钠,每 100ml 全血加 0.4g;临用前加 10ml 生理盐水溶解;枸橼酸钠注射液,每 100ml 全血加 10ml。

(五)肝素钠

1. 作用与用途　在体内外均有迅速的抗凝血作用。其主要作用是延缓凝血酶原转为凝血酶,抗凝血酶作用,阻止血小板的凝集和破坏。作为体外抗凝剂,用于输血和血样的保存;作为体内抗凝剂,防止血栓栓塞性疾病。

2. 用法与用量　静脉滴注或肌内注射,每 kg 体重 100～130U。动物交叉循环,肌内注射,每 kg 体重,牛 300U。

3. 注意事项

第一,本品刺激性强,肌内注射可致局部血肿,应酌量加 2% 盐酸普鲁卡因。

第二,当肝素钠过量引起严重出血时,可静脉注射鱼精蛋白注射剂急救。

第三,肝素钠口服无效,应静脉滴注。

第四,禁用于出血性素质和伴有血液凝固延缓的各种疾病。如肝功能不全、肾功能不全、脑出血、妊娠及产后等。

三、抗贫血药

(一)硫酸亚铁

1. 作用与用途　铁为机体所必需的元素,是血红蛋白的组成物质,也是肌红蛋白、细胞色素和某些酶的组成成分。正常机体有足够营养或有足够铁补充情况下,动物一般不会缺铁,但当急性或慢性失血,以及某些疾病引起缺铁性贫血的情况下,给予铁制剂治疗,疗效明显而迅速。

2. 用法与用量　内服,每头一次量 2~10g,每天 3 次。

3. 注意事项　口服对胃肠有刺激性,可使食欲减退、腹痛、腹泻,故宜饲后投药。

(二)维生素 B_{12}

1. 作用与用途　本品在体内参与蛋白的合成,甲基的转移,保持-SH 基的活性,以及神经髓鞘脂蛋白的合成及保持其功能的完整性。对维生素 B_{12} 缺乏的贫血(包括恶性贫血)、神经损害性疾病有效。临床上用于巨幼红细胞性贫血,也可用于神经炎、神经萎缩等疾病的辅助治疗。

2. 用法与用量　肌内注射,每头一次量 1~2mg,每天 1 次。

四、体液补充与调节酸碱平衡药

(一)血容量扩充剂

右旋糖酐-70

(1)作用与用途　本品静脉注射后,维持血管内血浆胶体渗透压,吸收组织间水分发挥扩充血量作用,由于分子量较大,不易渗出血管外,扩充血容量作用持久。扩充血容量作用与血浆相似。主要用于大量失血、失血性休克。此外,可用于预防手术后血栓和血栓静脉炎。

(2)用法与用量　静脉注射,每头一次量 500~1 000ml。

(3)注意事项　偶有过敏反应,如发热、荨麻疹等。个别严重者可引起血压下降、呼吸困难等,应予以注意,严重肾病、心功能不全、血小板减少症和出血性疾病等禁用。

(二)水盐平衡药

1. 氯化钠

(1)作用与用途　氯化钠是维持细胞外液容量的重要基质,对体液的酸碱平衡也有一定调节作用,还是维持神经肌肉应激性的重要因素之一。主要用于防治低钠综合征、缺钠性脱水(如烧伤、腹泻、休克等)、中暑等。0.9%的氯化钠溶液外用于洗眼、鼻、伤口等;10%高渗氯化钠溶液静脉注射可促进胃肠蠕动、增进消化机能。

(2)用法与用量　等渗氯化钠注射液静脉注射,一次量1 000～3 000ml,每天1次。

2. 葡萄糖

(1)作用与用途　能补充体内水分和糖分,具有补液、供能、补糖、强心、利尿、解毒等作用。其5%溶液为等渗液,用于各种急性中毒,促进毒物排泄;10%～15%为高渗液,用于低血糖、营养不良,或用于心力衰竭、脑水肿、肺水肿等的治疗。

(2)用法与用量　静脉注射,每头一次量50～250g。

3. 氯化钾

(1)作用与用途　钾是细胞内主要的阳离子,是维持细胞内渗透压和机体酸碱平衡的重要成分,参与酸碱平衡的调节。此外,钾尚参与糖和蛋白质代谢,并具有维持神经肌肉兴奋性和协调心肌收缩运动的作用。主要用于各种疾病所引起低血钾的辅助治疗。

(2)用法与用量　内服,一次量5～10g。

氯化钾注射液,用于防治低血钾症和洋地黄中毒所致的心律不齐。临用前必须用5%～10%葡萄糖溶液稀释成0.1%～0.3%的浓度,小剂量连续使用,缓慢滴注。

静脉注射,一次量2～5g。

(3)注意事项　用量过大时可形成高血钾,出现腹胀,周围循环衰竭,心率减慢或停止。

(三)酸、碱平衡用药

碳酸氢钠

(1)作用与用途　口服或静脉注射均能直接增加碱贮,在体内离解出碳酸氢根离子,与氢离子结合生成碳酸,使体内氢离子浓度降低,代谢性酸中毒得以纠正;此外,还具有抗酸作用,可改善瘤胃内环境,适用于反刍动物前胃弛缓等。也可用来碱化尿液,促进水杨酸类药物的排泄。

(2)用法与用量　5％碳酸氢钠注射液静脉注射,一次量300~500ml。口服,一次量30~100g。

(3)注意事项　本品为弱碱性注射液,静注时勿漏出血管,用量过大时,可引起碱中毒。

第九节　作用于泌尿生殖系统的药物

一、利尿药与脱水药

(一)双氢氯噻嗪

1. 作用与用途　主要作用于髓袢升支皮质部,抑制钠离子的主动重吸收。肾小管内钠离子的增加,可使氯离子吸收相应减少,结果使大量的钠和氯及水从尿中排出,呈较强而持久的利尿作用。主要用于心脏、肾脏、肝脏等疾病继发性水肿。

2. 用法与用量　内服,每头0.5~2g;肌内注射,每头100~250mg,每天1~2次。

(二)速　尿

1. 作用与用途　主要作用于肾脏髓袢升支而影响对氯的主动重吸收,使钠、钾、氯的排出增加,增加血流量和降压等作用。本品适用于各种利尿药无效时的严重水肿。

2. 用法与用量　内服,一次量,每kg体重2mg;静脉或肌内注射,每kg体重0.5~1mg,每天1次。

(三)甘露醇

1. 作用与用途　高渗甘露醇溶液静脉注射后主要分布于血液中,不易透入组织,故能提高血浆渗透压,致使组织间液水分向血浆渗透,产生脱水作用。亦能迅速增加尿量和尿中钠、钾的排出。

本品是治疗脑水肿的首选药物。也用于手术后无尿症、急性少尿症,以增加尿量。还可用于预防急性肾脏功能衰竭。

2. 用法与用量　静脉注射,每头一次量20%甘露醇注射液500~1 000ml。

3. 注意事项　禁用于慢性心脏功能不全病畜,用量不宜过大,静脉注射不宜过快,以防组织严重脱水,静脉注射时切勿漏出血管,否则易发生局部肿胀,甚至组织坏死。

(四)山梨醇

1. 作用与用途　作用、用途和剂量与甘露醇基本相同,但作用较弱,溶解度较大,价格较便宜。

2. 用法与用量　静脉注射,每头一次量25%山梨醇注射液1 000ml,每天2~3次。

二、生殖系统用药

(一)黄体酮

1. 作用与用途　促进子宫内膜体生长,子宫内膜充血,增厚,抑制子宫收缩,可作为保胎药,用于治疗由黄体机能不足引起的早期流产和习惯性流产,治疗牛的卵巢囊肿引起的慕雄狂。

2. 用法与用量　肌内注射,每头50~100mg,间隔5~10天可重复一次。

(二)绒毛膜促性腺激素

1. 作用与用途　能使成熟的卵泡排卵,提高受胎率;大剂量可延长黄体的存在时间,刺激卵巢分泌雌激素,引起发情。临床上用于同期发情促排卵,提高受胎率,也用于母畜不发情,习惯性流产。

2. 用法与用量　肌内注射,每头1 000~5 000U,每周2~3

次。

(三)催宫素(催产素)

1. 作用与用途　本品能兴奋子宫平滑肌,加强子宫收缩,对子宫体的作用最强,而对子宫颈的作用较弱,有利于胎儿的娩出。还能增强乳腺平滑肌的收缩,促进排乳。常用于催产和引产,治疗产后子宫出血、胎衣不下、排除死胎、子宫复位不全、催乳。

2. 用法与用量　肌内注射,每头 30～100U,一般用 1 次。也可加入 5% 葡萄糖注射液中,缓慢静滴。

(四)前列腺素

1. 作用与用途　本品对子宫平滑肌有强烈的收缩作用,尤其是对妊娠后期子宫最敏感。对多种动物黄体有较强的溶解作用,可治疗持久性黄体不孕症,子宫内注射或肌内注射,可获得较好的效果。能促进发情和排卵,可用于母畜同期发情。

2. 用法与用量　地诺前列素,肌内或子宫内注射,一次量 6～20mg。氯前列醇,肌内注射,一次量,每 kg 体重 500μg。

第十节　影响组织代谢的药物

一、肾上腺皮质激素类药物

(一)氢化可的松

1. 作用与用途　氢化可的松的作用与可的松基本相似而略强。临床多用其静注制剂治疗严重的中毒性感染或其他危急病例。本品肌注时作用较弱,可能与其极难溶于体液有关。局部应用有较好疗效,故常用于乳牛乳腺炎、眼科炎症、皮肤炎症、关节炎和腱鞘炎等的治疗。

2. 用法与用量　静注或静滴,0.2～0.5g,危急病例可酌情增大剂量。

(二)氢化泼尼松

1. 作用与用途 泼尼松的抗炎作用较天然皮质激素强 4～5 倍,由于用量较小,其水钠潴留副作用亦显著减轻。本品进入体内经转化为氢化泼尼松而起作用,常用于某些皮肤炎症和奶牛乳腺炎症。

2. 用法与用量 肌注、静注或静滴,牛 0.05～0.15g,严重病例可增大。

乳房内注入,每次每乳室 10～20mg。

(三)地塞米松

1. 作用与用途 地塞米松的作用较氢化可的松约强 25 倍,而水钠潴留的副作用基本消失。应用同其他皮质激素。此药目前应用广泛,有取代氢化泼尼松等其他合成皮质激素的趋势。

2. 用法与用量 肌注或静注,5～20mg。

(四)肤轻松

1. 作用与用途 本品的抗炎作用为氢化可的松的 100 倍,为目前抗炎作用最强的一种外用皮质激素。它不但疗效高,且收效迅速,使用很低浓度(0.025%)即有明显功效,止痒作用尤其突出。本品主要外用于各种皮炎和外耳炎,如湿疹、过敏性皮炎、脂溢性皮炎等。

2. 用法与用量 醋酸肤轻松软膏、乳膏、洗剂,含量为 0.01%～0.025%。供外用,一天 3～4 次。

二、维生素类

(一)维生素 A

1. 作用与用途 本品为淡黄色的油溶液,在空气中易氧化,遇光易变质。本品与氯仿、乙醚、环己烷或石油醚能任意混合,在乙醇中微溶,在水中不溶。

本品主要用于防治角膜软化症、干眼病、夜盲症及皮肤粗糙等维生素 A 缺乏症；也可用于增强机体对感染的抵抗力，用于体质虚弱的牛或奶牛；本品局部应用能促进创伤、溃疡愈合，可局部用于烧伤、皮肤、黏膜炎症的治疗，有促进愈合的作用。

2. 用法与用量　口服，一次量，每 kg 体重 500U。肌内注射，一次量，每 kg 体重 100U。

（二）维生素 D

1. 作用与用途　为无色针状结晶或白色结晶性粉末，无臭，无味，遇光或空气均易变质。维生素 D 的主要作用如下。

（1）防治佝偻病和骨软化症　维生素 D 主要用于防治佝偻病和骨软化症。对妊娠、产仔及泌乳动物除增加维生素 D 外，应让其有充分光照，以促进维生素 D 原转化，促进磷、钙的吸收。

（2）组织修复和增强抗病力　维生素 D 用于创伤、皮肤病、关节炎以及维生素 D 缺乏症，用于治疗皮肤病和眼结膜炎等。

2. 用法与用量　肌内注射，每头一次量 5～20mg。维丁胶钙注射液，肌内注射，一次量 2.5 万～10 万 U；维生素 AD 注射液，肌内注射，一次量 5～10ml。口服，一次量，每 kg 体重，犊牛 20～30U。

（三）维生素 E

1. 作用与用途　维生素 E 又称生育酚，存在于植物种子胚芽中，如麦胚油、豆油、玉米油、向日葵油等含量丰富。动物的肝脏等也存在。

维生素 E 的用途主要有：防治奶牛的各种因维生素 E 缺乏所致的不孕症；防治因缺乏维生素 E 导致的犊牛营养性肌萎缩；与维生素 A、维生素 D 配合，治疗生长不良，营养不足等综合缺乏症。

2. 用法与用量　肌内注射，犊牛，一次量 0.5～1.5g；成年牛，每 kg 体重 5～20mg。

(四)维生素 B_1

1. **作用与用途** 维生素 B_1 又称硫胺素。临床上常用人工合成品,其盐酸硫胺素水溶液与空气中氧接触易氧化而失效。

维生素 B_1 可用于重剧劳役疲劳、高热性疾病、重度损伤、食欲不振、肠机能障碍等。补充维生素 B_1,可以改善各器官机能,增强机体抗病能力。治疗牛酮血症时,补给维生素 B_1 能提高糖和丙酮酸等氧化利用率,增加能量的供给,改善机体各器官功能。

2. **用法与用量** 皮下或肌内注射,一次量 0.1~0.5g。

(五)维生素 B_2

1. **作用与用途** 维生素 B_2 又称核黄素,广泛分布于酵母、麦麸、豆类或豆饼饲料、青绿饲料、谷物胚芽及动物的乳、蛋品中。动物的胃肠道内微生物可合成。维生素 B_2 缺乏时,动物所表现症状有明显差异。角膜炎、食欲不振、腹泻及呕吐,犊牛口腔黏膜溃烂、肌无力、贫血、腹泻、心跳无力。

2. **用法与用量** 内服,每头一次量 100~200mg;肌内或皮下注射同内服量。

(六)维生素 C

1. **作用与用途** 本品为白色结晶或结晶性粉末,无臭,味酸,久置色渐变微黄,水溶液显酸性反应。

临床上除用于防治维生素 C 缺乏症外,亦常用于急、慢性传染病,热性及慢性消耗性疾病,中毒、休克、各种贫血症的辅助治疗。也用于风湿性关节炎、骨折与创伤愈合不良、过敏性疾病等。还用于缓解各种应激,如高温、生理紧张、运输、饲料改变等。

2. **用法与用量** 静脉、肌内或皮下注射,一次量 2~4g;内服同注射量。

3. **注意事项** 不宜与抗生素类药物混合使用;不宜与碱类药物同用。

三、钙、磷及微量元素

(一)氯化钙

1. 作用与用途　白色半透明碎块或颗粒,易溶于水及乙醇。主要用于钙缺乏症,如乳牛产后瘫痪、骨软症、佝偻病。也可用于毛细血管壁通透性增高导致的各种过敏性疾病,如荨麻疹、渗出性水肿、瘙痒性皮肤病等。还可用于硫酸镁中毒的解救。

2. 用法用量　静脉注射,牛,一次量5~40g。

3. 注意事项　氯化钙刺激性强,静脉注射勿漏出血管外,外漏时可迅速吸出药液,再在漏药处局部注入25%硫酸钠注射液10~25ml,以形成无刺激性的硫酸钙,严重时应切开处理。

(二)葡萄糖酸钙

1. 作用与用途　白色结晶或颗粒性粉末,能溶于水,不溶于乙醇。作用同氯化钙,但含钙量低,刺激性小,注射比氯化钙安全,故应用广。常用于由缺钙引起的产后瘫痪的治疗。

2. 用法与用量　静脉注射,每头一次量20~80g。

(三)碳酸钙

1. 作用与用途　白色微细晶粉,几乎不溶于水。主要供内服补钙,用于钙缺乏症。也可作为制酸药,中和胃酸或用于吸附性止泻药。

2. 用法与用量　内服,每头一次量30~120g,每天2~3次。

(四)乳酸钙

1. 作用与用途　白色颗粒或粉末,能溶于水,几乎不溶于乙醇。作用同氯化钙。均供内服,用于钙缺乏症。

2. 用法与用量　内服,片剂,每头一次量10~30g,每天2~3次。

(五)磷酸二氢钠

1. 作用与用途　磷补充剂,可防治骨软症和补充妊娠牛、泌乳牛、犊牛磷需要。

2. 用法与用量　此药作为磷补充剂,可按 0.1%～1%浓度混饲。治疗牛骨软症,5～7 天为一疗程,持续 1～2 周。由缺磷引起的奶牛产后瘫痪,可静脉注射 10%磷酸二氢钠 500～1 000ml。

(六) 亚硒酸钠

1. 作用与用途　硒是体内谷胱甘肽过氧化物酶的辅助因子,在体内有抗氧化和活化含硫氨基酸的作用。缺硒时牛出现营养性肌肉萎缩(白肌病),常见犊牛营养性肝坏死,受精率下降,死胎或流产。

2. 用法与用量　亚硒酸钠注射液,肌内注射,一次量,成年牛 30～50mg,犊牛 5～8mg。亚硒酸钠维生素 E 注射液,肌内注射,治疗一次量,成年牛 30～50ml,犊牛 5～8ml;预防,犊牛 2～4ml。

3. 注意事项　硒属剧毒药物,用量不宜过大。宜密闭保存。

(七) 氯化钴

1. 作用与用途　钴是维生素 B_{12} 的组成成分,有兴奋骨髓制造红细胞的作用。主要用于防治恶性贫血、肝脏脂肪变性等钴缺乏症,也用于促进食欲,促进增重。钴中毒症状与缺乏症相似。主要用于牛钴缺乏症。

2. 用法与用量　治疗,成年牛 0.5g,犊牛 0.2g,一次内服;预防,成年牛 25mg,犊牛 10mg。

3. 注意事项　本品只能内服,注射无效。过量导致红细胞增多症。

(八) 硫酸铜

1. 作用与用途　铜是细胞色素氧化酶的重要成分,它对血的生成、结缔组织和骨的生长、髓磷脂的形成都起着重要作用。缺铜会造成贫血和铁吸收受阻,表现出生长障碍、骨畸形、毛色变浅。主要用于铜缺乏症和蹄浴。

2. 用法与用量　饲料添加内服,一日量,成年牛 2g,犊牛 1g。

(九)硫 酸 锌

1. 作用与用途　锌在蛋白质的生物合成中起重要作用,它是碳酸酐酶、碱性磷酸酶、乳酸脱氢酶等的组成成分,决定酶的特异性。锌又是维持皮肤、黏膜的正常结构,促进伤口愈合的必要因素。缺锌时牛生长缓慢,血浆碱性磷酸酶的活性降低,精子的活力降低。奶牛的乳房及四肢出现皲裂。主要用于锌缺乏症。

2. 用法与用量　内服,一日量,0.05～0.1g。

3. 注意事项　锌毒性较小,但摄入过多可发生中毒。

第十一节　抗过敏药物

一、苯海拉明

(一)作用与用途

常用其盐酸盐,又名苯那君、可他敏。抗组胺作用快,维持时间短,有中枢抑制作用,适用于治疗过敏性疾病,如荨麻疹、血清病、血管神经性水肿、皮肤搔痒症、药物过敏所致的皮肤黏膜变态反应;也可用于治疗饲料过敏引起的腹泻、蹄叶炎等,常与钙剂、维生素C配合应用。

(二)用法与用量

内服 0.6～1.2g;肌注,0.1～0.5g。

二、马来酸氯苯那敏

(一)作用与用途

又名扑尔敏,作用同苯海拉明,但作用强而持久,且副作用小。

(二)用法与用量

内服,牛 80～100mg。皮下或肌注,50～100mg。

第十二节 作用于神经系统的药物

一、中枢神经兴奋药

(一)咖啡因(安钠咖)

1. 作用与用途　咖啡因直接兴奋大脑皮层,用于各种原因所致的中枢抑制时的兴奋药。较大剂量可兴奋呼吸中枢和血管运动中枢,使呼吸加快、内脏血管收缩、血压升高、心率减慢。还作为急性心力衰竭时的强心药、心性、肝性、肾性水肿时的利尿药。

2. 用法与用量　内服,每头一次量4～8g,每天1～2次;肌内注射,每头一次量2～5g,每天1～2次。

(二)尼可刹米

1. 作用与用途　能直接兴奋延髓呼吸中枢,反射性地兴奋呼吸中枢,提高呼吸中枢对二氧化碳的敏感性。

适用于解救药物中毒或疾病所致的呼吸抑制,或加速麻醉动物的苏醒,也可解救一氧化碳中毒、溺水和新生犊窒息。对阿片类药物中毒解救效果比戊四氮好,对吸入麻醉药中毒次之,对巴比妥类药物中毒解救效果不如印防己毒素和戊四氮。

2. 用法与用量　皮下、肌内或静脉注射,每头一次量2.5～5g,必需时可隔2h重复一次。

(三)戊四氮

1. 作用与用途　直接兴奋延髓呼吸中枢和血管运动中枢,使呼吸加深加快,当上述中枢处于抑制状态时,作用更显著。对脊髓有兴奋作用,主要作用于麻醉药及巴比妥类药物中毒所引起的呼吸抑制和急性循环衰竭,也可用于治疗新生犊窒息。

2. 用法与用量　皮下、肌内、静脉注射;一次量0.5～1.5g,危急病牛可每隔15～30min用药一次,直至好转。

（四）回苏灵

1. 作用与用途　对呼吸中枢有较强的兴奋作用。增强肺的通气量,作用强于尼可刹米(100倍)、山梗菜碱。可用于严重疾病和中枢抑制药中毒引起的呼吸抑制或中枢性呼吸衰竭。

2. 用法与用量　肌内或静脉注射,静脉注射时须以葡萄糖注射液稀释后缓慢注入或滴入,一次量40～80mg。

（五）士的宁（番木鳖碱）

1. 作用与用途　本品小剂量选择性地兴奋脊髓,使其反射加快,加强、增加骨骼肌张力,改善肌无力状态,并可提高大脑皮层感觉区的敏感性,大剂量兴奋延脑乃至大脑皮层。主要用于脊髓性不全麻痹和肌肉无力。

2. 用法与用量　皮下或肌内注射,每头一次量15～30mg。

3. 注意事项　本品有蓄积性,应用时应注意。

二、解热镇痛抗炎药

（一）苯胺类

对乙酰氨基酚　又名扑热息痛。口服易吸收。在肝脏内转化为对乙酰氨基酚,极少数可转化为对氨基苯乙醚。能与葡萄糖醛酸或硫酸结合,随尿排出体外。但能使血红蛋白氧化成高铁血红蛋白,呈毒性反应。

1. 作用与用途　本品的解热镇痛作用持久而缓和,强度与阿司匹林相近,无抗炎作用。

2. 用法与用量　临床上常10～20g一次口服。

（二）吡唑酮类

吡唑酮类药物有氨基比林、安乃近、保泰松和羟布宗。

1. 氨基比林

（1）作用与用途　有明显的解热镇痛和消炎作用,与巴比妥类配伍,可加强镇痛效果,常用于治疗肌肉痛、神经痛、关节痛等。

(2)用法与用量　皮下、肌内注射,一次量20～50ml。

2. 保泰松

(1)作用与用途　具有较强的消炎抗风湿作用,临床上用于风湿病、关节炎、腱鞘炎、睾丸炎等。

(2)用法与用量　口服,一次量4～12g。

3. 安乃近

(1)作用与用途　为解热、镇痛及抗炎、抗风湿药物。其特点是作用迅速、持效时间较长。临床上可用于解热、镇痛及抗风湿,也用于肠痉挛痛。

(2)用法与用量　肌内注射,20min出现效果,可维持1～2h。临床上常用于肠痉挛、肠臌气、关节或肌肉风湿及神经痛。长期使用可产生颗粒性白细胞缺乏症。

内服,一次量4～12g;肌内注射,3～10g。

(三)水杨酸类

1. 水杨酸钠

(1)作用与用途　解热镇痛作用,水杨酸吸收后在酸性条件下解离出水杨酸而解热镇痛。但临床上一般不作为解热镇痛药。

消炎抗风湿作用较强;多用于治疗急性风湿性关节炎,肿胀消退。

(2)用法与用量　内服,每头一次量15～75g;静脉注射,一次10～30g。

(3)注意事项

第一,在胃酸作用下游离的水杨酸对胃有一定的刺激,可同时与淀粉或稀释后服用。

第二,静脉注射时要缓慢,不宜漏到血管外。

2. 阿司匹林(乙酰水杨酸钠)

(1)作用与用途　这类药物是水杨酸的衍生物,其药理作用与水杨酸相似,具有解热镇痛,消炎抗风湿,促进尿酸排泄作用。常用于多种原因引起的高热、感冒、关节痛、风湿病、神经肌肉痛及痛风病等。

(2)用法与用量　内服,每头一次量15~30g。

(四)其他抗炎镇痛药

吲哚美辛

(1)作用与用途　吲哚美辛又称消炎痛,解热作用与阿司匹林相近。临床上主要用于各种动物急性风湿性关节炎、神经痛、腱炎和肌肉损伤。

(2)用法与用量　内服,一次量,每kg体重1mg,连用3~5天。

三、镇静药与抗惊厥药

苯巴比妥钠

1. 作用与用途　本品为长效巴比妥类药物,具有抑制中枢神经系统作用,尤其是大脑皮层运动区。本品在低于催眠剂量时即可发挥抗惊厥作用。过量时可抑制呼吸中枢。

临床上多用于缓解脑炎、破伤风、高热等疾病引起的中枢兴奋症状及惊厥;解救中枢兴奋药中毒。

2. 用法与用量　肌内注射,一次量,每kg体重,牛10~15mg。

四、麻　醉　药

(一)全身麻醉药

1. 硫喷妥钠

(1)作用与用途　本品为超短时间作用的巴比妥类药物。由于镇痛效果差,肌肉松弛不完全,故主要用于各种动物的诱导麻醉和基础麻醉。在取得浅麻醉时,再改用较安全的麻醉药来维持深度。单独应用仅适用于小手术的全身麻醉。此外,还用于对抗中枢兴奋药中毒、破伤风以及脑炎引起的惊厥。

(2)用法与用量　用法与用量：静脉注射，一次量，每 kg 体重，牛 10～15mg。

2. 盐酸氯胺酮

(1)作用与用途　本品是一种镇痛性麻醉药。兽医临床主要用于不需肌肉松弛的麻醉，短时间的手术及诊疗处置。如与赛拉嗪或芬太尼配合应用，能够延长麻醉时间并有肌松效果。

(2)用法与用量　麻醉，静脉注射，一次量，每 kg 体重，牛 2mg。

3. 赛拉唑（静松灵）

(1)作用与用途　本品为我国合成的一种镇痛性化学保定药。有安定、镇痛和中枢性肌肉松弛作用。兽医临床主要用于配合局部麻醉药或作全麻药进行各种手术，以达骨骼肌的松弛。

(2)用法与用量　肌内注射，一次量，每 kg 体重，牛 0.2～0.6mg。

4. 速眠新注射液　本品为一商品制剂，又名846。主要成分为赛拉唑。

(1)作用与用途　速眠新为我国原解放军军需大学尚建勋、闫章年等人研制，为由赛拉唑、盐酸二氢埃托啡和氟哌啶醇组成的复方全身麻醉制剂。该药使用方便、麻醉效果好、副作用小，广泛应用于动物的麻醉。

(2)用法与用量　本品对反刍动物安全，剂量为每 100kg 体重 1ml，肌内注射。可使牛进入麻醉状态并维持 1.5～2h。并用同等剂量的苏醒灵静脉注射可使牛在 1～2min 内苏醒。

(二)局部麻醉药

1. 盐酸普鲁卡因

(1)作用与用途　本品具有良好的局麻作用，用药后 1～3min 即可出现麻醉作用。对皮肤、黏膜的穿透力较弱，不适合表面麻醉。主要用于浸润麻醉、传导麻醉、硬膜外麻醉和神经封闭。

(2)用法与用量　浸润麻醉,封闭疗法 0.25%～0.5%溶液。硬膜外麻醉,2%～3%溶液,总量不超过 2g。

2. 盐酸利多卡因

(1)作用与用途　麻醉作用强度在 1%浓度以下时,与普鲁卡因相似,但在 2%以上浓度时,局麻强度可增强 2 倍,并有较强的穿透性和扩散性,适于表面麻醉。本品主用于表面麻醉、传导麻醉、浸润麻醉和硬膜外麻醉。

(2)用法与用量　表面麻醉,2%～5%溶液。浸润麻醉,0.25%～0.5%溶液,传导麻醉 2%溶液。硬膜外麻醉,2%溶液,总量不超过 2g。

3. 丁卡因

(1)作用与用途　丁卡因的麻醉作用和毒性约比普鲁卡因强 10 倍。特点是穿透力强,易从黏膜吸收,主要适用于表面麻醉和硬膜外麻醉。

(2)用法与用量

①表面麻醉。0.5%～1%等渗溶液用于眼科;1～2%溶液用于鼻、咽部喷雾;0.1%～0.5%溶液用于泌尿道黏膜麻醉。因无收缩血管作用,故需加 0.1%盐酸肾上腺素溶液(1:10 万)。

②硬膜外麻醉。用 0.2%～0.3%等渗溶液。

由于毒性大,作用慢,一般不作浸润麻醉。用于传导麻醉则需与普鲁卡因或利多卡因配合。

五、拟胆碱药与抗胆碱药

兽医临床应用的拟胆碱药主要有氨甲酰甲胆碱、毛果芸香碱等,详见"消化系统用药"之"瘤胃兴奋药"。

硫酸阿托品

1. 作用与用途　阿托品为抗胆碱药。临床用途:缓解胃肠道平滑肌的痉挛性疼痛；麻醉前给药，可减少呼吸道分泌；解救有机磷农药中毒。

2. 用法与用量　肌内、皮下、静脉注射。每 kg 体重用量：麻醉前给药，牛 0.02～0.05mg；解有机磷农药中毒，牛 0.5～1mg。

六、拟肾上腺素药

(一)肾上腺素

1. 作用与用途　为强大的 α 和 β 受体激动剂。在兽医临床可用于麻醉、中毒、过敏性休克等引起的急性心力衰竭和心跳骤停的急救；加入局麻药（普鲁卡因等）液中可延长局麻时间；作局部止血药，用于鼻腔、口腔等局部黏膜的出血和手术中术部渗血等。

2. 用法与用量　皮下注射，一次量，牛 2～5mg；静脉注射，一次量，牛 1～3mg。

(二)重酒石酸去甲肾上腺素

1. 作用与用途　本品对冠状血管以外的小动脉和小静脉几乎都有收缩作用，其中以皮肤黏膜和肾血管的收缩最强，从而使总外周阻力增加。从而升高血压，增加休克时心、脑等重要器官的血液供应，故有利于休克的恢复。用于由外周循环衰竭引起的早期休克。

2. 用法与用量　静脉滴注，一次量，牛 8～12mg，用时稀释成每 ml 含 4～8μg 药液，可根据心率变化情况酌情增快速度。

第十三节　消毒防腐药物

一、漂白粉（含氯石灰）

(一)作用与用途

漂白粉含有效氯 25%～30%。遇水产生次氯酸，次氯酸离解产生的氧原子和氯原子分别起氧化和卤化作用而呈现杀菌作用。

漂白粉对细菌、芽胞、病毒及真菌都有杀灭作用。本品杀菌作用强,但不持久。在酸性环境中杀菌作用强,在碱性环境中杀菌作用弱;杀菌作用与温度也有重要关系,温度升高时增强。

(二)用法与用量

本品主要用于牛舍、饮水、用具、车辆及排泄物的消毒。饮水消毒可在每立方米水中加漂白粉 6～10g,隔 30min 即可饮用。10%～20%乳剂用于厩舍、粪池、车辆和排泄物的消毒。1%～3%澄清液可用以消毒挤奶厅挤奶杯、食具、玻璃器皿和各种非金属用具。对金属有腐蚀性,不能用于金属用具消毒。

二、二氯乙氰尿酸钠(优氯净)

(一)作用与用途

本品为新型高效消毒药。作用持久,并且受有机物影响较小,对组织刺激性也较弱。对细菌繁殖体、芽胞、病毒、真菌孢子均有较强的杀灭作用。溶液的 pH 愈低,杀菌作用愈强。加热可加强杀菌效力。有机物对杀菌作用影响较小。可用于牛舍、用具、排泄物、饮水等消毒。

(二)用法与用量

0.5～1%水溶液用于杀灭细菌和病毒,5～10%水溶液用于杀灭芽孢。饮水消毒,每 1L 水用本品 4mg。可采用喷洒、浸泡和擦拭方法消毒,也可用其干粉直接处理排泄物或其他污染品。

三、氢氧化钠(烧碱)

(一)作用与用途

对细菌的繁殖体、芽胞和病毒都有很强的杀灭作用,对寄生虫卵也有杀灭作用,浓度增加和温度升高可明显增强杀菌作用,但低浓度时对组织有刺激性,高浓度有腐蚀性。常用于预防病毒或细菌性传染病的环境消毒或污染畜牧场的消毒。

(二)用法与用量

一般以 2%溶液用于牛舍、饲槽和运输车船等的消毒;5%溶液用于牛口蹄疫等病毒性感染的消毒。本品对组织有强烈的腐蚀性,对铝制品、漆面也有损害作用,用时必须注意防护,消毒后适时用清水冲洗。

氢氧化钾与本品作用相同,可作消毒药用。新鲜草木灰内含不同量的氢氧化钾和碳酸钾,常以草木灰 15kg 加水 50L 煮沸,去灰渣后,加水补足到原来量,代替烧碱用于消毒。

四、甲醛溶液

(一)作用与用途

甲醛消毒效力很强,不仅能杀死细菌的繁殖型,也能杀死芽胞,以及抵抗力强的结核杆菌、病毒及真菌等。主要用于牛舍、仓库、皮毛、衣物、器具等的熏蒸消毒。

(二)用法与用量

每立方米空间用甲醛溶液 20ml,加等量水,然后加热使甲醛变为气体,室温不低于 15℃,相对湿度为 60%~80%,消毒时间为 8~10h。为消除特殊臭味,可用一定量的浓氨水或氢氧化铵中和。

五、乙醇(酒精)

(一)作用与用途

乙醇主要通过使细菌菌体蛋白质凝固并脱水发挥杀菌抑菌作用。以 70%~75%乙醇杀菌能力最强,可杀死一般病原菌的繁殖体及某些病毒,但对芽胞无效。浓度超过 75%时,由于菌体表层蛋白迅速凝固而产生一层蛋白凝固膜,妨碍乙醇向内渗透,杀菌作用反而降低。

常用于皮肤、手臂、注射部位、注射针头及小件医疗器械的消毒。

(二)用法与用量

配制成70%～75%溶液使用。用于皮肤和小件医疗器械如针头、体温表等的消毒。40%～50%乙醇涂擦皮肤,预防褥疮。

六、碘 酊

(一)作用与用途

碘(lodum)有强大的杀菌、杀病毒和杀真菌作用,其杀菌机理是碘化和氧化细菌原浆蛋白质。碘酊是含有碘、碘化钾及乙醇的制剂。碘酊是最常用和最有效的皮肤消毒药,对组织毒性小,穿透力强。2%和5%碘酊用于一般皮肤消毒,如注射前的皮肤消毒,也用于皮肤真菌病。手术前术野皮肤消毒用5%碘酊。碘对组织有较强的刺激性,浓度愈大刺激性也愈强。10%碘酊用于皮肤刺激药而治疗慢性腱炎、腱鞘炎等。

(二)用法与用量

碘酊可用来消毒饮水,在1L水中加2%碘酊5～6滴,可杀死水中致病菌及原虫,15min后即可供饮用。手术部位、注射部位和皮肤消毒用2%～5%碘酊。皮肤刺激,用10%碘酊。治疗粘膜炎症,用碘甘油和复方碘溶液。

七、碘 伏

(一)作用与用途

紫黑色液体。是碘与表面活性剂的不定型结合物。最常用的表面活性剂是聚乙烯吡咯烷酮(PVP),其与碘的结合物又名聚维酮碘(PVP-I)。杀菌力强,兼有清洁作用,毒性低,对组织的刺激性小,贮存稳定。常用于手术部位、皮肤和黏膜消毒。

(二)用法与用量

皮肤消毒用 5% 溶液,奶牛乳头药浴用 0.5～1% 溶液,黏膜及创面清洗用 0.1% 溶液。

八、苯扎溴铵(新洁尔灭)

(一)作用与用途

本品为溴化二甲基苄基十二烷基铵的混合物。无色或淡黄色澄明胶状液,芳香,味极苦,易溶于水,水溶液呈碱性,振摇时可产生大量泡沫,性质稳定,可长期保存。

本品应用广泛,可用于术野皮肤、手臂、黏膜、器械等的消毒。

(二)用法与用量

创面消毒,0.01% 溶液。皮肤器械消毒,0.1% 溶液。

第十四节 局部用药

一、刺激药

(一)松节油

1. 性状 为松科植物树脂中所含的挥发油,主要成分是松油萜。为无色透明液体,有特殊芳香味,味辛辣,不溶于水。

2. 作用与用途 本品可渗入皮肤,有刺激作用和杀菌作用,主要外用为诱导刺激药,治疗关节炎、肌炎、腱炎、周围神经炎、胸膜炎和疝痛等。

3. 用法 一般常用松节油热敷,即将毛巾浸于混有松节油的热水中,取出趁热敷于患部,待皮肤发红即行取走。其刺激强度与涂擦或热敷时间有关系。

(二)樟脑

1. 性状 为萜类化合物,具有挥发油的一切性质。

2. 作用与用途　本品对皮肤有温和的刺激作用和镇痛作用,刺激性比松节油弱,用力涂擦可使皮肤发红。外用为发红药,适用于慢性炎症性肌肉痛、关节痛或神经痛。

3. 用法　用时涂搽在有痛感的皮肤上,用力涂擦。

(三) 氨溶液

1. 性状　为含氨9%～10%的水溶液。氨是刺激性气体,溶于水中部分成为氢氧化铵,溶液呈强碱性。

2. 作用与用途　本品对皮肤和黏膜有较强的刺激作用,常与植物油配成氨搽剂或樟脑等药物配合,外用作诱导刺激药治疗关节、肌肉的慢性炎症。此外,氨溶液的吸入还可反射地兴奋延髓呼吸中枢和血管运动中枢,增强呼吸,升高血压,用于昏厥或突发性呼吸衰竭的病牛。

3. 用法　氨水(含氨10%)、氨擦剂(含氨25%,植物油75%)涂擦患处。

二、保护药

(一) 滑石粉

1. 性状　本品为白色或灰白色微细晶粉,无臭、无味,有滑腻感,易吸附于皮肤上。在水、稀矿酸或氢氧化钠稀溶液中几乎不溶。

2. 作用与用途　本品有润滑、机械性保护皮肤和使皮肤表面干燥的作用。常与其他收敛、消毒防腐药混合制成撒布剂,治疗糜烂性湿疹皮炎等,亦可用作手术用胶皮手套的涂粉和润滑剂。

3. 用法　撒布于局部患处。

(二) 氧化锌

1. 性状　为白色或极微黄白色的无砂性细微粉末,无臭,在空气中能缓缓吸收二氧化碳。

2. 作用与用途　本品有收敛、杀菌作用。制成软膏剂,外用治疗湿疹、皮炎、皮肤糜烂、溃疡、创伤等。

3. 用法　氧化锌软膏(含氧化锌15%,基质为凡士林)外用涂敷于创面。

复方锌糊用于干性皮肤及湿疹。水杨酸锌糊剂用于皮肤病的抗炎及角质层分离等。

(三)明　矾

1. 性状　为无色透明结晶或白色结晶性粉末,无臭,味微甜,极涩。

2. 作用与用途　本品能沉淀蛋白质,具收敛、止血作用;亦具有一定防腐作用。外用可治疗结膜炎、咽炎、子宫内膜炎、阴道炎等。内服能治疗胃肠出血及腹泻。

3. 用法与用量　外用0.5%～4%溶液冲洗黏膜炎症患部;内服,一次量,牛10～25g。

(四)其他保护药

药用炭、鞣酸、白陶土等可参考"消化系统药物"之"止泻药"部分。

三、乳腺内用药

(一)注射用氯唑西林钠

1. 作用与用途　本品对大多数革兰氏阳性菌特别是耐青霉素金黄色葡萄球菌有效,用于产青霉素酶葡萄球菌引起的各种严重感染如败血症、骨髓炎、呼吸道感染、心内膜炎及化脓性关节炎等,亦用于奶牛的乳腺炎。

2. 用法与用量　乳管注入,奶牛,每乳室200mg,每天1次或隔日1次,临用前加注射用水适量溶解。

(二)氯唑西林钠、氨苄西林钠乳剂(停乳期)

1. 性状　本品为白色油状乳剂。每剂含氨苄西林钠0.5g、氯唑西林钠0.25g。

2. 作用与用途　用于革兰氏阳性和阴性菌引起的奶牛停乳期乳腺内感染。专供停乳期乳腺炎使用,泌乳期禁用。

3. 用法与用量　乳管注入,奶牛,每乳室4.5g,隔3周再注入1次。

(三)氯唑西林钠、氨苄西林钠乳剂(泌乳期)

1. 性状　本品为类白色乳剂。每剂含氨苄西林钠0.075g、氯唑西林钠0.2g。

2. 作用与用途　用于革兰氏阳性和阴性菌引起的奶牛泌乳期乳房内感染。专供泌乳期乳腺炎使用,用药期间及停药后48h内的奶不得供人食用。

3. 用法与用量　乳管注入,奶牛,每乳室5.0g,1日2次,按病情需要连用数天。

四、子宫腔内用药

(一)宫炎清溶液

1. 性状　为磺酸间甲酚与甲醛缩合物的红棕色澄明溶液,几乎无味,遇碱金属氢氧化物时颜色变浅。

2. 作用与用途　本品为防腐消毒药,通过子宫腔注入治疗奶牛的慢性子宫内膜炎、子宫颈炎、阴道炎等。

3. 用法与用量　黏膜消毒,稀释成1%～1.5%的溶液,如注入子宫腔内冲洗。皮肤消毒,可用原液直接涂擦患处。

(二)复方黄体酮缓释圈

1. 性状　为淡灰色螺旋形弹性橡胶圈,宽35mm,厚2mm,一端黏有1粒胶囊。每缓释圈内含黄体酮1.55g,含苯甲酸雌二醇10mg。

2. 作用与用途　用于控制母牛同期发情。

3. 用法与用量　插入阴道内,一次量,每头牛1个弹性橡胶圈,插入12天后取出残余胶圈,在48h至72h内配种或人工授精。

第十五节 解 毒 药

一、金属络合剂

(一) 二巯基丙醇

1. 性状 有类似蒜的臭味。是无色流动的澄明液体,溶于水但不稳定,极易溶于乙醇、甲醇或苯甲酸苄酯中。

2. 作用与用途 二巯基丙醇是竞争性解毒剂,所含巯基易与重金属或类金属离子络合生成无毒的、难以解离的环状化合物由尿中排出。临床上主要用于解救汞、锑的中毒,也可用于解救铋、锌、铜等中毒。但对铅中毒疗效较差。

3. 用法与用量 肌内注射,每 kg 体重,一次量 2.5～5mg,前 2 日每 4～6h 1 次,第 3 日开始一日 2 次,一个疗程为 7～14 日。

(二) 二巯基丙磺酸钠

1. 性状 易溶于水,水溶液微有硫化氢臭味。水溶性大,吸收好,作用快,不良反应较少。

2. 作用与用途 临床上应用于汞、砷、铬、铋、铜等中毒的解救。

3. 用法与用量 静脉或肌内注射,每 kg 体重,一次量 5～8mg。第 1～2 日每 4～6h 1 次,从第 3 日开始一日 2 次。

(三) 二巯基丁二酸钠

1. 性状 易吸水潮解,水溶液不稳定。

2. 作用与用途 作用与二巯基丙醇相仿,但对锑中毒的解救效力较二巯基丙醇强。临床上主要用于锑、汞、铅、砷等中毒的解救。

3. 用法与用量 静脉注射,每 kg 体重,一次量 20mg。临用前用灭菌生理盐水稀释成 5%～10% 溶液,急性中毒,每天 4 次,连用3天;慢性中毒,每天1次,5～7日为一疗程。

(四)青霉胺

1. 作用与用途 为青霉素分解产物,青霉胺是铜、汞、铅的有效络合剂。内服吸收迅速,不易破坏,与金属离子的络合物可随尿迅速排出,因而可促进金属毒物的消除。

2. 用法与用途 内服,每kg体重,一次量5～10mg,1日4次,5～7天为1个疗程;停药后2天可继续用下1个疗程,一般用1～3个疗程。

二、胆碱酯酶复合剂

(一)碘解磷定

1. 性状 黄色颗粒状结晶或晶粉。无臭、味苦,遇光易变质,易溶于水。

2. 作用与用途 为胆碱酯酶复活剂,能与磷酰化胆碱酯酶中的磷酰基结合,使胆碱酯酶从磷酸化胆碱酯酶中游离出来,恢复其小解乙酰胆碱的活性;还能与体内游离的有机磷结合,使有机磷失去毒性,从而解除有机磷中毒。本品的特点是作用迅速,显效很快,但破坏也较快,一次给药作用只能维持2h左右,故须反复给药。连续给药无蓄积作用。对内吸磷(1059)、对硫磷(1605)、乙硫磷等急性中毒的疗效显著;对乐果、敌敌畏、敌百虫、马拉硫磷等中毒及慢性有机磷中毒的疗效较差。对二嗪农、甲氟磷等中毒无效。

3. 用法与用量 静脉注射,每kg体重15～30mg。注射速度宜缓慢。

4. 注意事项

第一,用于解救有机磷中毒时,中毒早期疗效较好,若延误用药时间,磷酰化胆碱酯酶老化后则难以复活。

第二,本品在体内迅速分解,作用维持时间短,必要时2h后重复注射。

第三,大剂量静脉注射时,可直接抑制呼吸中枢,甚至引起呼吸衰竭。

第四,抢救中毒或重度中毒时,必须同时使用阿托品。

(二)氯磷定

1. 性状　为微黄色的结晶或晶粉,在水中易溶,微溶于乙醇,在氯仿、乙醚中几乎不溶,无吸湿性。

2. 作用与用途　本品的药理作用及应用注意事项均同碘解磷定,但它对胆碱酯酶的复活能力较碘解磷定强。对中毒严重者,必须与阿托品配合应用。除供静脉注射外,还可作肌内注射。

3. 用法与用量　同碘解磷定。

(三)双解磷

1. 作用与用途　作用同碘解磷定,但比解磷定强 3.6~6 倍,作用持久,水溶性较好,但副作用大,易损害肝脏。本品不能透过血脑屏障。

1. 用法与用量　使用时常配成 5% 溶液肌注或静脉注射。一次量 3~6g,每 2h 重复用药一次,用量减半。

(四)双复磷

1. 性状　微黄色晶粉,溶于水,脂溶性高。

2. 作用与用途　作用较双解磷强 1 倍,作用持久,副作用较小,脂溶性好,能透过血脑屏障,适用于有中枢神经症状的中毒奶牛。

3. 用法与用量　使用时常配成 5% 溶液,肌注或静脉注射。一次量 3~6g,每 2h 重复用药一次,用量减半。

三、高铁血红蛋白还原剂

亚甲蓝(美蓝)

1. 作用与用途　本品作用与剂量有关。小剂量(1~2mg/kg 体重)亚甲蓝在脱氢辅酶的作用下,还原为甲烯白(无色亚甲蓝),

甲烯白使高铁血红蛋白还原为亚铁血红蛋白,使之恢复运氧功能。用于治疗亚硝酸盐中毒,亦用于苯胺、硝基苯、氨基比林、磺胺药等引起的高铁血红蛋白症。大剂量(2.5～10mg/kg体重)亚甲蓝有氧化作用,能将亚铁血红蛋白氧化为高铁血红蛋白,用于治疗氰化物中毒。但还应配合使用硫代硫酸钠。

2. 用法与用量　静脉注射,一次量,解救亚硝酸盐中毒,1～2mg/kg体重;解救氧化物中毒,2.5～10mg/kg体重。

四、氰化物解毒剂

硫代硫酸钠

1. 性状　无色透明结晶性粉末,易溶于水,不溶于乙醇。

2. 作用与用途　为氰化物中毒的有效解毒剂。其在体内释出的硫与氰离子结合,生成无毒的硫氰酸盐从尿中排出。还具有还原剂特性,并能与多种金属、类金属形成无毒的硫化物,由尿中排出,故用于砷、铋、汞、铅等中毒的解救。但疗效不及二巯基丙醇。

3. 用法与用量　静脉或肌内注射,一次量5～10g。临用前以注射用水配制成5%～10%的无菌溶液。

五、其他解毒剂

(一)阿托品

1. 作用与用途　本品可以解有机磷中毒。有效解除M样中毒症状。可用于肠痉挛、肠套叠、急性肠炎等病。

2. 用法与用量　肌内或静脉注射,每kg体重1mg。

乙酰胺(解氟灵)

1. 性状　白色晶粉,无臭,溶于水。

2. 作用与用途　乙酰胺临床上用作氟乙酰胺的解毒药,解毒机理是乙酰胺在体内能与氟乙酰胺争夺酰胺酶,使氟乙酰胺不能形成氟乙酸而达到解毒的目的。

3. **用法与用量** 肌内注射,每 kg 体重 0.1～0.3g,每天用药 2 次,连用 2～3 天。肌内注射有刺激性,常配合普鲁卡因以缓解疼痛。

第十六节 奶牛场常用生物制剂

一、牛炭疽疫苗

(一)无荚膜炭疽芽胞苗

本品静置时呈微带黄色的透明液体,瓶底有灰白色芽胞沉淀层,摇匀后则成稍带乳白色的混悬液。

皮下注射,1 岁以下的牛在颈部皮下注射 0.5ml,1 岁以上的注射 1ml。

注射后 14 天产生免疫力,免疫期为 1 年。

(二)第二号炭疽芽胞苗

本品呈透明的液体,瓶底有少量灰白色沉淀,振摇后成微浑的稍带乳白色的混悬液。

皮下注射,于颈部皮下注射 1ml。免疫期为 1 年。

二、牛气肿疽疫苗

本品为灭活疫苗,上部为黄褐色透明液,下部为灰白色沉淀,振摇后则为均匀的混浊液。

皮下注射,无论大、小牛均在颈部或肩胛后缘皮下注射 5ml。对 6 月龄以下的犊牛,到 6 月龄时再注射 1 次。

注射后 14 天产生免疫力,免疫期为 1 年。

三、牛出血性败血病疫苗

本品为灭活苗,静置上层为黄色透明液,下层为灰白色沉淀,摇匀后为混悬液。

肌内或皮下注射,100kg 以下的牛注射 4ml,100kg 以上的牛注射 6ml。

本品注射后 21 天产生免疫力,免疫期为 9 个月。

四、牛副伤寒疫苗

本苗为牛副伤寒氢氧化铝灭活苗。静置后上层为清亮微黄色液体,下层为灰白色沉淀,振摇后成灰白色混悬液。

肌内或皮下注射,1 岁以下牛 1～2ml;1 岁以上牛,为增强免疫力,第一次注射 2ml,10 天后以相同剂量再注射 1 次。怀孕牛应在产前 45～60 天时注射;新生牛犊应于 30～45 日龄时再注射 1 次。在已发生牛副伤寒的牛群中,要对 2～10 日龄的犊牛肌注疫苗 1ml。

注射本苗后 7～14 天产生免疫力,免疫期为 6 个月。

五、牛口蹄疫疫苗

牛口蹄疫灭活疫苗

本疫苗为病毒浸出液加适当稳定剂制成的液体苗。静置后呈暗白色,瓶底有部分沉淀,摇匀后为均匀混悬液。

肌内或皮下注射,3 月龄以下牛不注射;4～23 月龄牛注射 1ml;24 月龄以上注射 2ml。

注射本苗后 14 天产生免疫力,免疫期为 4～6 个月。

六、布鲁氏菌疫苗

(一)布鲁氏菌猪型 2 号弱毒苗

本苗为白色块状物,加水后迅速溶解为乳白色均匀液体。

口服,每头牛灌服 500 亿个活菌。对大规模牛群免疫时可将疫苗溶于水中或拌入饲料中服用。本苗免疫期为 2 年。

(二)布氏菌羊型 5 号弱毒冻干苗

本苗为白色或淡黄色疏松海绵状固体,易与瓶壁脱离,加入稀释液后迅速溶解成均匀的混悬液。

皮下或肌内注射,每头牛 250 亿个活菌。

室内气雾免疫,每头牛 250 亿个活菌。

室外气雾免疫,每头牛 400 亿个活菌。

本品免疫期为 1 年。

七、伪狂犬病疫苗

(一)伪狂犬病弱毒冻干苗

本苗为微黄色疏松海绵状固体。用稀释液溶解后即成均匀混悬物。

肌内注射,每瓶冻干苗的含毒量为 3.5ml,加入 3.5ml 中性磷酸盐缓冲液恢复原量,再按 1:20 倍稀释。2~4 月龄犊牛第一次注射 1ml,断奶后再注射 2ml,5~12 月龄为 2ml,12 月龄以上和成年牛为 3ml。发生本病的疫区牛群,可用本苗进行紧急预防接种。

接种后第 6 天产生免疫力,免疫期可持续 1 年。

(二)牛、羊伪狂犬病疫苗

本苗为浅红色液体,静置后上层为浅红色透明液体,下层为淡黄色的氢氧化铝沉淀物,振摇后成淡红色悬浮物。

颈部皮下注射,犊牛 8ml,成年牛 10ml。

八、牛肺疫疫苗

(一)牛肺疫兔化绵羊适应弱毒冻干苗

本苗为乳白色或淡黄色海绵状疏松固体。加入稀释液后即溶解成均匀混悬液。

肌内注射,用20%氢氧化铝胶生理盐水作1:50倍稀释,成年牛注射1ml,6~12月龄牛0.5ml。

本苗注射后21~28天产生免疫力,免疫期为1年。

(二)牛肺疫兔化藏系绵羊化弱毒冻干苗

本苗为乳黄色或淡黄色海绵状疏松固体。加入稀释液后即溶解成均匀乳状混悬液。

肌内注射,用20%氢氧化铝胶生理盐水作1:100倍稀释,成年牛注射2ml,2岁以下牛1ml。

注射后21~28天产生免疫力,免疫期为1年。

九、狂犬病疫苗

(一)兽用狂犬病弱毒细胞冻干苗

本苗为淡黄色海绵状疏松固体。加入稀释液后即溶解成均匀混悬液。

肌内注射,每瓶用6ml生理盐水或灭菌蒸馏水稀释,每头牛注射3ml。

本苗注射后20天产生免疫力,免疫期1年。

(二)狂犬病灭活疫苗

本苗静置后上层为清亮液体,下层为灰白或淡红色沉淀,振摇后成灰白或淡红色浑浊黏稠液体。

肌内注射,每头牛2.5~5ml。

使用本苗后,免疫期为6个月。

附 录

附录一 奶牛常用生理常数表

附表1 奶牛的体温、呼吸数与脉搏数

正常体温(℃)	呼吸数(次/min)	脉搏数(次/min)
37.5～39.5	15～30	60～80

附表2 奶牛的几种消化生理指标

反刍次数	反刍持续时间	食团咀嚼次数	瘤胃蠕动	嗳气次数	排粪量
4～8次/d	40～50min/次	40～60次/食团	2～3次/min	17～20次/min	15～40kg/d

附表3 奶牛血液生理生化指标

红细胞(万/mm^3)	597.5±86.8	血清钾(mg/100ml)	16～27.1
白细胞(个/mm^3)	9411.8±2130.6	血清钠(mg/100ml)	338.1～373.98
血红蛋白(g/100ml)	9～14	血清钙(mg/100ml)	9.71～12.14
血小板(万/mm^3)	26.1±5.3	血清磷(mg/100ml)	3.2～8.4
嗜酸性白细胞(个/mm^3)	700	血清镁(mg/100ml)	4.2～4.6
血糖(mg/100ml)	60～90	血液非蛋白氮(mg/100ml)	30～65

附录二 溶液稀释折算法

一、反比法

$$X = \frac{B}{A} \times V$$

其中：X＝所需浓溶液的量，B＝欲配稀溶液的浓度，A＝浓溶液的浓度，V＝欲配稀溶液的量。

例：欲配 75％ 的乙醇溶液 100ml，需要 95％ 乙醇多少 ml？

$$X = \frac{75}{95} \times 100 = 78.94 (ml)$$

用 95％ 乙醇 78.94ml，加蒸馏水至 100ml，即为 75％ 乙醇溶液。

二、交叉法

其中：Ⅰ＝甲液浓度，Ⅱ＝乙液浓度，Ⅲ＝欲配溶液浓度，Ⅳ＝Ⅱ、Ⅲ之差，V＝Ⅰ、Ⅲ之差，Ⅳ：V＝甲液体积：乙液体积

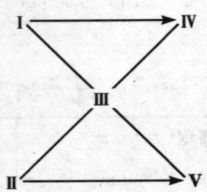

例1，现有 5％ 葡萄糖溶液 250ml，欲配成 10％ 溶液，还需加 50％ 葡萄糖溶液多少 ml？

40：5＝250：X

$$X = \frac{5 \times 250}{40} = 31.25$$，即需要加 50％ 葡萄糖溶液 31.25ml。

例 2，欲配 60％乙醇 140ml，现有 90％及 20％乙醇溶液，各需多少 ml？

设所需 90％乙醇体积为 X，所需 20％乙醇体积为 Y，则

Y＝140－X

40：30＝X：(140－X)

$X=\dfrac{5600}{70}=80$，即需加 90％乙醇 80ml；

Y＝140－80＝60，即需加 20％乙醇 60ml。

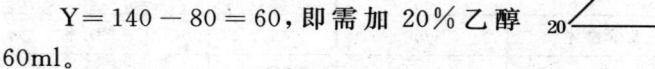

附录三 医用计量单位与换算系数

见附表4。

附表4 医用计量单位与换算系数

长度	埃	A	0.1	nm	纳米
	微米	μ	1	μm	微米
	毫微米	mμ	1	nm	纳米
	英寸	in	2.54	cm	厘米
容积	微升	λ	1	μl	微升
力	达因	dyn	10^5	N	牛顿
压强	毫米汞柱	mmHg	0.13332	kPa	千帕
应力	厘米水柱	cmH_2O	0.09807	kPa	千帕
气压	标准大气压	atm	101.325	kPa	千帕
血管阻力	达因秒/厘米^3	dyn·s/cm^3	0.1	kPa·s/L	千帕秒/升
	毫米汞柱分/升	mmHg·min/L	8	kPa·s/L	千帕秒/升
气道阻力	厘米水柱秒/升	cmH_2O·s/L	0.09807	kPa·s/L	千帕秒/升

附录四 浓酒精的稀释

见附表 5、附表 6。

附表 5　1 000ml 浓酒精稀释所需加水（20℃）容量表

原浓度(%)	稀释度												
	30	35	40	45	50	55	60	65	70	75	80	85	90
	加水量(ml)												
35	167												
40	335	144											
45	505	290	127										
50	574	436	255	114									
55	845	583	384	229	103								
60	1017	730	514	344	207	95							
65	1189	878	644	460	311	190	88						
70	1360	1027	774	577	417	285	175	81					
75	1535	1177	906	694	523	382	264	163	79				
80	1709	1327	1039	812	630	480	353	246	153	70			
85	1884	1478	1172	932	788	578	443	329	231	144	68		
90	2061	1630	1306	1052	847	677	535	414	310	218	138	65	
95	2239	1785	1443	1174	957	779	629	501	391	295	209	133	64

例，欲将 95％酒精 1 000ml 稀释成 75％，查表得需加水 295ml。

附表6　稀释至100ml所需浓酒精容量表

原浓度(%)	稀释度(%)								
	95	90	85	80	75	70	60	50	40
	浓酒精量(ml)								
100	93.70	88.31	80.29	78.54	72.68	64.97	57.85	49.20	38.67
95		93.97	88.23	82.68	77.20	71.84	61.34	51.04	40.90
90			93.84	87.87	82.04	76.30	68.04	54.11	43.33
85				93.60	87.34	81.22	69.22	57.49	46.01
80					93.26	85.19	73.85	61.31	49.02
75						92.91	79.08	65.61	52.43
70							85.05	70.83	56.31

例,欲将原浓度为95%的酒精稀释为75%,查表可知需取95%酒精77.20ml,加水至100ml即可。